Koether (Hrsg.)
Taschenbuch der Logistik

Autoren und Mitarbeiter

Prof. Dr.-Ing. *Siegfried Augustin*, Montanuniversität Leoben, Österreich; Dr.-Ing. *Andreas Bauer*, Lufthansa Technik AG Hamburg; Prof. Dr.-Ing. Dr. h. c. *Helmut Baumgarten*, Technische Universität Berlin; Prof. Dr.-Ing. *Carsten Begemann*, proIng GbR Garbsen; Dipl.-Wirtschaftsing. *Dietmar Berger*, BVL – Bundesvereinigung Logistik e.V., i+o Industrieplanung + Organisation GmbH & Co. KG Heidelberg; Dr. rer. pol. Dipl.-Kfm. *Tilo Bobel*, Loxxess AG Unterföhring; Prof. Dr. *Roman Boutellier*, ETH Zürich, Schweiz; MEng *Gregor von Cieminski*, ZF Friedrichshafen AG Friedrichshafen; Prof. Dr.-Ing. habil. *Wilhelm Dangelmaier*, Universität Paderborn; Dr.-Ing. *Theodor Fink*, Management Partner GmbH Stuttgart; Dr.-Ing. *Andreas Fischer*, Sennheiser electronic GmbH & Co. KG Wedemark; Dipl.-Wirtschaftsing. (FH) *Gerhard Geiger*, beratender Ingenieur; Dr.-Ing. *Ekkehard Gericke*, gericke engineering Unternehmensberatung Wörthsee; Dr.-Ing. *Hartmut Graf*, Daimler AG Sindelfingen; Dr.-Ing. *Nils Griffel*, BMW Group München; *Christoph Hartmann*, Volkswagen AG Braunschweig; Prof. Dipl.-Wirtschaftsing. *Christian Helfrich*, Hochschule München; Prof. Dr. Dr. *Ekbert Hering*, Hochschule Aalen; Prof. Dr. *Gerhard Heß*, Georg-Simon-Ohm-Hochschule für angewandte Wissenschaften Nürnberg; Prof. Dr.-Ing. *Joachim Ihme*, Ostfalia Hochschule für angewandte Wissenschaften Wolfenbüttel; Prof. Dr.-Ing. *Reinhard Koether*, Hochschule München; Prof. Dr.-Ing. *Hermann Kühnle*, Otto-von-Guericke-Universität Magdeburg; *Rolf Kummer*, Technischer Betriebswirt, Erhard Armaturen Heidenheim; Prof. Dr.-Ing. habil. *Gerhard Linß*, Technische Universität Ilmenau; Dr.-Ing. *Jens Lopitzsch*, MAN Nutzfahrzeuge AG Salzgitter; Dipl.-Ing. *Jörg Martinetz*, Continental Teves AG & Co. oHG Hannover; Dipl.-Ing. *Ute Mussbach-Winter*, Fraunhofer-Institut für Produktionstechnik und Automatisierung Stuttgart; Dr.-Ing. Dipl.-Oec. *Rouven Nickel*, Universität Hannover; Prof. Dr.-Ing. *Bernd Noche*, Universität Duisburg-Essen; Dr.-Ing. *Rudolf E. Scheiber*, BMW Group München; Prof. Dr.-Ing. habil. *Michael Schenk*, Fraunhofer-Institut für Fabrikplanung und -automatisierung Magdeburg; Dr.-Ing. *Thomas Schmidt*, Lufthansa Technik AG Hamburg; Dipl.-Ing. (FH) *Bastian Schneck*, Universität Stuttgart; Dr.-Ing. *Michael Schneider*, Premium Aerotec Nordenham; Dr.-Ing. *Thomas Sommer-Dittrich*, Daimler AG Ulm und Technische Universität Berlin; Prof. Dr.-Ing. *Klaus Thaler*, Hochschule der Medien, Stuttgart; Dipl.-Ing. *Markus Vogel*, Wittenstein AG Igersheim; Prof. Dr. oec. *Stephan M. Wagner*, ETH Zürich, Schweiz; Prof. Dr.-Ing. *Rüdiger Wenzel*, Hochschule Mittweida (FH) (†); Prof. Dr.-Ing. Prof. E.h. Dr.-Ing. E.h. Dr. h.c. mult. *Engelbert Westkämper*, Universität Stuttgart; Dr.-Ing. *Hans-Hermann Wiendahl*, SMS – Siemag Hilchenbach; Prof. Dr.-Ing. Dr. h. c. mult. *Hans-Peter Wiendahl*, Universität Hannover; Prof. Dr. Dr. mult. *Horst Wildemann*, Technische Universität München; Dipl.-Kfm. Dipl.-Wirtschaftsing. *Rico Wojanowski*, Fraunhofer-Institut für Fabrikplanung und -automatisierung Magdeburg; Prof. Dr. *Jürgen Zimmermann*, Technische Universität Clausthal

Taschenbuch der Logistik

herausgegeben von
Prof. Dr.-Ing. Reinhard Koether,
Hochschule München

4., aktualisierte und erweiterte Auflage

Mit 311 Bildern

FACHBUCHVERLAG LEIPZIG
im Carl Hanser Verlag

Bibliografische Information der Deutschen Nationalbibliothek
Die Deutsche Nationalbibliothek verzeichnet diese Publikation in der
Deutschen Nationalbibliografie; detaillierte bibliografische Daten sind im
Internet über http://dnb.d-nb.de abrufbar.

ISBN 978-3-446-42512-5

Umschlagbilder: Hapag-Lloyd AG, MAN Group, AeroLogic GmbH

Fachbuchverlag Leipzig im Carl Hanser Verlag
© 2011 Carl Hanser Verlag München
www.hanser.de/taschenbuecher
Lektorat: Jochen Horn
Herstellung: Katrin Wulst
Zeichnungen: Peter Palm, Berlin
Coverconcept: Marc Müller Bremer, München
Coverrealisierung: Stephan Rönigk
Umbruch: Werksatz Schmidt & Schulz GmbH, Gräfenhainichen
Druck und Bindung: Kösel, Krugzell
Printed in Germany

Vorwort

Während meiner Wanderung von München nach Venedig erreichte mich der Anruf des Verlages: Alle Manuskripte seien jetzt komplett Korrektur gelesen, aber das Vorwort des Herausgebers fehlt der Setzerei noch. Während wir auf Wegen und Steigen gehen, auf denen vor uns schon manches Tragtier und auch mancher Schmuggler gegangen sind, wird der Fortschritt der Logistik in den Tälern sichtbar. Auf den Schnellstraßen rollt der Fernlastverkehr und verdeutlicht, dass es ohne Logistik keine sichere Versorgung und keinen internationalen Warenaustausch gäbe. Insofern ist die Logistik eine der Grundlagen unserer modernen Industriegesellschaft.

Das vorliegende Taschenbuch gibt einen Überblick über Ziele, Methoden, Anwendungen und Verbindungen zu anderen Fachdisziplinen der Logistik aus der Sicht eines Industriebetriebes. Da dies die komplexeste Anwendung ist, decken Aufgaben und Methoden auch die Anforderungen anderer Betriebe ab. So sind Beschaffungs- und Distributionslogistik die logistischen Aufgaben des Handels. Auch Verbraucher und Haushalte müssen ihre Logistik gestalten und konzentrieren sich dabei auf die Beschaffungslogistik mit der entsprechenden Lagerhaltung. Somit deckt das Taschenbuch die wichtigsten logistischen Anwendungsfelder ab.

Im ersten Teil des Taschenbuchs der Logistik werden Aufgaben, Ziele und Strategien beschrieben. Der zweite Teil ist einer breiten Darstellung der wesentlichen Methoden gewidmet. Im dritten Teil werden die Anwendungen dieser Methoden beschrieben, während der vierte Teil die Brücke zu anderen Aufgaben der Betriebsführung schlägt und die dortigen logistischen Aspekte beleuchtet.

Das Taschenbuch der Logistik soll einen Überblick bieten. Da jeder Beitrag für sich lesbar und verständlich ist, eignet es sich aber auch, um sich schnell mit einer speziellen logistischen Thematik vertraut zu machen.

Die Beiträge wurden von Autoren aus Forschung und Lehre, aus Wirtschaft, Industrie und von Berufsverbänden erarbeitet. Allen Autoren sei an dieser Stelle sehr herzlich für ihre Mitwirkung gedankt.

Mein Dank gilt auch dem Fachbuchverlag Leipzig im Carl Hanser Verlag, der dieses Buch in seiner erfolgreichen Taschenbuchreihe veröffentlicht.

Südtirol im September 2003   *Reinhard Koether*

Vorwort zur 4. Auflage

Logistik ist nicht nur die Beförderung der Waren von einem Ort zum andern, sondern integraler Bestandteil aller Handels- und Produktionsunternehmen. Wegen des weltweiten Handels, des Versands von Industriegütern in alle Kontinente, des Bezugs von Waren aus Niedrigkostenländern und des Imports von Rohstoffen wächst die Logistik in Deutschland schneller als die Wirtschaftsleistung. Sie profitiert dabei besonders von den intensiven Handelbeziehungen und der zentralen Lage in Europa.

Logistiker aus Wissenschaft, Wirtschaft und von Fachverbänden haben für dieses Taschenbuch übersichtliche, verständliche und einzeln lesbare Beiträge erstellt, in denen die wichtigsten logistischen Methoden und Anwendungen vorgestellt und erklärt werden. Zur großen Freude von Autoren, Herausgeber und Verlag erlaubt es die gute Akzeptanz bei der Leserschaft, eine Neuauflage dieses bewährten Buchkonzepts herauszugeben. Die Fachautoren haben die Chance genutzt und ihre Beiträge aktualisiert sowie im Detail noch einmal verbessert.

Die Logistikbranche beschäftigt mit ca. 2,6 Millionen Mitarbeitern in Deutschland mehr Menschen als klassische Industrien wie Maschinenbau oder Elektrotechnik. Um darzustellen, welche Logistikleistungen an spezialisierte Dienstleister vergeben werden können und was hierbei zu beachten ist, wurde diese Neuauflage außerdem um das Kapitel „Kontraktlogistik" ergänzt.

Gauting, im November 2010   *Reinhard Koether*

Inhaltsverzeichnis

1 Logistik als Management-aufgabe

Prof. Dr.-Ing. Reinhard Koether

1.1 Bedeutung der Logistik

Wohl jeder hat sich schon über die Lastkraftwagen gewundert oder (je nach Stimmung) geärgert, die über unsere Autobahnen rollen. Was transportieren sie und wohin fahren sie? Die Lastkraftwagen, Eisenbahnzüge und Schiffe, die all die Waren des täglichen Lebens transportieren und die dieses Leben angenehm machen, gehören zu dem globalen Logistiksystem, das Teil unserer Industriegesellschaft ist.

Logistik als eigenständige Disziplin wurde ursprünglich im militärischen Bereich entwickelt und steht heute in der Volkswirtschaft und im Betrieb für die Gestaltung und Ausführung des gesamten Materialflusses und des begleitenden Informationsflusses.

Ziel der Logistik ist die sichere Versorgung mit Materialien und Gütern zu optimalen Kosten und Beständen, also die **sechs R der Logistik** zu erfüllen, und

- die **richtige Menge**
- der **richtigen Objekte**
- am **richtigen Ort**
- zum **richtigen Zeitpunkt**
- in der **richtigen Qualität**
- zu den **richtigen Kosten**

bereitzustellen. Diese Aufgabe enthält alle planenden, steuernden und ausführenden Maßnahmen und Instrumente.

Logistik gehört (neben Organisation und Geld) zu den Voraussetzungen, damit Arbeitsteilung und Warenaustausch funktionieren. Nutzen von Arbeitsteilung und Warenaustausch ist immer eine Steigerung der Produktivität und des Wohlstandes. Mit der Entwicklung der Logistik wurden die Märkte vergrößert, so dass heute Produkte weltweit ge- und verkauft werden. Die Lastkraftwagen und andere Verkehrsträger sind also Teil (manche würden sagen: Nebenwirkung) unseres Wohlstandes.

Seit ca. 1995 konzentriert sich das Interesse zunehmend auf unternehmensübergreifende Lieferströme in Logistiknetzwerken. Diese Managementaufgabe wird **als Supply Chain Management** bezeichnet.

Logistik und Materialverfügbarkeit betrifft buchstäblich alle: Produzenten, Dienstleister wie Handel und Spediteure, aber auch Haushalte
und Verbraucher, die ihre Versorgung sichern und z. B. Vorräte anlegen.

Wie jede Hausfrau und jeder Hausmann weiß, kann man die Versorgung
auf unterschiedliche Art sichern. Man kann Vorräte anlegen, z. B. im
Tiefkühlschrank, man kann täglich frisch einkaufen, man kann sich vom
Pizza-Service das fertige Essen ins Haus bringen lassen und man kann
auch ins Restaurant gehen. Planung, Preise, Lagerhaltung und Bequem-
lichkeit sind jeweils verschieden (von der Qualität und dem Geschmack
ganz zu schweigen). Aufgabe der Logistik in Unternehmen und Haushalten ist es, diese Möglichkeiten zu bewerten und je nach Aufgabe und
Ziel in möglichst wirtschaftlicher Form einzusetzen.

1.2   Wirtschaftliche Bedeutung der Logistik

Das Ziel eines Investors und damit eines gewinnorientierten Unternehmens ist, eine möglichst hohe Verzinsung für das eingesetzte Kapital zu
erwirtschaften. Die Kapitalrendite oder ROI (Return on Investment) setzt
den erwirtschafteten Gewinn ins Verhältnis zum eingesetzten Kapital
(Bild 1.1).

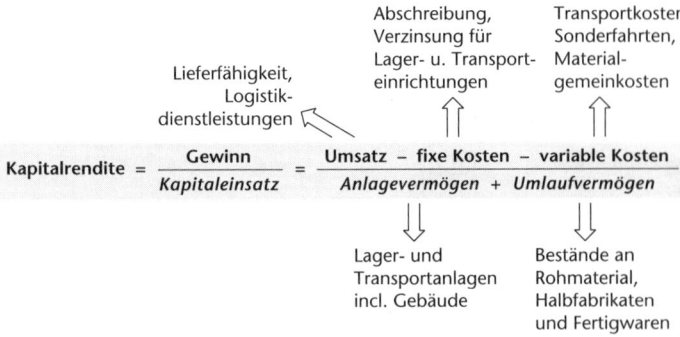

Bild 1.1: Kapitalrendite und der Einfluss der Logistik

Welcher Umsatz mit den Leistungen des Unternehmens erwirtschaftet
wird, ist typischerweise der Verantwortungsbereich von Marketing und
Vertrieb. Da Kunden nur Produkte kaufen, die auch geliefert werden
können, ist die Logistik mitverantwortlich, denn sie sorgt für die Liefer-

fähigkeit. Je nach Unternehmenszweck kann außerdem Umsatz oder Teile davon mit Logistikdienstleistungen erwirtschaftet werden, z. B. bei Speditionen.

In der Betriebsführung sind Kosten die wichtigste Mess- und Erfolgsgröße. Die Logistik beeinflusst die Herstellkosten, weil sie die Auslastung der Produktionsmaschinen und -anlagen plant und steuert. Die Logistikkosten selbst werden jedoch kaum transparent, weil sie als Gemeinkosten erfasst und verrechnet werden. Die Kosten für typische Logistikaktivitäten, wie z. B. Auslösen einer Bestellung, Auflösen einer Stückliste, Ein- und Auslagern einer Gitterbox, Verladen einer Palette oder Bereithalten eines Ersatzteils, könnten nur in einer Prozesskostenrechnung erfasst und ausgewiesen werden. Prozesskostenrechnung ist in der betrieblichen Praxis jedoch wenig verbreitet.

Nach einer Faustregel summieren sich die jährlichen Logistikkosten auf 25 % des Wertes der Bestände. Tabelle 1.1 zeigt eine geschätzte Kalkulation, die diese Faustregel plausibel erklären kann, auch wenn sich die Prozentwerte in konkreten Einzelfällen unterscheiden mögen.

Tabelle 1.1: Jährliche Logistikkosten in % vom Bestandswert (Schätzung)

Kostenart	Kostenwert in % vom Bestandswert
Zinsen für Bestände	6 %
Verderben und Schwund	2 %
Bestandsverwaltung	1 %
Ein- und Auslagerung	1 %
Versicherung	2 %
Abschreibung auf Lagerplatz und -einrichtung	10 %
kalkulatorische Zinsen auf Lagerplatz und -einrichtung	3 %
Summe	**25 %**

In der klassischen Kostenrechnung werden Logistikkosten häufig als Gemeinkosten mit Fixkostencharakter verrechnet. Fixe Logistikkosten, die direkt zugerechnet werden können, entstehen vor allem für die Kapitalkosten und Abschreibungen der Logistikanlagen, wie z. B. Lagereinrichtungen, Transportanlagen und für die dazu benötigten Gebäude.

Die wichtigsten variablen Kosten eines Produktions- oder Handelsunternehmens sind die Materialkosten. Gemeinkosten, die mit der Materialbeschaffung, Lagerung und Transport von zugekauftem Material verbunden sind, werden als Gemeinkosten erfasst und als prozentuale Zuschläge auf die Einkaufspreise verrechnet. Damit werden auch diese

Materialgemeinkosten als variable Kosten verrechnet. Die wichtigsten direkt zurechenbaren variablen Logistikkosten sind die Transportkosten.

Logistikanlagen, wie z. B. Lagereinrichtungen, Gebäude, Transportanlagen und Fahrzeuge, binden Kapital im Anlagevermögen.

Lieferfähigkeit, das übergeordnete Logistikziel, kann durch Vorräte im Lager erreicht werden, aber, wie am Beispiel des Pizza-Service verdeutlicht, auch durch andere Maßnahmen. Vorräte (oder Bestände) an Rohmaterial, Halbfabrikaten (teilweise bearbeitetes Material) und Fertigwaren müssen erst angeschafft werden und binden damit Kapital wie Anlageinvestitionen. Sie werden im Umlaufvermögen bilanziert.

Neben der Kapitalrendite beeinflussen die Bestände und die dafür benötigten Geldmittel auch das Risiko und die Kreditwürdigkeit des Unternehmens, denn die Investitionen in Vorräte müssen finanziert werden, häufig durch Kredite. Umgekehrt setzt Bestandsabbau Finanzmittel frei, mit denen z. B. Kredite zurückgezahlt werden oder andere Investitionen finanziert werden können.

Bestände oder Vorräte sind deshalb die wichtigste Stellgröße der Logistik. Die Sicherung der Lieferfähigkeit mit minimalen Vorräten ist die logistische Hauptaufgabe.

Die Management-Kennzahl Lagerumschlagszahl setzt die beiden wichtigsten Größen Umsatz und Bestände zueinander ins Verhältnis:

Lagerumschlagszahl = Umsatz pro Jahr : Wert der Bestände

Die Lagerumschlagszahl kann für ein Lager, einen Produktionsbereich und für die gesamte Wertschöpfungskette berechnet werden. In Handelsunternehmen oder bei Serienfertigern, wie z. B. in der Automobilindustrie, liegt diese Kennzahl über 20, d. h., alle Vorräte schlagen sich 20-mal um oder die Reichweite der Vorräte beträgt 1/20 Jahr (ca. 2 Wochen).

1.3 Gründe für Bestände

Bestände binden Kapital, verursachen Kosten und schmälern damit die Rendite. Trotzdem gibt es gute Gründe, Bestände anzulegen:

■ Sicherung schneller Lieferfähigkeit

■ Ausgleich von Liefer- und Nachfrageschwankungen, z. B.
  – Saisongeschäft
  – Sicherheitsbestände zum Ausgleich von Maschinenstörungen und Qualitätsproblemen

■ Ausgleich von Liefer- und Verbrauchsmengen, z. B.
  – Losweise Fertigung
  – Fixe Kosten je Beschaffungsvorgang
  – Mengenrabatte

■ Spekulation

■ Reifung

■ Hamstern

Bestände sichern die Lieferfähigkeit, wenn der Kundenbedarf so schnell gedeckt werden muss, dass Produktion und Transport zum Kunden zu lange dauern würden oder zu hohe Produktions- und Transportkosten verursachen würden. Dies trifft z. B. für die Lebensmittel des täglichen Bedarfs zu. Der Kunde will nicht warten, bis der Hersteller liefert, sondern die Waren gleich mitnehmen.

Liefer- und Nachfrageschwankungen können geplant oder ungeplant auftreten. So führt das Saisongeschäft der Spielwarenindustrie dazu, dass ein großer Teil des Jahresumsatzes vor Weihnachten erzielt wird. Um diese Spitzennachfrage auszugleichen, wird während des Jahres produziert und das Fertigwarenlager gefüllt. Ungeplante Schwankungen der Liefermenge können z. B. durch Qualitätsprobleme oder Maschinenstörungen in der Produktion entstehen, die dann durch Sicherheitsbestände ausgeglichen werden können.

Produktions- und Beschaffungsprozesse verursachen häufig fixe Kosten, z. B. zum Rüsten von Maschinen oder zum Bearbeiten einer Bestellung. Lieferanten geben Mengenrabatte, so dass größere Mengen günstiger beschafft werden können. Die Fertigungslose oder Beschaffungsmengen werden auf Lager gelegt und über einen längeren Zeitraum verbraucht.

Bei einigen Lebens- und Genussmitteln, z. B. Champagner oder Käse, ist die Reifezeit Teil des Wertschöpfungsprozesses. Werden Bestände zur Spekulation angelegt, hofft man zu aktuell günstigen Preisen einzukaufen, um einen zukünftigen Bedarf zu decken.

Daneben werden Bestände auch zum „Hamstern" angelegt. Vorräte anzulegen, ist Teil der menschlichen Natur, weil die Versorgung mit Nahrungsmitteln durch Saat und Ernte und das Risiko von Missernten nicht gleichmäßig und sicher garantiert ist. Der **„erste Hauptsatz der Logistik"** besagt, dass vorhandener Platz immer voll gestellt wird, dass also Vorräte angelegt werden, solange dazu Platz ist. Bestandsmanagement ist deshalb eine ständige Herausforderung. Wer seine Schreibtischschublade ansieht, versteht, was gemeint ist.

1.4   Treiber von Beständen

Der wichtigste Treiber von Beständen ist die Durchlaufzeit (Bild 1.2).
Die Durchlaufzeit beschreibt den Zeitraum für die komplette Bearbeitung eines Auftrags (Fertigungsauftrag oder Kundenauftrag), also die Zeit, die nötig ist, um das Material zu beschaffen, zu bearbeiten und schließlich das Endprodukt auszuliefern.

Die Logistik verwendet die Auftragsdurchlaufzeit als Messgröße, die die Kapitalbindung im Umlaufvermögen und insbesondere die Bestände an Halbfabrikaten (WIP Work in Process) wesentlich bestimmt (Bild 1.2). Bei linearer Wertschöpfung besteht lineare Abhängigkeit zwischen Kapitalbindung und Durchlaufzeit.

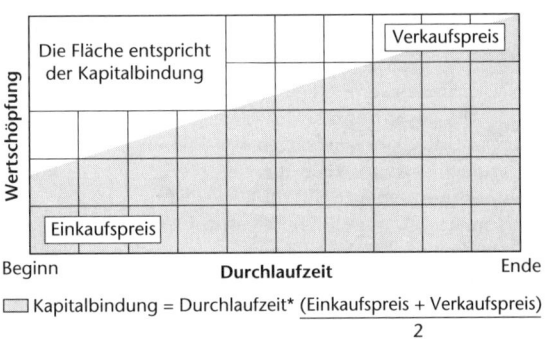

$$\text{Kapitalbindung} = \text{Durchlaufzeit} * \frac{(\text{Einkaufspreis} + \text{Verkaufspreis})}{2}$$

Bild 1.2: Zusammenhang zwischen Durchlaufzeit und Kapitalbindung

Bis zu 90% der Auftragsdurchlaufzeit entstehen durch Liege- oder Wartezeiten. Wartezeiten werden wesentlich beeinflusst von

- der Anzahl der Prozessstufen

- der Auslastung der Kapazitäten, insbesondere von Engpässen.

Jeder Prozessschritt verursacht eine (kleine) Eingangswarteschlange, die Auslastungsschwankungen glättet. Je mehr Prozessschritte nötig sind, desto mehr Warteschlangen entstehen und desto länger wird die Durchlaufzeit.

Die Warteschlangentheorie liefert ein mathematisches Modell zur Beschreibung der Zusammenhänge und Effekte unter engen mathematischen Randbedingungen (Wahrscheinlichkeitsverteilung). Das Modell basiert auf Kunden, die zu zufälligen Zeitpunkten an einen Schalter kommen und dort bedient werden. Die Bearbeitungszeit am Schalter gehorcht ebenfalls Zufallsgesetzen. Unter eng gefassten Annahmen zur

Wahrscheinlichkeitsverteilung lässt sich ein funktionaler Zusammenhang berechnen: Es zeigt sich, dass die Wartezeit mit der Auslastung überproportional steigt und dass z.B. bei einer Auslastung von 85 % die Wartezeit 5-mal so lang wie die Bearbeitungszeit wird (Bild 1.3).

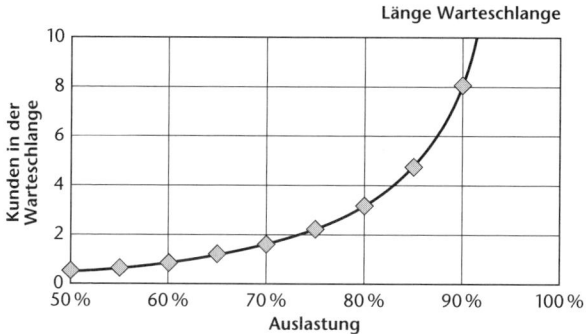

Bild 1.3: Auslastung und Länge der Warteschlange (Warteschlangentheorie)

Weitere Treiber von Beständen sind

■ Sicherheitsbestände

■ Beschaffungs- oder Produktionslosgrößen

■ Anzahl Produktvarianten, Breite des Sortiments.

Sicherheitsbestände sichern die Lieferfähigkeit bei Qualitätsproblemen oder bei Maschinenausfällen. Werden die Ursachen beseitigt, können auch die Sicherheitsbestände reduziert werden. Die Kapitel 33 „Logistik und Qualitätsmanagement" und 34 „Logistik und Anlagenverfügbarkeit" nennen Maßnahmen dazu.

Zur Bestimmung der optimalen Losgröße oder der optimalen Bestellmenge wird das Kostenminimum aus Bestandskosten und Bestellkosten gesucht. Die Bestandskosten steigen mit zunehmender Losgröße, weil die Bestände und die Bestandsreichweite zunehmen. Andererseits sinken die anteiligen Rüst- oder Bestellkosten pro Periode (Bild 1.4). Bei der Bestimmung der Bestellmenge oder der Losgröße müssen darüber hinaus Behältergrößen, die Auslastungssituation oder Rabattstaffeln berücksichtigt werden.

Mit zunehmender Artikel- und Variantenvielfalt sollen möglichst viele Kundenanforderungen und -wünsche erfüllt werden, um keine Marktanteile zu verlieren. Die verkaufte Menge kann häufig durch zusätzliche Varianten nicht wesentlich vergrößert werden, so dass die Mengen je

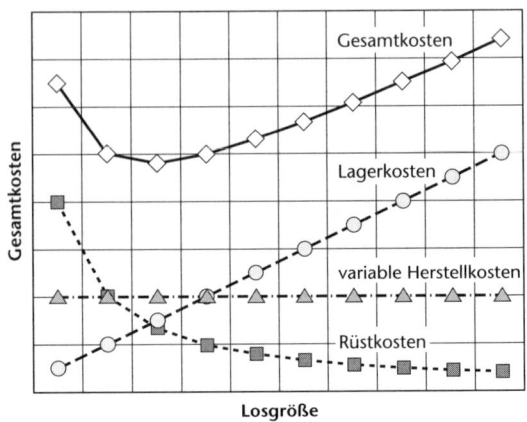

Bild 1.4: Bestimmung der optimalen Losgröße

Artikel sinken. Da der logistische Aufwand z. B. für Bestellungen, (Ferti-
gungs-)Aufträge oder Lagerpositionen gerade bei kleineren Mengen von
der Anzahl der Artikel und weniger von der Menge abhängt, steigt der
Aufwand mit der Anzahl der Artikel. Ebenso verursachen jeder zusätzliche Artikel und jede zusätzliche Variante Mindestmengen im Beschaf-
fungs-, Fertigungs- und Distributionsprozess, so dass mit der Anzahl der
Artikel häufig auch die Bestände steigen.

1.5   Logistikziele

Aus den Aufgaben der Logistik (sechs R), den Überlegungen zur Kapitalrendite und zu Beständen ergeben sich folgende Ziele der Logistik:

1. **Priorität** hat die Sicherung der Verfügbarkeit der benötigten Mate-
    rialien, ausgedrückt durch die „sechs R". Dieses Ziel ist das Muss-
    Ziel jeder logistischen Aktivität.

2. **Priorität** gilt dem Ziel der Renditemaximierung. Aus den Über-
    legungen zur Rendite ergeben sich abgeleitete Ziele, die z.T. mit-
    einander konkurrieren.

So weist z. B. die Frage nach der optimalen Losgröße (Bild 1.4) auf den
Zielkonflikt zwischen Bestandsminimierung und Kostenminimierung
hin. Eine kleine Losgröße verringert die Bestände und die damit verbundenen Risiken und Finanzierungsaufgaben. Andererseits werden durch
häufiges Umrüsten die Rüstkosten erhöht. Das tatsächliche wirtschaftliche Optimum, die maximale Rendite, ist in der Praxis nur schwer genau

zu ermitteln, weil Maschinenbelegung und Bedarfsprognosen ständig veränderte Rahmenbedingungen und Unsicherheiten mit sich bringen.

Da das logistische Ziel Lieferfähigkeit häufig nicht über Vorräte und Bestände erreicht werden kann, ergibt sich als Ziel

3. Priorität: Schnelle Auftragserfüllung und rechtzeitige Lieferung (Just-in time).

In aufnahmefähigen Märkten bestimmt der Verkäufer die Regeln, der Käufer ist froh, wenn er überhaupt Ware bekommt, die Lieferzeit ist sekundär (Verkäufermarkt). Der Anbieter macht den höchsten Gewinn, der mit maximaler Kapazitätsauslastung zu minimalen Kosten produzieren kann.

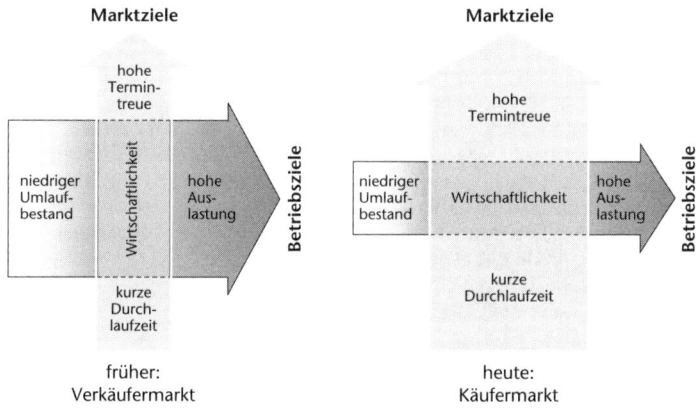

Bild 1.5: Wandel der Zielprioritäten in der Logistik [Wiendahl]

In gesättigten Märkten bestimmt dagegen der Käufer die Regeln (Käufermarkt) und nur der Anbieter macht das Geschäft, der schnell liefern kann und der exakt die Kundenwünsche erfüllen kann. Kundenwünsche sind vielfältig und entsprechend vielfältig werden die Produktvarianten, aus denen Kunden wählen können. Sehr variantenreiche Produkte können nicht mehr ab Lager verkauft werden, weil die Anzahl der Varianten zu groß ist, um alle vorrätig zu halten.

So kann z. B. ein Automobil-Käufer seine Sitze aus mehreren 10 000 Varianten auswählen. Die Sitze werden von einem Zulieferbetrieb gefertigt und an den Automobilhersteller geliefert. Angesichts dieser Anzahl möglicher Varianten wird deutlich, dass der Zulieferbetrieb nicht alle Varianten vorrätig halten kann. Er muss vielmehr in kurzer Zeit, meist innerhalb weniger Stunden, zwischen Bestellung (Lieferabruf) und Anlieferung

an das Endmontageband des Automobilherstellers die Sitze fertigen und
zum Einbauort transportieren. Schnelle Auftragserfüllung mit kurzen
Fertigungsdurchlaufzeiten ist die Voraussetzung, damit überhaupt so
viele Varianten angeboten werden können, diese sind damit ein strategischer Vorteil gegenüber dem Endkunden und gegenüber dem Kunden
Autohersteller. Ohne diese Fähigkeit könnte der Zulieferbetrieb nicht
liefern, könnte damit keinen Umsatz machen und keinen Gewinn ver-
buchen.

Da in den Industrieländern nur die wenigsten Produkte auf einem Verkäufermarkt vertrieben werden, hat sich die Zielpriorität des Unternehmens und der Logistik von der maximalen Kapazitätsauslastung hin
zu schneller Lieferfähigkeit verschoben (Bild 1.5). Daraus ergibt sich das
Logistikziel

4.   Priorität: Kapazitätsauslastung maximieren.

Die Kapazitätsauslastung betrifft vorwiegend produzierende Unternehmen. Die Auslastung wird von der installierten Anlagenkapazität und
den Kundenaufträgen bestimmt. Die Logistik kann durch Mengenplanung (Losgrößen), Maschinenbelegung und durch die Auftragsdurchsteuerung (vgl. Kap. 13) die Kapazitätsauslastung mittelbar beeinflussen.
Hohe Kapazitätsauslastung führt normalerweise zu längeren Wartezeiten und längeren Auftragsdurchlaufzeiten (Bild 1.3). Wegen der Verschiebung der Marktkräfte vom Verkäufermarkt zum Käufermarkt
(Bild 1.5) sind im Logistik-Alltag Kompromisse zu Lasten der maximalen der Kapazitätsauslastung nötig.

1.6   Einsatzgebiete der Logistik

Die Logistik beschäftigt sich mit der Verfügbarkeit von (Verbrauchs-)
Material, also den Werkstoffen, Einzelteilen, Baugruppen und Verkaufs-
produkten, die im Wertschöpfungsprozess verändert und bearbeitet
werden. Entlang dieses Wertschöpfungsprozesses können die Logistik-
disziplinen gebildet werden (Bild 1.6).

In einem Industriebetrieb werden mindestens 50 % des Verkaufswertes
zugekauft, mit steigender Tendenz. Händler kaufen definitionsgemäß
alle Waren zu. Die wichtigsten Gründe für einen steigenden Zukaufanteil
sind:

■   Verringerung des Auslastungsrisikos: Zukaufteile verursachen variable
     Kosten, eigene Fertigungskapazität dagegen fixe Kosten;

■   Kostenreduzierung: Lieferanten können durch ihre Spezialisierung
     häufig billiger liefern als bei Eigenfertigung.

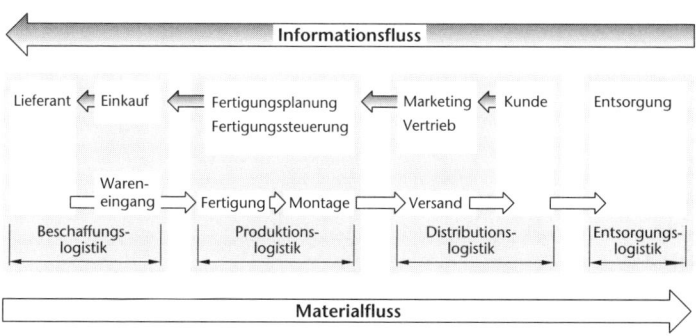

Bild 1.6: Logistische Kette

■ Da die Einkaufskosten zu ca. 80% durch den Einkaufspreis und
   zu ca. 20% als firmeninterne Logistikkosten entstehen, hat die **Beschaffungslogistik** (Kap. 27) besondere Bedeutung. Einkaufs- und
   Logistikziele konkurrieren häufig, z. B. bei der Bestimmung der Bestellmenge (vgl. Bild 1.4).

An die **Produktionslogistik** (Kap. 28) werden die komplexesten logistischen Aufgaben gestellt, denn die Logistik muss dafür sorgen, dass in
jeder Produktionsstufe Material zur Bearbeitung zur Verfügung steht.
Die Logistik plant und steuert damit auch die Kapazitätsnutzung. Aufgaben der Produktionslogistik sind deshalb:

■ Materialplanung: Ermittlung der Bedarfsmengen in den verschiedenen Fertigungsstufen bis zu den zugekauften Materialien, abgeleitet
   aus den Mengen zur Erfüllung des Kundenbedarfs.

■ Termin- und Kapazitätsplanung: Planung, welche Produkte in welchen
   Mengen zu welchem Zeitpunkt auf welchen Maschinen gefertigt
   werden. Hierbei ist zum einen die Lieferfähigkeit, zum andern die
   Auslastung der Produktionskapazität zu optimieren.

■ Durchsteuerung der Aufträge: Da die Pläne durch unvorhergesehene
   Ereignisse im Betriebsalltag nicht 1 : 1 realisiert werden können (z. B.
   wegen Störungen oder Verzögerungen), wird kurzfristig angepasst
   und umgestellt, damit Materialverfügbarkeit und Termine trotzdem
   möglichst gut erreicht werden.

Gerade in der Produktionslogistik ist der Zusammenhang zwischen
Durchlaufzeit und Beständen (Bild 1.2) sowie der Marktbedeutung
der Durchlaufzeit für schnelle Lieferfähigkeit (Bild 1.5) besonders
wichtig.

Organisation und Abwicklung einer kostengünstigen und zuverlässigen Belieferung der Kunden sind Gegenstand der **Distributionslogistik**. Gestaltungsmöglichkeiten sind (Kap. 29):

■   Auswahl und Gestaltung von Distributionsstufen,

■   Gestaltung von Distributionsstandorten und -lägern,

■   Abstimmung von Fertigwarenbeständen und Lieferlosen.

Mit der Altautoverordnung und der Verpackungsverordnung werden Hersteller verpflichtet, schrottreife Fahrzeuge und Verpackungen zurückzunehmen. Entsprechende Systeme zur **Entsorgungslogistik** für Verpackungen wurden und werden entwickelt und werden von den Verbrauchern genutzt. Im Bereich der Verpackungen und ihrer Entsorgung wird auch der Eingriff des Gesetzgebers in logistische Aufgabenstellungen deutlich (Kap. 31).

Nicht alle Unternehmen erfüllen alle genannten Funktionen. Die Produktion beispielsweise entfällt im Handel, so dass nur Einkauf und Vertrieb mit den entsprechenden Logistikfunktionen Beschaffungs- und Distributionslogistik zu organisieren sind. Bei Privatverbrauchern und öffentlichen Haushalten entfallen Distribution und Vertrieb, dafür spielt beispielsweise die Entsorgungslogistik in einem deutschen Privathaushalt eine große Rolle.

In der Praxis werden deshalb häufig die Anwendungsfelder unterschieden. Es bilden sich dann **branchenspezifische Logistikmethoden** heraus, z. B. in der Handelslogistik, Speditionslogistik, Baustellenlogistik usw. Jede Branche kultiviert bestimmte Methoden, Maßnahmen, Verfahren und Einrichtungen, die aufgrund der branchenüblichen Geschäftspraxis wichtig sind oder sich so herausgebildet haben.

So sind in der Pharmazie technisch aufwendige Logistiklösungen mit hoher Mechanisierung und Automatisierung eher zu finden als z. B. im Handel. Gründe sind die geforderte hohe Prozesssicherheit, die kleinen Volumina bei großem Wert, homogene Produktgrößen oder geringe Empfindlichkeit gegen Stöße, aber auch die relativ hohen Gewinnmargen, die in dieser Branche erzielt werden können.

Diese branchenspezifischen Logistikanforderungen und -methoden sind allerdings bei näherer Betrachtung so spezifisch wieder nicht. Die Probleme um schnelle Lieferfähigkeit, Bestände, Varianten, Losgrößen, Auslastung, Auftragsdurchlaufzeit usw. betreffen alle Branchen und bieten umgekehrt die Chance, voneinander zu lernen. Beim Benchmarking wird gezielt versucht, Lösungen gerade aus anderen Branchen, die ähnliche Probleme haben, zu übernehmen und an die eigene Problemlandschaft anzupassen. So lassen sich beispielsweise Analogien aus der

Distribution von Pharmazeutika und der Distribution von Autoersatzteilen finden und nutzen. Branchenübergreifend werden die Methoden zur Lösung logistischer Aufgaben in den Kapiteln 3 bis 26 beschrieben.

1.7 Logistik in der Unternehmensorganisation

Die Logistik verantwortet den Materialfluss und den begleitenden Informationsfluss vom Lieferanten durch das Unternehmen zum Kunden (Bild 1.6). Fundament des Logistikgedankens ist deshalb das Denken in Prozessen. Die Logistik begleitet den wichtigsten Geschäftsprozess, den der Auftragsabwicklung. Der Auftragsabwicklungsprozess kann in weitere Prozesse und die zugehörige Logistik unterteilt werden (Bild 1.6):

■ Einkauf und Beschaffung mit der Beschaffungslogistik

■ Produktion mit der Produktionslogistik

■ Vertrieb mit der Distributionslogistik und Entsorgungslogistik, soweit die Entsorgung Teil der verkauften Leistung ist.

Wenn das Unternehmen funktional organisiert ist, mit Einkauf, Produktion und Vertrieb, können die Logistikaufgaben innerhalb der Funktionen wahrgenommen werden und sind dann innerhalb der genannten Fachabteilungen zu lösen (Bild 1.7). Aufgaben eines funktional organisierten Einkaufs sind beispielsweise:

■ Strategischer Einkauf:
  – Lieferantenmarketing (Ermittlung geeigneter Lieferanten)
  – Lieferantenauswahl
  – Vertragsverhandlung, Festlegen der Lieferkonditionen
  – Lieferantenbewertung

■ operativer Einkauf:
  – Bestellung

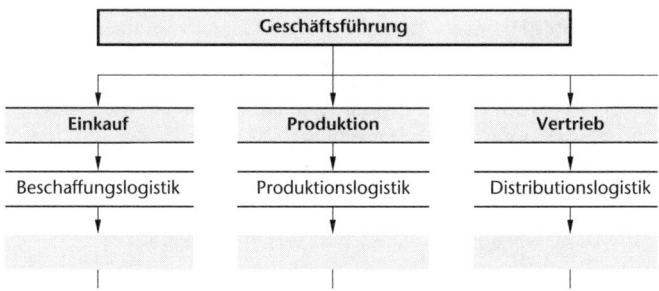

Bild 1.7: Stellung der Logistik in einer funktionalen Organisation

- Bestellüberwachung
- Wareneingang und Wareneingangskontrolle
- Rechnungsprüfung und Freigabe der Rechnung
- Reklamationen

Aufgaben des operativen Einkaufs enthalten vorwiegend die Einkaufs-
abwicklung und die Beschaffungslogistik. Ähnliche Überlegungen sind
für die Produktion und den Vertrieb mit Distribution möglich.

Alternativ zur funktionalen Organisation können logistische Aufgaben
in einer Querschnittsfunktion Logistik zusammengefasst und institutio-
nalisiert werden, um der Bedeutung des durchgängigen Materialflusses
gerecht zu werden. „Querschnitt" in diesem Sinn meint, dass sich die
Logistik durch alle drei klassischen Funktionsbereiche erstreckt. Die
Aufbauorganisation orientiert sich dann am Modell der Matrixorganisation (Bild 1.8).

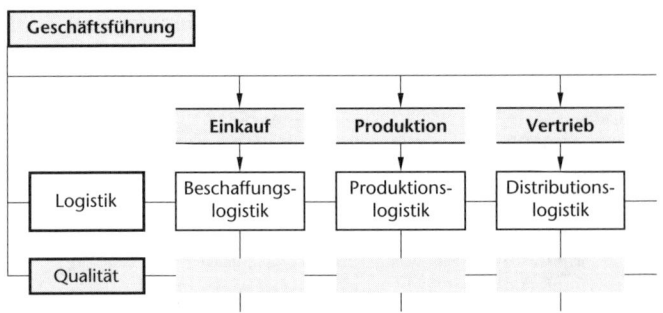

Bild 1.8: Stellung der Logistik in einer Matrixorganisation

Um im Unternehmen die Gedanken und Methoden der Logistik bekannt
zu machen und durchzusetzen, wird die Logistik als eigener Bereich auf
gleicher Ebene wie die klassischen Funktionen eingerichtet. Bei den
wichtigsten Planungen, Investitionen und Entscheidungen spricht dann
der Bereich Logistik mit und bringt seine Interessen und Logistikziele
ein. Für eine Investitionsentscheidung über eine neue Produktions-
maschine werden dann nicht nur technische Kriterien wie z. B. Genauigkeit, Stückzeit und Bearbeitungsraum beurteilt, sondern auch logistische
wie z. B. Rüstzeit, Losgrößen, Engpasssituation oder die Auswirkung der
neuen Maschine auf die Durchlaufzeit der Aufträge. Diese Abstimm-
prozesse werden zunächst als lästig empfunden, sind aber nötig, um
Logistikdenken im Unternehmen zu verankern.

Wenn in den klassischen Funktionen die Bedeutung der Logistik ver-
ankert ist, kann der eigene Bereich Logistik auch wieder aufgelöst werden,

um die Aufbauorganisation zu vereinfachen. Die Logistik wird dann entweder in den Einkauf oder in die Produktion integriert als „Einkauf und Logistik" oder „Produktion und Logistik".

Unternehmen konzentrieren sich zunehmend auf ihre Kernkompetenzen, auf die Fähigkeiten, in denen sie Wettbewerbern überlegen sind und die für ihr Geschäft wettbewerbsentscheidend sind. Dadurch steigt der Anteil zugekaufter Leistungen, der Anteil der Materialkosten am Umsatz nimmt zu, und die Materialströme von Lieferanten ins Unternehmen wachsen. Der Einkauf bestimmt größere Anteile der gesamten Logistik z. B. durch Anzahl der Lieferungen, Liefermengen oder Verpackung.

In der Produktion steigen durch die zunehmende Variantenvielfalt die Komplexität der Produktionsprozesse und damit die Anforderungen an die Logistik. Gleichzeitig ist die Produktion der direkte Kunde der Beschaffung, so dass Produktionskriterien, z. B. das geplante Produktionsprogramm, die Beschaffungslogistik bestimmen.

Es hängt von der Bedeutung der Produktion ab, wo die Logistik zugeordnet wird, wenn sie nicht als eigenständiger Bereich organisiert wird. Bei geringer eigener Wertschöpfung, wie z. B. im Handel oder in Montagebetrieben, werden **Einkauf und Logistik** zusammengefasst, ansonsten **Produktion und Logistik**. Da die Lieferfähigkeit vorwiegend von der Produktion und der Produktionslogistik abhängt und die Distribution i. d. R. wenig komplex ist, ist es nicht üblich, Vertrieb und Logistik in einen Bereich zusammenzufassen.

Geschäftsführung	*Bereiche einer funktionalen Organisation*			
	Einkauf	**Produktion**	**Vertrieb**	**Konstruktion**
▶ Kunden-gewinnung	Einkaufs-marketing Recherche neuer Lieferanten	Angebots-erstellung Kalkulation	Aquisition neuer Kunden Folgeaquisition	Konzepte Machbarkeits-studien
▶ Auftrags-abwicklung	Operativer Einkauf **Beschaffungs-logistik**	Produktion **Produktions-logistik**	Auftrags-annahme **Distributions-logistik**	
▶ Entwicklung	Projekteinkauf	Fertigungs-planung **Logistik-planung**		Produkt-konstruktion

Bild 1.9: Aufgabenzuordnung bei Prozessorganisation (Beispiel)

Neben einer funktionalen Aufbauorganisation können sich Unternehmen nach Prozessen organisieren. Die wichtigsten Geschäftsprozesse

■ Kundengewinnung

■ Auftragsabwicklung

■ Entwicklung

werden dann zu den Strukturmerkmalen der Aufbauorganisation. Bild 1.9 vergleicht die Aufgabenzuordnung bei funktionaler Organisation und bei Prozessorganisation.

Die Prozessorganisation ist z. B. das Grundprinzip der Unternehmens-organisation vieler Automobilhersteller und ihrer Zulieferer. Schwer-punkt der logistischen Aktivitäten ist hier der Auftragsabwicklungs-prozess.

1.8   Zusammenfassung

Logistik ist Teil der modernen Industriegesellschaft und Management-aufgabe in jedem Handels- und Industrieunternehmen. Die Methoden zur Gestaltung und Steuerung der Logistik können zwar branchenunab-hängig eingesetzt werden, ein sinnvoller Einsatz hängt aber von Rahmen-bedingungen wie Stückzahl oder Prognosefähigkeit ab. Methoden und ihre Anwendungsfelder werden in den Kapiteln 3 bis 26 beschrieben. Die Anwendungsfelder selbst, die Teildisziplinen wie Beschaffungs-, Produk-tions- oder Distributionslogistik sind Themen der Kapitel 27 bis 32. Da Logistik als Querschnittsfunktion das gesamte Unternehmen betrifft, werden die wichtigsten Wechselwirkungen zu anderen Unternehmens-teilen in den Kapiteln 33 bis 36 beschrieben.

Literatur

Ehrmann, H.: Logistik. 6., überarbeitete und aktualisierte Auflage. Ludwigshafen (Rhein): Kiehl 2008
Koether, R.: Technische Logistik. 3., aktualisierte und erweiterte Auflage. Mün-chen: Hanser 2007
Sommerer, G.: Unternehmenslogistik. München, Wien: Hanser 1998
Spur, G.: Fabrikbetrieb. München, Wien: Hanser 1994
Thaler, K.: Supply Chain Management. 5., aktualisierte Auflage. Troisdorf: Bil-dungsverlag EINS 2007
Wiendahl, H.-P.: Betriebsorganisation für Ingenieure 7., aktualisierte Auflage. München: Hanser 2010

2   Logistikaufgaben

Prof. Dr.-Ing. Reinhard Koether

2.1   Ziele der Logistik

Wirtschaftliches Ziel der Logistik ist, die Materialverfügbarkeit mit maximaler Kapitalrendite zu erreichen (vgl. Kap. 1).

Dazu gestaltet die Logistik die Beziehungen in Wirtschaftssystemen (vgl. Bild 2.1), insbesondere

■ die **dispositive Logistik**: den Teil des Informationsflusses zwischen Kunde und Lieferant, der mit dem Materialfluss verknüpft ist (Bestellungen, Lieferscheine, Liefertermine) (Abschnitt 2.2)

■ die **physische Logistik**: den Materialfluss vom Teilsystem Lieferant zum Teilsystem Kunde (Abschnitt 2.3)

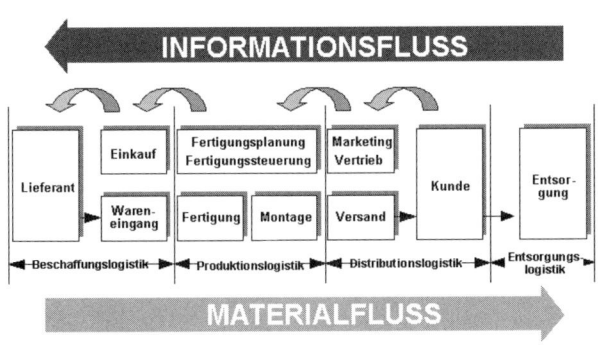

Bild 2.1: Logistische Kette

Um diese allgemein formulierten Aufgaben zu erfüllen,

■ denken Logistiker in Systemen,

■ arbeiten sie funktionsübergreifend (vgl. Abschnitt 1.7) und

■ gestalten sie Prozesse und (Material-)Flüsse.

Die Grenzen des Systems bestimmen auch die Methoden, Einrichtungen und Verfahren, wie diese Flüsse gestaltet werden. Typische Systeme und wichtige Teilaufgaben der Logistik sind:

■ der Betrieb mit der betriebsinternen Logistik
   – Produktionslogistik
   – innerbetrieblicher Transport

■ Produktions-Netzwerke mit Zulieferbetrieben, Endherstellern, Händlern und Kunden
   – Beschaffungslogistik
   – Distributionslogistik
   – Supply Chain Management zur unternehmensübergreifenden Optimierung dieses Netzwerks (vgl. Kap.14)

■ die Volkswirtschaft mit den Logistiknetzwerken
   – Verkehrsnetzwerk
   – Kommunikationsnetzwerk
   – Gesetzliches Regelwerk

■ das weltweite Wirtschaftssystem mit
   – weltweiten Transportwegen
   – weltweiten Kommunikationseinrichtungen

2.2   Dispositive Logistik

Aufgabe der **dispositiven Logistik** sind die planenden und steuernden Aktivitäten zur Gestaltung des Materialflusses. Wie im Bild 2.1 dargestellt, gestaltet und verantwortet die dispositive Logistik die Informationsflüsse.

Die wichtigsten Aufgaben der dispositiven Logistik sind:

■ die Mengenplanung

■ die Ablaufplanung mit Termin- und Kapazitätsplanung

■ die Auftragssteuerung

2.2.1   Mengenplanung

Mit den Methoden der **Mengenplanung** (auch: **Bedarfsplanung** oder **Materialdisposition**) werden die Materialmengen ermittelt, die im Planungszeitraum benötigt werden.

Bei der Auswahl der Planungsmethode sind Fragen zu klären wie z. B.

■ Wie stark schwankt der Materialbedarf?

■ Wie genau sind Bedarfsschwankungen prognostizierbar?

■ Wie viel Kapital wird durch die Materialbestellung gebunden?

■ Wie groß ist das Risiko, dass Vorräte verderben oder vom Kunden nicht mehr nachgefragt werden?

- Wie gut kann Material gelagert werden?
- Was kostet die Lagerung?
- Wie schnell kann ein Bedarf gedeckt werden?
- Wie viel Aufwand ist mit der Bedarfsermittlung verbunden?

Anwendungsfelder der Mengenplanung sind die Beschaffungslogistik (Kap. 27), die Produktionslogistik (Kap. 28), die Distributionslogistik (Kap. 29) und die Ersatzteillogistik (Kap. 30). Die Verfahren zur Mengenplanung basieren auf einer Kombination der folgenden Eigenschaften:

- Bedarfs- oder bestandsorientierte Disposition
- Stochastische oder deterministische Bedarfsmengen

2.2.1.1 Bestandsorientierte Disposition

Die Methoden bestandsorientierter Bedarfsermittlung sind das Bestellpunktverfahren oder das Bestellrhythmusverfahren. Bei Bedarfsermittlung nach dem **Bestellpunktverfahren** wird nachbestellt, wenn ein Meldebestand unterschritten wird. Das Sägezahndiagramm (Bild 2.2) zeigt dazu den idealisierten Bestandsverlauf über der Zeit. Unvorhergesehene Nachfragespitzen oder Lieferverzögerungen deckt der Sicherheitsbestand ab.

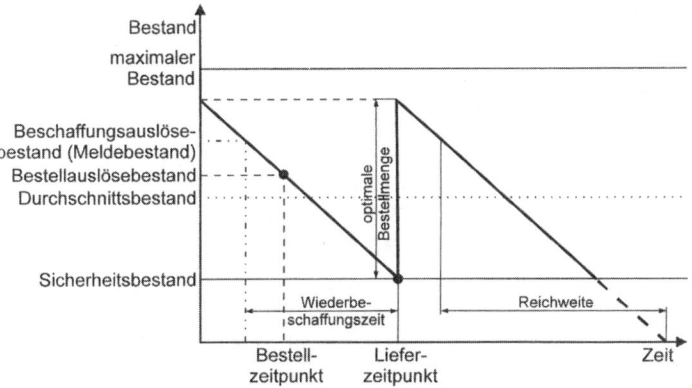

Bild 2.2: Sägezahndiagramm des Bestellpunktverfahrens (Quelle: Wiendahl)

Wenn nur zu bestimmten Zeitpunkten, z.B. einmal pro Woche, geliefert werden kann, etwa wegen der Tourenplanung des Lieferanten, kann jeweils genau die verbrauchte Menge der zurückliegenden Periode nachbestellt werden (**Bestellrhythmusverfahren**). Der Bestand wird damit wieder auf den maximalen Bestand aufgefüllt.

Bestandsorientierte Disposition erfordert wenig Aufwand. Sie funktioniert gut bei

- regelmäßigen Bedarfsmengen

- wenigen Varianten

- kurzen Wiederbeschaffungszeiten.

Sind diese Voraussetzungen nicht erfüllt, müssten hohe Sicherheitsbestände eingeplant werden, die Kapital binden und das Bestandsrisiko (Veraltung, Verderb) erhöhen.

Verfahren zur bestandsgesteuerten Mengenplanung werden in den Kapiteln 5 Material Requirement Planning (MRP) und 7 Kanban detaillierter vorgestellt.

2.2.1.2 Bedarfsorientierte Disposition

Die **bedarfsorientierte Disposition** ist aufwendiger. Geplant werden die Bedarfsmengen jeweils für eine Planungsperiode, z. B. für eine Woche, für 10 Tage oder für einen Monat. Jeder Bedarfsmenge können Kunden zugeordnet werden.

Kunden dieser Bedarfe sind:

- der Endkunde (Primärbedarf von Endprodukten)

- die Endmontage (Sekundärbedarf von Einbauteilen und Baugruppen) oder

- die Teilefertigung (Tertiärbedarf von Rohstoffen und Rohmaterial)

Der **Bruttobedarf** beschreibt die benötigte Menge von Primär-, Sekundär- oder Tertiärbedarf; der **Nettobedarf** wird aus Bruttobedarf und verfügbarem Lagerbestand ermittelt:

Nettobedarf = Bruttobedarf – verfügbarer Lagerbestand

Um aus dem Primärbedarf den Sekundär- und Tertiärbedarf zu ermitteln, muss die Stückliste „aufgelöst" werden, d. h. aus der Stückliste ermittelt werden, welche Mengen an Einbauteilen für ein Endprodukt benötigt werden und welche Mengen an Rohmaterialien für die Einbauteile geplant werden müssen. Stücklisten sind im Kap. 4 Stammdaten genauer beschrieben.

Die bedarfsgesteuerte Disposition führt zu geringeren Beständen, weil nur die Mengen disponiert werden, die von Kunden nachgefragt werden. Dafür ist der Aufwand zur Berechnung der Bedarfsmengen erheblich höher als bei bestandsorientierter Disposition. Bedarfsgesteuerte Disposition ist deshalb geeignet für:

- stark schwankende Bedarfsmengen
- viele Varianten
- teure Produkte oder Einbauteile
- lange Wiederbeschaffungszeiten

Bedarfsmengen können durch Kundenaufträge fest vereinbart sein oder prognostiziert werden. Fest vereinbarte, **determinierte Bedarfe** führen zu geringeren Beständen, weil keine Sicherheitsbestände für Prognosefehler gebildet werden müssen. **Stochastische Bedarfe** entstehen z. B. aus dem Vertriebsplan und sind definitionsgemäß unsicher. Sie führen zu höheren Beständen. Ob determinierte Bedarfe geplant werden können, hängt von der Geduld der Kunden im Vergleich zu eigenen Wiederbeschaffungszeit ab.

Die Kapitel 4 Stammdaten, 5 Material Requirement Planning (MRP), 6 Fortschrittszahlen, 8 Just in time, Just in Sequence, 16 E-Commerce für Logistikaufgaben und 19 Mathematische Methoden zur Lösung von Logistikproblemen beschreiben Methoden und Verfahren zu bedarfsorientierten Disposition genauer.

2.2.1.3 Anwendungsfelder

In Tabelle 2.1 sind die grundsätzlichen Möglichkeiten der Bedarfsermittlung zusammengefasst.

Tabelle 2.1 : Methoden der Bedarfsermittlung

Methoden der Bedarfsermittlung	**Deterministisch** Bedarf liegt fest	**Stochastisch** Bedarf wird prognostiziert	Folge: Aufwand zur Bedarfsermittlung	Folge: Bestände
Bestandsgesteuert „volle Kiste"	z. B. Einzelteile, z. B. Supermarkt	z. B. Vertriebsplan, Produktionsplan	wenig Aufwand zur Bedarfsermittlung	höherer Bestand auch für hohen Verbrauch
Bedarfsgesteuert nach Auftrag	z. B. Endprodukte	z. B. Vertriebsplan, Produktionsplan	schwierige Bedarfsermittlung durch Stücklistenauflösung und Nettobedarfsrechnung	geringer Bestand, nur Bedarfsmenge
Folge: Bestände	geringer Bestand, nur so viel wie möglich	höherer Bestand, um Prognosefehler auszugleichen		

Je höher die Werte der zu planenden Bedarfsmengen, desto wichtiger werden die Bestände. Je größer die Planungsunsicherheit, desto schwieriger und aufwendiger wird die Bedarfsplanung. Mit einer **ABC-Klassifikation** wird der Wert beschrieben. Der A-Gruppe werden die Materialien und Güter mit hohem Umsatz (= Preis · Menge), der C-Gruppe entsprechend die Materialien mit geringem Umsatz in der Planungsperiode zugeordnet. Normalerweise ist die Anzahl der Artikel der A-Gruppe gering (ca. 5% bis 10% aller Artikel), ihr Anteil am gesamten Umsatz aber hoch (ca. 60% bis 80% des Umsatzes). Umgekehrt ist es in der C-Gruppe: Viele Artikel (ca. 60% bis 80% der Anzahl Artikel) erzeugen nur wenig Umsatz (nur 5% bis 10% des gesamten Umsatzes). Die B-Güter liegen dazwischen. Eine Bestandssenkung der A-Artikel hat den größten Effekt. Da der Dispositionsaufwand vor allem von der Anzahl der zu disponierenden Artikel und weniger von deren Wert abhängt, senkt dagegen ein einfaches Dispositionsverfahren für C-Artikel den gesamten Dispositionsaufwand. C-Artikel werden deshalb nur in Ausnahmefällen bedarfsgesteuert disponiert.

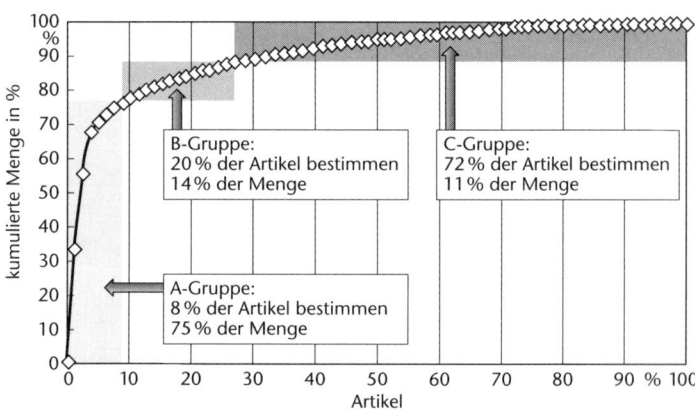

Bild 2.3: Typische ABC-Verteilung (Beispiel)

Die Planungs- und Prognosesicherheit wird durch eine **XYZ-Klassifizierung** beschrieben. In der X-Klasse sind die sicher zu planenden Materialmengen, die regelmäßig verbraucht werden. Entsprechend sind der Klasse Z die Materialien zugeordnet, die unregelmäßig disponiert werden und nur mit großer Unsicherheit geplant werden können. Bedarfsmengen von Artikeln der Y-Klasse folgen einem Trend oder Saisonzyklus und können daher mit einer gewissen Sicherheit prognostiziert werden (Prognoseverfahren vgl. Kap. 19). Da bei variantenreichen Produkten nur schwierig prognostiziert werden kann, welche der möglichen Varianten die Kunden genau bestellen, sind solche Produkte normalerweise Z-Materialien.

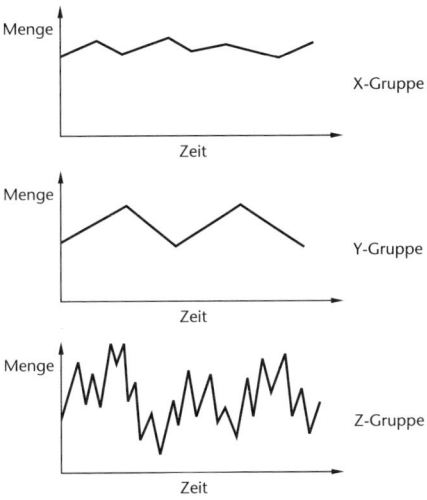

Bild 2.4: XYZ-Gruppierung

Die bekannten Dispositionsverfahren haben deshalb bevorzugte Einsatzprofile, die in Tabelle 2.2 dargestellt sind.

Tabelle 2.2: Geeignete Verfahren zur Materialplanung in der ABC-/XYZ-Matrix
(Kapitelnummern dieses Taschenbuchs in Klammern als Querverweis)

		Wertigkeit (Preis · Menge)		
		A **groß**	**B** **mittel**	**C** **gering**
Vorhersagegenauigkeit	**X** sicher	Bestellpunkt-verfahren Kanban (7) Just in Time (8)	Bestellpunkt-verfahren Kanban (7)	Kanban (7), C-Teile Beschaffung durch Dienstleister (16)
	Y mittel	Material Requirement Planning (MRP) (5), Abrufsteuerung, Fortschrittszahlen (6)	Material Requirement Planning (MRP) (5), Abrufsteuerung, Fortschrittszahlen (6)	C-Teile Beschaffung durch Dienstleister, Desktop-Purchasing (Katalog-Beschaffung) (16)
	Z unsicher	Abrufsteuerung, Fortschrittszahlen (6) Just in Sequence (8)	Material Requirement Planning (MRP) (5), Abrufsteuerung, Fortschrittszahlen (6)	Ersatzteillogistik (30) Desktop-Purchasing (Katalog-Beschaffung) (16)

Nachdem die Bedarfsmenge für die Planungsperiode bestimmt ist, muss die aktuelle Bestellmenge oder Produktionslosgröße berechnet werden. In die Berechnung gehen ein:

- Fixe Kosten einer Bestellung und Rüstkosten
- Reichweite der Bestellmenge
- Lager- und Kapitalbindungskosten
- Mengenabhängige Kosten oder Preise (Mengenrabatte)
- Fassungsvermögen von Behältern

Verfahren zur Berechnung optimaler Losgrößen und Bestellmengen werden im Kap. 19 Mathematische Methoden zur Lösung von Logistikproblemen vorgestellt; Auswirkungen der Losgrößenberechnung werden im Kap. 13 Auftragsdurchsteuerung diskutiert.

2.2.2   Terminplanung und Kapazitätsplanung

Die Terminplanung berechnet auf Basis der Übergangszeiten die Termine der Fertigungsaufträge in allen Bearbeitungsstufen und die Auslastung jeder Maschine.

Die Aufgabe **Terminplanung** betrifft vorwiegend die Produktionslogistik. Die Methoden zur Termin- und Kapazitätsplanung werden in Kap. 9 Terminplanung mit Vorwärts- und Rückwärtsterminierung beschrieben.

Aus der Terminplanung ergeben sich Kapazitätsbelastungen der einzelnen Maschinen. Um alle Kapazitätsbelastungen während der gesamten Planungsperiode unter 100 % zu halten, müssen mit Hilfe des Kapazitätsabgleichs die Bearbeitungstermine angepasst und abgeglichen werden.

Maßnahmen zum **Kapazitätsabgleich** sind:

- Verschieben von Fertigungsaufträgen auf weniger ausgelastete Maschinen, möglicherweise auch auf betriebsexterne Maschinen (Fremdvergabe)
- Zeitliche Verlagerung von Fertigungsvorgängen
- Arbeitszeitregelungen, z. B. Überstunden

In Kap. 10 Kapazitätsterminierung und Kapazitätsflexibilität werden die Verfahren genauer vorgestellt.

Bei der Termin- und Kapazitätsplanung wird das Dilemma der Ablauforganisation deutlich: Gleichzeitig sollen

- Minimale Fertigungsdurchlaufzeiten und
- Maximale Kapazitätsauslastung erreicht werden.

Bereits in Abschnitt 1.4 Treiber von Beständen wurde verdeutlicht, dass hohe Maschinenauslastung zu langen Wartezeiten der Fertigungsaufträge vor der Bearbeitung führt (vgl. Bild 1.3). Es ist deshalb nicht verwunderlich, dass die meisten Systeme zur Produktionsplanung und Steuerung (PPS) bzw. Enterprise Resource Planning (ERP) mit der Termin- und Kapazitätsplanung Probleme haben. Weiterhin verursacht der komplexe Planungsprozess lange Rechenzeiten, so dass normalerweise für mehrere Tage geplant wird. Die erste Störung im Ablauf erschüttert dann die Planungsgrundlage, so dass Planung und Realität nicht mehr übereinstimmen. In der Auftragsdurchsteuerung (vgl. Abschnitt 2.2.3) muss dann kurzfristig eine Lösung gefunden werden.

Im Kap. 28 Produktionslogistik werden Gestaltungsmöglichkeiten vorgestellt und diskutiert, um das Dilemma der Ablauforganisation aufzulösen.

2.2.3   Auftragssteuerung

Die **Auftragssteuerung** soll während des laufenden Fertigungsbetriebs die geplanten Fertigungstermine trotz Störungen und Verschiebungen einhalten.

Auch die **Auftragsdurchsteuerung** oder **Fertigungssteuerung** ist eine Aufgabe der Produktionslogistik. Probleme, die durch die konkurrierenden Ziele maximale Maschinenauslastung und minimale Durchlaufzeit entstehen, zeigen sich bei der Durchsteuerung der Fertigungsaufträge. Neben den Maßnahmen des Kapazitätsabgleichs (zeitliches Verschieben der Fertigungsaufträge) können Fertigungslose geteilt werden (**Lossplittung**) oder Teillose an die nächste Fertigungsstufe weitergegeben werden (**Losüberlappung**).

- Lossplittung führt zu höherem Rüstaufwand; dafür wird die Durchlaufzeit verkürzt, weil das Los an zwei (oder mehreren Maschinen) gleichzeitig bearbeitet wird.

- Losüberlappung verursacht höhere Transportkosten und erheblichen Koordinationsaufwand durch den Transport von Teillosen; dafür wird die Wartezeit zwischen den Fertigungsstufen (vor und nach der Bearbeitung) deutlich verkürzt.

Die Methoden zur Fertigungssteuerung können strukturiert werden in

- Push- oder Pull-Steuerung

sowie

- Leistungsorientierte oder bestandsorientierte Steuerung.

Die Prioritäten der Fertigungsaufträge können zentral geplant werden
oder dezentral durch den (internen oder externen) Kunden, bei dem der
Bedarf entsteht, vergeben werden. Im ersten Fall spricht man von einer
Push-Steuerung (Bild 2.5), im zweiten Fall von einer Pull-Steuerung
(Bild 2.6).

Prinzip der **Push-Steuerung** ist die **Bringpflicht**: Nach Erfüllung der
zentral vergebenen Arbeitsgänge müssen die Zwischenerzeugnisse zum
internen Kunden gebracht werden. Die zentrale Fertigungssteuerung
schiebt gewissermaßen die Aufträge durch die Fertigung. Die Gefahr der
Push-Steuerung ist, dass (Zwischen-)Erzeugnisse geliefert werden, für
die aktuell kein Bedarf mehr besteht, weil sich Prioritäten des Kunden
verschoben haben.

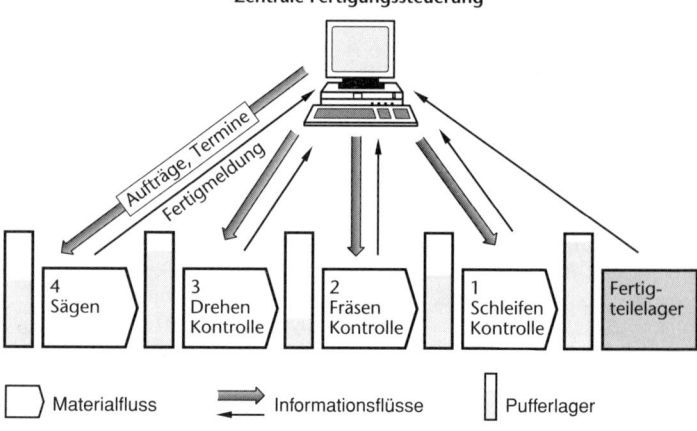

Bild 2.5: Push-Steuerung

Bei einer **Pull-Steuerung** werden dagegen die Aufträge durch die Fertigung gezogen, denn die (internen) Kunden fordern von der liefernden

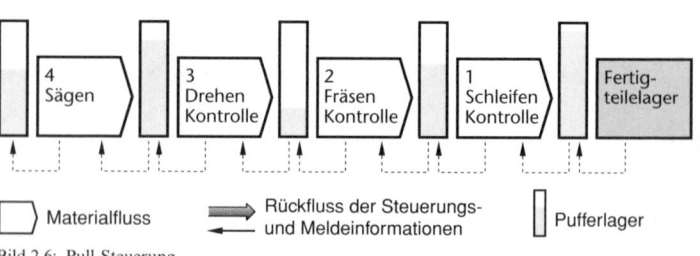

Bild 2.6: Pull-Steuerung

Abteilung die Zwischenerzeugnisse direkt an. Für die Kunden besteht also eine **Holpflicht** ihrer benötigten Materialien. Durch die direkte Kommunikation zwischen (internen) Kunden und (internen) Lieferanten wird sichergestellt, dass der dringendste Bedarf mit höchster Priorität erfüllt wird.

Die Verfahren zur Fertigungssteuerung lösen das **Dilemma der Ablauforganisation (Kapazitätsauslastung oder Durchlaufzeit)**, indem sie entweder den Bestand oder die Leistung (Kapazitätsauslastung) als zentrale Regelgröße verwenden, die dann Priorität hat.

Das **bestandsorientierte Verfahren nach dem Pull-Prinzip** Kanban (Kap. 7) steuert den Bestand, um die Durchlaufzeit zu minimieren. Bei einer Sequenz-Steuerung (Kap. 8) wird der Bestand indirekt über die zulässige Durchlaufzeit gesteuert. Damit die Aufträge abgearbeitet werden können, muss dann genügend Kapazität vorhanden sein. Man akzeptiert daher Kompromisse zu Lasten der Kapazitätsauslastung.

Den **bestandsorientierten Verfahren nach dem Push-Prinzip** können belastungsorientierte Auftragsfreigabe und Constant Work in Process (Kap. 11) zugeordnet werden.

Auch die **leistungsorientierten Verfahren** werden von einer zentralen Fertigungssteuerung verwendet, sie folgen dem **Pull-Prinzip**: Material Requirement Planning (MRP) (Kap. 5) und Fortschrittszahlen (Kap. 6) optimieren die Kapazitätsauslastung. Damit die benötigten Artikel zum richtigen Zeitpunkt verfügbar sind, muss eben rechtzeitig begonnen werden. Man nimmt also an, dass genügend Zeit zur Verfügung steht, und akzeptiert längere Durchlaufzeiten.

Es hängt vom Wert der Bestände, von der Kapitalbindung im Anlagevermögen und von der geforderten Lieferzeit ab, welches der dargestellten Verfahren das wirtschaftlichste ist.

- ■ Maximale Kapazitätsauslastung durch
  - – Push-Steuerung und
  - – Leistungsorientierte Fertigungssteuerung

  ist umso wirtschaftlicher
  - – je teurer die Anlagen
  - – je länger die akzeptable Lieferzeit und
  - – je geringer der Wert der Bestände

- ■ Minimale Durchlaufzeit und minimale Bestände durch
  - – Pull-Steuerung und
  - – Bestandsorientierte Fertigungssteuerung

  ist wirtschaftlicher bei
  - – einfachen Maschinen und Anlagen
  - – ungeduldigen Kunden

- hoher Variantenvielfalt, so dass nicht mehr alle Varianten gelagert werden können
- hohem Wert der Bestände

Häufig wird deshalb die Fertigung in 2 Dispositionskreisen geplant und gesteuert; mit

■ Teilefertigung (Dispositionskreis 1)
  - Losweise Produktion
  - Auf teuren Maschinen und Anlagen
  - Bedarfsorientierte Mengenplanung
  - Prognostizierte Bedarfsmengen
  - Push-Steuerung
  - Lange Durchlaufzeiten

■ Montage (Dispositionskreis 2)
  - Variantenreiche (End-)Produkte
  - Losgröße 1
  - Personalintensive Montage auf einfachen Maschinen und Anlagen
  - Determinierte Bedarfsmengen durch Kundenaufträge
  - Pull-Steuerung
  - Kurze Montagedurchlaufzeit
  - Lieferung ohne (oder mit kleinem) Fertigwarenlager

Die Teilefertigung (Dispositionskreis 1) wird häufig auch komplett vergeben, so dass einbaufertige Einzelteile zugekauft werden. Die dispositive Logistik vereinfacht sich dadurch und reduziert sich auf die Mengenplanung (vgl. auch Kap. 27 Beschaffungslogistik).

2.3.   Physische Logistik

Aufgabe der physischen Logistik ist, die Güter zu transportieren, zu lagern und zu handhaben, damit sie am richtigen Ort verfügbar sind. Die physische Logistik plant, steuert und gestaltet somit den Materialflussteil der logistischen Kette (Bild 2.1).

2.3.1   Transport

Kostengünstige Transporte sind Vorraussetzung für freien Warenaustausch, für Spezialisierung und damit für günstige Preise und Wohlstand.

Transportsysteme und Transportmittel sind je nach Entfernung und Transportaufgabe unterschiedlich. Im innerbetrieblichen Transport wer-

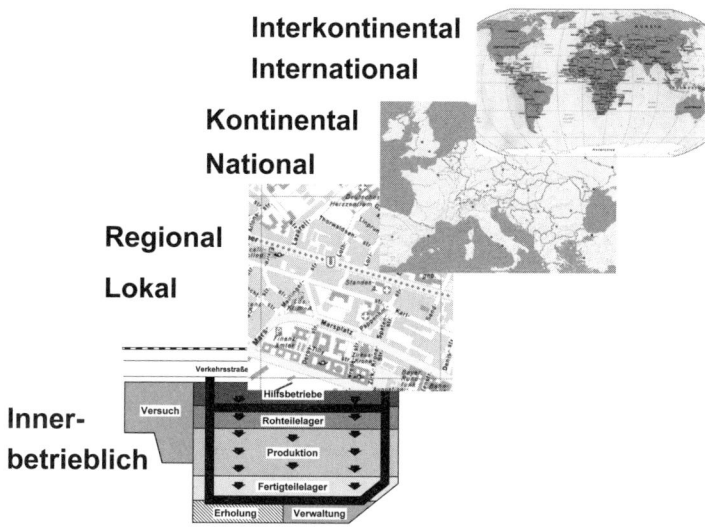

Bild 2.7: Ordnungen des Materialflusses und der Transporte

den z. B. häufig Flurfördergeräte, am häufigsten Gabelstapler eingesetzt, während für lokale Transporte vielfach Straßenfahrzeuge verwendet werden. Eisenbahn, Lastkraftwagen und Binnenschiff stehen im Wettbewerb um regionale, nationale und kontinentale Transporte. Für interkontinentale Transporte dagegen werden Hochseeschiffe und Frachtflugzeuge verwendet.

Die Fahrzeuge, z. B. Lastkraftwagen, unterscheiden sich wieder nach der zu transportierenden Ladung, z. B. Kipper und Silofahrzeuge für Schüttgüter, Tankfahrzeuge für Flüssigkeiten und Lkws mit Pritschen- oder Kofferaufbauten für palettierte Stückgüter. Im Kap. 20 wird die Fördertechnik für innerbetrieblichen Materialfluss, im Kap. 21 werden Transporte und zwischenbetrieblicher Materialfluss vorgestellt.

Die **Kapazität eines Transportsystems** wird von der Kapazität der Fahrzeuge und der Kapazität der Fahrwege bestimmt. Im Kap. 17 Planung von Materialflusssystemen werden analytische Methoden zur Dimensionierung von Materialflusssystemen dargestellt. Wenn die Annahmen der analytischen Berechnung, z. B. die pauschale Verrechnung unproduktiver Zeiten, oder die fehlende Abbildung von Staus oder Störungen zu ungenau ist, kann das Materialflusssystem simuliert werden. In Kap. 18 Simulation zur Planung und Steuerung von Materialfluss- und Transportsystemen wird die Vorgehensweise dargestellt.

2.3.2   Lagerung

Aus logistischer Sicht **ist das beste Lager kein Lager**, denn die Lager-
einrichtung kostet Platz und bindet Werte im Anlagevermögen. Zusätzlich binden die Lagerbestände Kapital im Umlaufvermögen. **In der
Realität sind Lager notwendig**, denn es gibt gute Gründe, Bestände anzulegen (vgl. Abschnitt 1.3).

Das Lagergut bestimmt die Auslegung des Lagers. Die Lagergüter und
typische Lager sind im Bild 2.8 klassifiziert.

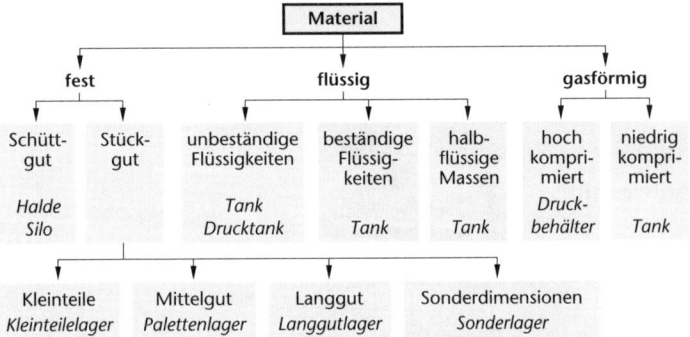

Bild 2.8: Klassifizierung zu lagernder Materialien und typische Lager

Jedes Lager enthält verschiedene Bereiche (Bild 2.9) mit

- Lagerung,
- Lagerbedienung,
- Kommissionierung sowie
- Wareneingang und Warenausgang.

Die wichtigsten **Leistungsgrößen eines Lagers** sind:

- die Lagerkapazität (die maximal zu lagernde Menge)
- die Umschlagleistung (= Anzahl der ein- oder auszulagernden Artikel
  pro Zeiteinheit) oder die Zugriffszeit auf ein bestimmtes Lagergut

Ein Lager ist ein System mit den Elementen:

- Lagerort und Lagereinrichtung (z. B. Regal)
- Lagerhilfsmittel (Behälter, Verpackung)
- Lagerbediengerät (z. B. Hochregalstapler)
- Lagerverwaltung mit Lagerplatzvergabe und Steuerung der Ein- und
  Auslageraufträge
- Kommissionierung

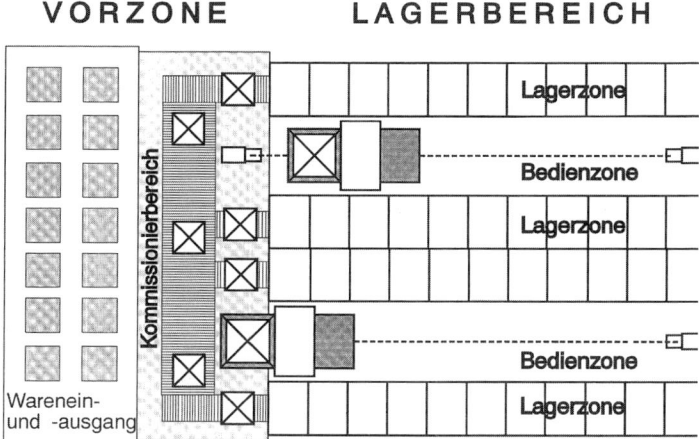

Bild 2.9: Lagerbereiche in einem automatischen Regallager

Lagerplanung und Lagerbetrieb sind Logistikaufgaben. Im Kap. 22 Lagertechnik wird beschrieben, wie diese Systemelemente die Lagerkapazität und die Umschlagleistung beeinflussen und wie diese Systemelemente sinnvoll gestaltet, ausgewählt und kombiniert werden.

2.3.3 Kommissionieren und Sortieren

Private und gewerbliche Verbraucher werden mit Gütern unterschiedlichster Lieferanten beliefert. Die Verbrauchsmengen jedes einzelnen Verbrauchers sind fast immer kleiner als die Produktionsmengen jedes Herstellers. Teil der logistischen Verbindung zwischen Kunden und Lieferanten ist die Kommissionierung, die z.B. die Logistikfunktion des Handels darstellt.

Jeder Kunde und jede Kundin, die im Supermarkt einkauft und die Waren im Einkaufswagen sammelt, erfüllt auch eine Kommissionieraufgabe.

Kommissionieren bedeutet das Zusammenstellen unterschiedlicher Artikel für einen Auftrag oder für einen Verbraucher.

Diese Logistikdienstleistung wird vom Kunden bezahlt (z. B. über mengenabhängige Preise) und ist damit **wertschöpfend**. Da größere Mengen in das Lager, in das Kommissioniersystem oder in den Supermarkt geliefert werden, ist mit der Kommissionierung die Entnahme von Teilmengen aus einer größeren Lager- oder Verpackungseinheit verbunden. Da die Artikel unterschiedliche Formen, Größen und Gewichte haben, kann nur **in Ausnahmefällen automatisch kommissioniert werden;** die menschliche Hand ist immer noch das flexibelste „Entnahmewerkzeug".

Wegen hoher Lohnkosten ist ein wesentliches Gestaltungsziel von Kommissioniersystemen, die Produktivität des Kommissionierers zu optimieren.

Eine weitere typische Logistikaufgabe ist die **Verteilung von Gütern** an Kunden, z. B. wenn ein Produzent seine Waren an die Kunden ausliefert und verteilt. Verteilprozesse sind auch die Kernaufgabe von Dienstleistern wie z. B. der Brief- oder Paketpost, die Sendungen einsammeln, sortieren und verteilen. Sortieren ist neben dem Transport Kern dieser Verteilprozesse, denn eine schnelle Sortierung sorgt zusammen mit schnellen Transporten für kurze Lieferzeiten. Die leistungsfähigsten automatischen Sortieranlagen können bis zu 20 000 Pakete pro Stunde auf einhundert und mehr Zielstellen verteilen.

Kommissioniersysteme, Sortierer und Verteilprozesse sowie ihre Planung und ihr Betrieb werden im Kap. 23 vorgestellt.

2.3.4   Verpackung

Verpackung und Behälter werden unter dem Begriff Förder- und Lagerhilfsmittel zusammengefasst. Sie sollen Transport und Lagerung von Gütern vereinfachen. Dazu sollen sie möglichst leicht, kostengünstig, einfach zu handhaben und zu entsorgen sein.

Neben dieser **Logistikfunktion** prägt die Verpackung von Konsumgütern das Erscheinungsbild des Produktes und erfüllt damit auch eine **Marketingfunktion**. Marketing und Logistik verfolgen häufig jedoch gegensätzliche Ziele.

Förder- und Lagerhilfsmittel werden aus folgenden logistischen Gründen eingesetzt:

■   Erleichterung von Transport, Handling und Lagerung:
  – Zusammenhalten der Fördergüter
  – Einsparung von Umladevorgängen
  – Standardisieren der Schnittstelle zur Lager- und Fördertechnik und Erleichterung eines mechanisierten oder automatisierten Materialflusses

- Schutz des Fördergutes vor Klimaeinflüssen, Beschädigungen, Verunreinigungen und Diebstahl

- Tragen von Produkt-Information, z. B. Bezeichnung des Gutes, Mengenangaben, Haltbarkeitsdaten, Preisauszeichnung in Selbstbedienungsmärkten

- Darstellung des Markenauftritts und Werbeaussagen (besonders für Konsumgüter)

Die Verpackungen, Lager- und Förderhilfsmittel werden im Kap. 24 vorgestellt. In diesem Kapitel finden sich auch die wichtigsten Planungs- und Gestaltungsregeln.

Da gerade Einwegverpackungen als Müll entsorgt werden müssen, sind Verpackungen, Verpackungsmüll und die aus dieser Problematik entstandene Verpackungsverordnung ein bekanntes Anwendungsbeispiel für Technikfolgenabschätzung und -bewertung von Logistiksystemen. Im Kap. 26 Technikbewertung für Logistiksysteme wird die Problematik und die Vorgehensweise zur Technikbewertung diskutiert.

2.4 Zusammenfassung

Dieses Kapitel bietet einen kurzen Überblick über die wichtigsten Aufgaben der dispositiven und der physischen Logistik. Ausführlicher werden Logistikaufgaben, Lösungsmethoden und deren Anwendungen in den folgenden Kapiteln des Taschenbuchs für Logistik beschrieben:

- Aufgaben und Lösungen der dispositiven Logistik: Kap. 4 bis 16

- Planungsmethoden Kap. 17 bis 19

- Aufgaben und Lösungen der physischen Logistik: Kap. 20 bis 26

- Anwendungen Kap. 27 bis 32

Da Logistikaufgaben nicht isoliert von anderen Aufgaben der Betriebsführung bearbeitet werden können, werden die wichtigsten Wechselwirkungen in den Kap. 33 bis 36 diskutiert.

Literatur

Ehrmann, H.: Logistik. 6., überarbeitete und aktualisierte Auflage. Ludwigshafen (Rhein): Kiehl 2008

Helfrich, C.: Praktisches Prozessmanagement. 2. Auflage. München, Wien: Hanser 2002

Hompel, ten M.; Schmidt, T.; Nagel, L.: Materialflusssysteme, Förder- und Lagertechnik. 3., völlig neu bearbeitete Auflage. Berlin, Heidelberg, New York, Tokyo: Springer 2007

Koether, R.: Technische Logistik. 3., aktualisierte und erweiterte Auflage. München: Hanser 2007

Spur, G.: Fabrikbetrieb. München, Wien: Hanser 1994

Thaler, K.: Supply Chain Management. 5., aktualisierte Auflage. Köln: Fortis 2007

Wenzel, R.; Fischer, G.; Metze, G.; Nieß, P.: Industriebetriebslehre. München, Wien: Hanser 2001

Wiendahl, H.-P.: Betriebsorganisation für Ingenieure 7., aktualisierte Auflage. München: Hanser 2010

3 Logistikstrategie als integraler Bestandteil der Unternehmensstrategie

Dr.-Ing. Ekkehard Gericke

3.1 Logistik im Rahmen der Unternehmensstrategie

Die Logistikstrategie eines Unternehmens kann im Instrument der Balanced Scorecard als integraler Teil der Unternehmensstrategie dokumentiert werden. Bild 3.1 zeigt die Balanced Scorecard eines Variantenherstellers von Automatisierungskomponenten der Pneumatik. Elemente der Logistik finden sich im Strategieziel der Innovationsführerschaft, also der schnellen Umsetzung neuer Ideen und Anforderungen in marktfähige

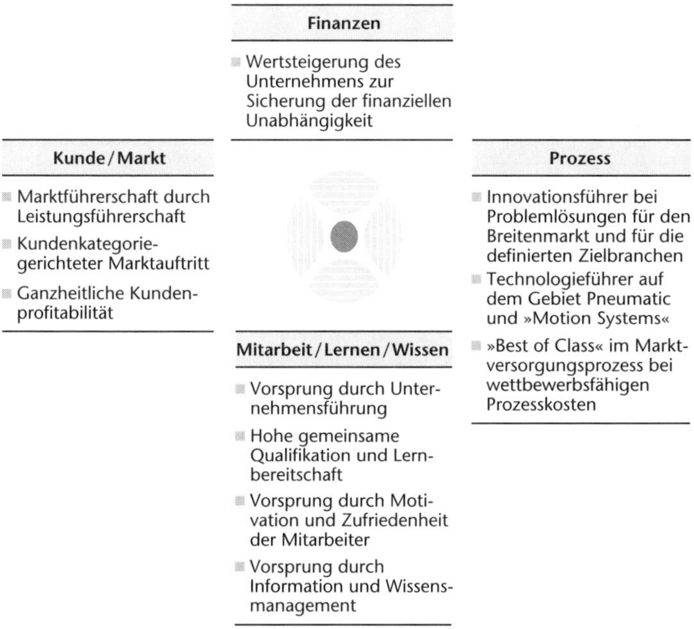

Finanzen

- Wertsteigerung des Unternehmens zur Sicherung der finanziellen Unabhängigkeit

Kunde / Markt

- Marktführerschaft durch Leistungsführerschaft
- Kundenkategorie-gerichteter Marktauftritt
- Ganzheitliche Kunden-profitabilität

Prozess

- Innovationsführer bei Problemlösungen für den Breitenmarkt und für die definierten Zielbranchen
- Technologieführer auf dem Gebiet Pneumatic und »Motion Systems«
- »Best of Class« im Markt-versorgungsprozess bei wettbewerbsfähigen Prozesskosten

Mitarbeit / Lernen / Wissen

- Vorsprung durch Unternehmensführung
- Hohe gemeinsame Qualifikation und Lern-bereitschaft
- Vorsprung durch Motivation und Zufriedenheit der Mitarbeiter
- Vorsprung durch Information und Wissens-management

Bild 3.1: Balanced Scorecard eines Variantenherstellers von Automatisierungskomponenten der Pneumatik

Produkte und folglich in der Forderung nach einer kurzen „Time to Market". Das zweite Ziel mit logistischen Konsequenzen betrifft die Marktversorgung mit Serienprodukten und dem Anspruch darin, bei wettbewerbsfähigen Prozesskosten Branchenprimus zu sein.

In der Balanced Scorecard des Unternehmensressorts Order Fulfilment, also dem Funktionsbereich des Unternehmens, der für die Marktversorgung verantwortlich ist (Bild 3.2), detaillieren sich die logistischen Unternehmensziele in den Aspekten: kosteneffiziente Lieferpünktlichkeit, Expressbelieferung, Globaler Produktions- und Logistikverbund und Verkürzung der Time to Market.

Finanzen

- Steigerung der Primärkostenproduktivität
- Optimieren des Kapitalumschlages

Kunde / Markt

- Über dem Wettbewerb liegende Lieferpünktlichkeit bei marktfähigen Prozesskosten
- Expressbelieferung bei Notfällen des Kunden

Prozess

- Globalisierung der Marktversorgung durch Aufbau des weltweiten Produktions- u. Logistikverbundes
- Beschleunigung und qualitative Absicherung des Neuheitenanlaufes

Mitarbeit / Lernen / Wissen

- Steigerung der Eigenverantwortlichkeit

Bild 3.2: Balanced Scorecard des Order Fulfilment (Auszüge)

3.2   Time to Market

In Märkten mit zunehmender Innovationsgeschwindigkeit ist die schnelle und funktionierende Konkretisierung einer Idee hin zu einem Produkt eine entscheidende Voraussetzung, um im Wettbewerb zu gewinnen. Neben dem Einsatz von Computer Aided Engineering in Konstruktion und Simulation und der Erstellung von Produktmustern durch Rapid Prototyping Technologien bietet auch die geeignete logistische Prozessgestaltung Geschwindigkeitspotenzial. Dabei zeigt sich regelmäßig die Logistik der internen Zusammenarbeit von Entwicklung, Musterbau und Produktion einfach lösbar, während die Logistik über Unternehmensgrenzen hinweg schwieriger ist.

3.2.1   Strategische Lieferanten als Entwicklungspartner

Ein Erfolgsfaktor für optimale Produktneuheiten ist die enge und frühzeitige Zusammenarbeit mit strategischen Lieferanten, also Lieferanten, die eine hohe Fachkompetenz in ihrem Gebiet beweisen und mit denen die Zusammenarbeit vertrauensvoll und pragmatisch zu beiderseitigem Nutzen funktioniert. In der engen Zusammenarbeit kann der Lieferant mit seinem Expertenwissen die Bauteile in den Details fertigungsoptimal zu Ende konstruieren und damit Terminverzüge durch Qualitätsprobleme im Neuheitenanlauf minimieren und Ausschussquoten deutlich senken.

3.2.2   Neuheitenprojekteinkauf

Beschleunigung in Neuheitenprojekten entsteht auch durch die Trennung des Einkaufs in Serieneinkäufer und Neuheitenprojekteinkäufer. Während der Serieneinkäufer seinen Schwerpunkt in Serienbetreuung, Rationalisierungspotenzialen und Preisverhandlungen hat, kann sich der Neuheitenprojekteinkäufer auf die enge Abstimmung im Entwicklungsprozess, auf die schnelle Problemlösung und insbesondere auf die Termineinhaltung konzentrieren. Diese organisatorische Trennung verhindert Komplikationen mit der Serie und sichert die schnelle Reaktion im Neuheitenprozess.

3.2.3   Pilotkunden

Neben der intensiven Zusammenarbeit mit Lieferanten und der eigenen Produktion gilt es auch, Pilotkunden frühzeitig in Neuheitenprojekte einzubinden. Dazu müssen einfache und flexible Prozesse definiert werden, auf welchem Weg die Pilotkunden Prototypen erhalten und wie ein Mindestmaß an Dokumentation gesichert wird. Bei allen logistischen Prozessen in Neuheitenprojekten steht die Effektivität immer an erster Stelle vor Effizienzoptimierungen.

3.3   Time to Customer

3.3.1   Klares Zielsystem der Marktversorgung

Als Bestandteil der Unternehmensstrategie ist im Markt mit Automatisierungskomponenten das wesentliche Logistikziel eine über dem Wettbewerb liegende Liefertermintreue. Gemessen wird diese Pünktlichkeit als Termintreue der Lieferungen, bezogen auf die erstmalige Lieferterminzusage an den Kunden. Die Terminzuverlässigkeit besitzt intern eine noch höhere Priorität als das Ziel der kürzestmöglichen Lieferzeit.

Das zweite Ziel der Pünktlichkeit ist eine hohe Kundenwunschtermin-treue, also eine Termintreue bezogen auf den vom Kunden erstmalig geäußerten Terminwunsch. Dieses Ziel ist eigentlich das Maß aller Dinge, kann aber im Einzelfall zu unnötigem Aufwand führen, wenn die Disposition beim Kunden grundsätzlich von einer Lieferung „sofort" ausgeht. Das tritt dann ein, wenn der Kunde infolge vorausgegangener Belieferungsschwierigkeiten glaubt, durch die Terminangabe „Lieferung sofort" eine höhere Priorität bei der Belieferung zu erhalten. Insofern sind die maximale Liefertermintreue die Grundlage für das Vertrauen der Kunden und die wirklichen Kundenwunschtermine das Maß für die Marktnotwendigkeiten.

Zukünftig wird die Lieferfähigkeit in „Lieferklassen" angegeben. Die Lieferklasse ist eine standardisierte konstante Lieferzeit für definierte Produktgruppen.

3.3.2   Express- und Standardlieferung

Für einen Notfall beim Kunden, z. B. den Stillstand einer Fertigungslinie, ist es von großer Wichtigkeit, dem Kunden mit kürzestmöglicher Liefer-zeit zu helfen. Dies sollte jedoch nicht durch Eingreifen in den Standard-prozess erreicht werden, sondern durch eine klare Gestaltung eines Expressprozesses in Produktion und Logistik. Notwendig ist, dass der Expressprozess unabhängig vom Standardprozess mit hoher Geschwin-digkeit und mit absoluter Termintreue läuft.

3.3.3   Globale Produktion –
Regionale Marktversorgung

Die Individualisierung der Kundenwünsche in den letzten Jahrzehnten hat zu einem Produktsortiment mit zahlreichen Produktvarianten ge-führt. Ein große Anzahl an Produktvarianten lässt sich geeignet durch die konsequente Anwendung von Baukastenprinzipien erstellen. Dabei wird aus einer geringen Anzahl von Grundkomponenten auf Kunden-wunsch die spezifische Produktvariante hergestellt. Dies begünstigt in Folge ein zweistufiges Produktionskonzept, bei dem auf der ersten Stufe die Komponenten der Produkte kundenanonym und möglichst effizient produziert werden. Diese Produktionsstufe ist auf den weltweiten Bedarf ausgerichtet und tendenziell an keine bestimmten Standorte gebunden. Die zweite Stufe der Produktion fertigt kundenauftragsspezifisch Pro-dukte aus den Komponenten. Diese Montagewerke sind kombiniert mit Logistikcentern und auf Marktregionen ausgerichtet. Die Endprodukte werden von diesen Werken direkt an den Kunden oder an die Tochter-gesellschaften in den Ländern der Region geliefert.

3.3.4 Prozessperfektion vs. Lagerbestände

Die Kosten für das Erreichen einer hohen Termintreue müssen marktkonform bleiben. Neben der Vereinfachung oder Automatisierung von Prozessen stehen insbesondere die Kapitalbindungskosten durch Lagerbestände im Blickfeld. Eine optimale Marktbedienung bei standardisierten Produkten lässt sich grundsätzlich über hohe Lagerbestände oder über schnelle Prozessketten bei niedrigen Beständen erreichen. Der Weg über hohe Bestände führt direkt zu hoher Kapitalbindung und langfristig zu hohem Bestandsrisiko (Überalterung, technische Änderungen usw.). Deshalb ist die Beschleunigung der Prozesse und damit die Erhöhung des Kapitalumschlages der bessere Weg zum Erreichen einer guten Marktversorgung bei minimierten Kosten.

3.4 Realisierung dieser Logistikstrategie am Beispiel der Festo AG & Co.

3.4.1 Global Production Center

Kurze Lieferzeiten bei hoher Variantenzahl werden bei Festo durch die Nutzung zweier aufeinander aufbauender Werkstypen erreicht:

- Global Production Center: GPC

- Regional Service Center: RSC

In den Global Production Center werden die Weltbedarfe an Grundkomponenten zur Montage von Varianten eines Endproduktes produziert. Die Montage der Endprodukte aus den Grundkomponenten geschieht kundenauftragsspezifisch in den Regional Service Center. Endprodukte mit hohen Stückzahlen einzelner Varianten werden als so genannte Standardprodukte ebenfalls in den GPC fertiggestellt. Die GPC produzieren kundenauftragsneutral in die Läger der RSC. Rund 60 % des internen Materialflusses wird über Kanban gesteuert. Die Ablieferung von Grundkomponenten in die RSC erzeugt einen Fertigungsauftrag in den vorgelagerten GPC. Die Fertigungsaufträge werden nach dem gewünschten Sicherheitsbestand und der spezifischen Wiederbeschaffungszeit gestaltet. Ein Global Production Center ist gekennzeichnet durch hohe Stückzahlen, hohe Produktivität und niedrige Stückkosten, einen hohen Automatisierungsgrad und eine prozessintegrierte Qualitätssicherung. Im Produktionsverbund bei Festo besitzt jedes GPC eine spezifische technologische Kernkompetenz.

3.4.2   Regional Service Center

In den Regional Service Centern werden aus Grundkomponenten kundenauftragsspezifische Endprodukte montiert. Ein RSC ist gekennzeichnet durch kundenauftragsspezifische Fertigung und Montage, durch hohe Mengenflexibilität, kurze Durchlaufzeiten, kleine Losgrößen und eine abschließende Qualitätsprüfung des Endproduktes. Regional Service Center liegen in den wesentlichen Marktregionen und liefern Endprodukte direkt an die Kunden bzw. an die Vertriebsgesellschaften in der Region. In die RSC sind Logistikcenter integriert, die Kommissionierung und Distribution der Produkte erledigen. Für den europäischen Markt hat Festo im Regional Service Center Europe ein Logistikcenter errichtet, in dem bis zu 40 000 Positionen täglich versandt werden können. Durch Einrichtung einer Top Mover Area (Bild 3.3), in der die höchste Umschlaghäufigkeit erreicht wird, konnte die Versandproduktivität markant gesteigert werden. In diesem Teilbereich können 60 % des Umsatzes mit pro Kommissionierplatz 4 gleichzeitig offenen Aufträgen abgewickelt werden.

Bild 3.3: Top Mover Area

3.4.3   Weltweite Multiplikation
der Regional Service Center

Nach der überaus erfolgreichen Einführung des Regional Service Centers Europe wurde begonnen, diese Funktion in weiteren Marktregionen weltweit zu installieren. Die Entwicklung der Weltmärkte zeigt ein stei-

Bild 3.4: RSC ASEAN

Bild 3.5: Lieferländer RSC ASEAN

gendes Umsatzpotenzial in den Regionen Amerika und Asien, d. h. den Wirtschaftsregionen Nafta, Mercosur, Asean und Far East. Als erster Schritt wurde in Singapur das RSC Asean im Sommer 2002 eröffnet (Bild 3.4), aus dem 85 % des regionalen Festo-Umsatzes für die umliegenden Länder Singapur, Indonesien, Malaysia, Phillipinen und Thailand abgewickelt werden (Bild 3.5). 15 % des Umsatzes werden weiterhin per Luftfracht aus dem europäischen Logistikcenter bedient, da es sich dabei um Produkte mit einer geringen Umschlaghäufigkeit im regionalen Markt handelt. Inzwischen wurden das RSC Nafta auf Long Island, USA, und das RSC Südamerika in São Paulo in Betrieb genommen.

3.4.4   Nationale Vertriebslager

Zusätzlich zu den Lagern in den Regional Service Centern betreiben die einzelnen nationalen Vertriebsgesellschaften eigene, nationale Lager zur Kundenbelieferung. Diese Lager dienen als Kundenkonsignationslager, Vorratslager für sofort benötigte Ersatzteile, Lager für nur regional verfügbare Komponenten und immer seltener als Vorratslager zum Absichern von Lieferzusagen.

Diese Lager waren in der Vergangenheit Zwischenstation für Kundenaufträge, die aus dem Zentrallager zuerst in das nationale Lager geliefert und von dort an den Endkunden ausgeliefert wurden.

Durch die wirtschaftliche Vernetzung Europas und die logistische Leistungsfähigkeit des Regional Service Center Europe konnte in Europa die Direktbelieferung der Kunden verwirklicht werden. Der Kundenauftrag wird in der nationalen Vertriebsgesellschaft aufgenommen, die Ware dann aber vom RSC Europe direkt an den Endkunden geschickt. Heute werden von Festo rund 96 % des Umsatzes in West-Europa direkt vom RSC Europe an Endkunden abgewickelt. Die Direktbelieferung der neuen EU-Mitgliedsstaaten in Osteuropa hat bereits einen Wert von 90 % erreicht. Auch in überseeischen Ländern im Nafta- und ASEAN-Raum werden bereits zweistellige Direktbelieferungsanteile erreicht. Die Faktura erfolgt dann wieder von der nationalen Vertriebsgesellschaft an den Endkunden.

Die verbesserte logistische Leistungsfähigkeit erlaubt eine Reduzierung der nationalen Vertriebslager. In dem Maß, in dem das Vertrauen der nationalen Vertriebsgesellschaften in das zentrale Logistikcenter wächst, wird ein Vorhalt von nationalen Lagern überflüssig. Der Bestandswert der Vertriebslager in Europa wurde binnen 12 Monaten halbiert, ohne die Lieferfähigkeit zu gefährden. Die Verringerung der Bestände wird durch Strukturanalyse der Umschlagshäufigkeit erzielt. Produkte, die auf nationaler Ebene eine unzureichende Umschlagshäufigkeit erreichen, werden in die Regionalen Service Center rückgeführt, da dort die Verkaufswahrscheinlichkeit größer ist als in einer einzelnen Landesgesellschaft.

3.4.5 National Service Center (NSC)

Den nationalen Vertriebslagern sind Werkstätten zugeordnet, in denen kleinere Produktmodifikationen und Reparaturen durchgeführt werden können und kundenspezifische Automatisierungssysteme montiert und geprüft werden können.

Der Ausbau und die Vervielfältigung dieser Werkstätten führen aber bei neuen aufwändigen Produktionstechnologien zu einer Vielzahl von unzureichend ausgelasteten Maschineninvestitionen. Als Weiterentwicklung der nationalen Vertriebswerkstätten werden deshalb die Werkstätten einer Marktregion wie z. B. der Europäischen Union oder der Nafta in einer einzigen Werkstatt dieser Region im RSC zentralisiert und professionalisiert.

3.4.6 Lieferantenmanagement

Neben der Regelung der internen Prozesse in Produktion und Logistik müssen auch die externen Wertschöpfungspartner geeignet in die Prozesskette eingebunden werden. Festo Lieferanten werden vielfach noch über Planvorgaben gesteuert. Aus der Absatzplanung des Vertriebes und den erwarteten Kundenprojekten werden im Abgleich mit den vorhandenen Beständen Lieferaufträge für die Lieferanten erzeugt. Die Informationen werden schriftlich dokumentiert übermittelt. Zur Sicherung der Lieferfähigkeit des Lieferanten werden zusätzlich periodisch Planungsgespräche zwischen Festo und dem Lieferanten geführt.

Dieses personalintensive Planungsverfahren ist sinnvoll, wenn der Absatz auf Produktebene stark schwankt, z. B. bei Großprojekten oder Produktneuheiten.

Schwankt der Bedarf jedoch geringer ($\pm 20\%$), können diese Bestellverfahren im Rahmen von „Supply Chains" automatisch abgewickelt werden.

Aus der Ablieferung von Kundenaufträgen ergibt sich ein Abbau von Halbfertigwaren. Wird durch diesen Abbau eine definierte Bestandsgrenze für die Halbfertigwaren unterschritten, so wird automatisch ein Produktions- oder Beschaffungsauftrag erzeugt. Dieser Auftrag seinerseits erzeugt einen Beschaffungsauftrag für Einzelteile aus der eigenen Produktion oder von Lieferanten. Die entsprechende Informationsübermittlung zum Lieferanten kann entweder einen automatischen Beschaffungsvorgang auslösen oder der Lieferant erhält die Nachricht über den Bedarf, disponiert aber nach eigenem Ermessen. Bereits mehr als 20 Festo-Lieferanten sind über Electronic Data Interchange (EDI) angebunden.

Die Performance der Lieferanten wird mit dem Supplier Rating System (SRS) kontrolliert. Schwerpunktmäßig handelt sich um Kennzahlen zur Qualität, Liefertreue sowie der allgemeinen Leistung der Lieferanten. Die Bewertung ist für den Lieferanten jederzeit im Internet abrufbar. Festo nutzt damit ein europaweit wegweisendes Lieferantenbewertungssystem als Basis für die konsequente Weiterentwicklung und Betreuung der Lieferanten im Rahmen der Lieferantenentwicklung. Das Bild 3.6 zeigt die im Internet abrufbare Bewertung eines fiktiven Lieferanten im Supplier Rating System.

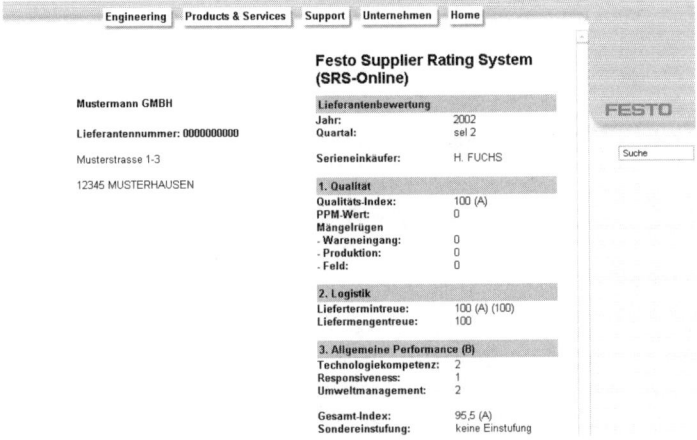

Bild 3.6: Supplier Rating System

3.4.7   Auftragsmanagement

Die hohen Anforderungen an Termintreue und Bestandsmanagement für die Steuerung der Kundenaufträge und der Logistik erfordern ein leistungsfähiges IT-System. Durch die weltweite Einführung des SAP/R3-Systems bei Festo ist der gesamte Kundenstamm von 56 Landesgesellschaften im Rahmen der Auftragserfassung verfügbar. Dadurch ist der Weg zur globalen Kundenbetreuung offen.

Im Rahmen der Auftragserfassung wird für Lagerware eine dynamische Verfügbarkeitsprüfung durchgeführt. Dadurch ist es möglich, auch Projektgeschäfte in Abhängigkeit von den zukünftigen Warenzugängen terminlich zu bestätigen. Für kundenspezifisch gefertigte Produkte erfolgt die Bestätigung in Abhängigkeit von der Durchlaufzeit des Produktes.

Die damit verbundenen Prozesse sind normalerweise auf weniger als 5 Tage ausgelegt. Innerhalb Europas wird zusätzlich die Transportzeit bis zum Kunden berücksichtigt, so dass die an den Kunden übermittelten Lieferdaten den Wareneingang beim Kunden darstellen.

Mit der Auftragserfassung wird bei der Lagerware eine feste Reservierung des Lagerbestandes bzw. im Zugangselement vorgenommen. Die kundenspezifische Ware erzeugt einen Fertigungsauftrag mit Kundenbezug, der online in die ausführenden Fertigungs- und Montageeinheiten überspielt wird. Dieser Fertigungsauftrag beinhaltet neben den Komponenten auch funktionsrelevante Abmessungen und Kundendaten. Die Einlagerung erfolgt in diesem Fall mit Kundenbezug. Die Auslieferung der Ware wird immer am Kundenwunschtermin orientiert. Sollte es zu Terminverschiebungen kommen, so erfolgt bei den Lagerprodukten eine automatische Neuterminierung, die über eine Änderungsbestätigung an den Kunden geht. Dieses Frühwarnsystem wurde im Jahr 2003 auch auf die kundenspezifische Ware ausgeweitet.

3.4.8 Vertriebsplanung

Aus der Mittelfristplanung (5 Jahre) der Unternehmensgruppe werden auf globaler Basis Jahresbudgets für jede Vertriebsgesellschaft entwickelt. Diese monetären Jahresbudgets werden in eine Mengenplanung überführt und nach Produktgruppen aufgelöst. Darauf baut Festo einen konsolidierten Absatzplan für die nächsten 24 Monate auf. Zusätzlich werden in diesem Übergang konjunkturelle Einflüsse, saisonale Verhalten von Produkten und der Produktlebenszyklus der Produkte mit berücksichtigt. Auf Basis dieses Absatzplanes erfolgt die Kapazitätsabstimmung mit den Produktionswerken und den Lieferanten.

Die Kapazitäten werden so eingestellt, dass der Jahresbedarf durch alle Lieferquellen im 2-Schicht-Betrieb an 5 Arbeitstagen zu bewältigen ist. Damit besteht die Möglichkeit einer kurzfristigen Kapazitätssteigerung um 30 % durch Nachtschicht und Samstagsarbeit. Durch die Beobachtung von Strukturverschiebungen und die Abstimmung mit wichtigen Kunden versucht das Order Fulfilment, die Marktentwicklungen im engstmöglichen Dialog mit dem Vertrieb realistisch abzuschätzen. Die daraus resultierende Planungsgüte liegt hierbei über 97 % Eintrittswahrscheinlichkeit. Dadurch ist es möglich, kurze Lieferzeiten gegenüber dem Markt zu realisieren, obwohl die Wiederbeschaffungszeiten einzelner Teile mehrere Monate betragen kann.

3.4.9   Logistic Service: Express Service

Zur hohen Schule der kundenorientierten Marktbedienung gehört die
Expressbelieferung von Kunden in Notfällen, und zwar mit Standard-
produkten ab Lager sowie auch mit kundenauftragsspezfischen Produktvarianten, die erst unmittelbar für einen Kunden gefertigt und montiert
werden. Üblicherweise sind fast alle Unternehmen in der Lage, besonders
dringliche Lieferungen vorzuziehen. Dabei ist ein überproportionaler
Steuerungsaufwand und Personaleinsatz erforderlich. Zudem werden
andere Aufträge mit niedriger Priorität verschoben; damit wird ein neuer
Terminengpass bei einem anderen Kundenauftrag vorprogrammiert.

Festo hat für die Expresslieferung kundenauftragsspezifischer Pneuma-
tic-Zylinder (Sonderlänge, kleinere Modifikation) und kundenauftragsspezifischer Ventilinseln einen europaweiten Express Service eingerichtet.
Über diesen Service kann der Kunde bis 13.00 Uhr eines Arbeitstages
kleine Mengen (rd. 5 Stück) eines Produktes bestellen und erhält die
Ware in seinem Wareneingang bis spätestens 13.00 Uhr am nächsten
Arbeitstag, und das in mehr als 20 Ländern Europas. Das Bild 3.7 illustriert die Zeitschiene des Express Services.

24-h-Lieferservice: Ablauf eines Auftrages

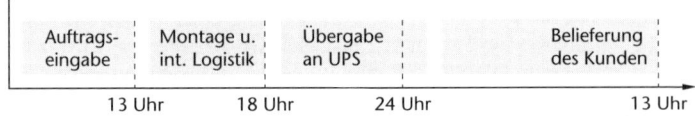

Bild 3.7: Zeitschema 24-h-Service

3.4.10   Logistic Service: Prepack

Viele Unternehmen konzentrieren ihre Aktivitäten auf das Kerngeschäft
und verlagern sekundäre Tätigkeiten an flexible externe Dienstleister.
Statt z.B. einzelne Automatisierungskomponenten zu bestellen, nutzen
die Kunden zunehmend die Möglichkeit, sich wiederholende Bauteil-
kombinationen als Komplettpaket der Bauteile (Prepack) zu bestellen.
Ob Festo vorkonfektionierte Bauteilpakete oder schon vormontierte Baugruppen liefert, ist nur noch ein gradueller Unterschied. Durch die dokumentierte Funktionsprüfung vormontierter Baugruppen kann der Quali-
tätssicherungsaufwand beim Kunden weiter reduziert werden. Logistisch
ist im Einzelfall zu entscheiden, ob standardisierte Umlaufbehälter (Bild
3.8) oder Einwegverpackungen der bessere Weg sind.

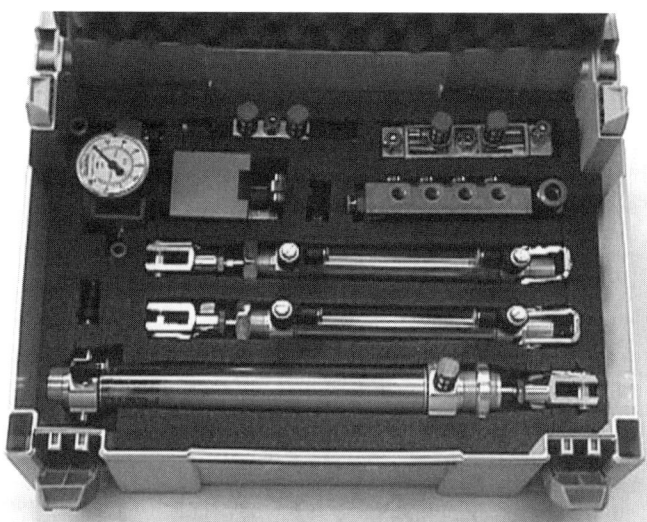

Bild 3.8: Komplettpaket Bauteile (Prepack) in Umlaufverpackung

3.4.11 Logistic Service: Just in Time bei kurzfristiger Produktspezifikation

Moderne Unternehmen denken in Prozessketten und Prozesskosten, so auch prominente Festo-Kunden. Ein bekanntes Maschinenbauunternehmen der Druckindustrie stand vor der Herausforderung, kundenwunschabhängige Änderungen an ihren Produkten bis kurz vor der Auslieferung realisieren zu können. Die Bevorratung aller Komponenten wäre zwar theoretisch eine Möglichkeit, stößt aber sofort an finanzielle und räumliche Grenzen.

Zur Lösung des Problems wurde eine exakt termintreue Anlieferung kundenwunschspezifischer Baugruppen innerhalb kürzester Zeit konzipiert. Zu den für dieses Pilotprojekt ausgewählten Partnern gehörte auch die Firma Festo. Der Lösungsansatz sieht folgendermaßen aus:

Ca. 6 Wochen vor der Lieferung von Ventilinseln wird dem Festo SAP/R3-System das voraussichtliche Liefervolumen vollautomatisch mitgeteilt. Die durch Kundenwunsch induzierten Änderungen des Lieferspektrums werden arbeitstäglich angepasst. 3 Tage vor Lieferung wird die beim Kunden arbeitstäglich benötigte Produktmenge endgültig festgelegt.

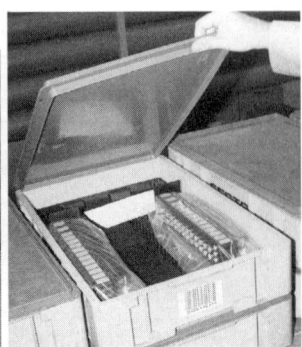

Bild 3.9: Montagearbeitsplatz für Ventilinseln   Bild 3.10: Bereitstellung in Umlaufverpackung

Kombiniert mit der Produktionsauftragsnummer beim Kunden und seiner logistischen Anforderung (Anlieferung Werk X, Tor Y) werden die Kundenaufträge montiert und nach Spezifikation des Kunden geprüft.

Die fertigen Produkte werden in einer Umlaufverpackung abgelegt, die Verpackung besteht nur aus einem Staubschutz. Der Spediteur des Kunden holt die Ware am Liefertag gegen 16.00 Uhr ab, im Nachtsprung erreichen sie das Montagewerk des Kunden. Dort wird vorbei an Wareneingang und Wareneingangskontrolle des Kunden direkt in die Montage geliefert.

Die Teilebereitstellung beim Kunden ist nach Bestandswert und Fläche minimal. Der Bestandswert konnte um 70% reduziert werden. Die Fläche der Materialbereitstellung benötigt heute nur 30% derjenigen Fläche, die vorher allein für die Aufnahme des verbrauchten Verpackungsmaterials notwendig war (Bild 3.10). In der Folge sanken die Prozesskosten des Kunden massiv, die Diskussion über einzelne Rabattprozentpunkte bei den Produkten ist nachrangig. Außerdem hilft Festo diesem Kunden, durch ein Höchstmaß an Flexibilität, zusätzlichen Umsatz zu generieren.

3.5   Ausblick

Die Leistung eines globalen Unternehmens der produzierenden Industrie besteht heute nicht mehr nur aus der Entwicklung, der Produktion und der Einsatzberatung der Produkte. Ein unverzichtbarer Teil der Leistung stellt die zuverlässige, schnelle und kosteneffiziente Produktbereitstellung beim Kunden dar. Die Logistik der Marktversorgung ist damit ein wichtiger Baustein zum ganzheitlichen Unternehmenserfolg.

Festo verkauft nicht nur hervorragende Produkte hoher Leistungsfähigkeit und Zuverlässigkeit, sondern verkauft auch die Leistung der Lieferkette zum Kunden. Damit hilft der Lieferant Festo mit seiner logistischen Leistungsfähigkeit dem Kunden ganzheitlich, in seinen Märkten erfolgreich zu sein.

Die Wettbewerbsfähigkeit der Festo-Logistik wurde 2003 mit der Verleihung des Deutschen Logistik Preises gewürdigt. 2005 erreichte Festo den 2. Platz beim BME-Innovationspreis.

Literatur

Gericke, E.: Mit Hochgeschwindigkeitslogistik zum Klassenbesten in der Marktversorgung. In: *Baumgarten, H.:* Das Beste in der Logistik. Berlin: Springer 2008

Gericke, E.: Process efficiency for global market supply. Vortrag zum 8. Heinz Nixdorf Symposium. Paderborn 2010

Gericke, E.: Der Einkauf als zentrale Unternehmensverantwortung. Vortrag Procurement World 2010. Köln 2010

4 Stammdaten

Prof. Dr.-Ing. Klaus Thaler
Prof. Dr.-Ing. Rüdiger Wenzel (†)

4.1 Einführung

Stammdaten sind eine wesentliche Grundlage und Voraussetzung für Transparenz, Konsistenz, Korrektheit und Nachvollziehbarkeit betrieblicher und damit auch logistischer Prozesse. Aus systemischer Sicht stellen Stammdaten die Basis jeglicher Informationsverarbeitung dar. Die Informationsversorgung der hierbei beteiligten Stellen betrifft zum einen die Produktionsfaktoren Personal sowie Betriebsmittel. Zum anderen müssen Erzeugnisse und Materialien durch entsprechende Grund- und Basisdaten beschrieben sein.

Aufgrund der Möglichkeiten der elektronischen Datenverarbeitung ist der Informationsbedarf der betrieblichen Stellen intern, aber auch im Zusammenwirken mit Kunden und Lieferanten ständig gestiegen. Dies wird in der Praxis allerdings vielfach noch durch einen unterschätzten Störfaktor torpediert: fehlende, fehlerhafte, veraltete und redundante Stammdaten.

4.2 Begriffe und Definitionen

Daten bestehen im allgemeinen Fall aus Zeichenfolgen, die aus einem formalisierten Zeichenvorrat nach bestimmten Regeln erzeugt werden. Zur Verarbeitung und Darstellung werden Daten in einer geeigneten Weise repräsentiert und codiert.

Folgende **Grundformen von Daten** werden unterschieden [Schneider 2007]:

- numerische Daten (Zahlen),
- alphabetische Daten (Buchstaben),
- alphanumerische Daten (Ziffern, Buchstaben und Sonderzeichen).

Unter **Stammdaten** (engl.: **master data**) versteht man Daten zur Beschreibung von Eigenschaften der Produktionsfaktoren Personal, Betriebsmittel (Maschinen, Werkzeuge, und Vorrichtungen), Erzeugnisse und Materialien (insbesondere Enderzeugnisse, Halbfabrikate, Material, Roh-, Hilfs- und Betriebsstoffe).

Stammdaten beziehen sich dabei auf einen einzelnen Gegenstand, z. B. ein Erzeugnis oder eine Produktionsanlage, und werden mittel- bis langfristig gültig verwendet [REFA 1991]. Sie bleiben also über einen längeren Zeitraum unverändert bzw. statisch. Des Weiteren müssen Stammdaten eineindeutig identifizierbar und in verschiedenen Unternehmensbereichen verwendbar sein. Durch eine entsprechende **Sachnummerierung** wird dies möglich (siehe Kap. 4.3). **Strukturdaten** sind Stammdaten zur Beschreibung der Beziehungen zwischen Gegenständen, z. B. der Aufbau eines Erzeugnisses aus Baugruppen und Einzelteilen. Von **Bestandsdaten** spricht man, wenn Angaben zu Werten, Preisen oder Mengen gemacht werden. Auch diese Angaben sind wie bei Stammdaten zustandsbezogen. Damit können alle Stammdaten auch als Daten gesehen werden, die bei der Durchführung eines Geschäftsprozesses nicht neu entstehen, sondern auf die zurückgegriffen wird.

Bewegungsdaten (engl.: **transaction data**) sind ereignisbezogene Daten, die durch betriebliche Leistungsprozesse entstehen und einer ständigen Veränderung und Dynamik unterliegen [REFA 1991]. Diese Daten haben meist einen kurzfristigeren Zeitbezug oder werden zeitlich begrenzt verwendet. Beispiele für ereignisbezogene Daten, die häufigen Änderungen unterliegen, sind Buchungen, Reservierungen oder Materialentnahmen.

Die wichtigsten Anwendungssysteme, die Stamm- und Bewegungsdaten im Logistikbereich nutzen, sind [Härdler 2003, Thaler 2007, Oeldorf 2008]:

- PPS-, ERP- und SCM-Systeme,
- Systeme zur elektronischen Beschaffung,
- Lager- und Logistiksoftware zur Distribution,
- Systeme zur Sendungsverfolgung,
- Software zur Tourenplanung und Navigation.

Anwendungssysteme dieser Art werden in Abschnitt 32.2 erörtert.

Ereignisdaten beschreiben ein Ereignis oder einen Vorgang, z. B. eine Lagerentnahme, eine Zuordnung eines Auftrags zu einer Maschine, eine Reservierung oder eine Kostenstellenbuchung.

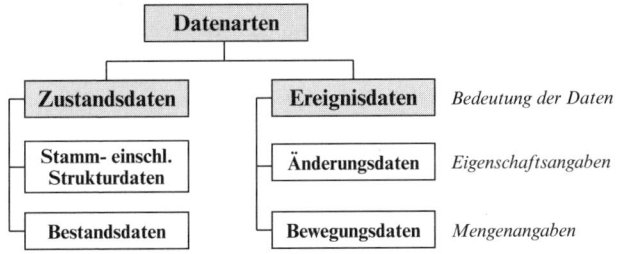

Bild 4.1: Gliederung und Bedeutung von Zustands- und Ereignisdaten (nach REFA)

Daten lassen sich damit nach identifizierenden, beschreibenden und ergänzenden Merkmalen gliedern. Die Unterscheidung in Zustands- und Ereignisdaten nach Bild 4.1 macht deutlich, dass es sich bei den hier im Mittelpunkt stehenden Stammdaten um Daten handelt, die eine feste Bezugsbasis für sämtliche Planungsaktivitäten darstellen, weil ihr Zustand mittel- bis langfristig festliegt. Auch Strukturdaten haben in der Regel mittel- bis langfristige Gültigkeit, beispielsweise die Erzeugnisgliederung, die Struktur- oder die Baukastenstückliste.

4.3   Sachnummerung

4.3.1   Aufgaben

Aufgabe der **Nummerung** ist die Identifikation und Klassifikation von betrieblichen Objekten als Grundlage für die Informationsverarbeitung im Unternehmen. **Nummernsysteme** ermöglichen und unterstützen die Ordnung und Benennung mittels Nummern, welche die Objekte identifizieren und klassifizieren.

Identifizieren heißt nach DIN 6763 einen in der Nummer verschlüsselten Gegenstand oder Sachverhalt (das Nummerungsobjekt) innerhalb des Geltungsbereichs mithilfe der Merkmale eindeutig und unverwechselbar zu erkennen, zu bezeichnen und anzusprechen. Identifizierungs- oder kurz Identnummern sind also Zählnummern (z. B. Chargennummer) oder anderweitig festgelegte Nummern (z. B. Inventarnummer). Zur eindeutigen Identifikation können auch Prüfnummern als angehängtes Zeichen verwendet werden, (z. B. 13. Prüfziffer im GTIN-Code, siehe Kap. 15.3).

Klassifizieren heißt nach DIN 6763, Nummerungsobjekte in Gruppen (Klassen) einzuordnen, die nach vorgegebenen Gesichtspunkten gebildet worden sind. Den klassifizierenden Teil der Nummer nennt man **Schlüssel**, die Nummernvergabe **Verschlüsselung**. Ein „sprechender Schlüssel" ist eine wesentliche Voraussetzung beispielsweise für die Beschaffung, die Disposition, das Materialmanagement und insbesondere die Verwendung von Barcodes.

4.3.2   Verfahren der Nummerung

In Unternehmen, die eine hohe Sortimentsbreite führen, kann man davon ausgehen, dass die umfangreichen Material- und Teilestämme nicht ohne eine entsprechende Nummerung gepflegt und verwaltet werden können. In der Praxis werden häufig folgende Verfahren der Nummerung genutzt [Thaler 2007, Oeldorf 2008, Vry 2008, Tempelmeier 2008]:

■ „sprechender" Nummernschlüssel als klassifizierendes Verfahren,

■ Parallelverschlüsselung, dabei sind klassifizierende und identifizierende Schlüssel getrennt,

■ Verbundschlüssel, dabei sind klassifizierender und identifizierender Schlüssel zusammengefasst.

Der „sprechende" Nummernschlüssel soll an einem Beispiel des **Klassifizierungssystem der Fertigungsindustrie** erläutert werden [Thaler 2010].

Beispiel: 4117ESD01A10001

■ Teilecode (4-stellig): Nummer nach Konstruktionsvorgabe,

■ Materialart: E = Einzelteil, H = Hilfsmaterial, R = Rohling,

■ Unterlagenart: Z = Zeichnung, S = Stückliste, M = Montageplan, Normenschlüssel: M = Mehrfachverwendung, D = DIN-Normteil,

■ Maßeinheitenschlüssel: 00 = 1 St., 01 = 10 St., 02 = 100 St.,

■ Verwendungsfähigkeit: A = Aktives Teil, W = Wartungsteil,

■ Werksschlüssel: 1000 = Werk Berlin, 1100 = Werk Frankfurt,

■ Dispositionsschlüssel: 1 = Bestellpunktdisposition, 2 = manuelle Disposition.

Bei der **Parallelverschlüsselung** werden klassifizierende und identifizierende Schlüssel getrennt, d. h. unabhängig voneinander ausgezeichnet. Im dargestellten Beispiel kann der 4-stellige Teilecode als Identnummer verwendet werden, die restlichen Bestandteile zur Klassifikation. Dabei hat die Parallelnummerung den grundsätzlichen Vorteil, erweiter- und änderbar zu sein.

Fasst man klassifizierende und identifizierende Schlüssel zusammen, so ergeben sich kompakte Nummernsysteme, die als **Verbundnummerung** bezeichnet werden [Thaler 2007, Oeldorf 2008].

4.4 Entstehung und Verwendung von Stammdaten

Stammdaten fallen zunächst vor allem in konstruktiven, planerischen und vertriebsbezogen tätigen Unternehmensbereichen an. Hierzu gehören u. a. Entwicklung und Konstruktion, Arbeitsvorbereitung, Marketing und Vertrieb. Typische Beispiele für Stammdaten sind [REFA 1991]:

■ Materialstammdaten,

■ Artikelstammdaten,

■ Betriebsmittelstammdaten.

Den Bereichen Konstruktion und Arbeitsvorbereitung obliegt in der Praxis die Erstellung der Pflege erzeugnis- und materialbezogener Stammdaten, die meist grundsätzlich und unabhängig von konkreten Aufträgen erfolgt. Nutzer von Stammdaten sind infolge der Auftragsdurchführung die Bereiche Disposition (z. B. Produktionsplanung und -steuerung), Produktion, sowie Warenwirtschaft, Distribution und Marketing [Wenzel 2001].

Die **Produktionsplanung und -steuerung** bzw. **Disposition** umfasst alle Planungsmaßnahmen, die unter Berücksichtigung von Kosten, Zeit und Qualität die Produktion und Herstellung sichern [Kurbel 2005, Dangelmaier 2009]. Eingehende Aufträge der vorgelagerten Stellen (Vertrieb, Verkauf) werden eingeteilt, und zusammen mit den ausführenden Stellen (Produktion, Distribution) muss eine zuverlässige Abarbeitung und Auslieferung sichergestellt werden. Hierzu müssen z. B. Artikelnummern als Grundlage im Warenwirtschaftsprozess vorliegen. Die **Beschaffung** hat zu gewährleisten, dass alle benötigten Materialien und Betriebsmittel verfügbar gemacht werden und greift z. B. auf Materialnummern zurück. Die **Arbeitsvorbereitung** umfasst üblicherweise Maßnahmen der methodischen Arbeitsplanung mit dem Ziel, die rechtzeitige Produktionsfreigabe sicherzustellen. Vor und während der **Produktion** werden i. d. R. **Arbeitspläne**, **Auftragsmappen**, **Laufzettel** und **Produktzeichnungen** benötigt, die wiederum Stamm- und Strukturdaten von Erzeugnissen, ggf. Halbfabrikaten bzw. Betriebsmitteln enthalten.

Bei der **Distribution** wird auf Enderzeugnisdaten, d. h. Artikeldaten, sowie häufig auf Transportmitteldaten zugegriffen. Weitere Dokumente, die sich aus Stammdaten ergeben, sind hier **Lieferscheine**, **Lagerlisten**, **Warenbegleitscheine**, **Versendebarcodes**, sowie **Frachtpapiere** [Thaler 2010].

Der Bereich **Marketing** ist bezüglich der Erzeugnis- und Artikelstammdaten Empfänger und Erzeuger zugleich. Um Produkte verkaufen zu können, werden diese i. d. R. durch **Informationstexte**, **Werbung**, **Bilder** und z. T. durch entsprechend gestaltete **Verkaufsverpackung** aufbereitet [Thaler 2009]. Einen weiteren Bereich der Stammdatenverwendung nimmt die Technische Dokumentation ein. Hierzu gehören z. B. **Wartungs-** und **Bedienungsanleitungen** sowie **Handbücher** mit Produkt- und Konstruktionsunterlagen. Die übergreifende Verwendung von Stammdaten zeigt also, dass diese unabdingbar für die Vernetzung und Integration von Geschäftsprozessen sind.

4.5 Beispiele für Stammdaten

Stammdaten verschaffen grundlegend Ordnung und Überblick und dienen der betrieblichen Disposition und Informationsverarbeitung. Sie sind für sich allein aussagefähig und benötigen im Gegensatz zu Bewegungsdaten zu ihrer Identifizierung keinen Zeitbezug.

4.5.1 Materialstammdaten

Eine exakte Beschreibung des eingesetzten Materials und eine sorgsame Datenpflege sind in der Materialwirtschaft unumgänglich. Da in der Materialwirtschaft **Kapitalbindungskosten** auftreten können und neben der Sicherstellung der Lieferbereitschaft die Minimierung der Kosten ein vorrangiges Ziel ist, werden üblicherweise auch die aktuellen Materialpreise und Lieferzeiten als Stammdaten vermerkt. Deshalb sind in den **Materialstammdaten** gewöhnlich folgende Angaben zu finden (vgl. hierzu [Thaler 2007, Ehrmann 2008, Oeldorf 2008, Tempelmeier 2008, Vry 2008, Günther 2009]):

■ klassifizierende bzw. identifizierende Sachnummer des Materials,

■ Benennung des Materials,

■ Zusatzangaben, z. B. Normen, Grösse, Gewicht, usw.,

■ Lieferanten oder Bezugsquellen,

■ aktueller Preis,

■ Liefer- bzw. Wiederbeschaffungszeit,

■ Angaben zu Bestell- und Transportmengen,

■ Angaben zum Mindest- und Sicherheitsbestand im Lager.

Verantwortlich für die **Benennung** und **Klassifizierung** der gewählten Ausgangsmaterialien eines Erzeugnisses sind in der Praxis die Bereiche Konstruktion sowie Arbeitsvorbereitung. Diese liefern auch Informationen zu technologischen Eigenschaften und Daten. **Lieferantenangaben** oder **Bezugsquellen** können aus eingeholten Angeboten oder Daten des Beschaffungsbereichs erstellt werden. Diesbezügliche Angaben können aus den **Lieferantenstammdaten** stammen, die informationstechnisch mit der Materialstammdatendatei verknüpft werden können (vgl. Kap. 4.5.7). Zusätzlich können aktuelle **Preisinformationen** in die Materialstammdaten einbezogen werden.

Üblicherweise können Angaben zu **Liefer-** und **Wiederbeschaffungszeiten, Lieferkonditionen, Bestell-** und **Transportmengen** sowie zu **Mindest-** und **Sicherheitsbeständen** die Materialstammdaten ergänzen.

Manche Softwaresysteme erlauben das Festlegen von Dispositionsparametern in den Stammdaten eines Materials, z. B. um einen regelmäßigen Bestellzyklus für ein Standardmaterial zu automatisieren.

4.5.2   Teile- und Artikelstammdaten

Während man aus produktionstechnischer Sicht von Teile- und Produktdaten spricht, steht in Vertrieb und Marketing der „Artikel", d.h. die
Daten des Enderzeugnisses, im Vordergrund. Beide Sichten werden zunächst getrennt betrachtet.

4.5.2.1   Teilestammdaten

Unter dem Begriff **Teilestammdaten** sind Daten zu verstehen, die über die
Zusammensetzung, Eigenschaften und Besonderheiten eines Teils Aus-
kunft geben [REFA 1991]. Zur technischen Beschreibung industriell er-
zeugter Produkte dienen drei Arten von Dokumentationen:

- Produktzeichnung,
- Stückliste,
- Nummerung.

Technische Zeichnungen definieren ein Erzeugnis geometrisch, grafisch
und normrichtig. Für jedes Einzelteil besteht üblicherweise eine Produktzeichnung. Für komplexe Enderzeugnisse existiert ein Zeichnungssatz.
Zur Verwaltung der Zeichnungen werden Nummerungssysteme verwendet (vgl. Kap. 4.3).

Zu jeder Zusammenbauzeichnung für eine Baugruppe und zu jedem
Zeichnungssatz wird eine **Stückliste** erstellt. In der einschlägigen Literatur ist die Stückliste wie folgt definiert [REFA 1991]:

> Die **Stückliste** ist ein für den jeweiligen Zweck vollständiges, formal
> aufgebautes Verzeichnis für einen Gegenstand, das alle zugehörigen
> Gegenstände unter Angabe von Bezeichnung (Benennung, Sachnum-
> mer), Menge und Einheit enthält.

Der **Dateninhalt von Stücklisten** stellt sich bei den drei wichtigsten Stücklistenarten wie folgt dar.

Strukturstückliste

- Sachnummer des Enderzeugnisses,
- Benennung des Enderzeugnisses,
- Ebenen, in denen die Einzelteile vorkommen,
- Stück (Anzahl) der Einzelteile,
- Sachnummern der Einzelteile,
- Benennung der Einzelteile.

Mengenübersichtsstückliste

■ entsprechend dem Dateninhalt einer Strukturstückliste, zusätzlich:

■ Positionsnummer.

Baukastenstückliste

■ entsprechend dem Dateninhalt einer Mengenstückliste, zusätzlich:

■ Angabe einer eigenen Stückliste, z. B. für eine Baugruppe.

Zur **Strukturstückliste** soll ein Beispiel betrachtet werden. Im Bild 4.2 ist eine Struktur eines komplexen Erzeugnisses dargestellt und die genaue Anzahl der Einzelteile in allen Ebenen beschrieben. Hier ist z. b. über den Teileverwendungsnachweis erkennbar, dass die Baugruppe C (mit Einzelteil 4 und 5) mehrfach verwendet wird.

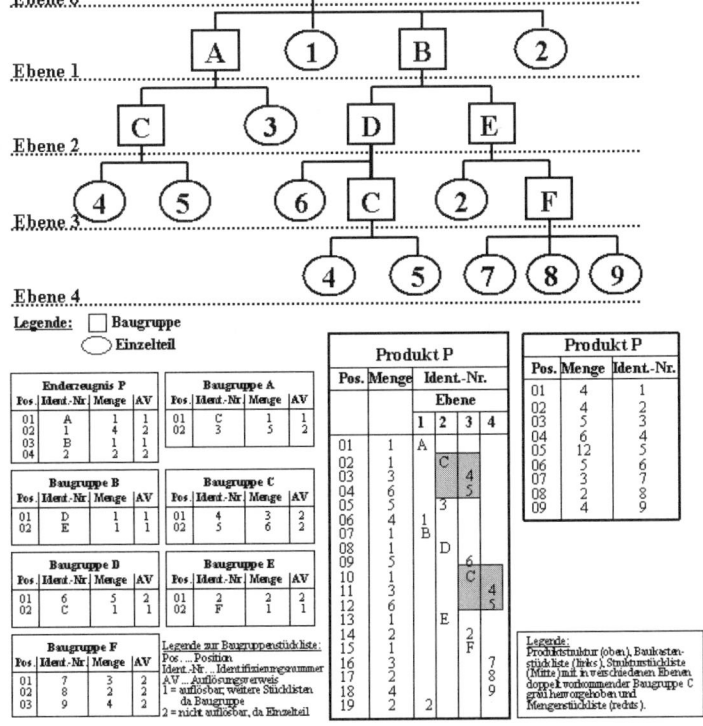

Bild 4.2: Produktstruktur und Stücklisten

Allgemein finden sich folgende Stammdaten in **technischen Zeichnungen** und in Stücklisten [Wenzel 2001, Härdler 2003, Vry 2008, Günther 2009]:

- technologische Daten, wie z. B. die des gewählten Werkstoffs,
- sachbezogene organisatorische Daten,
- zeichnungsbezogene organisatorische Daten.

Von diesen sind im hier behandelten Zusammenhang die sachbezogenen organisatorischen Daten von Belang. Sie setzen sich gewöhnlich zusammen aus:

- Identnummer des Teils zur eindeutigen Kennzeichnung,
- Klassifizierungsnummer, die der näheren Beschreibung dient,
- Benennung, möglichst verwendungsneutral,
- Änderungszustand, z. B. Änderungsindex, -nummer und -datum,
- Ersatzangabe und Ursprungshinweis; z. B. Hinweis auf Teil, welches ersetzt wurde,
- Positionsnummer der Zeichnung (nur bei Gruppenzeichnungen),
- Status; Kennzeichnung, ob Teil z. B. nur für Ersatzzwecke verwendet werden darf.

4.5.2.2 Artikelstammdaten

Artikelstammdaten beschreiben Enderzeugnisse als selbständig verkaufsfähige Baugruppen, Ersatzteile, Dienstleistungen und Verpackungen. Deshalb sind oft einige Daten wie Teile-/Materialnummer und -bezeichnung identisch mit den Teilestammdaten. Ergänzt werden aber häufig [Thaler 2009, Kirchner 2010]:

- Produkttexte (Gebrauchshinweise, Bedienungsanleitung),
- Bilder und Grafiken (als Kaufanreiz oder zur Veranschaulichung),
- Kosten- und Preisinformationen,
- Artikeltyp: Fertigprodukt, Handelsware, Ersatzteil, usw.,
- Verkaufs- bzw. Verpackungseinheiten,
- Lagerbestand,
- Datum der Einführung bzw. des Verkaufs.

Hier kann es zu Überschneidungen und Redundanzen mit Positionen der Lieferantenstammdaten und der Kundenstammdaten kommen (vgl. Abschnitte 4.5.6 und 4.5.7).

4.5.3 Herstellungsprozess

Neben Produktzeichnung und Stückliste ist der **Arbeitsplan** der wichtigste Informationsträger für die Produktion, Kalkulation und Kostenrechnung.

In der einschlägigen Literatur ist der Arbeitsplan wie folgt definiert [REFA 1991]:

> Im **Arbeitsplan** ist die Vorgangsfolge zur Fertigung eines Teils, einer Gruppe oder eines Erzeugnisses beschrieben; dabei sind mindestens das verwendete Material sowie für jeden Arbeitsvorgang der Arbeitsplatz, die Betriebsmittel, die Vorgabezeiten und gegebenenfalls die Lohngruppe angegeben.

Der auftragsneutrale Arbeitsplan enthält eine Auflistung aller Arbeitsvorgänge, deren jeweilige Vorgabezeiten für die Bearbeitung und die Rüstzeiten, die zur Durchführung notwendig sind, sowie eine Liste der dazu benötigten Betriebsmittel und des involvierten Personals mit ihren Kostenstellen (vgl. mit [Wenzel 2001]).

Aufgaben und Ergebnisse der Arbeitsplanerstellung

Im Rahmen der Arbeitsplanung fallen i.d.R. folgende Aufgaben an [Eversheim 1997, Wenzel 2001, Kurbel 2005, Günther 2009]:

- Ausgangsteilbestimmung,
- Prozessfolgeermittlung und für jeden Prozess,
- Maschinenauswahl,
- Auswahl von Vorrichtungen und Werkzeugen sowie
- Vorgabezeit- und Lohngruppenermittlung.

Bei der **Ausgangsteilbestimmung** legt man bereits bei der Zeichnungserstellung die Rohmaterialart und die Rohteilabmessungen unter Berücksichtigung technischer und wirtschaftlicher Kriterien fest. Als Hilfsmittel dazu dienen z.B. Relativkostenkataloge.

Die **Prozessfolgeermittlung** bestimmt,

- welche Fertigungsverfahren eingesetzt werden sollen,
- wie die Bearbeitung aufgeteilt wird und
- in welcher Reihenfolge die Bearbeitung durchzuführen ist.

Die Prozessfolgeermittlung ist von sehr großer Bedeutung, weil sie die Fertigungsqualität und die Fertigungskosten durch ausgewählte Fertigungsprozesse maßgeblich beeinflusst, da z.B. mit der Prozessauswahl gleichzeitig eine Maschine und ein Maschinenstundensatz festgelegt werden.

Die für jeden Prozess notwendige **Maschinenauswahl** erfolgt auf der Basis technologischer Kriterien, um zu beurteilen, ob der vorgesehene Prozess auf der ausgewählten Maschine durchführbar ist. Als Einflussgrößen der Maschinenauswahl kommen Werkstückdaten, Maschinendaten und die aktuelle Prozessfolge in Betracht. Den ausgewählten Prozessen und Maschinen müssen die **Werkzeuge** zugeordnet werden.

Im Arbeitsplan erscheinen nur solche Werkzeuge, die nicht zur normalen Maschinenausstattung gehören.

Die **Vorgabezeitermittlung** bestimmt die für die einzelnen Prozesse vorgegebenen Soll-Zeiten als Planzeitwerte. Die Vorgabezeitermittlung ist damit die Voraussetzung für weitere Aufgaben wie Termin- und Kapazitätsplanung, Kostenrechnung und Angebotskalkulation. Einflussgrößen der Vorgabezeitbestimmung sind

- Werkstückeigenschaften,

- Betriebsmitteleigenschaften und

- Arbeitsplatzbedingungen.

Die Ergebnisse dieser Tätigkeiten werden als Stammdaten im Arbeitsplan gemäß Bild 4.3 dokumentiert.

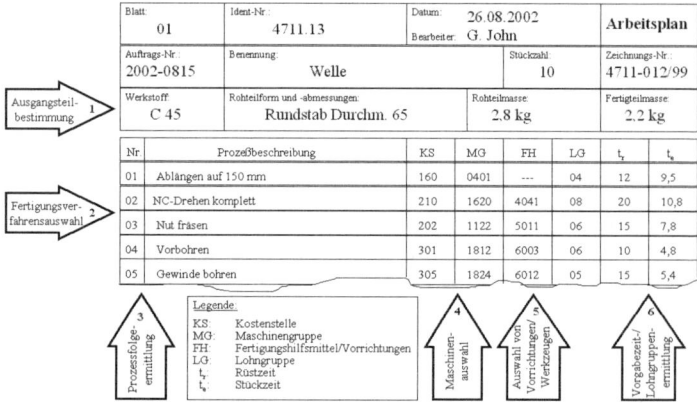

Bild 4.3: Aufgaben der Arbeitsplanerstellung und Stammdaten im Arbeitsplan (nach [Eversheim 1997])

4.5.4   Betriebsmittelstammdaten

Mit dem Ablauf der Produktion und damit den einzelnen Arbeitsvorgängen sind wie im letzten Abschnitt dargestellt die einzusetzenden **Betriebsmittel** verbunden. Für eine zweckgerichtete Auswahl sind beispielsweise Stammdaten für Maschinen, Werkzeuge und Spannmittel zu ermitteln und in einem Betriebsmittelverzeichnis zu vermerken. Am Beispiel einer Werkzeugmaschine wird deutlich, dass man eine vollständige Maschinendatenerfassung mit der Maschine als ganze Einheit haben muss, um sie z. B. für ihre Eignung zur Fertigung eines Neuteiles beurteilen zu können. Dasselbe gilt im Falle der Neu- oder Ersatzinvestition. Folgende Beispiele sind typisch für Maschinen- und Werkzeugstammdaten:

Maschinenstammdaten

- Maschinenbezeichnung, z. B. Flachschleifmaschine,

- Zubehör,

- Werkzeugaufnahmen,

- Maschinenraumabmessungen,

- Vorschübe, Drehzahlen, Leistungsdaten.

Werkzeug- und Vorrichtungsdaten

- Bezeichnung, Art, Nummer, usw.,

- technologische Daten wie zulässige Schnittkraft, maximaler Vorschub und andere Kapazitätsangaben,

- geometrische Daten wie Abmessungen, Winkel, Zähnezahlen,

- Instandhaltungsangaben u. a. m.

Zahlreiche weitere Stamm- und Strukturdaten von Betriebsmitteln sollen an dieser Stelle nur erwähnt werden. Sie werden vorrangig bei der Unternehmensorganisation, Anlagenwirtschaft, der Fabrikplanung, aber auch in der Kostenstellenrechnung benötigt. Dazu zählen z. B. Grundstücke, Gebäude mit Ver- und Entsorgungsanlagen (z. B. Produktionshalle mit Laufkränen, Energieversorgung, Heizung, Belüftung, Beleuchtung usw.), Mess- und Prüfmittel, Transport- und Lagermittel und Organisationsmittel, die ähnlich beschrieben werden wie Werkzeugmaschinen. Selbstverständlich müssen diese Betriebsmittel im Rahmen der Organisation, wie Abteilungen und Werkstätten, auch als Kostenstellen geführt und als solche mit Nummern bezeichnet werden.

4.5.5 Personalstammdaten

Mitarbeiterbezogene Daten gehören zu den zentralen Stammdaten jedes Unternehmens und unterliegen den Bestimmungen des Arbeitsrechts und des Datenschutzes. Die wesentlichen Aufgaben eines modernen Personalwesens (engl.: Human Resource Management) sind Personalauswahl und -führung, Personalentwicklung und -verwaltung, sowie Entgeltgestaltung. Von wesentlicher Bedeutung sind hierbei der operative Personaleinsatz, das Controlling sowie das Lohn- und Gehaltswesen. Daneben spielen aber auch Einstellungen, Entlassungen und Umbesetzungen eine Rolle.

Als wesentliche **Personalstammdaten** gelten:

- identifizierende Attribute: Personalnummer, Name, Anschrift, usw.,

- persönliche Angaben; Familienstand, Zahl der Kinder, usw.,

■ Angaben Arbeitgeber; Datum, Firma der letzten Beschäftigung, usw.

■ Qualifikationen; Schul- und Berufsausbildung, Titel, Sprachkenntnisse, betriebliche Vollmachten,

■ Einsatz; innegehabte Positionen mit Zeitdauer, Abteilung,

■ Beurteilungen; Datum der letzten Beurteilung, Datum der nächsten Beurteilung, Leistungswerte,

■ Lohn- und Gehaltsangaben; Tariflohn, Zulagen, Überstundenvergütung, Lohnsteuergruppe, Steuerfreibetrag, usw.,

■ Bankverbindungen; Bank, Kontonummer, Bankleitzahl.

4.5.6   Kundenstammdaten

Unter Kunden sind entweder Geschäftskunden als regelmäßige, größere Abnehmer (Handelspartner) oder Endkunden (Privatkunden) zu verstehen. Als wichtige **Kundenstammdaten** gelten:

■ Benennung; Name, Adresse, Telefon-, E-Mail, Fax- Nr., usw.,

■ Kundennummer,

■ Ansprechpersonen,

■ Bestellbezeichnung und Sachnummer,

■ Preise, Zahlungsbedingungen, Bankverbindung, usw.,

■ Lieferbedingungen; Abnahmelosgrößen, Rabattstaffeln, usw.,

■ Abnahmemengen und Verkaufsstatistik.

Umfangreiche kundenbezogene Datenbestände werden im Rahmen von Customer Relationship Management-Konzepten (CRM) verwaltet (siehe Abschnitt 32.4.3).

4.5.7   Lieferantenstammdaten

Für viele Unternehmen ist es wichtig, fähige Lieferanten in die Beschaffungs- und Einkaufsprozesse zu integrieren. In vielen Fällen beträgt der Materialwert für Fremdbeschaffung bis zu 50 % der Herstellkosten, im Maschinen- und Anlagenbau teilweise sogar bis zu 70 %. Damit ist nachvollziehbar, dass sich viele Gestaltungsmaßnahmen und -ziele im Beschaffungsprozess auf die direkte Potenzialerschließung beim Zulieferer beziehen [Thaler 2007]. Unerlässlich hierfür sind aktuelle und aussagefähige Stammdaten über Bezugsquellen und Lieferpartner.

Die **Lieferantenstammdaten** enthalten gewöhnlich folgende Angaben:

■ Benennung; Name, Adresse, Telefon-, E-Mail, Fax- Nr., usw.,

■ Lieferantennummer,

- Ansprechpersonen bzw. Sachbearbeiter für bestimmte Produkte bzw. Produktgruppen,

- Lieferprogramm, Angebote,

- Bestellbezeichnung und Sachnummer,

- Preise, Zahlungsbedingungen, Bankverbindung,

- Lieferbedingungen; Abnahmelosgrößen, Rabattstaffeln, Lieferzeiten, Transportkosten usw.,

- Liefermengen und Lieferstatistik.

4.6   Stammdatenmanagement

4.6.1   Verwendung von Stammdaten

Die **Datenverwaltung** ist oftmals der zentrale Kern von PPS- und ERP-Systemen. Das Anlegen, Pflegen und Verwenden von Stammdaten kann entsprechend Bild 4.4 in die Bereiche „Datenverwaltung", „Termin-, Kapazitätsplanung, Disposition", „Arbeitsunterlagen", „Kalkulation" sowie „Langfristige Planungsaufgaben" gegliedert werden. Die in der Praxis oft äußerst umfangreichen und komplexen Datenbestände werden in vielen Anwendungen zentral in einem **Datenbanksystem** geführt.

4.6.2   Datenorganisation

Bei der Datenverwaltung muss wie in Bild 4.4 dargestellt oft auf ein komplexes Datengerüst zugegriffen werden. Zum Teil müssen Datenbestände aber aus zahlreichen Gründen in unterschiedlichen **Applikationen** und **Dateien** geführt werden. Wenn Prozesse abteilungs- und sogar unternehmensübergreifend ablaufen sollen, sollte der Datenzugriff **applikationsunabhängig** erfolgen.

In der Wirtschaftsinformatik versteht man unter einer **Datei** eine Menge von Daten, die nach einem Ordnungskriterium, das sie als zusammengehörend kennzeichnet, in maschinell lesbaren externen Speichern gespeichert sind (z. B. Lagerbestände nach Artikelbezeichnungen).

Wesentliche Voraussetzung für eine effiziente Datenorganisation ist die **zentrale Datenhaltung** in einem Datenbanksystem. Ist dies beispielsweise aufgrund historisch gewachsener Strukturen nicht möglich ist, müssen Stammdaten synchronisiert, d. h. aus verschiedenen Applikationen bereitgestellt werden. Diese Aufgabe wird als **Master Data Management** (MDM) bezeichnet.

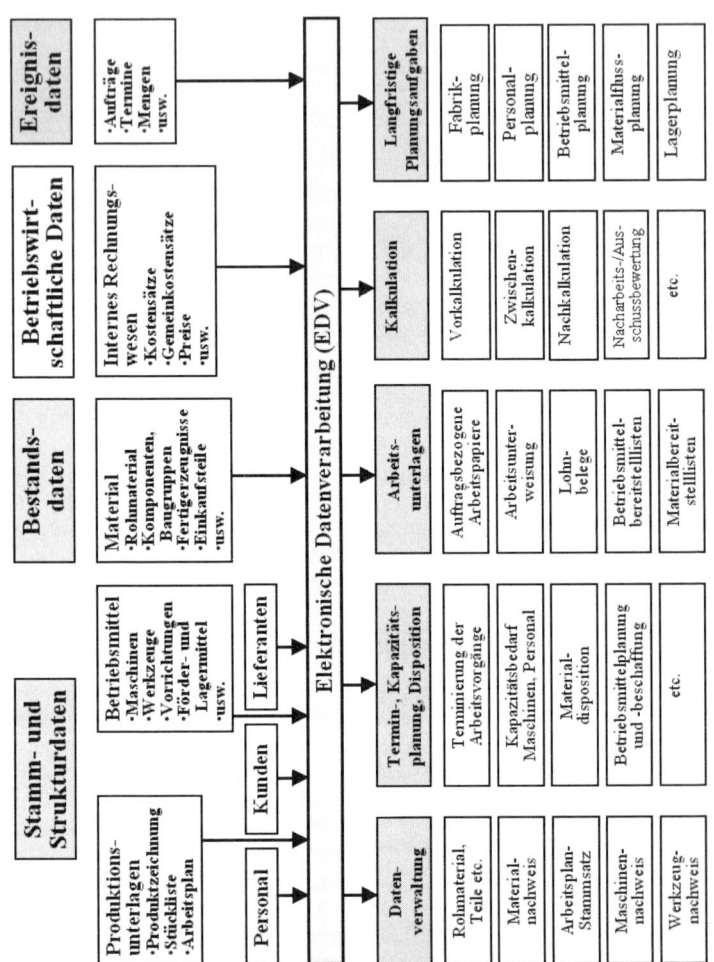

Bild 4.4: Verwendungsübersicht von Stammdaten

4.6.3   Datenspeicherung

Datenbanksysteme sind ein zentraler Bestandteil von betrieblichen **Anwendungssystemen** (siehe Abschnitt 32.2.1). Die Grundidee besteht darin, dass alle relevanten Unternehmensdaten in einem zentralen „Pool" effizient, dauerhaft und widerspruchsfrei aufbewahrt werden können. Ein

Datenbanksystem besteht hierzu aus zwei Bestandteilen, dem **Datenbankmanagementsystem** (DBMS) zur Verwaltung sowie den eigentlichen **Daten** in der **Datenbank**. Das DBMS organisiert die strukturierte Speicherung und steuert lesende und schreibende Zugriffe auf die Datenbank, üblicherweise mittels einer **Dankenbanksprache** wie z. B. Struktured Query Language (SQL). Die Daten werden verschiedenen Applikationen bzw. den Endbenutzern in der jeweils geeigneten Form (Datensicht) bereitgestellt.

Als Lösung benötigt man hierfür meist ein sog. **Repository** mit folgenden Merkmalen:

■ Vorlagen für unterschiedlichen Typen von Stammdaten (Material, Artikel, Kunden, Lieferanten, Mitarbeiter, usw.),

■ Datenbank-Werkzeuge für die Pflege der Daten,

■ Werkzeuge zum inhaltlichen Anreichern von Stammdaten,

■ Unterstützung beim Anlegen mehrsprachiger Datenbestände,

■ Distributionsmechanismen zur Stammdatensynchronisierung.

4.6.4   Beispiel: Produktinformationsmanagement

Produktdaten unterliegen im Unternehmen einem laufenden Änderungs- und Pflegedienst und werden i. d. R. in verschiedenen Medienkanälen publiziert. Dies soll ein Praxisbeispiel zeigen [Thaler 2009]: Ein Unternehmen hat erfolgreich expandiert, es sind zahlreiche Produktlinien entstanden, es kommen mehr Kundenwünsche, Varianten und marktspezifische Besonderheiten hinzu. Die Ansprache der Zielgruppen wird differenzierter, Fachspezialisten und Händler müssen personalisiert angesprochen werden, und vertriebsseitig kommen ein ausgeklügeltes Preissystem und ein geplanter Online-Shop dazu. Das Marketing drängt auf den Einsatz personalisierter, individualisierter Werbemittel, Nutzung aller Medienkanäle (Multichannel-Marketing), sowie Verstärkung der **Produktinformationen** am Verkaufspunkt (Point of Sale). Dies bedeutet auch, Broschüren, Kataloge, Preise, usw. in mehreren Sprachen anbieten zu müssen. Der „Zuschnitt" muss aber andererseits genau auf den jeweiligen Zielmarkt oder die Region passen.

Konsequenterweise müssen Produktinformationen schnell, aktuell und effizient zur Verfügung stehen. Wesentlichen Einfluss hat hier die **Frage** der **Datenhaltung** und der Prozessdurchlaufzeiten. Idealerweise werden Produktinformationen, Bilder, Texte, Zeichnungen oder audiovisuelle Elemente zentral – und am besten auch medienneutral – gehalten. Leider zeigt sich, dass dies in unserem Beispiel nicht der Fall ist: Viele Produktinformationen sind in verschiedenen Bereichen „verstreut", Stammdaten oft nicht aktuell, und es dauert schlichtweg zu lange, um die gewünschten Ergebnisse zusammenzubringen.

Eine Möglichkeit, diese Problematik zu lösen, besteht im Einsatz von Datenbanksystemen, um Daten zu zentralisieren, zu verwalten oder Prozesse zu automatisieren. Diese Anwendungen werden als **Produktinformationsmanagement (PIM)-Systeme** bezeichnet [Thaler 2009, Kirchner 2010]. Voraussetzung für den effizienten Einsatz ist, dass die Unternehmen ihre eigenen Prozesse kennen und sich für eine Softwarelösung entscheiden, die bestehende Prozesse unterstützt und optimiert. Von wesentlicher Bedeutung ist das Datenhandling, insbesondere die Stammdatenübernahme bzw. Daten-/Dokumentenarchivierung. PIM-Systeme bieten einen effizienten Weg zum **datenbankgestützten Publizieren**, neben der Erstellung von Printmedien werden üblicherweise webbasierte Funktionen wie Web-Publishing, Web-to-print sowie Web-Editing unterstützt.

Literatur

Dangelmaier, W.: Theorie der Produktionsplanung und -steuerung. Berlin: Springer 2009

DIN 6763: Nummerung, Grundbegriffe. Berlin, Wien, Zürich: Beuth 1985

Ehrmann, H.: Logistik. 6. Auflage. Ludwigshafen: Kiehl 2008

Eversheim, W.: Organisation in der Produktionstechnik: Bd. 3 Arbeitsvorbereitung. 3. Auflage. Berlin: Springer 1997

Günther, H.-O.; Tempelmeier, H.: Produktion und Logistik. 8. Auflage. Berlin: Springer 2009

Härdler, J.: Material-Management. 2. Auflage. München: Hanser 2003

Kirchner, G.: Praktische Anwendung des Produktinformations-Managements im Single-Source-Publishing. Renningen: Expert Verlag 2010

Kurbel, K.: Produktionsplanung und -steuerung im Enterprise Resource Planning und Supply Chain Management. 6. Auflage. München: Oldenbourg 2005

Oeldorf, G.; Olfert K.: Materialwirtschaft. 12. Auflage. Ludwigshafen: Kiehl 2008

REFA-Verband für Arbeitsstudien und Betriebsorganisation e.V.: Methodenlehre der Betriebsorganisation. Teil 1: Planung und Steuerung. München; Wien: Carl Hanser Verlag 1991

Tempelmeier, H.: Material-Logistik. 7. Auflage. Berlin: Springer 2008

Thaler, K.: Supply Chain Management. Prozessoptimierung in der logistischen Kette. 5. Auflage. Troisdorf: Bildungsverlag EINS, 2007

Thaler, K.: Disposition und Beschaffungslogistik. In: Lektion 6 zum schriftlichen Lehrgang Einkauf (Hrsg.: R. Heß). Freiburg: Haufe 2010

Thaler, K.: Media Supply Chain-Optimierung. In: PROKOM-Report 11/09

Schneider, U.; Werner, D.: Taschenbuch der Informatik. 6. Auflage, München: Hanser, 2007

Vry, W.: Materialwirtschaft im Industriebetrieb. 8. Auflage. Ludwigshafen: Kiehl 2008

Wenzel, R.; Fischer, G.; Metze, G.; Nieß, P. S.: Industriebetriebslehre: Das Management des Produktionsbetriebs. München: Carl Hanser Verlag 2001

5 Material Requirement Planning (MRP)

Prof. Dr.-Ing. Prof. E. h. Dr.-Ing. E. h. Dr. h. c. mult.
Engelbert Westkämper
Dipl.-Ing. Ute Mussbach-Winter
Dr.-Ing. Hans-Hermann Wiendahl

5.1 Grundlagen

Das MRP-Konzept existiert seit den 1960er-Jahren; der Focus liegt auf der Mengenplanung, Kapazitäten werden nicht berücksichtigt. Vor dem Einsatz von MRP standen der Produktionsplanung und -steuerung im Wesentlichen verbrauchsorientierte Verfahren zur Verfügung, zum Beispiel, beim Unterschreiten eines Mindest-Lagerbestands eine fixe Losgröße zu ordern. MRP umfasst hingegen alle Aufgaben zur Ableitung des Materialbedarfs aus dem konkreten Primärbedarf.

Auf Basis des Produktionsprogramms ermittelt MRP durch Stücklistenauflösung den periodengenauen Nettobedarf unter Berücksichtigung der Bestände. So wird bei MRP die Kenntnis zukünftiger Bedarfe genutzt, um das Materialmanagement aktiv zu gestalten und nicht nur auf Bestandsunterschreitungen zu reagieren.

Die Erweiterung von MRP um die vorgelagerte Produktionsprogrammplanung (MPS = Master Produktion Scheduling) und einige „nachgelagerte" Module wie z. B. die Kapazitätsplanung (CRP = Capacity Requirement Planning) entsprechen dem heute weit verbreiteten MRP-II-Konzept (Manufacturing Resources Planning). Die einzelnen Planungsstufen (MPS, MRP, CRP, ...) werden dabei sukzessiv durchlaufen. Bild 5.1 zeigt die Aufgaben- und Funktionsbereiche des Auftragsmanagements, die bei der Sukzessivplanung durchlaufen werden. Nicht durchführbare Planvorhaben erfordern ein erneutes Durchlaufen der vorgelagerten Planungsstufe.

Die Weiterentwicklung von MRP II beschränkt sich nicht mehr nur auf das Unternehmen selbst, sondern schließt alle Geschäftsprozesse einer Lieferkette oder eines Netzwerkes mit ein. Heutige leistungsfähige EDV-Systeme ermöglichen Simultanplanungen, die parallel Material, Ressourcen und Prozesse betrachten – im Idealfall für die gesamte Lieferkette. Bild 5.2 stellt die Wechselwirkungen der Beziehungen in Unternehmensnetzwerken dar.

Für das Management der Materialflüsse auf der horizontalen Achse stehen Customer-Relationship-Management-Systeme (CRM) auf der

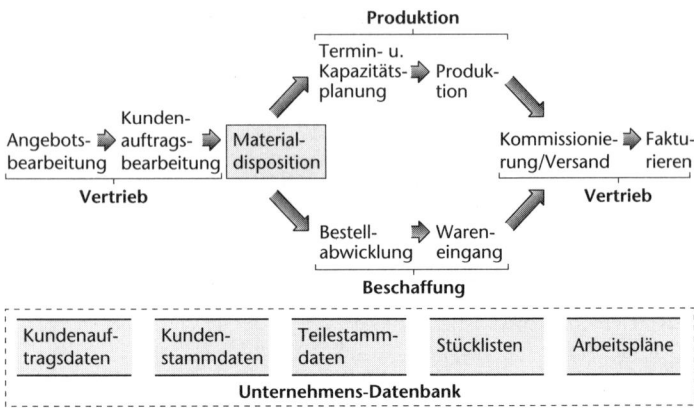

Bild 5.1: Aufgaben und Funktionsbereiche des Auftragsmanagements [nach Mussbach-Winter]

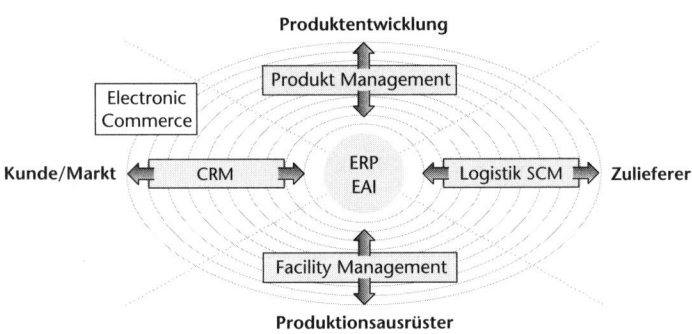

ERP = Enterprise Resource Planning   SCM = Supply Chain Management
EAI = Enterprise Application Integration   CRM = Customer Relationship Management

Bild 5.2: Management der Produktion [nach Westkämper]

Kunden/Markt-Seite und Supply-Chain-Management-Systeme (SCM) auf der Zulieferer-Seite in engem Kontakt mit bestehenden ERP-Systemen und tauschen die erforderlichen Daten aus.

Die folgenden Abschnitte beschreiben die Methoden und Aufgaben der Materialbedarfsplanung von der Produktionsprogrammplanung bis zum Lager.

5.2   Produktionsprogrammplanung

Die Produktionsprogrammplanung ist eine Zielvereinbarung zwischen allen direkt am Wertschöpfungsprozess Beteiligten, umfasst aber mindestens den Vertrieb, die Logistik und die Fertigung. Die herzustellenden Erzeugnisse werden nach Art, Menge und Termin in definierten Planperioden festgelegt, in dessen Rahmen alle Beteiligten handeln.

Das Produktionsprogramm wird auf der Grundlage des Absatzprogramms erstellt und berücksichtigt prognostizierte sowie bereits erteilte Aufträge. Es legt fest, welche Aufträge von der Produktion in bestimmten Perioden zu bearbeiten sind.

Sofern das Absatzprogramm auch Güter enthält, die vom Unternehmen nicht selbst hergestellt werden, sind auch diese Güter im Beschaffungsbereich entsprechend zu planen. Dabei müssen besonders die terminlichen Möglichkeiten des Lieferanten – vor allem die Lieferfristen – berücksichtigt werden.

Bild 5.3: Abstimmungskreislauf als Kern der Produktionsprogrammplanung [nach Mussbach-Winter]

Die Abstimmung des Produktionsprogramms erfolgt zwischen Vertrieb, Produktion und Geschäftsleitung in mehreren Zyklen (Bild 5.3).

5.3   Materialdisposition

Dieser Abschnitt beschreibt den grundsätzlichen Ablauf der Materialdisposition mit den verschiedenen Methoden und den Methoden zur Losgrößenbildung. Am Ende stehen die Anwendungsbereiche der Methoden.

Tabelle 5.1: Bedarfsarten in der Materialwirtschaft [nach H.-H. Wiendahl]

Klassifikationskriterium	Ausprägung	
Bedarfsbezeichnung	Primärbedarf (unabhängig)	Sekundärbedarf (abhängig)
Bestandsabgleich	Bruttobedarf (kein Abgleich)	Nettobedarf (mit Abgleich)
Zeitliche Detaillierung	Periodenbedarf (i. d. R. Planung)	Terminbedarf (i. d. R. Steuerung)

Die Materialdisposition unterscheidet mehrere Bedarfsarten (Tab. 5.1) nach der **Erzeugnisebene**:

■   Primärbedarf: verkaufsfähige Artikel

■   Sekundärbedarf: Rohstoffe, Teile und Baugruppen zur Herstellung des Primärbedarfs

■   Tertiärbedarf: Hilfs- und Betriebsstoffe (ist aus der weiteren Betrachtung ausgeschlossen, da dieser im Gegensatz zum Sekundärbedarf nicht vom Absatz abhängt)

nach dem **Bedarfsabgleich**:

■   Bruttobedarf: Bedarfsermittlung ohne Berücksichtigung von Lagerbeständen

■   Nettobedarf: Bedarfsermittlung mit Berücksichtigung von Lagerbeständen

nach der **zeitlichen Detaillierung**:

■   Periodenbedarf: makroskopische Planungssicht

■   Terminbedarf: mikroskopische Steuerungssicht

5.3.1 Methoden der Bedarfsermittlung

Wie in Bild 5.4 ersichtlich, lassen sich bei der Bedarfsermittlung grundsätzlich drei Methoden unterscheiden.

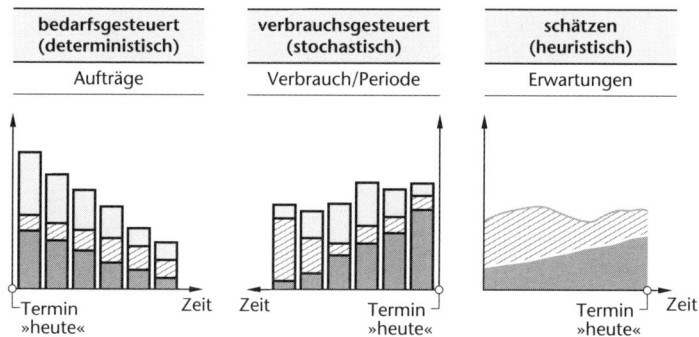

Bild 5.4: Methoden der Bedarfsermittlung

Die deterministische Bedarfsermittlung geht von vorliegenden Kunden- oder Vorratsaufträgen aus, die in der Zukunft ausgeliefert werden sollen. Aus diesen Aufträgen ergibt sich der Primärbedarf. Die Mengenberechnung des Sekundärbedarfs erfordert ein bekanntes Produktionsprogramm, Stücklisten und ggf. Ausschussquoten. Die Terminberechnung erfordert Vorlaufzeiten (Frist zwischen Bestellauslösung und Materialverfügbarkeit) sowie Bestandsdaten.

Der stochastischen Bedarfsermittlung liegen Verbrauchswerte aus der Vergangenheit zu Grunde. Der Sekundärbedarf wird hierbei mit Hilfe von mathematisch-statistischen Methoden berechnet. Das setzt natürlich voraus, dass das Unternehmen den Nachfrageverlauf des prognostizierten Teiles bzw. der Baugruppe kennt. Sie beruht also auf statistischen Daten.

Für die stochastische Bedarfsermittlung stehen verschiedene Methoden zur Verfügung. Die in Tabelle 5.2 gezeigten Methoden sind mathematisch recht einfach. Allerdings ist ihre Prognosegüte bei komplizierten Nachfrageverläufen gering.

Bei der heuristischen Bedarfsermittlung lassen sich zwei Formen unterscheiden. Bei der Analogschätzung werden die Ergebnisse der Vorhersage für vergleichbare Materialien oder Erzeugnisse auf andere Materialien oder Erzeugnisse übertragen. Demgegenüber liegt bei der Intuitivschätzung eine auf Erfahrungen oder Vermutungen beruhende Meinung über den mutmaßlichen Bedarf in der Zukunft vor. Es liegen also keine numerischen Daten zu Grunde.

Tabelle 5.2: Methoden der stochastischen Bedarfsermittlung

Methode	Formel für Berechnung	Eigenschaften
Einfacher Mittelwert	$V_{n+1} = \dfrac{1}{n} \sum\limits_{i=1}^{n} T_i$ V_{n+1} = Vorhersage für Periode $n+1$ T_i = Nachfragewert der Periode i n = Periodennummer	• wachsender Einfluss nicht mehr aktueller Daten • große Datenmenge bzw. hoher Speicherbedarf
Gleitender Mittelwert	$V_{n+1} = \dfrac{1}{m} \sum\limits_{j=1+n-m}^{n} T_i$ V_{n+1}, T_j, n = wie oben m = Betrachtungszeitraum	• bessere Reaktion auf Bedarfsschwankungen (wenn n klein) • kleinere Datenmenge bzw. geringerer Speicherbedarf
Gewogener gleitender Mittelwert	$V_{n+1} = \dfrac{1}{\sum\limits_{j=1}^{m} G_j} \cdot \sum\limits_{i=1+n-n, j=1}^{i=n, j=m} G_j \cdot T_j$ G_j = Gewichtungsfaktor	• höhere Gewichtung des Einflusses aktueller Daten • aufwändigere Berechnung • laufende Kontrolle der Gewichtung erforderlich
Exponentielle Glättung 1. Ordnung	$V_{n+1} = V_n + \alpha(T_n - V_n)$ V_n = Vorhersagewert für lfd. Periode n T_n = Nachfragewert für lfd. Periode n α = Glättungsfaktor $0 \le \alpha \le 1$	• einfache Berechnung • niedriger Speicherbedarf • Reaktion über α einstellbar α klein = träge Reaktion α groß = nervöse Reaktion

Die ermittelten Bruttobedarfe werden um die am Lager verfügbaren Baugruppen und Einzelteile vermindert. Daraus ergibt sich der Nettobedarf für diese Erzeugnisstufe.

5.3.2   Methoden der Losgrößenbildung

Die Losgröße der Bestellung ist abhängig vom Nachfrageverlauf der Erzeugnisstufe. Im Folgenden sind die Methoden der Losgrößenbildung beschrieben.

Feste Losgröße: Sie besagt, dass nur die vorgegebene Losgröße oder ein Vielfaches davon bestellt werden darf. Dieses Verfahren ist für diejenigen Teile gedacht, die nur in einer festen Stückzahl geliefert werden können.

Periodenbedarf: Dieses Verfahren ist das einfachste. Der Nettobedarf für eine bestimmte Periode wird unverändert übernommen, es werden keine neuen Lose errechnet.

Andler'sche Losgrößenformel: Mit dieser Formel wird die Losgröße unter kostenoptimierenden Kriterien berechnet. Man berechnet die Bestellmenge mit den niedrigsten Gesamtkosten, indem man die Rüstkosten gegen die Lagerkosten abwägt. Der Bedarf muss aber über das ganze Jahr konstant sein. Rabatte können nicht berücksichtigt werden (Bild 5.5).

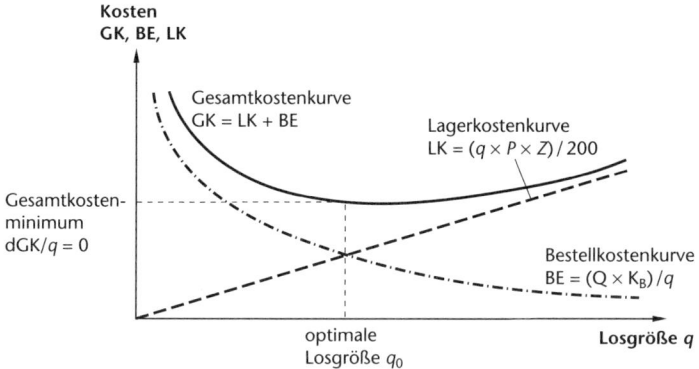

(GK Gesamtkosten, BE Bestellkosten, LK Lagerkosten, Q Bedarfsmenge pro Periode, P Einzelpreis, Z Lagerkostensatz, q Losgröße, K_B Kosten für eine Bestellung)

Bild 5.5: Optimale Losgröße [nach Andler]

Gleitende wirtschaftliche Losgröße: Auch sie wird nach kostenoptimierenden Kriterien ermittelt, allerdings wird der tatsächliche (nicht der konstante) Absatzverlauf berücksichtigt. Man geht davon aus, dass die Rüstkosten je Teil bei steigender Losgröße fallen und die Lagerkosten je Stück steigen. Es wird Periode für Periode geprüft, ob das Minimum der Kostenkurve für das Los schon überschritten ist. Das Verfahren wird bei Teilen angewendet, bei denen die Auflagekosten groß gegenüber den Fertigungskosten sind und die stark schwankende Bedarfswerte haben.

Stück-Perioden-Ausgleich: Die Formel ist ähnlich der gleitenden wirtschaftlichen Losgröße. Die Lagerhaltungskosten der Nettobedarfszahlen aller Perioden werden addiert und mit den festen Bestellkosten verglichen. Eine Losgröße wird gebildet, wenn die Lagerhaltungskosten die festen Bestellkosten einer zusätzlichen Periode überschreiten. Durch eine Look-Ahead- und Look-Back-Abfrage werden Schwächen der gleitenden wirtschaftlichen Losgröße vermieden.

5.3.3 Anwendungsbereiche

Auch bei vorliegenden Kundenaufträgen lassen sich nicht für alle Komponenten die Bedarfsmengen deterministisch ermitteln. Der Grund ist, dass bei vollständig deterministischer Bedarfsermittlung die Lieferzeit für den Kundenauftrag eine Größe annehmen würde, die vom Kunden nicht mehr akzeptiert wird. Deshalb müssen diejenigen Komponenten verbrauchsgesteuert disponiert werden, die bei einer festgelegten Lieferzeit für einen Kundenauftrag und einem Auftragseingang am heutigen Tag bereits in der Vergangenheit hätten bestellt werden müssen (Bild 5.6).

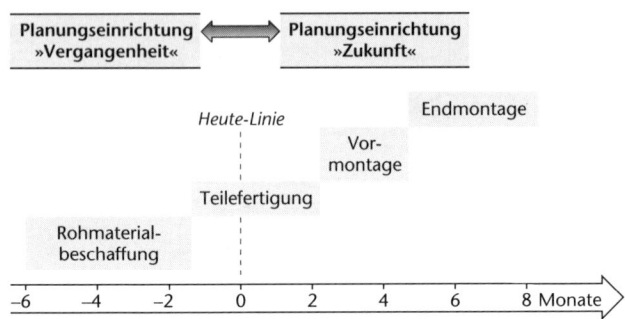

Bild 5.6: Planungshorizont und Durchlaufzeit

Die stochastische Bedarfsermittlung wird zum einen dann angewandt, wenn auf Grund sehr langer Wiederbeschaffungszeiten oder nicht vorhandenen Stücklisten bzw. Arbeitsplänen eine deterministische Bedarfsermittlung nicht möglich ist. Zum anderen setzt man sie häufig bei Artikeln von geringem Wert ein, da dort eine deterministische Bedarfsermittlung oft zu aufwändig ist.

Die Wahl der Prognosemethode wird bestimmt durch:

■ den Nachfrageverlauf

■ die Differenz zwischen Vorhersage und Ist-Werten (Fehlerminimum)

■ die Reaktion auf echte Bedarfsänderungen, aber Unempfindlichkeit gegenüber Zufallsschwankungen

■ die Anforderungen an die EDV

■ die Einfachheit und Verständlichkeit für die betriebliche Praxis

Tabelle 5.3 zeigt, dass sich für die Bedarfsvorhersage bei Nachfrageverläufen mit Trend oder saisonalen Schwankungen mathematisch anspruchsvollere Verfahren wie die exponentielle Glättung 2. und 3. Ordnung empfehlen.

Tabelle 5.3: Wahl der geeigneten Prognosemethode [nach VDI]

Methode	Nachfrageverlauf					
	konstant	linearer Trend	progressiver Trend	saisonal	saisonal mit Trend	sporadisch
Einfacher Mittelwert	+					
Gleitender Mittelwert	+	×				×
Gewogener gleitender Mittelwert	+					
Lineare Regression	–	+				
Multiple Regression	–	–	+	+	+	
Exponentielle Glättung 1. Ordnung	+					
Exponentielle Glättung 2. Ordnung	–	+				
Exponentielle Glättung 3. Ordnung	–	–	+			
Exponentielle Glättung bei saisonaler Nachfrage	–	–	–	+	+	

Legende: + geeignet   × bedingt geeignet   – geeignet, aber nicht sinnvoll

5.4 Lager und bestandsgesteuerte Mengenplanung

Dieser Abschnitt beschreibt die Aufgaben eines Lagers. Abschließend werden die zur Bestandsführung notwendigen Bestandsformen erklärt.

Das Lagern bindet Kapital, braucht Platz und setzt Güter der Verderblichkeit, dem Veraltern, der Beschädigung oder der Zerstörung aus. Eine Lagerführung hat also nur dann Sinn, wenn die bevorrateten Güter nach einer genügend kurzen Zeit auch verbraucht werden. Eine möglichst genaue Bedarfsvorhersage hilft, dies zu erreichen.

Lager sind dann unvermeidbar, wenn eine Bevorratungsebene etabliert werden muss, d. h., wenn die vom Kunden zugestandene Lieferfrist kleiner ist als die gesamte Beschaffungszeit, die sich ab der Bestellung von Komponenten beim Lieferanten bis hin zum Ablieferungszeitpunkt des fertigen Produktes erstreckt. Lager dienen zum Speichern von Gütern über die Zeit. Sie dienen als Spielraum zum Abstimmen der mit der Zeit verfallenden Kapazitäten (Menschen, Maschinen, Werkzeuge usw.) auf die Nachfrage nach Gütern (Ausgleichsfunktion). Darüber hinaus kann ein Lager auch aus technologischen Gründen angelegt werden müssen (z. B. bei erforderlichen Alterungsprozessen) oder um günstige Einkaufsmöglichkeiten zu nutzen (z. B. bei Rohmaterialien wie Kupfer u. Ä. mit Spekulationsfunktion).

Unter Bestandsführung versteht man die mengenmäßige Erfassung und Verbuchung von Materialien, Materialflüssen und Informationen. Für die Durchführung der Bestandsrechnung sind die folgenden Arten von Lager- und Dispositionsbeständen zu führen.

Lagerbestand
ist der körperliche Bestand, der sich in einem speziellen, als Lager deklarierten Bereich befindet.

Werkstattbestand
ist derjenige körperliche Bestand, der sich zur Weiterverarbeitung außerhalb eines Lagers in einem Fertigungsbereich (Werkstatt) befindet.

Sicherheitsbestand
ist der Teil des Lagerbestandes, der für Planabweichungen oder außergewöhnliche Ereignisse gedacht ist, für die normale Bedarfsdeckung also nicht herangezogen werden soll.

Bestellbestand
ist der Bestand an noch nicht gelieferten Bestellungen, wobei die Bestellungen interne Betriebsaufträge oder externe Lieferantenbestellungen sein können.

Reservierter Bestand
ist der Teil des Bestandes, der zum Verbrauch für eingeplante Aufträge vorgesehen ist.

Verfügbarer Bestand
ist derjenige Bestand, über den zur Zeit frei verfügt werden kann, der also zur Deckung zusätzlicher Bedarfe herangezogen werden kann.

Der Lagerbestand beschreibt den zum Überprüfungszeitpunkt körperlich vorhandenen Teilebestand. Der Sicherheitsbestand umfasst einen Mengenpuffer zur Abdeckung von Vorhersage-, Liefer- und Bestandsunsicherheiten. Er sollte bei ‚normalem' Zu- und Abgangsverhalten im

Lager nicht verwendet werden. Der Meldebestand (Bild 5.7) beschreibt die Bestandshöhe, bei der eine Bestellung auszulösen ist. Er wird deshalb auch Bestellpunkt genannt. Sein Wert errechnet sich normalerweise aus dem Verbrauch, der innerhalb der Wiederbeschaffungszeit des entsprechenden Teils zu erwarten ist, zuzüglich dem Sicherheitsbestand. Als Höchstbestand bezeichnet man üblicherweise den maximal zugelassenen Bestand eines Teils im Lager.

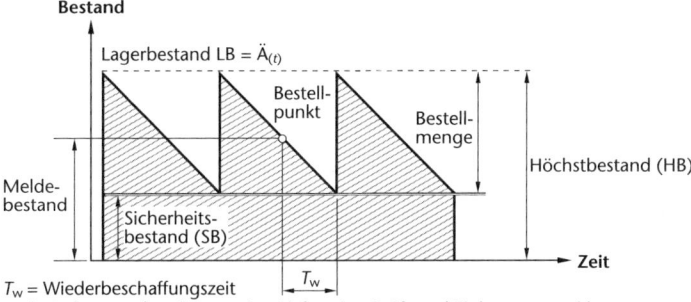

Bild 5.7: Lagerbestandsmodell (Idealverlauf) [nach REFA]

Der Meldebestand wird mit dem verfügbaren Lagerbestand des betrachten Artikels verglichen. Unterschreitet der verfügbare Lagerbestand den Meldebestand, wird eine neue Bestellung ausgelöst.

Literatur

Lödding, H.: Verfahren der Fertigungssteuerung. Grundlagen, Beschreibung, Konfiguration. 2. Auflage. Berlin: Springer 2008

Schönsleben, P.: Integrales Logistikmanagement Operations und Supply Chain Management in umfassenden Wertschöpfungsnetzwerken. 5., bearbeitete und erweiterte Auflage. Berlin: Springer 2007

Schuh, G. (Hrsg.): Produktionsplanung und -steuerung. Grundlagen, Gestaltung und Konzepte. 3., völlig neu bearbeitete Auflage. Berlin: Springer 2006

Westkämper, E.: Einführung in die Organisation der Produktion. Berlin: Springer 2006

Westkämper E.; Schraft, R. D. (Hrsg.): Schlankes Auftragsmanagement – Lean-Ansätze versus klassisches PPS. 11. Stuttgarter PPS-Seminar. Fraunhofer IPA-Seminar F 134, 28. und 29. September 2006, Stuttgart. Stuttgart: FpF – Verein zur Förderung produktionstechnischer Forschung

Wiendahl, H.-H.: Situative Konfiguration des Auftragsmanagements im turbulenten Umfeld. Diss. Univ. Stuttgart 2002. Heimsheim: Jost-Jetter Verlag 2002

6 Fortschrittszahlen

Prof. Dr.-Ing. habil. Michael Schenk
Dr.-Ing. Dipl.-Kfm. Rico Wojanowski

Fortschrittszahlen dienen zur Planung und Steuerung komplexer logistischer Netze. In der Automobilindustrie hat diese Strategie weite Verbreitung gefunden, da sie für komplexe Produkte bei vielen Varianten ein einfaches Instrument darstellt, das den Arbeitsfortschritt gut visualisieren kann und Verantwortungsbewusstsein auch auf Gruppenebene fördert.

6.1 Grundgedanke des Fortschrittszahlenkonzepts

Logistische Kenngrößen sind die Grundlage der Entscheidungsparameter bei der Produktionsplanung und -steuerung. Ihre Visualisierung erfolgt häufig mittels bestandsorientierter Lagerdiagramme. Hier werden bestandsmindernde Abgangsgrößen mit bestandsmehrenden Zugangsgrößen verrechnet und bilden somit stets die aktuellen Zustandswerte als stichpunktbezogene Bilanz der Lagerbestände ab.

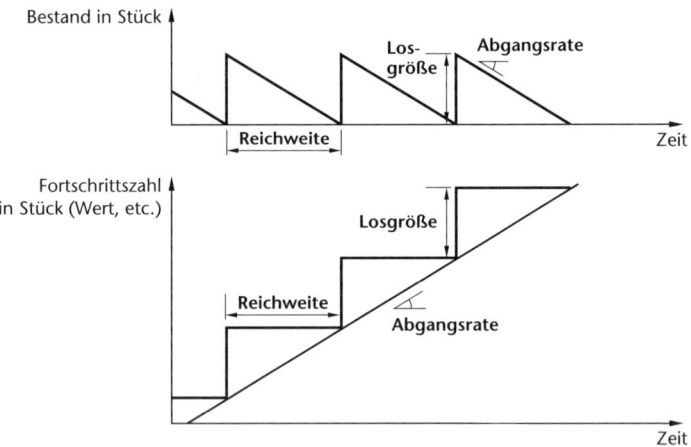

Bild 6.1: Kumulierendes Fortschrittszahlenkonzept versus differenzierendes Lagerbestandsdiagramm

Das Fortschrittszahlenkonzept versucht dieser bestandsorientierten Sichtweise eine dynamische Perspektive hinzuzufügen, indem der Arbeitsfortschritt in getrennten Zugangs- und Abgangsdaten als reine Zählgröße erfasst und über die Zeit kumuliert dargestellt wird.

In der Darstellung des Bildes 6.1 werden die Visualisierungsmethoden von Fortschrittszahlenkonzept und Lagerbestandsdiagramm für den Arbeitsvorrat vor einer Arbeitsstation gegenübergestellt.

Ein Arbeitssystem (Maschine, Transportstrecke oder Puffer) wird im Fortschrittszahlenkonzept nicht mehr als Messpunkt, sondern als Messstrecke interpretiert. Die Auswertung von Zu- und Abgangskurve eines solchen Systems bewertet also stets den Prozess zwischen zwei Punkten.

Ein derartig definierter Prozess kann als Zeit und Ressourcen verbrauchende Transformation eines Inputs in einen Output angesehen werden (Bild 6.2).

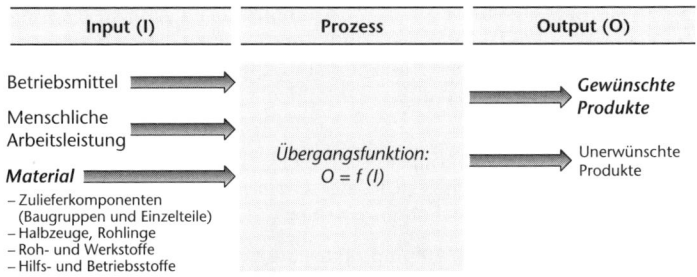

Bild 6.2: Definition eines Prozesses als Übergangsfunktion von Input in Output

Ohne den Prozess als solchen zu messen, versuchen die Fortschrittszahlen eine Auskunft über das Verhalten des Prozesses (z. B. seine Leistung) zu geben. Dazu ist eine Normierung der Messgrößen des Inputs (Eingangsgrößen) und des Outputs (Ausgangsgrößen) dieses Prozesses notwendig. Häufig gelingt dies durch die Dimensionierung von Fortschrittszahlen als reine Zählgrößen in Stückzahlen, genauso sind jedoch auch andere Einheiten wie z. B. der Produktwert möglich.

Diese Normierung der Fortschrittszahlen auf eine einheitliche Bewertungsgröße ermöglicht grundsätzlich die Betrachtung des Auftragsfortschritts über mehrere Prozessstufen hinweg, wie dies in Bild 6.3 skizziert wird.

Um die Zu- und Abgangsgrößen eines Prozesses korrekt zu erfassen, ist die richtige Abgrenzung wichtig. Dazu werden Kontrollblöcke definiert, die einzelne Arbeitsprozesse oder auch ganze Produktionssysteme umfassen können. Analog zur oben gegebenen Prozessdefinition werden die Kontrollblöcke als Blackbox angesehen, die nur über Input und Output gemessen werden können. Genau hier werden Zählpunkte als Eingang und Ausgang des Prozesses gesetzt, wie dies in Bild 6.3 dargestellt ist.

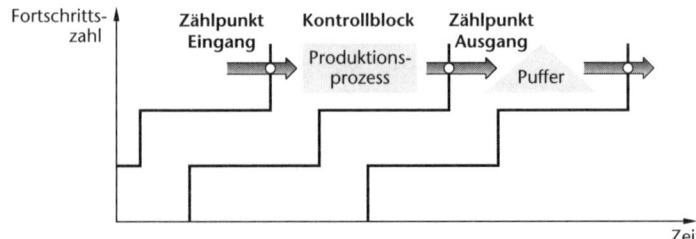

Bild 6.3: Visualisierung von Fortschrittszahlen und Prozessstruktur

Der schon oben erwähnte Zeit verbrauchende Charakter eines Prozesses
bzw. Kontrollblocks führt zu einem kontinuierlichen zeitlichen Vorlauf
des Zählpunkts Eingang vor dem Zählpunkt Ausgang. Diese Übergangs-
oder Handhabungszeit des Kontrollblocks kann im Fortschrittszahlendiagramm auf der Abszisse im Abstand der Zu- und Abgangskurve
gemessen werden.

Die Fortschrittskurven können sich nicht überschneiden, höchstens
berühren. Ist dies der Fall, so ist der Umlaufbestand gleich null, der
Produktionsprozess ist also ohne Arbeit bzw. der Puffer ohne Bestand.

Die strikte Definition von Zählpunkten ist notwendige Voraussetzung
für den Einsatz des Fortschrittszahlenkonzepts. Da mit diesen Zählpunkten auch die jeweiligen Kontrollblöcke und damit auch die Prozesse des
Produktionssystems festgelegt werden, erfordert das Fortschrittszahlenkonzept eine saubere und eindeutige Festlegung von Prozessen und
Strukturen.

Eine hierarchisch strukturierte Gliederung der Unternehmensprozesse
ermöglicht die Definition von Sub-Systemen und damit die beliebig feine
Aufsplittung der Kontrollblöcke in mehrere Hierarchieebenen, wie dies
in der Darstellung des Bildes 6.4 aufgezeigt wird. Es ist jedoch festzustellen, dass auch beim Fortschrittszahlenkonzept die Komplexität der

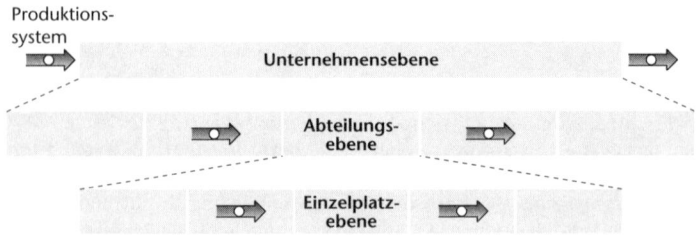

Bild 6.4: Definition von Sub-Systemen mit variablem Detaillierungsgrad

Steuerung mit zunehmender Detailliertheit zunimmt [Pape, S. 56]. Die Abgrenzungskriterien von Kontrollblöcken können Materialflussverzweigungen und -zusammenführungen sowie größere zeitliche Puffer darstellen [Sames, S. 26].

Diese Flexibilität des Detaillierungsgrades innerhalb der Sub-Systeme des Unternehmens ermöglicht eine zielgerichtete Konzentration der Bemühungen zur Fertigungssteuerung auf Engpassmaschinen. Außerdem können Fortschrittszahlen als Kennzahl des Controllings ohne weiteres über die Unternehmensebenen hinweg verdichtet werden. So wird also ein Meister andere Anforderungen an den Detaillierungsgrad seiner Fortschrittszahlen stellen können als die Unternehmensleitung.

Ein systematisches Problem, welches sich aus der Kumulierung der Fortschrittszahlen ergibt, ist das Auflaufen immer höherer Werte der Fortschrittszahlen und die Abweichung vom realen Auftragsbestand aufgrund von Lagerunstimmigkeiten.

Aus diesem Grund muss der Bestand in den Kontrollblöcken in festen Zeitabständen per Inventur erfasst und die Fortschrittszahlen auf handhabbare Werte angepasst und damit zurückgesetzt werden. Diese Anpassung der Fortschrittszahlen muss stets für alle abhängigen Kontrollblöcke gleichzeitig durchgeführt werden und daher während geplanter Inventuren erfolgen.

Die Rücksetzung von Fortschrittszahlen erfolgt immer vom letzten abhängigen Kontrollblock KB_n einer Prozesskette aus. Dort kann der Zählpunkt Ausgang FZA auf einen beliebigen Wert S festgelegt werden.

$$FZA_{KB_n} = S$$

Durch Inventur des Bestands im Kontrollblock Inv_{neu} kann damit auch die Fortschrittszahl für den Zählpunkt Eingang des Kontrollblocks ermittelt werden.

$$FZE_{KB_n} = FZA_{KB_n} + Inv_{neu}$$
$$= FZA_{KB_n} + \sum_{\substack{Inventur-\\zeitraum}} Zugänge - \sum_{\substack{Inventur-\\zeitraum}} Abgänge$$
$$+ Inv_{alt} - \Delta Inv$$

Gleichzeitig kann durch Verwendung der rechnerischen Zahlen der Zu- und Abgänge im Inventurzeitraum ein Soll-Bestand im Kontrollblock ermittelt werden, der um die Inventurabweichung ΔInv vom Ist-Bestand differiert.

Laufende Lagerabweichungen dagegen, wie sie z. B. durch Ausschussteile entstehen, werden über eine zusätzliche Ausschussfortschrittszahl erfasst, wie dies in Bild 6.5 dargestellt ist [Sames, S. 26]. Hier kann der aktuelle

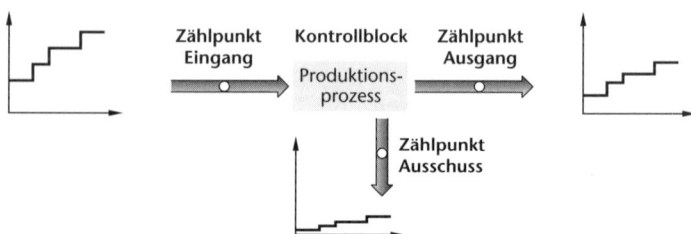

Bild 6.5: Lagerbilanzabgleich durch Berücksichtigung von Ausschussfortschrittszahlen

Arbeitsvorrat des Produktionsprozesses ermittelt werden, indem zu jedem beliebigen Zeitpunkt die Summe der Fortschrittszahlen des Zählpunkts Ausgang und des Zählpunkts Ausschuss mit der Fortschrittszahl des Zählpunkts Eingang verglichen wird.

6.2 Vergleich der Teilebedarfsrechnung mit MRP und Fortschrittszahlen

Die Produktionsplanung hat die Aufgabe, die vom Produktionssystem zu erfüllenden Produktionsaufgaben nach Sortiment, Menge je Sortimentsposition und Werteinheiten zu bestimmen und diese auf produzierende Teilsysteme (Fertigungsbereiche, Fertigungsabschnitte usw.) aufzuschlüsseln. Dazu sind die Hauptaufgaben eines PPS-Systems:

- Produktionsprogrammplanung
- Materialbedarfsrechnung
- Termin- und Kapazitätsplanung

zu erfüllen.

Der Produktionsprogrammplanung enthält den zu produzierenden Primärbedarf auf Grund der Prognosen des Absatzes bzw. des Auftragsbestandes. Die Ableitung der Sekundärbedarfe für das gesamte Produktionssystem ist die Aufgabe der Materialbedarfsrechnung. Erfolgt diese Planung nach dem klassischen MRP-Prinzip, so ist dafür ein Abgleich mit den vorhandenen Beständen auf jeder Dispositionsstufe notwendig. Bei komplexen Produkten und großer Variantenvielfalt wird dieser Auflösungsprozess schnell sehr rechenintensiv und fehleranfällig.

Vor allem in langen Prozessketten kommt das Problem der Vorlaufverschiebung hinzu. Um flexibel zu bleiben, muss die Teilebedarfsrechnung häufig durchgeführt werden [FORS, S. 5]. Dies verbietet sich beim MRP-Prinzip jedoch aus den oben genannten Gründen. Anders dagegen beim

Fortschrittszahlenkonzept. Hier ist eine einstufige Stücklistenauflösung möglich, die zunächst ohne explizite Beachtung von Bevorratungsebenen, Losgrößen und Vorlaufverschiebung erfolgt.

Die Dimensionierung auf eine einheitliche Fortschrittszahl ermöglicht eine direkte Vorlaufverschiebung jedes Kontrollblocks um die geplante Übergangszeit.

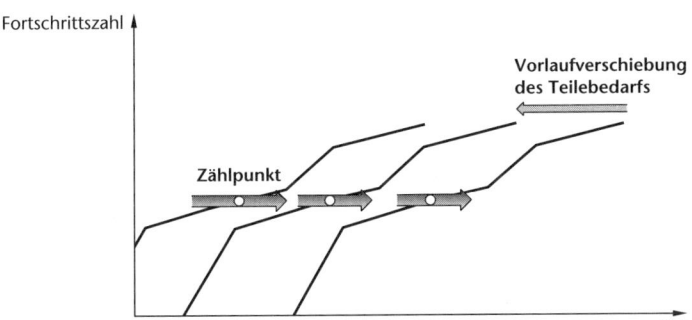

Bild 6.6: Teilebedarfsrechnung mit Fortschrittszahlen unter Beachtung der Vorlaufverschiebung der Kontrollblöcke

Neben der Beachtung von Vorlaufzeiten ist im Fortschrittszahlendiagramm auch eine höchst einfache und damit flexible Berücksichtigung von Maximalkapazitäten möglich. Belastung und Kapazität lassen sich im Diagramm direkt aus dem Verhältnis von Fortschrittszahl und Zeit, also aus dem Anstieg der Kurven, ablesen. Die geplante Belastungskurve einer Ressource darf also nie steiler sein, als es die Kapazitätsgrenze maximal erlaubt. Wird diese Bedingung durch die Vorlaufverschiebung verletzt, so ist eine Anpassung der Kurven notwendig, d. h., die Kurve muss in die Vergangenheit planend flacher werden. Diese implizite und simultane Beachtung von Kapazitäten bei der Teilebedarfsermittlung stellt einen wesentlichen Vorteil des Fortschrittszahlenkonzepts gegenüber der MRP-Rechnung dar.

6.3 Kennzahlen im FZ-Diagramm

In der bisherigen Diskussion zum Fortschrittszahlenkonzept wurde im Wesentlichen von einer linearen Produktstruktur mit Produktionskoeffizienten $p_{KB_i} = 1$ ausgegangen. Für solche Produktionssysteme ist die Handhabung und Visualisierung der Fortschrittszahlen am einfachsten und eindrucksvollsten [Glaser, S. 245]. Insbesondere ist die Darstellung über mehrstufige Prozessketten in einem einzigen Fortschrittszahlen-diagramm möglich.

Sind dagegen die Produktionskoeffizienten $p_{\mathrm{KB}_i} > 1$, werden also z. B. mehrere gleiche Bleche zu einer Grundplatte verschraubt, muss die Fortschrittszahl entsprechend normiert werden. Während also der Zählpunkt Ausgang noch in Stück gemessen wird, gilt für die Fortschrittszahl am Zählpunkt Eingang

$$FZE_{\mathrm{KB}_i} = \frac{FZA_{\mathrm{KB}_i}}{p_{\mathrm{KB}_i}}.$$

Die Umrechnung der Fortschrittszahl geht i. Allg. auch mit einer Umschlüsselung der Sachnummer einher.

Sollen konvergierende Produktstrukturen mittels Fortschrittszahlen dargestellt werden, so wird der entsprechende Kontrollblock, wie in Bild 6.7 dargestellt, mehrere Zählpunkte Eingang, aber nur einen Zählpunkt Ausgang besitzen [Krings, S. 114].

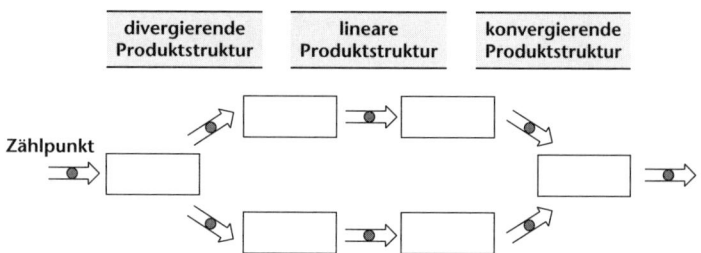

Bild 6.7: Darstellung verschiedener Produktstrukturen mit den Elementen Zählpunkt und Kontrollblock

Hier gilt eine klare UND-Beziehung, da die Fortschrittszahlen aller Zählpunkte Eingang stets über dem Fortschritt des Zählpunkts Ausgang liegen müssen. Der Arbeitsvorrat bezieht sich stets auf die minimale Differenz zwischen diesen Kurven.

Eine ähnliche Definition wie für konvergierende gilt auch für divergierende Produktstrukturen. Hier existiert nur ein Zählpunkt Eingang, aber mehrere Zählpunkt Ausgänge. Dies ist z. B. der Fall, wenn das an einer Arbeitsstation produzierte Teil in verschiedene Zwischenprodukte einfließen kann. Es ist an dieser Stelle notwendig, die Fortschrittszahlen aller Zählpunkte Ausgang zusammenzufassen und kumuliert im Diagramm darzustellen. So wird eine Gesamt-Fortschrittszahl des Kontrollblocks ermittelt, für die ein Vergleich zwischen Input und Output stattfinden kann.

Starke Verbreitung hat das Fortschrittszahlenkonzept in der Automobilindustrie gefunden. Dort finden sich lange, verkettete Prozesse mit vorwiegend linearer Produktstruktur, sehr vielen Varianten und hoher Wiederholhäufigkeit [FORS, S. 3]. Der hohe Effizienzdruck führt dazu, dass Produktionsausfälle auf Grund von Stauungen und Stockungen zu entgangenem Gewinn führen, der nicht wieder erwirtschaftet werden kann. Das Produktionssystem muss also so geplant und gesteuert werden, dass Leerläufe in einzelnen Bereichen auf Grund fehlenden Arbeitsvorrats vermieden und gleichzeitig geringe Bestände (= Kosten) realisiert werden.

Um diesen Anforderungen gerecht zu werden, müssen aus dem Fortschrittszahlendiagramm verschiedene Kennzahlen ablesbar sein, mit denen die Planung und Steuerung des Systems möglich wird.

Bild 6.8 zeigt die wichtigsten dieser Kennzahlen. Besonders hervorzuheben sind die Kenngrößen Arbeitsvorrat und Reichweite. Ersteres bezeichnet die Menge an Arbeit, gemessen in der Dimension der Fortschrittszahl, die im System des Kontrollblocks aktuell vorhanden ist. Die Reichweite dagegen misst die Zeit, die vergeht, bis die Bestände im Kontrollblock auf null zurückgehen, wenn der Zählpunkt Eingang keine weiteren Zugänge verzeichnet und am Zählpunkt Ausgang die zukünftige Abgangskurve realisiert wird.

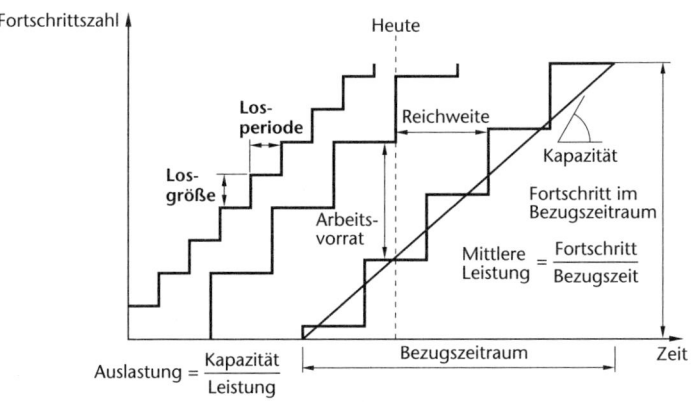

Bild 6.8: Kennzahlen im Fortschrittszahlendiagramm

Die Leistung an einem Zählpunkt ist eine relative Kennzahl, die als Bezugsgröße einen Zeitraum besitzt. Der Fortschritt wird daher während eines Bezugszeitraums gemessen. Das Verhältnis beider Größen ergibt die Leistung. Diese Kennzahl kann nie größer sein als die Maximal-

kapazität, die ebenfalls eine relative Kennzahl darstellt, die im Allgemeinen jedoch im Voraus bekannt ist und die Obergrenze der Leistung definiert. Das Maß der Leistung im Vergleich zur Kapazität stellt die Auslastung dar. Die Größen Leistung, Kapazität und Auslastung werden
zwar am Zählpunkt Ausgang erfasst, stellen aber Eigenschaften des vorgelagerten Kontrollblocks dar.

Weitere im Fortschrittszahlendiagramm ablesbare Kennzahlen sind Losgröße und Losperiode, die sich ebenfalls am Zählpunkt Ausgang ablesen
lassen und auf den vorhergehenden Kontrollblock beziehen. Aus der los-
gesteuerten Arbeitsweise im Kontrollblock ergibt sich die charakteristische Treppenfunktion der Fortschrittszahlenfunktion. Das hier skizzierte
Kennzahlensystem korrespondiert in weiten Teilen mit dem der belastungsorientierten Auftragsfreigabe [Wiendahl] (vgl. Kap. 11).

6.4   Planen und Steuern mit Fortschrittszahlen

In der bisherigen Diskussion des Fortschrittszahlenkonzepts wurde keine
Unterscheidung getroffen zwischen der Planung und der Steuerung eines
Produktionssystems mit diesem Werkzeug.

Es zeigt sich jedoch, dass ein großer Unterschied besteht zwischen der
zukunftsbezogenen Planung eines SOLL-Zustandes und der gegenwarts-
oder gar vergangenheitsbezogenen Steuerung auf der Grundlage von
IST-Daten des Systems.

Nach der Auflösung von Stücklisten erfolgt die Produktionsprogrammplanung mit Fortschrittszahlen über die Verschiebung der Bedarfe über
die Ebenen, wie dies schon oben dargestellt wurde. Dabei können Min-
destwerte für Plan-Bestände sowie Plan-Reichweiten und der damit verbundenen Durchlaufzeit eingestellt werden.

Über die Vorlaufverschiebung des Teilebedarfes können, wie es schon im
Bild 6.6 dargestellt wurde, die Plan-Reichweite eingestellt und die Min-
destdurchlaufzeit berücksichtigt werden.

Neben dieser über die waagerechte Zeitachse realisierten Vorlaufverschiebung ist auch eine mengenmäßige Umlaufverschiebung möglich,
mit der Plan-Bestände berücksichtigt werden können. Dabei ergibt
sich dann die Reichweite als abhängige Variable, die im Zeitverlauf
schwankt, während der Umlaufbestand eine konstante Größe darstellt.
Bild 6.9 zeigt ein typisches Beispiel für eine vorlauf- bzw. umlauf-
verschobene Fortschrittskurve. In dieser Darstellung ist auch eine Beachtung von Maximalkapazitäten, wie sie in Bild 6.8 definiert wurden,
möglich, wenn der Anstieg der Plan-Fortschrittszahlenkurve zu steil
ist.

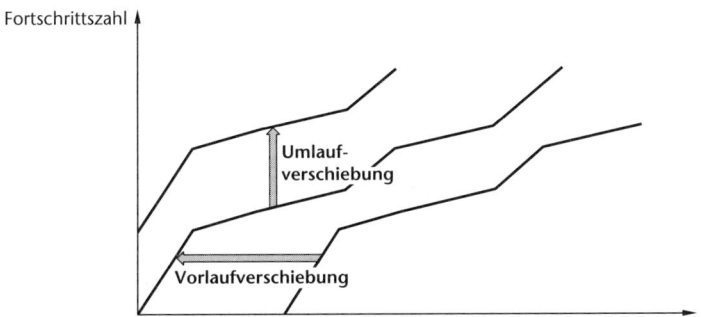

Bild 6.9: Produktionsprogrammplanung mit Plan-Beständen und Plan-Reichweiten

Eine Feinplanung der so erzeugten Kurven erfolgt durch die Beachtung von wirtschaftlichen und technischen Losgrößen oberhalb des groben Produktionsprogrammplans.

Die Steuerung des Produktionsprogrammplans erfolgt über die IST-Fortschrittszahlen, die laufend am Zählpunkt Eingang und am Zählpunkt Ausgang erhoben werden. Bei stetigem und fortlaufendem Controlling ist so ein ständiger Vergleich mit den SOLL-Fortschrittszahlen möglich. Bild 6.10 zeigt ein solches Nebeneinander von Plan- (SOLL-) und IST-Zahlen in einem Diagramm. Durch die simultane Darstellung wird es möglich, Abweichungskennzahlen aufzunehmen und anschaulich wiederzugeben. Dabei bezeichnet eine negative Programmabweichung eine zu geringe IST-Menge, die hinter der geplanten Fortschrittszahl

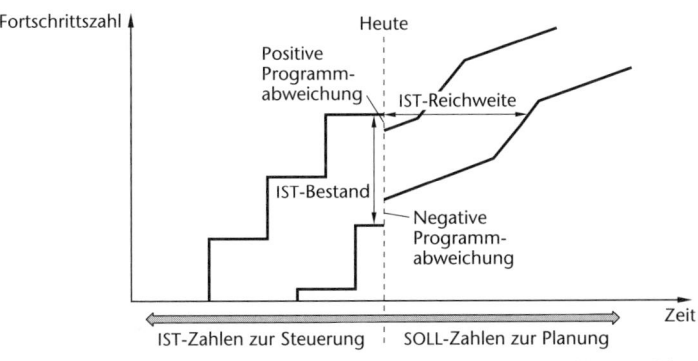

Bild 6.10: Produktionsplanung und -steuerung mit Fortschrittszahlen [angelehnt an Heinemeyer]

zurückgeblieben ist. Eine positive Programmabweichung misst demzufolge eine Übererfüllung des Plan-Fortschritts am Zählpunkt.

Die Abweichungen vom Programmplan verursachen bei negativer Abweichung Rückstände im System, die zu einer schlechten Liefertreue bzw. zu zusätzlichem Aufwand zum Aufholen des Rückstands führen. Bei positiver Abweichung entstehen dagegen unnötige Lagerbestände. Die Fläche der Programmabweichungen über der Zeit, egal ob positiv oder negativ, sollte daher möglichst klein sein und kann als Bewertungskriterium genutzt werden [Lohr, S. 51].

In Bild 6.10 wird auch noch einmal der theoretische Aspekt der Definition der Bestandsreichweite deutlich, die nur gilt, falls der Plan-Fortschritt am Zählpunkt Ausgang auch tatsächlich genau eingehalten wird.

Literatur

FORS: Fortschrittszahlensystem für Automobilzulieferer: Leistungsbeschreibung/ACTIS in Stuttgart GmbH – Angewandte Computertechnik für Informationssysteme. Stuttgart: ACTIS 1985
Glaser, H.; Geiger, W.; Rohde, V.: PPS-Produktionsplanung und -steuerung. Grundlagen – Konzepte – Anwendungen. Wiesbaden: Gabler 1992
Koffler, J.: Neuere Systeme zur Produktionsplanung und -steuerung. Belastungsorientierte Auftragsfreigabe – Fortschrittszahlenkonzept – Kanban-Prinzipien. München: Florentz 1987
Krings, K.: Reorganisationsbedingungen bei der systemorientierten Gestaltung von Produktionsplanung und -steuerung mit Fortschrittszahlen. Aachen: Shaker Verlag 1997
Lohr, D.: Produktion einfacher steuern und bewerten. In: Industrie-Anzeiger, Bd. 119 (2997), 27, S. 50–51
Pape, F.: Logistikgerechte PPS-Systeme: Konzeption, Aufbau, Umsetzung. Köln: Verlag TÜV Rheinland 1990
Sames, G.: Bedarf erkennen: Planung und Steuerung von Produktion und Materialfluss optimieren mit Hilfe von Fortschrittszahlen. In: Der Maschinenmarkt, Bd. 98 (1992), Nr. 48, S. 24–28
Wiendahl, H.-P.: Belastungsorientierte Fertigungssteuerung. Grundlagen – Verfahrensaufbau – Realisierung. München, Wien: Hanser 1987

7   Kanban

Prof. Dr. Dr. Ekbert Hering
Dipl.-Wirtschaftsing. (FH) Gerhard Geiger
Rolf Kummer

7.1   Einleitung

7.1.1   Der Begriff Kanban

Kanban ist eine Methode der **selbststeuernden Produktion** nach dem **Hol-Prinzip**. Der Materialfluss ist hierbei vorwärts gerichtet (vom Erzeuger zum Verbraucher), während der Informationsfluss rückwärts gerichtet ist (vom Verbraucher zum Erzeuger).

Ständige Eingriffe einer zentralen Steuerung sind hierbei überflüssig. Das Kanban-System im eigentlichen Sinne ist ein Informationssystem, um die Produktionsprozesse harmonisch und effizient zu steuern.

7.1.2   Entstehung von Kanban

Um im Wettbewerb mit amerikanischen Unternehmen bestehen zu können, wurde von Taicchi Ohno 1947 das Toyota-Production-System entwickelt. Bestandteil dieses Systems war die **Just-in-Time-Produktion**. Als Medium zur Informationsübertragung wurden Karten (jap. = Kanban) verwendet, welche zwischen Verbraucher und Produzenten pendelten. Auf diese Art und Weise werden Prozesse einfach und transparent gesteuert.

Somit ist Kanban heute viel mehr als nur ein Informationssystem zur Steuerung einer Produktion, sondern ein **Instrument**, um die gesamten **Prozesse** in Unternehmen zu **optimieren**.

7.1.3   Prinzip

Bei einer Kanban-Steuerung im ursprünglichen Sinne wird nur gefertigt, wenn ein **echter Kundenbedarf** vorliegt. Die Losgrößen werden auf Tageslose heruntergebrochen bzw. wird nach dem Prinzip des „One-piece-Flow" gearbeitet.

Bei herkömmlichen Systemen besteht eine Bringpflicht, d. h., die produzierende Stelle bringt das Material zu der verbrauchenden Stelle. Im Gegensatz hierzu besteht bei **Kanban-Systemen** eine **Holpflicht**, wobei der Verbraucher (Senke) sich das benötigte Material beim Produzenten

(Quelle) holt. Die **produzierende Stelle** braucht ein **Signal**, welche **Teile** in welcher **Menge** und zu welchem **Zeitpunkt** bei der verbrauchenden **Stelle** benötigt werden. Dieses Signal wird durch ein Kanban ausgelöst.

Trifft ein Kanban bei dem Produzenten ein, beginnt dieser, die benötigten Teile bereit- oder herzustellen. Diese angeforderten Teile werden in festgelegten Behältern unter Beachtung bestimmter Regeln zur verbrauchenden Stelle geschickt. Entsteht bei der verbrauchenden Stelle wieder ein Bedarf, so wiederholt sich dieser Ablauf erneut (Bild 7.1).

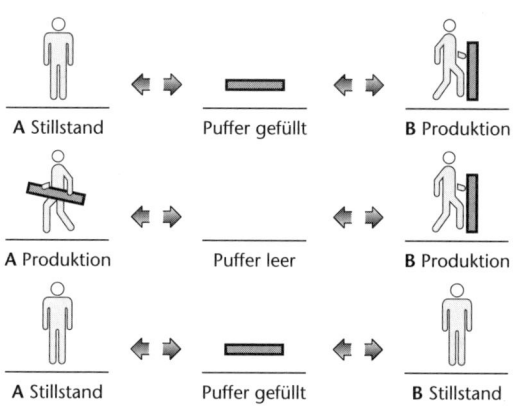

A Stillstand	Puffer gefüllt	B Produktion
A Produktion	Puffer leer	B Produktion
A Stillstand	Puffer gefüllt	B Stillstand

Bild 7.1: Funktionsweise Kanban

Der Regelkreis zwischen den zwei Prozessen A und B wird einer totalen **Selbststeuerung** überlassen. Die Produktion erfolgt nur, wenn ein konkreter Bedarf vorliegt. Für die Quelle (A) ist der leere Puffer das Signal für die Produktion. Ist der Puffer gefüllt, so wird nicht produziert. Je nach betrieblichen Gegebenheiten können die Puffer angepasst bzw. ganz aufgelöst oder andere Signale (z. B. Kanban-Karten) eingesetzt werden.

7.1.4   Nutzen von Kanban

Durch die Einführung von Kanban in Unternehmen ergeben sich zahlreiche Verbesserungen:

Verbesserung der Qualität durch **frühzeitige Fehlererkennung, motiviertere Mitarbeiter, transparentere Prozesse, geringerer Steuerungsaufwand, schnellere Prozesse, geringere Umlaufbestände, bessere Ordnung und Sauberkeit, höhere Verfügbarkeit, sichere Prozesse,** keine Probleme durch **Fehlbuchungen.**

7.2 Leitfaden zur Einführung von Kanban

7.2.1 Überprüfung der Kanban-Fähigkeit

Um eine Überprüfung der Kanban-Fähigkeit durchzuführen, müssen für alle potenziellen Kanban-Teile die folgenden Kriterien überprüft werden:

■ **Verbrauchsverlauf:**
Für Kanban sind Teile geeignet, die nur geringe Verbrauchsschwankungen aufweisen und eine relativ hohe Vorhersagegenauigkeit haben.

■ **Produkteigenschaften:**
Die größten Einsparungen und Vorteile werden mit Teilen erreicht, die für das Unternehmen von besonderer Bedeutung sind.

■ **Fertigung:**
Für Kanban sollte eine möglichst flexible, beherrschte und schnelle Fertigung mit zuverlässigem und qualifiziertem Personal gegeben sein.

■ **Qualität:**
Für Kanban sind Produkte geeignet, deren Qualitätsanforderungen relativ gut erfüllt werden und bei denen selten Nacharbeit nötig ist.

■ **Informationsfluss:**
Für Kanban ist ein schneller, sicherer und möglichst einfacher Informationsfluss vorteilhaft.

■ **Materialfluss:**
Für Kanban ist ein möglichst geradliniger, schneller und reibungsloser Materialfluss vorteilhaft.

■ **Beschaffung:**
Für Kanban werden zuverlässige Lieferanten benötigt.

> Eignen sich Teile nicht für eine Kanban-Steuerung, so kann versucht werden, Kanban-Prinzipien wenigstens teilweise anzuwenden und somit Verbesserungen zu erreichen.

7.2.2 Auswahl und Festlegung der Regelkreise

Wurden bei der Überprüfung der Kanban-Fähigkeit die Teile identifiziert, die über Kanban gesteuert werden können, so muss anschließend festgelegt werden, welche Regelkreise mit Hilfe von Kanban gesteuert werden sollen.

7.2.3   Berechnung der Kanban-Größen

■ **Optimale Losgröße:**
Für die Berechnung der optimalen Losgröße eignet sich die klassische **Andler-Formel**. Auch andere Berechnungsmöglichkeiten sind geeignet. Insbesondere sollte die Behältergröße berücksichtigt werden. Positive Begleiterscheinungen von Losgrößenreduzierungen, die in vielen Berechnungsarten nicht berücksichtigt werden, sollten hierbei unbedingt beachtet werden.

■ **Wiederbeschaffungszeit:**
Die Werte für die Wiederbeschaffungszeit werden aus den Fertigungsdaten von vorgelagerten Prozessen entnommen oder mit dem Lieferanten abgesprochen. Es sollten realistische Zeiten festgelegt werden.

■ **Sicherheitsbestand:**
Der Sicherheitsbestand soll die Teileversorgung während der Wiederbeschaffungszeit sicherstellen. Die Festlegung erfolgt entweder über Erfahrungswerte oder durch Berechnung.

$$SB = DV \times (WBZ + SZ)$$

(SB = Sicherheitsbestand, DV = Durchschnittlicher Tagesverbrauch, WBZ = Wiederbeschaffungszeit in Tagen, SZ = Sicherheitszuschlag)

■ **Maximale Bestandsmenge:**
Gibt an, welche maximalen Bestände im Kanban-Kreis vorhanden sein können.

$$MB = WBZ \times DV + BM + SB$$

(MB = Maximale Bestandsmenge, WBZ = Wiederbeschaffungszeit in Tagen, DV = durchschnittlicher Tagesverbrauch, BM = Bestellmenge/Losgröße, SB = Sicherheitsbestand)

■ **Kanban-Standardmenge:**
Die Kanban-Standardmenge entspricht im Optimalfall der Menge, die durch ein Kanban angefordert wird. Dies sollte ein voller Behälter sein und der optimalen Losgröße entsprechen.

■ **Ermittlung der Anzahl Kanbans:**

$$Y = \frac{D \times WBZ \times (1 + SF)}{SM}$$

(Y = Anzahl der Kanbans, D = durchschnittlicher Teilperiodenbedarf, WBZ = Wiederbeschaffungszeit in Tagen, SF = Sicherheitsfaktor, SM = Standardmenge)

7.2.4   Auswahl der Kanban-Hilfsmittel

Grundsätzlich wird zwischen zwei Arten von Kanban unterschieden:

- **Produktions-Kanban**; durch diesen Kanban wird das Signal zur Produktion von Teilen gegeben.

- **Transport-Kanban**; durch diesen Kanban wird das Signal zum Transport von Teilen gegeben.

Diese zwei Arten von Kanban können je nach betrieblichen Gegebenheiten kombiniert werden. Oft ist es ausreichend, nur eine Art von Kanban zu verwenden. Auch hier gilt der Grundsatz: „so einfach wie möglich".

7.2.4.1   Kanban-Karten

Ursprünglich wurden bei Kanban-Systemen Karten zur Informationsübertragung verwendet. Mit Karten können Informationen einfach übermittelt werden; sie sind problemlos zu transportieren und zu handhaben. Damit alle notwendigen Informationen übertragen werden können, muss jede Karte mindestens folgende Daten enthalten: Angaben über den **Verbraucher**, Angaben über den **Lieferanten**, **Artikelbezeichnung**, **Artikelnummer**, Angaben über das **Behältnis**, Angaben über **Mengen**.

Zusätzlich zu diesen Informationen sollten noch alle Angaben enthalten sein, die für einen sicheren Ablauf nötig sind. Um die Datenerfassung zu erleichtern, werden Kanban-Karten oft mit einem Barcode versehen.

7.2.4.2   Kanban-Tafel

Bei der Verwendung von Kanban-Karten muss die Übersichtlichkeit und Sicherheit des Systems gewährleistet sein. Karten dürfen weder verlorengehen noch vermischt werden. Da häufig mehrere verschiedene Karten an einem Arbeitsplatz eingesetzt werden, ist der Einsatz von Tafeln sinnvoll, an denen die Karten gesammelt werden.

7.2.4.3   Kanban-Behälter

Teile werden oft in Behältnissen bereitgestellt und transportiert. Um Umfüll- und Abzählvorgänge zu vermeiden, sind die **Größen der Behältnisse** den geeigneten Losgrößen anzupassen. Die Behältnisse können bei Kanban-Steuerungen sinnvoll neben ihrer eigentlichen Funktion als **Signale** verwendet werden. Bei Kanban-Eignung der Produkte ist ein

Auffüllen der leeren Behälter unbedingt erforderlich. Dieses Auffüllen wird von der jeweiligen Quelle vorgenommen; den Anstoß zur Nachproduktion gibt der leere Behälter.

7.2.4.4 Kanban-Transportwagen

Auch Transportwagen können die Funktion eines Kanbans übernehmen. Wird der leere Transportwagen bei der Quelle abgestellt, muss wieder die definierte Menge an Teilen produziert und der Transportwagen mit diesen Teilen bestückt werden. Der vollständig bestückte Transportwagen wird wieder an die Senke gefahren. Wichtig ist hierbei, dass auch an dem Transportwagen alle für den sicheren Prozessablauf nötigen Informationen angebracht sind. Mit Hilfe eines Transportwagens wird das Signal zur Nachproduktion von Teilen ausgelöst, und zusätzlich wird ein Transportmittel zur Verfügung gestellt.

7.2.4.5 Kanban-Steuerung über Stellflächen

Wo es die räumlichen Gegebenheiten zulassen, kann mit Stellflächen gearbeitet werden. In diesem Fall werden die Stellplätze markiert, und frei werdende Flächen geben den Auslöser zur Nachproduktion. Für diese Art von Steuerung sind Paletten oder Gitterboxen besonders geeignet.

7.2.4.6 Signale

Wichtig bei selbststeuernden Systemen ist der Auslöser an der Quelle zur Nachproduktion oder Lieferung neuer Teile. Selbstverständlich können sämtliche **akustischen** oder **visuellen Signale** eingesetzt werden. Als Beispiele sind hier Signallampen oder Signaltöne zu nennen.

7.3 Praxisbeispiel: Kanban-Steuerung mit Pendelkarten und Plantafel

7.3.1 Ausgangssituation

In einem Unternehmen werden Stanzteile in Mengen über 200 000 Stück pro Jahr und Artikel gefertigt, die in nachgeschalteten Abteilungen weiterverarbeitet, lackiert und montiert werden. Die Stanzteile werden nach dem Stanzen in ein PPS-System eingebucht und nach dem Lackieren über die Stückliste abgebucht. Da der Fertigungsprozess nicht zu 100 % beherrschbar ist, kommt es oft zu Ausschuss und zu ungeplanter Entnahme von Stanzteilen aus dem Lager, die nicht verbucht werden.

Die Folge sind nicht korrekte Lagerbestände im PPS-System und somit eine nicht zu 100 % gewährleistete Disposition. Es müssen sehr viele Zwischeninventuren gemacht werden, um die körperlichen Bestände im Lager immer wieder den Beständen im PPS-System anzupassen.

Um dieser Problematik entgegenzuwirken, wurde ein System entwickelt, das folgende Merkmale aufweist:

- Selbststeuerndes System ohne PPS
- Keinen Eingriff durch die zentrale Produktionssteuerung
- Hohe Verfügbarkeit der Produkte
- Niedrige Bestände
- Keine Zwischeninventuren
- Harmonisierte Abläufe
- Veringerung der Rüstkosten, weil der Werker an der Maschine die Produktionsfolge selbst planen kann.

7.3.2 Auswahl der Kanban-geeigneten Produkte

Nach einer **ABC**- und einer **XYZ-Analyse** sind für Kanban die Produkte am besten geeignet, die einen gleichmäßig bis leicht schwankenden Verbrauch (X und Y) und einen relativ hohen Wert (A und B) aufweisen.

Bei der Auswahl der Kanban-geeigneten Produkte wurde eine Analyse aller Stanzteile durchgeführt. Es wurde der maximale, der minimale und der durchschnittliche Monatsbedarf ermittelt. Ausgewählt wurden Stanzteile mit Verbrauchsschwankungen bis zu $\pm 15\%$.

7.3.3 Auswahl der Sachmittel

Die Transport-Behälter (Gitterboxen) sind aus fertigungstechnischen Gründen vorgegeben. Da es aus Platzgründen nicht möglich ist, eine Kanban-Steuerung mit fest definierten Behältern zu realisieren, wurde eine Kanban-Steuerung mit Pendelkarten (Bild 7.2) und Plantafel (Bild 7.3) gewählt.

Wird eine Gitterbox mit Stanzteilen in der Produktion verbraucht, wird die Kanban-Pendelkarte entweder in einen Sammelkasten im Lager geworfen oder zurück in die Plantafel gesteckt.

Für jedes Produkt gibt es eine bestimmte Anzahl von Kanban-Pendelkarten. Innerhalb der Plantafel werden grüne, gelbe und rote Bereiche definiert und Spielregeln für den Werker festgelegt. Diese Spielregeln sind neben der Kanban-Plantafel angebracht.

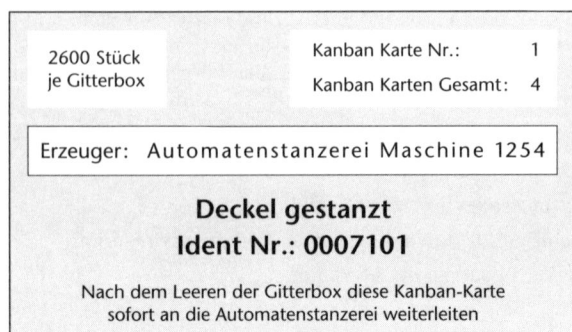

| 2600 Stück
je Gitterbox | Kanban Karte Nr.:   1
Kanban Karten Gesamt: 4 |

Erzeuger: Automatenstanzerei Maschine 1254

Deckel gestanzt
Ident Nr.: 0007101

Nach dem Leeren der Gitterbox diese Kanban-Karte
sofort an die Automatenstanzerei weiterleiten

Bild 7.2: Kanban-Pendelkarte

7.3.4 Spielregeln

■ Befinden sich die Kanban-Pendelkarten im **grünen Bereich** der Plantafel, darf **nicht produziert** werden, da noch ausreichend produzierte Teile im Umlauf sind.

■ Befinden sich die Kanban-Pendelkarten im **gelben Bereich** der Plantafel, **kann produziert** werden. Der Werker entscheidet selbst, ob er produziert oder ob er noch abwartet.

■ Befinden sich die Kanban-Pendelkarten im **roten Bereich** der Plantafel, **muss sofort produziert** werden, um den Materialfluss für die nachfolgenden Abteilungen nicht zu gefährden. Der rote Bereich wird oft auch als **Sicherheitsbestand (eiserner Bestand)** bezeichnet.

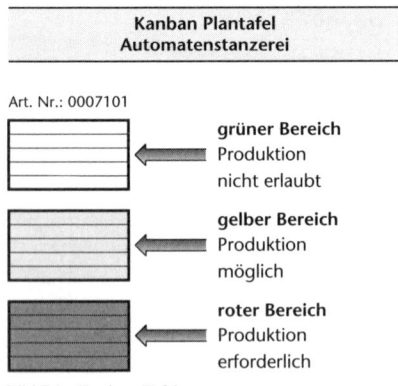

Kanban Plantafel
Automatenstanzerei

Art. Nr.: 0007101

grüner Bereich
Produktion
nicht erlaubt

gelber Bereich
Produktion
möglich

roter Bereich
Produktion
erforderlich

Bild 7.3: Kanban-Tafel

■ An jeder vollen Gitterbox muss eine Kanban-Pendelkarte angebracht werden.

■ Wird die Gitterbox in der Produktion geleert, muss die Kanban-
Pendelkarte sofort wieder in die Plantafel gesteckt werden, beginnend im grünen Bereich.

■ Es dürfen nur so viele Produkte produziert werden, wie Kanban-
Pendelkarten in der Plantafel stecken.

7.3.5 Funktionsweise

Das System ist vollkommen selbstgesteuert. Durch das **Pull-Prinzip** zieht
die nachgeschaltete Abteilung (Senke) das Material aus dem Kanban-
Lager. Der Erzeuger reagiert auf die zurückkommenden Kanban Pendelkarten, produziert neue Produkte und gibt sie mit den Kanban-Pendelkarten in Umlauf (Bild 7.4).

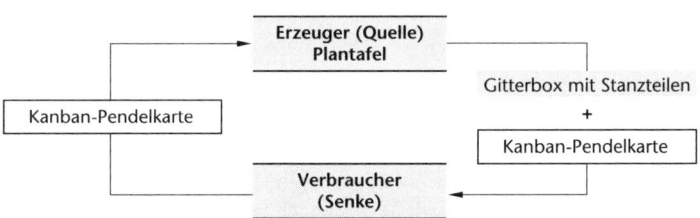

Bild 7.4: Kanban-Regelkreis

7.3.6 Verringerung der Rüstvorgänge durch Kanban

Vor der Einführung von Kanban wurde die Reihenfolge der Fertigungsaufträge und somit auch die Reihenfolge der herzustellenden Produkte
von der zentralen Produktionssteuerung geplant und dem Werker an der
Maschine vorgeschrieben. Dadurch konnte es passieren, dass ein Stanz-
werkzeug, mit dem unterschiedliche Produkte gestanzt werden können,
abgerüstet wurde und kurze Zeit später wieder aufgerüstet werden
musste, da bestimmte Stanzteile „dringend" gebraucht wurden. Der
Grund für diese „Schnellschüsse" war oft der falsche Lagerbestand im
PPS-System und somit ein kurzfristiger Engpass in den nachfolgenden
Abteilungen.

Nach der Einführung von Kanban verringerten sich diese „Schnellschüsse" erheblich, da der Werker an der Maschine an seiner Plantafel
auf einen Blick den Bestandsverlauf der unterschiedlichen Stanzteile beobachten kann. Der **Mitarbeiter entscheidet selbst, welche Produkte** er in

welcher Reihenfolge fertigt. Hat er ein Werkzeug aufgerüstet, mit dem auch andere Produkte gefertigt werden können, informiert er sich an seiner Plantafel, ob er im gelben oder gar im roten Bereich ist und produziert diese Teile mit derselben Werkzeugaufspannung gleich mit. Für den Werker gelten nur die Kanban-Regeln, die für jeden Mitarbeiter visualisiert neben der Plantafel hängen.

Die **Verantwortung**, aber auch der **Handlungsspielraum** des einzelnen Mitarbeiters wird **erheblich erhöht**, was entscheidend zur **Harmonisierung** der **Betriebsabläufe** beiträgt.

7.4   Elektronischer Kanban

7.4.1   Einleitung

Die Steuerung und Planung in produzierenden Unternehmen erfolgt sehr oft mit DV-gestützten integrierten Produktions- und Planungssystemen. Vorteil dieser Systeme ist eine hohe Integration aller Daten von Finanzbuchhaltung, Materialwirtschaft, Produktion, Vertrieb bis zur Personalverwaltung. Wird eine Kanban-Steuerung außerhalb des PPS-Systems eingeführt, muss unter Umständen die Bestandsführung und Lagerverwaltung dieser Kanban-Produkte manuell im bestandsführenden System nachgepflegt werden. Aus diesem Grund bieten einige PPS-Hersteller (z. B. SAP) die Möglichkeit, Kanban innerhalb des PPS-Systems zu realisieren.

Grundlage ist nach wie vor die Kanban-Karte (Bild 7.5).

Bild 7.5: Kanban-Karte elektronisch

Die Kanban-Karte ist mit 2 Barcodes versehen. Wird in der Produktion Material aus dem Behälter verbraucht und der Behälter ist leer, meldet der Werker mit Hilfe eines Barcode-Lesegerätes innerhalb des PPS-Systemes den Behälter „leer". Mit dieser Meldung wird die Produktion oder die externe Beschaffung weiterer Teile angestoßen.

7.4.2 Funktionsweise

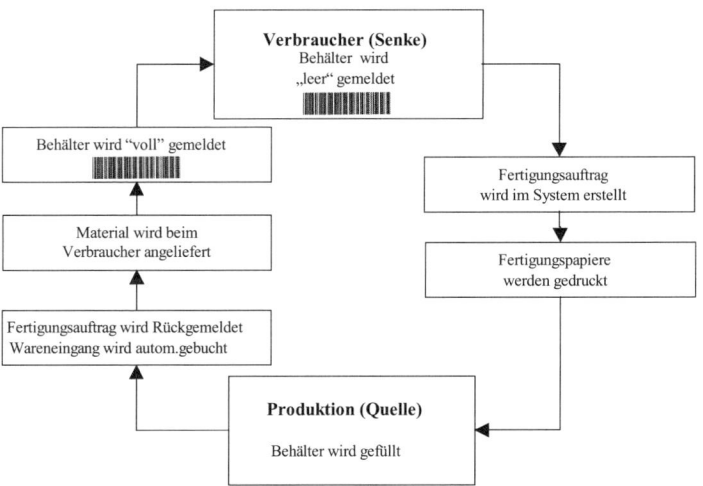

Bild 7.6: Kanban und PPS

Mit Hilfe einer Plantafel im PPS-System wird visuell dargestellt, wie viele volle und leere Kanban-Behälter für das entsprechende Produkt im Umlauf sind. Bild 7.6 zeigt den Ablauf.

Wird ein elektronisches Kanban mit externen Lieferanten angestrebt, wird an Stelle eines internen Fertigungsauftrages eine Bestellung ausgelöst. Ausgelöst wird die Bestellung bei der Meldung Behälter „leer", die Bestellung wird danach automatisch an den Lieferanten übermittelt. Bei der Anlieferung der Ware wird über Barcode der Behälterstatus auf „voll" gesetzt. Dadurch erfolgt automatisch der Wareneingang auf das Lager.

Der Lieferant hat außerdem die Möglichkeit, über Internet die entsprechende Kanban-Plantafel einzusehen, um selbstständig den Kanban-Behälter-Status auf „in Arbeit" oder „voll" zu setzen.

Literatur

Boutellier, R.; Locker, A.: Beschaffungslogistik. München, Wien: Hanser 1998

Geiger, G.; Hering, E.; Kummer, R.: Kanban – Optimale Steuerung von Prozessen. München, Wien: Hanser 2002

Kiyoshi, S.i: Die ungenutzten Potentiale. München, Wien: Hanser 1994

Ohno, T.: Das Toyota-Produktionssystem. Frankfurt a.M., New York: Campus 1993

8   Just-in-Time, Just-in-Sequence

Dr.-Ing. Hartmut Graf
Dipl.-Wirtschaftsing. Christoph Hartmann

8.1   Grundlagen bestandsminimaler und fertigungs-synchroner Belieferungsformen

8.1.1   Entwicklung von zeitsynchronen Konzepten

Die logistischen Ziele des Lean Managements, wie minimale Material-bestände, kurze Durchlaufzeiten, hohe Flexibilität, kostenminimaler Ressourceneinsatz über die gesamte Logistikkette bei hoher Qualität sowie eine konsequente Kundenorientierung und partnerschaftliche Zusammenarbeit zwischen den Lieferanten und Herstellern, entscheiden über die zukünftige Wettbewerbsfähigkeit der Unternehmen. Ein Ansatz, diese Zielsetzungen zu erreichen, ergibt sich aus der partnerschaftlichen Erarbeitung und gemeinsamen Realisierung von standardisierten Just-in-Time-Belieferungsprozessen.

Der Begriff „Just-in-Time (JIT)" wird in der Literatur in verschiedener Weise verwendet. Er reicht von JIT als reinem Konzept der Produktions-steuerung bis hin zu JIT als einer neuen Unternehmensphilosophie. Als die Wurzeln von JIT lassen sich die Automobilindustrien im Japan der fünfziger Jahre identifizieren [Womack/Jones/Roos 1992, S. 53 f.]. Das Toyota Production System wurde immer weiter zu einem flexiblen, kunden-orientierten, leistungs- und verbesserungsfähigen Managementsystem ausgebaut [Bösenberg/Metzen 1993, S. 28 f.].

Bei der Entwicklung spielte zunächst situationsabhängig die konsequente Vermeidung von Verschwendung – japanisch Muda – eine dominierende Rolle. Unter Verschwendung ist dabei im Sinne von Sugimori [Sugimori 1977, S. 186] alles zu verstehen, was über die absolut notwendige, mini-male Menge an Ausrüstung, Material, Teilen und Arbeitszeit zur Pro-duktion hinaus verbraucht wird. Hierfür wurde eine neue Produktions-phiolosophie entwickelt, mit der vor allem durch Abkehr von der reinen Werkstatt- hin zur Fließfertigung und durch höchste Priorität der Qualität der zu verarbeitenden Teile zunächst die Voraussetzungen für einen kon-tinuierlichen und damit verschwendungsarmen Materialfluss im Rahmen der Produktion geschaffen wurden.

Damit gewinnt die Planung und Ausgestaltung des Logistiksystems zwischen Kunde und Lieferant zunehmend an Bedeutung, da immer höherwertige Teile, Module und Komponenten zeitnah und möglichst lagerlos gefertigt und geliefert werden müssen. Bei hochvarianten Modulen kommt hierzu noch die Forderung nach einer Anlieferung in Sequenz, also entsprechend der Produktionsreihenfolge beim Kunden (siehe Abschn. 8.3 JIS).

8.1.2   Standardisierte Belieferungsformen

Um den Anforderungen an eine effiziente Beschaffungslogistik gerecht zu werden, ist eine Beschränkung auf wenige standardisierte, durchgängige Beschaffungsprozesse notwendig. Ein Standard soll stets die wirtschaftlichste und sicherste Methode zur Erreichung eines Ziels darstellen. Darüber hinaus sollte es gelingen, mit einer möglichst geringen Zahl von Standards eine möglichst umfassende Betrachtung des jeweiligen Aufgabenspektrums darzustellen.

In der weiteren Betrachtung soll zur Verdeutlichung im Praxisbezug im Wesentlichen auf die Automobil-Endmontage eingegangen werden. Dies zum einen auf Grund ihrer im Branchenvergleich höheren Prozessanforderungen, ausgelöst durch die starke Produktkomplexität und -individualisierung, zum anderen wegen der dadurch initiierten Vorreiterrolle auf diesem Gebiet.

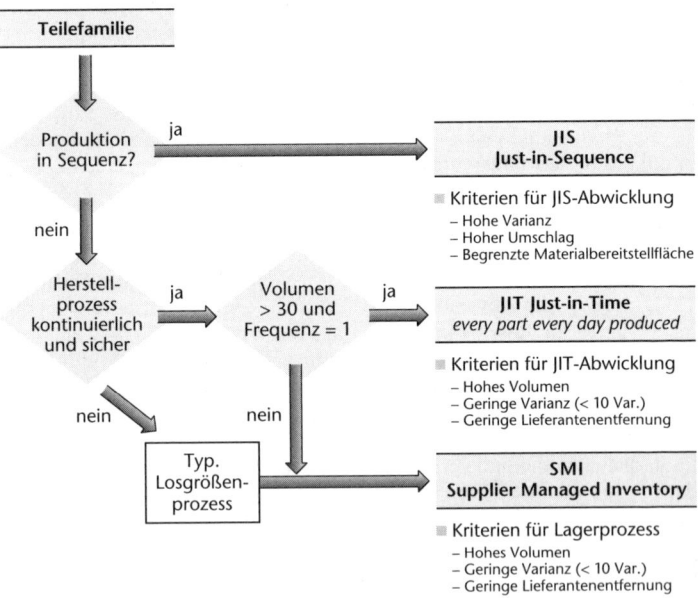

Bild 8.1: Das Teilezuordnungsverfahren (TZV)

Neben dem Lagerprozess, der immer dann notwendig ist, wenn der Zulieferer in größeren Losen produziert, lassen sich zwei bestandsminimale Standardbelieferungsformen unterscheiden. Zum einen das sortenreine „Just-in-Time" (Direktbelieferung), zum anderen die reihenfolgeabhängige Sequenzbelieferung „Just-in-Sequence" (JIS).

Jede Teilefamilie wird bezogen auf ihren Belieferungsprozess einer der Standardbelieferungsformen zugeordnet. Dabei wird das Teilezuordnungsverfahren (TZV) zur Unterstützung herangezogen, in dem die verschiedenen Auswahlkriterien für die jeweiligen Prozessabwicklungen enthalten sind (siehe Bild 8.1).

Ausschlaggebend für die Zuordnung der Teilefamilie sind im Wesentlichen der Produktionsprozess beim Lieferanten, das Transportvolumen und die Lieferantenentfernung. So werden beispielsweise Teile mit hoher Varianz, die produktionssynchron gefertigt werden können, der Just-in-Sequence-Abwicklung zugeordnet. In eine Just-in-Time-Abwicklung fallen insbesondere Teilefamilien, bei denen der Lieferant in der Lage ist, jeden Tag jede Variante zu produzieren.

8.1.3 Räumliche Ansiedlung der Lieferanten

Da bei einer produktionssynchronen Anlieferung nur die Mengen geliefert werden sollen, die gerade in der Produktion benötigt werden, erhöht sich in der Regel die Lieferfrequenz [Böning 1986, S. 50]. Darüber hinaus befinden sich nur geringe Pufferbestände zur Absicherung der Belieferung in der Prozesskette. Daher spielt die Entfernung zum Standort des Lieferanten eine große Rolle. Während in Japan die räumliche Distanz bei 90 % aller Lieferungen 50 km und weniger beträgt, sind die Entfernungen in Deutschland oftmals mehrere hundert Kilometer groß [Wildemann 1984, S. 88]. Besonders in den letzten Jahren verstärkte sich in der Kfz-Industrie die Tendenz, dass Zulieferer ihre Produktionsstandorte in der Nähe ihrer Abnehmer ansiedeln. Ursachen sind vor allem die Reduktion des Risikos einer zu späten Warenlieferung und die größere Wirtschaftlichkeit bei den durch JIT bedingten kleineren Liefermengen [Schulte 1991]. Ist eine solche Standortverlagerung nicht möglich, kommt den Sicherheitsbeständen in der Prozesskette und der Erstellung eines Notfallkonzepts eine entscheidende Bedeutung zu.

8.1.4 Informatorische Standards

Für eine erfolgreiche Implementierung der JIT-Beschaffung ist es erforderlich, dass die Logistiksysteme von Abnehmer- und Zulieferunternehmen zur Steuerung der Informations- und Materialflüsse kompatibel sind. Dies ist gewährleistet, wenn die Übertragung sowohl physischer als auch informatorischer Objekte an den relevanten Schnittstellen effizient möglich ist. Im informatorischen Bereich müssen zur gewünschten Reduzierung der Durchlaufzeit geeignete Informations- und Kommunikationssysteme eingesetzt werden. Der Informationsfluss muss bei einer JIT-Beschaffung zwischen den beteiligten Unternehmen sehr schnell, sicher, störungsfrei und dialogfähig sein [Zibell 1990, S. 122].

Durch die Festlegung von Standards wurden die Probleme auf Grund unterschiedlicher Datenübertragungssysteme zwischen Abnehmer und Zulieferer im Rahmen von EDI (Electronic Data Interchange) vermieden. Vor allem für formalisierte Daten – Bürodokumente in Form von Bestellungen, Lieferscheinen, Rechnungen etc. – existieren bereits Standards, wie SEDAS (deutscher Handel), VDA (Verband der deutschen Automobilindustrie), ODETTE (Europäischer Standard für die Automobilindustrie) und EDIFAKT (internationaler, branchen-, sprach- und funktionsunabhängiger Standard), mit denen national/international bzw. branchengebunden/-ungebunden zwischen Lieferant und Abnehmer eindeutige Übereinkünfte im Hinblick auf Verfahren und Richtlinien beim Datenaustausch fixiert werden [Knollmayer/Pfeiffer 1990, S. 32].

8.2   Belieferungsform Just-in-Time

8.2.1   Physische Abwicklung

Der in Bild 8.2 dargestellte Standardbelieferungsprozess „Just-in-Time (JIT)" ist ein lagerloser Prozess, der lediglich dezentrale Puffer einsetzt und sich durch einen kontinuierlichen Materialfluss auszeichnet. Die Anlieferung der Ware erfolgt „sortenrein", d. h. in Ladungsträgern mit jeweils gleichen Sachnummer- und Farbvarianten.

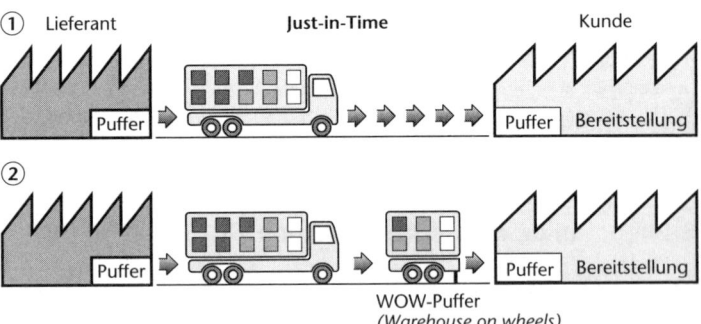

Bild 8.2: Just-in-Time-Prozess

Der Lieferant ist in der Lage, entsprechend der täglichen Lieferabrufe des Kunden zu produzieren und die Teile „just in time" – d. h. zum richtigen Zeitpunkt, in der gewünschten Menge und in der geforderten Qualität – anzuliefern. Charakteristisch für diesen kontinuierlichen Fertigungs- und Belieferungsprozess ist die Reduzierung von Materialbeständen in der gesamten Prozesskette. Die Senkung von Beständen erfordert jedoch einen relativ gleichmäßigen Verbrauch, eine hohe Prognosefähigkeit des Teilebedarfs und eine durchgängig hohe Prozesssicherheit, um Versorgungsrisiken zu vermeiden. Ein weiteres Ziel ist es, den Prozess mit minimalem Handlingaufwand zu betreiben.

Idealerweise produziert der Lieferant direkt in einen bereitgestellten Trailer, der dann auf kürzestem Wege zu seinem Ziel beim Kunden gelangt. Dort werden die Teile entladen und für kurze Zeit im Montagegebäude gepuffert, bevor sie montiert werden (Variante 1). Eine Alternative stellt das WOW-Konzept (Warehouse on wheels) dar, bei dem die Montage direkt aus der Wechselbrücke oder dem Trailer, die als rollende Puffer genutzt werden, versorgt wird (Variante 2). Hierzu sind allerdings entsprechende Andockstellen an den Montagehallen Voraussetzung.

Der JIT-Prozess eignet sich für Teileumfänge mit geringer Varianz und hohem Transportvolumen, die zeitnah produziert und lagerlos versorgt werden können.

Im physischen Bereich der Schnittstelle „Lieferant – Kunde" muss bei einer JIT-Anlieferung dafür gesorgt werden, dass am Verbrauchsort kein zusätzliches Teile-Handling wie Kommissionieren, Umpacken etc. erforderlich wird. Dies lässt sich durch die Verwendung einheitlicher Ladungsträger in der Prozesskette erreichen. Große Rationalisierungspotenziale sowie ein wesentlicher Beitrag zum Umweltschutz liegen in der Einsparung von Material- und Entsorgungsaufwand durch den Einsatz wiederverwendbarer Ladungsträger an Stelle von Einmalverpackungen. Zusätzlich können zerlegbare Ladungsträger das Transportaufkommen beim Rücktransport zum Lieferanten verringern.

8.2.2 Informatorische Abwicklung

In der Regel erfolgt die Informationsübermittlung zwischen Kunde und Lieferant via EDI. Hierfür existieren verschiedene branchen- und regionenbezogenen Standards (siehe Abschn. 8.1.4). Das hier angegebene Beispiel zeigt den normierten Prozess für den Automobilbau. Der Lieferant erhält die Plandaten nach VDA 4905 für seine Programmplanung und Kapazitätsreservierung. Die Belieferung wird nach dem sog. Feinabruf VDA 4915 täglich gesteuert. Lieferschein und Rechnung werden ebenfalls über die entsprechenden VDA-Protolle via EDI automatisiert (siehe Bild 8.3)

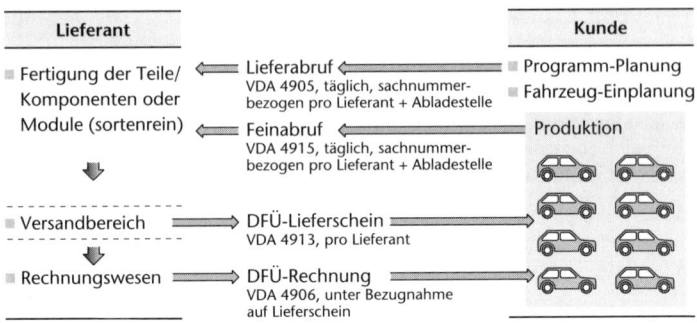

Bild 8.3: Abrufe nach VDA im JIT-Prozess

8.2.3   Vertragliche Regelungen

Die Prozesspartnerschaft bei einer zeitsynchronen Belieferung erfordert die genaue Abstimmung der logistischen und informatorischen Parameter, die auch vertraglich vereinbart werden. Wesentliche Regelungsbedarfe bestehen in den Punkten:

■   Logistikkonzept (Logistikabläufe und Einrichtungen inkl. Flächen, Arbeitskräften und Investitionsbedarf, Wareneingangsabwicklung und Lagerhaltung, Bereitstellung und Beladung der Ware)

■   Steuerungssysteme (Hard- und Software mit den entsprechenden Schnittstellen, Verarbeitung von Impulsen z. B. nach VDA 4916 und die Verschickung von Lieferscheinen)

■   Sicherheitseinrichtungen

■   Umweltschutz

■   Planungsprämissen (Stückzahlen, Varianten, Termine, Taktzeiten etc.)

■   Verpackungskonzept

■   Notstrategie (siehe Abschn. 8.2.4)

■   Qualitätskonzept (z. B. Auditierung nach ISO 9001)

■   Arbeitszeitregelungen (Lieferant muss sämtliche Schichtzeiten, Sonderschichten etc. des Kunden abdecken)

■   Ansprechpartner

8.2.4 Notfallkonzept

Die bestandsminimale Fertigung und Belieferung stellt hohe Anforderungen an die Stabilität jedes einzelnen Prozessschrittes. Für eine prozesssichere und flexible Belieferung ist die Analyse von Fehlereinflussmöglichkeiten (FMEA-Prinzip) unerlässlich. Hieraus leitet sich dann ein Notfallkonzept ab, das für alle Beteiligten als konkreter Maßnahmenplan bei Belieferungsstörungen dient.

Fehler bzw. Störeinflüsse können sein:

- Produktionsstörung beim Lieferanten
- Verlängerung der LKW-Fahrzeit durch Stau bzw. Wettereinflüsse
- Nicht verwendbare Ware durch Transportunfall
- Qualitätsprobleme
- Falsche Bedarfszahlen
- Falschkennzeichnung der Ware
- Ausfall der EDV bzw. der Übertragungsmedien
- Kurzfristige Mehrproduktion beim Kunden

In einem Notfallplan sind zu jedem möglichen Fall die einzuleitenden Maßnahmen sowie die Maßnahmenverantwortlichen festgelegt:

Tabelle 8.1: Beispiel für einen Notfallplan

Notfall	Aktion	Wer
LKW-Ausfall	Koordinieren Ersatzfahrzeug	Spedition
Tansportausfall (Unfall)	Koordinieren Ersatzlieferung, Ersatzfahrzeug	Disponent, Spedition
Fehlmenge, Transportschaden	Koordinieren Ersatzlieferung, Sonderfahrt	Disponent, Versand
Qualitätsprobleme	Information Produktion Lieferant, Ersatzlieferung oder Nachbesserung	Disponent, Qualitäts- management Lieferant
EDV-System-Ausfall/ -Störung	Umstellen auf Faxbetrieb; Koordinierung der Behebung	Koordinator, Disponent, Versand
Produktionsstörung Lieferant	Behebung, Information an Kunde	Lieferant
Notfälle außerhalb der Normalarbeitszeit	Koordinieren des Notfalls bis in alle Ebenen	Disponent, Lieferant

Bei jedem Prozessbeteiligten ist eine detaillierte Maßnahmenaufstellung mit Schritt-für-Schritt-Anleitung sowie sämtliche erforderlichen Kontaktadressen und Rufnummern zu hinterlegen.

8.3   Belieferungsform Just-in-Sequence

Der Just-in-Sequence-(JIS-)Prozess beinhaltet zunächst die wesentlichen Elemente der JIT-Belieferung (siehe Abschn. 8.2). Ausgelöst durch die Belieferung (und teilweise auch Fertigung) in der Produktionsreihenfolge des Kunden erfordert der JIS-Prozess darüber hinaus etliche zusätzliche physische und informatorische Ausprägungen.

8.3.1   Physische Abwicklung

JIS ist ein lagerloser Prozess, der sich durch eine reihenfolgegerechte Anlieferung von Teilen, Modulen und Systemen auszeichnet. Er eignet sich für sehr variantenreiche Zulieferumfänge mit hohen Volumina wie Stoßfänger, Hauptkabelsätze oder Türverkleidungen.

Um die eigenen Teilprozesse auf die Endmontage des Kunden optimal abstimmen zu können, wird dem Lieferanten so früh wie möglich die exakte Auftragsreihenfolge in Form von Steuerungsimpulsen übermittelt. Um die aus Varianz und Volumen entstehende Komplexität so spät wie möglich im Wertschöpfungsprozess entstehen zu lassen, fertigt der Lieferant in der Regel zunächst möglichst einheitliche, nicht auftragsbezogene Grundmodule, die erst in den letzten Bearbeitungsschritten zu den auftragsindividuellen Endmodulen fertiggestellt werden.

In Bild 8.4 sind drei unterschiedliche JIS-Abwicklungen dargestellt. In Variante (1) – zur Zeit am häufigsten angewendet – produziert der Lieferant die Endmodule nach Eingang der Bedarfsvorschau des Kunden.

Die Endmodule werden anschließend z. B. bei einem Dienstleister gepuffert und nach Eingang eines Reihenfolgeimpulses in die richtige Anlieferreihenfolge gebracht. Eine ideale JIS-Abwicklung mit nochmals reduziertem Handling ist in Variante (2) dargestellt, bei der die anzuliefernden Teile bereits beim Lieferanten produktionssynchron gefertigt werden, so dass eine zusätzliche Sequenzierung nicht erforderlich ist.

Das Industriepark-Konzept – in Variante (3) dargestellt – sieht vor, dass die Modul- und Systemlieferanten in unmittelbarer Nähe zum Kunden angesiedelt sind. Sie produzieren ihre Teile in flexiblen, organisatorisch selbstständigen Fabriken, die über integrierte Transportsysteme – im günstigsten Fall über automatisierte Fördereinrichtungen – mit der Mon-

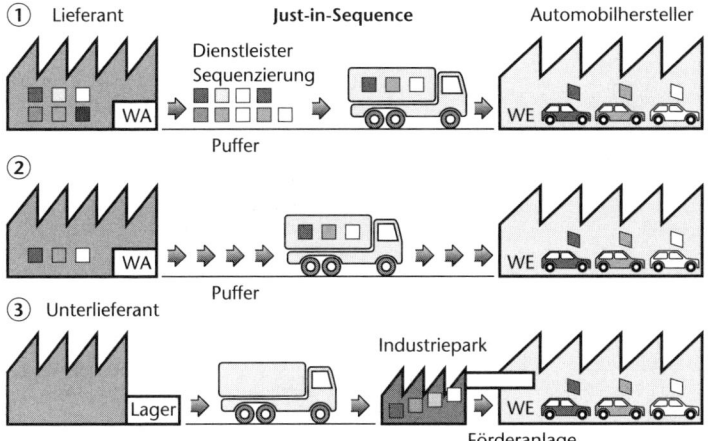

Bild 8.4: Just-in-Sequence-Prozess

tage des Kunden verbunden sind. Dadurch lassen sich weitere manuelle Handlingsstufen auf dem Weg vom Lieferanten zum Verbauort des Automobilherstellers einsparen. Die räumliche Nähe von Lieferant und Kunde ermöglicht eine deutliche Reduzierung der Fertigungstiefe und eine Konzentration auf die Kernkompetenzen beim Automobilprodu-zenten.

8.3.2 Informatorische Abwicklung

Für die Übermittlung von auftrags- bzw. produktionsnummernbezoge-nen Stücklisten und Planterminen sowie des produktionssynchronen Abrufs steht die Datenübertragung nach VDA 4916 zur Verfügung. Da die Ausprägung der Abrufdaten gestaltbar ist und sich von Fall zu Fall unterscheidet, wird hier ein für ein Automobilwerk typisches Beispiel einer JIS-Belieferung wiedergegeben.

Im Langfristbereich erhält der JIS-Lieferant aus den Aufträgen des ge-planten Produktionsprogramms einen Lieferabruf nach VDA 4905. Dieser enthält nur teilebezogene Sachnummernbedarfe. Mit der endgül-tigen Tageseinplanung der Fahrzeugaufträge wird eine Vorschau sämt-licher eingeplanter produktionsnummernbezogener Abrufe nach VDA 4916 mit Sachnummern an den JIS-Lieferanten übertragen. Damit ist die Zuordnung von Sachnummern zu Fahrzeugaufträgen bzw. Produktions-nummern sichergestellt. Der eigentliche Abruf der Teile und damit die Anlieferung zu einem Fahrzeug in die Produktion erfolgt i.d.R. mit dem

Einlauf des Fahrzeugs in die Montagehalle durch den Montageimpuls
nach VDA 4916 (Produktionsnummer ohne Sachnummern).

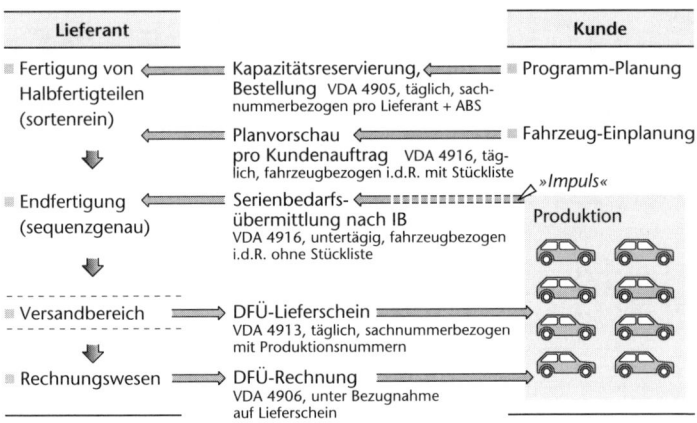

Bild 8.5: VDA-Telegramme bei JIS-Belieferung

8.3.3   Einsatz eines Logistikdienstleisters

Häufig übernimmt ein externer Logistikdienstleister (EDL) in der Wertschöpfungskette zwischen Lieferant und Kunden die Lagerung der Ware
mit anschließender Sequenzierung nach Reihenfolgeimpuls des Kunden.

Exemplarisch sind in Bild 8.6 die Informationsschnittstellen einer solchen
Belieferung aufgezeigt.

8.3.4   Prinzip Perlenkette

Wesentlich für eine prozesssichere JIT- und JIS-Belieferung ist die Stabi-
lität der Auftragsreihenfolge, die zum Einplanungszeitpunkt (ca. 1 Woche
vor Einbauzeitpunkt) gebildet wird. Verschiedene Einflüsse, z. B. der
Fahrzeugmontage vorgelagerte Rohbau- und Lackierprozesse, können zu
Verwirbelungen dieser geplanten Reihenfolge führen. Der Einsatz eines
Karosserie-Rücksortierpuffers ermöglicht, die ursprünglich geplante
Auftragsreihenfolge in der Montage mit hoher Güte wiederherzustellen.

Vorteile für den JIS-Lieferanten liegen in dem größeren zeitlichen Vorlauf, der es erlaubt, auch in weiterer Entfernung zum Kunden zu produzieren.

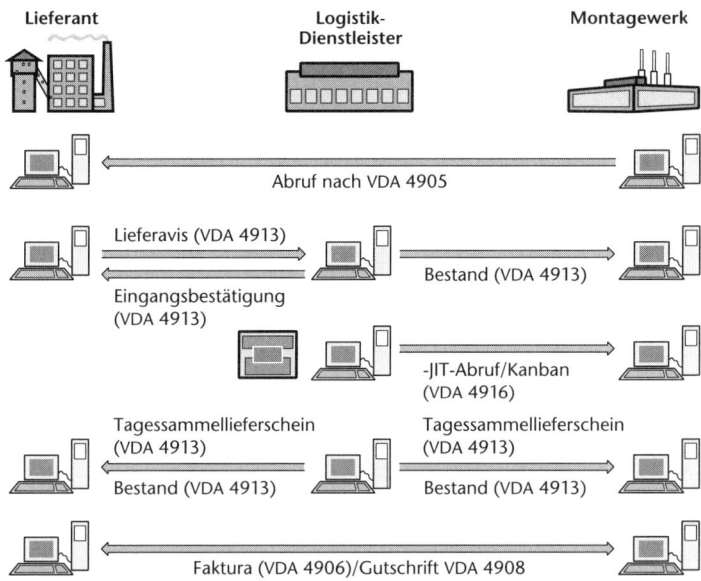

Bild 8.6: Informationsschnittstellen bei Einsatz eines EDL zur Lagerung und Sequenzierung

Literatur

Baumgarten, H.; Risse, J.: Logistikbasiertes Management des Produktentstehungs-prozesses. In: Hossner, R. (Hrsg.): Jahrbuch der Logistik 2001. Düsseldorf: Verlagsgruppe Handelsblatt 2001; S. 150–156

Böning, D.: JIT, die Wunderdroge? In: Beschaffung aktuell 4/1986; S. 49–51

Bösenberg, D.; Metzen, H.: Lean Management. Vorsprung durch schlanke Konzepte; 2. Auflage. Landsberg am Lech: Moderne Industrie 1993

Knollmayer, G.; Pfeiffer, H.: EDI als Instrument einer JIT-Logistik. In: Beschaffung aktuell 5/1990; S. 30–34

Ohno, T.: Das Toyota-Produktionssystem. Frankfurt am Main, New York: Campus 1993

Pfohl, H. C.: Konzepte zur Verbesserung der unternehmensübergreifenden Logistik. Dortmund: Praxiswissen 2000

Selze, H.: Fabriklose Hersteller. In: Automobil-Produktion 4/2000; August 2000

Sugimori: Toyota Production System and Kanban System: Materialization of a Just-in-Time and Respect-for-Human System. International Journal of Production Research 6/1977

Verband der Automobilindustrie e.V.: Just in Time in der Automobilindustrie, Anwenderhandbuch; erstellt im Rahmen des europäischen Projektes „ESPRIT III Project 6706: MS2O, Multi supplier/multi site operations". Frankfurt am Main: Verband der Automobilindustrie e.V. 1994

Wildemann, H.: Materialflussorientierte Logistik. ZfB-Ergänzungsheft 2; S. 71–90
Womack, J. P.; Jones D. T.; Roos D.: Die zweite Revolution in der Automobil-
industrie: Konsequenzen aus der weltweiten Studie aus dem Massachusetts
Institute of Technology; 3. Auflage. Frankfurt am Main, New York: Campus
1992
Zibell, R. M.: Just-in-Time: Philosophie, Grundlage, Wirtschaftlichkeit. In:
Schriftenreihe der Bundesvereinigung Logistik e. V. München: Huss 1990; S. 18–19

9 Terminplanung mit Vorwärts- und Rückwärtsterminierung

Prof. Dr.-Ing. habil. Wilhelm Dangelmaier

Die Terminplanung dient dazu, Aussagen über die Terminsituation für die Bewältigung einer Gesamtaufgabe zu machen. Die Terminplanung betrachtet Ablaufstrukturen, die nur einmal installiert werden. Damit reduziert sich eine Bestandsaussage auf eine 0/1-Aussage, nämlich ob der Vorgängervorgang beendet und der Nachfolgervorgang noch nicht begonnen worden ist. Terminplanungsverfahren berücksichtigen nicht begrenzte Kapazitätsangebote, sondern nur Zeitverbräuche.

Die Terminierungslogik besteht darin, alle in der Ablaufstruktur, z. B. im Arbeits- oder im Netzplan, abgelegten Zeiten aufzusummieren. Aus dieser Summe lässt sich die Gesamtdauer der Aufgabenerledigung ablesen. Das gesamte Termingerüst kann nun über die Zeitachse gelegt und für die Vorgänge können echte Zeitpunkte abgelesen werden. Zur Diagnose werden die Vorgaben überprüft, ob – wenn ein vorgegebener Endtermin vorliegt – die bis dahin noch zur Verfügung stehende Zeitstrecke noch zur Erledigung der Aufgabe ausreicht bzw. um – wenn sofort begonnen wird – den Endtermin, der laut Zeitgerüst zu erwarten ist, festzustellen. Es ist also zu überprüfen, ob ein Endzeitpunkt laut Vorgabe erreicht werden kann oder ob – wenn der Endzeitpunkt festliegt – die dazwischenliegende Zeitstrecke zur Bewältigung der Aufgabe ausreicht.

Für die Terminplanung sind vor allem zwei Maßnahmen zur Durchlaufzeitverkürzung von Interesse: Splittung und Überlappung. Dabei ist unter Splittung zu verstehen, dass ein (Arbeits-)Vorgang, für den nur ein Fertigungsmittel vorgesehen war, nunmehr parallel auf gleichartigen Fertigungsmitteln abgewickelt wird. Beispielsweise wird ein Fertigungslos mit mehreren Teilen, das zur Bearbeitung auf einer Drehmaschine vorgesehen war, nun auf drei Drehmaschinen parallel abgewickelt. Durch Überlappung werden Übergangszeiten eingespart, indem nicht mehr die Bearbeitung des kompletten Loses abgewartet wird, sondern bereits Teilmengen des Loses zum nächsten Arbeitsvorgang übergeben werden (Auflösung in Transportlose).

9.1 Abarbeitung der Ablaufstruktur

Die Terminplanung unterscheidet sich hinsichtlich der Abarbeitungsrichtung in

■ **Vorwärtsterminierung**
  Von einem Starttermin ausgehend werden die frühestmöglichen
  Zwischen- und Endtermine ermittelt.

■ **Rückwärtsterminierung**
  Von einem vorgegebenen Liefertermin ausgehend werden spätestmögliche Zwischen- und Starttermine ermittelt.

Die Vorwärtsterminierung beginnt mit dem vorgegebenen Starttermin
des ersten Vorganges und bestimmt durch fortlaufende Addition der
Vorgangsdauern die Anfangs- und Endtermine der einzelnen Vorgänge
und die möglichen Fertigstellungstermine. Die Vorwärtsterminierung
wird z. B. angewandt, wenn Eilaufträge zum frühestmöglichen Zeitpunkt gefertigt werden sollen oder für Angebote der mögliche Endtermin bestimmt werden soll. Bei der Rückwärtsterminierung wird vom
Endtermin des letzten Vorganges ausgehend über die dazwischen-
liegenden Vorgänge der Starttermin des ersten Vorgangs ermittelt. Die
Rückwärtsterminierung wird eingesetzt, wenn die Endtermine vorgegeben sind und diese als ein Ziel der Planung betrachtet werden müssen.

Liegt der in der Rückwärtsterminierung ermittelte Starttermin in der
Vergangenheit, wird eine Kombination von Vorwärts- und Rückwärtsterminierung durchgeführt. Ergibt die Rückwärtsterminierung einen
Anfangstermin, der in der Vergangenheit liegt, wird die Durchlaufzeit
des Auftrags reduziert, indem Zeitbestandteile von Liegezeit, Übergangszeit, Transportzeit etc. reduziert werden. Liegt der mit der redu-
zierten Durchlaufzeit errechnete Fertigstellungstermin vor dem geplanten Endtermin, so ist eine fristgerechte Lieferung möglich. Liegt auch
dieser Termin nach dem geplanten Endtermin, so muss eine Verzöge-
rung in Kauf genommen werden.

9.2   Netzplantechnik

Basis der Terminplanungs-Verfahren ist die Netzplantechnik: Unter
Netzplantechnik versteht man alle Verfahren zur Analyse, Beschreibung,
Planung, Steuerung und Überwachung von Abläufen auf der Grundlage der Graphentheorie, wobei Zeit, Kosten, Fertigungsmittel und
weitere Einflussgrößen berücksichtigt werden können (s. auch [VDI]).

Im Folgenden wird lediglich die Vorgangsknotentechnik vorgestellt.

■   Darstellungsform

Vorgänge werden in der Ablaufstruktur als Knoten, Abhängigkeiten als
Pfeile dargestellt.

Bild 9.1: Darstellung von Vorgängen bei Vorgangsknotentechnik

Es werden die vier Anordnungsbeziehungen *NF*, *AF*, *EF* und *SF* unterschieden (siehe Bild 9.2).

Benennung	Kurz-zeichen	Erklärung	Zeichnerische Darstellung	Abgekürzte zeichnerische Darstellung
Normalfolge (Ende-Anfang-Beziehung)	NF (EA)	Anordnungsbeziehung vom Ende eines Vorgangs zum Anfang seines Nachfolgers		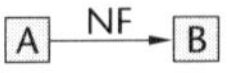
Anfangsfolge (Anfang-An-fang-Beziehung)	AF (AA)	Anordnungsbeziehung vom Anfang eines Vorgangs zum Anfang seines Nachfolgers		
Endfolge (Ende-Ende-Beziehung)	EF (EE)	Anordnungsbeziehung vom Ende eines Vorgangs zum Ende seines Nachfolgers		
Sprungfolge (Anfang-Ende-Beziehung)	SF (AE)	Anordnungsbeziehung vom Anfang eines Vorgangs zum Ende seines Nachfolgers		

Bild 9.2: Anordnungsbeziehungen

Bei der Darstellung des notwendigen Nacheinanders von Anfangs- und Endereignissen (Anordnungsbeziehungen) ist der Spielraum, innerhalb dessen Vor-/Nachereignisse gegenseitig zeitlich verschoben werden können, zunächst nicht darstellbar. In der Praxis werden daher Wartezeiten und Überlappungen als Zeitabstände eingeführt. Ein positiver Zeitabstand bedeutet „warten", ein negativer „vorziehen". Der minimale Zeitabstand (t_{min}) bedeutet „nicht früher als", der maximale Zeitabstand (t_{max}) „nicht später als". Falls bei einem Maximalbestand nichts anderes ausgesagt wird, gilt der Minimalabstand „null". Der Maximalabstand muss immer größer als der Minimalabstand sein.

Positiver Minimalabstand

Positiver Maximalabstand

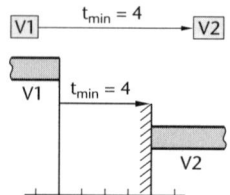

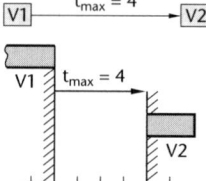

Negativer Minimalabstand

Negativer Maximalabstand

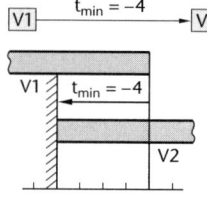

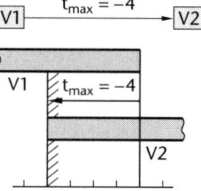

Bild 9.3: Zeitabstände

■ Einfache Zeitrechnung (nur Normalfolgen ohne Zeitabstände)

  – Vorwärtsrechnung

Bestimmung der frühesten Anfangszeitpunkte T^{af} bzw. der frühesten Endzeitpunkte T^{ef} der Vorgänge. Dabei ist der frühestmögliche Anfangszeitpunkt das Maximum der frühesten Endzeitpunkte der Vorgänger.

$$T_j^{af} = \max_i (T_i^{ef}); \quad T_j^{ef} = T_j^{af} + t_j$$

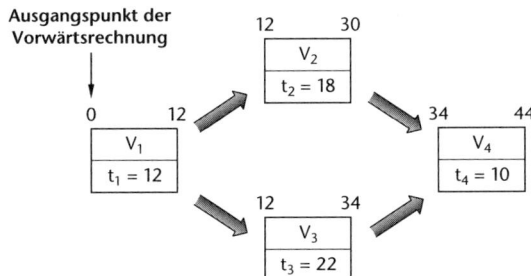

Bild 9.4: Vorwärtsrechnung: Bestimmen frühester Zeitpunkte (s. [VDI])

Reihenfolge	Rechnung	Wert	Eingang am Knoten
1	$T_1^{af} =$	0	V_1 oben links
2	$T_1^{ef} = 0 + 12 =$	12	V_1 oben rechts
3	$T_2^{af} =$	12	V_2 oben links
4	$T_2^{ef} = 12 + 18 =$	30	V_2 oben rechts
5	$T_3^{af} =$	12	V_3 oben links
6	$T_3^{ef} =$	34	V_3 oben rechts
7	$T_4^{af} = \max (30,34) =$	34	V_4 oben links
8	$T_4^{ef} = 34 + 10 =$	44	V_4 oben rechts

– Rückwärtsrechnung

Bestimmung der spätesten Endzeitpunkte T^{es} und der spätesten Anfangszeitpunkte T^{as} der Vorgänge. Der spätestmögliche Endzeitpunkt ist das Minimum der spätesten Anfangszeitpunkte der Nachfolger.

$$T_i^{es} = \min_j (T_j^{as}); \quad T_i^{as} = T_i^{es} - t_i$$

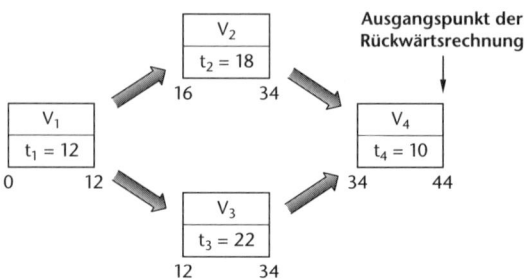

Bild 9.5: Rückwärtsrechnung; Bestimmen spätester Zeitpunkt (s. [VDI])

Reihenfolge	Rechnung	Wert	Eingang am Knoten
1	$T_4^{es} =$	44	V_4 unten links
2	$T_4^{as} = 44 - 10 =$	34	V_4 unten rechts
3	$T_3^{es} =$	34	V_3 unten links
4	$T_3^{as} = 34 - 22 =$	12	V_3 unten rechts
5	$T_2^{es} =$	34	V_2 unten links
6	$T_2^{as} = 34 - 18 =$	16	V_2 unten rechts
7	$T_1^{es} = \min (12,16) =$	12	V_1 unten links
8	$T_1^{as} = 12 - 12 =$	0	V_1 unten rechts

– Puffer

Für den Gesamtpuffer eines Vorgangs i gilt: $GP_i := T_i^{as} - T_i^{af} = T_i^{es} - T_i^{ef}$, mit sämtlichen Vorgänger-Vorgängen in frühester und sämtlichen Nachfolger-Vorgängen in spätester Lage. Falls der Gesamtpuffer eines Vorgangs voll verbraucht ist, werden alle Nachfolger-Vorgänge kritisch.

Der freie Puffer eines Vorgangs i berechnet sich zu $FP_i := \min_j [(T_j^{af}) - (T_i^{ef})]$,

mit sämtlichen Nachfolger-Vorgängen in frühester und sämtlichen Vorgänger-Vorgängen in frühester Lage. Der freie Puffer kann voll verbraucht werden, ohne dass Nachfolger-Vorgänge dadurch beeinflusst werden.

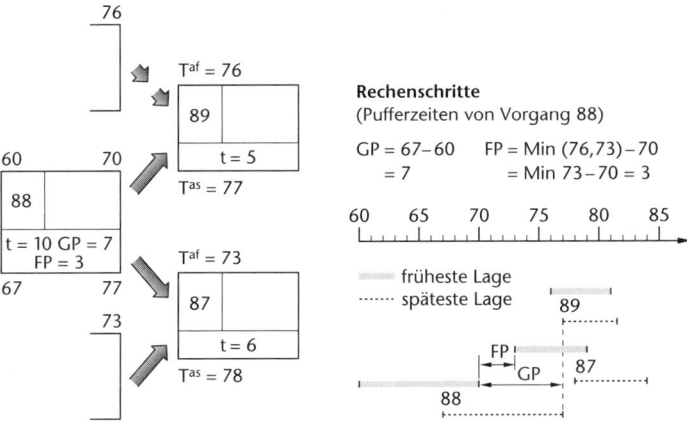

Bild 9.6: Freie und gesamte Pufferzeit (s. [VDI])

Vorgänge mit minimaler Gesamtpufferzeit schließen sich zum kritischen Pfad zusammen.

9.3 Durchlaufterminierung

Die Durchlaufterminierung stellt eine erweiterte Netzplanrechnung dar. Es wird zwischen den einzelnen Vorgängen mit Übergangs-, Transportzeiten usw. gerechnet, die dann bei Zeitnot abgebaut werden können.

Gegeben seien folgende Ausgangstabellen (s. [DaWa97]):

Arbeitsplan

(Arbeits-)Vorgang	Rüstzeit Std.	Bearb.-zeit Std.	Arb.-platzgruppe	Stückzahl
1	1	4	4	45
2	1	9	2	9
3	0	1	3	1

Transportzeitmatrix
Transportzeit in Std.

nach von	0	1	2	3	4
0	5	5	10	5	6
1	5	2	5	4	7
2	10	5	3	5	20
3	5	5	1	0	0
4	0	10	18	5	0

Ortsschlüssel

Arbeitsplatzgruppe

Arbeits-platzgruppe	t_1 Einh.	t_2 % v. BAZ	t_3 % v. BAZ	t_4 Einh.	Orts-schl.	Split-schl.
2	5	5	0	0	4	2
3	2	0	100	2	0	3
4	5	20	50	1	3	1

Übergangszeiteinheit = 2 Std.

Dabei liegen t_1, t_2 vor dem jeweiligen Arbeitsgang und t_3, t_4 dahinter. t_2 überlappt die Rüstzeit, die Transportzeit t_5 liegt zwischen t_4 und t_1.

Rüstzeit	Bearb.-Zeit	Arb.-pl.-gruppe	t_1 Einh.	t_1 Std.	t_2 %	t_2 Std.	t_3 %	t_3 Std.	t_4 Einh.	t_4 Std.	t_5 Ort	t_5 Std.
AG 1	1	4	4	5	10	20	0,8	50	2	1	2	3	θ
AG 2	1	9	2	5	10	5	0,45	0	0	0	0	4	θ
AG 3	0	1	3	2	4	0	0	100	1	2	4	0	

Zusätzlich wird die folgende Splittungstabelle gegeben. Die Rüstzeitangabe *RZ* wird dabei als Bereichseinteilung, der Bearbeitungszeitwert *BZ* als Mindestbearbeitungszeit nach dem Splitten verstanden.

Split-schlüssel	Grenzwerte in Std.							Wirtschaftliche Splitanzahl				
	RZ ≤	BZ	RZ ≤	BZ	AG	Arbeits-platz-gruppe	Anzahl Arbeits-plätze	Splittungs-schlüssel	Rüst-zeit	BAZ	BZ	BAZ/BZ
1	1	3	5	15	1	4	3	1	1	4	3	4/3 ①
2	0,5	1	2	4	2	2	3	2	1	9	4	9/4 ②
3	0	5	2	10	3	3	3	3	0	1	5	1/5 ①

Gesplittet wird maximal bis zur Anzahl der Arbeitsplätze je Arbeitsplatzgruppe. Diese Anzahl beträgt für alle drei Arbeitsplatzgruppen „3".

Bild 9.7: Balkenplan

9.4   Grundverfahren der Terminplanung

Die Grundverfahren liefern als Ergebnisse die frühesten bzw. spätesten Endtermine sowie die Pufferzeiten. Rekursive Verfahren berechnen in einer stufenweisen Berechnung die n-te Rangstufe erst nach der $(n-1)$-ten Rangstufe. Iterative Verfahren verbessern provisorische Werte ohne Berücksichtigung der Rangstufe so lange, bis keine Verbesserung mehr möglich ist.

■   Terminberechnung (Vorwärtsrechnung) bei bekannter Rangstufe

r_{max}	Maximale Rangstufe
N	Anzahl der Vorgänge
NF_i	Anzahl der Nachfolger-Vorgänge des Vorgangs i
VG_i	Anzahl der Vorgänger-Vorgänge des Vorgangs i
NR	Anzahl der Vorgänge auf einer Rangstufe

Vorgänger-Vorgänge schreiben Startzeitpunkte zu den jeweiligen Nachfolger-Vorgängen

```
for all i ∈ I do T_i^af := 0
for r := 0 step 1 until r_max − 1 do
for i := 1 step 1 until NR do
    begin
        T_i^ef := T_i^af + t_i;
        for j := 1 step 1 until NF_i do T_j^af := max {T_j^af, T_i^ef}
    end
for all i mit r_i = r_max do T_i^ef := T_i^af + t_i
```

■   Terminberechnung (Vorwärtsrechnung) ohne Rangstufe

Das Verfahren enthält implizit den Rangstufenalgorithmus, die Vorgänger-Vorgänge schreiben Startzeitpunkte zu den jeweiligen Nachfolger-Vorgängen.

```
for all i ∈ I do T_i^af := 0
M 5: Marke := 0
     Selektieren von (Vorgang 1); i := 1;
M 1: T_i^ef := T_i^af + t_i
     if (Anzahl der Nachfolger-Vorgänge des Vorgangs i
     NF_i = 0) then goto M3.
     Selektieren von (Nachfolger 1); j := 1
M 2: if T_j^af < T_i^ef then begin T_j^af := T_i^ef; Marke := 1; end
                 if (j = NF_i) then goto M 3 else begin j := j + 1; goto
                 M 2; end
M 3: if (i = N) then goto M 4 else begin i := i + 1; goto M 1; end
M 4: if (Marke = 1) then goto M 5
```

Literatur

DaWa97: Dangelmaier, W.; Warnecke, H.-J.: Fertigungslenkung. Planung und Steuerung des Ablaufs der diskreten Fertigung. Berlin: Springer 1997

VDI (Hrsg.): Netzplantechnik. Ein Fortbildungskurs im Medienverbund Fernsehen – Lehrbuch – Seminare. Düsseldorf: VDI-Verlag 1971

10 Kapazitätsterminierung und Kapazitätsflexibilität

Prof. em. Dr.-Ing. Dr.-Ing. E. h. Hans-Peter Wiendahl
Dr.-Ing. Carsten Begemann
MEng Gregor von Cieminski
Dr.-Ing. Andreas Fischer, Dipl.-Ing. Markus Vogel

10.1 Abgrenzung der Begriffe

Die Termin- und Kapazitätsplanung ist eine Hauptfunktion der Produktionsplanung und -steuerung [Hackstein] (Bild 10.1). Ihre Aufgabe besteht darin, die aus der Mengenplanung resultierende Belastung der Maschinen- und Personalkapazitäten zu prüfen und ggf. über Maßnahmen der Kapazitätsabstimmung zu entscheiden. Die Termin- und Kapazitätsplanung setzt sich aus der Durchlaufterminierung und der Kapazitätsterminierung zusammen. Die Kapazitätsterminierung wiederum erfolgt in den beiden Schritten der Belastungsrechnung und der Kapazitätsabstimmung.

Teilgebiet	Hauptfunktionen		Zeithorizonte
Produktions-planung	Produktions-programmplanung		lang
	Mengenplanung	Daten-verwaltung	mittel
	Termin- und Kapazitätsplanung		
Produktions-steuerung	Auftragsfreigabe		kurz
	Auftrags-überwachung		

Bild 10.1: Hauptfunktionen der Produktionsplanung und -steuerung [Hackstein]

Die Bedeutung der Kapazitätsterminierung ist in modernen Produktionsunternehmen wesentlich zurückgegangen, da sie nicht mehr den Rahmenbedingungen der dynamischen Kundenmärkte genügt. Die heutigen Kundenmärkte sind nämlich im Vergleich zu den Anbietermärkten der Vergangenheit durch kurzfristige und starke Belastungsschwankungen gekennzeichnet. Den daraus resultierenden Anforderungen können die Unternehmen nur durch eine gesteigerte logistische Reaktionsfähigkeit begegnen. Die wichtigste Voraussetzung hierfür ist eine hohe Kapazitätsflexibilität in der Produktion. Diese kann durch die klassische Kapazitätsterminierung nicht abgebildet werden, da ihre Instrumente

zur Modifikation des Kapazitätsangebots, z. B. Anpassung der Arbeits-
kräfte oder Betriebsmittel, nur mittel- bis langfristig wirken. Ein weiteres
Problem ist, dass die klassische Kapazitätsterminierung die Arbeitsvorgänge in lückenloser Folge an den Arbeitssystemen einplant. Dadurch
geht der Handlungsspielraum verloren, um auf Störungen des Fertigungsablaufs zu reagieren, ohne dass es zu zeitlichen Verschiebungen der
Arbeitsvorgänge kommt [Wiendahl 1997a]. Das Resultat ist, dass die mit
dem Kunden vereinbarten Liefertermine nicht eingehalten werden können. Insbesondere erhöhen die zunehmenden Schwankungen der Kundenbedarfe die Anzahl der Störungen und verstärken damit den nach-
teiligen Effekt der Kapazitätsterminierung.

Neue Methoden des Kapazitätsmanagements führen die klassische Kapazitätsterminierung nur noch auf der Ebene der Grobplanung durch.
Diese dient dazu, die nötigen Betriebsmittel- und Mitarbeiterkapazitäten
im groben Rahmen zu dimensionieren. Die Feinplanung bestimmt den
kurzfristig vorliegenden Kapazitätsbedarf und ermittelt die zu seiner
Erfüllung geeigneten flexiblen Kapazitäten. Dies geschieht möglichst
„vor Ort" durch selbst organisierte Arbeitsgruppen. Die von Breithaupt
entwickelten Kapazitätshüllkurven sind ein Instrument, mit dem die
Kapazitätsfeinplanung die Eignung einzelner Maßnahmen zur Kapazitätsabstimmung feststellt [Wiendahl, Breithaupt]. Sie werden in Abschnitt 10.4 beschrieben.

10.2   Kapazitätsterminierung

Die Kapazitätsterminierung ist Bestandteil der Termin- und Kapazitätsplanung (Bild 10.2). Sie folgt unmittelbar auf die Durchlaufterminierung. Die Kapazitätsterminierung verfolgt die Ziele, die Belastung und
die vorhandenen Kapazitäten aufeinander abzustimmen sowie eine möglichst hohe und gleichmäßige Kapazitätsauslastung zu gewährleisten.

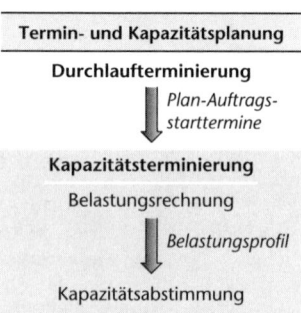

Bild 10.2: Einordnung der Kapazitätsterminierung in die Termin- und Kapazitätsplanung

Ausgangspunkt der Kapazitätsterminierung sind die Plan-Auftragsstart-termine, welche Ergebnis der Durchlaufterminierung sind. Sie werden unter der Annahme ermittelt, dass die zur Bearbeitung der Aufträge notwendigen Kapazitäten jederzeit und in ausreichendem Maße zur Verfügung stehen.

Auf Basis der Planauftragsstarttermine wird für jede Kapazitätseinheit mittels einer Belastungsrechnung ein so genanntes Belastungsprofil ermittelt. Unter einer Kapazitätseinheit ist dabei ein einzelnes Arbeitssystem bzw. eine Arbeitsplatzgruppe technisch gleichartiger Maschinen zu verstehen. Das Belastungsprofil stellt die kumulierte Belastung der Arbeitssysteme durch die Arbeitsinhalte der Aufträge periodengenau über der Zeit dar (vergl. Bild 10.4).

Im nächsten Schritt haben Maßnahmen der Kapazitätsabstimmung zum Ziel, Belastungsüberhänge abzubauen bzw. Überkapazitäten zu vermeiden. Die Diskrepanzen werden anhand einer Gegenüberstellung des Belastungsprofils mit dem Kapazitätsprofil identifiziert. Das Kapazitätsprofil beschreibt dabei das Kapazitätsangebot der Kapazitätseinheiten im zeitlichen Verlauf. Um die vorhandenen Kapazitäten der Belastung durch die geplanten Aufträge anzupassen, setzen Produktionsunternehmen die Maßnahmen der Kapazitätsanpassung, der Belastungsanpassung oder des Belastungsabgleichs ein.

In den folgenden Abschnitten sollen die Belastungsrechnung und die Kapazitätsabstimmung näher erläutert werden. Sie sind unabhängig davon, ob mit starren oder flexiblen Kapazitäten gearbeitet wird.

10.2.1 Belastungsrechnung

Zu Beginn der Belastungsrechnung wird die absehbare Zukunft – der Planungshorizont – in gleich große Zeitabschnitte, die Planungsperioden, eingeteilt. Üblicherweise wird eine Woche als Zeitintervall für die Planungsperioden gewählt [Wiendahl 1997a].

Anschließend werden im Rahmen der auftragsbezogenen Terminplanung die Arbeitsinhalte der Arbeitsvorgänge entsprechend ihrer Lage auf der Terminachse in das Belastungskonto der zugehörigen Kapazitätseinheit eingebucht (Bild 10.3a). Jedem Buchungsvorgang wird ein leeres Belastungskonto mit ausreichender Kapazität zu Grunde gelegt. Als Resultat liegen pro Kapazitätseinheit mehrere Belastungswerte vor.

Um die resultierende Belastung an einem Arbeitssystem darstellen zu können, werden Belastungswerte gleicher Kapazitätseinheiten im Zuge der kapazitätsbezogenen Terminplanung zusammengefasst und die eingebuchten Arbeitsvorgänge nach ihrem Plan-Arbeitsvorgangsstarttermin

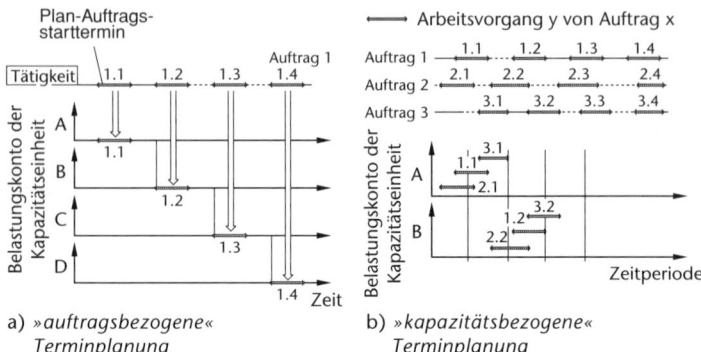

a) »*auftragsbezogene*«
Terminplanung

b) »*kapazitätsbezogene*«
Terminplanung

Bild 10.3: Auftrags- und kapazitätsbezogene Terminplanung [Brankamp]

sortiert. Das Ergebnis ist der kapazitätsbezogene Terminplan (Bild 10.3b).

Aus dem kapazitätsbezogenen Terminplan lässt sich für jede Kapazitätseinheit ein Belastungsprofil ableiten. Zu diesem Zweck werden ausgehend von dem kapazitätsbezogenen Terminplan die kumulierten Arbeitsinhalte der betreffenden Vorgänge zu einem Wert verdichtet (Bild 10.4). Das Belastungsprofil dient als Grundlage der nachfolgend beschriebenen Kapazitätsabstimmung.

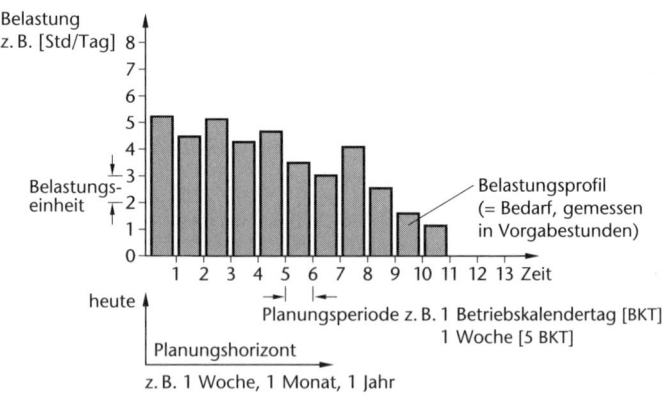

Bild 10.4: Beispiel eines Belastungsprofils für eine Kapazitätseinheit [Wiendahl 1997a]

10.2.2 Kapazitätsabstimmung

Das Belastungsprofil wird im Rahmen der Kapazitätsabstimmung dem Kapazitätsprofil gegenübergestellt (Bild 10.5). Ziel ist es, die möglichen Diskrepanzen zwischen beiden Profilen, d.h. Unterbelastung bzw. Überbelastung, zu identifizieren, die auch trotz einer wirksamen Grobplanung, z.B. durch Eilaufträge in der Fertigung, auftreten können.

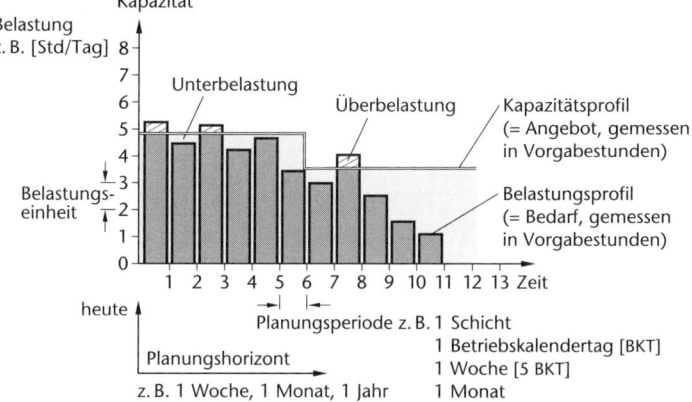

Bild 10.5: Belastungsprofil einer Kapazitätseinheit mit gegenübergestelltem Kapazitätsprofil

Anschließend gilt es, Belastungs- und Kapazitätsprofil aufeinander abzustimmen, um die negativen Auswirkungen von Über- und Unterbelastung der Kapazitätseinheiten, wie hohe Übergangszeiten oder eine geringe Auslastung, zu minimieren. Es bestehen mehrere prinzipielle Möglichkeiten zur Kapazitätsabstimmung, die zusammenfassend in Bild 10.6 dargestellt sind.

Bei der Kapazitätsanpassung wird die Kapazität auf den terminierten Bedarf abgestimmt. Anpassungsmaßnahmen im Bereich der Betriebsmittel sind dabei ebenso wie Anpassungen der Personalkapazitäten überwiegend mittel- bis langfristiger Natur. Wenn eine entsprechende Qualifikation der Mitarbeiter vorliegt, sind durch einen innerbetrieblichen Austausch aber auch im Kurzfristbereich flexible Kapazitäten möglich.

Bei der Belastungsanpassung werden Aufträge ganz oder teilweise an Fremdfirmen abgegeben oder es werden im umgekehrten Fall zusätzliche externe Aufträge angenommen. Auch dieser Maßnahmenkomplex ist i.d.R. nur mittel- bis langfristig zu planen, da entsprechende Vereinbarungen mit den betroffenen Fremdfirmen erforderlich sind. Neuere

Lösungen zielen aber auch hier darauf ab, über eine Online-Fremd-
vergabe sehr kurzfristig Belastungen nach außen verschieben zu können
[Windt].

Maßnahmen aus dem Bereich des Belastungsabgleichs sind oftmals kurzfristig umzusetzen. Beim zeitlichen Ausgleich wird versucht, die Belastung durch eine Mengenänderung oder ein zeitliches Verschieben von
Aufträgen oder einzelnen Arbeitsvorgängen an die Kapazität anzupassen. Beim technologischen Ausgleich hingegen werden einzelne Arbeitsvorgänge auf andere Betriebsmittel verlagert, sofern diese zum verlang-
ten Zeitpunkt freie Kapazitäten haben und die technische Voraussetzung
zur Bearbeitung des Auftrags gegeben ist.

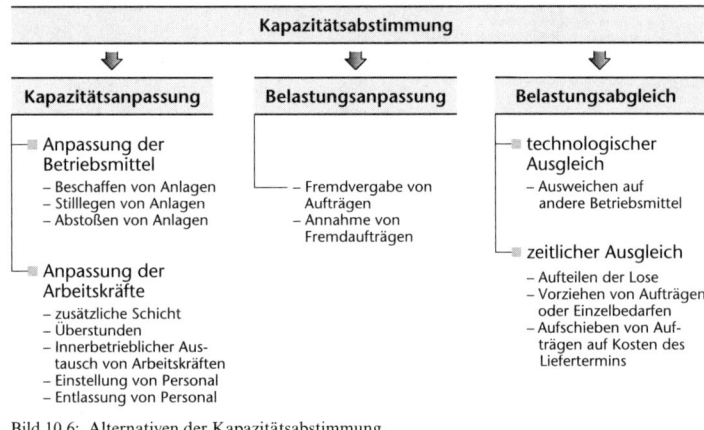

Bild 10.6: Alternativen der Kapazitätsabstimmung

Welche Maßnahmen im Einzelnen gewählt werden müssen, hängt neben
der Kapazitätsflexibilität im Wesentlichen von der zeitlichen Struktur
der Abweichungen von Kapazitätsangebot und -bedarf ab.

10.3   Kapazitätsflexibilität

Flexible Kapazitäten sind ein wesentlicher Erfolgsfaktor zur Beherrschung stark schwankender Auftragsbelastungen [Wiendahl 1997b, Wiendahl und Breithaupt]. I. d. R. versuchen Industrieunternehmen die
Schwankungen im Rahmen der Kapazitätsgrobplanung zu berücksichtigen. Dazu wird die Anzahl sowohl der nötigen Betriebsmittel als auch
der Mitarbeiter bestimmt und auf in gewissen Toleranzgrenzen schwankende Kundenbedarfe ausgelegt. Die Inbetriebnahme oder Stilllegung

von Betriebsmitteln und die Festeinstellung oder Entlassung von Mitarbeitern sind Maßnahmen des mittel- bis langfristigen Planungshorizonts. Bedarfs- und damit Belastungsschwankungen treten jedoch in der betrieblichen Praxis oft unvorhergesehen auf. Die Kurzfristigkeit der Ereignisse bedeutet, dass die oben genannten Maßnahmen nicht die geeigneten Mittel zur Überwindung des temporären Missverhältnisses von Belastung und Kapazitäten sind. Deswegen wird kurzfristigen Bedarfsschwankungen, die über die in der Grobplanung berücksichtigten Toleranzen hinausgehen, mit dem Mittel der Kapazitätsflexibilität begegnet. Ein Unternehmen gewinnt diese aus der Flexibilität der eingesetzten Arbeitszeitmodelle, welche wiederum auf der fachlichen und zeitlichen Flexibilität der Mitarbeiter beruhen. Treten konkrete Bedarfsschwankungen auf, so kann die Betriebszeit der vorhandenen Betriebsmittel durch Abstimmung der Arbeitszeit der Mitarbeiter bedarfsgerecht angepasst werden. Voraussetzung hierfür ist die Entkopplung der Betriebszeit von der Arbeitszeit [Wildemann].

Den Unternehmen steht eine Vielzahl individueller Arbeitszeitmodelle zur Verfügung, die im Bedarfsfall flexible Kapazitäten bereitstellen. Diese lassen sich hinsichtlich des Flexibilisierungsgrades differenzieren. Der Flexibilisierungsgrad ist ein Maß der Anpassungsgeschwindigkeit an verschiedene Kapazitätsbedarfe. Es ist zwischen offenen und geschlossenen Arbeitszeitsystemen zu unterscheiden (Bild 10.7). Offene Arbeitszeitsysteme haben einen vergleichsweise höheren Flexibilisierungsgrad als geschlossene Systeme, da sie Lage und Dauer der Arbeitszeit in einem bestimmten Bezugszeitraum mehrmals verändern können.

Auf eine detaillierte Beschreibung der verschiedenen Arbeitszeitmodelle wird hier verzichtet. Eine umfassende Darstellung findet sich in [Wildemann]. Der Einsatz der verschiedenen Grundtypen von Arbeitszeitmodellen in 140 Unternehmen unterschiedlicher Branchen ist bei [Linnenkohl und Rauschenberg] dargestellt.

Die verschiedenen Grundtypen der Arbeitszeitmodelle können von den Produktionsunternehmen kombiniert werden. Einerseits bietet dies die Möglichkeit zur Entwicklung einer Vielzahl von Arbeitszeitmodellen, die individuell auf die Bedürfnisse der verschiedenen Arbeitssysteme eines Unternehmens zugeschnitten werden können. Andererseits kann es zu einer Intransparenz in der Kapazitätsplanung führen. Die Unternehmen müssen unterscheiden, in welchem Rahmen und mit welcher Reaktionszeit die Betriebszeit einzelner Arbeitssysteme verändert werden kann. Hierzu fehlte es bisher an Beschreibungsmodellen der Kapazitätsflexibilität, die anschaulich darstellen, welches die sinnvollsten Flexibilisierungsmaßnahmen für konkrete Bedarfsfälle sind. Die im folgenden Abschnitt vorgestellten Kapazitätshüllkurven sind ein solches Modell.

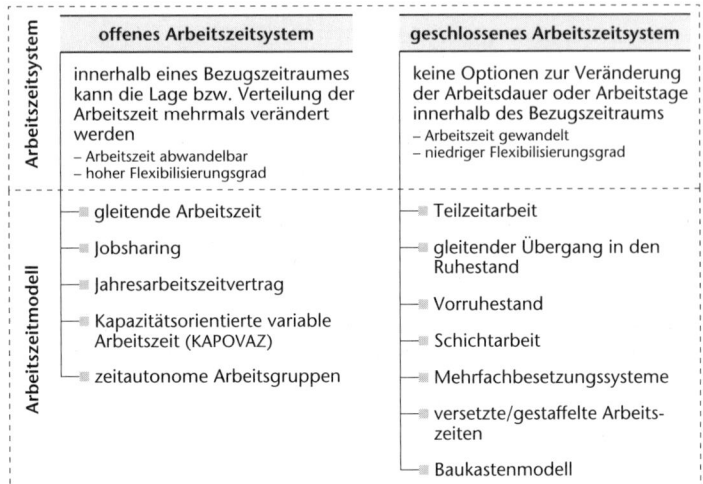

	offenes Arbeitszeitsystem	geschlossenes Arbeitszeitsystem
Arbeitszeitsystem	innerhalb eines Bezugszeitraumes kann die Lage bzw. Verteilung der Arbeitszeit mehrmals verändert werden – Arbeitszeit abwandelbar – hoher Flexibilisierungsgrad	keine Optionen zur Veränderung der Arbeitsdauer oder Arbeitstage innerhalb des Bezugszeitraums – Arbeitszeit gewandelt – niedriger Flexibilisierungsgrad
Arbeitszeitmodell	▬ gleitende Arbeitszeit ▬ Jobsharing ▬ Jahresarbeitszeitvertrag ▬ Kapazitätsorientierte variable Arbeitszeit (KAPOVAZ) ▬ zeitautonome Arbeitsgruppen	▬ Teilzeitarbeit ▬ gleitender Übergang in den Ruhestand ▬ Vorruhestand ▬ Schichtarbeit ▬ Mehrfachbesetzungssysteme ▬ versetzte/gestaffelte Arbeitszeiten ▬ Baukastenmodell

Bild 10.7: Systematisierung der Arbeitszeitmodelle hinsichtlich des Flexibilisierungsgrads (in Anlehnung an [Wildemann])

10.4   Kapazitätshüllkurven

Die Grobplanung liegt zeitlich weit vor der Auftragsfreigabe. Sie hat die Aufgabe, das Kapazitätsangebot der Kapazitätsnachfrage anzupassen (vgl. Abschnitt 10.1). Über längere Zeithorizonte verfügt diese Anpassung für Teilbetriebsbereiche bzw. den Gesamtbetrieb über eine hinreichende Genauigkeit [Wiendahl 1997a]. Auf der Ebene der Belastungsgruppen oder Kostenstellen werden sich jedoch im Zeitablauf Differenzen ergeben, die entweder zu Terminabweichungen führen oder die mittel- bis kurzfristigen Kapazitätsabstimmungen erforderlich machen. Insbesondere zur Realisierung kurzfristiger Kapazitätsabstimmungen ist eine hohe Flexibilität der Kapazitäten notwendig.

Die Flexibilität von Kapazitäten kann mit Hilfe von Kapazitätshüllkurven beschrieben werden [Breithaupt]. Sie veranschaulichen, mit welcher Reaktionszeit zusätzliche Kapazität an einem Arbeitssystem bereitgestellt bzw. Überkapazität abgebaut werden kann. Darüber hinaus verdeutlichen Kapazitätshüllkurven, wie lange eine kapazitätsanpassende Maßnahme mindestens aufrechterhalten werden muss und welche Menge an Kapazität dadurch zusätzlich zur Verfügung gestellt bzw. abgebaut wird. Kapazitätshüllkurven ermöglichen damit beispielsweise die Abschätzung, ob eine benötigte Zusatzkapazität in der vorgesehenen

Zeit verfügbar ist. Weiterhin bieten sie die Möglichkeit, auf einfache Weise zu prüfen, ob eine Erhöhung der Kapazität nicht zu einer Überkapazität und damit zu Auslastungsverlusten führt.

Kapazitätshüllkurven werden konstruiert, indem die Kapazitätsveränderung in Abhängigkeit von der Reaktionszeit eines betrachteten Arbeitssystems aufgetragen wird (Bild 10.8). Jede Kapazitätsänderung $\Delta TKAP$ wird entsprechend der für sie notwendigen Reaktionszeit zu der schon vorhandenen Kapazität addiert. Durch dieses Vorgehen entsteht eine sog. Treppenkurve. In dem in Bild 10.8 dargestellten Beispiel kann innerhalb von zwei Betriebskalendertagen eine zusätzliche Kapazität von zwei Stunden pro Betriebskalendertag installiert werden. Demgegenüber kann eine Reduzierung der Kapazität um insgesamt zwei Stunden pro Betriebskalendertag schon innerhalb eines Betriebskalendertages realisiert werden.

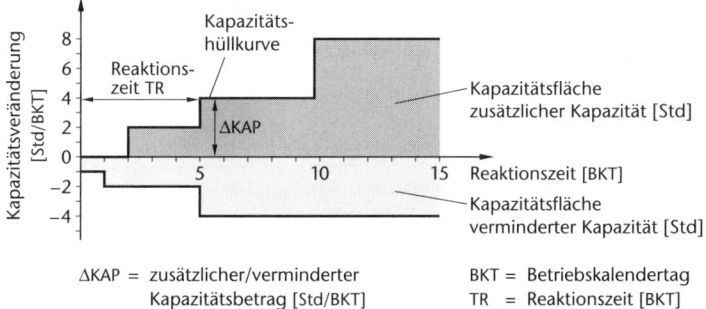

Bild 10.8: Kapazitätshüllkurven zur Beschreibung der Reaktionszeiten für die Bereitstellung veränderter Kapazitätsbeträge [Breithaupt]

Die Summe der zusätzlichen Kapazitäten kann über die von der Hüllkurve und der Abszisse eingeschlossene Fläche bis zu einem definierten Zeitpunkt t bestimmt werden. Es besteht folgender mathematischer Zusammenhang:

$$FKAP_{zus} = \int_{0}^{t} \Delta KAP\,(TR)\,\mathrm{d}TR$$

mit: $FKAP_{zus}$ Fläche zusätzlicher Kapazität (in Std)
ΔKAP veränderter Kapazitätsbetrag (in Std/BKT)
TR Reaktionszeit (in BKT)

Analog zur Berechnung der zusätzlichen Kapazität kann auch die Fläche der verminderten Kapazität bestimmt werden.

Neben der Kapazitätsveränderung und der dazugehörigen Reaktionszeit beeinflusst die sog. Mindestinstallationszeit die Kapazitätsflexibilität. Unter der Mindestinstallationszeit wird der Zeitraum verstanden, in dem eine Kapazitätsveränderung mindestens aufrechterhalten werden muss. Wenn zum Beispiel kurzfristig neue Mitarbeiter eingestellt wurden, um die Kapazität zu erhöhen, kann diese Entscheidung auf Grund verschiedenster Restriktionen (Kündigungsschutz etc.) nicht beliebig schnell rückgängig gemacht werden.

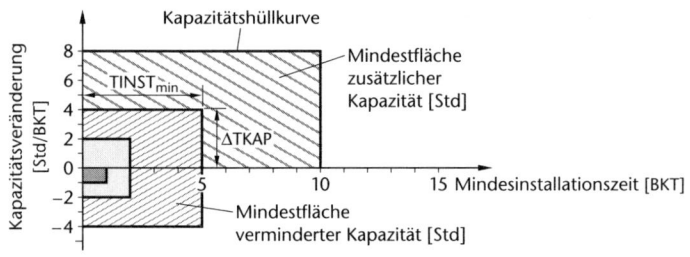

ΔTKAP = veränderter Kapazitäts-   TINST$_{min}$ = Schrittweite bei der Verlängerung
              betrag [Std/BKT]   der kapazitiven Maßnahme [BKT]
BKT   = Betriebskalendertag

Bild 10.9: Kapazitätshüllkurven zur Beschreibung der Mindestinstallationszeiten für die Bereitstellung veränderter Kapazitätsbeträge [Breithaupt]

Das Auftragen der Kapazitätsveränderung über der Mindestinstallationszeit ergibt eine neue Kapazitätshüllkurve mit Mindestflächen zusätzlicher bzw. verminderter Kapazitäten (Bild 10.9).

Die Mindestfläche der zusätzlichen bzw. verminderten Kapazität berechnet sich aus dem Produkt der Kapazitätsveränderung und der Mindestinstallationszeit. Sie entspricht der zur Verfügung gestellten Gesamtkapazität in Stunden.

$$FKAP_{min} = \Delta TKAP \cdot TINST_{min}$$

mit: $FKAP_{min}$ Mindestfläche zusätzlicher bzw.
                              verminderter Kapazität (in Std)
        $\Delta TKAP$ veränderter Kapazitätsbetrag (in Std/BKT)
        $TINST_{min}$ Mindestinstallationszeit (in BKT)

Durch die in Bild 10.8 und 10.9 gezeigten Zusammenhänge wird deutlich, dass neben der notwendigen Reaktionszeit für eine Kapazitätsveränderung der Gesamtkapazitätsbetrag der installierten Maßnahme zu beachten ist. Übersteigt nämlich z.B. die zusätzlich bereitgestellte Kapazität die benötigte Kapazität, so können daraus Auslastungsverluste resultieren. Im Folgenden wird dieser Zusammenhang anhand eines Beispiels erläutert.

An einem Arbeitssystem soll der durch eine Störung verursachte Bestand von 40 Stunden abgebaut werden. Mit einer vereinbarten Reaktionszeit von zehn Betriebskalendertagen wird von einem Einschichtbetrieb auf einen Zweischichtbetrieb gewechselt. Durch die Maßnahme wird eine zusätzliche Kapazität von acht Stunden pro Arbeitstag installiert. Die Mindestinstallationszeit soll zehn Betriebskalendertage betragen. Dies führt zu einer zusätzlichen Mindestkapazität von 80 Stunden. Als Ergebnis wird der vorliegende Bestand zwar nach fünfzehn Betriebskalendertagen abgebaut, jedoch werden dabei auf Grund der Mindestinstallationszeit 40 Sunden Kapazität verschwendet. Das Beispiel verdeutlicht, dass jede kapazitive Maßnahme hinsichtlich ihres wirtschaftlichen Nutzens hinterfragt werden muss.

Neben den Kapazitätshüllkurven für die Reaktionszeit und die Mindestinstallationszeit, die die Kapazitätsflexibilität einzelner Arbeitssysteme beschreibbar machen, wurden auch Kapazitätshüllkurven zur Beschreibung der Kapazitätsflexibilität ganzer Fertigungsbereiche entwickelt. Diese übergeordneten sog. normierten Kapazitätshüllkurven können u.a. im Rahmen der Produktionsregelung eingesetzt werden [Breithaupt].

Literatur

Brankamp, K.: Ein Terminplanungssystem für Unternehmen der Einzel- und Serienfertigung. 2. Aufl. Würzburg, Wien: Physica 1973

Breithaupt, J.-W.: Rückstandsorientierte Produktionsregelung von Fertigungsbereichen – Grundlagen und Anwendung. Fortschritt-Berichte VDI, Reihe 2, Nr. 571. Düsseldorf: VDI-Verlag 2001

Hackstein, R.: Produktionsplanung und -steuerung (PPS): Ein Handbuch für die Betriebspraxis. 2. Auflage. Düsseldorf 1989

Linnenkohl, K.; Rauschenberg, H.-J.: Arbeitszeitflexibilisierung – 140 Unternehmen und ihre Modelle. Heidelberg: Recht und Wirtschaft 1996

Wiendahl, H.-P.: Fertigungsregelung – Logistische Beherrschung von Fertigungsabläufen auf Basis des Trichtermodells. München, Wien: Hanser 1997(a)

Wiendahl, H.-P.: Betriebsorganisation für Ingenieure. München, Wien: Hanser 1997(b)

Wiendahl, H.-P.; Breithaupt, J.-W.: Kapazitätshüllkurven – Darstellung flexibler Kapazitäten mit einem einfachen Beschreibungsmodell. In: Industrie MANAGEMENT 14 (1998) 4 S. 34–37

Wildemann, H.: Arbeitszeitmanagement – Einführung und Bewertung flexibler Arbeits- und Betriebszeiten. St. Gallen: gfmt 1992

Windt, K.: Engpassorientierte Fremdvergabe in Produktionsnetzen (Diss.). Fortschritt-Berichte VDI, Reihe 2, Nr. 579. Düsseldorf: VDI-Verlag 2001

11 Fertigungssteuerung mit BOA und CONWIP

Prof. em. Dr.-Ing. Dr.-Ing. E. h. Hans-Peter Wiendahl
Dipl.-Ing. Jens Lopitzsch
Dipl.-Ök. Rouven Nickel
Dipl.-Ing. Michael Schneider

11.1 Einleitung

Das oberste Ziel des Produktionsmanagements besteht darin, das Produktionsgeschehen in einem Unternehmen derart zu planen, zu steuern, zu organisieren und zu kontrollieren, dass eine möglichst hohe Wirtschaftlichkeit erreicht wird. Dieses Ziel wird durch die produktionslogistischen Ziele hohe Termintreue, kurze Durchlaufzeiten, niedrige Bestände und hohe Auslastung operationalisiert. Die betriebsinternen Zielgrößen Termintreue, Durchlaufzeit, Bestand und Auslastung können über die Dimensionen Logistikleistung und Logistikkosten zu einem externen Zielsystem der Produktionslogistik verknüpft werden (Bild 11.1).

Bild 11.1: Zielsystem der Produktionslogistik

Die Logistikleistung eines Unternehmens setzt sich aus der vom Kunden wahrgenommenen Liefertreue und der Lieferzeit zusammen. Erstere wird durch die Termintreue bei der Auftragsabwicklung beeinflusst und Letztere durch die Durchlaufzeiten. Die vom Unternehmen beeinflussbaren Logistikkosten ergeben sich aus den Kapitalbindungs- und den Herstellkosten. Die Kapitalbindungskosten werden durch das Bestandsniveau determiniert, wohingegen die Herstellkosten u. a. von der Auslastung der eingesetzten Arbeitssysteme abhängen [Wiendahl 1997a].

11.2 Fertigungssteuerung durch zentrale Bestandsregelung

Die Ziele der Produktionslogistik werden in der betrieblichen Praxis mit Hilfe spezieller Verfahren zur Fertigungssteuerung verfolgt bzw. umgesetzt. Sowohl in der Praxis als auch in der Literatur ist eine große Vielfalt derartiger Verfahren bekannt [Lödding 2001].

In vorangehenden Kapiteln dieses Buches sind leistungsregelnde sowie dezentrale bestandsregelnde Verfahren vorgestellt worden. Im Folgenden werden mit der BOA und der CONWIP-Steuerung zwei bestandsregelnde, zentrale Fertigungssteuerungsverfahren detailliert erläutert.

11.3 Die Belastungsorientierte Auftragsfreigabe (BOA)

11.3.1 Einführung

Basierend auf den Arbeiten von Jendralski [Jendralski 1978] wurde die BOA erstmals in der Dissertation von Bechte [Bechte 1984] als bestandsregelndes Verfahren zur Fertigungssteuerung vorgestellt. Aufbauend darauf wurde die BOA von Wiendahl am Institut für Fabrikanlagen und Logistik (IFA) zur Belastungsorientierten Fertigungsregelung ausgebaut [Wiendahl 1987, 1997b].

11.3.2 Idee und Prinzip der BOA

Die grundlegende Idee der BOA lässt sich veranschaulichen, indem sie der konventionellen Auftragsfreigabe gegenübergestellt wird (Bild 11.2). Die generelle Aufgabe der Auftragsfreigabe besteht darin, die im Rahmen der Mengenplanung bestimmten Fertigungsaufträge im Hinblick auf ihre Durchführbarkeit zu überprüfen. Hierbei erfolgt eine differenzierte Aussage darüber, ob die vereinbarten Liefertermine eingehalten werden können und ob die erforderliche Kapazität an den Arbeitssystemen zur Verfügung steht. Häufig wird im Rahmen der Auftragsfreigabe auch geprüft, ob das benötigte Material und die Betriebsmittel (z. B. Werkzeuge, Prüfmittel) vorliegen. Im Ergebnis werden die als durchführbar eingestuften Aufträge freigegeben, die verbleibenden Aufträge werden vorläufig zurückgestellt.

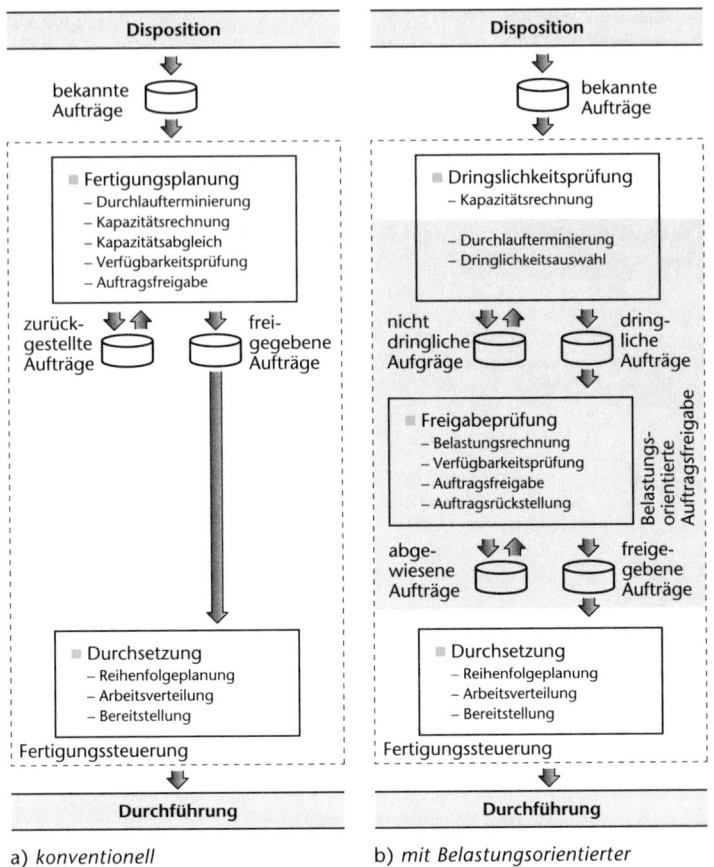

Bild 11.2: Gegenüberstellung von konventioneller und Belastungsorientierter Auftragsfreigabe

Bei der konventionellen Auftragsfreigabe erfolgt im Rahmen der Fertigungsplanung die Durchlaufterminierung ohne Kapazitätsrestriktionen und mit Plan-Durchlaufzeiten, die einer Durchlaufzeittabelle oder -matrix entstammen. Dabei wird geprüft, ob die angestrebten Endtermine erreichbar sind. Im Rahmen der Kapazitätsrechnung werden die Arbeitsvorgänge mit ihren Vorgabezeiten in die Kapazitätskonten der Arbeitsplatzgruppen eingelastet. Weiterhin werden Über- und Unterbelastungen erkannt und ein Kapazitätsabgleich durchgeführt. Nach der Verfügbarkeitsprüfung werden die Aufträge entweder freigegeben oder so lange zurückgestellt, bis die Voraussetzungen für deren Freigabe erfüllt sind (Bild 11.2a).

Demgegenüber gliedert die BOA die Auftragsfreigabe in die Funktionen Dringlichkeitsprüfung (Auftragsauswahl) und Freigabeprüfung, die ihrerseits aus mehreren Teilfunktionen bestehen. Ungeachtet ihrer teilweise gleichen Bezeichnungen liegen den Teilfunktionen gegenüber dem konventionellen Verfahren grundlegend unterschiedliche Modellvorstellungen und Algorithmen zu Grunde (Bild 11.2b).

Zunächst wird bei der BOA vorausgesetzt, dass im Rahmen einer vorangegangenen Kapazitätsrechnung die insgesamt benötigte Kapazität zur Fertigung der anstehenden Aufträge vorhanden ist. Die BOA lässt sich auch ohne diese Bedingung anwenden, allerdings werden dann bei der Freigabeprüfung gegebenenfalls viele Aufträge als nicht realisierbar abgewiesen.

Bei der Dringlichkeitsprüfung werden aus den durch die Disposition bekannten Aufträgen die dringlichen Aufträge ausgewählt. Dazu erfolgt zunächst eine Rückwärtsterminierung aller Aufträge mit Plan-Durchlaufzeiten, die auf die geplanten Belastungssituationen der betreffenden Arbeitssysteme abgestimmt sind. Die nach Startterminen sortierten Aufträge werden bis zu einem Vorgriffshorizont als dringlich eingestuft, die übrigen Aufträge werden bis zum nächsten Planungslauf als nicht dringlich zurückgestellt.

Die Freigabeprüfung beginnt mit einer Belastungsrechnung, die im Gegensatz zur konventionellen Auftragsfreigabe nicht auf einer periodenweisen Einlastung beruht, sondern nur die nächste Planperiode je Kapazitätseinheit betrachtet. Weiter in der Zukunft liegende Arbeitsvorgänge werden hinsichtlich ihrer Belastung mit einem speziellen Algorithmus auf die betrachtete Periode umgerechnet. Anschließend wird je Kapazitätseinheit geprüft, ob ein maximaler Belastungswert (die sog. Belastungsschranke) überschritten wird und welcher Arbeitsvorgang bzw. Auftrag zu dieser Überschreitung geführt hat. An dieser Stelle kann simultan die Verfügbarkeit von Personal, Material, Werkzeugen und Arbeitspapieren geprüft werden. Als Ergebnis entsteht eine Liste der freizugebenden Aufträge, deren Durchsetzung dann im Rahmen der aus der konventionellen Auftragsfreigabe bekannten Teilfunktionen Reihenfolgebildung, Arbeitsverteilung und Bereitstellung erfolgt.

Die abgewiesenen Aufträge werden aufgelistet und die Arbeitsvorgänge, die jeweils zur Abweisung geführt haben, werden mit den entsprechenden Kapazitätsgruppen benannt. Je nach individueller Bedeutung kann durch

Sondermaßnahmen noch die Freigabe zunächst abgewiesener Aufträge erreicht werden.

Zusammenfassend zielt das Verfahren der BOA darauf ab, nur so viel Arbeit freizugeben, wie voraussichtlich in der nächsten Periode abgearbeitet werden kann. Statt einer detaillierten und aufwändigen Kapazitäts- und Terminrechnung wird lediglich der Zugang an Aufträgen kontrolliert. Die auf die Kapazität abgestimmte Freigabe bewirkt ein stabiles Bestandsniveau und damit schwach streuende Durchlaufzeiten.

Darüber hinaus ermöglicht die BOA die einfache Beeinflussung des Bestandsniveaus und damit der Durchlaufzeiten an einem Arbeitssystem. Durch einen ständigen Vergleich der Ist-Werte für Durchlaufzeiten, Termine, Bestände und Auslastungen mit den durch die BOA eingestellten Planwerten entsteht ein geschlossener Regelkreis der Fertigungssteuerung.

11.3.3   Verfahren der BOA

Die BOA basiert auf einem allgemein gültigen Modell des Fertigungsablaufs: dem Trichtermodell und dem daraus abgeleiteten Durchlaufdiagramm.

Die Grundidee besteht darin, ein Arbeitssystem als einen Trichter aufzufassen (Bild 11.3 a). Die wartenden Aufträge bilden den Bestand. Die Größe der Trichteröffnung ist ein Maß für die Kapazität bzw. die Leistung des Arbeitssystems. Der Trichter kann entweder einen einzelnen Arbeitsplatz, eine Fertigungsinsel, eine Kostenstelle, einen Betriebsbereich oder die gesamte Fertigung repräsentieren. Die Voraussetzung ist, dass es sich um ein abgeschlossenes System mit definiertem Zugang und Abgang an Aufträgen handelt.

Die Vorgänge am Trichter lassen sich in ihrer chronologischen Abfolge in ein Durchlaufdiagramm überführen (Bild 11.3 b). Es entsteht, indem die abgehenden Aufträge beginnend im Nullpunkt mit ihrem Arbeitsinhalt in Vorgabestunden entsprechend dem Fertigstellungszeitpunkt kumuliert über der Zeit aufgetragen werden. Analog dazu erfolgt die Konstruktion der Zugangskurve anhand der zugehenden Aufträge. Befinden sich zu Beginn des Untersuchungszeitraums bereits Aufträge am Arbeitssystem, beginnt die Zugangskurve um den Arbeitsinhalt dieser Aufträge, den Anfangsbestand, vertikal versetzt. Der vertikale Abstand zwischen der Zugangs- und Abgangskurve entspricht zu jedem Zeitpunkt dem aktuellen Bestand am Arbeitssystem.

Im Untersuchungszeitraum zugehende Aufträge bilden mit der Summe ihrer Arbeitsinhalte den Zugang. Der Abgang ergibt sich aus der Summe der Vorgabestunden der abgearbeiteten Aufträge. Der Endbestand errechnet sich aus der Summe des Anfangsbestands und des Zugangs abzüglich des Abgangs. Die mittlere Steigung der Zugangskurve wird als

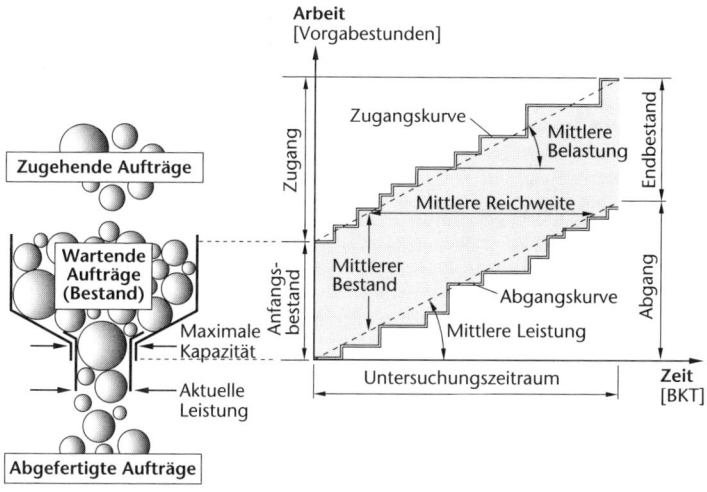

a) *Trichtermodell*   b) *Durchlaufdiagramm*

Bild 11.3: Trichtermodell und Durchlaufdiagram

mittlere Belastung bezeichnet. Dementsprechend ist die mittlere Steigung der Abgangskurve die mittlere Leistung. Der horizontale Abstand zwischen Zugangs- und Abgangskurve beschreibt die Reichweite des Arbeitssystems. Sie sagt aus, wie lange der Bestand ausreicht, um das Arbeitssystem mit Arbeit zu versorgen. Die Reichweite ist eng mit der Arbeitssystemdurchlaufzeit verknüpft [Nyhuis, Wiendahl 2002].

Aus dem Durchlaufdiagramm lässt sich eine Beziehung zwischen dem mittleren Bestand, der mittleren Reichweite und der mittleren Leistung ableiten. Aus trigonometrischen Überlegungen folgt [Bechte 1984]:

$$R_m = \frac{B_m}{L_m}$$ mit:

R_m	mittlere Reichweite (in BKT)
B_m	mittlerer Bestand (in Std)
L_m	mittlere Leistung (in Std/BKT)
BKT	Betriebskalendertag
Std	Vorgabestunde

Diese Gleichung wird als Trichterformel bezeichnet [Nyhuis, Wiendahl 2002, Wiendahl 1997b]. Aus dieser Beziehung und dem Durchlaufdiagramm lässt sich u. a. die für die BOA zentrale Schlussfolgerung ziehen, dass die Reichweite und damit die Durchlaufzeit der Aufträge an den einzelnen Arbeitssystemen eingestellt werden kann, indem das Verhältnis von Bestand und Leistung geregelt wird.

Die BOA nutzt die aus dem Trichtermodell abgeleiteten Zusammenhänge: Pro Planperiode wird an jedem Arbeitssystem so viel Arbeit freigegeben, wie auf Grund der voraussichtlichen periodenbezogenen Leistung
abgearbeitet werden kann. Die mittlere Belastung wird auf diese Weise
entsprechend der mittleren Leistung eingestellt. Die BOA regelt demzufolge den mittleren Bestand und beeinflusst dadurch indirekt die mittlere
Reichweite und die mittlere Durchlaufzeit an einem Arbeitssystem.

Bild 11.4 verdeutlicht die Zusammenhänge am Durchlaufdiagramm
eines Arbeitssystems. Links von der Ordinate ist ein Stück der realen Zu-
gangs- und Abgangskurve zu erkennen, während rechts davon ideali-
sierte Kurvenverläufe dargestellt sind. Das Durchlaufdiagramm setzt
sich aus der idealen Abgangskurve und der um die Plan-Durchlaufzeit
waagerecht nach links verschobenen, parallelen idealen Zugangskurve
zusammen. Der Wert für die Plan-Durchlaufzeit wird aus Erfahrungs-
werten ermittelt oder mit Hilfe der Produktionskennlinie des betrachteten Arbeitssystems berechnet [Nyhuis, Wiendahl 2002]. Der Planbestand
ergibt sich gemäß der Trichterformel aus dem Produkt von mittlerer
Planleistung und Plan-Durchlaufzeit.

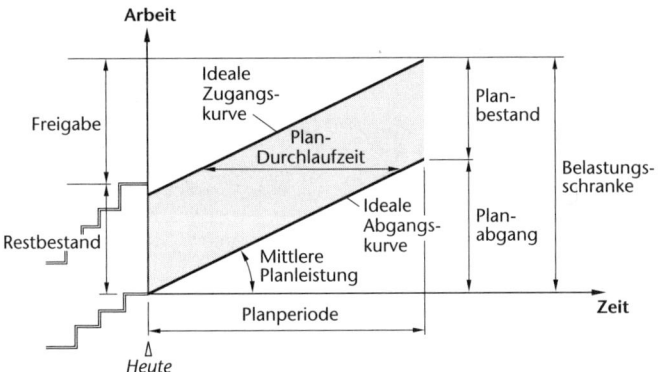

Bild 11.4: Durchlaufmodell der Belastungsorientierten Auftragsfreigabe

Die Summe aus Planabgang und Planbestand wird bei der BOA als Belastungsschranke bezeichnet (Bild 11.4). In der Praxis entspricht der
Restbestand auf Grund unvermeidlicher Abweichungen häufig nicht
dem Planbestand. Daher wird immer so viel Arbeit freigegeben, dass die
Summe aus Restbestand und freigegebenen Arbeitsinhalten dem Wert
der Belastungsschranke entspricht. Auf diese Weise korrigiert das Verfahren bei jedem Freigabelauf aufgetretene Abweichungen an einem
Arbeitssystem unabhängig davon, ob sie auf der Abgangs- oder auf der
Zugangsseite aufgetreten sind.

Um die Belastungsschranke bei sich ändernder Planleistung nicht immer neu festsetzen zu müssen, ist es zweckmäßig, sie auf den Planabgang zu beziehen. Der so berechnete Wert wird als Einlastungsprozentsatz EPS bezeichnet. Eine Unterstützung bei der Ermittlung des Einlastungsprozentsatzes ist mit Hilfe der Produktionskennlinientheorie möglich [Nyhuis, Wiendahl 2002].

Die zuvor beschriebene Systematik der Bestandsregelung ist für den nächsten Arbeitsvorgang eines Auftrages am nachfolgenden Arbeitssystem leicht zu realisieren. Zu diesem Zweck wird der so genannte Abwertungsfaktor verwendet. Seine Berechnung kann Bild 11.5 entnommen werden. Der Abwertungsfaktor berücksichtigt die Wahrscheinlichkeit, mit der ein Auftrag in der nächsten Planperiode an einem Arbeitssystem zur Verfügung stehen wird, wenn dieser vorher andere Arbeitssysteme durchlaufen muss. Bei mehreren Arbeitsschritten müssen die Abwertungsfaktoren aller vor dem betrachteten Arbeitsvorgang liegenden Arbeitssysteme miteinander multipliziert werden. Auf diese Weise ist es möglich, bei der Auftragsfreigabe nur die Belastung der nächsten Planperiode zu berechnen, obwohl auch die Belastung zukünftiger Perioden berücksichtigt wird.

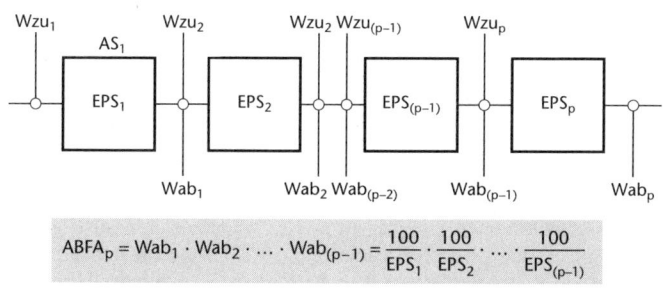

$$ABFA_p = Wab_1 \cdot Wab_2 \cdot \ldots \cdot Wab_{(p-1)} = \frac{100}{EPS_1} \cdot \frac{100}{EPS_2} \cdot \ldots \cdot \frac{100}{EPS_{(p-1)}}$$

EPS = Einlastungsprozentsatz   Wab = Abgangswahrscheinlichkeit
Wzu = Zugangswahrscheinlichkeit   ABFA = Abwertungsfaktor für Auftrags-
                                                  Arbeitsinhalt

Bild 11.5: Durchlaufmodell der Belastungsorientierten Auftragsfreigabe

Aus den bisherigen Überlegungen ergeben sich die in Bild 11.6 zusammengefassten Verfahrensschritte der BOA. Die aus der Disposition bekannten Aufträge werden – ausgehend vom Endtermin – mit den Plan-Durchlaufzeiten der betreffenden Arbeitssysteme rückwärts terminiert. Das Sortieren nach dem Starttermin zeigt, in welcher Reihenfolge die Aufträge freizugeben sind. Auch wenn der Starttermin in der Vergangenheit liegt, findet keine Übergangszeitverkürzung statt. Der Starttermin stellt lediglich ein Maß für die terminliche Dringlichkeit dar. Mit Hilfe des Vorgriffshorizontes, der erfahrungsgemäß zwei bis maximal vier Perioden beträgt, werden die dringlichen Aufträge bestimmt.

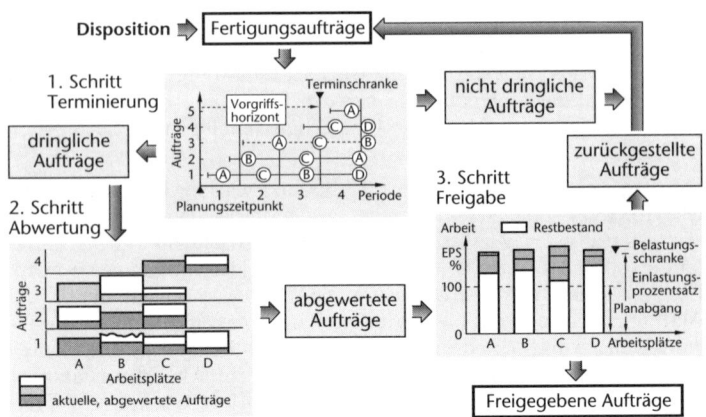

Bild 11.6: Schritte der Belastungsorientierten Auftragsfreigabe

Die Arbeitsinhalte der Arbeitsvorgänge aller dringlichen Aufträge werden anschließend entsprechend ihrer Position abgewertet und auf die Belastungskonten der jeweiligen Arbeitssysteme gebucht. Dort ist die Belastungsschranke hinterlegt. Überschreitet eines der betroffenen Konten
bei der Buchung der Arbeitsvorgänge eines Auftrages erstmals die Belastungsschranke, wird dieses Konto gesperrt. Im Folgenden erfahren alle
Aufträge, die dieses Arbeitssystem betreffen, eine Abweisung. Auf diese
Weise schützt das Verfahren die Engpasskapazitäten und gibt nur noch
Aufträge frei, welche diejenigen Arbeitsplätze belegen, deren Belastungsschranke noch nicht überschritten ist. Abgewiesene Aufträge werden
nach ihrer Dringlichkeit entweder bis zum nächsten Freigabelauf zurückgestellt oder gegebenenfalls durch Sondermaßnahmen (Überstunden,
Verlagerung, Losteilung, Terminverschiebung) dennoch freigegeben.

Die Parameter der BOA haben im Einzelnen die folgenden Funktionen:

■ Der Vorgriffshorizont ermöglicht bei Bedarf einen Belastungsabgleich
   bei kurzfristigen Belastungsschwankungen, indem ein zeitlicher
   Vorgriff auf Aufträge zugelassen wird, deren Auftragseinstoß noch
   nicht unmittelbar ansteht. Je größer der Vorgriffshorizont gewählt
   wird, desto gleichmäßiger wird die Belastung der Arbeitssysteme.
   Allerdings werden durch die vorgezogenen Aufträge u. U. Ressourcen in Anspruch genommen, die in den Folgeperioden für dringlichere Aufträge benötigt werden.

■ Über den Einlastungsprozentsatz wird ein konstantes (zumindest
   nach oben begrenztes) Bestands- und Durchlaufzeitniveau an den
   einzelnen Arbeitssystemen und somit eine hohe Planungssicherheit

erreicht. Gleichzeitig dient der Parameter in Verbindung mit dem Vorgriffshorizont der Sicherung der Systemauslastung.

■ Die Planleistung kann bei der BOA im Rahmen der Kapazitäts-anpassung zum Abgleich mittel- und langfristiger Belastungs-schwankungen herangezogen werden.

■ Mit der Wahl der Planperiodenlänge wird die Anpassung des Ver-fahrens an die Auftragsstruktur (insbesondere die Auftragszeit-struktur sowie die Anzahl der Arbeitsvorgänge je Auftrag) vor-genommen.

Die BOA wird dort vorteilhaft eingesetzt, wo Fertigungsaufträge mit einer großen Streuung hinsichtlich der Anzahl der Arbeitsvorgänge und der Auftragszeiten vorliegen und um Kapazitäten konkurrieren. Dies ist typischerweise in der losgebundenen Einzel- und Kleinserienfertigung der Fall, die nach dem Werkstättenprinzip organisiert ist. Derartige Situationen finden sich in Maschinenbauunternehmen für Investitions-güter sowie in Betrieben der Elektrotechnik, der Elektronik und der Kraftfahrzeug-Zulieferindustrie.

11.4   Constant Work in Process (CONWIP)

11.4.1   Einführung

Auf der Suche nach einem einfachen, robusten und logistisch leistungs-fähigen Fertigungssteuerungsverfahren implementierten zahlreiche Unter-nehmen in den 1980er-Jahren das Kanban-Verfahren (vgl. Kap. 7). Schnell stellte sich jedoch heraus, dass die zur Entkopplung der Kanban-Kreisläufe notwendigen Pufferlager zur Erhöhung der Kapitalbindungs-kosten führten. Steigende Variantenzahlen verstärkten diesen Effekt, da jedes variantenspezifische Teil einen eigenen Pufferlagerbestand erforder-lich machte.

Eine Lösung für das geschilderte Problem bietet das CONWIP-Ver-fahren. Es wurde erstmals 1990 von Spearman, Woodruff und Hopp zur Steuerung mehrstufiger Produktionsprozesse ohne variantenspezifische Pufferlager vorgeschlagen [Spearman et al. 1990]. Aus diesem Grund lässt sich mit dem CONWIP-Verfahren ein größeres und heterogeneres Teilespektrum in der Produktion wirtschaftlicher steuern als mit dem Kanban-Verfahren [Bonvik et al. 1997]. Da das CONWIP-Verfahren im Vergleich zur BOA und zur Kanban-Steuerung ein verhältnismäßig neues Fertigungssteuerungsverfahren ist, hat es zwar bereits Eingang in die universitäre Lehre gefunden, die Anzahl der Umsetzungen ist aber ungeachtet der wirtschaftlichen Potenziale nach wie vor gering. Dennoch wird das CONWIP-Verfahren mittlerweile von einigen Unternehmen erfolgreich zur Koordination des Produktionsgeschehens eingesetzt. In der internationalen Literatur findet gleichzeitig eine intensive wissenschaftliche Diskussion der CONWIP-Steuerung statt. Ein Großteil der Veröffentlichungen besteht dabei aus Untersuchungen, in denen die CONWIP-Steuerung auf der Basis von mathematischen Modellen und Simulationen mit anderen Verfahren zur Fertigungssteuerung verglichen wird [exemplarisch: Gstettner, Kuhn 1996, Graves, Milne 1997, Huang, Wang 1998].

11.4.2 Das Prinzip des CONWIP-Verfahrens: Bestandsorientierung

Das Akronym CONWIP deutet bereits auf die Steuerungsstrategie des Verfahrens hin. Die Umlaufbestände an Zwischenerzeugnissen (unfertige Erzeugnisse, Einzelteile, Baugruppen) in der Produktion werden in der englischsprachigen Literatur als Work in Process (WIP) bezeichnet. Mit dem CONWIP-Verfahren wird der Materialfluss so gesteuert, dass die Gesamtmenge an Zwischenerzeugnissen in der Produktion begrenzt wird. Im Zeitablauf soll sich ein annähernd gleichmäßiger WIP-Level ergeben [Bonvik et al. 1997, Silver et al. 1998]. Dadurch sollen niedrige und stabile Durchlaufzeiten sichergestellt werden. Eine Ähnlichkeit zum Ansatz der BOA ist unverkennbar.

Generell sollen Fertigungssteuerungsverfahren das Produktionsgeschehen derart koordinieren, dass zur richtigen Zeit die richtigen Teile in den erforderlichen Mengen und zu wettbewerbsfähigen Kosten hergestellt werden können. Im Hinblick auf die Vorgehensweise zur diesbezüglich zielführenden Koordination des Materialflusses in einem mehrstufigen Produktionsprozess kann grundsätzlich zwischen einer Steuerung nach dem Push-Prinzip und einer Steuerung nach dem Pull-Prinzip unterschieden werden (Bild 11.7).

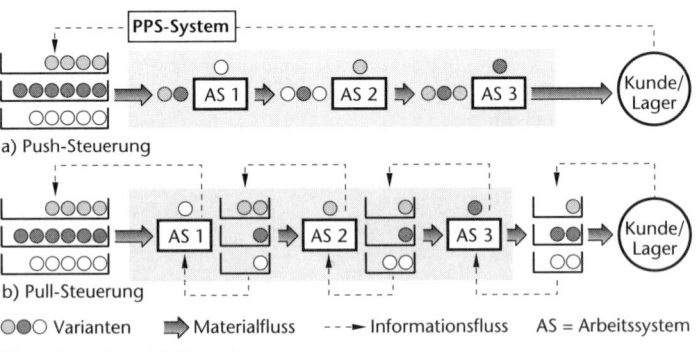

Bild 11.7: Push- und Pull-Prinzip

Im Rahmen einer Push-Steuerung wird der Ablauf der zukünftigen Produktion zentral und überwiegend auf der Basis von zukunftsbezogenen, kundenanonymen Absatzerwartungen geplant. Bei der Umsetzung der Produktionspläne gilt auf jeder Produktionsstufe eine Bringpflicht, d. h., nach Beendigung der verschiedenen Fertigungs- oder Montagevorgänge müssen die Zwischenerzeugnisse zu dem Arbeitssystem gebracht werden, das den technologisch nachfolgenden Arbeitsvorgang durchführt. Die Aufträge werden gleichsam durch die Fertigung geschoben.

Bei einer Pull-Steuerung der Produktion wird die Freigabe von Aufträgen für die verschiedenen Einzelteile, Baugruppen und Erzeugnisse nicht zentral und zukunftsbezogen geplant. Stattdessen werden die Fertigungs- und Montagevorgänge auf den unterschiedlichen Stufen des Wertschöpfungsprozesses dezentral durch die jeweils nachfolgende Produktionsstufe autorisiert, wenn durch eine entsprechende Kundennachfrage nach einem Erzeugnis ein konkreter Bedarf an Einzelteilen oder Baugruppen entsteht. Um diesen Bedarf unverzüglich decken zu können, werden geringe Mengen der Einzelteile und Baugruppen in Pufferlagern in unmittelbarer Nähe der verbrauchenden Produktionseinheiten bereitgestellt. Für jede Produktionseinheit besteht eine Holpflicht im Hinblick auf die benötigten Zwischenerzeugnisse. Die Entnahme von Einzelteilen oder Baugruppen aus den jeweiligen Pufferlagern autorisiert dann die vorangegangenen Produktionsstufen zur Nachproduktion der verbrauchten Einheiten. Das CONWIP-Verfahren baut auf den konzeptionell diametralen Steuerungsprinzipien Push und Pull auf, indem es Merkmale beider Methoden miteinander kombiniert.

Zur Steuerung der Produktion übernimmt das CONWIP-Verfahren das Grundprinzip der autonomen, sich selbst steuernden Regelkreise aus dem Kanban-Verfahren. Derartige Regelkreise werden aber nicht wie bei der Kanban-Steuerung zwischen den zahlreichen Arbeitssystemen einer Produktion eingerichtet, so dass ein komplexes Netzwerk aus Regelkreisen über den gesamten Produktionsprozess entsteht. Vielmehr wird ein einziger Regelkreis etabliert, der sämtliche Produktionsstufen umschließt, die mit dem CONWIP-Verfahren gesteuert werden sollen (Bild 11.8). Demzufolge kann ein Produktionsprozess, der mit dem CONWIP-Verfahren koordiniert wird, vergleichsweise als einzelner, großer Kanban-Regelkreis angesehen werden [Bonvik et al. 1997].

Wie bei der Pull-Steuerung im Kanban-Verfahren wird die Produktion beim CONWIP-Verfahren durch die Nachfrage nach Erzeugnissen seitens der Kunden gesteuert. Die Mitarbeiter im Ausgangslager registrieren die Entnahme eines Erzeugnisses. Die dabei frei gewordene CONWIP-Karte autorisiert die Nachproduktion einer neuen Erzeugniseinheit. Die konstante Anzahl an CONWIP-Karten im Regelkreis gewährleistet einen gleichmäßigen WIP-Level. Anders als bei der Kanban-Steuerung wird

a) Kanban-
Steuerung

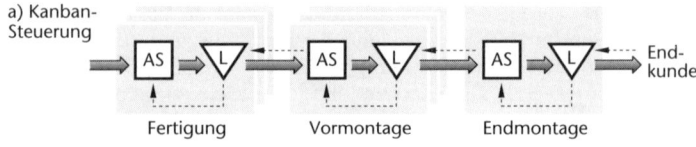

Fertigung   Vormontage   Endmontage

b) CONWIP-Steuerung (Constant Work in Process)

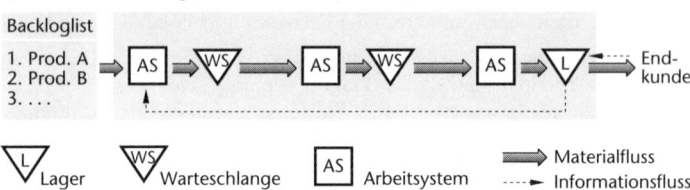

Bild 11.8: Funktionsweise der Kanban- und CONWIP-Steuerung

die Freigabeinformation im Rahmen des CONWIP-Regelkreises unmittelbar an die erste Produktionsstufe übermittelt.

Ferner muss die erste Produktionsstufe nicht zwingend mit der Herstellung genau des zuvor von einem Kunden nachgefragten Erzeugnisses beginnen. Statt dessen kann auch die Herstellung eines Erzeugnisses einer anderen Art initiiert werden. Die Produktion kann beispielsweise an einem groben, zeitlich und mengenmäßig fixierten Produktionsplan der sog. backlog list (Rückstandsliste) ausgerichtet werden. Sie stellt ein erzeugnisbezogenes Produktionsprogramm dar, das zuvor mit Hilfe eines Planungsmoduls aus einem MRP-II- oder ERP-System aufgestellt wurde. Die Reihenfolge, in der die Aufträge für neue Erzeugnisse freigegeben werden, wird anhand dieser backlog list festgelegt (Bild 11.8). Durch diese Möglichkeit, die Produktion an der zukunftsbezogenen backlog list auszurichten, weist die CONWIP-Steuerung ein Merkmal eines Push-Systems auf.

Wenn der Herstellungsprozess für ein Erzeugnis auf der ersten Produktionsstufe autorisiert wurde, erfolgt die Fertigung bzw. Montage des betreffenden Erzeugnisses im CONWIP-Regelkreis unverzüglich und vollständig. Sobald eine Produktionsstufe die von ihr zu verrichtenden Arbeitsvorgänge abgeschlossen hat, werden die unfertigen Erzeugnisse wie in einem Push-System zum nachfolgenden Arbeitssystem transportiert. Hier wird die Fertigung unmittelbar durch das Vorliegen der unfertigen Erzeugnisse autorisiert. Dadurch verlaufen der Informations- und Materialfluss nach der Freigabe parallel zueinander (Bild 11.8). Erst wenn die letzte Produktionsstufe den Herstellungsprozess für eine Erzeugniseinheit beendet hat, wird die Fertigstellung an die zentrale Instanz (z. B. die Werkstattleitung) zurückgemeldet.

Ist die Produktion eines Erzeugnisses freigegeben, durchläuft es den Herstellungsprozess von der ersten bis zur letzten Produktionsstufe. Aus diesem Grund erfordert das CONWIP-Verfahren keine variantenspezifischen Puffer zwischen den Produktionsstufen, aus denen beispielsweise beim Kanban-Verfahren der Bedarf an Zwischenerzeugnissen bedarfsorientiert gedeckt werden kann. Dementsprechend sind in einem CONWIP-Regelkreis im Ruhezustand keine Umlaufbestände in der Produktion vorhanden. Lediglich das Ausgangslager für Enderzeugnisse weist einen definierten Bestand auf, der zur sofortigen Deckung der Kundennachfrage vorgehalten wird.

11.4.3   Das CONWIP-Verfahren

Das grundlegende Prinzip zur Steuerung der Informations- und Materialflüsse im nachfrageorientierten CONWIP-Verfahren ist ein Regelkreis, der die Produktionseinheiten umfasst, die am Wertschöpfungsprozess beteiligt sind. Innerhalb dieses Regelkreises wird der Informationsfluss organisiert, der seinerseits den Materialfluss zwischen den Produktionsstufen steuert.

Zur Aufrechterhaltung des Informationsflusses werden bei der CONWIP-Steuerung – ähnlich wie beim Kanban-Verfahren – einfache Papp-, Papier-, Kunststoff- oder Metallschilder als Medien eingesetzt. Diese CONWIP-Karten zirkulieren im CONWIP-Regelkreis [Hopp, Spearman 1996, Breithaupt et al. 2000, Framinan et al. 2000]. Dabei sind die Karten bei der CONWIP-Steuerung, abweichend von den Karten beim Kanban-Verfahren, nicht an eine bestimmte Teilenummer gebunden [Spearman et al. 1990].

Die Verknüpfung des Informations- und Materialflusses vollzieht sich in einem CONWIP-Regelkreis derart, dass vor Beginn der Herstellung eines Erzeugnisses ein Behälter mit einer vom Ende des Produktionsprozesses zurücklaufende CONWIP-Karte versehen wird (Bild 11.9).

Letztere dient als Freigabeinformation für die Herstellung eines neuen Erzeugnisses. Folglich wird ohne eine entsprechende CONWIP-Karte kein neuer Auftrag freigegeben. Nachdem für einen freigegebenen Auftrag der erste Produktionsvorgang abgeschlossen wurde, wird das Erzeugnis mit seinem Behälter dem Push-Prinzip folgend zum nachfolgenden Arbeitssystem transportiert. Diese Vorgehensweise setzt sich über den gesamte Produktionsprozess fort. Nach Beendigung des letzten Fertigungs- oder Montagevorgangs wird das fertige Erzeugnis mit seinem Behälter in das Ausgangslager gebracht. Werden aus diesem Lager Erzeugnisse für Kunden entnommen, müssen die CONWIP-Karten von den Behältern entfernt und in eine Sammelbox an den Anfang des Regelkreises zurück-

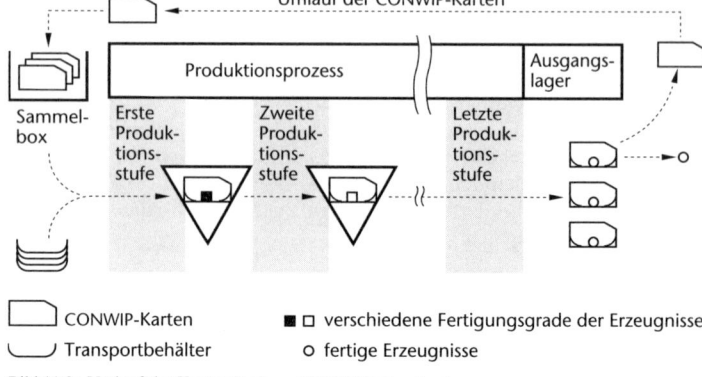

CONWIP-Karten   ■ □ verschiedene Fertigungsgrade der Erzeugnisse
Transportbehälter   o fertige Erzeugnisse

Bild 11.9: Umlauf der Karten in einem CONWIP-Regelkreis

geschickt werden. Wenn dort bereits Aufträge auf ihre Freigabe warten, stehen die CONWIP-Karten dadurch wieder zur Verfügung, um den Herstellungsprozess für weitere Erzeugnisse zu initiieren. Durch diese Vorgehensweise kann eine einzelne CONWIP-Karte jedes Mal, wenn sie am Anfang des Regelkreises aus der Sammelbox entnommen wird, die Herstellung von Erzeugnissen unterschiedlicher Art auslösen [Spearman et al. 1990, Hopp, Spearman 1991].

Jeder Behälter im CONWIP-Regelkreis beinhaltet ein oder – bei einer losweisen Produktion – mehrere Erzeugnisse. In jedem Fall muss aber gewährleistet sein, dass jeder Behälter und damit jede an einem Behälter befestigte CONWIP-Karte einen etwa gleich großen WIP-Betrag repräsentiert. Die Herstellung neuer Erzeugnisse darf selbst bei freier Kapazität auf der ersten Produktionsstufe nur dann freigegeben werden, wenn am Anfang des Produktionsprozesses eine CONWIP-Karte zur Verfügung steht. Auf Grund dieser Regel limitiert die Anzahl der CONWIP-Karten den WIP-Level im Produktionsprozess. Gleichzeitig wird durch diese Vorgehensweise die der CONWIP-Steuerung zu Grunde liegende Nachfrageorientierung deutlich. Für den Fall, dass eine entsprechende Kundennachfrage ausbleibt, werden aus dem Ausgangslager keine Erzeugnisse mehr entnommen. Folglich wird die Sammelbox am Anfang des Produktionsprozesses nicht mehr mit CONWIP-Karten aufgefüllt.

Bei der CONWIP-Steuerung wird das herzustellende Erzeugnis erst dann spezifiziert, wenn eine CONWIP-Karte am Anfang des CONWIP-Regelkreises zur Freigabe eines Auftrags eingesetzt wird. Dies geschieht, indem die Bezeichnung oder Nummer des jeweils herzustellenden Erzeugnisses (z. B. die Artikelnummer aus dem Produktprogramm) aus der

backlog list entnommen wird. Liegt eine freie CONWIP-Karte vor, so
wird die Bezeichnung oder Nummer des Erzeugnisses, das in der backlog
list an erster Stelle steht und für welches das benötigte Rohmaterial sowie
die eventuell erforderlichen Fremdbezugsteile vorhanden sind [Hopp,
Spearman 1996], vermerkt.

Für die Aktualisierung und Pflege der backlog list ist das Produktions-
personal vor Ort verantwortlich. Die Reihenfolge der Aufträge für die
herzustellenden Erzeugnisse in der backlog list wird bei einer kundenbezogenen Auftragsfertigung durch die Dringlichkeit und bei einer kundenanonymen Lagerfertigung auf der Basis eines mittelfristigen Produktionsprogramms bestimmt. Der fundamentale Unterschied zwischen
dem Produktionsprogramm und der backlog list besteht darin, dass das
Produktionsprogramm ein zeitliches Gerüst für die Freigabe diverser
Aufträge beinhaltet, während die backlog list lediglich eine Freigabe-
reihenfolge ohne spezifische Zeitangaben darstellt. Darüber hinaus können
Aufträge für Erzeugnisse, für die ein definierter Bestand im Ausgangslager unterschritten wurde, oder konkrete, neu eingegangene Kundenaufträge unmittelbar in der backlog list ergänzt werden. Schließlich ist
auch eine Variation der Reihenfolge der Aufträge in der backlog list möglich. Beispielsweise kann die Nachproduktion einzelner Erzeugnisse vor-
gezogen werden, indem entsprechende Aufträge in der Liste eine Priori-
sierung erfahren.

Ist der Auftrag für ein Erzeugnis durch eine CONWIP-Karte freigegeben
und kommt es auf einer Produktionsstufe zur Bildung einer Warteschlange, gilt für die Koordination des Materialflusses innerhalb des
CONWIP-Regelkreises ein First-in-first-served-Prinzip. Das heißt, dass
die Warteschlange vor einer Produktionseinheit grundsätzlich in der
Reihenfolge abgearbeitet wird, in der die entsprechenden Aufträge auf
der ersten Produktionsstufe im CONWIP-Regelkreis freigegeben wurden.
Dabei wird die Bedeutung des auf den CONWIP-Karten vermerkten
Zeitpunkts des Auftragsstarts als Ordnungskriterium deutlich.

Wenn in einer Produktion von vornherein ein Engpass bekannt ist, besteht noch eine weitere Möglichkeit, das CONWIP-Verfahren auszulegen. In dieser Situation kann der CONWIP-Regelkreis so konfiguriert
werden, dass am Anfang der Produktion immer dann ein Auftrag für ein
neues Erzeugnis freigegeben wird, wenn zuvor die Bearbeitung eines anderen Erzeugnisses am Engpass-Arbeitssystem abgeschlossen wurde.
Durch die Verknüpfung der Auftragsfreigabe mit dem Bearbeitungsende
am Engpass wird eine Steuerungsstrategie erreicht, die von Hopp und
Spearman als pull-from-bottleneck bezeichnet wird [Hopp, Spearman
1996]. Diese spezielle Variante der CONWIP-Steuerung ähnelt dem
Drum-Buffer-Rope-Scheduling, das bereits in den achtziger Jahren als
OPT-(Optimized Production Technology-)Ansatz vorgeschlagen wurde.

Trotz der Potenziale der CONWIP-Steuerung für die variantenreiche Serienproduktion eignet sie sich nicht für die Werkstattfertigung. Insbesondere geht die CONWIP-Steuerung von einer starren Verknüpfung der Arbeitsplätze aus, wie sie beispielsweise in der Automobilindustrie gegeben ist. Eine flexible Verknüpfung der Arbeitsplätze, wie sie für die Werkstattfertigung typisch ist, stellt die CONWIP-Steuerung dagegen vor kaum lösbare Probleme.

Literatur

Bechte, W.: Steuerung der Durchlaufzeit durch belastungsorientierte Auftragsfreigabe bei Werkstattfertigung. Dissertation Universität Hannover. In: Fortschritt-Berichte VDI, Reihe 2, Nr. 70. Düsseldorf: VDI-Verlag, 1984

Bonvik, A. M.; Couch, C. E.; Gershwin, S. B.: A comparison of production-line control mechanisms. In: International Journal of Production Research, vol. 35 (1997), no. 3, pp. 789–804

Breithaupt, J.-W.; Lödding, H.; Schneider, M.; Wiendahl, H.-P.: Fit für den Wettbewerb – Gestaltung eines innovativen Logistikkonzepts für Flugzeugbauteile. Fit for competition – Design and determination of an innovative logistics-concept for aircraft components. wt Werktstattstechnik 90 (2000), H. 6, S. 239–242

Framinan, J. M.; Ruiz-Usano, R.; Leisten, R.: Input control and dispatching rules in a dynamic CONWIP flow-shop. In: International Journal of Production Research, vol. 38 (2000), no. 18, pp. 4589–4598

Graves, R. J.; Milne, R. J.: A new method for order release. In: Production, Planning & Control, vol. 8 (1997), no. 4, pp. 332–342

Gstettner, S.; Kuhn, H.: Analysis of production control system kanban and CONWIP. In: International Journal of Production Research, vol. 34 (1996), no. 11, pp. 3253–3273

Hopp, W. J.; Spearman, M. L.: Throughput of a constant work in process manufacturing line subject to failures. In: International Journal of Production Research, vol. 29 (1991), no. 3, pp. 635–655

Hopp, W. J.; Spearman, M. L.: Factory Physics. Chicago: Irwin. 1996

Huang, M.; Wang, D.; Ip, W. H.: A simulation and comparative study of the CONWIP, Kanban and MRP production control systems in a cold rolling plant. In: Production, Planning & Control, vol. 9 (1998), no. 8, pp. 803–812

Jendralski, J.: Kapazitätsterminierung zur Bestandsregelung in der Werkstattfertigung. Dissertation TU Hannover, 1978

Lödding, H.: Dezentrale Bestandsorientierte Fertigungsregelung. Dissertation Universität Hannover. In: Fortschritt-Berichte VDI, Reihe 2, Nr. 587. Düsseldorf: VDI-Verlag. 2001

Nyhuis, P; Wiendahl, H.-P.: Logistische Kennlinien. 2. Aufl. Berlin, Heidelberg: Springer 2002

Silver, E. A.; Pyke, D. F.; Peterson, R.: Inventory Management and Production Planning and Scheduling, 3rd ed. New York: Wiley 1998

Spearman, M. L.; Woodruff, D. L.; Hopp, W. J.: CONWIP: a pull alternative to kanban. In: International Journal of Production Research, vol. 28 (1990), no. 5, pp. 879–894

Wiendahl, H.-P.: Belastungsorientierte Fertigungssteuerung. München, Wien: Hanser 1987

Wiendahl, H.-P.: Betriebsorganisation für Ingenieure. 5. Aufl. München, Wien: Hanser 2005

Wiendahl, H.-P.: Fertigungsregelung. Logistische Beherrschung von Fertigungsabläufen auf Basis des Trichtermodells. München, Wien: Hanser 1997

Zäpfel, G.; Hödlmoser, P.: Läßt sich das KANBAN-Konzept bei einer Variantenfertigung wirtschaftlich einsetzen? In: Zeitschrift für Betriebswirtschaft, 62. Jg. (1992), H. 4, S. 437–458

12 Arbeitsmodelle und Logistik

Prof. Dr.-Ing. Hermann Kühnle
Dipl.-Ing. Jörg Martinetz

Neue Formen der Arbeit wie virtuelle Organisationen, Extended Enterprises und Kooperationen auf der Unternehmensebene und (Schein-) Selbständigkeit, Telearbeit, flexible Arbeitszeiten oder Homeworking auf der Individualebene stehen beispielhaft für Ansätze, die im Zusammenhang mit der Flexibilisierung der Arbeitswelt Anwendung finden. Übergreifende Wesensmerkmale sind die Fokussierung auf die Kerngeschäftsprozesse und der Einsatz der Informations- und Kommunikationstechnik (IuK-Technik). Gestaltungsgegenstand sind sowohl die unternehmensinternen Prozesse als auch die gesamte Lieferkette und produktnahe Dienstleistungen.

Im folgenden Beitrag werden ausgewählte Arbeitsmodelle beschrieben, welche die Gestaltung dynamischer Arbeitsstrukturen ermöglichen. Ein besonderes Augenmerk wird dabei auf die Erfüllung logischer Zielgrößen gelegt. Der Begriff Logistik steht dabei für die integrierte Planung, Gestaltung, Abwicklung und Kontrolle des gesamtem Material- und Informationsflusses vom Lieferanten in das Unternehmen, innerhalb des Unternehmens und vom Unternehmen zum Kunden.

12.1 Trends in der industriellen Arbeitswelt und Herausforderungen für die Logistik

Die Zunahme der Turbulenzentscheidungen im Unternehmensumfeld ist nicht zu übersehen. Ganze Branchen sehen sich einem beständigen, immer schneller verlaufenden Veränderungsprozess gegenüber, der nach spezifischen Lösungen verlangt. Der Wandel in der heutigen Arbeitswelt wird im Folgenden mit dem Begriff der Dynamik umschrieben.

Gravierende Veränderungen lassen sich in den vergangenen Jahren nicht nur im industriellen, sondern auch im Dienstleistungsbereich verzeichnen. Dominierte bis in die jüngste Vergangenheit die einseitige industrielle Entwicklung, so sind jetzt verstärkt Bestrebungen zu erkennen, die auf die Parallelität von Industrie- und Dienstleistungsentwicklung abzielen. Als Stichwort seien produktnahe Dienstleistungen genannt.

Von herausragender Bedeutung für ein Unternehmen sind sicherlich die Globalisierung und die zunehmende Kundenorientierung. Hierbei kommen insbesondere logistische Gesichtspunkte zum Tragen. Der Abbau nationaler Barrieren, die Verringerung von Transportzeiten und -kosten und nicht zuletzt die Informations- und Kommunikationstechnik ermöglichen die weltweite Vernetzung der Produktion und Fertigungsstätten und somit die räumliche Unabhängigkeit der Produktionsprozesse. Dies führt zu einem verstärkten Wettbewerb zwischen Standorten auf regionaler, nationaler und internationaler Ebene mit dem Effekt, dass Arbeitsprozesse rationeller gestaltet werden müssen, um weltweit konkurrenzfähig zu sein.

Oberstes Ziel jeder logistischen Aktivität ist daher die Optimierung der Logistikleistung mit ihren Komponenten Logistikkosten und -service. Logistikkosten können grob in folgende Blöcke unterteilt werden:

- Steuerungs- und Systemkosten,
- Bestandskosten,
- Lager-, Handlings- und Transportkosten.

Der Logistikservice wird durch den Kunden in Form der folgenden Elemente wahrgenommen:

- Variantenvielfalt,
- Lieferflexibilität (Varianten, Mengen, Zeiten),
- Lieferzeit,
- Liefersicherheit und Liefertreue,
- Lieferbeschaffenheit.

Bei der Umsetzung dieser Zielstellungen kommt es fast zwangsweise zu den in Bild 12.1. dargestellten Zielkonflikten.

Die Erfüllung der formulierten Ziele verlangt nach zielorientiert strukturierten, unternehmensübergreifenden Prozessen. Konkrete Maßnahmen

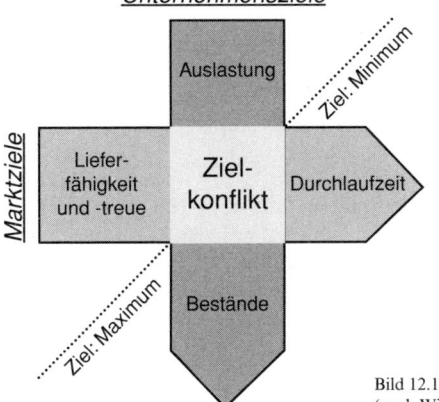

Bild 12.1: Marktziele vs. Unternehmensziele
(nach Wiendahl)

zur Umsetzung dieser Zielstellungen sind vielgestaltig und vielschichtig und sind jeweils fallspezifisch zu definieren.

12.2 Arbeitsmodelle zur dynamischen Organisationsgestaltung

Unter den Bedingungen eines turbulenten Unternehmensumfelds, welches sich unter anderem durch eine geringe Vorhersagbarkeit von Ereignissen, sprunghafte und kurzzyklische Veränderungen in den Zuliefer- und Absatzmärkten, den Zwang zur höheren Innovationsfähigkeit und den generellen Trend zur höheren Kundenorientierung auszeichnet, hat sich ein neues Paradigma herausgebildet – das der Wandlungsfähigkeit.

Wandlungsfähigkeit ist die Fähigkeit eines Systems zur aktiven, schnellen Anpassung der Strukturen auf zeitlich nicht vorhersehbare wechselnde Aufgaben aus eigener Substanz (= Anpassungsfähigkeit) in der Verbindung mit der Fähigkeit zur evolutionären Entwicklung der Strukturen bei zeitlich konstanten oder längerfristig vorhersehbar wechselnden Anforderungen aus eigener Substanz (= Entwicklungsfähigkeit).

Mit dem Begriff der Wandlungsfähigkeit werden die permanente Fähigkeit zur strukturellen und technologischen Veränderung und das kundenorientierte Zusammenspiel von Mensch, Organisation und Technik assoziiert. Ein wandlungsfähiges Unternehmen zeichnet sich durch die Umsetzung der in Bild 12.2 skizzierten Prinzipien aus. Im Weiteren sollen diese Gestaltungsprinzipien näher beleuchtet werden.

Ein Organisationskonzept, das die Wandlungsfähigkeit verinnerlicht hat, ist das Konzept der Fraktalen Fabrik.

Ein Fraktal ist eine selbstständig agierende Organisationseinheit, deren Ziele und Leistungen eindeutig beschreibbar sind.

- Fraktale sind selbstähnlich, jedes leistet Dienste.

- Fraktale betreiben Selbstorganisation.

- Das Zielsystem, das sich aus den Zielen der Fraktale ergibt, ist widerspruchsfrei und muss der Erreichung der Unternehmensziele dienen.

- Fraktale sind über ein leistungsfähiges Informations- und Kommunikationssystem vernetzt. Sie bestimmen selbst Art und Umfang ihres Zugriffs auf die Daten.

- Die Leistung des Fraktals wird ständig gemessen und bewertet.

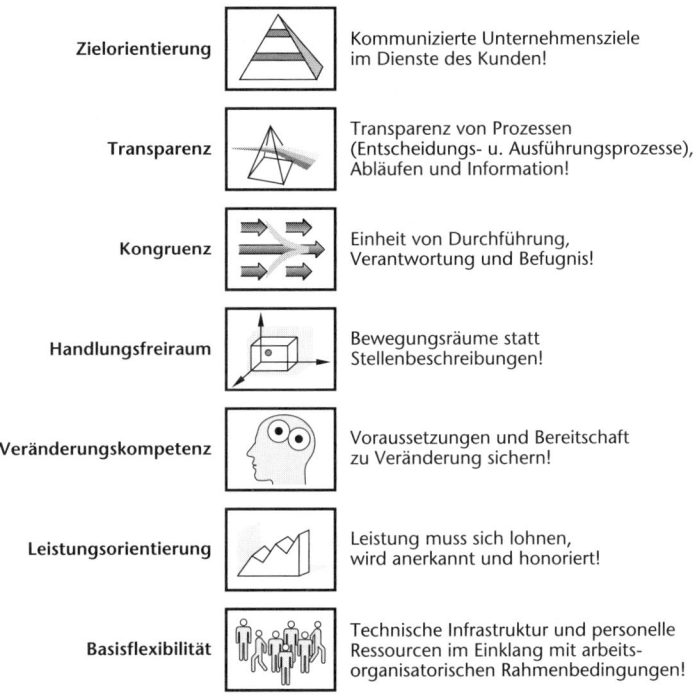

Bild 12.2: Gestaltungsprinzipien des wandlungsfähigen Unternehmens

12.2.1 Zielorientierung

Die Zielorientierung als Einheit von Unternehmensphilosophie, -strategie und -zielsystem ist das verbindende Element zwischen Organisationseinheiten.

> Organisationseinheiten sind Verantwortungsbereiche mit Zielen, Ressourcen und Rahmenbedingungen, die weitestgehend selbstständig ein definiertes Aufgabenspektrum vertreten. Sie bilden die kleinste Einheit eines Netzwerks.

Durch die Zielorientierung werden alle Organisationseinheiten an den Unternehmenszielen ausgerichtet und somit sämtliche Potenziale zum Vorteil des Gesamtunternehmens gebündelt. Kernelement der Zielorientierung ist ein durchgängiges Unternehmenszielsystem. Zentrale Elemente im Hinblick auf die Kooperationsfähigkeit (teil-)autonomer Organisationseinheiten sind die Zielvereinbarung und der Zielabgleich.

Das Instrument der Zielvereinbarung beruht darauf, dass weitgehend gleichberechtigte Partner sich über Ziele verständigen, deren Erfüllung zu einem späteren Zeitpunkt auch abgeglichen wird. Die Resultate münden dann in einem erneuten Zielvereinbarungsprozess.

Die Zielvereinbarung ist ein Instrument der Globalsteuerung. Sie orientiert die Steuerung auf übergeordnete Aspekte und fördert die Eigenständigkeit einer Organisationseinheit. Im Hinblick auf die Ergebnisse soll effizienter, insbesondere mit weniger Aufwand gesteuert werden, und nicht durch detaillierte Regelungen und Vorgaben. Hierbei sind generell Einhaltungs- und Optimierungsvereinbarungen zu unterscheiden. Zur Führung mittels Zielen sind folgende Schritte durchzuführen:

- Beschreibung der Ist-Situation,

- Analyse der Zielinterdependenzen,

- Identifizierung von Gestaltungsoptionen,

- Maßnahmenplanung und -durchführung.

Diese Schritte sind ggf. mehrfach zu wiederholen. Die Dynamik von Zielen kommt insbesondere in Netzwerken zum Tragen, wenn unterschiedliche Zielsysteme autonomer Partner miteinander harmonieren

Bild 12.3: Konsistentes Zielsystem über mehrere Hierarchieebenen hinweg

sollen. Zur Gewährleistung der Zielkonsistenz ist dann das Konflikt-
potenzial zwischen Zielprioritäten und -werten einer Organisationseinheit als auch zwischen Organisations- und Netzwerkeinheiten zu lösen.

Unter der Annahme, dass jeder Netzwerkpartner im Rahmen seiner
Autonomie die fraktalen Prinzipien Selbstorganisation und Selbstopti-
mierung umsetzt, wird nicht restriktiv vorgegeben, wie die Einhaltung
der Zielvereinbarungen zu erfolgen hat. Hier greifen insbesondere die im
Weiteren beschriebenen Prinzipien Basisflexibilität (Abschn. 12.2.5) und
Handlungsfreiraum (Abschn. 12.2.6).

12.2.2 Transparenz

Die erfolgreiche Gestaltung, der Betrieb und die Weiterentwicklung
wandlungsfähiger Strukturen ist nicht allein Chefsache, sondern erfordert
die Integration und Kooperation aller Mitarbeiter. Voraussetzung dafür
ist eine durchgängige Transparenz über Ziele, Prozesse und Abläufe, Verantwortlichkeiten und Kompetenzen, aber auch über den Markt und das
Kundenverhalten, um so das Problembewusstsein auf der Mitarbeiter-
ebene zu schärfen. Von zentraler Bedeutung ist somit die Bereitstellung
von Informationen. Transparenz über Prozesse, d. h. In- und Output-
Größen, Aktivitäten, Ressourcen, Ziele, kann z. B. durch Geschäfts-
prozessanalysen erzeugt werden. Informations- und Kommunikationssysteme als unverzichtbarer Bestandteil eines jeden logistischen Systems
sind an die spezifischen Bedürfnisse der Nutzer anzupassen.

Bild 12.4: Mitarbeiterinformation auf der Shop-Floor-Ebene

Jedes Logistiksystem benötigt Informations- und Kommunikationsstrukturen, die nicht mehr nur das einzelne Unternehmen, sondern ein Netzwerk von Unternehmen koordiniert werden müssen. Bei Logistikprozessen steht die Gestaltung, Planung, Steuerung und Abwicklung sämtlicher Material-, Waren- und Informationsflüsse im Vordergrund. Die beschriebenen Anforderungen an die Logistikleistung erfordern eine medienbruchfreie Auftragsabwicklung von der Anfrage bzw. Auftragserteilung, über die Umsetzung bis hin zur Zahlungsabwicklung.

12.2.3   Leistungsorientierung

Die Aufgabe einer Organisationseinheit ist die Erbringung der vom Markt nachgefragten Leistung unter vorrangig Kosten-, Zeit und Qualitätsgesichtpunkten.

Ein Mittel zur Umsetzung der Leistungsorientierung ist der Navigationsansatz, der auf die Einheit von Steuerung und Ausführung auf der operativen Ebene abzielt. Zur Philosophie der Navigation gehört die Übertragung von Management- und Controllingfunktionen auf die Mitarbeiter.

Navigation bedeutet das ständige Abprüfen der Position einer Organisationseinheit in Bezug auf den definierten Zielraum und ggf. das Einleiten korrigierender Maßnahmen.

Merkmale des Navigationsbegriffes sind:

- Zielorientierung,

- Ergebnisrückführung,

- Dezentralität,

- Prozessorientierung,

- Mitarbeiterorientierung und -beteiligung.

Durch die Affinität zur Nautik, im Sinne der Bestimmung der eigenen Position und dem ständigen Überprüfen des eingeschlagenen Weges, findet der Navigationsbegriff im Zusammenhang mit dem Konzept der Fraktalen Fabrik Verwendung. Zur Philosophie der Navigation gehört die Übertragung von Management- und Controllingfunktionen auf die Mitarbeiter – Leistung muss sich lohnen.

Zum einen werden wandlungsfähige Strukturen natürlich direkt an ihren Markterfolgen gemessen. Zum anderen sollen auch die Mitarbeiter von der Leistungssteigerung partizipieren.

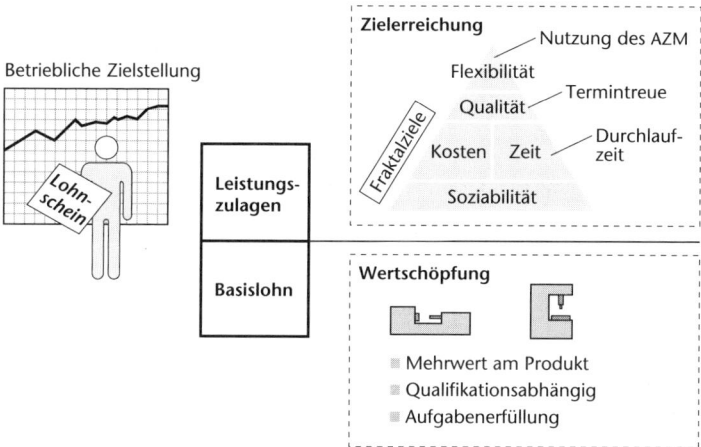

Bild 12.5: Ziel- und leistungsorientiertes Entlohnungsmodell

Um Leistungsorientierung im Unternehmen zu implementieren, sind Motivations- und Anreizsysteme, wie z. B. flexible Entlohnungssysteme oder Ergebnis- oder Gewinnbeteiligung, notwendig. Leistungszulagen sind eng an die Zielerreichung im Sinne des Zielsystems zu koppeln.

12.2.4 Kongruenz

Kongruenz ist die Zusammenführung von Aufgabe, Verantwortung, und Kompetenz.

Ziel dieser Zusammenführung ist es, (teil-)autonome Unternehmenseinheiten zu schaffen, die selbstständig und eigenverantwortlich übertragene Aufgabenbereiche bearbeiten und die gestellten Ziele verwirklichen.

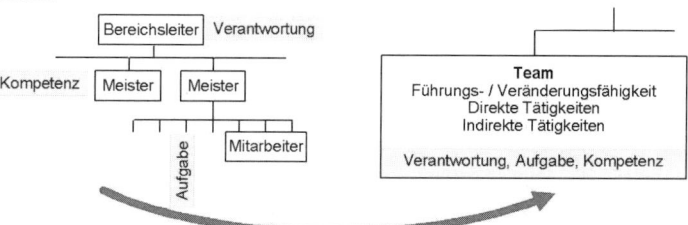

Bild 12.6: Umsetzung des Kongruenzprinzips zur Vermeidung von Schnittstellen und -verlusten

Die Umsetzung des Kongruenzprinzips ist elementarer Bestandteil des Prinzips der Prozessorientierung und führt konsequenterweise zur

■ Neudefinition von Verantwortungsbereichen und Stellen,

■ Entflechtung und Vereinfachung von Informations- und Material-flüssen,

■ Neuordnung und Optimierung der Arbeitsplätze.

Mit der Umsetzung des Kongruenzprinzips wird der Mitarbeiter be-fähigt, im Rahmen der ihm zugewiesenen Aufgaben, Verantwortungen und Kompetenzen zu navigieren. Dies erfolgt unter der Prämisse, dass der Mitarbeiter, wenn es um Flexibilität und Kreativität geht, künstlicher Intelligenz überlegen ist – er navigiert innerhalb eines vorgegebenen Be-wegungsraums. Der Mensch ist (noch) derjenige, der die Komplexität der im operativen Geschäft zu bewältigenden Aufgaben erfüllen kann. Doch müssen ihm hierzu geeignete Werkzeuge in die Hand gegeben werden. Dieser Bedarf wächst mit der Einbindung seines Produktionssystems in ein Netzwerk, da hier eine Abstimmung der individuellen mit den über-geordneten Interessen erfolgen muss.

Um neben qualitativen auch quantitative Aussagen über Aufwand, Ge-staltungsalternativen und Nutzen struktureller Änderungen tätigen zu können, bieten sich Methoden und Instrumente der rechnergestützten Geschäftsprozessanalyse an. Dies ist im unmittelbaren Zusammenhang mit der Transparenzerzeugung über die Systemstruktur zu sehen.

12.2.5   Basisflexibilität

Basisflexibilität dient der flexiblen, bedarfsorientierten Auftragsbearbei-tung mit dem Ziel der Einhaltung kalkulierter und vereinbarter Kosten- und Servicekennzahlen. Die Organisation muss dazu so flexibel sein, dass nicht nur das normale Tagesgeschäft und jährliche saisonale Auftrags-schwankungen zuverlässig bewältigt, sondern auch kurzfristige Auftrags-spitzen ohne Abstriche bei der Zielerfüllung verkraftet werden. Die Basis-flexibilität kann erhöht werden z. B. durch

■ die Einführung flexibler Arbeitszeitmodelle,

■ die Einführung von Arbeitszeitkonten,

■ Mitarbeiterqualifikation und Job Enlargement,

■ Gruppenarbeit in Verbindung mit Job Rotation,

■ temporäres In- und Outsourcing von Prozessschritten,

■ aber auch technologische Maßnahmen, z. B. flexible Betriebsmittel.

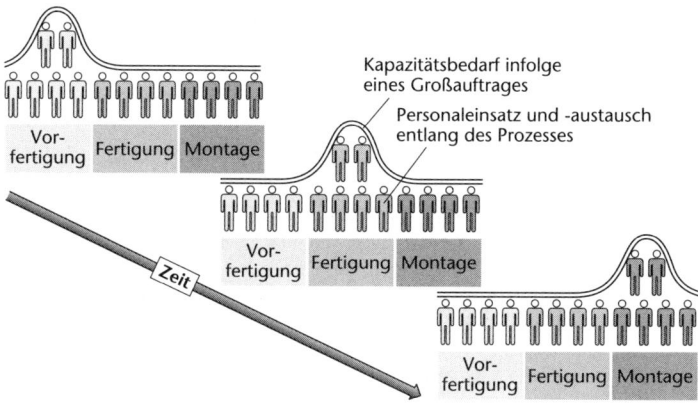

Bild 12.7: Bedarforientierter Personaleinsatz entlang der Prozesskette

12.2.6   Handlungsfreiraum

Werden Zielorientierung, Kongruenz und Basisflexibilität konsequent im Unternehmen umgesetzt, entsteht ein neues Aufgabenverständnis und eine andere Motivation für die Mitarbeiter in den Organisationseinheiten. Im Gegensatz zu traditionellen Stellenbeschreibungen, die mitarbeiterbezogene Funktionen und Tätigkeitsfelder strikt definieren, agieren dynamische Organisationseinheiten in einem Bewegungsraum. Handlungsfreiräume lassen sich realisieren, wenn

- **Ziele** klar vereinbart werden,

- **Ressourcen** (Mitarbeiter und Technik) zur Erfüllung dieser Ziele zur Verfügung stehen und bis zu einem gewissen Grade flexibel einsetzbar sind sowie

- **Randbedingungen** transparent und klar verfolgbar sind.

Wichtig bei der Definition von Handlungsfreiräumen ist die Eindeutigkeit. Es hilft nichts, klassische Stellen- und Abteilungsbeschreibungen einfach abzuschaffen, ohne einen Ersatz zu entwickeln. In diesem Fall würde das Problem auftreten, dass Orientierungslosigkeit und Chaos die eigentliche Aufgabenerfüllung behindern, Ziele von unterschiedlichen Bereichen oder Unternehmensbereichen auseinander divergieren und damit Leistungspotenziale verloren gehen.

Durch eine konsequente Nutzung des vorhandenen Handlungsfreiraums haben Organisationseinheiten und Mitarbeiter die Möglichkeit, flexibler und schneller auf unerwartete Anforderungen und Gegebenheiten zu reagieren bzw. Chancen zur Verbesserung der Aufgabenerfüllung zu nutzen. Darüber hinaus ist es dann möglich, auf Basis von Erfahrungen und Kompetenzen vorausschauend zu agieren.

12.2.7   Veränderungskompetenz

Mitarbeiter in wandlungsfähigen Organisationen brauchen die Fähigkeit, Veränderungen zu erkennen (Transparenz), die Befugnis sie zu beeinflussen und eigenständig voranzutreiben (Kongruenz). Das setzt unternehmerisches Denken und Handeln voraus. Dazu müssen die Mitarbeiter einschätzen können, was auf sie zukommt, eine Möglichkeit der Beeinflussung in Art und Richtung haben und es dürfen keine grundlegenden Widersprüche zwischen betrieblichen und individuellen Zielen auftreten. Um die Mitarbeiter als Träger und Akteure der Veränderungen zu gewinnen, müssen Veränderungsbereitschaft und Veränderungsfähigkeit herausgebildet werden. Menschen sind bereit sich zu verändern, wenn sie:

■   zukünftige Anforderungen vorhersehen und abschätzen können,

■   einen Überblick über betriebliche Strukturen und Prozesse haben,

■   die Art und die Richtung der Veränderung beeinflussen können und

■   einschätzen können, dass betriebliche Ziele mit persönlichen Zielen und Bedürfnissen in Einklang gebracht werden können.

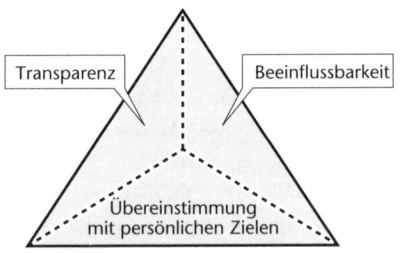

Bild 12.8:   Treiber für Veränderungsbereitschaft und Veränderungsfähigkeit

12.2.8   Information und Kommunikation (IuK)

Innovationen in der IuK-Technik und dadurch ermöglichte Entwicklungssprünge bei den Betriebsmitteln ermöglichen vielfach erst die Umsetzung neuer, effizienterer Arbeitsstrukturen. Folgende Tendenzen bei der Arbeitsplatzgestaltung lassen sich festhalten:

- Standardisierte Prozesse werden automatisiert.

- Die Betriebsmittel sind verstärkt darauf ausgerichtet, möglichst viele Arbeitsschritte ohne Eingriff durch den Mitarbeiter auszuführen. Die Betriebsmittel weisen eine hohe Flexibilität in Bezug auf die auszuführenden Arbeitsschritte und Prozesszuordnung auf.

- Mitarbeiter übernehmen die Aufgaben im Fertigungsprozess, wenn der Automatisierungseinsatz aus wirtschaftlichen oder Flexibilitäts-gründen nicht sinnvoll ist.

- Arbeiten, die nur geringe Anforderungen an die Qualifikation der Arbeitnehmer stellen, entfallen zunehmend.

- Qualifizierte Mitarbeiter übernehmen zunehmend überwachende, in Stand haltende und optimierende Aufgaben und greifen nur bei Prozessstörungen ein.

- Im Produktionsbereich steigt der Bedarf an Fachkräften, die neben der handwerklichen Qualifikation auch über betriebswirtschaftliche und organisatorische Kenntnisse verfügen.

Die IuK-Technologie verändert nicht nur die Arbeit selbst, sondern auch die unternehmensinternen und -externen Kommunikationsstrukturen. Ein betriebsinternes Handy-Netz ermöglicht die jederzeitige Erreichbarkeit der Mitarbeiter und das firmeneigene Intranet ergänzt oder ersetzt traditionelle mündliche und schriftliche Kommunikationsformen. Die papierlose Fabrik ist noch nicht der Alltag, jedoch werden interne Prozesse durch E-Business-Lösungen automatisiert oder Daten elektronisch entlang definierter Workflows zwischen den Abteilungen übermittelt.

Die Transparenz über verfügbare betriebliche Informationen und entsprechende Kommunikationsplattformen sind die Voraussetzung für den Schnittstellenabbau zwischen den Fachbereichen in einem Unternehmen. Dadurch werden z. B. neue Perspektiven für die Forschung und Entwicklung eröffnet.

Literatur

Costanzo, F.; Kanda, Y.; Kimura, T.; Kühnle, H.; Lisanti, B.; Singh Srai, J.; Thoben, K.-D.; Wilhelm, B.; Williams, P. M.: Enterprise organization and operation. In: Springer Handbook of Mechanical Engineering. Berlin: Springer 2009, S. 1267–1359
Eversheim, W.: Prozessorientierte Unternehmensorganisation. Berlin, Heidelberg, New York: Springer, 1995
Hartmann, M.: Merkmale zur Wandlungsfähigkeit von Produktionssystemen bei turbulenten Aufgaben. (Hrsg. Kühnle, H.). Stuttgart: Logis, 1995
Kirchlicher Dienst in der Arbeitswelt (kda): Arbeiten heute, morgen, übermorgen. Konsultationsprozess „Zukünfte der Arbeit". 2000

Kühnle, H.: Produktion 2010. In: Markt und Mittelstand 7/1999

Kühnle, H.; Braun, J.; Hüser, M.: Produzieren in turbulentem Umfeld. In: Warnecke, H.-J. (Hrsg.): Aufbruch zum Fraktalen Unternehmen. Berlin: Springer, 1995

Kühnle, H.: Self-similarity and criticality in dispersed manufacturing – a contribution to production networks control. In: Dispersed manufacturing networks. London: Springer 2009

Kühnle, H.; Spiewack, M.; Brehmer N.: DYNAPRO – Erfolgreich produzieren in turbulenten Märkten. In: Wirtschaftspolitische Blätter 48. JG. (2001), Nr. 1, S. 107–113

Kühnle, H.; Wagenhaus G.: Virtuelle Unternehmensverbünde – Kooperationsmanagement und exemplarische Beispiele. In: Industrie Management Nr. 3 (2000), S. 56–62

Martinetz, J.; Mertens, S.: Geschäftsprozessoptimierung durch Kommunikationsdiagnose. In: wt Werkstattstechnik 90 (2000), 1/2, S. 36–40

Mertens, S.; Martinetz, J.: Gestaltung der Informations- und Kommunikationsstruktur zur Optimierung betrieblicher Prozesse. In: Controlling 3 (1998), S. 174–181

Warnecke, H.-J. (Hrsg.): Aufbruch zum Fraktalen Unternehmen: Praxisbeispiele für neues Denken und Handeln. Berlin, Heidelberg, New York: Springer, 1995

Warnecke, H.-J.; Braun J. (Hrsg.): Vom Fraktal zum Produktionsnetzwerk: Unternehmenskooperationen erfolgreich gestalten. Berlin, Heidelberg: Springer, 1999

13 Auftragsdurchsteuerung

Prof. Dipl.-Wirtschaftsing. Christian Helfrich

13.1 Ziel

Was will der Logistiker, wenn er den Begriff „Auftragsdurchsteuerung" verwendet? Er will Lösungen, mindestens aber Anregungen zum Hauptproblem der Logistik: das lagerlose und termingenaue Steuern „seines" Auftrags, „seiner" Palette von A nach B.

Um nichts anderes geht es in der Logistik. A kann Pakistan oder Italien sein, B der Hamburger Hafen, ein Lagerplatz im Betrieb oder eine Wertschöpfung in einer Werkstatt in München. Deswegen wird das künftige Computersystem dem Anwender einige Steuerungsgrößen für Ort, Kosten, Termin und auch Kapazitäten anbieten. Zum Beispiel:

Ort:

■ Standort des Containers und Entfernung

■ Transportweg

Kosten:

■ Transportkosten (Schiff, Flugzeug, Bahn oder LKW)

■ Deckungsbeitrag des Auftrags

Termin:

■ Termintreue und Lieferqualität

■ Liefer- oder Durchlaufzeit

Kapazität:

■ Lager- oder Bestandsentwicklung

■ Auslastung, aber auch neue Größen, wie z.B.

■ Durchsatz

■ ...

Jeder weiß, dass Logistiker noch weit von solchen Bildschirminhalten entfernt sind. Insbesondere PPS-Systeme steuern nicht, sie nehmen viele Daten (Arbeitspläne, Stücklisten, Stammdaten) auf, „bilden sie ab" und sie verwalten.

Aber: Nur die Steuerung eines Auftrages durch der Wertschöpfungs-kette bringt Markterfolg und Ertragssteigerung. Die Ziele maximaler Ertrag durch maximale Wertschöpfung lassen sich am raschesten durch gute Auftragsdurchsteuerung erreichen. Daraus ergeben sich sozusagen als Nebeneffekt Einsparungen von Personalkosten, an Ge-meinkosten etc. – die üblichen Aktionen zum Erreichen von Ertrags-steigerung.

Es gilt: Die Summe der Deckungsbeiträge der gut durchgesteuerten Auf-träge ergibt den Betriebserfolg.

Die Vorgabe ist demnach zuerst Termintreue in kurzen Lieferzeiten und danach das Beherrschen der Losgröße „1" (Bild 13.1).

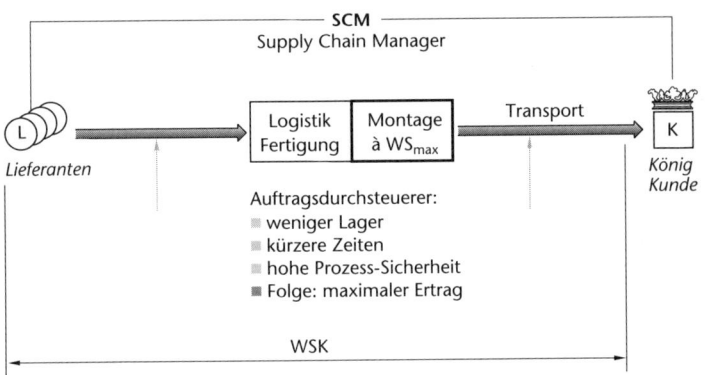

WS = Wertschöpfung

Bild 13.1: Maximaler Ertrag durch Steuerung der Wertschöpfungskette (WSK)

Dazu sind die steuernden Funktionen im Auftragsablauf gefordert. Diese sind schon wirksam am Point of Sale im Verkauf, in der Konstruk-tion, aber natürlich auch in der Arbeitsvorbereitung, in der Logistik und in den Gruppen in der Fertigung, die die Feinsteuerung übernehmen. In Bild 13.2 ist die Steuerung einer globalen Wertschöpfungskette gezeigt. Die Steuerung ist die derzeit anspruchsvollste Aufgabe des Prozess-managements.

Die Zielfindung ist nur scheinbar eine ausschließlich theoretische Übung. In Wirklichkeit scheitern aufwändige Projekte an der Frage der schlech-ten, sich widersprechenden, unmöglichen oder gar nicht vorhandenen Zielsetzung.

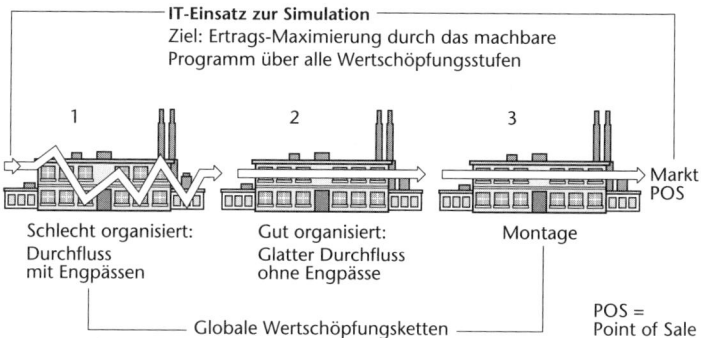

Bild 13.2: Globale Wertschöpfungsketten

Um die unterschiedlichen Ziele in ihrer Widersprüchlichkeit zu visualisieren, hat sich das Zielpolygon bewährt (Bild 13.3).

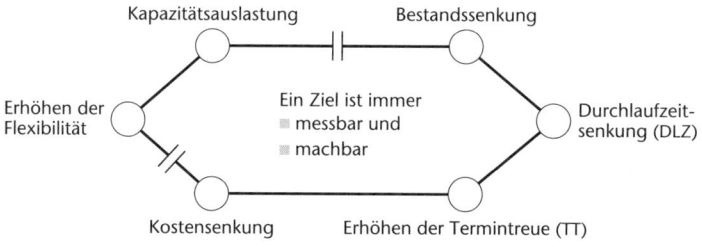

Bild 13.3: Zielpolygon

Man erkennt sofort, dass es die konkurrierenden Ziele sind, die Probleme verursachen. Das Ziel Kapazitätsauslastung (z. B. der Maschinen, der LKW-Flotte u. a.) widerspricht z. B. den Zielen Durchlaufzeitverringerung oder Bestandssenkung.

13.2 Messgrößen

Ein gut definiertes Ziel ist immer messbar und machbar. Zum Beispiel Durchlaufzeitverkürzung von 8 auf 2 Wochen in einem Jahr oder Bestandssenkung um 50 % in 18 Monaten. Formulierungen wie „Optimieren der Materialwirtschaft" gelten – weil nicht messbar – dabei nicht.

Kosten:

Die Kostensenkung zum Ziel zu machen ist bewährt und üblich. Doch die strategische Positionierung, Logistikleistung (kurze Lieferzeiten, lagerlos mit hoher Termintreue), ist der Konzentration auf Kostensenkung oft überlegen, weil Logistikkosten normalerweise kaum transparent werden

Lager und Bestände signalisieren nur organisatorische Schwächen in der Steuerung der Wertschöpfungskette. Volks- und betriebswirtschaftlich gesprochen wird durch Bestandsabbau das gebundene Kapital freigesetzt. Dafür entsteht mehr Aufwand in der Steuerung, im Management und in der Informations-Technologie (IT). Ein Bestandsabbau führt zu einer Verringerung des Finanzierungsbedarfes. Aber sie führt auch zu weniger Schulden (= Fremdkapitaleinsatz) und zu einer Bilanzverkürzung (Bild 13.4).

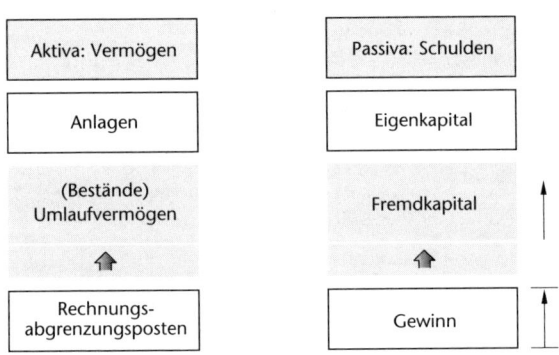

Bild 13.4: Bilanzverkürzung

Lagerumschlagszahl:

Die Lagerumschlagszahl ist definiert als Betriebsleistung dividiert durch den durchschnittlichen Lagerbestand.

Beispiel: Betriebsleistung = 360 Mio. Euro/J
Durchschnittlicher Bestand = 120 Mio. Euro
LUZ = 360 Mio. Euro/120 Mio. Euro · J = 3 (1/J)

Das Material liegt zu lange, d.h. $\dfrac{12\ [\text{Monate/J}]}{3\ [1/\text{J}]} = $ ca. 4 Monate in der „Pipeline". Das Ziel der Logistik muss sein:
LUZ ≈ 15 1/J; das heißt 12/15 Monate = 3/4 Monate Liegezeit oder Reichweite = nur noch ca. 3 Wochen

Kapitalumschlaghäufigkeit:

Die wenig beachtete Tatsache, dass die Kapitalumschlagshäufigkeit genauso die Rendite beeinflusst wie die Umsatz-Marge, zeigt sich in der Du-Pont'schen Kennzahlen-Pyramide (Bild 13.5). Für den Prozessmanager ist die Reduktion der Lagerbestände der Beitrag der „Innenpolitik", um ohne Änderungen der Festlegungen des Vertriebes an Preisen, Rabatten, Umsatz und Marktanteil u. a. die Rendite zu erhöhen.

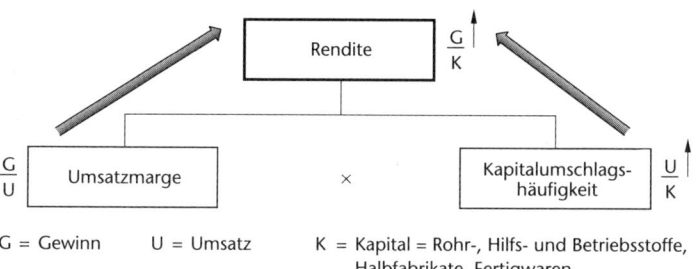

G = Gewinn   U = Umsatz   K = Kapital = Rohr-, Hilfs- und Betriebsstoffe,
                                              Halbfabrikate, Fertigwaren

Bild 13.5: Du-Pont'sche Kennzahlen-Pyramide

13.3 Kritik an konventionellen PPS-Systemen

Unsere Produktionsplanungs- und Steuerungs-(PPS-)Systeme planen wenig und steuern nichts. Sie müssten eigentlich Produktions-Verwaltungssysteme (PVS) heißen. Mit immensem Aufwand werden die Betriebsdaten im System geführt, die Steuerung durch die Meister wird dadurch nicht ersetzt, nur behindert.

Die PPS-Systeme erreichen mit großem Aufwand die viel gerühmte Transparenz. Von Steuerung kann nicht gesprochen werden. Eine Auftragsdurchsteuerung ist in vielen Fällen allein schon deswegen unmöglich, weil bei einer mehrstufigen Stückliste in der Nettobedarfsrechnung der Auftragsbezug verloren geht. Sie verliert schon in der zweiten Stufe durch das Bilden der sog. „optimalen" Losgröße den Bezug zum Kundenauftrag, zur „Seele des Geschäftes" also.

Die Übergangszeiten sind starr in der sog. „Übergangszeiten-Matrix" hinterlegt. Sie machen ca. 95 % der Durchlaufzeit in der Fertigung aus und entziehen sich jeglicher Auftragssteuerung.

Man kann deswegen sagen, dass die PPS-Systeme zwar im Namen die Steuerung führen, in Wirklichkeit jedoch jeglicher Auftragsdurchsteuerung im Weg stehen.

Das Konzept für unsere konventionellen PPS-Systeme stammt aus den
60er-Jahren des vorigen Jahrhunderts. Man darf sich nicht wundern,
dass die Zeit über sie hinweggegangen ist.

13.4 Stellgrößen der Auftragsdurchsteuerung

13.4.1 Auftragsablauf

Der Begriff „Steuerungsgröße" ist nicht allgemein gebräuchlich. Eine
Steuerung ist jede Maßnahme, die den Auftrag (= Prozess) beeinflusst.
Die Größe ist immer eine Zahl, absolut oder in Prozenten. Eine Steue-
rungsgröße ist also zum Beispiel das Verkürzen der Lieferzeit um 50 %.

Point of Sale und Verkaufsabwicklung:

Der Auftrag wird am Point of Sale richtig oder falsch aufgesetzt. Der
Verkäufer gibt den ersten Anstoß, er steuert damit gewissermaßen als
Erster den gesamten Auftragsdurchlauf. Die Steuerungsgrößen sind: Termin, Menge, Variante, Losgröße und natürlich der Deckungsbeitrag und
damit auch das finanzielle Ergebnis.

Verkaufsabwicklung:

Ist die Checklist zur Auftragsklärung wirklich zur Gänze ausgefüllt? Sind
alle technischen und kaufmännischen Fragen restlos geklärt? Auch die
Finanzierung und die Zahlungsart? Wer ist der künftige Projektleiter
(oder Prozessmanager)? Wie lange dauert die Bearbeitung des Auftrags
in der Verkaufsabwicklung und in den nachfolgenden Abteilungen oder
besser Funktionen?

Kann der Auftrag evtl. mit anderen Aufträgen zusammengefasst werden?
Gibt es bei seiner künftigen Bearbeitung schon heute erkennbare Engpässe an Material oder Kapazität, auch derjenigen im Konstruktionsbüro? Ist die Variante leicht ableitbar von bekannten Produkten? Muss
der Auftrag wirklich über das Konstruktionsbüro geleitet werden oder
kann es vielleicht durch Standardisierung und Modularisierung über-
gangen werden?

13.4.2 Konstruktion und Produktgestaltung

Welche Auswirkung hat die Anpassung bzw. technische Verbesserung auf
die Kosten, Durchlaufzeit, die Termintreue (oder Logistikleistung), auf
die Arbeitsplanung, Beschaffung, Fertigung und Montage?

Die Komplexitätskosten sind nie bekannt. Die Kosten des Auftrags steigen immer überproportional zur Anzahl der Sachnummern (Bild 13.6).

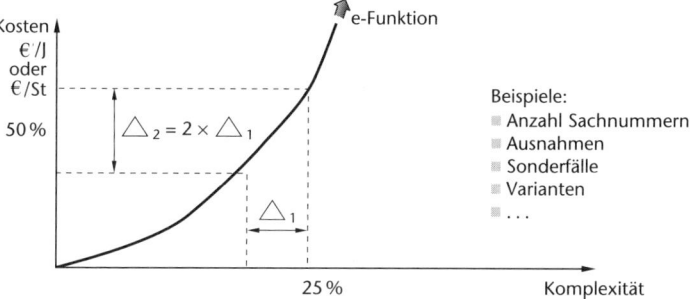

Bild 13.6: Komplexitätskosten

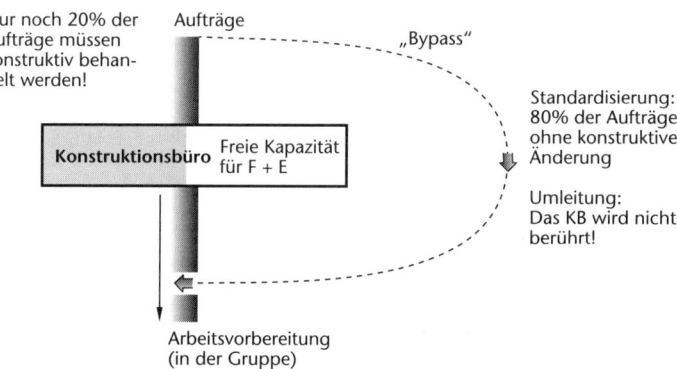

Bild 13.7: Steuerungsfunktion in der Konstruktion: „Bypass"

Die Probleme im Konstruktionsbüro sind in der Regel:

■ Die lange Zeitdauer der Konstruktion und die fehlende Termintreue

■ Die geringe Anzahl von Gleichteilen und die großzügige, von niemandem gebremste Variantenbildung

■ Der allzu großzügige Umgang mit neuen Sachnummern

■ Die Geringschätzung von Standards und Normen

■ Der Stücklisten-Aufbau ist zu tief gestaffelt. Eine flache Stückliste mit ihren vielen Vorteilen für die Logistik ist normalerweise kein Ziel für den Konstrukteur.

■ Keine Berücksichtigung der Relativkosten bei unterschiedlichen
  Materialien oder konstruktiven Lösungen

13.4.3 Arbeitsvorbereitung

Die klassische Zeitwirtschaft gibt es nicht mehr. Dafür werden Zielvereinbarungen und Budgets für ganze Baugruppen vorgegeben, z. B.
20 Stunden für ein Getriebe. Auch die Zukunft ist mit einer Zahl belegt:
Produktivitätssteigerung auf 18 Stunden pro Getriebe.

Damit ist die Auftragsdurchsteuerung oft in die Meisterebene gewandert,
z. B. die Zusammenfassung zu günstigen Losgrößen und die Wahl von
Vorzugs-Arbeitsgängen. Aber auch das Vermeiden von Engpass-Situa-
tionen und die Festlegung von günstigen Reihenfolgen ist Meister-Sache
geworden. Dazu sind die Werkzeuge und Zeichnungen meist „vor Ort"
an der Maschine gelagert. Die Aktualisierung ist in der Verantwortung
der Ausführenden.

Nicht nur Splitten und Überlappen von Losen oder das Anordnen von
Überstunden, sondern auch das Schulen des Rüstens, das Kontrollieren,
das Programmieren, das Weitergeben an die nächste Gruppe, das Prüfen
der Qualität und anderes sind wieder am Punkt der eigentlichen Wertschöpfung angekommen.

Eine Besonderheit sind die Übergangszeiten von Kostenstelle zu Kostenstelle. Diese verursachen ja bekanntlich normalerweise ca. 97% der
Durchlaufzeit und – sie haben keinen Verantwortlichen!

13.4.4 Materialwirtschaft

Die klassische Aufgabe der Materialwirtschaft ist neben Beschaffen und
Lagern das Bilden von Losgrößen und das Festlegen von Sicherheitsbeständen. Dadurch geht der Auftragsbezug in der Materialwirtschaft
verloren, der eigentlich zur Ermittlung des Deckungsbeitrags erforderlich ist.

Lohnkostenanteil, Prozessvereinfachung und Produktkomplexität sind
neue Entscheidungskriterien für eine Make-or-Buy-Strategie. Die Schütt-
gutregelung für die C-Teile bringt z. B. weniger Rechnungen und Büro-
kratie, weniger Qualitätskontrollen am Wareneingang und – oft übersehen – eine vermehrte Know-how-Übertragung vom Lieferanten an den
Kunden.

13.4.5 Fertigung und Montage

Die schon erwähnte Prozesssicherheit steht an erster Stelle. Das bedeutet nichts anderes als das Einhalten geplanter Termine und Mengen ohne Sicherheitsbestände.

Um den Auftrag termintreu abliefern zu können, sind flexible Arbeitszeiten nötig. Auch das unkonventionelle Helfen beim Detaillieren einer Konstruktion beschleunigt den Auftragsdurchlauf: Toleranzen, Fertigungsablauf, Biegeradien u. a. weiß die Fertigung einfach besser.

Der häufigste Fehler, den die Fertigung jedoch macht, ist das selbstständige Vergrößern der Auftrags- oder Losgröße. Anstatt 500 Stück werden 900 gefertigt. Die Ausrede: die Rüstkosten. Die konventionellen Ziele der Fertigung und Montage sind hohe Kapazitätsauslastung, gesunkene Herstellkosten und gestiegene Qualität. Welche neueren, zusätzlichen Ziele kommen auf die Fertigung und Montage zu?

Es sind zum Beispiel:

- Verkürzung der Durchlaufzeiten (DLZs)

- Erhöhen der Termintreue (TT)

- Senken der Werkstatt-Bestände und Halbfabrikate

- Erhöhen der Flexibilität (in der Regel Änderungsmöglichkeiten)

- Senken der Systemkosten
  (z. B. für Leitstand, PPS-System wie SAP oder Baan oder andere Groß-Systeme)

- Durchsatz-Maximierung

13.4.6 Einkauf

Der Materialanteil wird mit abnehmender Fertigungstiefe größer. Damit wird der Einkauf oder die Beschaffung wichtiger. Der Wertestrom macht 30 % bis 80 % der Gesamtkosten aus. Hier – nicht in den Lohnkosten – liegen offenbar die wirklichen Einsparungspotenziale.

Die Prozesswelle hat inzwischen längst die Beschaffungsabteilungen erreicht. Die meisten Neuerungen beziehen sich auf Vereinfachungen in der Bestellabwicklung durch elektronischen Datenaustausch. Die rechtlichen Probleme sind auf europäischer Ebene gelöst; die Beschaffung über den Bildschirm ist zu einer Alternative geworden. Die Kostenreduktionen von bis zu 90 %, von 150 € auf 15 € für einen Bestellvorgang sind natürlich höchst interessant. Damit ist in der Regel die Diskussion über die Neugestaltung der Wiederbeschaffungszeiten und -arten eines ganzen

Stücklistenastes eröffnet. Der Einkauf von morgen denkt nicht mehr in Materialarten (Normteile, Guss, Edelstahl, Elektronik ...), sondern in Baugruppen. So kann es sein, dass der Getriebebau seine Teile über das „Portal" bezieht, während gleich daneben die Vorfertigung noch konventionell beschafft – über alle Teileklassen und Einzelfunktionen hinweg.

Die partnerschaftliche Lieferantenanbindung führt zu einer Verringerung der Lagerbestände. Das Lager ist ja nur der Puffer für die rasche Verfügbarkeit und bei ungeplanten Schwankungen in Termin und Menge. Daraus ist die Bedeutung des Lieferanten als Partner sichtbar: Er ist nicht mehr der Gegner, der durch harte Preisverhandlungen in die Knie gezwungen wird, sondern der Partner, ja der Start der Logistischen Kette. Die gemeinsamen Rationalisierungspotenziale sind z.B. Kosten, Lagerbestandsentwicklung, Service, Qualität, Wiederbeschaffungszeit, Entsorgung, IT-Anbindung und gemeinsame Problemlösungen.

13.5   Wirtschaftliche Ergebnisse

13.5.1   Bilanz sowie Gewinn- und Verlustrechnung

Eine Verringerung der Bestände führt zu einer Bilanzverkürzung. Weniger Fremdkapital wird im Vorratsvermögen gebunden. Dagegen ist manchmal eine Erhöhung des Anlagevermögens vonnöten, nämlich dann, wenn in neue Fertigungstechniken oder Steuerungssystem investiert wurde.

In der Gewinn- und Verlustrechnung (GuV) lässt sich bekanntlich der Aufwand einer Periode ablesen. Die Zielgröße für den Prozessmanager kann nur sein, den Aufwand für das Gemeinkostenpersonal, Transporte, übrige Aufwendungen u.a. zu verringern. So rechnet man nach einem Logistikprojekt mit einer Steigerung der Produktivität um 15% und mit einer Erhöhung des Bilanzgewinnes von ca. 5%–10% (Erfahrungswerte). Die entscheidenden Positionen in der Gewinn- und Verlustrechnung heißen vor allen anderen:

- Bestandsveränderung an fertigen und unfertigen Erzeugnissen

- Aufwendungen für Roh-, Hilfs- und Betriebsstoffe sowie für bezogene Waren

- Aufwendungen für Löhne und Gehälter

- Zinsen

Eine Erhöhung des Bestandes wird als Vermögenszuwachs gewertet. Das erscheint zuerst positiv, widerspricht jedoch den Zielen des Prozessmanagers. Er wird in aller Regel daran gemessen werden, wie rasch die

Bestände sinken. Die Aufwendungen für Roh-, Hilfs- und Betriebsstoffe sind kurzfristig zu schmälern.

Löhne und Gehälter als Gesamtsumme sind zu ungenau, um als Messlatte für die Logistik zu dienen. Natürlich wird der „Overhead" geringer durch gut gesteuerte Prozesse. Zins-Reduktionen sind in der Tat spürbare Ergebnis-Verbesserungen, wenn sich das Fremdkapital verringert hat.

Eine Verkürzung der Durchlaufzeit bedeutet eine raschere Fakturierung mit der Folge, dass sich die Konten eher füllen. Der Zahlungseingang ist früher, zum Teil um Monate, wenn – z. B. im Anlagenbau – die Durchlaufzeit vorher auch um Monate verkürzt wurde. In Bild 13.8 wird dieser den Gewinn steigernde Effekt an einem fiktiven Beispiel gezeigt.

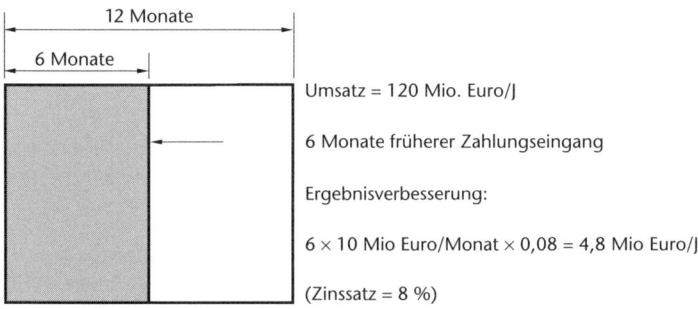

Bild 13.8: Ergebnisverbesserung durch früheren Zahlungseingang

Die mit kurzer Durchlaufzeit und hoher Prozesssicherheit verbundene Termintreue hat weitere höchst interessante betriebswirtschaftliche Folgen:

- Wegfall von Konventionalstrafen (oder Pönalen)
- Imagegewinn, dadurch erhöhter Deckungsbeitrag
- Möglichkeit zu erhöhtem Marktanteil
- Höhere Kundenzufriedenheit
- Strategische Positionierung durch hohe Logistikleistung
- Weniger Rechenaufwand in der Nettobedarfsrechnung (NBR), weniger Lagerberührung und Übergangszeiten, geringere System- und Wartungskosten

13.5.2   DV-System – Kosten und Nutzen

Kosten und Nutzen eines DV-Systems werden nach den Regeln einer
Investitionsrechnung berechnet. Der Investition und den Kosten der
Wartung und Anpassung steht ein langsam steigender Nutzen gegenüber.
In Bild 13.9 ist der Zusammenhang gezeigt.

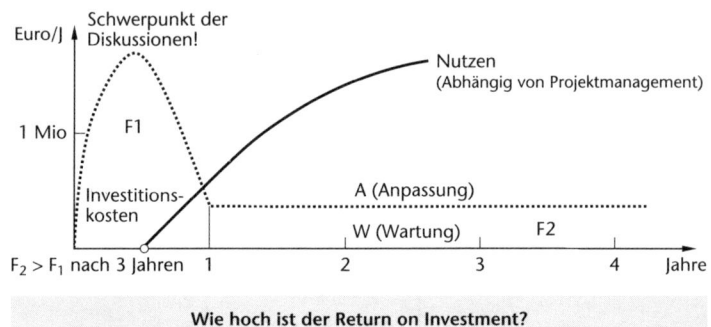

Bild 13.9: Kosten und Nutzen eines Logistiksystems

Man erkennt, dass die Anpassungs- und Wartungskosten, die oft ein
Drittel der Investitionssumme ausmachen, über der Zeitachse den größten Kostenblock ausmachen. Deswegen ist das Feilschen über Preisnach-
lässe für die Investition in Software, Beratung und Einführung eher
weniger wichtig, solange sichergestellt ist, dass sich der Nutzen bald in
der geplanten Höhe einstellt und die Anpassungs- und Wartungskosten
einen festgelegten Betrag von z. B. 10 % der Investitionssumme nicht
übersteigen.

13.5.3   Durchsatz und Cash Flow

Die Definition des Begriffes Durchsatz ist Menge pro Zeiteinheit. Jede
Durchsatz-Diskussion läuft auf eine Engpass-Betrachtung hinaus, denn
nur der jeweilige Engpass bestimmt den Durchsatz durch ein System.
Damit hat das Prozessmanagement eine Stellgröße an der Hand, mit der
kurzfristig ohne großen Kapitaleinsatz mehr Output (Stückzahl, Umsatz
oder Deckungsbeitrag) erreicht werden kann. Bild 13.10 geht darauf ein
und zeigt die Erhöhung des Durchsatzes ($\tan \alpha / \tan \beta$) um 20 %.

Ohne Engpass-Beseitigung ist der Prozess nicht in Ordnung und der
Durchsatz nicht maximiert.

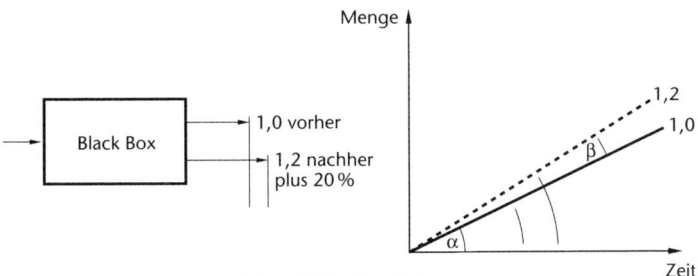

Umsatz: 40 Mio. Euro/Jahr × 1,2 = 48 Mio. Euro/Jahr

DB1 = 30 % = 12 Mio. Euro/Jahr × 1,2 = 14,4 Mio. Euro/Jahr

Der Durchsatz wird nur vom Engpass bestimmt.

Bild 13.10: Durchsatz-Diagramm

Der Cash Flow in seiner einfachsten Definition ist gleich Gewinn plus Abschreibungen (+/– Erhöhung oder Verringerung der langfristigen Rückstellungen). Der Cash Flow ist die Messgröße für die Ertragskraft eines Unternehmens. Durch ihn wird der echte Periodenerfolg sichtbar. Natürlich hängen Durchsatz, Cash Flow, Gewinn und Abschreibungen durch die Kapazität am Engpass zusammen.

13.5.4 Komplexitätskosten

Man unterteilt zweckmäßig in die Komplexität

■ der Produkte und

■ der Prozesse.

Ein komplizierter Produktaufbau erzeugt Kosten, die in keiner Kostenrechnung aufscheinen. Diese sog. Komplexitätskosten lassen sich auch nicht einfach beheben, weil eine Neukonstruktion der einzige Weg für Komplexitäts-Abbau ist. Dieser Weg ist jedoch langwierig und schwierig zu gehen. Er ist durch die dauernde Überlastung des Konstruktionsbüros auch nachhaltig verbaut.

Die Komplexität der Prozesse, beginnend mit Zahlungsbedingungen, Verpackungsarten, Bearbeitungsschritten, Unterschriftsregelungen bis hin zu den verschiedenen Rücknahmeregelungen ist auch nicht häufig Thema der Systemeinführer. Das Business Reengineering lebt von der radikalen Vereinfachung der Prozesse.

Durchlaufzeit und Termintreue sind jedoch auch von einer logistikgerechten Konstruktion und von einfachen Prozessen abhängig. Hier haben die Japaner den Weg gewiesen, die nicht nur die Konstruktion, sondern immer auch den Prozess betrachtet und – in der Regel durch eine Politik der kleinen Schritte – verbessert haben.

Für Komplexitätskosten gibt es keine Zeile im Betriebsabrechnungsbogen. Prozessabhängige Gemeinkosten werden im Konstruktionsbüro beeinflusst. Sie sind im Allgemeinen höher als die Lohnkosten. Gemeinkosten sind z. B. Transportkosten, Lagerkosten, Abschreibungen, Zinsen, Fertigungssteuerungskosten, Verschrottungen, aber auch Konstruktionskosten und die Kosten der Arbeitsvorbereitung sowie der Meistereien.

13.5.5   Preisqualität und Stundensatz-Rechnung

Die Maximierung des Deckungsbeitrages am Engpass, ausgedrückt in Euro pro Minute (resp. Stunde), ist eine schon lange Zeit bewährte Zielgröße für den Prozessmanager. Die Möglichkeiten, diese Zielgröße zu aktivieren, das heißt aktuell auszuweisen und zur Verfügung zu stellen sowie einem Plan/Ist-Vergleich zuzuführen, ist jedoch neu, weil es der Unterstützung einer umfassenden EDV-Lösung dazu bedarf. Für eine Strategie, die die Maximierung des Deckungsbeitrages zum Ziel hat, ist die Preisqualität eine interessante und heute durch die Möglichkeiten des Computers ohne Schwierigkeit zu ermittelnde Steuerungsgröße. Man muss nur den Engpass kennen. Das mag manchmal ein Problem sein, denn oft ändern sich die Engpässe.

Die klassische Stundensatz-Rechnung strebt eine Maximierung der Auslastung an, um zu möglichst kleinen Stundensätzen zu kommen. Die

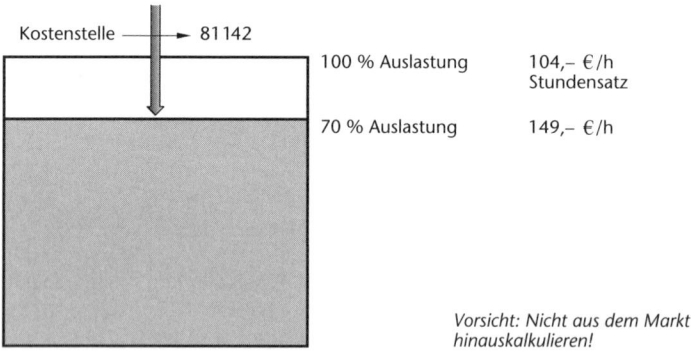

Bild 13.11: Einfluss der Auslastung auf den Stundensatz

Konsequenzen bei schwankender Auslastung sind hinlänglich bekannt: Die Kalkulationen werden falsch! Eine Kapazitätseinheit, die nicht Engpass ist, muss aus der Sicht des Prozessmanagements mit Unterlast betrieben werden. Mit fatalen Folgen: Der Stundensatz wird steigen (Bild 13.11).

Die Kalkulation kommt dann zu höheren Stundensätzen und Stückkosten. Um nicht in den Konflikt zu kommen, dass die Stundensatz-Rechnung dazu beiträgt, „sich aus dem Markt zu kalkulieren", muss man die gesamten Kosten des jeweiligen Prozesses alt und neu gegenüberstellen. Dann werden auch die Logistikkosten sichtbar, die ja sonst nirgends aufgeführt sind.

Auch hier wird deutlich, wie falsch eine Einzelplatz-Betrachtung sein kann. Die Rechnung nach klassischer Stundensatz-Ermittlung mag korrekt sein, die Folgen sind fatal für das gesamte Unternehmen.

13.5.6 Kennzahlen

Bewährte Kennzahlen zur Beurteilung der Auftragsdurchsteuerung sind z. B.:

■ Produktivität und Rentabilität, wobei im Zuge des Shareholder Values die

■ Eigenkapitalrendite besonders betont wird.

■ Lagerumschlagszahl (LUZ)

■ Kapitalumschlag

■ Reichweite und Servicegrad

Neue Kennzahlen sind:

■ Cash Flow-Rate

■ Logistikkosten-Rate

■ Verschrottungs-Rate

■ Prozesskosten-Rate

■ Zeit für Wertschöpfung zur Gesamtzeit

■ Sicherheitsreichweiten zu Reichweiten

■ Logistikkosten zu Gesamtkosten

■ Durchsatz

■ Termintreue

Kennzahlen müssen rasch verfügbar sein. Es gilt: Raschheit vor Genauigkeit.

Literatur

Eidenmüller, B.: Die Produktion als Wettbewerbsfaktor. 3. Auflage. Köln: Verlag TÜV Rheinland, 1995

Helfrich, C.: Praktisches Prozessmanagement. 2. Auflage. München, Wien: Hanser 2002

Wassermann, O.: Das intelligente Unternehmen. 4. Auflage. Berlin: Springer 2001

14 Unternehmensübergreifende Logistik – Supply Chain Management

Prof. Dr. Dr. h. c. mult. Horst Wildemann

14.1 Trends und Merkmale des Supply Chain Management

Aus der Globalisierung der Geschäftsaktivitäten und der zunehmenden Verbreitung des Internet ergeben sich neue Aufgaben. Um diese vom Markt gestellten Aufgaben zu lösen, bedarf es der Konzentration auf die eigentlichen Kompetenzen der einzelnen Unternehmen und damit einer Prüfung ihrer Leistungstiefe. Mit der Optimierung der Leistungstiefe ist meist eine Auslagerung von Unternehmensfunktionen verbunden. Da das vom Kunden erwartete Leistungsbündel nicht mehr durch ein einzelnes Unternehmen erbracht werden kann, erfordert dies die Bildung von unternehmensübergreifenden Kooperationen entlang der Wertschöpfung. In den Wertschöpfungsketten bündeln die Unternehmen ihre Ressourcen und nutzen sie effizient. Der Nutzen, der hieraus entsteht, wird durch das folgende Beispiel verdeutlicht:

Die Weltrekordzeit im 100-m-Sprint liegt derzeit bei 9,58 Sekunden, die schnellste 4 × 100-m-Staffel schaffte eine Zeit von 37,10 Sekunden. Der durchschnittliche Wert liegt damit bei 9,28 Sekunden. Die Ursache liegt im fliegenden Start begründet. Der nachfolgende Staffelläufer beschleunigt bereits vor Stabübergabe auf die Geschwindigkeit des Vorläufers.

Eine ähnliche Wirkung erzielt ein effektives Supply Chain Management. Supply Chain Management bedingt die Schaffung von Transparenz entlang der Wertschöpfungskette sowie die Beschleunigung der Entscheidungsfindung. Es umfasst die prozessorientierte Planung, Gestaltung, Lenkung und Entwicklung der unternehmensübergreifenden und unternehmensinternen Prozesse.

Supply Chain Management ist somit eine Organisations- und Managementphilosophie, die durch eine prozessoptimierende Integration der Aktivitäten der am Wertschöpfungssystem beteiligten Unternehmen auf eine unternehmensübergreifende Koordination und Synchronisierung der Informations- und Materialflüsse zur Kosten-, Zeit- und Qualitätsoptimierung zielt.

Betrachtungsgegenstand ist die Prozesskette von der Rohmaterialgewinnung bis hin zur Entsorgung. Die Erhöhung des Kundenservice, die Reduzierung von Kosten und Prozesszeiten sowie die Steigerung des Qualitätsniveaus werden als gleichberechtigt nebeneinander stehende Ziele verfolgt. Damit ergeben sich die Gestaltungsfelder Strategien, Prozesse, Struktur der Supply Chain, Technologien, Human Ressourcen und Produkte.

14.2 Leitlinien zur Gestaltung der Supply Chain

Die Realisierung der Effekte, die sich aus der unternehmensübergreifenden Zusammenarbeit ergeben, erfordert die Verfolgung von Leitlinien: die Konzentration auf Kernkompetenzen, die Kooperationen in Netzwerken, Prozess- und Durchlaufzeitorientierung, Informationstransparenz, Komplexitätsoptimierung und Qualitätssicherung.

Ziel ist, über den **Ausbau von Kernkompetenzen** den Vorsprung vor der Konkurrenz sicherzustellen.

Kernkompetenzen lassen sich als Fähigkeiten definieren, die durch eine hohe Wettbewerbswirksamkeit auf den Märkten und einen großen Wettbewerbsvorteil gegenüber der Konkurrenz gekennzeichnet sind, also in gewissem Maße ein Alleinstellungsmerkmal bilden.

Kernkompetenzen müssen direkt oder indirekt vom Kunden wahrgenommen und honoriert werden. Sie sind vom Wettbewerber nicht oder nur unter erheblichem zeitlichem und kostenmäßigem Aufwand imitierbar. Der Vorteil der Differenzierung ist lang anhaltend.

Verringern die einzelnen Leistungseinheiten ihre Wertschöpfungstiefe, so steigt die **Notwendigkeit der Kooperation**. Dafür sind bereits vor der eigentlichen Leistungserstellung Abstimmungsprozesse und ein intensiver Informationsaustausch erforderlich. Als flexible Einheiten bündeln Wertschöpfungsketten das Know-how aller beteiligten Unternehmen. Daraus ergibt sich ein leistungsfähiger und innovativer Verbund, der die Vorteile des kleineren Unternehmens mit den Vorteilen eines größeren paart.

Steigende Anforderungen an **Lieferzeit** und -treue erfordern eine am Faktor Zeit ausgerichtete Supply Chain. Dabei sind die Erfolgspotenziale einer prozessorientierten Organisationsstruktur der einzelnen Unternehmen und der Supply Chain nicht ohne eine Konzentration auf eine Zeitverkürzung über alle Geschäftsprozesse hinweg zu erschließen. Unternehmensübergreifende Prozessabläufe erhöhen im Rahmen des Supply Chain Managements die Reaktionsmöglichkeit und verringern die Unsicherheit in den Prozessen.

Die koordinierte **Übermittlung von Informationen** zur Planung, Steuerung, Gestaltung und Kontrolle zwischen den Wertschöpfungspartnern stellt sicher, dass Informationen, die an einem Ende der Kette erzeugt werden, die relevanten Adressaten zum richtigen Zeitpunkt und in der entsprechenden Form erreichen. Informationsasymmetrien können verhindert werden, indem Macht und Misstrauen gegenüber den Wertschöpfungspartnern, die unvollständigen Beschreibungen der Aufträge, unterschiedliche IT-Systeme, die Störanfälligkeit der Prozesse, opportunistisches Verhalten und unterschiedliche Steuerungsprinzipien in der Wahrnehmung der Koordinationsaufgabe berücksichtigt werden. Eine Ausprägung der Informationsasymmetrien ist der Peitscheneffekt. Die verzerrte Weitergabe der Nachfrageinformationen entlang der logistischen Kette führt zu Nachfrage- und damit Beschaffungsschwankungen. Die Konsequenz kann der Aufbau von Beständen auf den vorgelagerten logistischen Stufen sein. Dabei ist bezeichnend, dass sich durch die Wiederholung der Verhaltensweise auf jeder Wertschöpfungsstufe der Effekt auf der jeweils vorgelagerten Stufe verstärkt.

Die effiziente Kooperation zwischen den Wertschöpfungspartnern bedarf mehr als einer einseitigen Übermittlung von Daten. **Collaboration** innerhalb der Supply Chain umfasst die Informationsbringschuld des Lieferanten. Diese beinhaltet Informationen vom Abnehmer über freie Kapazitäten oder Bestände sowie den permanenten Abgleich zwischen den vorhandenen und benötigten Kapazitäten beim Lieferanten. Effekte, die sich aus einer schleichenden Bedarfserhöhung ergeben können, werden frühzeitig erkannt, die Effizienz bei der Problemerkennung und -lösung von Lieferanten und Abnehmer erhöht. Das Ergebnis einer offenen Zusammenarbeit muss das Erreichen einer Win-Win-Situation sein. Unterstützt wird dies dadurch, dass die Lieferanten frühzeitig in die Konzeption eingebunden und deren Belange mit berücksichtigt werden.

Eine hohe Anzahl von Lieferanten, eine hohe Produktvielfalt, eine Vielzahl von Kunden, die über unterschiedlichste Vertriebs- und Distributionskanäle ihre Waren erhalten, wirken als umweltbezogene **Komplexitätstreiber** auf die Unternehmen der Supply Chain. Die Konsequenz ist eine hohe Prozess- und Schnittstellenvielfalt und die Gefahr von **Qualitätsverlusten**. Qualitätsziele sind angemessene Kundenzufriedenheit und gleichzeitige Minimierung der Fehler- und Prüfkosten. Zur Sicherung der geforderten Qualität eignet sich der Einsatz von Konzepten, wie das Reklamations- und Beschwerdemanagement zur Fehlererkennung und Six-Sigma oder Poka Yoke zur Fehlervermeidung. Charakteristisch für das hierfür erforderliche Controlling ist das Sichlösen von einer reglementierten Fremdkontrolle hin zu einer auf Zielvereinbarungen basierenden Selbststeuerung von Wertschöpfungs- und Managementprozessen innerhalb der Supply Chain.

14.3   Ausgestaltung der Supply Chain

Durch die gemeinsame Leistungserstellung arbeiten die Wertschöpfungspartner virtuell zusammen, ohne ihre Eigenständigkeit aufzugeben. Dies
setzt voraus, die Gründung, den Betrieb und die Auflösung einer Supply
Chain umfassend zu planen.

Die **Gründungsphase** ist in hohem Maße von der sie bestimmenden Strate-
gie der sich zusammenschließenden Partner und damit dem Ziel der
Supply Chain geprägt. Der wesentliche Bestandteil dieser Phase ist die
Bildung einer Gesamtstruktur. Dabei sind Fragen der Partnerwahl, der
Zielsetzung, des Zwecks und der Dauer der Zusammenarbeit sowie der
Beteiligungsanteile, des Risikosplittings, der Ressourcenzuordnung, der
die Supply Chain bestimmenden Tätigkeiten, der Organisation und Ver-
antwortungsbereiche festzulegen.

Die Organisation der **Betriebsphase** einer Supply Chain beginnt mit
Ressourcenplanung und -aufbau. Während dieser Phase und bei der
Beendigung der Zusammenarbeit überprüft jedes Unternehmen, ob die
vorab definierten Zielsetzungen erreicht wurden. Nach der vollständigen
Auslieferung des Auftragsvolumens und nachdem die abschließenden
Wartungs- und Instandhaltungsaufgaben erfüllt wurden, wird die Supply
Chain aufgelöst.

Die Entstehung der Supply Chain und die damit einhergehende „Ver-
wischung" und „Aufweichung" der klassischen Unternehmensgrenzen
erfordert einen umfangreichen Wandel der bei den Kooperationspart-
nern eingesetzten **Koordinationsmechanismen**. Einerseits fehlt in der
Supply Chain eine übergeordnete Instanz, so dass hier die in hierarchi-
schen Strukturen typischerweise eingesetzten Koordinationsinstrumente
wie Weisungen, Programme oder Pläne in der Supply Chain schwächer
ausgeprägt sind. Andererseits entscheiden der für das Eingehen der Netz-
werkbeziehungen erforderliche Konsens und die angestrebte längerfristige Form der Kooperation die Ausprägung der Supply Chain.

Zwei wesentliche Formen einer idealtypischen Ausprägung sind: hie-
rarchisch-pyramidale und polyzentrisch ausgerichtete Wertschöpfungsketten. In **hierarchisch-pyramidalen Wertschöpfungsketten** bildet ein strategisch führendes Unternehmen auf Grund seiner Größe, seines unmittelbaren Zugangs zum Beschaffungs- oder Absatzmarkt oder auf Grund
seiner finanziellen und qualifizierten Ressourcen das Kernelement der
Supply Chain. Die anderen Wertschöpfungspartner sind in gewissem
Maße von diesem Unternehmen abhängig und richten dementsprechend
ihre Zielsetzungen an diesem Unternehmen aus. In einer **polyzentrisch
ausgerichteten Supply Chain** existieren dagegen bei den Wertschöpfungspartnern relativ homogene wechselseitige Abhängigkeiten. Entscheidungs-

kompetenzen und Koordinationsaufgaben, die für die Leistungserstellung in der Supply Chain relevant sind, werden gemeinsam wahrgenommen oder sind gleichmäßig auf die einzelnen Akteure verteilt.

Die Gestaltung einer effizienten Supply Chain erfordert eine adäquate **Planung** der Bedarfe und der benötigten Kapazitäten. Hierzu sind Planungsebenen und Planungsfunktionen zu differenzieren. Im Rahmen der Planung der Supply Chain ist zwischen der strategischen, taktischen und operativen Planung zu unterscheiden. Diesen Planungsebenen sind die Planungssystemfunktionen Netzwerkplanung, Produktionsplanung, Feinplanung, Bedarfsplanung, Bestandsplanung, Distributionsplanung und Transportplanung sowie strategische Planung zuzuordnen.

Da die Ziele der Unternehmen, die in der Supply Chain kooperieren, konkurrieren können, regeln oft **vertragliche Vereinbarungen** die Beziehung. Basiselemente solcher Vereinbarungen, die die Güte und Effizienz der Supply Chain bestimmen, sind neben dem Preis auch Liefermengen, Lieferservice und Qualität. Grundsätzlich streben die verbundenen Unternehmen die Stabilität der Geschäftsbeziehungen an, um die Investitionen in Kooperationen zu amortisieren und Unsicherheiten zu reduzieren. Der Abschluss von Mehrjahres- oder Modelllebenszyklusverträgen bildet ein zentrales Element.

14.4 Bausteine im Supply Chain Management

Die Verwirklichung einer effizienten Supply Chain bedarf der gezielten Anwendung geeigneter Konzepte. Bei der Entscheidung, welche Konzepte realisiert werden, darf die Optimierung der einzelnen Wertschöpfungspartner nicht im Vordergrund stehen, sondern das Optimum der Supply Chain. Dabei verstärken sich die Wirkungen der Konzepte durch deren sinnvolle Kombination an Stelle einer isolierten Anwendung. Dies gilt sowohl für die parallele Anwendung innerhalb der Unternehmen als auch unternehmensübergreifend.

Informationen über Bedarfe, deren Ursprung beim Kunden liegt, können mit Hilfe der Bausteine **Customer Relationship Management (CRM), Efficient Consumer Response (ECR), Just-in-Time oder KANBAN** effizient transparent gemacht werden.

Im Rahmen des **Customer Relationship Management** (CRM) steht nicht mehr der kurzfristige Verkaufserfolg oder das Produkt im Vordergrund, sondern eine ganzheitliche Sichtweise des Kunden, der langfristig gebunden werden soll. Vor dem Hintergrund der Individualisierung der Nachfrage steigt die Bedeutung des Wissens um die Bedürfnisse des Kunden, insbesondere im Hinblick auf die Art, den Umfang und den Zeitpunkt

Das Bausteinkonzept des Supply Chain Management ...

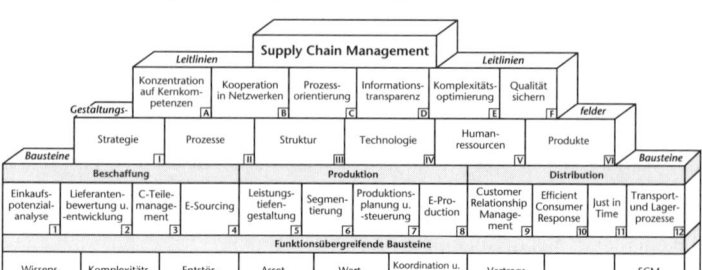

... besteht aus funktionsbezogenen und funktionsübergreifenden Bausteinen.

Bild 14.1: Bausteine des Supply Chain Management

des Bedarfs für die Supply Chain. Das Ziel ist die Erhöhung der Liefertreue und der Lieferfähigkeit bei einer gleichzeitig verbesserten Ressourcenauslastung und -nutzung und wesentlich geringeren Beständen, auch bei sich ändernden Rahmenbedingungen. Die Vorteile von CRM-Lösungen liegen insbesondere in der Informationstransparenz und einer durchgängigen Unterstützung der Prozesse.

Neben der Optimierung des Distributionskanals ist aus einem besseren Verständnis der Kundenwünsche heraus die Marktversorgung zu optimieren. Das **ECR-Konzept** liefert hierzu einen unternehmensübergreifenden prozessorientierten Ansatz mit den Betrachtungsfeldern Materialfluss, dem dazugehörigen Informationsfluss sowie dem begleitenden Marketing. Unternehmen, die das ECR-Konzept implementierten, erzielten signifikante Kostensenkungen in den Geschäftsprozessen, eine höhere Kundenloyalität und zusätzlich steigende Umsätze. Erfolgsfaktoren des ECR-Konzepts sind Investitionsbereitschaft, Einsatz moderner Informationstechnologien, uneingeschränkte Datenweitergabe, Bereitschaft, Veränderungen in der eigenen Organisation oder den Prozessen herbeizuführen, sowie Zuverlässigkeit und Vertrauen in den Wertschöpfungspartner. Aber auch die Involvierung und Unterstützung des Top-Managements und die Schulung der Mitarbeiter tragen zum Erfolg des ECR-Konzepts bei. Das ECR-Konzept ermöglicht die kooperative Zusammenarbeit von Hersteller und Handel und gewährleistet, eine kundenindividuelle Leistung in den richtigen Mengen zum richtigen Zeitpunkt am richtigen Ort und in der entsprechenden Qualität zur Verfügung zu stellen.

Just-in-Time ist sowohl ein logistisches Gestaltungskonzept als auch ein Organisationsentwicklungsansatz zur Neustrukturierung der Wertschöpfungskette, ausgehend vom Materialfluss, mit dem Ziel, sämtliche Wertschöpfungsaktivitäten auf die Erfolgsfaktoren Produktivität, Zeit und Qualität zu konzentrieren. Die auf eine Just-in-Time-Logistik ausgerichtete Neustrukturierung der Material- und Informationsflussprozesse basiert auf den Grundprinzipien der Umschichtung von in Beständen gebundenem Kapital in das Anlagevermögen, der Ausrichtung am Faktor Zeit und der Implementierung des Fließprinzips. Diese Grundprinzipien sind auf die gesamte Supply Chain zu übertragen. Die Wirkungen, die sich durch die Realisierung von Just-in-Time-Konzepten für die Supply Chain ergeben, entstehen aus der Umsetzung von Maßnahmenbündeln, die mit den Wertschöpfungspartnern abzustimmen sind.

Für die Optimierung der Material- und Informationsflussbeziehungen von Abnehmern und Lieferanten gewinnt der Aufbau von **KANBAN-Regelkreisen** mit Lieferanten zur Reduzierung von Durchlauf- und Wiederbeschaffungszeiten sowie von Beständen an Bedeutung. KANBAN ist ein System der Produktionssteuerung nach dem Holprinzip, das permanente Eingriffe einer zentralen Steuerung in den Produktionsablauf überflüssig macht und sich ausschließlich am Kundenbedarf orientiert. Für die Supply Chain bedeutet dies eine Verringerung der Bestände, eine Steigerung der Produktivität und Flexibilität und somit die Chance einer zeitnahen Reaktion auf sich ändernde Rahmenbedingungen.

Ein weiteres Flexibilisierungspotenzial bietet **E-KANBAN**. Die Verwendung von internetgestützten Produktionslogistiksystemen hat zum Ziel, den die logistischen Dienstleistungen begleitenden Informationsfluss zu steuern und den Planungs- und Koordinationsaufwand zu verringern. Dies bedeutet, dass alle oder eine Vielzahl von Partnern der Supply Chain kompatible Systeme verwenden sollten, um die Wertschöpfungskette unternehmensübergreifend zu verbessern.

14.5 Implementierung und betriebswirtschaftliche Wirkungen einer Supply Chain

Der Grundstein zur Realisierung einer Supply Chain wird bereits in der Gründungsphase gelegt. Der Entscheidung über die Ziele der Supply Chain und die damit verbundene Bildung der Gesamtstruktur schließen sich nach der Lieferkettenauswahl und -festlegung die Entscheidung und das Commitment der Partner über deren Mitarbeit an. Die Vorbereitungen der **Implementierung** enden mit dem endgültigen Design der Supply Chain und der Schulung der involvierten Mitarbeiter. Die Supply Chain wird erst dann in der Lage sein, eine Leistung zu erstellen, wenn dieser

Die Wirkungsanalyse ...

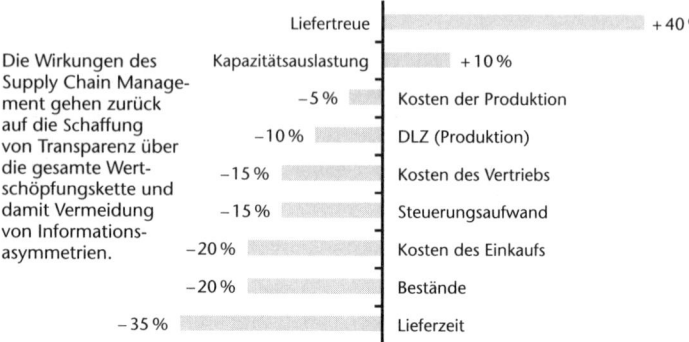

Die Wirkungen des Supply Chain Management gehen zurück auf die Schaffung von Transparenz über die gesamte Wertschöpfungskette und damit Vermeidung von Informationsasymmetrien.

⇨ **... des Supply Chain Management eröffnet sowohl Kostensenkungs- als auch Leistungssteigerungspotenziale.**

Bild 14.2: Betriebswirtschaftliche Wirkungen

Prozess bei jedem der Wertschöpfungspartner durchlaufen wurde und alle an der Leistungserstellung Beteiligten integriert sind.

Die Verknüpfung der Wertschöpfungspartner im Sinne des Supply Chain Management zielt auf eine Reduzierung der Durchlaufzeit und des in die Bestände gebundenen Kapitals sowie auf eine Verbesserung des Informationsflusses und die damit verbundene Vermeidung von Verschwendung und Blindleistung. Damit ergeben sich für die Wertschöpfungspartner **monetäre und nichtmonetäre Wirkungen**. Während die Zuordnung der Kosten meist möglich ist, ist die Messung und Zuordnung des Erfolgs von Investitionen oftmals schwierig, da deren Wirkungen nicht zwingend am Ort der Investition entstehen. In diesem Fall sind im Vorfeld Regelungen zu treffen, die die investierenden Partner motivieren, Investitionen im Sinn der Supply Chain zu tätigen.

14.6   Zusammenfassung

Um den Herausforderungen, die sich aus den Veränderungen der Märkte ergeben, begegnen zu können, müssen sich die Unternehmen neu organisieren. Dabei darf die Reorganisation nicht an den Unternehmensgrenzen enden. Vielmehr bedarf es einer ganzheitlichen Optimierung der

Wertschöpfungskette. Diese orientiert sich an den Leitlinien Konzentration auf Kernkompetenzen, Kooperationen in Netzwerken, Prozess- und Durchlaufzeitorientierung, Informationstransparenz, Komplexitätsoptimierung und Qualitätssicherung mit den Gestaltungsfeldern Produkt, Prozess, Technologie, Organisation und Strategie. Die Art der Ausgestaltung der Supply Chain sowie die Wahl und Kombination der eingesetzten Konzepte beeinflussen den Erfolg der Supply Chain maßgeblich. Durch die effiziente Zusammenarbeit im Rahmen der Leistungserstellung sind signifikante Wettbewerbsvorteile für die beteiligten Unternehmen zu erreichen.

Literatur

Hughes, J.; Mark, R.; Bill, M.: Supply Chain Management. Landsberg/Lech: Verlag Moderne Industrie, 2000

Wildemann, H.: Produktions- und Zuliefernetzwerke. München: TCW-Verlag, 1996

Wildemann, H.: Organisation der Gründungs- und Betriebsphase von Unternehmensnetzwerken. In: ZfB 70. Jahrgang (2000) Ergänzungsheft 2, S. 1–20

Wildemann, H.: Logistik-Prozess-Management. 5. Aufl. München: TCW-Verlag, 2010

Wildemann, H. (Hsrg.): Supply Chain Management. München: TCW-Verlag, 2000

Wildemann, H.: Gestaltung von Unternehmensnetzwerken. In: Baumgarten, H.; Wiendahl, H.-P.; Zentes, J. (Hrsg): Logistik-Management. Band 2, 7. Aufl. Berlin, Heidelberg, New York: Springer 2002, S. 1–35

Wildemann, H.: Supply Chain Management. TCW-report 39. München: TCW-Verlag, 2003

Wildemann, H.: Entwicklungslinien in Logistik und Supply Chain Management. München TCW-Verlag, 2009

Wildemann, H.: Sypply Chain Management – Leitfaden für unternehmensübergreifendes Wertschöpfungsmanagement. München: TCW-Verlag, 2010

Wildemann, H.: Logistik-Check – Leitfaden zur Analyse und Optimierung der Logistik als Querschnittsfunktion. München TCW-Verlag, 2010

Wildemann, H.: Logistik- & Supply Chain-Architekturen. Leitfaden für die Gestaltung von kundenwertschaffenden Servicenetzwerken. München: TCW-Verlag, 2010

Wildemann, H.: Event Management in der Supply Chain. Leitfaden zur Steuerung ereignisorientierter Wertschöpfungsketten. München: TCW-Verlag, 2010

15 Nutzung und Integration von Standardsoftware für Logistikaufgaben

Prof. Dr.-Ing. Klaus Thaler

15.1 Bedeutung von Standardsoftware

Unter dem Begriff „Software" fasst man allgemein Verarbeitungsprogramme zusammen, die auf einem Anwendungssystem laufen. Die Entwickler von Software sind i.d.R. Systemhäuser, Softwareentwicklungs- und -beratungsunternehmen, die üblicherweise nach Kundenanforderungen der Nutzer entscheiden, ob eine Entwicklung als Standard- oder als Individualsoftware erfolgversprechend ist. Als **Individualsoftware** wird Software bezeichnet, die nach detaillierten Vorgaben eines Auftragsgebers für ein spezielles Anwendungsproblem entwickelt und eingeführt wird.

Als **Standardsoftware** bezeichnet man allgemein Software, die für einen breiten Nutzungsbereich, d.h. für eine oft größere Zahl gleichartiger oder ähnlicher Anwendungen entwickelt wird. Standardsoftware zeichnet sich hauptsächlich durch modulare und damit wiederverwertbare Komponenten sowie durch vereinheitlichte Schnittstellen zum Datenaustausch aus.

Branchenunabhängig stark genutzt wird Standardsoftware im Büro- und Verwaltungsbereich, z.B. in Form von Office-Paketen zur Tabellenkalkulation, Textverarbeitung oder Grafikprogrammen. Im Bereich logistischer Aufgabenstellungen nimmt die Anwendung von Standardsoftware einen besonderen Stellenwert ein, da nicht nur Büro- und Verwaltungsaufgaben, sondern umfangreichere Anwendungsfelder abgedeckt werden müssen. Nutzer von Software für Logistikaufgaben und damit potenzielle Anwender von Standardsoftware sind üblicherweise:

- Produzierende Unternehmen mit eigenen Logistikbereichen,

- Spediteure, Frachtführer und Logistikunternehmen im Straßengüterverkehr, in der Luftfracht, im See- und im Schienenverkehr, Paket- und Expressdienste,

- Lagerbetriebe für Verteil-, Massen-, Gefahrstoffgüter, Nahrungs- und Futtermittel,

- Betriebe der Entsorgungswirtschaft,

- Behörden und Institutionen, z.B. zur Zollabfertigung.

15.2 Anwendungsfelder von Standardsoftware

Der **Einsatz von Software für Logistikaufgaben** ist vor allem durch die Märkte im Logistikgeschäft geprägt. Nach einer Untersuchung des Deutschen Speditions- und Logistikverbands ragen hierbei einzelne Teilmärkte besonders heraus (Bild 15.1).

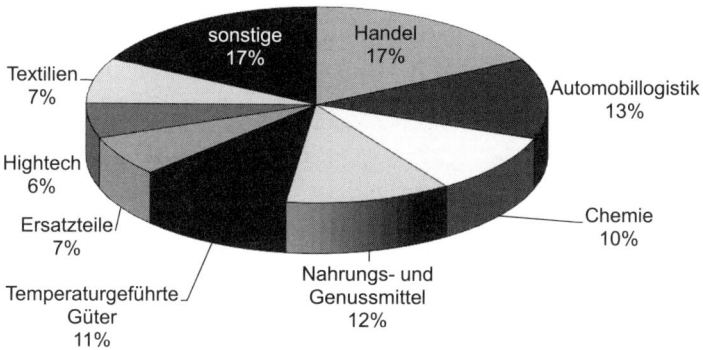

Bild 15.1: Teilmärkte im Logistikgeschäft

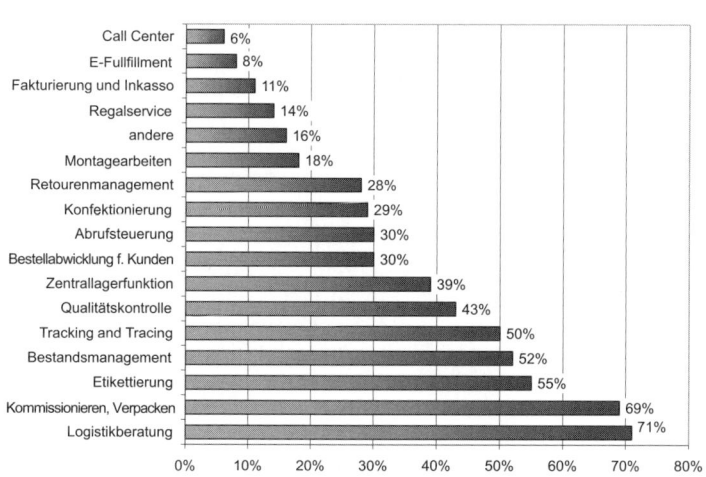

Bild 15.2: Aufgabenprofile in Logistikunternehmen (Mehrfachnennungen)

Die Belieferung und Versorgung verschiedener Branchen stellt im Allgemeinen hohe Anforderungen, die oft mit einer Spezialisierung der Logistikunternehmen einhergehen. Aus den Untersuchungen zeigt sich, dass unterschiedliche Aufgabenprofile – vor allem operative, überwachende oder steuernde Aufgaben – in der logistischen Kette im Vordergrund stehen (Bild 15.2).

Standardsoftware wird dabei vor allem für die Unterstützung derjenigen Aufgaben eingesetzt, die sich – verglichen mit anderen Unternehmen in speziellen Teilmärkten – gleichartig oder ähnlich ergeben. Beispiele sind die Auftragsabwicklung im Straßengüterverkehr, die Materialwirtschaft von Lagerfertigern, die Produktionsplanungs- und Steuerung für Einzel- und Kleinserien oder die Distribution bei Paket- und Expressdiensten.

Eingeschränkt wird die Anwendung von Standardsoftware allerdings dadurch, dass durchaus Bereiche mit speziellen Anforderungen existieren, in denen Individualsoftware auf Grund der Spezialisierung Vorteile bieten kann. Beispiele dieser speziellen Bereiche sind Baulogistik, Gefahrgutlogistik, Warenhauslogistik, Baumarktlogistik, Pharmalogistik, Messelogistik, Pflanzenlogistik oder Printmedienlogistik.

Mit dem Einsatz von Standardsoftware sind generell einige **Vor- und Nachteile** verbunden, die in der folgenden Tabelle zusammengefasst werden:

Tabelle 15.1: Vor- und Nachteile von Standardsoftware

Vorteile	Nachteile
Logistikaufgaben können durch modulare Software kostengünstig abgedeckt werden (Baukastenprinzip).	Es wird möglicherweise eine unnötige oder nur eine teilweise benötigte Softwarefunktionalität eingebracht.
Die Software kann wirtschaftlich entwickelt bzw. erweitert und gewartet werden, wenn eine mehrfache Anwendbarkeit angestrebt wird.	Anwender werden unter Umständen in ein Schema vorgegebener Bedienungsabläufe gezwängt.
Die Benutzeroberflächen können einheitlich und standardisiert entwickelt werden.	Die Anpassbarkeit an geänderte Geschäftsprozesse ist nicht immer gegeben.
Es ist eine teilweise Anpassung für individuelle Anforderungen über eine Konfiguration (Customizing) möglich. Ein standardisierter Datenaustausch ist über geeignete Schnittstellen möglich.	Zum Teil können hohe Kosten bei der späteren Erweiterung und individuellen Anpassung entstehen.

Die Entscheidung, ob, wann und wo Software „von der Stange" oder Individualsoftware entwickelt und genutzt werden sollte, kann meist nur nach detaillierter Analyse der speziellen Logistikaufgabenstellungen getroffen werden.

15.3 Module, Datenträger und Datenerfassung

Im Rahmen der Anwendung von Standardsoftware ist es häufig zweckmäßig, wiederverwertbare Komponenten zu nutzen. Diese werden als **Module** bezeichnet und beinhalten üblicherweise Programmcodes und Schnittstellen zur Datenerfassung, Datenausgabe, Speicherung, Verwaltung, Verarbeitung und Kommunikation.

Daten sind allgemein formalisierte Zeichenfolgen, die zur Verarbeitung und Darstellung in einer geeigneten Weise repräsentiert und codiert werden. **Informationen** sind aus Daten gewonnenes, zweckorientiertes bzw. zielgerichtetes Wissen. Wenn z. B. bei einer Logistikanwendung ein Bestellvorschlag durch das Unterschreiten eines Meldebestands ausgelöst wird, sind die generierten Bestellmengen Zahlen (Daten), deren Bedeutung (Information) sich erst im Zusammenhang mit den Lieferungen (z. B. Abhängigkeit von der Transportlosgröße, Ladekapazität, Frequenz usw.) ergibt. **Datenstrukturen** sind nach Nutzungsvorgaben und der Art der Datenorganisation zusammenhängende Daten (z. B. nach Orten sortierte Ladeliste mit Bestellmenge und Artikelnummern). Für Logistikanwendungen sind die wichtigsten Daten bzw. Datenstrukturen:

- Sendungs- und warenbegleitende Daten
- Dispositionsdaten
- Materialstämme
- Stücklisten
- Sendungsstati
- Tourenpläne.

Daten- bzw. **Informationsträger** sind Medien, mit deren Hilfe Daten und Informationen gespeichert, übertragen und weiterverarbeitet werden können. Für Logistikanwendungen sind vor allem bedruckte Barcode-Etiketten und elektronische Barcodes (Transponder) als Datenträger relevant.

Ein **Barcode** enthält je nach Codierungsart verschlüsselt dargestellte Ziffern oder Zeichen zur Identifikation, Klassifizierung bzw. Nummerung des bezeichneten Gegenstands. Für die unterschiedlichsten Logistikanwendungen existieren zahlreiche Barcodearten. Charakteristisch für die Anwendung von Strichcodes oder DataMatrix-Codes sind:

- die Codierungsart, d. h. die Vorschrift zur Verschlüsselung, i. d. R. Strichcode
- das Lesen des Codes durch einen Scanner
- die Umwandlung der Scannersignale in rechnerlesbare Datenformate.

Einer der wichtigsten Codes ist der GTIN-Code (Global Trade Item Number), ehemals **EAN-Code** (European Article Number) für Handel und Warenwirtschaft. GTIN/EAN ist ein numerischer Code mit den Ziffern 0–9. Sowohl Striche als auch Lücken tragen Informationen. Es werden 13 oder 8 Zeichen (GTIN bzw. GTIN-Kurznummer) dargestellt. Die ersten zwei Ziffern bezeichnen das Herstellungsland, die nächsten fünf Ziffern bezeichnen den Hersteller, weitere fünf Ziffern den Artikel (Bild 15.3). Zur Kontrolle dient die letzte Ziffer als Prüfziffer. GTIN/EAN besitzt als Vorteil eine hohe Informationsdichte in 10 verschiedenen Größen. Der Barode ist im Offset-, Buch-, Tief-, Laserdruckverfahren sowie im Thermodruck und Fotosatz herstellbar. Damit ist der Einsatzbereich fast unbegrenzt.

Bild 15.3 GTIN/EAN-Code

Neben der Barcode-Etikettierung setzen sich mobile Datenspeicher, **Transponder,** als warenbegleitender Informationsträger zunehmend durch. Mobile Datenträger können Artikeldaten speichern und auslesen, erfordern aber auch höhere Investitionen als die konventionelle Barcode-Etikettierung.

Grundsätzlich sind bei den genannten Datenträgern folgende Vorteile bzw. Nachteile gegeben (Tabelle 15.2):

Tabelle 15.2: Vor- und Nachteile von Datenträgern

Informationsträger	Vorteile	Nachteile
Barcode	■ universelle Einsatzmöglich-keiten (z. B. Klebeetiketten) ■ kostengünstiger Einsatz ■ Robustheit und Kontroll-möglichkeit	■ nur (passives) Lesen möglich ■ Einlesen nur aus geringer Entfernung möglich
Mobile Datenspeicher/ Transponder	■ Einspeichern und Auslesen von Daten ■ aktive Identifikation möglich	■ Kosten abhängig von Speichergröße ■ höhere Investition als Barcode

Um die Codierung der Datenträger zu erkennen, werden zur Datenerfassung sehr unterschiedliche Dateneingabegeräte verwendet (Tabelle 15.3). Gebräuchliche Gerätearten sind vor allem Barcode-Scanner, Industrieterminals sowie berührungslose, funkbasierte Lesegeräte, die eine Identifikation auch auf Distanz ermöglichen (RFID-Technologie).

Tabelle 15.3: Geräte und Anwendungen zur Datenerfassung

Gerät	Anwendung
Barcode-Leser, Scanner	Einlesen Barcode, EAN-Code (Europäische Artikelnummer), Abtasten von Bildpunkten, Einlesen codierter Auftragsbelege und Warenetiketten (Wareneingangserfassung)
Beleg- und Schriftleser	Schrifterkennung (OCR, optical character recognition)
Fullscreen-Terminals, Industrieterminals	Dateneingabe: Auftragsdaten, Zu- und Abgänge
Handterminals	Dateneingabe: Lagerdaten, Inventurdaten
Fahrzeugterminals	Dateneingabe: Transportdaten
Mobile Datenspeicher	Datenspeicherung: Ein- und Auslesen von Identifikationsdaten Betriebsdatenerfassung (BDE) Maschinendatenerfassung (MDE)

15.4 Integration, Datenaustausch, Kommunikation

Der Begriff **Integration** hat in Zusammenhang mit Softwareanwendungen mehrere Bedeutungen. Zunächst bedeutet der Begriff **Datenintegration** für die Anwendung an sich, dass mehrfache Dateneingaben und redundante Datenhaltung vermieden werden müssen. Redundante Datenhaltung heißt, dass gleichartige Daten in verschiedenen Modulen der Anwendung mehrfach gehalten werden. Es stellt sich dabei das Problem der Datenintegrität, z. B. wenn mehrere Disponenten auf einen Artikelstamm zugreifen und diesen ändern wollen. Redundante Datenhaltung kann dadurch vermieden werden, dass die Datenorganisation zentral gelöst wird, z. B. über eine artikel- oder bestandsführende Datenbank.

Eine weitere Stufe der Integration besteht in der Verbindung von Softwareanwendungen durch **standardisierten Datenaustausch**. Technische Voraussetzung ist hierfür die Datenübertragung durch Netzwerke, Kommunikationsdienste mit den zu Grunde liegenden Übertragungsprotokollen.

Unter dem Begriff **Prozessintegration** wird darüber hinausgehend verstanden, dass Anwendungen nicht nur technisch, sondern auch hinsichtlich der gesamten **Kommunikation** und insbesondere in den organisatorischen Abläufen synchronisiert sind.

15.4.1   Verfahren zum standardisierten Datenaustausch

Kennzeichnend für den elektronischen Datenaustausch ist eine vollständige rechnergestützte Abwicklung und Datenübertragung möglichst ohne manuellen Eingriff. Software zum elektronischen Datenaustausch (Electronic Data Interchange, EDI) unterstützt für Logistikanwendungen den übergreifenden Informationsaustausch in der logistischen Kette.

EDI-Systeme dienen u. a. zum Übertragen von Auftrags-, Bestell- und Lieferinformationen in der logistischen Kette. Herkömmliche Übertragungsmedien wie Papier, Barcode, Telefax usw. werden ersetzt und die Abwicklung erfolgt rechnergestützt. Viele Betriebe beabsichtigen, EDI-Systeme zur Beschleunigung der Prozesse in der logistischen Kette einzuführen und damit ihren Vernetzungsgrad auszubauen. Untersuchungen in der Automobillogistik zeigen beispielsweise, dass bei EDI ein erheblicher Handlungsbedarf besteht und der Vernetzungsgrad zukünftig weiter ansteigen wird. Aus einer Untersuchung des Bundesverbandes Spedition und Logistik von 3 300 Betrieben geht hervor, dass heute insgesamt 63 % der Logistikunternehmen EDI-Anwendungen nutzen [BSL-Studie 2000].

Tabelle 15.4 zeigt eine Auswahl relevanter Industriestandards und Kooperationsinitiativen zur Standardisierung des überbetrieblichen Datenaustauschs bzw. Standardisierung der Geschäftsprozesse [Thaler 2001].

EDIFACT (**E**lectronic **D**ata **I**nterchange **f**or **A**dministration, **C**ommerce and **T**ransport) ist der wichtigste normierte, branchenübergreifender Standard zum automatisierten Datenaustausch zwischen Unternehmen (ISO 9735).

Ziel ist es, Daten aus dem Anwendungssystem eines Unternehmens ohne weitere manuelle Erfassung und Bearbeitung direkt in das Anwendungssystem des Empfängers weiterzugeben. Der EDIFACT-Standard ist besonders für die rechnergestützte Auftragsabwicklung geeignet und ist seit ca. 20 Jahren im Einsatz. Der Standard hat eine weltweite Verbreitung bei zahlreichen Großunternehmen und Organisationen und die größte Verbreitung in den USA. Ein großer Vorteil ist die systemübergreifende Normierung des Formats für den Datenaustausch bei gleichzeitiger Komprimierung der Daten. Damit können günstige Übertragungsraten in einer Punkt-zu-Punkt-Verbindung erreicht werden. Als Nachteil gilt, dass Anwendungen Daten nur mit Hilfe eines Konverters importieren oder exportieren können und dass Punkt-zu-Punkt-Verbindungen für komplexe Logistiknetzwerke teilweise ungeeignet sind. Durch die maschinenlesbare Codierung ist der EDIFACT-Code nicht selbsterklärend und bedingt bei der Einführung i.d.R. hohe Anschaffungs-, Implementierungs- und Wartungskosten. Dem EDIFACT-Standard entsteht zunehmend Konkurrenz durch einschlägige branchenspezifische Standards, insbesondere durch kostengünstige, webbasierte Verfahren (Web-EDI).

Tabelle 15.4: Industriestandards und aktuelle Kooperationsinitiativen

Standard	Bedeutung/Anwendung
EDIFACT	Electronic Data Interchange for Administration, Commerce and Transport: Standardisierte Nachrichten über Bestellungen, Lieferungen, Rechnungen u.v.m. Branchenübergreifende Anwendung
ODETTE	Organisation for Data Exchange by Tele Transmission in Europe, Anwendung in der Automobilindustrie
SEDAS	Standardisiertes einheitliches Datenaustauschsystem, Anwendung im Groß-/Einzelhandel
VDA	Verband der Deutschen Automobilindustrie, Datenübertragung durch Lieferabruf (VDA 4905/2) und Feinabruf (VDA 4915)
ENX	Webbasierter Datenübertragungsstandard des Verbands der Deutschen Automobilindustrie
SWIFT	Datenübertragungsstandard im Zahlungsverkehr
RosettaNet	XML-basierte Standardisierung von Prozessen in der IT-Industrie (www.rosettanet.org)
CIP4	Cooperation for the Integration of Processes in Prepress, Press and Postpress (CIP4). XML-basierte Standardisierung von Prozessen in der Druck- und Medienindustrie (www.cip3.org)

15.4.2 Netzwerke, Kommunikationsdienste und Protokolle

15.4.2.1 Netzwerke und Kommunikationsdienste

Netzwerke dienen allgemein als Rechner- oder Datennetze zur Übertragung von Daten zwischen Softwareanwendungen und Benutzern. Es können öffentliche Netze (z.B. Internet) und private bzw. Unternehmens-/Institutionsnetzwerke (Corporate Networks) unterschieden werden [Tanenbaum 2000]. Für Logistikanwendungen sind vor allem folgende Netzwerke relevant:

- Local Area Network (LAN), Lokales Netzwerk

- Wide Area Network (WAN), Rechnerfernnetzwerk

- Intranet, Extranet

Ein räumlich eng zusammenliegendes, meist innerbetrieblich genutztes Netz wird als **Lokales Rechnernetz**, LAN bezeichnet. Anwendungen sind beispielsweise Ethernet und Tokenring mit begrenzter lokaler Ausdehnung. Ein räumlich weiter auseinander liegendes Rechnernetz wird als **Rechnerfernnetzwerk** (WAN) bezeichnet. Als **Intranet** wird ein innerbetriebliches, geschlossenes, „privates" Netz bezeichnet, das z. B. zur Vernetzung von Produktionsstandorten aufgebaut ist. Als **Extranet** bezeichnet man ein gleichartiges Netz, das z. B. zusätzlich Kunden oder Lieferanten mit Zugangsberechtigung offen steht. Die Übertragung von Unternehmensdaten im öffentlichen Bereich des **Internets** ist auf Grund des aufwändigen Datenschutzes eher unbedeutend. **Kommunikationsdienste** sind allgemein Dienste, die in einem Netzwerk den Benutzern zur Verfügung gestellt werden.

Nach der Art der Kommunikation im Netz können folgende Verbindungsarten unterschieden werden:

- P2P: person to person, Mensch zu Mensch-Kommunikation

- P2S: person to system, Mensch-Maschine-Kommunikation

- S2S: system to system, System-System-Kommunikation

Grundsätzlich zu unterscheiden ist, ob die Kommunikation Punkt-zu-Punkt, d. h. verbindungsorientiert, oder als Mehrpunktverbindung erfolgt. Wichtige Kommunikationsdienste und -netzwerke für Logistiksoftwareanwendungen sind:

- GSM: Global System for Mobile Communication:
  Digitales Mobilfunknetz für Sprache, Daten, Text und Bild (standardisiert vom European Telekommunikation Standard Institute)

- UMTS: Universal Mobile Telecommunications System:
  Multimedialer Datenübertragungsstandard für Mobiltelefone der 3. Generation (z. B. mobiler Internetzugang)

- WAP: Wireless Application Protokoll:
  Übertragungsprotokoll von Seiteninhalten auf Mobiltelefone mit komprimierter Darstellung

- GPS: Global Positioning System:
  Satellitengestützter US-Navigationsdienst

15.4.2.2 ISO/OSI-, TCP/IP-Protokolle und XML-basierte Verfahren

Eine formalisierte Verfahrensvorschrift für den Informationsaustausch und die Datenübertragung in einem Netzwerk wird als Protokoll bezeichnet.

Protokolle OSI und TCP/IP. Protokolle zur Datenübertragung basieren auf den zwei gebräuchlichen Protokollen nach ISO/OSI (Open Systems Interconnection) und TCP/IP (Transmission Control Protocol/Internet Protocol). Das **OSI-Referenzmodell** nach ISO 7498 unterscheidet sieben Schichten (Tabelle 15.5).

Tabelle 15.5: OSI-Referenzmodell

Ebene	Bezeichnung	Beschreibung
7	Anwendungs-schicht application layer	In der Anwendungsschicht befinden sich alle Anwendungssysteme.
6	Darstellungs-schicht	Hier werden Vereinbarungen über den Dateitransfer getroffen, z. B. bezüglich Formaten.
5	Kommunikations-schicht	Diese Schicht stellt für das Anwendungssystem sicher, dass der Datenaustausch aufgebaut, ggf. unterbrochen und schließlich geordnet wieder beendet werden kann.
4	Transportschicht	Diese Schicht stellt sicher, dass Nachrichten fehlerfrei und in der richtigen Reihenfolge an den Empfänger geleitet werden.
3	Vermittlungsschicht	Die Netzwerkschicht bestimmt den „richtigen" Kommunikationspfad (Übertragungskanal) im Rechnernetz.
2	Sicherungsschicht	Hier wird der Datenübertragungsdienst realisiert, damit man Daten fehlerfrei übertragen kann (beispielsweise bei auftretenden Übertragungsfehlern).
1	Bitübertragungs-schicht	Hier wird die physikalische Verbindung zwischen Datenendgerät und Datenübertragungseinrichtung spezifiziert. Die Daten werden als Bitsequenz über die Leitung transportiert.

Als Standard zur Integration unterschiedlicher Übertragungsanforderungen entstand mit dem Aufkommen des Internets das so genannte **TCP/IP-Protokoll** (Transmission Control Protocol/Internet Protocol). Es bezeichnet den Standard für die Datenübertragung im Internet, der allerdings nicht Bestandteil der ISO/OSI-Normen ist. Unabhängig vom jeweiligen Kommunikationsdienst werden Daten nach demselben Schema in Pakete zerteilt, transportiert und adressiert. Die Adressierung erfolgt dynamisch oder als Festadresse über die IP-Adresse des Hostrechners. Internet-Adressen werden vom Internet Network Information Center (InterNIC) vergeben.

Eine Reihe von Protokollen, die auf TCP/IP aufsetzen, zeigt Tabelle 15.6:

Tabelle 15.6: Beispiele von TCP/IP-basierten Protokollen

Protokoll	Anwendung
HTTP	Hyper Text Transfer Protocol: WWW-Protokoll zur Kommunikation zwischen Servern und Clients
FTP	File Transfer Protokoll: Dateitransfer und Konvertierung
SMTP	Simple Mail Transfer Protokoll: E-Mail Dienst

Extensible Markup Language (XML) bezeichnet den Nachfolger des heutigen HTML-Standards, mit der die Seiten- und Inhaltsdarstellung im Inter-, Intra- und Extranet codiert wird. HTML- bzw. XML-Code wird vom Navigationsprogramm (Browser) genutzt, um Inhalte systemübergreifend zu übertragen. Datendefinition und Daten werden dabei getrennt (Bild 15.4). Auf Grund der Unabhängigkeit vom Anwendungssystem (Hardware und Betriebssystem) ist damit ein offener Informationsaustausch möglich. XML-basierte Verfahren sind damit Voraussetzung für eine Prozessintegration der Softwareanwendungen.

```
<?xml version="1.0"?>
        <!DOCTYPE CustomerInformation
            [<!ELEMENT CustomerInformation (Person, City, PCode)>
                <!ELEMENT Person (Name,Mail)>
                <!ELEMENT Name (#PCDATA)>
                <!ELEMENT Mail (#PCDATA)>
                <!ELEMENT City (#PCDATA)>
                <!ELEMENT PCode (#PCDATA)>
                <!ATTLIST PCode Country (D|F|E) #REQUIRED>]>

<?xml version="1.0"?>
        <!DOCTYPE CustomerInformation SYSTEM "http://www.bsp.dtd">
        <CustomerInformation>
                <Person>
                <Name>Klaus Thaler</Name>
                <Mail>thaler@hdm-stuttgart.de</Mail>
                </Person>
                <City>Stuttgart</City>
                <PCode Country="D">70</PCode>
        </CustomerInformation>
```

Bild 15.4: XML-Codierung von Adressdaten

Web-EDI-Verfahren nutzen den Standard XML zur Verbesserung der Datenkommunikation zwischen Logistikanwendungen. Im Rahmen des Enterprise Application Integration (EAI) werden weitere Bemühungen unternommen, die Prozessintegration auf Grundlage von Webservices zu erzielen.

15.5 Standardsoftwareauswahl und -einführung

In der betrieblichen Praxis zeigt sich häufig, dass es die gewünschte Softwarelösung als Standardanwendung nicht gibt. Die grundlegende **Problematik** bei der Einführung von Standardsoftware liegt darin, dass einerseits aus Aufwandsgründen möglichst wenig Anpassungs- und Änderungsaufwand betrieben werden sollte, andererseits aber nicht unnötig Geschäftsprozesse an möglicherweise unpassende Softwareabläufe angepasst werden. Im Rahmen der Auswahl und Einführung von Standardsoftware stellen sich dabei oft folgende Fragen:

- Wie werden Projekte zur Einführung von Standardsoftware durchgeführt?

- Welche Methoden und Verfahren zur Prozessanalyse und zur Modellierung werden eingesetzt?

- Wie kann die Umsetzung systematisch erarbeitet werden?

- Welche Möglichkeiten der Erfolgskontrolle und Evaluierung gibt es?

15.5.1 Projektablauf, Referenzmodellierung und Prozessanalyse

Im Projektablauf der Auswahl und Einführung von Standardsoftware finden sich oft folgende Vorgehensschritte von der Zielentwicklung, Projektkonkretisierung, Analyse, Konzeption bis zur Umsetzung und Erfolgskontrolle:

- Anforderungsanalyse: Untersuchung und Bewertung möglicher Standardsoftware, Marktstudien, Suche nach Referenzimplementierungen

- Prozessanalyse: Untersuchung der Logistikaufgaben, Prozessketten (Supply Chain)

- Pflichten- und Lastenheft: Abgleich von Anforderungs- und Prozessanalyse

- Anpassung der Software (Customizing) und ggf. der Prozesse (Process-Reengineering)

- Implementierung und Einführung der Software (Integration mit Umfeldsystemen)

- Begleitende Schulung, Evaluierung und Nachweis der Wirtschaftlichkeit.

Begriff des Referenzmodells. Ein Referenzmodell hilft, die Einführung von Standardsoftware durch die Entwicklung und Anwendung von formalen Beschreibungen (formale Modelle) der Softwarefunktionen zu vereinfachen. Durch Vergleich des Referenzmodells mit der vom Anwender benötigten Funktionalität kann der Einführungsaufwand, insbesondere der Anpassungs- und Änderungsbedarf, reduziert werden. Ein Referenzmodell sollte mehrere Sichten ermöglichen:

- Aufbau- und Ablauforganisation (Prozesssicht)

- Beschreibung der Prozessvoraussetzungen und Ergebnisse (Datensicht)

- Zusammenwirken der Module und deren Schnittstellen (Softwarearchitektur)

Modellierungsmethoden. Zur formalen Beschreibung werden verschiedene Verfahren verwendet:

- Modellierung der Daten: Entity Relationship Model (ERM), Datenfluss-Diagramm (DFD)

- Modellierung der Funktionen: Structured Analysis (SA), Structured Design (SD), Structured Analysis and Design Technique (SADT)

- Modellierung von Prozessen, Daten- und Funktionen: Flussdiagramm/ Funktionsflussdiagramm, Hierarchy Input-Process-Output (HIPO), Objectoriented Design (OOD), Ereignisgesteuerte Prozesskette (EPK), Petri-Netze.

> Durch die **Prozessanalyse** wird untersucht, ob und wieweit die betrachteten Betriebsabläufe, Prozesse und Aufgabenbereiche im Hinblick auf die zu erreichenden Ziele den Anforderungen und Erwartungen genügen.

Die **Prozessanalyse** bildet eine wesentliche Basis bei der Einführung von Standardsoftware. Für die zu betrachtenden Prozesse sind Strukturen, Abläufe und Ergebnisse zu hinterfragen, Schwachstellen zu analysieren und Verbesserungsmöglichkeiten zu erarbeiten. Das **Prozess-Reengineering** zielt auf eine Reorganisation von Prozessen und auf eine Neugestaltung der zu Grunde liegenden Aufgaben und Abläufe ab. Das Analyseergebnis sollte sowohl die Struktur des Prozesses (Soll-Prozessmodell) als auch die Leistungsmerkmale des Prozesses (Leistungsindikatoren, Key Performance Indicators) wiedergeben.

15.5.2 Softwareauswahl, Customizing und Evaluierung

Voraussetzung für die Softwareauswahl ist i. d. R. die Festschreibung des Pflichten- und Lastenhefts als Abgleich von Anforderungs- und Prozessanalyse. Neben den technischen Kriterien (Leistungsumfang, Integrationsfähigkeit, Hardwarevoraussetzungen etc.) spielen bei der Softwareauswahl oft vielfältige, strategische Überlegungen eine Rolle:

- Marktbedeutung des Softwareanbieters

- Anzahl der Referenzimplementierungen

- Service- und Wartungsqualität

- Schulungsmöglichkeiten

- Laufende Kosten für Anpassung und Wartung

- Lizenzkosten

Aus Kostengründen gehen Anwender zunehmend dazu über, Standardsoftware über das so genannte **Application Service Providing**, d. h. Auslagerung an Softwaredienstleister, zu beziehen.

Im Rahmen des **Customizing** werden die benötigten Module, Funktionen, Daten und Datenfelder, Objekte, sowie die Benutzeroberflächen festgelegt. Für das **Customizing der Materialstammdaten** eines Standardsoftwaresystems werden beispielsweise u. a. die Felder Materialart, Artikelnummer, Bestellmengeneinheit, Sicherheitsbestand, Meldebestand und Lagerort angelegt. Jedem Materialstammsatz wird eine eindeutige Nummer (ID-Kennung) zugeordnet. Die so konfigurierten Stammdaten werden in diesem System von verschiedenen Modulen zur Verarbeitung benutzt:

- Anwendung Vertrieb/Buchhaltung: Preisfestlegung, Preisänderung, Anlage der Bestellmenge, Inventurrechnung

- Anwendung Konstruktion: Anlegen der Konstruktions- und Montagestücklisten

- Anwendung Einkauf/Disposition: Bestellauslösung beim Lieferanten, Festlegen Planlieferzeiten, Sicherheit- und Meldebestand

- Anwendung Lagerwirtschaft: Datenpflege der Artikelmengen und der Lagerorte.

Wichtiges Element einer erfolgreichen **Einführung von Standardsoftware** ist die Einbeziehung der Mitarbeiter im Rahmen rechtzeitiger Schulungsmaßnahmen. Im Rahmen der **Evaluierung** wird der wirtschaftliche und prozessbezogene Umsetzungserfolg bewertet. Hierzu werden häufig Methoden der Leistungsmessung und Prozessaudits angewendet. Ein **Prozessaudit** hat das Ziel, zu prüfen, ob Aufgaben im Prozessablauf sowie die zugehörigen Ergebnisse dem vorgegebenen Prozessablauf entsprechen. Der Wirtschaftlichkeitsnachweis bei der Einführung von Standardsoftware wird vor allem deswegen zur Herausforderung, da heute bereits ein überwiegender Anteil der Investititonen in die Anwendungsintegration fließen.

Literatur

DSLV (Hrsg.): Zahlen, Daten, Fakten aus Spedition und Logistik. Bonn: Deutscher Speditions- und Logistik-Verband e. V. 2010
Tanenbaum, A. S.: Computernetzwerke. 3. Auflage. München: Pearson Education 2000
Thaler, K.: Supply Chain Management. Prozessoptimierung in der logistischen Kette. 5. Auflage. Troisdorf: Bildungsverlag EINS 2007
Weitere Informationen: www.hdm-stuttgart.de/thaler

16 E-Business in der Logistik

Dr.-Ing. Theodor Fink

16.1 Definition und Gliederungsansatz

E-Business soll hier als Gestaltung und integrierte Abwicklung digitalisierbarer Prozesse auf Basis des Internets verstanden werden.

Ziel ist es, zu zeigen, welche zusätzlichen bzw. ganz neuen Gestaltungsmöglichkeiten sich durch E-Business in logistischen Prozessen ergeben.

16.2 Die Möglichkeiten des Internets

Aus der paketvermittelten Kommunikation zwischen wenigen Großrechnern, deren Anfänge in die 70er-Jahre des letzten Jahrhunderts zurückreichen, ist heute das bekannte weltumspannende Kommunikationsmedium „Internet" geworden. Dessen ganze Bandbreite und Vielfalt einerseits und die Relevanz für die Logistik andererseits erschließen sich am besten, wenn man die verschiedenen Entwicklungslinien betrachtet:

Bild 16.1: Entwicklungslinien im Internet zum globalen E-Business

16.2.1   Medium zur Datenübertragung

Die Basis dazu wurde durch die Standardisierung und breite Anwendung der Kommunikationsprotokolle TCP/IP gelegt.

Im Sinne des 7-Schichten-OSI-Referenzmodells regeln diese Protokolle
die Schichten 4 bzw. 3. Dem Internet Protocol (IP) kommt dabei die Aufgabe zu, Kommunikationspartner eindeutig zu identifizieren.

Die durch die Kommerzialisierung des Internets explosionsartig an-
gestiegene Anzahl von Kommunikationspartnern machte in letzter Zeit
eine konsequente Weiterentwicklung bezüglich der Anzahl identifizier-
barer Partner (IP-Adressen), der Übertragungsgeschwindigkeit und des
Übertragungsvolumens notwendig.

Das aus den 70er-Jahren des vergangenen Jahrhunderts stammende
Internet Protocol Version 4 (IPv4) wird sukzessive von der Version 6 ab-
gelöst werden (IPv6), mit der dann theoretisch jedem Quadratmillimeter
Erde 667 Billiarden Adressen zugewiesen werden können. Außerdem hat
die Icann (Internet Corporation for Assigned Names and Numbers) 2001
neue top-level-domains vergeben.

Auch an der Verfügbarkeit immer höherer Bandbreiten (im stationären
Bereich z. B. DSL-Technologien, im mobilen z. B. GPRS bzw. UMTS;
Ausbau von schnellen Backbone-Netzen durch international agierende
Carrier) wird gearbeitet.

Das neue Medium verhalf der breiten elektronischen Kommunikation
zum Durchbruch: Intranets und Extranets verbinden Mitarbeiter und
Geschäftspartner. Web-EDI ermöglicht auch kleineren Unternehmen
einen kostengünstigen Einstieg. Spezielle Techniken erlauben den Aufbau „sicherer" Subnetze. Peer-to-Peer macht eine Kommunikation ohne
zentrale Komponente möglich.

16.2.2   Neue Geschäftsmodelle

Durch neue Geschäftsmodelle sind Prozesse abbildbar, die ohne Internet nicht oder nicht wirtschaftlich möglich waren. Mit deren Anwendung werden primär klassische unternehmerische Ziele verfolgt.

Online-Shops waren der erste Versuch, über das Internet Geld zu ver-
dienen (E-Commerce). Sie wurden zuerst von neu auftretenden Online-
Händlern (ausschließlicher Vertriebsweg) und dann von zentral agieren-
den Organisationen (zusätzlicher Vertriebsweg) genutzt.

E-Kataloge entstanden aus der Shop-Idee: Wenn man die angebotenen Artikel („Kataloge") nicht nur im eigenen Shop, sondern auch auf anderen Plattformen anbieten kann, wäre – quasi mit Minimalaufwand – eine enorme Verbreiterung des Angebots möglich. Kataloge spielen heute eine dominierende Rolle.

Shopping-Malls bündeln unabhängige Shops unter einem Dach.

Multi-Site-Systeme bieten Lösungen für Unternehmen mit dezentralen Filialstrukturen, indem sie zentrale Datenhaltung mit dezentralen Shop-Strukturen kombinieren. Zentral vorgehalten werden u. a. Artikel- und Preisdaten, Klassifikationen, das Navigationsumfeld, die Produktpräsentation, Liefer- und Zahlungsbedingungen, eine einheitliche Corporate Identity. Darauf aufbauend definieren einzelne Standorte in „ihren" Online-Shops ihr Angebot: Artikel aus dem zentralen Sortiment – die u. U. um regionale Artikel ergänzt werden können –, spezielle Kunden- und Aktionspreise, eigene Kontaktmöglichkeiten. Kunden können in diesem Fall entweder zentral oder dezentral registriert werden.

Virtuelle Auktionen (viele Nachfrager, ein Anbieter) ähneln traditionellen Auktionen: Der Anbieter bestimmt den Mindestpreis und verschiedene Nachfrager überbieten sich in Form elektronischer Gebote. Die Laufzeit beträgt Tage bis Wochen. Am Ende erhält das beste Gebot den Zuschlag. Teilweise ermöglichen es Agenten, auch im Offline-Betrieb, bis zum definierbaren Maximalgebot nur so viel mitzubieten, um in der Auktion zu führen.

Reverse auctions (ein Nachfrager, viele Anbieter) sind vor allem im Einkauf beliebt: Festgelegte Lieferanten geben im Verlauf weniger Stunden jeweils ihre Angebote ab; es besteht Preistransparenz, d. h., jeder sieht den Preis der Wettbewerber, deren Namen aber bleiben anonym. Durch die Faktoren Zeitlimitierung und Preistransparenz entsteht ein hoher Wettbewerbsdruck, der in der Regel während der Auktion zu sinkenden Preisen führt. Alternativ zum Preis können auch andere Kriterien wie Lieferzeiten oder Rabattprozentsätze verhandelt werden.

Power Shopping (Buying) bündelt die Bedarfe unterschiedlicher Nachfrager mit dem Ziel, für größere Mengen größere Rabatte zu bekommen.

16.2.3 Neue Kommunikationsformen

Auf der Grundlage des „getippten" Wortes entwickelten sich offene Kommunikationsräume. Es zeichnet sich ab, dass die Mensch-Maschine-Kommunikation bzw. das Übertragen von Aufgaben an „intelligente" Wesen deutlich zunehmen wird.

Chats, Foren und **Communities** sind bekannte Beispiele offener Kommunikationsräume. Es gibt sie in moderierter oder freier Form, mit Zutritt für jeden bzw. nur für Mitglieder, mit Business-, Entertainment- oder Fun-Hintergrund.

Avatare (körperliche Darstellung von intelligenten virtuellen Wesen mit menschlicher Gestik, Mimik und Sprache) werden verstärkt als Präsentatoren, Navigatoren und Berater auf Websites eingesetzt, und zukünftig auch als persönlicher Repräsentant in den Weiten des WWW.

Agenten oder **Bots** agieren autonom und sind lernfähig. Sie bekommen von Menschen bzw. anderen Agenten Aufgaben übertragen, die sie im Rahmen von Transaktionen „eigenverantwortlich" ausführen können. Ziel ist dabei die weitere Automatisierung von Bereichen, die bisher als nicht automatisierbar galten. Es wird daran gearbeitet, dass Agenten eigenständig Verhandlungen durchführen und Verträge abschließen.

Die natürliche Sprache wird sowohl bei der Kommunikation unter Menschen, wenn nötig auch mit simultaner Fremdsprachenübersetzung, als auch zwischen Menschen und Avataren und Bots eine weitere Vereinfachung bringen.

16.2.4   Virtuelle Handelsräume

> Durch die standardisierte und einfach zugängliche Datenübertragung und die Verfügbarkeit neuer Geschäftsmodelle und Kommunikationsmöglichkeiten begünstigt, sind virtuelle Handelsräume in verschiedener Ausprägung entstanden.

Virtuelle Auktionshäuser werden von unabhängigen Dienstleistern betrieben, die entweder Mitgliedsgebühren verlangen oder an Transaktionen mitverdienen. Oft bilden alle zugelassenen und zuvor geprüften Mitglieder eines Auktionshauses einen geschlossenen Handelsraum, in dem eine seriöse Transaktionsabwicklung gewährleistet werden kann. Es gibt aber auch die Registrierung pro Auktion bzw. den freien Zugang. Gehandelt wird ein sehr breites Produktangebot, von Über- und Restbeständen über einfachere Artikel wie Büromaterial bis hin zu kompletten Maschinen und Anlagen sowie Dienstleistungen (Beispiele: www.portum.com, www.netbid.de, www.ebay.de usw.).

Trade Boards ähneln einem Schwarzen Brett im Internet, an dem Gesuche angepinnt werden können (synonyme Bezeichnungen sind: Ausschreibungsseiten, Bulletin Board, Trade Leads). Solche Sites werden von unabhängigen Dienstleistern betrieben, die entweder Mitgliedsgebühren verlangen oder an einzelnen Transaktionen mitverdienen. Meist ist eine

Konzentration auf Produktgruppen bzw. Regionen zu beobachten. Geeignet sind Trade Boards zur Ausschreibung von Bedarfen und Kaufgesuchen (buy), zum Publizieren von Verkaufsangeboten (sell) und zur Suche nach „business opportunities" (z. B.: www.alibaba.com, www.worldbid.com, www.bizeurope.com).

Virtuelle Marktplätze ermöglichen den Handel unter vielen Anbietern und Nachfragern. Dazu integrieren Marktplätze eine Vielzahl von Geschäftsmodellen, u. a. Online-Shops, Auktionen, Ausschreibungen, Bestellabwicklung, Tracking and tracing, Transaktionsreporting, Chats, Communities, Newsletter, Newsticker, Fachinformationen, etc.

Marktplätze werden von unabhängigen Unternehmen betrieben, die entweder Mitgliedsgebühren verlangen oder an einzelnen Transaktionen mitverdienen. Vollständige Transaktionen umfassen die Phasen Information, Geschäftsanbahnung, Verhandlung und Abwicklung. Nicht alle Marktplätze unterstützen alle Phasen.

Marktplätze können auf unterschiedliche Art klassifiziert werden:

- Nach der Zielgruppe: B2B, B2C, C2B, C2C

- Nach Branchen („vertikal"; Beispiele: Bau, Büro und IT, Chemie und Polymere, Elektronik, Energie, Investitionsgüter, Stahl und Metall, Transport und Logistik)

- Branchenübergreifend („horizontal"; Beispiel: www.equest.de)

- Nach Produkt- und Materialgruppen

- Nach geografischen Schwerpunkten

Für die Suche nach Marktplätzen stehen mittlerweile eigene Dienstleister zur Verfügung.

Firmenportale entstehen aus der ehemaligen eigenen Website mit dem Ziel, alle benötigten Geschäftsmodelle zu implementieren, die für Mitarbeiter und Geschäftspartner notwendig sind. Dazu gehören: Communities für Lieferanten, reverse auctions, Bedarfsausschreibung, Anbindung von Lieferanten für automatisierte Beschaffungsvorgänge. Beschaffungsportale können von einem Unternehmen oder von Konsortien geschaffen und betrieben werden.

16.2.5 E-Business Standardsoftware

Während in den Anfängen viele E-Applikationen selbst geschrieben wurden und die Anbindung an vorhandene ERP-Systeme (Enterprise resource planning) jeweils individuell oder gar nicht gelöst wurde, sind heute ausreichend Standardsysteme auf dem Markt.

Diese Entwicklung wurde eingeleitet durch Start-ups, die vor oder während der Hype-Jahre (1996 bis 2000) schnell und innovativ spezielle Komponenten anbieten konnten, die als add-on zu ERP-Systemen oder stand-alone zum Einsatz kamen: Catalog-Procurement, E-Auktionen und Ausschreibungen, Online-Shops, E-Marketplaces, E-Portale, SCM, CRM usw. Die nach der Konsolidierung in den Jahren 2001 und 2002 übrig gebliebenen Unternehmen bieten heute professionelle Systeme mit Integrationsmöglichkeiten zu ERP-Systemen. Andererseits begannen die ERP-Hersteller ab 1999 ihre Systeme um die neuen Komponenten zu ergänzen bzw. komplett neue integrierte Systeme zu schaffen, um den Markt nicht gänzlich an die neuen Wettbewerber zu verlieren.

16.3   Klassische und neue Logistikaufgaben

Die beschriebenen E-Business Möglichkeiten müssen sinnvoll und an der richtigen Stelle eingesetzt werden, damit sie ihren Nutzen entfalten. Tabelle 16.1 gibt einen Überblick.

Tabelle 16.1: Einsatz von E-Business-Optionen und deren Nutzen

Kernaufgaben der Logistik und Beschaffung	E-Business-Optionen	Zusatznutzen
Beschaffungsmarkt-analysen durchführen	■ Online-Publikationen ■ Newsletter ■ Einkaufsdatenbanken	Größerer Lieferanten-markt ist beobachtbar
Einzelbedarfe wirtschaft-lich decken	■ Bestellungen auf Websites ■ Abschluss von Kontrakten über Aus-schreibungen und reverse auctions	Reduzierter interner Aufwand; evtl. Preis-senkung
Rationalisierung wieder-kehrender Beschaffungs-vorgänge	■ Desktop-Purchasing ■ Bestellung über Web-EDI ■ Lieferantengesteuerte Prozesse	Deutlich reduzierter interner Aufwand; evtl. Preissenkung
Teilnahme in Liefer-ketten ermöglichen	■ Harmonisierungen entlang der Supply-Chain ■ E-Business-Networks mit E-Catalogs	Erst E-Business er-möglicht Teilnahme; sonst drohender Ausschluss

Die Optionen zur Beschaffungsmarktanalyse sind hinreichend bekannt und werden an dieser Stelle nicht weiter vertieft.

16.4 E-Business zur Deckung von Einzelbedarfen

16.4.1 Bestellungen auf Websites

Bestellungen werden über das Geschäftsmodell Online-Shops abgewickelt. Eine professionelle Lösung ist heute voll in das Warenwirtschaftssystem integriert, so dass Bestellungen – nach den notwendigen Plausibilitätsprüfungen – sofort zu einer Kommissionierung führen.

Einkäufer aus Unternehmen werden nur in definierten Fällen, z. B. für die Deckung eher einmaliger oder sporadischer Bedarfe von Produkten oder Dienstleistungen, darauf zurückgreifen, weil sie nicht die Zeit haben, ihre Produkte auf einer Vielzahl von Websites zusammenzusuchen. Am weitesten verbreitet ist der Einsatz im Ersatzteilgeschäft oder zum Bestellen von Unterlagen.

Folgende Funktionen bietet ein professioneller Shop heute:

- Navigationsumfeld: textorientiert oder Bewegen in (3-D-)Szenarien

- Registrierung von Benutzergruppen (z. B. zur Preis- oder Rabattdifferenzierung, Zuordnung individueller Funktionalität)

- Produktpräsentation: Aussagen zu Verfügbarkeit, Lieferzeit, Konditionen; weiterführende Produkt- und Anwendungsinformationen; Entdecken oder Erleben von Produktfeatures an Zeichnungen, Bildern oder Modellen in 2D oder 3D (Wie funktioniert das?, Begehen, Öffnen, Anhören); Verweis auf ähnliche, komplementäre oder Ersatzprodukte

- Suchen: über Sachmerkmale, hierarchische Suchbegriffe, Schlüsselwörter; Powersuche mit logischer Verknüpfung mehrerer Begriffe

- Informations- und Suchhilfe: über Dialoge mit Avataren, call-back-buttons oder Weiterleitung zu Mitarbeitern

- Warenkorb: aktuelle Liste aller bereits „angeklickten" Produkte, jederzeit einsehbar und änderbar

- Online-Verhandlung: Der Interessent gibt z. B. seinen Wunschpreis vor und fordert das Unternehmen auf, darauf zu reagieren: ablehnen, akzeptieren oder Gegenvorschlag unterbreiten

- Bestellung: Benutzerstammdaten, Liefer-, Versand- und Zahlungsbedingungen werden entweder erfasst oder auf Grund der Registrierung eingespielt; Einsicht in AGB und Impressum

- Power-Bestellungen: vereinfachen die Bestellung in Wiederholungsfällen, indem Vorlagen benutzt werden: benutzerdefinierte Standardwarenkörbe, archivierte Bestellungen, Auflistung zuletzt bestellter Artikel, Vorschläge, die dem Interessenten auf Grund seiner „Vorlieben" oder seines Profils gemacht werden

■ Bestellbestätigung: zeitnahes E-Mail mit Kenn- und Identdaten

■ Sendungsverfolgung: Verfügbarkeit aktueller Statusinformationen zur Bestellung, z. B. eingegangen, in Kommissionierung, an Logistikdienstleister übergeben, und weiter dort mit den eigenen Tracking- und Tracing-Daten der Dienstleister, die über die Besteller-Site zugänglich sind

■ Kontaktmöglichkeiten: vor, während und nach der Bestellung über E-Mails, telefonisch (auch call-back-button) zu angegebenen Kontaktpersonen, natürlichsprachlich über das Internet (setzt Voice over IP voraus), in Chats und Communities, mit Avataren

Das Shop-Modell konnte sich u. a. so schnell durchsetzen, weil die Einstiegshürden niedrig waren. Praktisch der gesamte Aufbau und Betrieb konnte Dritten übertragen werden. Heute gibt es folgende Möglichkeiten, Dienstleister (DL) einzusetzen:

■ Logistik-DL übernehmen die Lagerhaltung und die Auslieferung bis zum Endkunden. Zusätzlich informieren sie über den aktuellen Status einer Lieferung. Nicht wenige Speditionen bis hin zur Deutschen Post bieten ein umfangreiches Leistungspaket.

■ Internet Service Provider (ISP) oder Hosting-DL bieten die technische Infrastruktur und Services. Dies reicht vom Betrieb der vom Kunden bereitzustellenden Software auf Servern des DL über schnelle Netzanbindung bis hin zum Monitoring des Betriebs.

■ Application Service Provider (ASP) bieten komplette parametrisierbare Fertigsysteme im Mietmodell zur Nutzung an.

■ Feedback-DL übernehmen es, auf ihren Sites Kunden-Feedbacks zu sammeln und in strukturierter Weise zur Verfügung zu stellen.

16.4.2   Abschluss von Kontrakten

Bedarfe, die im Rahmen der Disposition oder einer Vorplanung ermittelt werden, werden im Netz publik gemacht. Der Abschluss erfolgt konventionell oder über reverse auctions.

Zum Abschluss von Kontrakten bzw. Rahmenverträgen werden zurzeit E-Business-Geschäftsmodelle häufiger noch mit konventionellen Prozessschritten kombiniert.

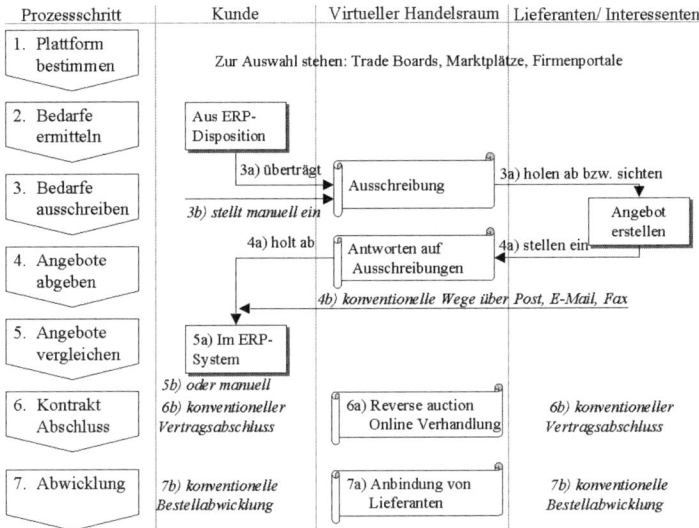

Bild 16.2: Prozessschritte bei Abschluss und Abwicklung von Kontrakten

16.5 Rationalisierung wiederkehrender Beschaffungsvorgänge

Ziel ist, durch die feste Anbindung von direkten Lieferanten („einstufige Supply Chain") bestimmte Produkte möglichst automatisiert zu beschaffen und dabei eigene Aufwände so gering wie möglich zu halten bzw. ganz zu vermeiden. Voraussetzung dafür ist der Abschluss von Rahmenverträgen, Logistik- und Qualitätssicherungsvereinbarungen.

16.5.1 Desktop Purchasing (DTP)

Unter Desktop Purchasing (Catalog Procurement) wird das Bestellen aus vordefinierten Katalogen direkt vom Arbeitsplatz des Bedarfsträgers selbst verstanden.

Mit Einführung von ERP-Systemen wollte man möglichst alle Bestellvorgänge im System haben, um eine einheitliche Abwicklung in Einkauf und Buchhaltung sowie vollständige Statistiken zu ermöglichen. Nach und nach erkannte man, dass, was für A-Teile gut war, für C-Teile stark übertrieben war: Die Bestellung von Bleistiften verursacht – je nach Messmethode – Prozesszeiten von 100 bis 300 Minuten, dauert Tage und verschwendet teuere Einkäuferressourcen. Abhilfe schafft hier die Idee: Nicht der Benutzer geht zu vielen Shops, sondern ein Shop kommt zum Benutzer.

Die Vorbereitung und der Ablauf des DTP vollziehen sich in vier Schritten (siehe Bild 16.3).

Mit dem Verfahren, das ursprünglich für einfache C-Artikel gedacht war, werden heute eine Vielzahl unterschiedlicher Produktgruppen abgewickelt: vom indirekten Material aus den Bereich Maintenance, Repair, Operations (MRO) bis hin auch zu A-Produktionsmaterial.

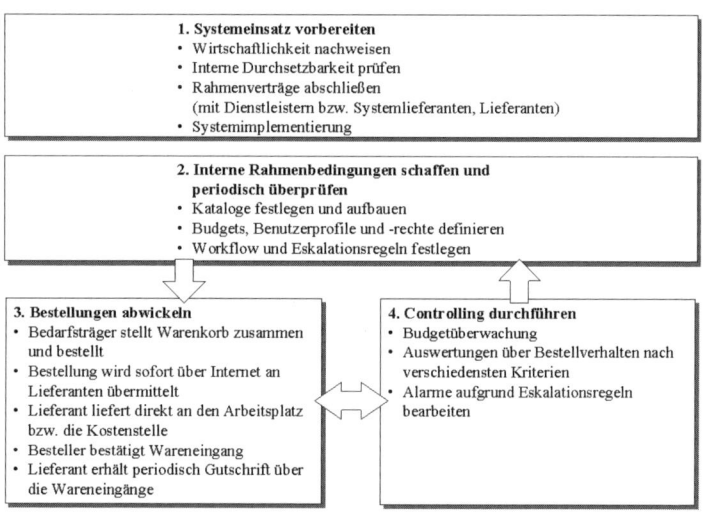

Bild 16.3: Vorbereitung und Ablauf des Desktop Purchasing

Der Erfolg erklärt sich damit, dass Desktop Purchasing

■ relativ einfach einführbar ist (niedrige Einstiegsvoraussetzungen),

■ die erreichbaren Ziele klar messbar sind: Zeitersparnis im Einkauf, Wareneingang, in der Buchhaltung; Reduzierung der Materialeinkaufspreise, Reduzierung bzw. Auflösung der internen Lagerhaltung,

■ es sich – zumindest am Anfang – nicht um produktionskritisches Material handelt, somit also die üblichen Anlaufschwierigkeiten keine allzu gravierenden Auswirkungen haben.

Während die Anwender nur einen gängigen Browser benötigen, gibt es back-end mehrere Einsatzalternativen:

- Das System kann im full service von einem Einkaufsdienstleister betrieben werden, der dann auch seine Kataloge mit vorverhandelten Preisen von seinen Standardlieferanten zur Verfügung stellt. Abgerechnet wird im Abo-Modell oder pro Transaktion. Das System kann stand alone (ohne ERP-Integration) oder mit Schnittstellen betrieben werden (z. B. Bestellungen, Wareneingänge).

- Das Unternehmen setzt die Software eines DTP-Anbieters ein (Lizenzmodell) und füllt die Kataloge mit eigenen Daten (oder überträgt diese Tätigkeit nach Aufwand dem Anbieter). Somit können die eigenen Lieferanten und Preise beibehalten werden. Das System kann mit oder ohne ERP-Integration betrieben werden.

- Die bereits eingesetzte ERP-Software bietet ein entsprechendes Modul an. Die Kataloge können wiederum selbst oder im Auftrag extern gefüllt werden oder werden „fertig" von einem Einkaufsdienstleister übernommen.

16.5.2 Bestellabwicklung mit Web-EDI

Web-EDI ist eine preiswerte Alternative bzw. Ergänzung zum klassischen EDI (Electronic Data Interchange). Dabei wird das Internet nicht als Träger neuer Geschäftsmodelle, sondern als Übertragungsmedium genutzt.

Das klassische EDI hat sich verbreitet im Zusammenhang mit dem Aufkommen der produktionssynchronen Beschaffung (just in time): Automobilhersteller wichen vom Prinzip der festen Bestellungen mit eigener Lagerhaltung ab und übergaben ihren Lieferanten Lieferpläne, im Nahbereich im Tagesraster, mittel- und langfristig in Wochen- oder Monatsscheiben. Lieferpläne mussten, weil sie umfangreich waren und sich täglich ändern konnten, elektronisch übertragen werden.

Obwohl wiederholt als Standard proklamiert und vor allem von Großunternehmen eingesetzt, blieb EDI der große Durchbruch verwehrt. Insbesondere kleinere und mittlere Firmen standen den hohen Einstiegskosten ablehnend gegenüber.

Ein möglicher Beschaffungsvorgang läuft über EDI wie folgt ab:

- Der Kunde ermittelt Bedarfe über die Disposition im ERP-System und sendet kurzfristig verbindliche Abrufe und eine Bedarfsvorschau (Lieferpläne) bzw. Einzelbestellungen an die Lieferanten.

- Lieferanten, die nicht am EDI-Classic teilnehmen, müssen die genormten EDI-Nachrichten in Web-EDI-Nachrichten im XML-Format übersetzen. Diese Arbeit leistet ein Konvertierungsserver, den der Lieferant inhouse oder ein spezialisierter Dienstleister betreiben kann. Ergebnis ist z.B. eine E-Mail mit angehängter XML-Datei an die Adresse des Lieferanten.

- Der Lieferant liest die Mailbox (manueller Betrieb sollte eher die Ausnahme sein) bzw. importiert die ankommenden Daten direkt in sein ERP-System.

- Lieferavise werden vom Lieferanten aus seinem System heraus exportiert und über E-Mail an den Konvertierungsserver gesendet. Dort findet die Übersetzung in das korrespondierende EDI-Format und die Weiterleitung an den Kunden statt.

- Rechnungen oder Gutschriften werden genauso ausgetauscht.

Auf diese Weise können alle Investitionen in die klassischen EDI-Umgebungen erhalten bleiben, wobei gleichzeitig eine Vielzahl neuer Kommunikationspartner elektronisch erreichbar werden.

16.5.3 Lieferant überwacht Kundendaten und steuert Anlieferung

Wenn der Kunde Teile der Wertschöpfungskette seiner Beschaffung an ausgewählte Lieferanten übergibt, entsteht eine automatisierte einstufige Supply Chain.

Diese Form des Geschäftsprozess-Outsourcings stellt die weitestgehende und gleichzeitig engste Koppelung von Geschäftspartnern dar. Der Kunde (Nachfrager) verzichtet auf die eigene Disposition und Lagerhaltung, besteht aber aus Gründen der Versorgungssicherheit auf einer standortnahen Lagerhaltung von Lieferantenbeständen (Konsignationslager, vendor managed inventory).

Keine eigene Disposition bedeutet, dass die Lieferanten Zugriff auf disporelevante Kundendaten haben müssen, aber auch, dass es keine klassischen Einzelbestellungen mehr gibt.

Dies kann einmal dadurch geschehen, dass der Lieferant Bedarfe aus dem ERP-System des Kunden auswertet. Diese können entweder in Beschaffungsportalen eingesehen und abgeholt werden (z.B. E-Mail im XML-Format) oder über EDI/Web-EDI als Nachrichtentyp Forecast übertragen werden.

Der Lieferant entscheidet auf Grund der Bedarfe, seiner Lager- und Unterwegsbestände sowie seiner Produktionsplanung, wann er einen Nachschub in das kundennahe Lager veranlasst. Bei der Entnahme durch den Kunden wird eine Gutschrift ausgelöst, die dann wiederum mit EDI/Web-EDI bzw. über das Beschaffungsportal abgewickelt wird.

Alternativ können Kunde und Lieferant pro Artikel min- und max-Grenzen vereinbaren, die periodisch angepasst werden. Der Lieferant sieht diese Grenzen und den aktuellen Bestand im Beschaffungsportal, durch Übermittlung in sein System oder im System eines dritten Dienstleisters (entsprechende Standardsoftware ist heute verfügbar). Anstoß für die Nachlieferung ist das Unterschreiten des min-Bestandes.

16.5.4   Lieferant überwacht physischen Verbrauch

Eine mögliche Variante des min/max-Verfahrens ist, dass der Lieferant den Materialverbrauch beobachtet (das Material selbst, nicht die Daten). Kunde und Lieferant vereinbaren pro Artikel definierte Lagerflächen und den Meldebestand. Über eine Webcam überwachen Lieferantenmitarbeiter das Geschehen und sehen den aktuellen Lagerbestand. Bei Unterschreiten des Meldebestandes wird eine Nachlieferung ausgelöst.

Dieses Verfahren eignet sich für nur für größere Materialien, die deutlich erkennbar und abzählbar sind (z. B. Achsen, Motoren an einem Bereitstellungsplatz in der Produktion) und sich in überschaubaren Zeiträumen bewegen. Außer der Installation einer Webcam ist keinerlei Systemvoraussetzung notwendig. Die Überwachung beim Lieferanten erfordert jedoch ständige personelle Aufmerksamkeit. Evtl. liefert hier zukünftig Bilderkennungssoftware Automatisierungsansätze.

16.6   Harmonisierung komplexer Supply Chains

Ziel ist es, Planungs- **und** Beschaffungsprozesse über mehrere Zulieferstufen hinweg zu optimieren.

Dazu müssen alle Teilnehmer des Netzwerkes bereit sein, Daten in ein übergeordnetes System (Standard-Anbieter sind z. B. SAP, i2, Manugistics) abzugeben und den Output des Systems als Input in ihre ERP-Systeme zu übernehmen. Funktional kann man drei Betrachtungsebenen unterscheiden.

- **Konfigurations- und Grunddatenebene:** Das Netz muss modelliert und visualisiert werden. Knoten repräsentieren Orte, Kanten Transportwege für die in dem Netz eingekauften, hergestellten, gelagerten

und transportierten Produkte. Durch die Zuordnung von Stammdaten (z. B. Kapazitäten, Transportdauer, -mittel und -kosten) werden Durchflusssimulationen möglich. Außerdem müssen überbetriebliche Stücklisten verwaltet werden; Endprodukte eines Teil-
nehmers werden als Baugruppen dort hinterlegt.

■ **Planungsebene:** Die übergreifende Absatzplanung prognostiziert zunächst die erwarteten Kundenbedarfe. Durch Auflösung der überbetrieblichen Stücklisten ergeben sich die Primärbedarfe für die
Teilnehmer. Später versucht die Distributionsplanung, alle Trans-
portaktivitäten im Netz zu koordinieren und zu lenken.

■ **Ausführungsebene (Execution):** Die aus den ERP-Systemen bekannte
ATP-Rechnung (available to promise) wird hier über das gesamte
Netz ausgeführt. Diese Verfügbarkeitsrechnung soll realistische
Liefertermine für Kundenaufträge ermitteln und im weiteren Zeitverlauf prüfen, ob bzw. wie der Termin noch eingehalten werden
kann. Basis sind wiederum die überbetrieblichen Stücklisten und
dispositive Daten der Teilnehmer (freie Lagerbestände, Produktionsplanung). Wenn notwendig, werden entsprechende Produktionsaufträge ausgelöst. Ausnahmezustände werden überwacht und nach
festgelegten Eskalationsprozeduren werden Menschen unterrichtet
bzw. Maßnahmen vorgeschlagen. Möglich ist auch die Integration
vieler vorher beschriebener Geschäftsmodelle. So können z.B. Desk-
top-Purchasing-Verfahren für alle Teilnehmer im Netz eingesetzt
werden. Einkaufsbedarfe können gebündelt und z.B. über Marktplätze ausgeschrieben werden. Über min/max gesteuerte Lieferanten-
lager – mit ausgewählten Teilnehmern im Netz – können B2B-Kopp-
lungen realisiert werden.

16.7   E-Business-Networks mit E-Catalogs

16.7.1   Aufbau und Abwicklung

Elektronische Produktkataloge (E-Catalogs) lösten sich von Online-
Shops und sind heute eigenständiger „Content". Mit ihnen kann das
eigene Produktangebot einem deutlich breiteren Abnehmerkreis angeboten werden. So entstehen „verlinkte" E-Business-Netzwerke.

Traditionelle Handelsunternehmen können Produkte von zusätzlichen
Lieferanten auf ihrer Website anbieten, ohne dafür eine eigene Lagerhaltung aufbauen zu müssen. Voraussetzung ist allerdings, dass die eingehenden Bestellungen direkt zu den Lieferanten geroutet werden und
von dort auch beliefert werden.

Nur so konnten auch so genannte virtuelle Intermediäre entstehen, die ohne jegliche eigene Logistik, aber mit intelligenter IT-Infrastruktur Produkte verschiedener Lieferanten auf ihrer Website anboten. Auf diese Weise treten sie in Wettbewerb zu den etablierten (mehrstufigen) Handelsstrukturen.

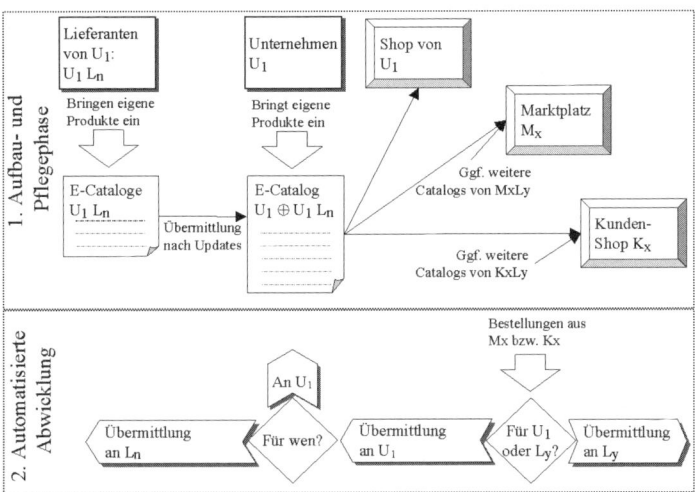

Bild 16.4: Durch den Austausch von E-Catalogs entstehen Netzwerke

16.7.2 Standards zum Austausch von Produktdaten

Erst die Standardisierung beim Produktdatenaustausch ermöglicht die vollautomatisierte Abwicklung der beschriebenen Geschäftsmodelle.

Bei fehlender Standardisierung wären die Geschäftspartner gezwungen, eine Vielzahl von proprietären Lösungen mit zwischengeschalteten Konvertierungen zu implementieren, um E-Catalogs von Lieferanten automatisch in verschiedenste Marktplätze, Firmenportale und Desktop-Purchasing-Systeme einzuspielen. Nachfrager hätten den Nachteil, dass sie ohne strikte Anwendung eines lieferantenneutralen, einheitlichen Klassifizierungssystems nicht effizient nach gleichen Produkten verschiedener Hersteller suchen könnten.

■ **Strukturierung von Produktkatalogen:** Ein führender Standard in Deutschland ist BMEcat. Dieses Austauschformat für Produkt-

kataloge wurde im Namen des Bundesverbandes für Einkauf und
Materialwirtschaft (BME) unter Federführung des Fraunhofer-
Instituts für Arbeitswirtschaft und Organisation (IAO) und der Universität Essen entwickelt. Zahlreiche Industrieunternehmen wirkten
bei der Standardisierung mit. Die Spezifikation steht unter www.
bmecat.org zum Download bereit. Andere Standards, z.B. XCBL,
CXML, ICE, EbXML sind ebenfalls spezifiziert. Es muss sich noch
zeigen, ob *ein* Standard international auf breiter Front akzeptiert
werden wird.

■ **Klassifizierung von Produktdaten:** ECl@ss verwendet eine vierstufige
Hierarchie: Sachgebiet, Hauptgruppe, Gruppe, Untergruppe. Jede
Hierarchiestufe besitzt einen zweistelligen Schlüssel, so dass man
mit insgesamt 8 Stellen ein Produkt eindeutig identifizieren kann.
Auf Ebene 4 können Merkmale zugeordnet werden: Basismerkmale
für alle Produkte (z.B. Hersteller, Name, EAN); Standardmerkmale
für spezifische Eigenschaften bestimmter Produktgruppen (pro
Produktgruppe unterschiedlich). Auch Schlagwörter sind möglich.
ETIM ist zweistufig hierarchisch: Basis sind Artikelklassen, denen
Merkmale zugeordnet werden. Mit Synonymen können Artikelklas-
sen unterschiedliche Namen zugeordnet werden (m : n-Beziehung).
Verschiedene Klassen können zu Artikelgruppen zusammengefasst
werden. UN/SPSC verwendet eine fünfstellige Hierarchie (Segment,
Family, Class, Commodity, Function), wobei nur die ersten vier
Ebenen zwingend vorgeschrieben sind. Welche Klassifizierung auf
bestimmten Zielsystemen gewählt wird, muss nach verschiedenen
Kriterien beurteilt werden. Noch ist nicht klar, ob sich ein System
international durchsetzen wird.

■ **Datenübertragung:** XML hat sich als internationaler Standard
etabliert. Dateien im Format der Auszeichnungssprache XML
(eXtensible Markup Language) können von gängigen ERP-Systemen und von jedem E-Business-System erzeugt und gelesen werden;
daneben sind sie auch in jedem Browser darstellbar und auch von
Menschen leicht lesbar. Für die Verwendung als Standard spricht
außerdem, dass XML als Basistechnologie zum Datenaustausch
über Web-Services definiert worden ist.

Literatur

Berres, A.; Bullinger, H. J. (Hrsg.): E-Business Handbuch für Entscheider. Hei-
delberg: Springer 2002
Esswein W.; Zumpe S.: Realisierung des Datenaustauschs im elektronischen
Handel. In: Informatik-Spektrum, Heft 4, August 2002. Heidelberg: Springer

Merz, H. (Hrsg.): Praxis Lexikon e-business. Landsberg: Moderne Industrie 2001

Nenninger, M.; Lawrence, O.: B2B-Erfolg durch eMarkets. 2. Auflage. Wiesbaden: Vieweg 2002

o.V.: Wirtschaftsinformatik Heft 6, Dezember 2001: Elektronische Marktplätze und Supply Chain Management. Wiesbaden: Vieweg 2001

Future Internet. Informatik Spektrum. Heft 2, April 2010, Heidelberg: Springer

Thaler, K.: Supply Chain Management. Prozessoptimierung in der logistischen Kette. 5. Auflage. Troisdorf: Bildungsverlag EINS 2007

E-Business-Standards in Deutschland. Bestandsaufnahme, Probleme, Perspektiven. Studie 2010, Berlecon Research GmbH (Download über www.berlecon.de)

e-Business-Praxis für den Mittelstand. www.prozeus.de

17 Planung von Materialfluss-systemen

Prof. Dr.-Ing. Bernd Noche
Dipl.-Ing. Jürgen Druyen

17.1 Allgemeines

Der Rationalisierungsdruck in den Industrie- und Handelsunternehmen hat auch seine Auswirkungen auf die Gestaltung des Materialflusses. Bei der Planung steht der Systemgedanke im Vordergrund, wobei die Entwicklung angemessener Automatisierungskonzepte in integrierten Logistiksystemen die aktuelle Entwicklung dominiert und die Trends festlegt.

Materialflusssysteme bestehen aus folgenden Bereichen:

- Produktion

- Lagerung

- Transport

- Kommissionierung

- Verpackung

Die Effizienz der Unternehmen in den verschiedensten Branchen hängt in hohem Maße davon ab, wie Prozesse, Daten, Informationen und Hilfsmittel gestaltet sind.

17.2 Ziele

Im Sinne der unternehmerischen Zielsetzung muss als wirtschaftliches Ziel immer der kostenminimale Betrieb bei angemessenen Investitionen für das Materialflusssystem im Vordergrund stehen.

Bei der Gestaltung der Materialflusssysteme geht es um die Realisierung kurzer Durchlaufzeiten mit minimalen Beständen sowie um die Gewährleistung einer geforderten Termintreue bei einer hohen Auslastung der Anlagen und des Personals.

Eine Hauptaufgabe hierbei ist die Koordination des Material- und Informationsflusses. Dies lässt sich mit unterschiedlichen Methoden und Verfahren organisatorischer und technischer Art realisieren.

Durch eine möglichst enge Kopplung von Material- und Informationsfluss werden folgende Ziele erreicht:

■ Datenkonsistenz im gesamten Unternehmen

■ Transparenz im Materialfluss

■ Reduzierung von Durchlaufzeiten

■ Minimierung der Bestände

■ Erhöhung der Liefersicherheit und Termintreue

■ Erhöhung der Flexibilität

■ Maximierung der Auslastung

Die Anforderung an moderne Materialflusssysteme ist die durchgängige Integration in das unternehmensspezifische Logistikkonzept, angefangen vom Supply Chain Management (SCM) über die Stufe des Enterprise Resource Planning (ERP) bis hin zur Ebene des Manufacturing Execution Systems (MES).

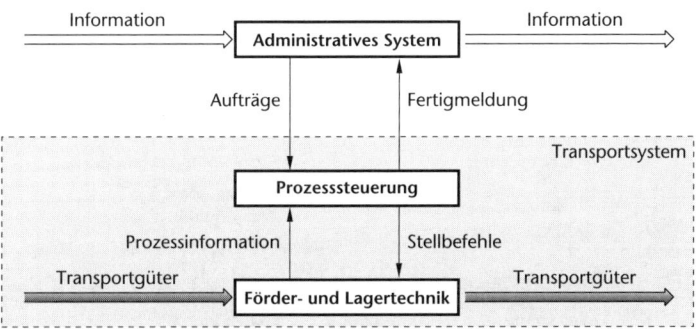

Bild 17.1: Aufbau automatisierter Materialflusssysteme [Beitz, Grote 1997, S. U68]

Beim Aufbau von Materialflusssystemen unterscheidet man das administrative System und das Transportsystem. Das Transportsystem umfasst die teils hintereinander geschalteten, teils vernetzten Transport- und Lagerelemente sowie die Prozesssteuerung. Das administrative System plant und überwacht den Materialfluss. Es leitet seine Aufträge an das Transportsystem und lässt sich die Durchführung bestätigen.

Die damit verbundenen wichtigsten Ziele sind:

■ Personalkostensenkung

■ Leistungssteigerung

■ Optimierung der Materialverfügbarkeit

■ Optimale Materialflusskoordination

■ Steigerung der Produktivität durch bessere Maschinenauslastung

■ Fehlerreduktion

In der Regel sind Materialflusssysteme individuelle Einzellösungen, die nicht direkt auf andere Unternehmen übertragbar sind. Die Folge davon sind hohe Kosten für Planung, Projektierung, Engineering, Fertigung, Montage, Inbetriebnahme und Änderungen.

Folgende Ziele sind unter dem Aspekt der Wirtschaftlichkeit bei der Entwicklung von Lösungskonzepten für Materialflusssysteme zu verfolgen:

■ Stufenweise Erweiterbarkeit durch Modularität in Hardware und Software

■ Herstellerunabhängige Systemlösungen durch offene Standards

■ Große Funktionalität durch systematische Planung und hohe Anlagenzuverlässigkeit

■ Hohe Effizienz durch angemessene Automatisierung und Personalqualifikation

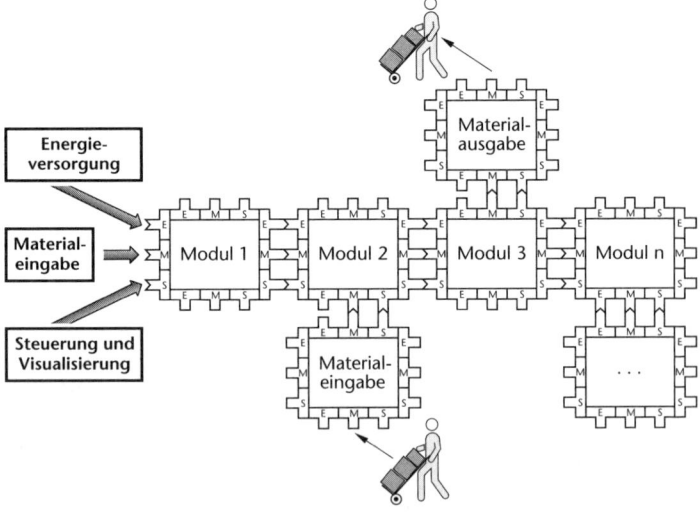

E = Schnittstelle Energie   M = Schnittstelle Materialfluss   S = Schnittstelle Steuerung

Bild 17.2: Materialflusstechnik in konsequenter Modulbauweise [Jünemann, Beyer 1998, S. 8]

Man unterscheidet bei automatischen Materialflusssystemen Individuallösungen aus dem High-Tech-Bereich und preiswerte Standardlösungen nach dem Baukastenprinzip bzw. Modulbaukastenprinzip.

Beipiele für High-Tech-Systeme sind z. B. frei navigierende Fahrerlose Transportsysteme (FTS), mobile Kommissionierroboter oder bildsensorgesteuerte vollautomatische Güterumschlagzentren mit Automatikkranen. Dabei handelt es sich um hochtechnische Individuallösungen, die in einem kleinen Marktsegment den technischen Fortschritt der Automatisierungstechnik vorantreiben.

Standardisierte Low-cost-Lösungen, z. B. in der Lagertechnik, schließen die Rationalisierungslücken in Industrie und Handel, die aus Flexibilitätsgründen bisher ausgeklammert waren. Low-cost bedeutet hierbei aber nicht eine Rückstufung der Funktionalität, sondern eine standardisierte Lösung für definierte, häufig wiederkehrende Einsatzfälle. Durch das Baukastenprinzip bei diesen Lösungen wird eine wirtschaftliche Serienproduktion ermöglicht und eine erhebliche Kosteneinsparung erzielt.

17.3 Vorgehensweise bei der Planung von Materialflusssystemen

Im Hinblick auf durchgängige, maßgeschneiderte Lösungen kommt der Gesamtplanung eine Schlüsselrolle für moderne Logistiksysteme zu. Auf Grund der Vielschichtigkeit derartiger Projekte werden umfassende Kenntnisse auf den Gebieten der Anlagentechnik, der Mechanik, des System-Engineering, der Steuerungstechnik, der Datenverarbeitung, der Materialflussprozesse, der Informationsflussprozesse und der Geschäftsprozesse benötigt. Deshalb muss das Planungsteam möglichst interdisziplinär aus Spezialisten der entsprechenden Fachgebiete bestehen.

Für den Ablauf der Planung von Materialflusssystemen gibt es verschiedene Vorgehensmodelle. Nach [Jünemann 1989] ist die Planung in sieben Schritte gegliedert:

1. **Formulierung der Aufgabenstellung**
   In diesem ersten Schritt ist es erforderlich, die genauen Anforderungen für die Planung eines Materialflusssystems zu formulieren.

2. **Planungsanalyse**
   Ermittlung der Basisdaten, d. h. Ermittlung und Analyse des Ist-Zustandes und Formulierung des Zielzustandes.

3. **Entwurf von Prozessvarianten (Grobplanung)**
   Erfassung aller Einflussgrößen und Erarbeitung von Alternativen im Hinblick auf Materialfluss, Raumnutzung, Ausbaufähigkeit und Automatisierungsgrad.

4. **Entwurf von Systemkonzepten (Idealplanung)**
   Dies bedeutet die Entwicklung prinzipiell verschiedener Lösungsvarianten. Im Rahmen einer Grobplanung und auf der Grundlage

der Prozessvarianten lassen sich verschiedene technische und organisatorische Systemkonzepte erarbeiten. Ein wichtiges Kriterium für die Gestaltung der Systeme ist die Umsetzung des Fließprinzips.

5. **Dimensionierung, Überprüfung und Bewertung der Varianten (Realplanung)**
   Vergleich der verschiedenen Systemkonzepte im Hinblick auf Investitions- und Betriebskosten unter Einbeziehung angrenzender Gewerke (Gebäude, Energieversorgung, ...). Mit Hilfe einer Grobsimulation kann die Auswahl der Systemkonzepte unterstützt werden.

6. **Feinplanung (Detailplanung)**
   Das Ergebnis der Feinplanung ist eine Gesamtkonzeption, die die technische Gestaltung des Materialfluss- und Lagersystems und der Informations- und Steuerungssysteme enthält. Des Weiteren enthält das Ergebnis die Steuerungsstrategien, Organisationskonzepte und insbesondere eine genaue Beschreibung der Funktionsabläufe. Dieser Anforderungskatalog kann auch als Basis für ein Lastenheft zur Ausschreibung verwendet werden. Durch moderne Simulationswerkzeuge, in denen ganze Fabriken oder Versandzentren simuliert werden können, wird diese Planungsphase unterstützt. Die Simulation (vgl. Kapitel 18) kann durch eine dreidimensionale Animation ergänzt werden. Durch die Simulation und Animation lassen sich Schwachstellen im geplanten System finden und ohne großen Aufwand eliminieren.

7. **Realisierung**
   Während der Realisierungsphase übernimmt der Generalplaner das Projektmanagement mit Steuerung und Überwachung der Ausführungsarbeiten bis zur Abnahme und Übergabe des Gesamtsystems an den Kunden.

17.4   Planungsstufen

17.4.1   Grobplanung

Zweck der Grobplanung ist die

■ Erarbeitung von Materialflusskonzepten als Basislösungen,

■ Aufzeigung und vergleichende Bewertung der möglichen Alternativen,

■ Vorbereitung von Grundsatzentscheidungen der Unternehmensleitung (Kosten, Termine, Kapazitäten).

In dieser Phase bringt man die Betriebsbereiche in eine funktions- und materialflusstechnisch günstige Anordnung. Die einzelnen Lösungsvarianten werden in Blocklayouts (Bild 17.3) dargestellt.

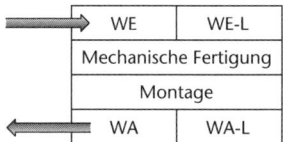

Bild 17.3: Blocklayout für das Materialflusssystem [Arnold 1995, S. 208]

Diese Blocklayouts werden im weiteren Planungsablauf diskutiert, bewertet, verbessert und detailliert.

17.4.2 Idealplanung

Die technisch bzw. organisatorisch beste Lösung der Planungsaufgabe wird durch die Idealplanung beschrieben. Diese Planungsstufe berücksichtigt ganz bewusst nicht die wirtschaftlichen, räumlichen oder sonstigen Restriktionen.

Die Idealplanung kann mehrere Lösungsvarianten liefern, wenn mehrere Sichtweisen (Sicht der Produktionstechnik, Sicht der Materialflusstechnik) des Blocklayouts möglich sind.

Dies führt dann zu folgender Frage:

„Soll der Materialfluss produktionsorientiert oder die Produktion materialflussorientiert gestaltet werden?"

Diese Frage kann nicht immer objektiv geklärt werden. Eine Bewertung der Lösungsvarianten kann dann aber helfen, eine Entscheidung herbeizuführen.

17.4.3 Realplanung

Bei der Realplanung wird die beste Grobplanungsvariante weiterbearbeitet. In dieser Planungsstufe werden alle Freiheitsgrade und Restriktionen berücksichtigt und mehrere Varianten erarbeitet.

Die Varianten berücksichtigen jetzt

- die geeigneten Fördermittel,

- die Lagerbauweise,

- das Grundkonzept eines Kommissioniersystems,

- Betriebsmittel, die in den Materialfluss integriert sind,

- Arbeits- und Materialbereitstellungsbereiche,

- die räumliche Zuordnung der Betriebsmittel,

- die Hardware der Informations- und Datenverarbeitungssysteme,

- das Verfügbarkeitskonzept.

Die Realplanung liefert als endgültiges Ergebnis die nach allen relevanten Kriterien am besten bewertete Planungsvariante als Lösung für die ursprüngliche Planungsaufgabe.

17.4.4   Detailplanung

Die Detailplanung wird auch Feinplanung genannt. Bei der Detailplanung werden alle Realisierungsvorbereitungen für das ausgewählte Materialflusssystem getroffen.

Dazu zählen:

- Prüfung und Vervollständigung der technischen Daten

- Festlegung und Prüfung von Funktionsabläufen, z.B. mit analytischen Methoden oder per Simulation

- Klärung von Fragen zu Bautechnik, Haustechnik, Steuerungstechnik usw.

- Erstellung von Organisations- und Terminplänen

- Prüfung der Genehmigungsverfahren

- Klärung der Finanzierungen

- Prüfung der Baustellenbedingungen

- Prüfung und Klärung der Sicherheitsfragen

17.5   Berechnungen des innerbetrieblichen Materialflusses

Das Material muss praktisch in allen Wirtschaftsbereichen transportiert und bewegt werden. In der Fertigung und der Produktion sowie im Handel und in Dienstleistungsunternehmen geht es überwiegend um den Transport von Stückgütern.

Der innerbetriebliche Materialfluss läuft heute vielfach nach dem dargestellten Schema in Bild 17.4 ab. Vom Wareneingang wird Material zu

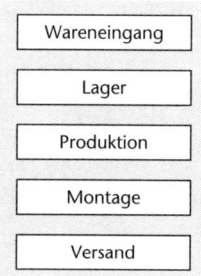

Bild 17.4: Innerbetrieblicher Materialfluss [Weber, Baumgarten 1999, S. 634]

einem Lager gebracht und von dort in die Produktion transportiert. Eventuell müssen Teile, bevor sie in der Montage verbaut werden, zwischengepuffert werden. Nach der Montage werden die Waren verpackt und im Versand bereitgestellt.

Transportsysteme entstehen durch Verknüpfung von aufgabenspezifisch arbeitenden Förderelementen und Teilsystemen. Wegen der oft großen Zahl von parallel und hintereinander geschalteten Elementen wird von diesen eine große Zuverlässigkeit und Verfügbarkeit bei niedrigen Kosten gefordert. Ihre Förderquerschnitte, Fördergeschwindigkeiten, Tragfähigkeiten, möglichen Durchsätze und Übergabestellen sind aufeinander abzustimmen, um einen reibungsfreien Materialfluss zu gewährleisten.

In den folgenden Kapiteln werden einfache Formeln vorgestellt, die bei der Grobplanung von Materialflusssystemen als Faustformeln angewendet werden können.

17.5.1   Auslastung von Förderstrecken

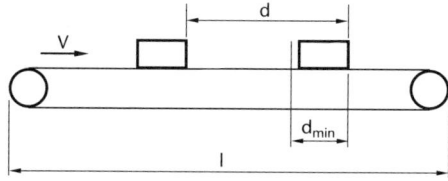

Bild 17.5: Fördereinheiten auf einer Förderstrecke

Für die Bestimmung der Auslastung von Förderstrecken ist es notwendig, zunächst den Durchsatz zu berechnen.

Dieser lässt sich im einfachsten Fall so berechnen:

$$\lambda = \frac{v}{d} \left(\text{in } \frac{1}{s}\right)$$

λ = Durchsatz
v = Fördergeschwindigkeit
d = Abstand des Fördergutes

Der maximale Durchsatz (Grenzdurchsatz) ergibt sich dann als:

$$\lambda_{max} = \frac{v}{d_{min}}$$

d_{min} = Mindestabstand zwischen den Packstücken

Der Maximaldurchsatz wird erreicht, wenn sich die Packstücke hintereinander über die Förderstrecke bewegen. Dies ist allerdings in der Praxis so gut wie nie der Fall, da oft Sicherheitsabstände zur Schonung der Pakete oder aus steuerungstechnischen Gründen eingehalten werden müssen.

Der Grenzdurchsatz wird in der Regel nicht erreicht, da nicht genügend Packstücke auf die Förderstrecke gelegt werden oder die Förderstrecke mit einer niedrigen Geschwindigkeit betrieben wird. Daraus ergibt sich in der betrieblichen Praxis ein Durchsatz $\lambda_{Betrieb}$, der durch Zählungen ermittelt werden kann.

Die Auslastung der Förderstrecke ergibt sich dann durch das Verhältnis beider Durchsätze:

$$\delta = \frac{\lambda_{Betrieb}}{\lambda} \leq 1$$

Dieser Sachverhalt wird noch einmal in Bild 17.6 verdeutlicht.

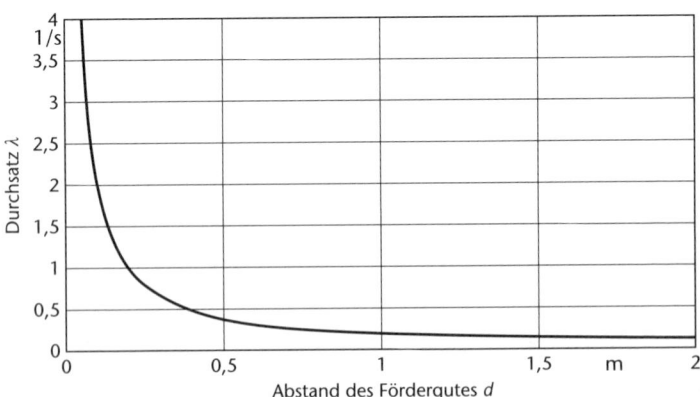

Bild 17.6: Durchsatz von Fördereinheiten auf einer Förderstrecke

Die Taktzeit T der Förderstrecke ist definiert als der mittlere Zeitabstand, in dem Fördereinheiten von der Förderstrecke geliefert werden. Sie ergibt sich unmittelbar aus dem Durchsatz:

$$T = \frac{1}{\lambda}$$

In der Praxis ist die Taktzeit eine zufällige Größe und wird deshalb auch Zwischenankunftszeit genannt. Sie kann durch entsprechende Verteilungsfunktionen beschrieben werden.

Die maximale Kapazität der Förderstrecke ergibt sich dann durch folgende Beziehung:

$$K = \frac{l}{d_{min}}$$

Der Füllgrad der Förderstrecke liegt in der Realität oft unterhalb der maximalen Kapazität, da staufähige Förderstrecken oft auch als Puffer vor entsprechenden Arbeitsplätzen eingesetzt werden.

17.5.2 Auslastung von Verteilwagen

Ein Verteilwagen ist ein Förderelement, das wie ein Fahrzeug eine oder mehrere Fördergüter an einer Beladestelle entlang einer geraden Strecke aufnehmen kann und die Fördergüter wieder abgibt. Diese Elemente findet man häufig in Materialflusssystemen, z. B. bei der Verteilung von Fördergütern oder an Materialkreuzungspunkten.

Die Berechnung der Auslastung eines Verteilwagens berechnet sich recht einfach aus den Spielen und Anschlussfahrten.

Im vorgegebenen Beispiel in Bild 17.7 wird Material über die Eingänge E_1 und E_2 zu den Ausgängen A_1 und A_2 geliefert. Für die Berechnung

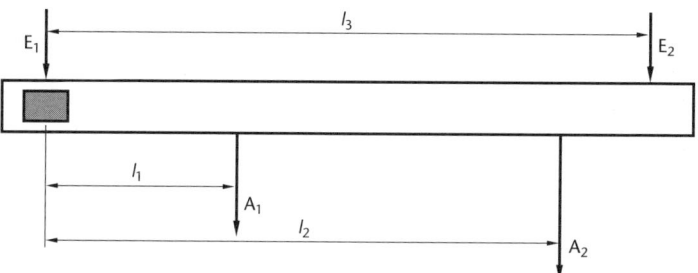

Bild 17.7: Beispiel für Verteilaufgaben eines Verteilwagens

der Spielzeiten ist es notwendig, zunächst alle relevanten Einzelspiele (ggf. auch sinnvolle und mögliche Kombinationen) zusammenzustellen.

Im Beispiel könnten folgende Einzelspiele berücksichtigt werden:

- $E_1 - A_1 - E_1$
- $E_1 - A_2 - E_1$
- $E_2 - A_2 - E_2$
- $E_2 - A_1 - E_2$

Als Kombinationen kommen in Frage:

- $E_1 - A_1 - E_2 - A_1 - E_1$
- $E_1 - A_2 - E_2 - A_2 - E_1$
- $E_2 - A_1 - E_1 - A_1 - E_2$
- $E_2 - A_2 - E_1 - A_2 - E_2$

Diese Spiele werden nach Häufigkeitsgrad gewichtet und auf eine Zeiteinheit bezogen.

17.5.3   Auslastung von Arbeitsplätzen

In der Regel bestehen die Arbeitsplätze in automatisierten Systemen, wie z. B. in Montage- oder Kommissioniersystemen, aus einer Fördertechnik und aus Handhabungselementen für die eigentliche Tätigkeit.

Bild 17.8: Einbindung eines Arbeitsplatzes in ein Materialflusssystem

Für die Berechnung der Auslastung müssen verschiedene Zeitanteile berücksichtigt werden, wie z. B.:

- Einfahr- und Ausfahrzeiten
- Rüstzeiten
- Bearbeitungszeiten

17.5.4   Abschätzung der Puffergröße

Aus der Warteschlangentheorie können Formeln abgeleitet werden, die Kennzahlen über die Pufferlängen, Auslastungen und Durchlaufzeiten liefern.

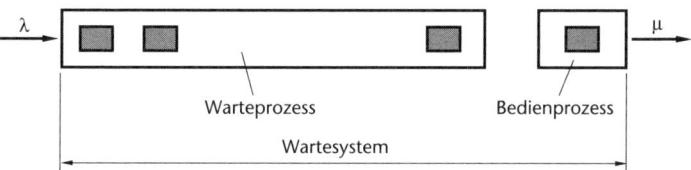

Bild 17.9: Wartesystem mit einer Bedienstation

Das in Bild 17.9 vorgestellte Modell besteht aus einem Bedienprozess (z. B. ein Arbeitsplatz) und einer Warteschlange (z. B. ein Puffer). Die Ankunftsrate λ und die Bedienrate μ sind die beiden wichtigsten Parameter zur Beschreibung der Wartesysteme. Beide Parameter sind stochastische Größen.

$$\lambda = \frac{1}{T_{\text{Ankunft}}} \qquad T_{\text{Ankunft}} = \text{mittlerer Ankunftstakt}$$

$$\mu = \frac{1}{T_{\text{Bedien}}} \qquad T_{\text{Bedien}} = \text{mittlerer Bedienungstakt}$$

Die Auslastung δ des Bediensystems lässt sich dann durch folgende Beziehung bestimmen:

$$\delta = \frac{\lambda}{\mu} = \frac{T_{\text{Bedien}}}{T_{\text{Ankunft}}}$$

Durch theoretische Überlegungen ergeben sich damit folgende Kennzahlen, die auf praxisnahen Annahmen beruhen:

$$N = \left(1 - \frac{\delta}{3}\right) \cdot \frac{\delta}{1 - \delta}$$

N bezeichnet die Anzahl der Fördereinheiten im Warteschlangensystem (Puffer und Bedienplatz).

Interessant an dieser Faustformel ist, dass sie lediglich von der Auslastung des Bediensystems (Produktions- oder Transportsystem) abhängt.

In Bild 17.10 sind die Konsequenzen dargestellt. Je höher die Auslastung des Bedienprozesses gewählt wird, desto größer ist der Bedarf an Pufferplätzen. Wenn jetzt z. B. eine Auslastung von 90 % zu Grunde gelegt wird,

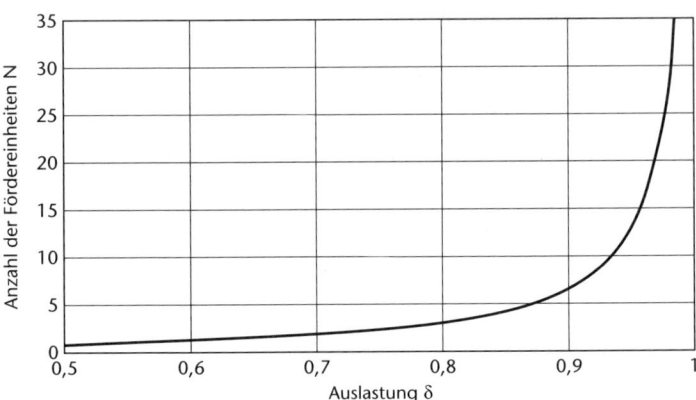

Bild 17.10: Zusammenhang zwischen Auslastung und Pufferplatzanzahl

dann ergibt sich daraus ein Kapazitätsbedarf (Puffer und Bedienplatz) von 7 Stück.

Für die mittlere Wartezeit im System ergibt sich nach den gleichen praxisnahen Annahmen folgende Faustformel:

$$t_w = \left(1 - \frac{\delta}{3}\right) \cdot \frac{1}{\mu \cdot (1 - \delta)} = \left(1 - \frac{\delta}{3}\right) \cdot \frac{1}{1 - \delta} \cdot T_{\text{Bedien}}$$

Diese Faustformel hängt neben der Auslastung natürlich auch noch von der Bedienzeit ab.

Im Extremfall, bei streng getakteten Systemen, wird sich keine Warteschlange bilden. Deshalb gilt es in der Praxis abzuschätzen, inwieweit extreme Schwankungen vorkommen, um dann die Puffergröße gegebenenfalls zu reduzieren.

17.5.5   Fahrzeuganzahlbestimmung

Viele Materialflusskonzepte enthalten Flurförderzeuge wie Gabelstapler, Fahrerlose Transportsysteme usw. Ein wesentlicher Kostenfaktor (Investition und Betriebskosten) ist dabei die Anzahl der Fahrzeuge. Sie bestimmt die Reaktionsfähigkeit des Systems und hat auch Auswirkungen auf die Pufferdimensionierung an den Schnittstellen. Anhand eines einfachen Beispiels wird im Folgenden die Vorgehensweise zum Abschätzen der Fahrzeuganzahl erläutert.

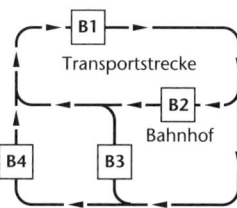

Geschwindigkeit: v = 1 m/s

Übergabezeit: $t_{\text{üi}}$ = 10 s

Betriebszeit: t_{betr} = 8 h = 28 800 s

$t_{\text{Übergabe}}$ = Aufsummierte Palettenaufnahme- und -abgabezeiten

$t_{\text{Transport}}$ = Aufsummierte Last- und Leerfahrtzeiten

von\nach	B1	B2	B3	B4
B1	0	20	40	75
B2	35	0	75	110
B3	50	70	0	125
B4	20	40	60	0

von\nach	B1	B2	B3	B4
B1	0	30	20	10
B2	5	0	30	60
B3	5	20	0	10
B4	60	10	20	0

$$W = \begin{bmatrix} 0 & 20 & 40 & 75 \\ 35 & 0 & 75 & 110 \\ 50 & 70 & 0 & 125 \\ 20 & 40 & 60 & 0 \end{bmatrix} \qquad L_B = \begin{bmatrix} 0 & 30 & 20 & 10 \\ 5 & 0 & 30 & 60 \\ 5 & 20 & 0 & 10 \\ 60 & 10 & 20 & 0 \end{bmatrix}$$

Wegematrix (in m)   Lastfahrtenmatrix (in Transport/Schicht)

Bild 17.11: Beispiel für ein Transportsystem

Fahrzeuganzahlbestimmung: $n_{\text{FZ}} = \dfrac{t_{\text{Übergabe}} + t_{\text{Transport}}}{t_{\text{betr}}}$

Für die Berechnung der Leerfahrtenmatrix wird ein Angebots- und Nachfragevektor eingeführt. Über diese Vektoren lässt sich dann der Bedarf bzw. Überschuss an Fahrzeugen berechnen.

Bei der Bestimmung des Nachfragevektors (N) wird von der Lastfahrten-matrix die Summe über die Zeilen und beim Angebotsvektor (A) die Summe über die Spalten gebildet.

$$N = \begin{pmatrix} 60 \\ 95 \\ 35 \\ 90 \end{pmatrix} \qquad A = \begin{pmatrix} 70 \\ 60 \\ 70 \\ 80 \end{pmatrix} \qquad \Delta = A - N = \begin{pmatrix} 10 \\ -35 \\ 35 \\ -10 \end{pmatrix}$$

Nachfragevektor   Angebotsvektor   Differenzvektor

Bild 17.12: Angebots-, Nachfrage- und Differenzvektor

Der aus der Differenz entstehende Vektor Δ gibt Aufschluss darüber, wo ein Fahrzeugbedarf bzw. -überschuss besteht.

Die Anzahl der Leerfahrten wird durch eine gleichmäßige Verteilung des Fahrzeugüberschusses (positive Werte von Δ) auf die Bahnhöfe mit Fahrzeugbedarf (negative Werte von Δ) ermittelt.

$$L_E = \begin{pmatrix} 0 & \left|-35\right| \cdot \dfrac{10}{45} & 0 & \left|-10\right| \cdot \dfrac{10}{45} \\ 0 & 0 & 0 & 0 \\ 0 & \left|-35\right| \cdot \dfrac{35}{45} & 0 & \left|-10\right| \cdot \dfrac{35}{45} \\ 0 & 0 & 0 & 0 \end{pmatrix} \qquad T = \begin{pmatrix} 0 & 756 & 800 & 915 \\ 105 & 0 & 2250 & 6600 \\ 250 & 3304 & 0 & 2225 \\ 1200 & 400 & 1200 & 0 \end{pmatrix}$$

Leerfahrtenmatrix (in Transporte/Schicht)   Transportmatrix (in s)

Bild 17.13: Leerfahrten- und Transportmatrix

Durch die Addition der Last- und Leerfahrtenmatrix und der elementweisen Multiplikation mit den zugehörigen Entfernungen und der Berücksichtigung der Geschwindigkeit entsteht die Transportmatrix T.

Durch die Summierung der Lastspiele und die Multiplikation mit den Übergabezeiten wird der Zeitbedarf für die Palettenaufnahme und Palettenabgabe bestimmt ($t_{\text{Übergabe}}$). Der Zeitbedarf für Transporte und Leerfahrten wird durch Addition der Matrixelemente der Transportmatrix ermittelt ($t_{\text{Transport}}$).

$$n_{\text{FZ}} = \frac{t_{\text{Übergabe}} + t_{\text{Transport}}}{t_{\text{betr}}} = \frac{25\,605\ \text{s}}{28\,800\ \text{s}} = 0,89$$

In diesem Beispiel reicht also ein Fahrzeug aus, um alle Aufträge abzuarbeiten.

17.6 Zusammenfassung

Um ein Materialflusssystem erfolgreich zu planen, müssen viele Faktoren berücksichtigt werden. Dabei ist es sinnvoll, die Planungsstufen systematisch einzuhalten und Lösungsalternativen schrittweise zu verfeinern.

Für einfache Planungsaufgaben und eine überschlägige Dimensionierung können die vorgestellten Berechnungsformeln eingesetzt werden. Sie berücksichtigen nur wenige Randbedingungen und vernachlässigen die Dynamik eines Materialflusssystems. Kennzahlen bieten eine ergänzende Orientierungshilfe. Sie stehen in der Literatur, zusammen mit einer Vielzahl von weiteren Faustformeln und Richtwerten, zur Verfügung und finden sich z. B. bei [Grosseschallau 1984] oder [Arnold 1995].

Für komplexe Planungsaufgaben oder höhere Anforderungen an die Genauigkeit kann auf die Simulation zurückgegriffen werden, um Ergebnisse zu überprüfen (siehe Bild 17.14; vgl. Kap. 18).

Hierbei ist zu sehen, dass ein enger Zusammenhang zwischen Planung und Simulation besteht, der immer wichtiger wird, da Logistikentscheidungen mehr und mehr wissensgetrieben erfolgen müssen und deshalb höhere Planungsqualitäten erfordern.

Zielplanung	Formulierung der wichtigsten Vorgaben		
Vorplanung	Konzept erarbeiten ⇐	⌐ Produktions- strategien └ Distributions- strategien	Konzeptbewertung
Grobplanung	Prinzipplanung Layoutplanung ⇐ Grobsimulation	⌐ Prinzipielle Steuerungs- strategien ├ Layoutvarianten └ Datenvorgaben	Investitions- volumen Machbarkeit Technische Variante
Feinplanung	Systemplanung Gewerkeplanung ⇐ Ablaufsimulation	⌐ Ausformulierte Betriebsstrategien ├ Grenzleistung ├ Schwachstellen └ Hüllkurven	Funktionalitäts- nachweis Kosteneinsparung Betriebsform
Realisierung	Realisierungsplanung Gewerkeplanung ⇐ Inbetriebnahme	⌐ Steuerungs- software ├ Modultest ├ Integrationstest └ Abnahme	Funktionsnachweis Garantiebasis

Bild 17.14: Zusammenhang zwischen Planung und Simulation [Noche 2001, S. 65]

Literatur

Arnold, D.: Materialflusslehre. Braunschweig, Wiesbaden: Vieweg 1995

Beitz, W.; Grote, K.-H.: Dubbel/Taschenbuch für den Maschinenbau. 19. Auflage. Berlin, Heidelberg, New York: Springer 1997

Grosseschallau, W.: Materialflussrechnung. Berlin, Heidelberg, New York, Tokio: Springer 1984

Jünemann, R.: Materialfluss und Logistik. Berlin, Heidelberg: Springer 1989

Jünemann, R.; Beyer, A.: Steuerung von Materialfluss- und Logistiksystemen. Berlin, Heidelberg: Springer 1998

Noche, B.: Grundlagen Simulation, FernStudienzentrum Friedberg. Friedberg 2001

Weber, J.; Baumgarten, H.: Handbuch Logistik – Management von Material- und Warenflussprozessen. Stuttgart: Schäffer-Poeschel 1999

18 Simulation von Materialfluss- und Lagersystemen

Prof. Dr.-Ing. Bernd Noche
Dipl.-Ing. Jürgen Druyen

18.1 Problemstellung

Materialflusssysteme sind in betriebliche Abläufe integriert und können deshalb nicht mehr als isoliertes Gewerk eines Logistiksystems verstanden werden, da sie in hohem Maße vom Zusammenspiel der Systeme im betrieblichen Umfeld abhängen. Die Nutzung der Simulationstechnik ist ein fester Bestandteil einer sorgfältigen Materialflussplanung.

Die Leistung der Fördertechnik und die zu berücksichtigenden Kapazitätsreserven werden mehr und mehr durch Randbedingungen bestimmt, die sich auch kurzfristig durch Anpassungen an Markterfordernisse ändern können.

So kann beispielsweise die Spitzenlast für die Fördertechnik durch sich ändernde betriebliche Faktoren erheblich beeinflusst werden, wie zum Beispiel:

■ Schichtmodelle der Mitarbeiter, beispielsweise in der Kommissionierung oder im Versand

■ Veränderungen im Lieferservice, beispielsweise bei der Umstellung von Wochenlieferungen auf einen 24-h-Dienst

■ Qualifikation der Mitarbeiter, so dass sie beispielsweise flexibler einsetzbar sind oder für Überwachungen automatisierter Systeme benötigt werden

■ Umstellungen von Losgrößen in der Produktion, so dass beispielsweise Spitzenlasten in einzelnen Förderelementen auftreten, weil verstärkt Anbruchpaletten anfallen

■ Veränderungen im Artikelsortiment, so dass beispielsweise eine Gleichauslastung von Regalbediengeräten nicht mehr gewährleistet werden kann

Es geht um die Planung von Materialflusssystemen, die in einer sich ändernden Welt ein vernünftiges Maß an Flexibilität aufweisen.

Des Weiteren gehört zu einer seriösen Planung und Ausschreibung eine detaillierte Vorgabe der Abläufe, so dass auch die Steuerung der Systeme letztlich als Planungsergebnis mit vorgegeben wird – denn auch die Steuerung hat einen erheblichen Einfluss auf die Leistungsfähigkeit der Materialflusssysteme.

Materialflussplaner müssen für die Ergebnisse ihrer Planungen ähnliche Garantien abgeben können, wie sie üblicherweise von Fördertechniklieferanten erwartet werden. Die Flucht nach vorne durch eine übertriebene Überdimensionierung der Systeme ist ebenso eine Fehlplanung wie eine Unterdimensionierung, da dem Betreiber zu hohe Investitionen oder Betriebskosten aufgebürdet werden.

Angesichts der Komplexität der Anlagen ist die einzige zielführende Methode zur Optimierung der Materialflusssysteme die Simulationstechnik.

„Materialflussplanungen ohne Nutzung der Simulationstechnik sind Drahtseilakte ohne Netz."

Die Anwendung der Simulationstechnik will allerdings auch gelernt sein. Dazu gehört zusätzliches methodisches Fachwissen aus der Statistik und der Informatik.

18.2   Begriffe

Simulation ist das Nachbilden eines Systems mit seinen dynamischen Prozessen in einem experimentierbaren Modell, um zu Erkenntnissen zu gelangen, die auf die Wirklichkeit übertragbar sind [VDI 3633]. Im weiteren Sinne wird unter Simulation das Vorbereiten, Durchführen und Auswerten gezielter Experimente mit einem Simulationsmodell verstanden [VDI 3633].

Simulationsmodelle bieten die Chance, durch sinnvolle Experimente ein umfassendes Verständnis der Dynamik von Materialflusssystemen unter stochastischen Einflüssen zu gewinnen.

Ein häufig verwendetes Schema zur Erläuterung der Abläufe bei der Durchführung von Simulationsmodellen bietet das in Bild 18.1 dargestellte Ablaufschema.

Ausgangspunkt ist ein geplantes (oder schon vorhandenes) System, das in einem Simulationsmodell abgebildet wird. Mit den Begriffen Reduktion und Abstraktion wird darauf verwiesen, dass die Untersuchungen auf den tatsächlich interessierenden Bereich begrenzt sein sollen und in der angemessenen Abbildungsgenauigkeit. Damit sichergestellt wird, dass die Simulationsuntersuchungen in einem wirtschaftlich angemessenen Rahmen bleiben, lautet die Regel:

„So genau wie möglich, aber nicht genauer als nötig."

Durch gezielte Experimente werden formale Ergebnisse erzielt. Dazu gehören Kennzahlen wie z. B. Auslastungsgrade von Arbeitsplätzen und Puffern, Durchlaufzeiten und Servicegrade.

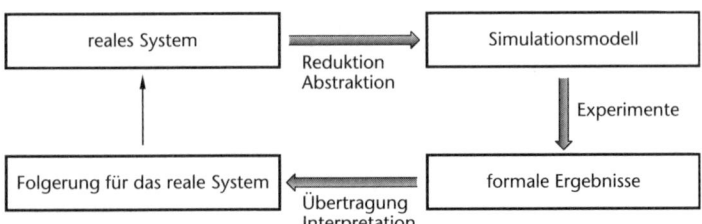

Bild 18.1: Vorgehensweise zur Simulation [ASIM]

Erst die Interpretation der Ergebnisse und die Übertragung der Erkenntnisse auf ein zu betrachtendes Materialflusssystem liefert den eigentlichen Nutzen der Simulationstechnik. Die reine Zusammenstellung von
Pufferfüllgraden und Balkenhistogrammen ist kein Simulationsergebnis
– allenfalls eine Art Röntgenbild des geplanten Systems. Erst durch die
fachkundige Interpretation der einzelnen Fakten können sinnvolle Maßnahmen zur Verbesserung des Systemverhaltens abgeleitet werden.

18.3   Nutzen der Simulationstechnik

Die Simulationstechnik bietet nach VDI-Richtlinie 3633 folgende Nutzen-
aspekte:

■ **Sicherheitsgewinn**
Der Sicherheitsgewinn liegt in dem Erhalt einer Bestätigung für Pla-
nungsvorhaben, durch den das unternehmerische Risiko minimiert wird.
Weiterhin erhält man Aufschluss darüber, ob das geplante System und
die Steuerung dieses Systems funktionieren. Dieser Sicherheitsgewinn
hängt aber im Wesentlichen auch von der Qualität des Pflichtenheftes ab.

■ **Kostengünstigere Lösungen**
Ein weiterer Nutzenaspekt sind die kostengünstigeren Lösungen für den
Betrieb. Dabei findet eine Vereinfachung oder Einsparung von System-
und Steuerungselementen, eine Optimierung der Puffergrößen und der
Lagerbestände sowie der Arbeitsabläufe bzw. Arbeitsinhalte statt.

■ **Besseres Systemverständnis**
Ein besseres Systemverständnis erhält man durch die Begründbarkeit
und Überprüfungsmöglichkeit der gewählten Lösung. Zum besseren
Systemverständnis trägt auch die Eliminierung bzw. Vermeidung von
Engpässen bei. Durch Schulung des Betriebspersonals wird die Angst
vor dem Neuen genommen und man hat so eine Gesprächsgrundlage
geschaffen. Außerdem kann durch eine Animation der gesamte Ablauf
dargestellt und somit eine dynamische Analyse durchgeführt werden.

■ **Günstigere Prozessführung**
Eine günstigere Prozessführung wird durch eine Optimierung der Anlagensteuerung erreicht, außerdem ist eine Prozessoptimierung nach beliebigen Zielfunktionen möglich (z. B. Durchlaufzeit, Auslastung, Ausbringung, …). Dies hat eine Produktivitätssteigerung und eine Verkürzung der Anlaufphase zur Folge. Die im Störfall entstehenden Ausfallkosten werden minimiert.

18.4 Vorgehensweise bei einer Simulationsstudie

Bewährt hat sich folgendes 6-stufiges Vorgehensmodell:

■ **Erstellung eines Fragenkatalogs**
Die erste Stufe erfordert die Erstellung eines Fragenkatalogs bzw. eines Lastenheftes, in dem die Aufgabenstellung für die Simulationsuntersuchung genau beschrieben wird. Dies bildet die Grundlage für das Simulationsmodell und die durchzuführenden Simulationsexperimente.

■ **Bereitstellung von Daten**
Im folgenden Bild ist zu sehen, welche Daten vom Betrieb für die Simulationsstudie zur Verfügung gestellt werden müssen.

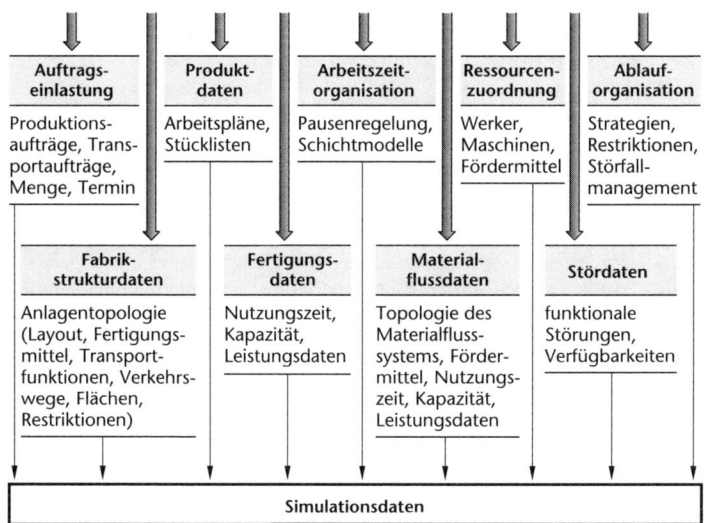

Bild 18.2: Daten für die Simulation [VDI 3633]

■ **Aufbau des Simulationsmodells**
Dem Aufbau des Simulationsmodells kommt eine wichtige Rolle zu. Es soll den zu simulierenden Prozess widerspiegeln. Zur Erstellung des Simulationsmodells werden Bausteine verwendet (Quelle, Senke, Staustrecken, Arbeitsstationen, ...). Durch das Modell wird der Grundstein gelegt, um später verschiedene Simulationsexperimente durchzuführen, bei denen der Prozess optimiert wird.

■ **Validierung und Kalibrierung**
Bei der Validierung und Kalibrierung findet eine Überprüfung des Simulationsmodells mit dem realen System statt. Dabei muss gewährleistet sein, dass das Modell das Verhalten des realen Systems genau genug und fehlerfrei widerspiegelt. Dabei ist aber immer zu berücksichtigen, dass eine vollständige Übereinstimmung von Modell und realem System nur bedingt möglich ist, da das Modell nicht alle Einflussgrößen und Aspekte berücksichtigen kann.

■ **Durchführung von Experimenten**
Mit Simulationsexperimenten können verschiedene Strategien untersucht und miteinander verglichen werden, was zu einer Lösung der Aufgabe beiträgt.

■ **Optimierung des Logistiksystems**
Das Logistiksystem wird nach der Auswertung der Simulationsergebnisse der Experimentphase optimiert. Die aus den Experimenten gewonnenen Erkenntnisse werden dann auf das Logistiksystem umgesetzt, wodurch das System in Bezug auf Auslastung, Durchlaufzeiten, Verfügbarkeit usw. verbessert wird.

18.5   Eine kleine Simulationsstudie

An einem Beispiel wird eine kleine Simulationsstudie durchgeführt. Dabei handelt es sich um eine einfache Konturenkontrolle. Diese findet man z. B. in Wareneingangsbereichen.

Die Konturenkontrolle wird manuell bedient. Ein gewisser Prozentsatz (15 %) von Paletten wird ausgeschleust. Danach erfolgt eine Umpalettierung, für die der Werker ca. 30 s Vorbereitungszeit inklusive Wegezeit benötigt.

Folgende Fragen werden gestellt:

■   Wie groß ist der Durchsatz bei der geplanten Lösung?

■   Wie kann der Durchsatz gegebenenfalls gesteigert werden?

■   Verdoppelt sich die Leistung beim Einsatz eines zweiten Werkers?

Für das Modell werden folgende Daten angegeben:

- Ankunftsrate der Paletten: 25 s
- Fördergeschwindigkeit (Staustrecken und Arbeitsstation): 0,2 m/s
- Nacharbeitsquote: 15%
- Wegezeit des Werkers: 30 s
- Priorität der Eingangsweiche für die Quelle
- Pufferkapazität in der Rückführung jeweils 1 Platz

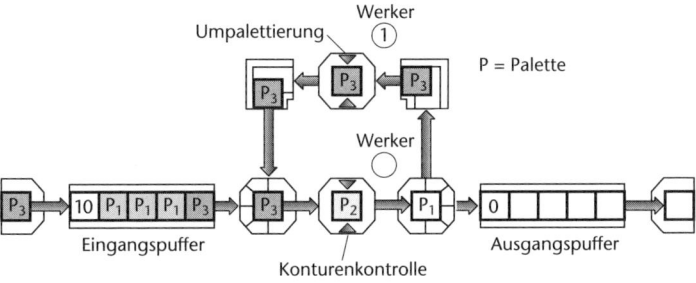

Bild 18.3: Layout der Konturenkontrolle [Noche, S. 3]

In Bild 18.3 ist eine komplette Systemverklemmung dargestellt, die sich bereits nach kurzer Zeit bildet. Die Ursache dafür liegt in der Priorität der ersten Weiche. Da diese Quelle bevorzugt wird, bildet sich auf der Verteilungsseite ein Rückstau, durch den das System zum Stillstand kommt.

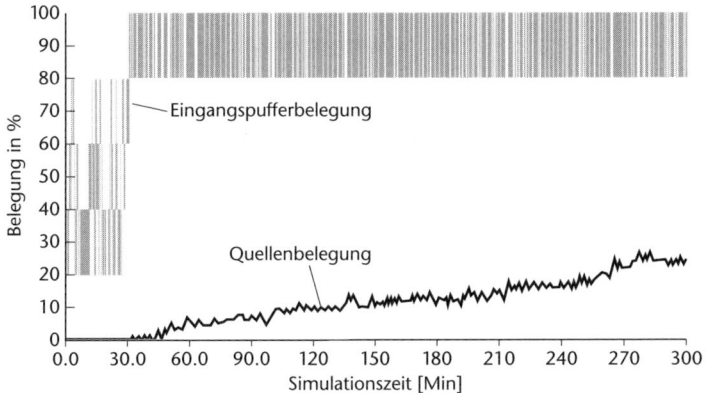

Bild 18.4: Belegungsdiagramm des Eingangspuffers (Rückführkapazität 1)

Eine Systemverklemmung findet nicht statt, wenn der Rückführstrang die höchste Priorität erhält. Dadurch schafft das System jedoch nicht mehr die anfallende Last und der Puffer nach der Quelle läuft nach 20 Minuten voll. Im Bild 5.2 ist der Puffer dann zu 100 % belegt.

Die Situation verbessert sich erst, wenn ein Werker sich zur Umpalettierung begibt, nachdem sich mehrere Paletten (hier 5 Stück) aufgestaut haben. In 5 h werden dann insgesamt ca. 700 Paletten abgefertigt. Die Eingangs-Pufferbelegung verhält sich dann stabil, wie Bild 18.5 zeigt. Es treten zwar immer wieder Spitzen auf, aber der Puffer läuft nicht mehr voll.

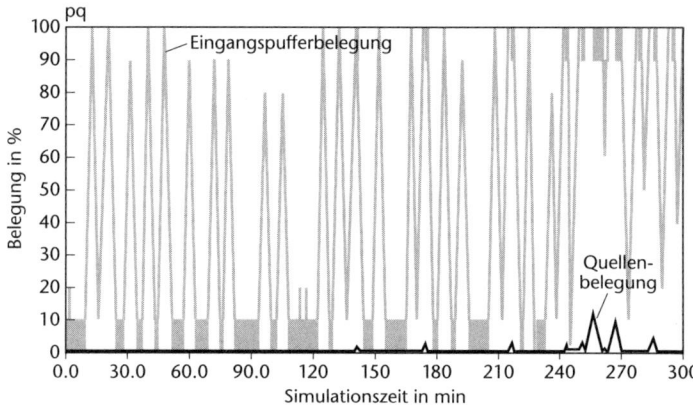

Bild 18.5: Belegungsdiagramm des Eingangspuffers (Rückführkapazität 5)

Bild 18.6 zeigt die Auslastung der Arbeitsplätze. Dabei wird ersichtlich, dass durchaus noch eine Steigerung der Auslastung der Werker an den ein-

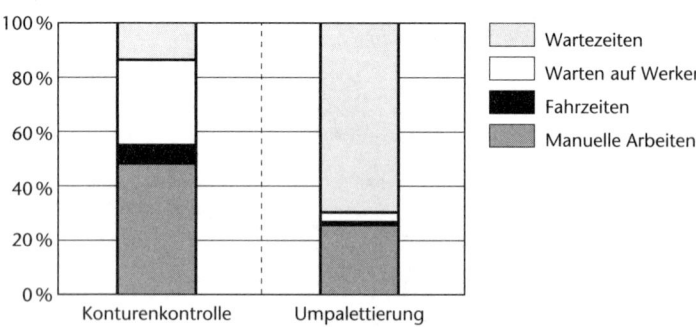

Bild 18.6: Auslastung der Arbeitsplätze (Rückführkapazität 5)

zelnen Arbeitsstationen möglich ist. Außerdem sind die Wartezeiten an den einzelnen Arbeitsstationen relativ hoch und sollten verringert werden.

Beim Einsatz von zwei Werkern erhöht sich die Leistung des Gesamtsystems auf ca. 1000 Paletten im gleichen Zeitraum.

18.6 Beispiele für Materialflusssimulation

18.6.1 Kleine Lagervorzone mit Fahrerlosem Transportsystem

Bei der in Bild 18.7 dargestellten Anlage handelt es sich um ein kleines Produktionslager, das von einem Fahrerlosen Transportsystem (FTS) entsorgt wird. Die Anlage besteht aus den Lagerbereichen, den Auslagerungsstutzen, der Übergabestelle zum FTS sowie dem Fahrkurs der Fahrzeuge.

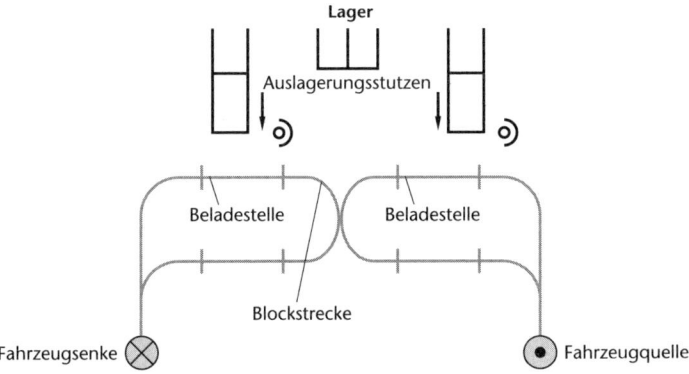

Bild 18.7: Skizze der Lagervorzone mit FTS-Fahrkurs

Folgende Daten beschreiben das System:

■ Blockstreckenlänge des Fahrzeugkurses: 2,4 m

■ Fahrzeuggeschwindigkeit: 0,8 m/s

■ Übergabezeit: 22 s (inklusive Positionierzeit)

Mit Hilfe der Simulation sollten folgende Fragen geklärt werden:

■ Wie hoch ist der maximale Durchsatz?

■ Wie beeinflussen Schwankungen der Übergabezeiten den Durchsatz?

■ Wie muss die Blockstreckeneinteilung gewählt werden, damit der Durchsatz noch weiter gesteigert werden kann?

Alle relevanten Modellelemente werden in dem Simulationsmodell berücksichtigt: die Quelle, die immer genügend Fahrzeuge anbietet, die Länge der Blockstrecken, die Kreuzung, die Übergabezeiten.

Es werden etwa 20 Experimente durchgeführt, wobei man mit verschiedenen Blockstreckenteilungen, verschiedenen Kreuzungspunkten (Freimeldungen), verschiedenen Schwankungen bei den Übergabezeiten (getaktet, normalverteilt, exponentialverteilt) arbeitet.

In Bild 18.8 ist ein Ergebnis der Läufe dargestellt. Schwankungen in der Übergabezeit beeinflussen erheblich den Durchsatz (bis ca. 15 % Abweichung), obwohl die mittlere Übergabezeit in allen Fällen gleich ist.

Bei der Aufteilung der Blockstrecken und der Steuerung der Kreuzung, beispielsweise durch Pulkbildung, zeigt sich, dass der Durchsatz nur noch unwesentlich beeinflusst werden kann.

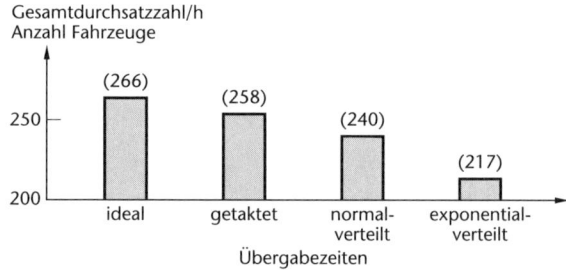

Bild 18.8: Durchsätze bei verschiedenen Varianten

18.6.2   Kommissioniervorzone

Es wird eine Kommissioniervorzone in einem Kunststoffbetrieb geplant (siehe Bild 18.9) nach dem Prinzip „Ware zum Mann".

Die Kommissionierplätze werden über einen Kreisförderer mit Paletten, die aus dem Lager laufen, bedient. An den Kommissionierplätzen wird die Ware entnommen und umkommissioniert in bereitstehende Paletten. Die ausgelagerte Palette wird anschließend gemäß einer automatischen Lagerortvorgabe neu eingelagert. Leere und volle Paletten werden auf einer speziellen Auslagerungsstrecke ausgelagert. Von Zeit zu Zeit wird Ware aus der Produktion (Anlieferung per LKW) über eine Einlagerungsstrecke in das Lager gebracht.

Folgende Fragen werden an die Simulationsstudie gestellt:

■   Wie hoch ist die Umschlagsleistung des Systems?

■   Welche Auswirkungen hat die Überwachung einer reihenfolgerichtigen Auslagerung auf den Durchsatz?

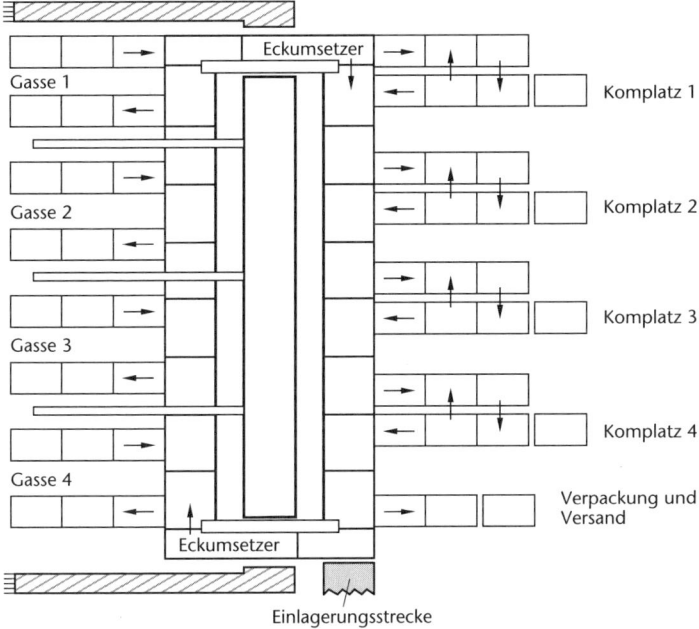

Bild 18.9: Layout der Kommissionierzone

■ Welche Auswirkungen hat die Beschränkung der maximal zulässigen Palettenzahl auf den Kreis?

■ Wie hoch ist die Auslastung der Kommissionierplätze?

■ Welcher Doppelspielanteil stellt sich bei den Regalbediengeräten ein?

Die entsprechenden Daten für die Durchführung der Simulation werden durch den Kunden bereitgestellt. Die Kommissionierungszeiten pro Stück und die geschätzten Absatzmengen sind Planungsgrundlage.

In verschiedenen Simulationsläufen zeigte sich dann, dass das System bei einer starren Einhaltung der Reihenfolgerichtigkeit in der Kommissionierung nicht die geforderte Leistung erbringt. Des Weiteren wird eine unterschiedliche Auslastung der Kommissionierplätze (80 % für Kommissionierplatz 1, 70 % für Kommissionierplatz 4) festgestellt.

Es werden erhebliche Einsparungen durch eine Änderung der Aufteilung der Fördersegmente und eine Erhöhung der Fördergeschwindigkeit realisiert. Dabei sind keine Durchsatzeinbußen gegenüber der Planung zu verzeichnen und die geforderte Umschlagsleistung kann gewährleistet werden, obwohl die Einhaltung der Reihenfolge und die Überwachungssteuerungen das Gesamtsystem in seiner Leistung bremsen.

Die Kommissionierplätze können zu etwa 80 % belegt werden – dies ergibt sich insbesondere durch die ungünstige fördertechnische Anbindung.

Der Doppelspielanteil der Regalbediengeräte liegt bei etwa 70 % und sollte auch nicht weiter erhöht werden, da die Einlagerungen aus der Produktion nur stoßweise erfolgen und eine gewisse Asymmetrie bei der Ein- und Auslagerung unvermeidlich ist.

Bild 18.10 zeigt den Durchsatz des Systems in Abhängigkeit von der maximal zulässigen Kreisbelegung. Aus diesem Bild wird erkenntlich, dass der Durchsatz bei einer Kreisbelegung von ca. 50 % am höchsten ist. Bei einer höheren Belegung entstehen Blockaden und bei einer niedrigeren Belegung „verhungert" das System.

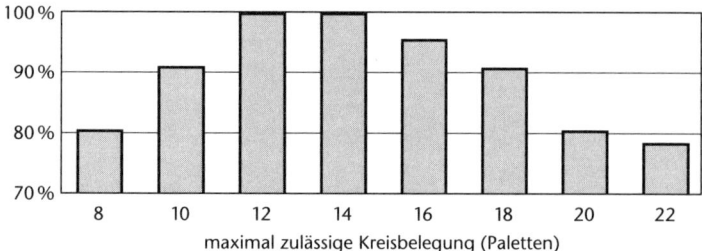

Bild 18.10: Durchsatz in Abhängigkeit von der maximalen Kreisbelegung

18.7   Weitere Nutzung von Simulationsmodellen

Die Simulationstechnik ist ein allgemein anerkanntes Hilfsmittel bei der Planung, Realisierung und dem Betrieb von technischen Systemen.

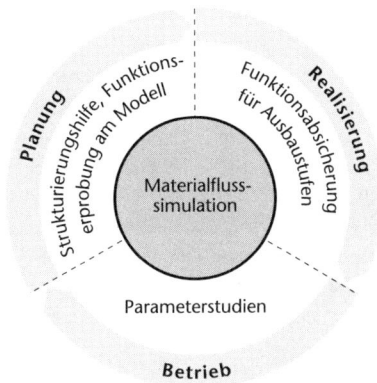

Bild 18.11: Anwendungsfelder in der Simulation [VDI-Richtlinie 3633, Bl. 1, S. 2]

18.7.1 Simulation in der Planungsphase

Simulationsstudien ermöglichen eine Verbesserung bei der Planung von Systemen und Prozessen. Der Detaillierungsgrad des Simulationsmodells wird dabei durch die zu erreichende Planungstiefe und das Untersuchungsziel bestimmt.

Typischerweise kann der Anwender durch die Simulation bei folgenden Fragestellungen unterstützt werden:

■ Modifizierung und Verbesserung von vorhandenen Anlagen durch Ermittlung von Kapazitätsgrenzen (Ausbringung, Varianz) und Schwachstellen

■ Beurteilung der Wirkungen von Veränderungen hinsichtlich Kapazitäten, Produkten, ...

■ Überprüfung neu geplanter Anlagen mit dem Ziel des Funktionsnachweises, der Leistungserbringung, Effizienzsteigerung und der Projektkostenminimierung

18.7.2 Simulation in der Realisierungsphase

In der Realisierungsphase ermöglicht die Simulation die Ermittlung des Anlaufverhaltens (simulierter Probebetrieb).

Typische Anwendungsfelder sind:

■ Leistungstest der Anlage bei kontinuierlicher Einsteuerung der Auftragstypen und Produktvarianten und bei schrittweiser Kapazitätsauslastung, weil die Nutzung im geplanten Umfang erst zu einem späteren Zeitpunkt erfolgt

■ Überprüfung der Auswirkungen von Anforderungsveränderungen und von Problemen, die sich während der Installation der Anlagen ergeben

■ Erprobung und Test von Steuerungssoftware bezüglich der Wirksamkeit und der zeitlichen Reaktion bei der Prozessstabilisierung in außergewöhnlichen Systemzuständen

■ Verbesserte Mitarbeiterschulung hinsichtlich der Behandlung von Notfällen und Störungen

■ Verdeutlichen der Rolle jedes Mitarbeiters innerhalb des betrachteten Systems

18.7.3   Simulation in der Betriebsphase

Einen besonderen Stellenwert in der betrieblichen Anwendung nimmt die Simulation im Bereich der Produktionsplanung und -steuerung (PPS) ein. Hierbei werden entsprechend den Aufgaben des PPS-Systems unterstützt:

■ die Produktionsprogrammplanung

■ die Mengenplanung

■ die Termin- und Kapazitätsplanung

■ die Auftragsfreigabe

■ die Auftragsüberwachung

18.7.3.1   Produktionsprogrammplanung

In der Produktionsprogrammplanung trägt die Simulation dazu bei, Änderungen im Produktionsprogramm mit ihren kapazitiven und materialflussseitigen Wirkungen aufzuzeigen und eine effiziente Produktion zu gewährleisten. Darüber hinaus liefert sie eine erhöhte Flexibilität bei der Entwicklung verschiedener Produkt- und Auftragsmischungen und ihrer kapazitiven, terminlichen und materialseitigen Machbarkeitsprüfungen.

18.7.3.2   Mengenplanung

Durch den Einsatz der Simulation in der Mengenplanung wird eine synthetische Bedarfsermittlung möglich, die die erforderlichen Mengen und

Termine wesentlich genauer als die herkömmlichen analytischen PPS-Verfahren ermittelt und eine Simultanplanung anstelle aufwändiger Stufenplanungen zulässt.

18.7.3.3 Termin- und Kapazitätsplanung

Die Simulation ermöglicht eine gleichzeitige und gleichberechtigte Einplanung mehrerer Ressourcen (Mensch, Maschine, Werkzeug, Vorrichtung, Material) sowie die Berücksichtigung begrenzter Kapazitäten als Prüfkriterium der Planungsentscheidung. Als Eingangsgrößen gelten die einzuplanenden Aufträge. Sie werden im Simulationsmodell dynamisch den Kapazitäten zugeordnet. Auf der Basis von Reihenfolgeregeln wird die Reihenfolge der Auftragsabarbeitung entwickelt.

18.7.3.4 Auftragsfreigabe

Die Simulation unterstützt im Wesentlichen eine dynamische Verfügbarkeitsprüfung bei der Auftragsfreigabe. Das Simulationsmodell kann dabei situationsabhängig täglich, schichtweise oder auch mehrmals pro Schicht betrieben werden. Dazu ist aber eine Synchronisation des Simulationsmodells mit der jeweiligen Ist-Situation Voraussetzung.

18.7.3.5 Auftragsüberwachung

Bei der Auftragsüberwachung werden die Auswirkungen von Störungen im Betriebslauf aufgezeigt. So können dann frühzeitig Maßnahmen (eventuell den Auftrag auf eine andere Maschine einlasten) ergriffen werden, damit die Aufträge doch zum vorgegebenen Termin fertig sind.

18.8 Simulationssoftware

Zur Durchführung von Simulationsstudien steht dem Anwender eine Vielzahl von Softwaresystemen zur Verfügung. Für die Auswahl geeigneter Programme bietet die VDI-Richtlinie 3633 einen Kriterienkatalog, der als erste Orientierungshilfe dient.

In der Materialflussplanung haben sich bausteinorientierte Simulationssysteme durchgesetzt. Sie enthalten Modulelemente, die direkt auf Problemstellungen des Materialflusses umgesetzt werden können. Typische Bausteine sind beispielsweise Arbeitsstationen, Montagearbeitsplätze, Stetigförderer, Verteilwagen usw., aber auch Lagersteuerungen, Werkerorganisationen oder Schichtmodelle.

Der Trend geht hin zu Softwaresystemen, die weitgehend auf Programmierkenntnisse verzichten. Dies wird durch angepasste Bausteingruppen, z. B. zur Abbildung von Staplersystemen, erreicht sowie durch die Entscheidungstabellen, die die Modellierung einfacher Steuerungen unterstützen. Die Simulationssoftware darf sich aber nicht nur auf die Modellierung beschränken. Sie muss zusätzlich auch die Validierung, Experimentdurchführung und Dokumentation unterstützen.

Eine besondere Bedeutung wird der 3-D-Animation eingeräumt, da sie die Integration aller an einem Planungsprozess beteiligten Mitarbeiter forciert. Sie wird oft als Zusatzkomponente einer Simulationssoftware betrachtet.

18.9   Zusammenfassung

Der Nutzen der Simulationstechnik ist, anders als in den früheren Jahren, längst nicht mehr so umstritten. Es gibt eine Vielzahl von Beispielen, die einen erfolgreichen Einsatz der Simulationstechnik dokumentieren.

Die Simulationswerkzeuge, die derzeit am Markt verfügbar sind, bieten jeden nur erdenklichen Komfort:

- Einfache Eingabemechanismen

- Anschauliche Ergebnisdarstellung

- Animation zur Visualisierung der Abläufe

- Schnittstellen zur Datenübernahme

Trotz der Tatsache, dass die Simulationstechnik zur Nutzung bereitsteht, sollte die Regel sein:

„Erst simulieren, wenn alle anderen rechnerischen Mittel ausgeschöpft sind oder nicht mehr wirtschaftlich genutzt werden können."

Literatur

VDI: VDI-Richtlinie 3633 (März 2000) Simulation von Logistik-, Materialfluss- und Produktionssystemen, VDI-Handbuch Materialfluss und Fördertechnik, Bd. 8
Noche, B.: Grundlagen Simulation. FernStudienzentrum Friedberg, Friedberg 2001

19 Mathematische Methoden zur Lösung von Logistikproblemen

Prof. Dr. Jürgen Zimmermann

19.1 Prognosemethoden

Quantitative Prognoseverfahren ermöglichen eine empirisch fundierte Vorhersage des zukünftigen Bedarfs an Produktionsfaktoren bzw. der Nachfrage nach Erzeugnissen eines Unternehmens.

Grundlage für die Vorhersage zukünftiger Nachfragemengen bilden in der Vergangenheit aufgetretene Nachfragen. Die beobachteten Nachfragen werden als Zeitreihe, d.h. als zeitlich geordnete Folge von Beobachtungswerten, interpretiert. Nach einer Analyse der Zeitreihe auf charakteristische Merkmale, wie z.B. einen Trend oder saisonale Schwankungen (Bild 19.1), wird ein geeignetes Prognosemodell gewählt und die zugehörigen Parameter werden geschätzt.

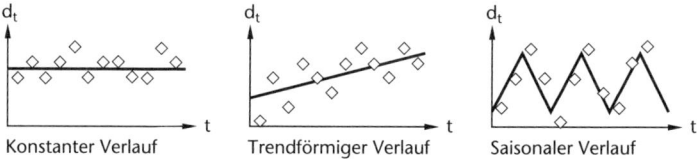

Konstanter Verlauf   Trendförmiger Verlauf   Saisonaler Verlauf

Bild 19.1: Charakteristika von Zeitreihen

Der Prognosewert für eine zukünftige Periode wird meist auf Grundlage der zuletzt beobachteten Werte geschätzt. Zur Beurteilung der Güte eines Prognoseverfahrens bestimmt man zunächst Prognosen für bereits beobachtete Perioden und bestimmt dann den zugehörigen Prognosefehler, d.h. die Differenz zwischen beobachtetem und prognostiziertem Wert. Da die Zukunft i.Allg. nicht sicher vorhergesagt werden kann, haben Prognosen folgende typische Eigenschaften:

■ Prognosen sind häufig falsch.

■ Je länger der Vorhersagezeitraum, desto ungenauer die Prognose.

■ Aggregierte Prognosen sind genauer als Prognosen für Einzelwerte.

Relevante Daten einer Prognose:

t Planungsperiode

d_t Beobachtete Nachfrage (demand) in Periode t

$\bar{d}_t$ Geschätzte Nachfrage in Periode t

$e_t = \bar{d}_t - d_t$ Prognosefehler (error) in Periode t

19.1.1   Prognose ohne Trend

Schwanken die beobachteten Nachfragemengen unregelmäßig um ein konstantes Niveau, so spricht man von gleich bleibender Nachfrage. Bei der **Methode des gleitenden Durchschnitts** (Funktion *Mittelwert* in Microsoft Excel) ergibt sich die Prognose für Periode $t + \tau$ ($\tau \geq 1$) aus den beobachteten Werten der n vorangehenden Perioden gemäß

$$\bar{d}_{t+\tau} = \frac{1}{n}(d_t + d_{t-1} + \dots + d_{t-n+1})$$

Fasst man die Nachfragemengen als unabhängig verteilte Zufallsgrößen mit Erwartungswert μ und Varianz σ^2 auf, so ist das Verfahren erwartungstreu, d. h., der Erwartungswert des Prognosefehlers e_t ist null. Die Varianz des Prognosefehlers entspricht $((n + 1)/n)\,\sigma^2$.

Bei der **Methode der exponentiellen Glättung** entspricht die Prognose für Periode $t + \tau$ ($\tau \geq 1$) einem gewichteten Mittel aus der beobachteten Nachfrage in Periode t und der Prognose für Periode t. D. h.

$$\bar{d}_{t+\tau} = \alpha d_t + (1 - \alpha)\,\bar{d}_t,$$

wobei $0 < \alpha < 1$ den Glättungsparameter der Prognose darstellt. Stehen beobachtete Werte der Perioden 0 bis t zur Verfügung, so wird die Re-

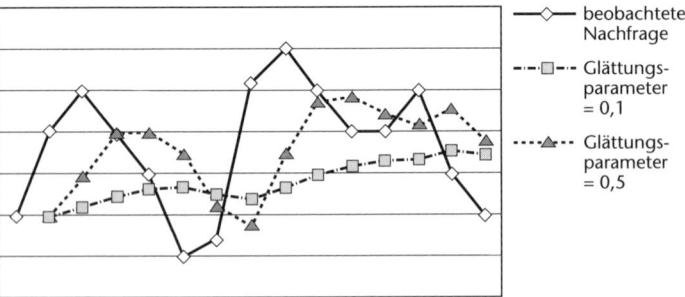

Bild 19.2: Auswirkung des Glättungsparameters α

kursionsgleichung mit $\bar{d}_0 = d_0$ initialisiert. Für kleine α werden aktuelle Beobachtungen wenig, dafür frühere Beobachtungen relativ stark berücksichtigt, was zu einer verhältnismäßig stabilen (glatten) Prognose führt (Bild 19.2). Wie die Methode des gleitenden Durchschnitts ist auch die exponentielle Glättung erwartungstreu. Die Varianz des Prognosefehlers entspricht in diesem Fall $(2/(2 - \alpha))\,\sigma^2$. Die Varianz ist also für kleine α am geringsten.

19.1.2 Prognose bei linearem Trend

Besitzt die beobachtete Zeitreihe einen linearen Trend, der von zufälligen Schwankungen überlagert wird, so ist neben dem Niveau des Trends auch seine Steigung zu berücksichtigen. Die Verfahren aus Abschnitt 19.1.1 sind in diesem Fall nicht zu empfehlen, da ihre Prognosewerte den beobachteten Werten zu weit „hinterherhinken" (vgl. Bild 19.2).

Bei der **Methode der doppelten exponentiellen Glättung von Holt** setzt sich die Prognose für Periode $t + \tau$ ($\tau \geq 1$) zusammen aus einer Nachfrageprognose ohne Trend r_t zur Vorhersage des Ordinatenabstands und einer Steigungsprognose des linearen Trends s_t, d. h.

$$\bar{d}_{t+\tau} = r_t + \tau s_t \quad \text{mit}$$

$$r_t := \alpha d_t + (1 - \alpha)(r_{t-1} + s_{t-1}) \quad \text{und} \quad s_t := \beta\,(r_t - r_{t-1}) + (1 - \beta)\,s_{t-1}.$$

Hierbei entspricht α dem Glättungsparameter bei der einfachen exponentiellen Glättung und β einem Glättungsparameter für die Steigungsprognose ($0 < \beta,\ \alpha < 1$). Im Allgemeinen wird $\beta \leq \alpha$ gewählt, so dass die Steigungsprognose mindestens so stabil ist wie die Nachfrageprognose ohne Trend. Stehen beobachtete Werte der Perioden $0, \ldots, t$ zur Verfügung, so erfolgt die Initialisierung mit $r_0 := d_0$ und $s_0 := 0$.

Bei der **linearen Regressionsanalyse** (Funktion *RGP* in Microsoft Excel) werden der Ordinatenabstand a_t und die Steigung b_t des linearen Trends bestimmt, indem eine Regressionsgerade konstruiert wird, für die die Summe der quadrierten Abstände zwischen den beobachteten Nachfragen und den entsprechenden Punkten auf der Geraden minimal ist (Bild 19.3).

Die Rekursionsformel zur Prognose der Nachfrage für Periode $t + \tau$ ($\tau \geq 1$) lautet

$$\bar{d}_{t+\tau} = a_t + b_t(t + \tau) \quad \text{mit}$$

$$a_t := \frac{1}{t} \sum_{i=1}^{t} d_i - \frac{t+1}{2} b_t \quad \text{und} \quad b_t := \frac{12 \sum\limits_{i=1}^{t} i d_i}{t\,(t^2 - 1)} - \frac{6}{t-1} \frac{1}{t} \sum_{i=1}^{t} d_i$$

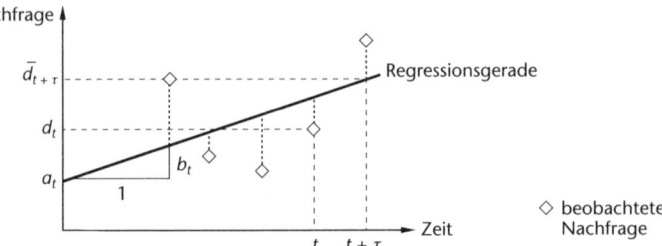

Bild 19.3: Lineare Regression nach der Methode der kleinsten Quadrate

19.1.3   Prognose bei saisonalen Schwankungen

Bei vielen Gütern zeichnet sich die Nachfrage durch regelmäßig wiederkehrende saisonale Schwankungen aus, d. h. Nachfragetrends (Nachfragespitzen oder -flauten) wiederholen sich nach n Perioden (Saison-
länge) in gleicher oder ähnlicher Weise. Die Perioden $0, 1, \ldots, n-1$ bzw.
$n, n+1, \ldots, 2n-1$ etc. bilden dann jeweils eine Saison. Prognosen für derartige Zeitreihenverläufe lassen sich mit Hilfe der **Methode der dreifachen
exponentiellen Glättung von Winter** aufstellen. Die Rekursionsformel für
die Prognose der Nachfrage in Periode $t + \tau$ $(\tau \geq 1)$

$$\bar{d}_{t+\tau} = c_{t+\tau-n}\,(r_t + \tau s_t) \quad \text{für} \quad 1 \leq \tau \leq n$$

unterscheidet sich durch Saisonkoeffizienten c_t $(t = 0, 1, \ldots, n-1)$ mit
$\sum_{t=0}^{n-1} c_t = n$ von der Methode der doppelten exponentiellen Glättung. Die
Saisonkoeffizienten beschreiben das Verhältnis von beobachteter Nachfrage zum gleitenden arithmetischen Mittelwert der Nachfrage derjenigen Saison, zu der t gehört, also etwa

$$d_t = c_t \frac{1}{n} \sum_{t=0}^{n-1} d_t$$

für die erste Saison $(0 \leq t \leq n-1)$. Wie beim Verfahren von Holt müssen
zunächst eine (in diesem Fall saisonbereinigte) Nachfrageprognose ohne
Trend r_t zur Vorhersage des Ordinatenabstands und eine Steigungsprognose des linearen Trends s_t in Abhängigkeit von den Glättungsparametern
$0 < \beta,\ \alpha < 1$ vorgenommen werden:

$$r_t := (\alpha/c_{t-n})\,d_t + (1-\alpha)\,(r_{t-1} + s_{t-1})$$
$$s_t := \beta\,(r_t - r_{t-1}) + (1-\beta)\,s_{t-1}$$

Außerdem werden die Saisonkoeffizienten in Abhängigkeit vom Glättungsparameter $0 < \gamma < 1$ gemäß

$$c_t := \gamma \, (d_t/r_t) + (1 - \gamma) \, c_{t-n}$$

fortgeschrieben.

Sei $t = 0$ die Periode, bis zu der beobachtete Nachfragewerte vorliegen. Um r_0 und s_0 zu initialisieren und eine Schätzung für die Saisonkoeffizienten c_t ($t = -n + 1, \ldots, 0$) zu erhalten, wird die Kenntnis der beobachteten Nachfragen zweier zurückliegender Saisons vorausgesetzt. Man setzt dann

$$s_0 := \frac{\dfrac{1}{n} \sum_{t=-n+1}^{0} d_t - \dfrac{1}{n} \sum_{t=-2n+1}^{-n} d_t}{n} \quad \text{und} \quad r_0 := \frac{1}{n} \sum_{t=-n+1}^{0} d_t + \frac{n-1}{2} s_0$$

sowie

$$c_t := \frac{\left(\dfrac{d_t}{\dfrac{1}{n} \sum_{i=-n+1}^{0} d_i} \right) + \left(\dfrac{d_{t-n}}{\dfrac{1}{n} \sum_{i=-2n+1}^{-n} d_i} \right)}{2} \quad \text{für} \quad t = -n + 1, \ldots, 0$$

Offensichtlich ist $\sum_{t=-n+1}^{0} c_t = n$.

19.2 Lagerhaltung

> Ziel der Losgrößenplanung ist die Ermittlung einer optimalen Losgröße, d. h. einer Bestell- bzw. Produktionsmenge, für die die gesamten Lagerhaltungskosten minimal sind.

Die Beschaffung bzw. Produktion von Gütern erfolgt i. Allg. nicht stückweise oder den unmittelbaren Bedarf befriedigend, sondern in größeren Mengen, um fixe Bestellkosten bzw. Rüstkosten zu sparen und Lieferbereitschaft sicherzustellen. Dies hat zur Folge, dass Güter gelagert werden müssen, wobei insgesamt folgende Kosten zu berücksichtigen sind:

- Bestell- bzw. auflagefixe Kosten $K \geq 0$ fallen bei jeder Bestellung bzw. beim Auflegen jedes Fertigungsloses an.

- Variable Bestell- bzw. Produktionskosten $c > 0$ pro Mengeneinheit

- Lagerungskosten $h > 0$ pro Mengen- und Zeiteinheit (ME und ZE)

Hohe Fixkosten implizieren eine Tendenz zu großen Losen, hohe Lagerungskosten eine Tendenz zu kleinen Losen.

19.2.1 Klassisches Losgrößenmodell

Annahmen für das klassische Losgrößenmodell:

- Lagerung eines Gutes in einem Lager
- Konstante Nachfragerate (Abgangsrate) $d > 0$
- Lieferung in Losen der Größe q ohne Lieferzeit
- Fehlmengen sind nicht zugelassen
- Lagerkapazität und Planungshorizont sind unbeschränkt

Das klassische Losgrößenmodell geht von der in Bild 19.4 dargestellten Lagerbestandsfunktion aus: Lieferungen der Höhe q treffen sofort ein, die Abgangsrate d ist konstant und somit ebenfalls die Lagerreichweite (Periodenlänge) $\Delta = q/d$.

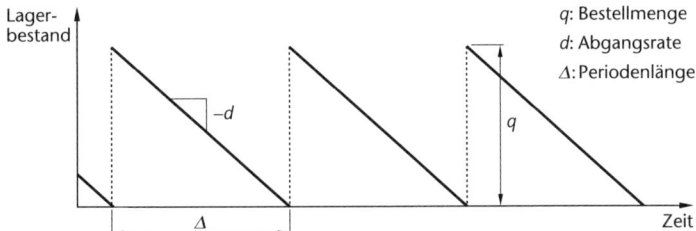

Bild 19.4: Lagerbestand als Funktion der Zeit

Da sich der mittlere Lagerbestand einer Bestellperiode zu $q^2/2d$ ergibt, betragen die Gesamtkosten pro Bestellperiode $K + cq + hq^2/2d$. Gesucht ist eine optimale Losgröße $q^* > 0$, die die Summe aus Bestell- und Lagerungskosten pro ZE, d. h. die konvexe Funktion (Bild 19.5)

$$C(q) = \frac{Kd}{q} + \frac{hq}{2} + cd,$$

minimiert. Durch Nullsetzen der ersten Ableitung $C'(q)$ ergibt sich

$$q^* = \sqrt{\frac{2Kd}{h}}$$

und somit als optimale Zykluszeit $\Delta^* = q^*/d$.

Das klassische Losgrößenmodell kann um die Berücksichtigung von Lieferzeiten, Fehlmengen, endlichen Produktionsraten und mehreren Lagergütern erweitert werden [vgl. Neumann 1996].

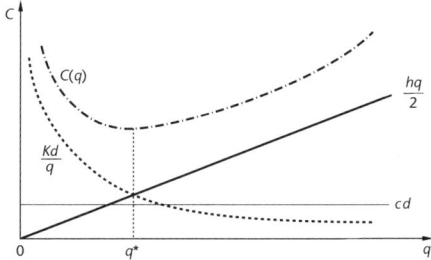

Bild 19.5: Lagerhaltungskosten pro ZE $C(q)$ in Abhängigkeit von der Losgröße

19.2.2 Dynamisches Losgrößenmodell

Ist die Nachfrage pro ZE nicht nahezu konstant, sondern im Zeitverlauf schwankend, dann sollte das folgende von Wagner und Whitin stammende dynamische Modell angewandt werden.

Annahmen für das Wagner-Whitin-Modell:

■ Lagerung eines Gutes in einem Lager

■ Planungszeitraum in Perioden $t = 1, 2, \ldots, T$ unterteilt

■ Nachfrage $d_t > 0$ in Periode t

■ Fehlmengen sind nicht zugelassen

■ Lagerkapazität ist unbeschränkt

■ Zu Beginn jeder Periode t Lieferung der Bestellmenge q_t

Bezeichne x_t den Lagerbestand zu Beginn von Periode t und nehmen wir ohne Beschränkung der Allgemeinheit an, dass $x_1 = 0$ sei, so ergibt sich die Lagerbilanzgleichung zu

$$x_{t+1} = x_t + q_t - d_t \quad (t = 1, \ldots, T)$$

Da für $h > 0$ unter Kostengesichtspunkten der Endlagerbestand x_{T+1} gleich null ist, entspricht die Bestellmenge über den Planungshorizont der Nachfrage über alle Perioden. Folglich sind die gesamten variablen Bestellkosten konstant und brauchen in der zu minimierenden Kostenfunktion nicht berücksichtigt zu werden. Definiert man $\delta(q_t) := 1$, falls $q_t > 0$ ist, und ansonsten $\delta(q_t) := 0$, dann ergibt sich das Optimierungsproblem zur Minimierung der gesamten Lagerhaltungskosten zu

Min. $\displaystyle\sum_{t=1}^{T} [K\delta(q_t) + hx_{t+1}]$

u.d.N. $x_{t+1} = x_t + q_t - d_t \quad (t = 1, ..., T)$
  $x_1 = x_{T+1} = 0$
  $x_t \geq 0 \quad (t = 2, ..., T)$
  $0 \leq q_t \leq x_{t+1} + d_t \quad (t = 1, ..., T)$.

Gesucht sind eine optimale Bestellpolitik $(q_1^*, ..., q_T^*)$ und zugehörige Lagerbestände $(x_1^*, ..., x_{T+1}^*)$. Grundlage des folgenden Lösungsverfahrens ist die so genannte **Wagner-Whitin-Eigenschaft**: Es gibt stets eine optimale Lösung mit $q_t^* x_t^* = 0$ für alle $t = 1, ..., T$, d.h., es gibt immer eine optimale Politik, bei der nur bei geräumtem Lager bestellt wird und dann genau so viel, wie bis zur nächsten Bestellung benötigt wird. Ferner gilt nach dem **Bellman'schen Optimalitätsprinzip** [Neumann, Morlock 2004], dass eine optimale Bestellpolitik für die Perioden $t, ..., T$ bei gegebenem Lagerbestand $x_t = 0$ zu Beginn von Periode t unabhängig von der Bestellpolitik in den Perioden $1, ..., t - 1$ ist.

Die **Methode von Wagner-Within** basiert ferner auf folgender Überlegung: Zur Bestimmung der Gesamtkosten $F(t)$ einer optimalen Bestellpolitik der Perioden $1, ..., t$ werden zwei Fälle unterschieden: (1) Die Nachfrage in t wird aus einer Bestellung in t befriedigt; dann setzt sich $F(t)$ aus den Gesamtkosten der Vorperioden zuzüglich der bestellfixen Kosten zusammen. (2) Die Nachfrage in t wird aus der Bestellung einer früheren Periode $j < t$ gedeckt. In diesem Fall gehen die Gesamtkosten $F(j-1)$ für die vorhergehenden Perioden, die bestellfixen Kosten sowie die Lagerungskosten für die Perioden $j + 1, ..., t$ in $F(t)$ ein. Wählt man von diesen Alternativen die kostengünstigste aus, dann gilt:

$$F(t) = \min \begin{cases} F(t-1) + K_t \\ \displaystyle\min_{0<j<t} \left\{ F(j-1) + K_j + \sum_{i=j+1}^{t} (i-j) hd_i \right\} \end{cases}$$

Zur Lösung des Problems mittels dieser Rekursionsformel wird das Verfahren mit $F(0) = 0$ initialisiert und dann $F(1)$, $F(2)$ usw. und schließlich $F(T)$ berechnet. Die schrittweise Erhöhung der Reichweite des Loses kann abgebrochen werden, sobald in der als Letztes einbezogenen Periode ein neues Los aufgelegt werden muss. Das Verfahren bestimmt zunächst für jede Periode $t = 1, ..., T$ die Periode $j \leq t$, in der der Bedarf für Periode t bestellt wird. Eine Rückwärtsrechnung liefert dann die optimalen Bestellmengen q_t^*.

19.2.3   Kapazitiertes Losgrößenmodell

Häufig sind in der Praxis Kapazitätsrestriktionen zu beachten, d.h., in jeder Periode können nur gewisse Mengen einzelner Produkte produziert bzw. geliefert werden. Hierzu betrachten wir ein zu 19.2.2 ähnliches Modell. Der einzige Unterschied ist, dass n Produkte betrachtet werden und in jeder Periode eine vorgegebene Mengenkapazität (z. B. Lieferkapazität) für alle Produkte zusammen nicht überschritten werden darf.

Größen des kapazitierten Losgrößenmodells:

i, t Produktindex $i = 1, ..., n$, Zeitindex $t = 1, ..., T$

h_i Lagerhaltungskostensatz je ME und ZE von Produkt i

K_i Bestellfixe Kosten je Bestellung von Produkt i

x_{it} Lagerbestand von Produkt i zu Beginn von Periode t

q_{it} Bestellmenge von Produkt i in Periode t

$u_{it} := 1$, falls $q_{it} > 0$; sonst 0

d_{it} nachgefragte Menge von Produkt i in Periode t

a_i Inanspruchnahme der Lieferkapazität durch Produkt i je ME

A_t verfügbare Lieferkapazität in Periode t

Unter Verwendung einer hinreichend großen Zahl M (z. B. $\sum\limits_{i=1}^{n} \sum\limits_{t=1}^{T} d_{it}$) lässt sich das Problem als gemischt-ganzzahliges Programm formulieren:

$$\text{Min. } \sum_{i=1}^{n} \sum_{t=1}^{T} [K_i u_{it} + h_i x_{i,t+1}]$$

$$\begin{aligned}
\text{u. d. N.} \quad & x_{i,t+1} = x_{it} + q_{it} - d_{it} && (i = 1, ..., n; t = 1, ..., T) \\
& x_{i1} = x_{i,T+1} = 0 && (i = 1, ..., n) \\
& \sum_{i=1}^{n} a_i q_{it} \leq A_t && (t = 1, ..., T) \\
& q_{it} - M u_{it} \leq 0 && (i = 1, ..., n; t = 1, ..., T) \\
& u_{it} \in \{0, 1\}; x_{it}, q_{it} \geq 0 && (i = 1, ..., n; t = 1, ..., T).
\end{aligned}$$

Zur Lösung dieses Programms können beispielsweise der Solver von Microsoft Excel bzw. bei großen Probleminstanzen Heuristiken wie die Eisenhut-Heuristik oder das Verfahren von Dixon-Silver [vgl. Kistner, Steven 2001] eingesetzt werden.

19.2.4 Stochastisches Losgrößenmodell

Entgegen der bisher unterstellten Annahme kann in der Praxis i. Allg. nicht von im Voraus bekannter Nachfrage ausgegangen werden. Anders als die bisher behandelten Verfahren erlaubt das folgende Losgrößenmodell die Berücksichtigung einer stochastischen Nachfrage.

Annahmen für das stochastische Losgrößenmodell:

■ Unbeschränkte Lagerung eines Gutes in einem Lager

■ Kontinuierlicher Planungszeitraum

■ Sinkt der Lagerbestand auf den Wert s, erfolgt eine Bestellung der Menge q, die nach Lieferzeit $\lambda \geq 0$ verfügbar ist

■ Erwartete Nachfrage pro Zeiteinheit $d > 0$

■ Kumulierte Nachfrage z während Lieferzeit $\lambda > 0$ ist stetige Zufallsgröße mit Dichte f und Erwartungswert $\mu = d\lambda$

■ $K \geq 0$ seien die fixen Bestellkosten

■ $c > 0$ sei der Beschaffungspreis pro ME

■ $h > 0$ seien die Lagerungskosten pro ME und ZE

■ $p > 0$ seien die Kosten pro ME für Fehlmengen, die während der Lieferzeit auftreten

Gesucht sind ein Bestellpunkt s und eine Losgröße q, für die die erwarteten Gesamtkosten pro ZE minimal sind, d. h. eine optimale $(s, q\text{-})$Bestellpunktregel, bei der die Bestellgrenze (Bestand, auf den das Lager bei Lieferung aufgefüllt wird) eine stochastische Größe ist (Bild 19.6).

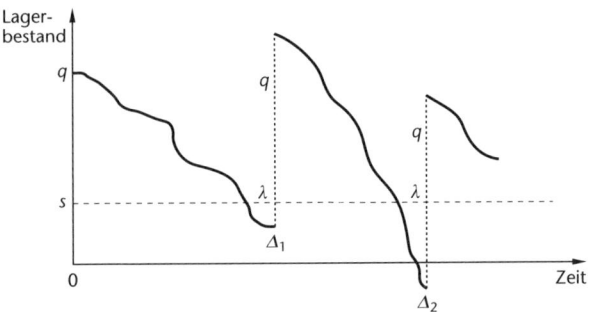

Bild 19.6: Lagerbestandsfunktion beim stochastischen Losgrößenmodell

Die Gesamtkosten $C(s, q)$ pro ZE ergeben sich aus den erwarteten Bestell-, Lagerungs- und Fehlmengenkosten zu

$$C(s, q) = \frac{Kd}{q} + cd + h\left(\frac{q}{2} + s - \lambda d\right) + \frac{pd}{q}\, v(s)\,,$$

wobei sich die erwarteten Bestellkosten pro ZE $Kd/q + cd$ analog zum klassischen Losgrößenmodell (Abschnitt 19.2.1) ergeben. Die erwarteten

Lagerungskosten pro ZE $h(q/2 + s - \lambda d)$ entsprechen dem mit h bewerteten Mittel der erwarteten Bestände zu Beginn und am Ende eines Bestellzyklus. Die erwartete Fehlmenge während der Lieferzeit λ ist $v(s) := \int_{s}^{\infty} (z - s)f(z)\,dz.$ Die erwarteten Fehlmengenkosten pro ZE ergeben sich somit zu $pd/q\ v(s).$

Da die Funktion C konvex und differenzierbar ist, ergeben sich die optimalen Werte s^* und q^* durch Nullsetzen der partiellen Ableitungen. Wir erhalten

$$q^* = \sqrt{\frac{2\,(K + pv(s^*))\,d}{h}} \quad \text{und} \quad F(s^*) = 1 - \frac{hq^*}{pd}$$

mit F als Verteilungsfunktion der kumulierten Nachfrage während der Lieferzeit. Diese beiden Gleichungen können mit einem numerischen Iterationsverfahren näherungsweise gelöst werden. Die Größe $s^* - \lambda d = s^* - \mu$ kann als *Sicherheitsbestand* interpretiert werden, der vor einem negativen Lagerbestand während der Lieferzeit schützt. Die Wahrscheinlichkeit, dass ein negativer Lagerbestand auftritt, ist $1 - F(s^*) = hq^*/pd$.

19.3 Distributionsplanung

In Abschnitt 19.2 haben wir im Rahmen der Lagerhaltung die zeitliche Entkoppelung zwischen Angebot und Nachfrage für ein oder mehrere Produkte betrachtet. Da meist auch eine räumliche Trennung zwischen Erzeugung und Konsum von Produkten besteht, werden im Folgenden Planungsprobleme, die sich mit dem kostengünstigsten Transport von Gütern befassen, betrachtet. Die Orte und ihre Verbindungen untereinander werden dabei durch Knoten und Pfeile eines Netzwerks (bewerteter, gerichteter Graph) repräsentiert (Bild 19.7). Die Pfeilbewertung c_{ij} eines Pfeils von i nach j gibt dabei die Zeit bzw. die Kosten für den Transport einer ME eines betrachteten Produktes von i nach j an.

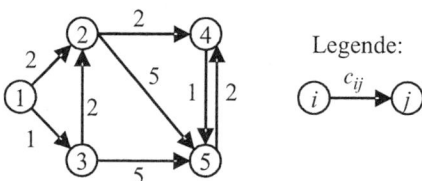

Bild 19.7: Beispiel eines Netzwerks

19.3.1   Kürzeste Wege

Gegeben seien n Orte und die zugehörigen direkten Transportverbindungen mit korrespondierenden Kosten. Dann entspricht die Bestimmung einer optimalen Transportverbindung zwischen zwei Orten der Bestimmung eines kürzesten Weges im entsprechenden Netzwerk.

Gegeben sei ein Netzwerk mit Knoten $i = 1, ..., n$, Pfeilen (i, j) und Pfeilbewertungen c_{ij}. Ein kürzester Weg von Knoten i nach Knoten j entspricht einer gerichteten Pfeilfolge von i nach j mit kleinster Summe an Pfeilbewertungen. Die Länge eines kürzesten Weges von i nach j bezeichnen wir mit d_{ij}.

Beachte: Kürzeste Wege können nur in Netzwerken ohne Zyklen negativer Länge bestimmt werden.

Zur Bestimmung der kürzesten Wege von einem beliebigen Startknoten a zu allen anderen Knoten eines Netzwerks eignet sich der folgende Algorithmus, der auf dem **Bellman'schen Optimalitätsprinzip** (Teilwege kürzester Wege sind wieder kürzeste Wege) basiert.

Label-Correcting-Algorithmus:

Initialisierung	$d_{aa} := 0$, $p_a := a$ und $Q := \{a\}$, wobei Q als First-in-First-out-Liste (Schlange) verwaltetet wird. Setze $d_{ai} := \infty$ und $p_i := 0$ für $i = 1, ..., n$ mit $i \neq a$.
Hauptschritt	Solange $Q \neq \emptyset$, wiederhole: Entferne i vom Anfang von Q. Für alle direkten Nachfolger j von i im Netzplan mit $d_{aj} > d_{ai} + c_{ij}$: Setze $d_{aj} := d_{ai} + c_{ij}$ und $p_j := i$. Falls $j \in Q$, füge j an das Ende von Q an.

Der Knoten p_j entspricht nach Ablauf des Algorithmus gerade dem direkten Vorgänger von Knoten j auf einem kürzesten Weg von a nach j; sei dies der Knoten i. p_i liefert dann den Vorgänger von i, usw., bis wir schließlich Knoten a erreichen. Folglich kann aus den durch den Algorithmus bestimmten p_i Werten (beginnend bei j) ein kürzester Weg von a nach j bestimmt werden.

Zur Bestimmung kürzester Wege in Netzwerken existieren zahlreiche Verfahren, die sich u. a. hinsichtlich ihrer Zeitkomplexität und ihrer Voraussetzungen an den zu Grunde liegenden Netzplan unterscheiden [Neumann, Morlock 2004]. Besondere Erwähnung verdient der **Tripel-Algorithmus von Floyd/Warshall**, der in einem Verfahrensdurchlauf die kürzesten Wege zwischen allen Knoten eines Netzwerks ermittelt.

19.3.2 Transportproblem

Gilt es den Bedarf b_j von $j = 1, ..., m$ Kunden aus dem Angebot a_i von $i = 1, ..., n$ Anbietern zu befriedigen, so stellt sich die Frage, welcher Anbieter an welchen Kunden wie viel zu liefern hat. Sind die Kosten c_{ij} für den Transport einer ME von Anbieter i zu Abnehmer j bekannt und bezeichnet x_{ij} die (gesuchte) vom Anbieter i zum Empfänger j zu transportierende Menge, dann lautet das entsprechende **Transportproblem** mit dem Ziel der Transportkostenminimierung

$$\text{Min.} \sum_{i=1}^{n} \sum_{j=1}^{m} c_{ij} x_{ij}$$

$$\text{u.d.N.} \sum_{i=1}^{n} x_{ij} = b_j \qquad (j = 1, ..., m)$$

$$\sum_{i=1}^{m} x_{ij} = a_j \qquad (i = 1, ..., n)$$

$$x_{ij} \geq 0 \qquad (i = 1, ..., n; j = 1, ..., m).$$

Ohne Beschränkung der Allgemeinheit nehmen wir $\sum_{i=1}^{n} a_i = \sum_{j=1}^{m} b_j$ an. Sollte dies nicht der Fall sein, können entsprechende fiktive Anbieter bzw. Kunden eingeführt werden. Zur Bestimmung einer Lösung für das Transportproblem unterscheidet man zwischen Eröffnungsverfahren, die eine (i. Allg. nicht optimale) zulässige Lösung generieren, und Optimierungsverfahren, die ausgehend von einer zulässigen Lösung eine optimale Lösung erzeugen. Ein einfaches Eröffnungsverfahren ist die **Nordwesteckenregel**:

Initialisierung	Setze $i := 1$ und $j := 1$.
Hauptschritt	Solange $i \leq n$ und $j \leq m$, wiederhole:
	Setze $x_{ij} := \min \{a_i, b_j\}$.
	Setze $a_i := a_i - x_{ij}$.
	Setze $b_j := b_j - x_{ij}$.
	Falls $a_i := 0$ setze $i := i + 1$ sonst $j := j + 1$.

Die Nordwesteckenregel liefert eine zulässige Lösung, die jedoch i. Allg. von minderer Qualität ist, da sie die Transportkosten nicht berücksichtigt. Anders ist dies beim **Eröffnungsverfahren von Vogel**, das die Transportkosten explizit berücksichtigt. Das Verfahren beruht auf der Idee, die Kosten zu minimieren, die dadurch entstehen, dass ein Konsument vom zweitgünstigsten und nicht vom günstigsten Anbieter beliefert wird.

Initialisierung	Setze $I := \{1, ..., n\}$, $J := \{1, ..., m\}$.
	Setze $x_{ij} := 0$ für alle $i = 1, ..., n$ und $j = 1, ..., m$.

Hauptschritt   Wiederhole bis $|I| = 1$ oder $|J| = 1$:

für alle $j \in J$ bestimme

$$\Delta s_j := |c_{hj} - c_{kj}| \quad \text{mit} \quad c_{hj} + c_{kj} = \min_{x,y \in I} \{c_{xj} + c_{yj}\}.$$

für alle $i \in I$ bestimme

$$\Delta z_i := |c_{ih} - c_{ik}| \quad \text{mit} \quad c_{ih} + c_{ik} = \min_{x,y \in J} \{c_{ix} + c_{iy}\}.$$

Setze $p := \arg\max_i \{\Delta z_i\}$, $q := \arg\max_j \{\Delta s_j\}$.

Setze $x_{pq} := \min \{a_p, b_q\}$.

Setze $a_p := a_p - x_{pq}$ und $b_q := b_q - x_{pq}$.

Falls $a_p = 0$ setze $I := I \backslash \{p\}$ sonst $J := J \backslash \{q\}$.

Setze $x_{ij} := \min \{a_i, b_j\}$ für alle $i \in I$ und alle $j \in J$.

Ausgehend von einer so bestimmten Näherungslösung kann mit der auf der Simplexmethode beruhenden MODI-Methode [vgl. Domschke 2007] eine optimale Lösung erzeugt werden. Das Transportproblem kann aber auch mit dem Solver von Microsoft Excel gelöst werden.

19.3.3   Rundreisen und Touren

Für Unternehmen, die ihre Produkte an eine größere Anzahl von Distributionszentren oder Kunden liefern, gilt es, für jeden Tag Auslieferungstouren festzulegen, wobei Fahrzeugkapazitäten, Gesamtfahrzeiten pro Tour etc. zu beachten und die Gesamttransportkosten zu minimieren sind. Im Folgenden wollen wir davon ausgehen, dass das Depot 0 und die zu beliefernden Kunden $i = 1, \dots, n$ als Knoten eines Netzwerks gegeben sind. Ferner nehmen wir an, dass je zwei Knoten i und j des Netzplans durch einen Pfeil verbunden sind, dessen Bewertung den minimalen Transportzeiten d_{ij} zwischen diesen beiden Orten entspricht.

19.3.3.1   Traveling-Salesman-Problem (TSP)

Gilt es, an jedem Plantag nur eine Tour zu planen – beispielsweise die Rundreise eines Handlungsreisenden, der ausgehend von einem Depot eine Reihe von Kunden zu besuchen hat –, so spricht man vom so genannten Traveling-Salesman-Problem (TSP) oder Handlungsreisenden-problem. Seien x_{ij}, $i, j = 1, \dots, n$, Entscheidungsvariablen mit $x_{ij} = 1$, falls die Tour die Fahrt von i nach j enthält, und ansonsten $x_{ij} = 0$, so liest sich das TSP wie folgt:

$$\text{Min.} \sum_{i=0}^{n} \sum_{j=0}^{n} d_{ij} x_{ij}$$

$$\text{u. d. N.} \sum_{i=0}^{n} x_{ij} = 1 \qquad\qquad (j = 0, \dots, n)$$

$$\sum_{j=0}^{n} x_{ij} = 1 \qquad (i = 0, \dots, n)$$

$$x_{ij} \in \{0, 1\} \qquad (i, j = 0, \dots, n)$$

(∗) $\quad \sum_{i \in U} \sum_{j \in U} x_{ij} \le |U| - 1 \quad$ für alle $\quad U \subset \{0, \dots, n\},\ U \ne \varnothing$

In dieser Formulierung unterbinden die Nebenbedingungen (∗) die Existenz von Kurzzyklen, d. h. Touren, die das Depot nicht enthalten. Eine Näherungslösung für das TSP kann mit Hilfe des **Verfahrens der sukzessiven Einbeziehung** konstruiert werden: Sei i der Kunde mit maximalem d_{0i}. Ausgehend von der Kurztour $0 - i - 0$ wird in jedem von $n - 1$ Schritten ein Kunde, der nicht bereits Bestandteil der Tour ist, derart in die bisherige Kurztour integriert, dass sich die Gesamtlänge der Tour möglichst wenig erhöht. Dieser Schritt wird so lange wiederholt, bis alle Kunden in der Tour enthalten sind.

Weitere heuristische und exakte Verfahren zur Lösung des Handlungsreisendenproblems finden sich z. B. in Domschke und Scholl [2010] oder Neumann und Morlock [2004].

19.3.3.2 Tourenplanung

Ist an einem Plantag mehr als eine Tour zu planen, z. B. weil ein Auslieferungsfahrzeug Kapazitätsrestriktionen unterliegt oder aber mehrere Auslieferungsfahrzeuge vorhanden sind, so liegt das Standardproblem der Tourenplanung (TPP) vor. Dabei wird angenommen, dass n Kunden von einem Depot 0 aus beliefert werden sollen. Zu diesem Zweck stehen mehrere Fahrzeuge mit einer Kapazität von Q ME zur Verfügung. Eine Tour darf eine Fahrzeit von D ZE nicht überschreiten. Der Bedarf b_i jedes Kunden i sowie die Transportzeit d_{ij} seien bekannt. Ziel ist es, eine unter diesen Annahmen fahrzeitminimale (Anzahl von) Tour(en) zu finden, so dass jeder Kunde auf genau einer Fahrt bedient wird. Die mathematische Formulierung des TPP lautet unter Zuhilfenahme einer hinreichend großen Zahl M Hilfsvariablen d_j, die den Belieferungszeitpunkt von Kunde j bezeichnen, und der Entscheidungsvariablen x_{ij}:

Min. $\displaystyle\sum_{i=0}^{n} \sum_{j=0}^{n} d_{ij} x_{ij}$

u. d. N. $\displaystyle\sum_{i=0}^{n} x_{ij} = 1 \qquad (j = 1, \dots, n)$

$\displaystyle\sum_{j=0}^{n} x_{ij} = 1 \qquad (i = 1, \dots, n)$

$x_{ij} \in \{0, 1\} \qquad (i, j = 0, \dots, n)$

(a) $\quad d_i + d_{ij} - (1 - x_{ij})\,M \le d_j \qquad (i, j = 0, \dots, n; i \ne j)$

(b) $\quad d_j + d_{j0} - (1 - x_{j0})\, M \le D \quad (j = 0, \ldots, n)$

(c) $\quad \sum\limits_{i \in U} \sum\limits_{j \in U} x_{ij} \le |U| - \left[\sum\limits_{i \in U} b_i / Q \right]$ für alle $\quad U \subseteq \{1, \ldots, n\},\ |U| \ge 2$

Die Restriktionen (a) und (b) sorgen für die Einhaltung der maximalen Fahrzeit je Tour. Die Nebenbedingungen (c) verhindern die Überschreitung der Ladekapazität je Fahrzeug. Zur Lösung des TPP eignet sich das **Savingsverfahren**. Dabei versucht man, durch sukzessives „Verschmelzen" zweier Touren unter Beachtung der Fahrzeit- und Kapazitätsrestriktionen Fahrzeiten einzusparen. Eine größere Tour wird erzeugt, indem der Endkunde i der einen Tour mit dem Anfangskunden j der anderen Tour verbunden wird. Eine solche Verschmelzung liefert die Ersparnis $s_{ij} := d_{i0} + d_{0j} - d_{ij}$. Das Savingsverfahren läuft in zwei Hauptschritten ab:

(1) Bilde die Touren $0 - i - 0$ für alle $i = 1, \ldots, n$.
Berechne s_{ij} für alle $i, j = 1, \ldots, n; i \ne j$ und speichere alle $s_{ij} > 0$ nach nicht wachsenden Werten geordnet in Liste L.

(2) Solange $L = \varnothing$:
Entferne das erste (größte) Element aus L, etwa s_{ij}.
Falls s_{ij} zulässiges Saving hinsichtlich der Fahrzeit- und Kapazitätsrestriktionen, verschmelze die korrespondierenden Touren durch Hinzufügen einer Verbindung von i nach j.

Literatur

Domschke, W.: Logistik: Transport. 5. Auflage. München: Oldenbourg 2007
Domschke, W; Scholl, A.: Logistik: Rundreisen und Touren. 5. Auflage. München: Oldenbourg 2010
Domschke, W.; Scholl, A.; Voß, S.: Produktionsplanung. 2. Auflage. Berlin: Springer 1997
Günther, H. O.; Tempelmeier, H.: Produktion und Logistik. 8. Auflage. Berlin: Springer 2009
Hax, A. C.; Candea, D.: Production and Inventory Management. Englewood Cliffs: Prentice Hall 1984
Kistner, K.-P.; Steven, M.: Produktionsplanung. 3. Auflage. Heidelberg: Physica 2001
Neumann, K.; Morlock, M.: Operations Research. 2. Aufl. München: Hanser 2004
Neumann, K.: Produktions- und Operationsmanagement. Berlin: Springer 1996
Silver, E. A.; Pyke, D. F.; Peterson, R.: Inventory Management and Production Planning and Scheduling. 3. Auflage. New York: John Wiley & Sons 1998
Tempelmeier, H.: Material-Logistik. 7. Auflage. Berlin: Springer 2008
Voß, W.: Taschenbuch der Statistik. 2. Auflage. Leipzig: Fachbuchverlag 2004

20 Fördertechnik und innerbetrieblicher Materialfluss

Prof. Dr.-Ing. Reinhard Koether

Dieses Kapitel beschreibt die technische Ausgestaltung, Vor- und Nachteile verschiedener Fördersysteme und deren bevorzugte Einsatzfelder. Schwerpunkt ist dabei der Transport von Stückgütern. Die Planungsmethoden zur Auslegung innerbetrieblicher Materialflusssysteme sind in den Kapiteln 17 und 18 beschrieben.

20.1 Flurfreie Fördersysteme

Flurfreie Fördermittel fördern die Stückgüter hängend. Die wichtigsten Förderer, die im Folgenden kurz beschrieben werden, sind:

■ flurfreie Förderer mit flächigem Materialfluss: Kran

■ flurfreie, spurgebundene Förderer:
   – Kreiskettenförderer
   – Power-and-Free-Förderer
   – Elektrohängebahn

20.1.1 Kran

Ein Kran besteht aus einem Träger, an dem die Krankatze mit dem Hubwerk verfahrbar ist. Der Träger kann an einer Säule drehbar gelagert sein (Säulendrehkran), auf längs verfahrbaren Stützen befestigt sein (Portalkran) oder auf der Kranbahn in der Halle verfahren (Brückenkran).

Vorteile von Krananlagen sind die flexiblen Förderstrecken und der Transport auch großer Massen. Wichtigster **Nachteil** ist die geringe Transportleistung.

Wegen der Arbeitssicherheit werden Kräne für Stückguttransporte fast immer manuell bedient. Zum An- und Abschlagen der Last ist meist ein Mitarbeiter am Boden notwendig. **Automatisierungsmöglichkeiten** für Krane sind

■ Rufsteuerung (Heranholen des unbeladenen Krans), meist mit einer Funksteuerung,

■ Zielsteuerung (Verfahren zu einer Koordinaten-Position in der Halle), nur möglich in einer menschenleeren Halle oder mit einer aufwendigen Absturzsicherung,

Bild 20.1: Brückenkran mit Kranführer in einer mitfahrenden Kabine zum Transport von Presswerkzeugen (Werkfoto: Demag Cranes and Components)

■ Portalroboter (automatisches Abarbeiten einer programmierten Bewegungsfolge).

Für innerbetriebliche Transporte werden Krane eingesetzt

■ als Hebezeuge für **schwere Lasten,**

■ bei **geringer Transportfrequenz,**

■ bei guter **Zugänglichkeit** des Fördergutes **von oben** am Abhol- und Anlieferort.

20.1.2   Kreisförderer

Bei Kreisförderern mit umlaufendem Kettenantrieb sind Gehänge mit der Kette fest verbunden. Die Kette zieht mit gleich bleibender Geschwindigkeit die Laufwagen, die in einer Schiene geführt sind (Bild 20.2). Weichen sind nicht möglich.

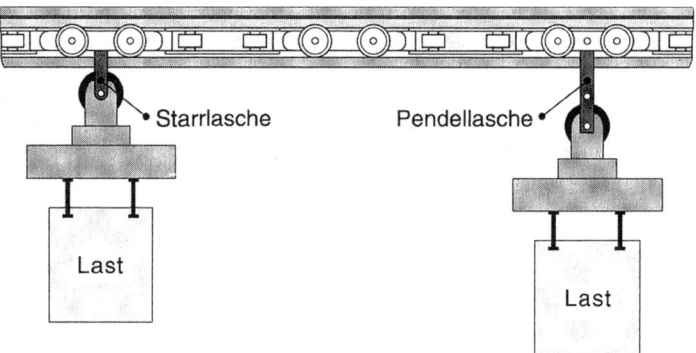

Bild 20.2: Prinzipdarstellung eines Kreisförderers

Die **Vorteile** von Kreisförderern sind

■   relativ geringe Investitionen,

■   relativ freizügige Anpassung an räumliche Verhältnisse.

Die **Nachteile** sind

■   starre Förderung ohne Staumöglichkeit und Verzweigung,

■   Geräuschentwicklung durch Ketten,

■   Zwang zu geschlossenen Kreisläufen.

Kreisförderer werden eingesetzt

■   zum Transport großer Mengen,

■   für einfachen, linienförmigen Materialfluss,

■   für Transporte durch Zonen mit Explosionsschutz (z. B. Lackiererei).

20.1.3   Power-and-Free

Die Strecke des Power-and-Free-Fördersystems besteht aus zwei übereinander angeordneten Schienen. In der oberen Schiene läuft kontinuierlich
die (Power-)Kette und zieht über Mitnehmer die in der unteren Schiene
laufenden (Free-)Wagen, an denen die Last hängt. Da sich die Wagen
nach Bedarf von der laufenden Power-Kette entkoppeln und wieder
einklinken lassen, können Staustrecken und Weichen realisiert werden
(Bild 20.3).

Power-Kette Ketten-Mitnehmer Rückhalte-Klinke Power-Schiene Mitnehmer-Nocken

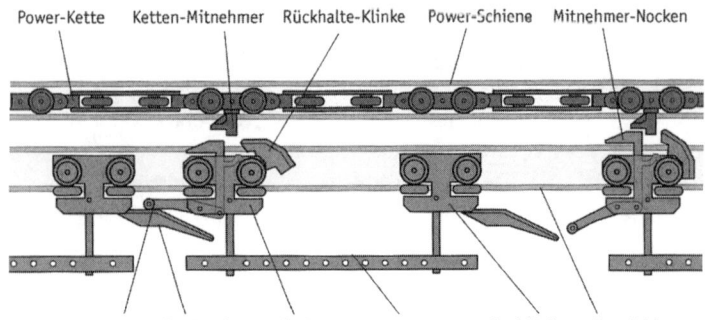

Auflauf-Hebel Auflauf-Kufe Vorläufer Lasttraverse Nachläufer Free-Schiene

Bild 20.3: Prinzipbild eines Power-and-Free-Förderers (Quelle: Eisenmann KG)

Die **Vorteile** des Power-and-Free-Systems sind

- Anhalten und Aufstauen möglich,

- Verzweigungen und Zusammenführungen möglich,

- Überwinden von Höhensprüngen durch Steigung- und Gefällstrecken, je nach System bis 85°;

- Explosionsschutz (z. B. in Lackiererei).

Bild 20.4: Power-and-Free-System in der Tauchlackierung für Nutzfahrzeugteile (Werkfoto: Swisslog Schierholz)

Diesen Vorteilen stehen folgende **Nachteile** gegenüber:

- Lärmentwicklung durch Ketten,

- z. T. komplizierte Systeme durch geschlossene Kettenkreisläufe.

20.1.4 Elektrohängebahn

Ein Elektrohängebahn-System (EHB) besteht aus einem Schienensystem, auf dem individuell angetriebene EHB-Fahrzeuge fahren. In der Schiene sind Schleifleitungen integriert, die als Strom- und Informationsleitungen die Fahrzeuge mit Energie und Steuerinformationen versorgen (Bild 20.5). Die Fahrwerke werden durch einen eigenen Elektromotor über ein Reibrad angetrieben. Der Reibschluss begrenzt die Steigfähigkeit des Fahrwerks auf Steigungen bis 30° mit einer Nutzlast von 250 kg oder 45° mit 100 kg Nutzlast. Höhensprünge werden sonst mit einem Hubwerk, einem Aufzug mit einem Schienenabschnitt, überbrückt. Verschiebeweichen verzweigen Materialflüsse und führen sie wieder zusammen. Dazu wird ein Schienenstück verschoben, so dass entweder der gerade oder der gebogene Schienenabschnitt in den Förderkurs eingeschoben wird.

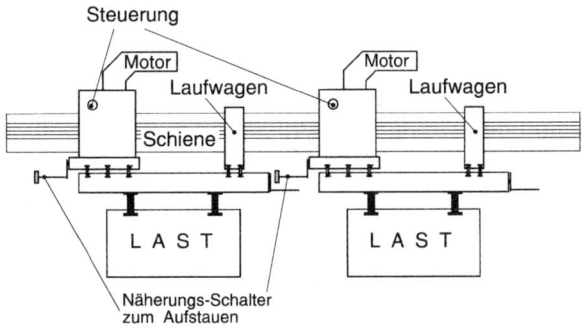

Bild 20.5: Prinzipbild einer Elektrohängebahn

Die **Vorteile** eines Elektrohängebahn-Systems sind:

- Der Einzelantrieb pro Fahrzeug ermöglicht unterschiedliche Geschwindigkeiten auch in kurzen Wechseln,

- geräuscharmer Betrieb,

- durch die Stromzuführung Zusatzfunktionen im Fahrzeug möglich, wie z. B. Heben und Senken (Bild 20.6),

Bild 20.6: Elektrohängebahn-Fahrwerk mit integriertem Kettenzug zum Heben und Senken des Werkstücks in einer Montage (Werkfoto: Eisenmann KG)

■ relativ billige Fahrwege (besonders vorteilhaft bei langen Strecken),

■ flexible Linienführung ohne Kettenrücklauf.

Die **Nachteile** der Elektrohängebahn sind:

■ Steig- und Gefällstrecken nur für kleinere Systeme bis 0,2 t Nutzlast möglich, Höhensprünge erfordern Hub- und Senkstationen;

■ im Vergleich zu Power-and-Free-Systemen teure Fahrzeuge.

Gegenüber Power-and-Free-Systemen sind **Elektrohängebahn-Systeme besonders vorteilhaft** für Transportaufgaben mit

■ langen Förderstrecken,

■ vergleichsweise geringer Transportfrequenz,

■ integrierten Handlingaufgaben (heben, senken, drehen),

■ in personalintensiven Bereichen (geringe Geräuschbelastung!), z. B. Montage.

Power-and-Free-Systeme werden dagegen bevorzugt eingesetzt

- in Zonen mit Explosionsschutz,

- in Fördersystemen mit vielen Höhensprüngen und Steigstrecken und

- in Fördersystemen mit hoher Transportkapazität und vielen Wagen.

20.2 Flurgebundene Fördersysteme

Die flurgebundenen Fördersysteme können unterschieden werden in

- flurgebundene Fördersysteme mit **Flächenbedienung**:
  - Stapler
  - Schleppzug

- flurgebundene Fördersysteme mit **linienförmigem Materialfluss durch Spurführung**:
  - Paletten- und Behälterfördertechnik mit Rollenbahn, Tragketten-Förderer und Gurt-Förderer
  - Schleppketten-Förderer mit schienengeführten Wagen
  - fahrerloses Transportsystem (FTS).

Transporte zwischen Stockwerken sind mit den meisten Flurförderern problematisch. Gurtband, Plattenband und Tragkette können Material auch über Steigstrecken transportieren. Stapler können Fördergüter heben und erschließen sich damit einen dreidimensionalen Arbeitsraum. Für größere Höhensprünge werden jedoch Aufzüge gebraucht, die den Materialfluss unterbrechen. Sie sind häufig Engpässe und behindern deshalb den Materialfluss.

20.2.1 Gabelstapler

Gabelstapler können Lasten vom Boden aufnehmen, heben, transportieren, senken und abstellen. Sie werden entweder mit Elektromotoren oder mit Verbrennungsmotoren (Benzin, Diesel, Gas) angetrieben. Wegen ihres breiten Einsatzfeldes sind Stapler die am weitesten verbreiteten Stückgut-Transportsysteme. Als Fördermittel werden sie vor allem zum Transport der Behälter und Werkstücke bei Einzel- und Kleinserienfertigung und zur Verteilung der Werkstücke und Zulieferteile an die Bearbeitungs- und Montagestationen eingesetzt. Gabelstapler werden in unterschiedlichsten Bauformen angeboten, z. B. als

- Geh-Gabelhubwagen,

- Elektro-Geh-Gabelhubwagen,

Bild 20.7: Elektro-Geh-Gabelhubwagen in einem Lager (Werkfoto: Still Wagner GmbH)

Bild 20.8: Schubmaststapler mit Teppichdorn als Zusatzeinrichtung (Werkfoto: Still Wagner GmbH)

Bild 20.9: Gegengewichts-Gabelstapler mit Fahrersitz (Werkfoto: Steinbock Boss)

■ Gegengewichts-Gabelstapler mit Fahrersitz,

■ Schubmaststapler,

■ Seitenstapler,

■ Regalbediengeräte (vgl. Kapitel 22).

Hubwagen sind Stapler mit radunterstützten Lastträgern (Bild 20.7). Deshalb können nur Behälter und Paletten ohne untere Querleiste aufgenommen werden. Hubwagen erfordern nur geringe Investitionen, sind aber langsam, da sie von einem gehenden Werker gesteuert werden. Sie werden dezentral zum Verteilen von Paletten und Behältern eingesetzt.

Schubmaststapler (Bild 20.8) nehmen die Last außerhalb der Radbasis auf und verschieben Last und Hubmast zum Fahren in die Radbasis. Schubmaststapler haben wegen der kurzen Radbasis einen kleinen Wendekreis und kommen mit ca. 2,50 m Gang- oder Wegbreite aus. Sie werden deshalb zum Lagerumschlag und zur Verteilung von Paletten und Behältern außerhalb des Lagers eingesetzt.

Gegengewichtsstapler dagegen nehmen die Last außerhalb der Radbasis auf (Bild 20.9). Diese Stapler sind die universellen Geräte zum Be- und Entladen von Lkws und zum Transport und Verteilen von Paletten und Behältern.

Seitenstapler nehmen die Last seitlich auf und transportieren vorwiegend Langgüter und Platten. Wie Schubmaststapler nehmen Seitenstapler die Last außerhalb der Radbasis auf und verschieben zum Transport Last und Hubmast in die Radbasis.

Herausragende Eigenschaft der Stapler ist ihre hohe **Flexibilität**:

■ keine Einschränkungen durch das Layout,

■ keine Einschränkungen durch vorgegebene Wege und Strecken,

■ Einsatz auch im Freien möglich,

■ beweglich und wendig,

■ dreidimensionaler Arbeitsraum,

■ Handling unterschiedlichster Güter mit Anbaugeräten (Beispiel: Bild 20.8),

■ keine ortsfesten Installationen.

Aus der Flexibilität ergeben sich weitere **Vorteile**:

■ breites Angebot an Leistungsklassen,

■ Markt für gebrauchte Stapler.

Die **Nachteile** von Staplern sind:

■ kein automatisierter Transport, deshalb hohe Personalkosten,

■ Unfallgefahr, deshalb Bedienung nur durch geschultes Personal,

■ bei Betrieb im Freien und im Gebäude: Schmutzeintrag ins Gebäude.

20.2.2 Schleppzug

Ein Schleppzug besteht aus einem manuell bedienten Schlepper oder einem FTS-Schlepper (vgl. Abschn. 20.2.5) mit mehreren Anhängern. Durch die Achskonstruktion mit zwei Lenkachsen können die Anhänger in der Spur laufen, so dass auch längere Schleppzüge über kurvenreiche Strecken keine überbreiten Wege erfordern.

Wenn größere Mengen weiter als 300 m zu transportieren sind, arbeiten Schleppzüge wirtschaftlicher als Stapler. Da Stapler das Fördergut aufnehmen und absetzen können, sind sie jedoch flexibler, wenn Güter an verschiedene Stationen zu verteilen sind.

Bild 20.10: Schleppzug (Werkfoto: Still Wagner GmbH)

20.2.3 Paletten- und Behälterfördertechnik

Durch die Bindung an eine Förderstrecke sind Fördersysteme mit Linienbedienung nicht so flexibel wie Fördersysteme mit Flächenbedienung. Außerdem sind Investitionen für die Förderstrecke nötig. Diese Investitionen können über geringere Betriebskosten amortisiert werden, weil kein Fahrer gebraucht wird.

Flurgebundene Fördersysteme, auf denen sich die Behälter oder Paletten direkt abstützen, werden häufig in Anlagen gemeinsam genutzt.

Die **Rollenbahn** besteht aus einer Folge von Rollen, auf denen sich das Fördergut abstützt. Solange sich die Rollen, angetrieben durch Schwerkraft oder Reibschluss, unter dem Fördergut drehen, wird das Fördergut transportiert. Wegen der höheren Betriebssicherheit werden angetriebene Rollenbahnen bevorzugt. Da das Fördergut auf der Rollenbahn gestaut werden kann, müssen die Antriebe von Rollenbahnen auskuppeln können.

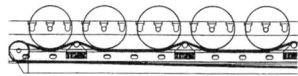

Bild 20.11: Angetriebene Rollenbahn, Antrieb über Gurt

Weichen in Rollenbahnsystemen werden als Hubtische mit Tragketten (Bild 20.13) oder als Rollenbahnabschnitte auf Verschiebewagen oder Drehtischen realisiert.

Vorteile von Rollenbahnen sind:

■ Transportieren, Stauen, Sortieren und Vereinzeln sind möglich,

■ geringe Investitionen,

■ geringer Wartungsaufwand,

■ einfache Installation,

■ exakte Positionierung des Fördergutes durch Anschläge möglich.

Die **Nachteile** von Rollenbahnsystemen sind:

■ starre Streckenführung,

■ ortsgebundene Installation,

■ mögliche Behinderung anderer Förderstrecken und Verbauen von Wegen,

■ rollenbahnfähiges Fördergut mit glattem Boden oder Kufen notwendig.

Bei **Tragketten-Förderern** ist das Förder- und Tragmedium eine Kette. Das Fördergut stützt sich rechts und links jeweils auf einer angetriebenen Kette ab, wobei sich die Ketten auf Führungen abwälzen (Bild 20.12 und Bild 20.13).

Tragketten-Förderer bieten folgende **Vorteile**:

- günstige Investitionen,

- robuster, wartungsarmer Betrieb,

- anpassbar an fast alle Stückgüter,

- auch Steigstrecken möglich,

- beim Überfahren oder Übersteigen geringere Behinderung als durch Rollenbahn.

Die **Nachteile** von Tragketten-Förderern sind:

- konstante Fördergeschwindigkeit,

- Aufstauen nur mit Sonderkonstruktionen möglich,

- Behinderung anderer Förderstrecken oder Wege,

- keine Kurven,

- ortsgebundene Installation.

Neben Weichen in Rollenbahnsystemen werden Tragketten-Förderer eingesetzt, wenn ein problemloses, überfahrbares Transportsystem mit hoher Förderkapazität gewünscht wird.

Bild 20.12: Tragketten-Förderer zum Palettentransport (Werkfoto: Dematic AG)

Das technische Prinzip von **Gurtförderern** und **Plattenbändern** ist dem der Tragkette ähnlich, die Materialien der Tragmedien sind jedoch unterschiedlich. Für Gurtförderer werden verstärkte und mit Gummi beschichtete Textilbänder eingesetzt. Plattenbänder bestehen aus einer Tragkette, auf die Plattenauflagen montiert sind. Dadurch entsteht eine breitere Auflagefläche, auf der unterschiedliche Fördergüter transportiert werden können (z. B. Gepäckförderer am Flughafen).

Vor- und Nachteile entsprechen im Wesentlichen denen von Tragketten-Förderern. Gurtbänder stellen jedoch weniger Anforderungen an die Form des Fördergutes, so dass sie für verschiedenartige Güter, auch für Schüttgüter, verwendet werden. Wegen der hohen Reibung zwischen Gummigurt und Fördergut können mit Gurtförderern auch Steigungen überwunden werden.

Bild 20.13: Rollenbahnen und Tragketten in der Vorzone eines Hochregallagers (Werkfoto: Eisenmann KG)

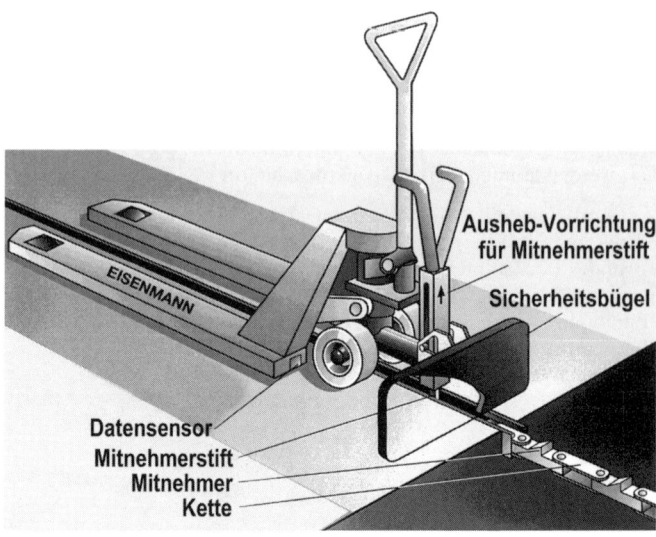

Bild 20.14: Schleppkette mit Geh-Gabelhubwagen (Werkbild: Eisenmann KG)

20.2.4 Schleppkette

Bei Schleppkettenförderern sind Tragmedium und Transportmedium getrennt. Das Tragmedium ist meist ein schienengeführter Wagen; das Transportmedium ist eine im Boden eingelassene Kette, in die der Wagen eingeklinkt werden kann (Bild 20.14). Das technische Prinzip ist dem Power-and-Free-Förderer verwandt. Aufstauen, Verzweigen und Zusammenführen sind möglich, auch Vor- und Nachteile sind ähnlich. Beim Bodenförderer verursacht jedoch die Bodeninstallation zusätzliche Stolper- und Unfallgefahr.

Schleppketten-Förderer werden als einfache, robuste Fördersysteme geschätzt. Das Bild 20.15 zeigt Geh-Gabelhubwagen, die mit einem Schleppketten-Förderer durch ein Verteilzentrum bewegt werden. Der einfache Förderer übernimmt den Transport auf einer längeren Strecke, die Hubwagen mit den Paletten werden am Zielbahnhof jedoch manuell verteilt, so dass die aufwendigen Weichen einer Förderanlage entfallen.

Bild 20.15: Schleppketten-Förderer in einem Verteilzentrum (Werkfoto: Steinbock Boss GmbH)

20.2.5 Fahrerlose Transportsysteme (FTS)

Gegenüber den meisten anderen automatischen Stückgutfördersystemen besteht die **Strecke** eines FTS nur aus einem im Boden verlegten Leitdraht, dem das Fahrzeug berührungslos folgt: Der Leitdraht wird von einem Wechselstrom durchflossen und umgibt sich mit einem pulsierenden Magnetfeld, dessen Stärke abnimmt, je weiter man vom Leiter entfernt ist (Induktion). Mit zwei Antennen, zwei Spulen rechts und links von der Induktionsspur, einem Regler und der Fahrzeuglenkung hält sich das FTS-Fahrzeug über dem Induktionsdraht. Außerdem kann dieser Leitdraht im Boden Informationen zwischen Fahrzeug und zentralem Steuerungsrechner übermitteln.

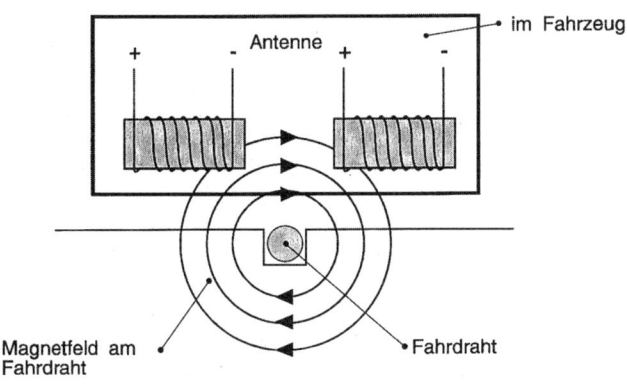

Bild 20.16: Prinzip der induktiven Spurführung

FTS bieten folgende **Vorteile**:

■ flexible Streckenführung,
  – leichte Anpassung an vorhandenes Layout,
  – leichte Änderung der Streckenführung,
  – keine besondere Trasse nötig,

■ geringe Investitionen für Strecken,

■ Weichen ohne bewegliche Teile.

Die **Nachteile** von FTS sind

■ aufwendige Vorbereitung des Bodens (Sauberkeit, Ebenheit),

■ begrenzte Ladekapazität der Batterie,

■ relativ hohe Investitionen für Fahrzeuge,

■ hoher Wartungsaufwand für Fahrzeuge,

■ exakte Positionierung der Fahrzeuge nur durch mechanische Hilfen (z. B. Zentrierkegel).

Wegen der Kostenstruktur und ihrer hohen Flexibilität sind FTS für die Automatisierung folgender Transportprobleme besonders geeignet:

■ relativ kleines Transportvolumen,

■ komplizierter, vernetzter Fahrkurs, z. B. in flexiblen Fertigungs- und Montagesystemen,

■ häufige Änderungen des Fahrkurses,

■ Integration vieler Übergabepunkte.

In den 1980er-Jahren wurden FTS als wesentliche Technologie für flexible Fertigungs- und Montagesysteme eingesetzt. Mit Lean Production und Gruppenarbeit sind seither aber Managementprinzipien eingeführt worden, mit denen sich industrielle Fertigungsprozesse genauso flexibel, aber mit einfacherer Transporttechnik realisieren lassen. Gegenüber der Blütezeit der FTS ist eine wichtige Anwendung fast vollständig entfallen; nur die Nische „automatischer Transport kleiner Transportvolumina" ist noch geblieben. Hier konkurrieren FTS mit konventionellen Staplern und Schleppzügen.

Trotzdem werden FTS in zwei Richtungen **weiterentwickelt**:

■ Vereinfachung der Fahrzeuge,

■ Vereinfachung der Bodeninstallation.

Bild 20.17: FTS als Montageplattform zur Vormontage von Autotüren (Werkfoto: Jungheinrich AG)

Anstatt einer berührungslosen Spurführung durch einen Leitdraht können FTS-Fahrzeuge frei navigieren. Ähnlich den satellitengestützen Navigationssystemen im Straßenverkehr orientieren sich die Fahrzeuge durch Sender in der Fabrikhalle. Alternativ können Lenk- und Drehwinkel des Antriebsrades gespeichert werden, um einen programmierten Weg wiederzufinden (Koppelnavigation). Da diese Navigation auf längeren Strecken zu ungenau ist, werden die Fahrzeuge an regelmäßig gesetzten (Abstand ca. 5 bis 15 m) induktiven Bodenmarkierungen korrigiert.

Zur Vereinfachung der Fahrzeuge wird auf die Batterien verzichtet: Die Energie wird, wie die Steuerinformation, induktiv übertragen. Noch einfacher ist eine Energieübertragung durch eine Schleifleitung im Boden. Die Schleifleitung in einer Nut kann gleichzeitig als Spurführung genutzt werden, so dass auch die Steuerung und Regelung im Fahrzeug wesentlich vereinfacht werden. Das Funktionsprinzip dieses Fördersystems ähnelt dem der Elektrohängebahn.

Bild 20.18: Elektrowagen mit Energieversorgung über Schleifleitung im Boden in einer Montage für Nutzfahrzeuge (Werkfoto: MAN Nutzfahrzeuge AG)

20.3   Steuerung der Fördertechnik

Steuerung beschreibt die gedankliche Vorwegnahme eines dynamischen Ablaufs. Im Gegensatz zur **Planung** wiederholen sich Abläufe in einer Steuerung häufig. Die Steuerung enthält jedoch keinen Soll/Ist-Vergleich mit einer automatischen Nachführung des Ist-Wertes an den Soll-Wert, wie das in einer **Regelung** der Fall ist.

Die Steuerung eines Transportsystems kann in mehrere hierarchische Ebenen unterteilt werden:

- Auftragsverwaltung,

- Routenwahl,

- Fahrzeugbedienung,

- Regelsysteme zur Unterstützung der Fahrzeugbedienung.

Beispiel für eine Auftragsverwaltung ist die Taxi-Zentrale, die je nach Anforderung von Transportaufträgen Fahrzeuge den Aufträgen zuordnet. Ein **Leitstand** oder eine zentrale Transportsteuerung übernimmt im innerbetrieblichen Materialfluss diese Aufgabe.

Stehen mehrere **Fahrtrouten** zur Verfügung, muss für einen Transportauftrag eine geeignete Fahrtroute ausgewählt werden. Dabei spielt auch der aktuelle Zustand des Systems eine Rolle. So wird z.B. ein Autofahrer für die Strecke von München nach Würzburg, je nach Belastungssituation der Autobahn, über Nürnberg oder über Ulm fahren.

Die **Fahrzeugbedienung** wird durch übergeordnete Verkehrsregeln und Konventionen beeinflusst und läuft bei einem geübten Fahrer reflexartig ab. Während im Autoverkehr „auf Sicht" gefahren wird, werden in automatischen Fördersystemen und bei der Eisenbahn Kollisionen z.B. durch eine Blockstrecke vermieden: Ein Streckenabschnitt wird erst zur Einfahrt des folgenden Fahrzeugs freigegeben, wenn das vorangehende Fahrzeug diesen Streckenabschnitt verlassen hat.

Regelsysteme, wie z.B. zur induktiven Spurführung von FTS, unterstützen die Fahrzeugbedienung.

Einzelne Steuerungsebenen können entfallen. In einem Kreiskettenförderer ist z.B. die Route fest vorgegeben, Weichen sind nicht möglich. Damit entfällt die Steuerungsebene „Routenwahl".

Zur Gestaltung dieser Steuerungsebenen gehört die Zentralisierung und Dezentralisierung einzelner Ebenen. So wird z.B. bei einem Taxi die Routenwahl dezentral vom Taxifahrer entschieden. Ein Straßenbahnfahrer hat zwar seine vorgegebene Route, muss aber die Weichen für diese Route selbst stellen. Ein Lokführer der Eisenbahn hat keinen Einfluss auf die Fahrtroute, weil die Weichen in einem zentralen Stellwerk gestellt werden.

Für innerbetriebliche Fördersysteme hat der Systembetreiber die freie Gestaltung einer zentralen oder dezentralen Auslegung der einzelnen Steuerungsebenen. **Vorteil einer Zentralisierung** ist eine meist bessere Nutzung der Transportkapazitäten. Nachteilig ist der Aufwand für Organisation und Kommunikation, der umso größer wird, je komplexer das Fördersystem ist. Weiterhin verursachen Störungen in zentralisierten Systemen gravierendere Auswirkungen als in dezentralisierten Systemen.

In Logistiksystemen ist die Auftragsverwaltung fast immer zentral organisiert, um die Auslastung der Fahrzeuge zu optimieren. Wegen des längeren Planungshorizonts sind die Kommunikationszeiten unbedeutend. Die Systeme zur Kollisionsvermeidung oder Regelsysteme in der Fahrzeugfunktion sind immer **dezentral** organisiert, um schnell reagieren zu können.

Die Einsparungspotenziale durch eine zentrale Koordination der Transportaufträge können am Beispiel eines **Staplerleitstandes** gezeigt werden.

Ähnlich einer Taxi-Zentrale sammelt der Steuerungsrechner des Leitstandes alle anstehenden Transportaufträge und verteilt sie über Funk an die Stapler. Der aktuelle Standort jedes Staplers ergibt sich aus dem zuletzt erfüllten Transportauftrag. Wenn ein Transportauftrag erfüllt ist, kann vom Leitstand gleichzeitig die Materialbewegung verbucht und die Bestandsführung aktualisiert werden. Durch die zentrale Vergabe der Transportaufträge können die Staplerkosten um 20% bis 30% gesenkt werden, weil Leerfahrten und Wartezeiten reduziert werden.

20.4 Kosten und Investitionen von Fördersystemen

Erst im konkreten Anwendungsfall können alternative Fördersysteme wirtschaftlich verglichen werden. Die folgenden Aussagen geben daher qualitative Hinweise zur Wirtschaftlichkeit von Fördersystemen.

Die wesentlichen **Kostengrößen** von Fördersystemen sind:

■ Personalkosten für Fahrer,

■ Kapitalkosten (proportional zu der Investitionssumme),

■ Kosten für Wartung und Instandhaltung (meist proportional zur Investitionssumme kalkuliert).

Bei den manuell bedienten Fördersystemen (Hubwagen, Stapler, Schleppzug und Hallenkran) stellen die **Personalkosten** für die Fahrer den größten Kostenblock dar. Dafür entfallen meist die Investitionen für die Förderstrecken. Die manuelle Bedienung bietet auch die höchste Flexibilität, so dass Investitionen in diese Fördertechnik auch nach Änderungen der Fertigungs- und Logistikprozesse weiter genutzt werden können.

Die Kapitalkosten für Abschreibung, kalkulatorische Verzinsung und für Wartung hängen ab von den **Investitionen für Fahrzeuge und Fahrwege**. Die Investitionen für Fahrwege enthalten Investitionen für Strecke, Weichen und die Steuerung der Förderanlage. Die **Strecke** wird umso teurer,

■ je länger die Förderstrecke ist,

■ je komplexer die Streckenabschnitte vernetzt sind,

■ je größer die Förderkapazität ist,

■ je geringer die Intelligenz im Fahrzeug ist.

Eine Strecke mit Antrieb ist teurer als eine Strecke ohne Antrieb.

Die **Fahrzeuge** automatischer Fördersysteme sind umso teurer,

■ je „intelligenter" das Fahrzeug ist (berührungslose Spurführung, Steuerungsfunktionen),

- je größer die Tragfähigkeit ist,

- je höher die Fördergeschwindigkeit ist,

- je mehr Zusatzfunktionen eingebaut sind.

Fahrzeuge mit eigenem Antrieb sind teurer als Fahrzeuge ohne Antrieb. Eine Batterie verteuert die Fahrzeuge weiter.

Bild 20.19 vergleicht qualitativ die Investitionen pro Fahrzeug und die Investitionen für die Förderstrecke. Investitionen in die Förderstrecke sind im Vergleich zu den Investitionen für Fahrzeuge umso wirtschaftlicher,

- je eher die Förderstrecke linienförmig statt netzartig strukturiert ist,

- je größer die Fördermenge ist,

- je gleichmäßiger die Fördermenge ist,

- je geringer die zu erwartenden Änderungen an der Förderaufgabe sind.

Für die Installation **flurfreier Förderer** mit linienförmigem Materialfluss ist eine tragfähige **Deckenkonstruktion** Voraussetzung. Sofern sich unter der schwebenden Last Personen aufhalten können, ist als Schutz vor herabfallenden Teilen ein **Sicherheitsgitter** notwendig. Wegen der **hohen Investitionen** für den Fahrweg lohnen sich diese Förderer nur bei großen Transportmengen, die bei flurgebundenem Transport extra Trassen notwendig machen. Die **Hallenfläche** für diese Trassen kann bei flurfreiem Transport eingespart werden.

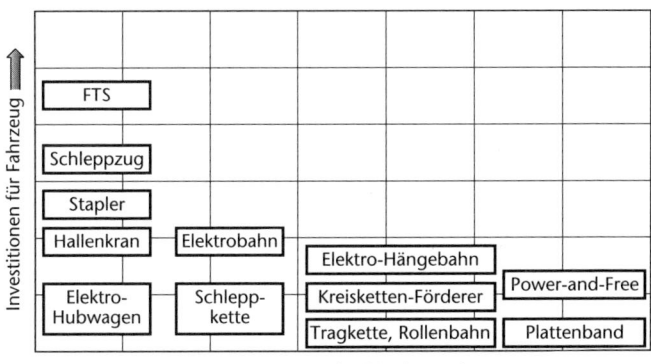

Bild 20.19: Qualitativer Vergleich der Investitionen für Förderstrecke und Fahrzeuge für wichtige Fördersysteme

Literatur

Hompel, ten M., Schmidt, T.; Nagel, L.: Materialflusssysteme, Förder- und Lagertechnik. 3., völlig neu bearbeitete Auflage. Berlin, Heidelberg, New York, Tokyo: Springer 2007

Jünemann, R.; Beyer, A.: Steuerung von Materialfluss- und Logistiksystemen – Informations- und Steuerungssysteme, Automatisierungstechnik. 2. Auflage. Berlin, Heidelberg, New York, London, Paris, Tokyo, Hong Kong: Springer 1998

Jünemann, R.; Schmidt, T.: Materialflusssysteme – Systemtechnische Grundlagen. 2. Auflage. Berlin, Heidelberg, New York, London, Paris, Tokyo, Hong Kong: Springer 2000

Koether, R.: Technische Logistik. 3., aktualisierte und erweiterte Auflage. München: Hanser 2007

Koether, R.; Kurz, B.; Seidel, U.; Weber, F.: Betriebsstättenplanung und Ergonomie. München, Wien: Hanser 2001

Warnecke, H.-J.: Der Produktionsbetrieb 2 – Produktion, Produktionssicherung. 3. Auflage. Berlin, Heidelberg, New York, London, Paris, Tokyo, Hong Kong: Springer 1995

21   Transporte und außer-
betrieblicher Materialfluss

Prof. Dr.-Ing. Joachim Ihme

Transporte sind das Bindeglied im Materialfluss zwischen Beschaffungsmarkt, Unternehmen und Absatzmarkt. Durch die zunehmende
Arbeitsteilung in Handel und Industrie (Verringerung der Fertigungstiefe, Outsourcing von Dienstleistungen), durch die Einbindung
von Zulieferern und Dienstleistern in Produktionsprozesse sowie
durch die Internationalisierung der Unternehmen steigen die Materialströme an, die die Unternehmens- und Standortgrenzen überschreiten.
Damit kommt der Verkehrslogistik, der logistikgerechten Gestaltung
außerbetrieblicher Materialflüsse, steigende Bedeutung zu.

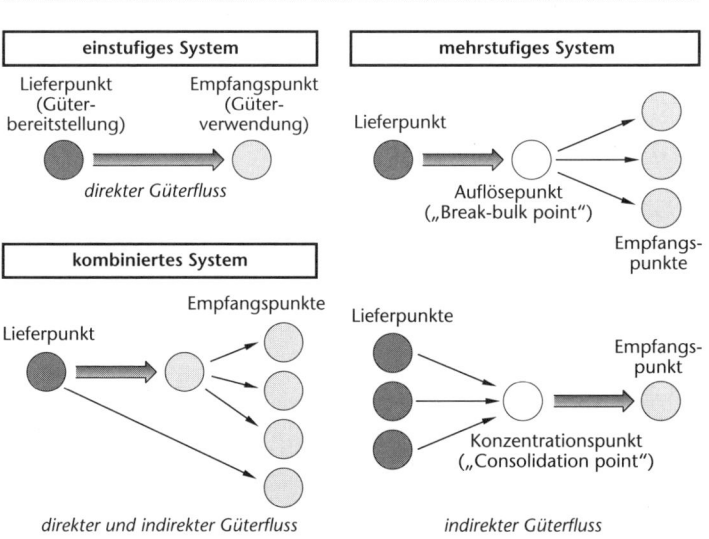

Bild 21.1: Grundstrukturen von Logistiksystemen; nach [Pfohl 2004]

Jedes Logistiksystem ist durch das Zusammenspiel von Bewegungs- und
Speicherprozessen gekennzeichnet, Bild 21.1: Durch ein Netzwerk von
Knoten (Speicher, Lager) und Kanten (Bewegungen) werden Objekte
geführt (Güter, Energie, Informationen, Menschen). Zwischen Quelle
(Lieferpunkt) und Senke (Empfangspunkt) sind unterschiedliche Ver-
bindungsstrukturen möglich. In einstufigen Logistiksystemen besteht ein

direkter Güterfluss zwischen Lieferpunkt und Empfangspunkt (Beispiel: Aus einem Steinbruch wird ein Zementwerk mit Kalksteinen beliefert). Bei mehrstufigen Systemen wird der Güterfluss durch mindestens einen weiteren Knoten unterbrochen, an dem zusätzliche Speicher- und/oder Bewegungsprozesse stattfinden: In einem Auflösepunkt treffen die Güter in großen Mengen vom Lieferpunkt aus ein und verlassen ihn in kleinen Mengen hin zu verschiedenen Empfangspunkten. Das Auflösen besteht entweder in einer reinen Verkleinerung der Mengen eines bestimmten Gutes oder in einem Zusammenstellen (Assortieren, Kommissionieren) von Gütern nach Menge und Sorte (Beispiel: Ein Haushaltsgeräte-Hersteller unterhält regionale Auslieferungslager für die Belieferung des Einzelhandels). Der Unterbrechungspunkt in einem mehrstufigen Logistiksystem kann aber auch ein Konzentrationspunkt sein, in dem Güter gebündelt (gesammelt oder sortimentiert) werden (Beispiel: Für einen Automobilhersteller sammelt ein Gebietsspediteur Einzelstückgut bei mehreren, in einer bestimmten Region ansässigen Zulieferern ein und schlägt es an einem Umladebahnhof auf einen zielreinen Güterzug um). Kombinierte Logistiksysteme beinhalten schließlich direkte und indirekte Güterflüsse nebeneinander.

21.1   Verkehrsmittel

Verkehrsmittel sind Transportmittel für Fahrten und Versandvorgänge, die über den Bereich eines Standortes im Unternehmen hinausgehen.

Transportmittel dienen der Ortsveränderung von Personen und/oder Gütern, wobei hier nur Güterverkehrsmittel betrachtet werden. Verkehrsmittel stellen Kraftfahrzeuge (Lieferfahrzeuge und Lastkraftwagen), Schienenfahrzeuge (Güterwagen), Rohrleitungen (hier nicht behandelt), Binnen- und Seeschiffe sowie Flugzeuge dar. Die in der Bundesrepublik Deutschland (Binnenverkehr) insgesamt beförderte Gütermenge lag 2008 bei 4,16 Mrd. t bei einer mittleren Versandweite von 160 km, so dass sich eine Güterverkehrsleistung (in Tonnenkilometern, tkm; ermittelt aus befördertem Gewicht mal Transportweite) von rund 668 Mrd. tkm ergab [Verkehr in Zahlen 2009/2010].

Bei den Verkehrsmitteln geht der Trend zu den Spezialfahrzeugen, weil damit die spezifischen Anforderungen der Transportgüter am besten erfüllt werden können. Diese besitzen meist für nur eine Gutart geeignete Einrichtungen für die Ladungssicherung sowie zum schnellen Be- und Entladen. Weil eine Gutart meist nur in einer Lastrichtung transportiert wird, fallen dabei jedoch bis zu 50 % Leerfahrten an.

Bei der Beladung von Landfahrzeugen, Schiffen und Flugzeugen müssen Vorschriften bezüglich der Maße und Grenzlasten sowie der Lastverteilung und -kennzeichnung eingehalten werden. Auf Grund der bei allen Verkehrsmitteln auftretenden Beschleunigungen, Verzögerungen, Schwingungen und Stöße muss die Ladung zur Vermeidung von Transportschäden und Unfällen durch geeignete Maßnahmen gesichert werden.

21.1.1 Straßengüterverkehr

Der Straßengüterverkehr ist heute in allen Ländern der EU das vorherrschende Verkehrssystem. In der Bundesrepublik Deutschland erbringt der Straßengüterverkehr rund 83 % des Gütertransportaufkommens und 70 % der Gesamt-Transportleistung. Die Länge des überörtlichen Straßennetzes in Deutschland beträgt rund 231 000 km, davon 12 600 km Autobahnen. Hinzu kommen innerörtliche Straßen mit einer Gesamtlänge von ca. 413 000 km [Verkehr in Zahlen 2009/2010].

Nach dem Güterkraftverkehrsgesetz wird der Güterkraftverkehr in zwei Arten unterschieden: gewerblicher Güterkraftverkehr und Werksverkehr.

Gewerblicher Güterkraftverkehr ist die geschäftsmäßige oder entgeltliche Beförderung von Gütern mit Kraftfahrzeugen und ist erlaubnispflichtig.

Werksverkehr ist Güterkraftverkehr für eigene Zwecke eines Unternehmens und ist erlaubnisfrei.

Eine Erlaubnis in einem Mitgliedsland der EU berechtigt zum Transport von Gütern in jedem anderen Mitgliedsland.

Der Straßengüterverkehr hat sich auf Grund seiner Vorteile in Preis, Flexibilität und Schnelligkeit hauptsächlich auf Kosten des Schienengüterverkehrs ausgeweitet. Er hat fast ausschließlich von den starken Zuwächsen des Güterverkehrs in den letzten zwanzig Jahren profitiert. Im Nahverkehr ist der Zeitvorteil, aber auch die erheblich bessere Erschließung der Fläche gegenüber der Eisenbahn besonders deutlich. Die exzessive Zunahme des Straßenverkehrs zeigt allerdings inzwischen die Grenzen des Straßengüterverkehrs bezüglich Pünktlichkeit und Umweltverträglichkeit (Abgas, Staub, Lärm, Unfälle).

Die Abmessungen, Gewichte und Achslasten von Straßenfahrzeugen (Bild 21.2) sind in der Straßenverkehrs-Zulassungs-Ordung (StVZO) festgelegt. Die Länge staffelt sich nach Solofahrzeug, Sattel-Lkw sowie Lkw mit Anhänger. Die Innenbreite der Ladeflächen beträgt in der Regel 2,42 bis 2,44 m (ausreichend für zwei 1,2 m lange Paletten; für Kühlfahrzeuge gilt wegen der notwendigen Wärmeisolierung eine zulässige

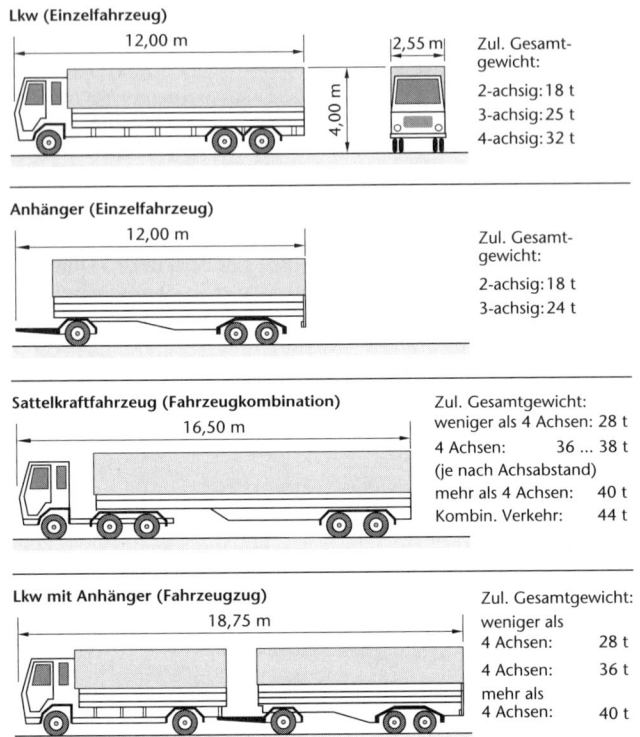

Bild 21.2: Abmessungen und zulässige Gewichte von Lastkraftwagen, Anhängern, Sattel-kraftfahrzeugen und Fahrzeugzügen; nach [Ihme 2006]

Außenbreite von 2,60 m). Innerhalb der EU sind die zulässigen Abmessungen und Gewichte inzwischen weitgehend vereinheitlicht. Die Schweiz als Nicht-EU-, aber wichtiges Transitland lässt allerdings z. B. nur 32 t Gesamtgewicht bei Lkw-Zügen zu.

Besonders im Nah- und Verteilerverkehr werden Lieferwagen, Transporter und leichte Lkw bis 7,5 t zulässiges Gesamtgewicht eingesetzt. Neben Solo-Lkw gibt es sog. Fahrzeugkombinationen aus Lkw mit zwei- oder dreiachsigen Anhängern. Durch spezielle Kurzkupplungen zwischen Lkw und Anhänger in Verbindung mit einem kurzen Fahrerhaus („Top-Sleeper") lassen sich bis zu 38 Euro-Paletten in einer Ebene auf einem Lkw mit Anhänger transportieren (Ladeflächen-Innenlänge ca. zweimal 7,82 m). Sattel-Lkw bestehen aus einer Zugmaschine und einem aufgesattelten Anhänger, der die gesamte Ladung aufnimmt. Hier lässt sich die teure Zugmaschine vom Anhänger leicht trennen und kann so in Be- und Entladephasen anderweitig genutzt werden. Sattelanhänger bieten sich auch für den unbegleiteten Kombinierten Verkehr (siehe Abschnitt 21.1.6) an.

Je nach Aufbau beträgt die Nutzlast eines Lkw-Zuges mit 40 t Gesamtgewicht etwa 22 bis 25 t. Die zulässige Geschwindigkeit ist für Lkw über 7,5 t Gesamtgewicht auf Autobahnen mit 80 km/h, auf Bundes- und Landstraßen mit 60 km/h festgesetzt.

Wichtige Aufbauten zur Aufnahme des Ladegutes bei Lkw sind:

- Rungenpritsche zum Transport von Lang- und Flachmaterial sowie von großen und schweren Einzelstückgütern (Maschinen, Großwerkzeuge usw.)

- Pritsche und Plane für nässeempfindliche (Stück-)Güter; für die schnelle seitliche Be- und Entladung gibt es Schiebeplanen („Curtainsider")

- Kipperaufbauten für Schüttguttransport (Baumaterial, landwirtschaftliche Güter); auch mit Plane für nässeempfindliche Güter (Saatgut, Getreide)

- Kofferaufbauten für besseren Schutz des Ladegutes, meist nur über Hecktüren zu be- und entladen. Für spezielle Ladegüter (Möbel, Textilien) gibt es Kofferaufbauten mit gepolsterten Wänden, besonderen Ladungssicherungseinrichtungen sowie Zwischenböden.

- Kühl- bzw. Thermosaufbauten mit Isolierung und Kühl- bzw. Heizaggregaten für Gefriergut, Frisch-Lebensmittel, Südfrüchte und andere temperatur- und klimaempfindliche Ladegüter

- Aufbauten zum Transport von Wechselpritschen, Wechselbehältern und Containern (siehe Kap. 24), die Aufnahme von aufgestellten Wechselbehältern und -pritschen ohne Umschlaggerät wird durch luftgefederte Fahrzeuge ermöglicht

- Volumenaufbauten, die auf Grund kleiner Räder eine große Innenraumhöhe besitzen, für Ladegüter mit geringem spezifischen Gewicht (z. B. Dämm- und Isoliermaterial, Polster)

- Tankaufbauten für flüssige und verflüssigte gasförmige Ladegüter; mit und ohne Isolierung

- Tankaufbauten mit Kippvorrichtung zur Schwerkraftentladung für Schüttgüter (z. B. Kristallzucker, Kunststoffgranulat)

- Tankaufbauten mit Druckluftentleerung für staubförmige Ladegüter (z. B. Zement, Talkum, Mehl)

- Tieflader für den Transport von (sperrigem) Schwergut (z. B. Großmaschinen)

Daneben gibt es eine unübersehbare Vielfalt von Spezialaufbauten für spezielle Güter (z. B. Langholztransporter, Getränkeaufbau, Müllfahrzeug, Viehtransporter, Autotransporter, Flachglastransporter usw.).

21.1.2 Eisenbahnverkehr

Der Schienengüterverkehr erbringt in Deutschland rund 9 % des Gütertransportaufkommens (2008: 371 Mio. t) und etwa 17 % der Gütertransportleistung (116 Mrd. tkm). Die Länge des Streckennetzes in Deutschland beträgt knapp 40 000 km, davon etwa 18 500 km elektrifiziert. Seit der Privatisierung der Deutschen Bahn 1994 kann das Streckennetz auch von Dritten befahren werden; Güterzugleistungen werden deswegen auch im Fernverkehr zunehmend von privaten Eisenbahn-Verkehrsunternehmen durchgeführt.

Die Deutsche Bahn AG besitzt rund 103 000 Güterwagen (31. 12. 2005). Hinzu kommen noch etwa 30 000 private Güterwagen, die Waggon-Vermietgesellschaften, aber auch Industrie- und Handelsunternehmen gehören.

Grundsätzlich muss bei der Eisenbahn der Ganzzugverkehr und der Einzelwagenverkehr unterschieden werden.

Beim Ganzzugverkehr fahren alle Wagen eines Zuges vom gleichen Versandbahnhof zu einem gemeinsamen Empfangsbahnhof.

Die Zustellung oder Abstellung einzelner Wagengruppen auf Zwischenbahnhöfen ist möglich. Im Ganzzugverkehr lassen sich sog. Nachtsprungverbindungen realisieren, d. h., vom Versender bis abends gegen 22.00 Uhr aufgegebene Ladungen erreichen zum Beginn der Frühschicht an nächsten Morgen den Empfänger. Eine Laufüberwachung der Züge zur Ladungsverfolgung ist meist realisiert.

Beim Einzelwagen- bzw. Wagenladungsverkehr wird mindestens ein Wagen ausschließlich von einem Kunden genutzt.

Daher ist zunächst ein Sammeln der Wagen und Zusammenstellen der Güterzüge notwendig. Bis zum Erreichen des Zielbahnhofs muss ein Wagen oft mehrmals in Rangierbahnhöfen umgestellt und neuen Zügen zugeordnet werden. Dadurch liegen die Beförderungszeiten z. B. innerhalb Deutschlands selbst auf mittleren Distanzen im Bereich mehrerer Tage. Durch Stilllegung von Strecken, Güterbahnhöfen und Anschlussgleisen ist für viele Versender und Empfänger der direkte Zugang zum

Eisenbahnverkehr nicht mehr gegeben. Eine Verfolgung der Ladung, z. B. bei zeitkritischen Transporten, ist bisher nur in Ausnahmefällen möglich. Der in der Vergangenheit noch angebotene Transport von Einzel- und Kleingutsendungen (Stückgutverkehr) wird nicht mehr durchgeführt.

Bezüglich Transportzeiten und -kosten ist die Eisenbahn im Wagenladungsverkehr vor allem im Nah- und Flächenverkehr dem Straßengüterverkehr unterlegen. Die Eisenbahn besitzt darüber hinaus eine deutlich geringere Anpassungsfähigkeit an individuelle Transportbedürfnisse. Auf Grund der Längsstöße bei Rangiervorgängen sind oft aufwändige Transportverpackungen und Ladungssicherungen notwendig. Schließlich bestehen im europäischen Eisenbahnverkehr erhebliche Kompatibilitätsprobleme bei den Stromsystemen, bei den Signalsystemen, bei den Spurweiten, beim Lichtraumprofil und bei den Zug- und Stoßeinrichtungen. Dadurch ergeben sich an den Ländergrenzen zusätzliche Aufenthalte für Lokwechsel, Umlade- und Umspurvorgänge.

Im Massengutverkehr ist die Eisenbahn dem Lkw hingegen überlegen. Auf Grund ihrer Pünktlichkeit und Zuverlässigkeit bevorzugen heute z. B. die Automobilhersteller über größere Entfernungen die Eisenbahn für umfangreiche Ganzzug-Transporte im Zuliefer- und Zwischen-Werks-Verkehr sowie für den Neuwagenversand. Unter ökologischen Aspekten hat die Eisenbahn Vorteile durch einen gegenüber dem Straßenverkehr um etwa den Faktor drei niedrigeren Energieverbrauch – gleiche Geschwindigkeiten vorausgesetzt.

Eisenbahnfahrzeuge haben in der Regel höhere Nutzlasten als Straßenfahrzeuge bei Achslasten von zzt. bis 22,5 t: zweiachsige Wagen etwa 25–30 t, vierachsige 50–60 t, sechsachsige bis 75 t. Die Ladebreite hängt u. a. von der Länge des Wagens ab und liegt etwa zwischen 2600 und 2750 mm (max. 2900 mm). Durch das Lichtraumprofil nimmt die Ladebreite oberhalb einer Innenhöhe von 2300 mm ab. Die Ladelänge bei vierachsigen Fahrzeugen beträgt max. etwa 22000 mm. Güterzüge verkehren mit 80 km/h Höchstgeschwindigkeit; viele Wagen sind für 100 bzw. 120 km/h zugelassen, was im Ganzzugverkehr auch ausgenutzt werden kann. Einzelne Güterzüge bei der Deutschen Bahn AG fahren 160 km/h.

Folgende Fahrzeugtypen werden eingesetzt (siehe dazu auch: [Berndt 2001; DBCargo 2000; Ihme 2006; Jünemann/Schmidt 2000]):

- Offene Wagen: Hochbordwagen für Stückgut und Schüttgut (z. B. Grubenholz, Schrott); Niederbordwagen und Rungenwagen für Stückgut (z. B. Einzelstückgut wie Maschinen; Lang-, Flach- und Plattenmaterial)

■ Gedeckte Wagen für Stückgut: Wagen mit Schiebetüren (Regelbauart); Wagen mit Schiebewänden, Wagen mit Schiebewänden und Schiebedach, Wagen mit Schiebedach oder Schwenkdach (für Beladung mit Gabelstapler bzw. Kran; z. B. für palettiertes Stückgut, Papierrollen usw.); Teleskop-Haubenwagen, Wagen mit Schiebeplanen (z. B. für Blechcoils)

■ Gedeckte Wagen als Spezialwagen: Kühlwagen

■ Offene Wagen als Spezialwagen: Tiefladewagen für schwere und sperrige Güter (z. B. Großmaschinen, Großtransformatoren); offene Doppelstockwagen für Autotransport

■ Offene Wagen für Schüttgut: für Schwerkraftentladung oder mit Kippeinrichtung (z. B. für Erz, Kohle, Mineraldünger, Getreide, Baustoffe)

■ Wagen für den kombinierten Verkehr: Tragwagen (2- und 4-achsig oder 6-achsige Gelenkwagen) für den Container- und Behältertransport; Taschenwagen für Sattelauflieger; Niederflurwagen für Lkw und Anhänger (siehe auch Abschn. 21.1.6)

■ Behälterwagen mit Druckluftentladung (für staubförmige Ladegüter wie Zement, Talkum, Kreide, Mehl sowie leicht körnige Ladegüter wie Grieß und Quarzsand)

■ Kesselwagen für flüssige Güter (z. B. Mineralöl und -erzeugnisse, Säuren, Laugen usw.); mit Isolierung und Heizeinrichtung (z. B. für Bitumen); als Druckgas-Kesselwagen für verflüssigte Gase

Die beiden letztgenannten Wagentypen werden größtenteils nicht von der DB AG, sondern von Vermietgesellschaften vorgehalten.

21.1.3   Binnenschifffahrt

Die Gesamtlänge der Binnenwasserstraßen (Flüsse, Kanäle, Seen) in Deutschland beträgt knapp 7400 km; das Netz ist damit relativ weitmaschig. In der Binnenschifffahrt findet daher fast die Hälfte aller Transporte als gebrochener Verkehr statt, d. h. unter Einbeziehung anderer Verkehrsträger, da nur wenige Unternehmen über eigene Hafenanlagen verfügen. In Deutschland befördert die Binnenschifffahrt rund 6 % der gesamten Transportmenge (246 Mio. t) und erbringt ca. 10 % der Transportleistung (64 Mrd. tkm). 75 % der Transportleistung der deutschen Binnenschifffahrt werden auf dem Rhein abgewickelt. Die Binnenschifffahrt ist hauptsächlich im Massengutverkehr (Steine und Erden, Erdöl/Ölprodukte, Kohle, Erz, Schrott, landwirtschaftliche Produkte) tätig; das Segment Containerverkehr macht nur ca. 4 % der beförderten Menge aus, weist aber hohe Zuwachsraten auf. Vorteil der Binnenschifffahrt sind niedrige Transportkosten und große Transporteinheiten (bis

1 500 t pro Schiff; große Laderäume), Nachteil die langen Transport-zeiten (die jedoch kalkulierbar sind) sowie eine Abhängigkeit von Wasserstand, Eisgang und Nebel.

Als Fahrzeuge werden Frachtschiffe, Schubverbände und Spezialschiffe eingesetzt. Frachtschiffe sind Stückgut- oder Schüttgutfrachter, Tank-schiffe sowie Containerschiffe. Schubverbände bestehen aus antriebs-losen, starr miteinander gekoppelten Leichtern, die durch ein Schubboot geschoben werden. Als Spezialschiffe sind Roll-on-Roll-off-Schiffe (RoRo-Schiffe) zu nennen, die zum Transport von Straßenfahrzeugen dienen.

21.1.4   Seeschifffahrt

Die Seeschifffahrt als Hochseeschifffahrt besitzt große Bedeutung für den Im- und Export im Knotenpunkttransport zwischen den Kontinen-ten, aber auch innerhalb Europas; die Küstenschifffahrt spielt eine Rolle zwischen europäischen und deutschen Häfen. Im Jahr 2008 lag die Menge der über deutsche Häfen mit Seeschiffen versendeten bzw. emp-fangenen Fracht bei 317 Mio. t. Davon waren 137 Mio. t Massengut und 180 Mio. t Stückgut (überwiegend in Containern). 77 % der Güter wur-den in den Nordseehäfen, der Rest in den Ostseehäfen umgeschlagen. 32 % des Gesamtumschlags erfolgten in Hamburg. Der Güterempfang machte etwa 196 Mio. t (darunter ca. 44 Mio. t Erdöl), der Versand 121 Mio. t aus. Der Umschlag von beladenen Containern (Gewicht der Ladung) betrug 120 Mio. t, davon 57 Mio. t im Empfang und 63 Mio. t im Versand. Wichtige Containerhäfen sind Hamburg, Bremerhaven und Bremen. Im Bereich der Küstenschifffahrt zwischen deutschen Häfen wurden etwa 8 Mio. t transportiert.

Die Seeschifffahrt wird außer für den Transport von Massengütern (Erz, Kohle, Getreide, Rohöl usw.) zunehmend für Transporte höherwertiger Stückgüter bzw. Container eingesetzt. Nachteilig ist die lange Transport-zeit, vorteilhaft sind die niedrigen Transportkosten. Allerdings entstehen meist Kosten für den Vor- und Nachlauf zum bzw. vom Seehafen. Der Transport von hochwertigen Stückgütern mit Seeschiffen erfordert auf-wändige Transportverpackungen zum Schutz gegen Seewasser, salz-haltige Luft und Kondenswasser.

Beim Seetransport unterscheidet man Linienfahrt und Trampfahrt:

Die Linienfahrt kennt feste Fahrpläne mit festgelegten Abfahrtszeiten in vorbestimmten Häfen, Fahrtgarantie auch bei geringem Ladungsauf-kommen sowie einheitliche Beförderungsbedingungen und -entgelte. Sie dient hauptsächlich der Beförderung von Stückgut und/oder Containern.

Bei der Trampfahrt im Bedarfsverkehr richtet sich der Reeder nach den Gegebenheiten des Marktes, d. h., der Versender bestimmt Ort und Zeit des Ladens und Löschens. Beförderungsbedingungen und -entgelte werden zwischen Reeder und Versender festgelegt.

Wenn langfristige Transportverträge in der Trampfahrt abgeschlossen werden, spricht man von Kontraktfahrt – üblich z. B. zur gleichmäßigen Versorgung von Industriebetrieben mit Rohstoffen. Damit hat dieser Bedarfsverkehr die Merkmale des Linienverkehrs [Oelfke et al. 1999].

Die in der Seeschifffahrt eingesetzten Fahrzeugtypen sind:

- Massengutschiffe (Bulkcarrier) für Schüttgüter wie Erze, Kohle, Getreide, Futtermittel, Düngemittel. Sie besitzen in der Regel kein Ladegeschirr (Ladebäume oder Krane).

- Tanker für flüssige, staub- oder gasförmige Ladung (z. B. Mineralöl, Zement, Erdgas).

- Stückgutschiffe für verschiedenartige Güter und Verpackungsarten. Sie werden im Wesentlichen in der Linienschifffahrt eingesetzt und zeichnen sich durch mehrere Laderäume und eigenes Ladegeschirr aus.

- Voll-Container-Schiffe zum Transport genormter Container (Großbehälter). Die Laderäume sind in Zellen zur Stapelung von Containern eingeteilt. Auch auf Deck werden Container gestapelt.

- Semi-Container-Schiffe für den Transport von Containern und konventionellem Stückgut.

- Barge- oder Lash-Carrier (Swim-in-Swim-out-Schiffe) nehmen als Trägerschiffe Schubleichter (Bargen) mittels bordeigener Hebezeuge auf und transportieren sie auf hoher See. In Flussmündungen werden die Leichter abgesetzt; sie übernehmen dann den Vor- bzw. Nachlauf auf Binnengewässern.

- Roll-on-Roll-off-Schiffe (RoRo-Schiffe) nehmen Landtransportmittel (Lkw, Sattelauflieger, Pkw, Eisenbahnwagen) ohne Kraneinsatz auf. Als Frachter dienen sie z. B. zum Transport von Sattelaufliegern oder fabrikneuen Pkw; als Fähren überbrücken sie Wasserstrecken für Personen und Landfahrzeuge (Auto-, Eisenbahn-, Mehrzweckfähren).

21.1.5 Luftfahrt

Der Luftfrachtverkehr hat in den letzten zwanzig Jahren erhebliche Zuwachsraten aufzuweisen. Im Jahr 2008 wurden rund 3,5 Mio. t Fracht im internationalen Verkehr in Deutschland versendet bzw. empfangen. 65 % der Luftfracht in Deutschland werden über den Rhein-Main-Flughafen in Frankfurt abgewickelt. Das Flugzeug weist zwar von allen Verkehrsmitteln die kürzeste Transportzeit aus; allerdings entfallen im Luftfrachttransport nur 10 % der Gesamttransportzeit auf die Flugzeit; 90 % werden für Vor- und Nachlauf sowie Umschlag und Zollabfertigung benötigt. Schwerpunkte des Lufttransports bilden auf Grund der hohen Transportkosten relativ kleine Sendungen sowie zeitkritische oder hochwertige Güter (z. B. Frischlebensmittel, Ersatzteile, Computer usw.).

Luftfrachtsendungen werden zum einen zur Kapazitätsauslastung im Passagierverkehr mitgenommen (in einem Großraumflugzeug Boeing 747 M können z. B. unter bzw. hinter dem Passagierdeck bis zu 36 t bzw. 175 m^3 Güter geladen werden), zum anderen werden auf bestimmten Strecken Nur-Frachtflugzeuge eingesetzt. So verfügt z. B. eine Boeing 747-200 F über eine Gewichtskapazität von 102 t und eine Raumkapazität von 600 m^3. Die Reisegeschwindigkeit beträgt etwa 900 km/h und die Reichweite rund 6000 km [Brandenburg et al. 2006].

Für den Lufttransport werden spezielle Luftfrachtcontainer eingesetzt, die z. T. nur für bestimmte Flugzeugtypen (auf Grund der Abmaße der Flugzeugrümpfe) verwendbar sind. Damit ergeben sich neben Gewichts- auch Volumengrenzen der zu versendenden Güter. Für den Lufttransport korrosionsgefährdeter Güter sind Kondenswasser-geschützte Verpackungen notwendig, da in den Frachträumen in großen Höhen niedrige Temperaturen und geringe Luftfeuchtigkeit auftreten können. Dadurch muss besonders nach der Landung in tropischen Ländern mit Kondenswasser auf den Ladegütern gerechnet werden.

21.1.6 Kombinierter Verkehr

Die Gestaltung einer Transportkette unter Einbindung mehrerer Verkehrsmittel nutzt deren spezifische Stärken, erfordert aber besondere Überlegungen zur Vereinfachung des Ladungsumschlags beim Wechsel des Verkehrsmittels. Man spricht in diesem Fall vom „Kombinierten Ladungsverkehr" (KLV), mit dem sich die Stärken z. B. von Lkw (Flächenbedienung) und Eisenbahn (kostengünstiger Ganzzugverkehr, schneller Linienverkehr) kombinieren lassen.

Kombinierter oder Intermodaler Verkehr beinhaltet den Transport von Gütern mit zwei oder mehr Verkehrsträgern ohne Wechsel des Transportbehälters.

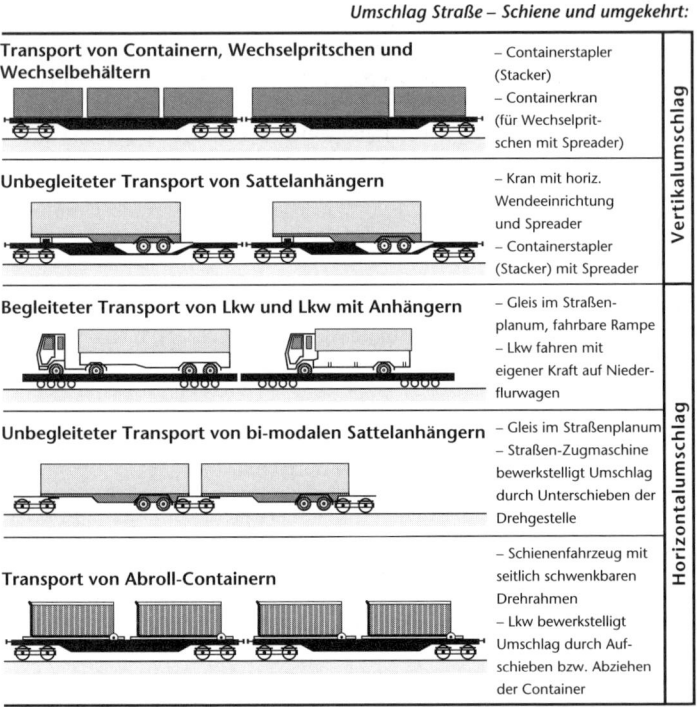

Bild 21.3: Techniken des Kombinierten Verkehrs Straße – Schiene; nach [Ihme 2006]

Lkw nach StVZO lassen sich auf konventionellen Schienenfahrzeugen nicht transportieren, weil sie das Fahrzeugumgrenzungsprofil überschreiten. Deswegen werden im KLV spezielle Fahrzeuge (und Techniken), Bild 21.3, eingesetzt:

■ Transport von ISO- und Binnencontainern, Wechselaufbauten und Wechselpritschen auf zwei- und vierachsigen Tragwagen sowie Gelenkwagen. Der Umschlag erfolgt mittels Containerstapler (Stacker) oder Kran (Vertikalumschlag).

■ Transport von Sattelanhängern auf Taschenwagen: Die Sattelanhänger müssen an der Rahmenunterseite besondere Aufnahmen für das Ladegeschirr (Spreader) des den Umschlag bewerkstelligenden Krans oder Umschlaggerätes (Stacker) aufweisen. Das Achsaggregat steht in einer Tasche des Eisenbahnwagens, und eine Sattelplatte auf dem Waggon nimmt den Sattelzapfen des Anhängers auf. Nachteile des Systems liegen hauptsächlich in den notwendigen investitionsintensiven Umschlaganlagen, aber auch in den Zusatzkosten und dem Zusatzgewicht für die Umschlageinrichtungen am Fahrzeug. Ein Transport von Sattelaufliegern ist auf Grund enger Tunnel nicht über alle Alpentransversalen möglich.

■ Transport kompletter Lkw und Lkw mit Anhänger auf Niederflurwagen mit besonders kleinen Rädern (System „Rollende Landstraße / Rollende Autobahn"). Bei diesem System fahren die Lkw-Fahrer meist in einem Liegewagen mit (begleiteter Transport).

Der (Horizontal-)Umschlag erfolgt über mobile Auffahrrampen.

■ Transport bi-modaler Fahrzeuge für Straßen- und Schienenverkehr (Kombitrailer bzw. Kombirail): Sattelanhänger sind mit besonderen

Bild 21.4: Umschlaganlage für den Vertikalumschlag Straße – Schiene von Wechselpritschen, Wechselbehältern und Containern [Werkbild: Combiverkehr GmbH]

Aufnahmen zur Ankopplung an Schienen-Drehgestelle versehen. Den Umsetzvorgang bewerkstelligt die Straßenzugmaschine (Horizontalumschlag). Nachteilig sind die gegenüber konventionellen Sattelanhängern höheren Investitionen und das höhere Leergewicht, da die Untergestelle im Eisenbahnbetrieb größere Kräfte aufnehmen müssen und mit bestimmten Einrichtungen der Eisenbahnbremse sowie mit den Drehgestelladaptern ausgestattet sind.

■ Transport von Abroll-Containern: Dieses System wird bisher im Wesentlichen für Schüttgut-Transporte (Baumaterial, Hausmüll) eingesetzt. Eine grundsätzliche Eignung für den Transport von Stückgut sowie von flüssigen Ladegütern ist aber vorhanden. Auf flachen Eisenbahngüterwagen sind seitlich schwenkbare Drehrahmen befestigt, die besondere, rollbare Container aufnehmen können. Der Umschlagvorgang wird vom Straßenfahrzeug aus vorgenommen, indem der Drehrahmen seitlich geschwenkt und dann der Container mittels Zugeinrichtung übergeben bzw. übernommen wird (Horizontalumschlag).

Der KLV kann trotz der Umschlagvorgänge Kostenvorteile sowohl gegenüber dem Lkw- als auch gegenüber dem Eisenbahn-Einzelwagentransport haben. Neben dem Kombinierten Verkehr Lkw – Eisenbahn gibt es auch die Einbeziehung der Binnenschiffahrt in eine entsprechende Transportkette.

21.2   Vergleich der Verkehrsmittel

Tabelle 21.1 gibt abschließend eine Gegenüberstellung der Vor- und Nachteile der hier besprochenen Verkehrsmittel.

Über den Einsatz eines bestimmten Verkehrsmittels für eine Transportaufgabe entscheiden die Unternehmen nach betriebswirtschaftlichen Kriterien (neben technischen und Infrastruktur-Kriterien), d. h., die Transportkosten müssen im Zusammenhang mit allen in einer Logistikkette anfallenden Kosten (z. B. Verpackung, Ladungssicherung, Lagerung, Umschlag, Transportversicherung) gesehen werden.

Da alle Güterverkehrsträger direkt oder indirekt subventioniert werden, d. h. ihre Wegekosten nicht decken, kann eine Veränderung in der Subventionspolitik zu Kostenverschiebungen und damit zu Veränderungen in heute erkennbaren Logistiktrends führen. Eine verursachungsgemäße Zuordnung der Wegekosten auf die Verkehrsunternehmen würde alle Transporte verteuern und damit zu einem Überdenken von Konzepten wie Fertigungstiefenreduzierung, internationale Produktionsverbünde oder Just-in-Time-Logistik führen müssen.

Tabelle 21.1: Vergleich der Verkehrsmittel; nach [Schulte 1995]

Verkehrsmittel	Vorteile	Nachteile
Lkw	– Zeit und Kostenersparnis im Nah- und Flächenverkehr – u. U. Zeitersparnis im Fernverkehr – Flexible Fahrplangestaltung – Eignung für spezifische Ladegüter – Anpassungsfähig bei Annahme- und Anlieferungszeiten	– Keine zeitgenauen Fahrpläne – Witterungsabhängigkeit – Abhängigkeit von Verkehrsstörungen und Staus – Begrenzte Ladefähigkeit – Ausschluss bestimmter Gefahrgüter
Eisenbahn	– Größere Einzelladegewichte als beim Lkw – Exakte Fahrpläne – Weitgehend störungsfrei – Gefahrgüter zulässig	– Eingeschränktes Streckennetz – Gleisanschlüsse erforderlich – Zusatzkosten bei Anmietung von Spezialwagen – Lange Transportzeiten im Wagenladungsverkehr
Binnenschifffahrt	– Große Einzelladegewichte – Große Laderäume – Angebot von Spezialschiffen – Günstige Beförderungskosten	– Stark eingeschränktes Streckennetz – Ohne eigene Anlegestelle erhöhte Kosten durch gebrochenen Verkehr – Abhängigkeit von Wasserstand, Eisgang und Nebel
Seeschifffahrt	– Große Einzelladegewichte – Große Laderäume – Angebot von Spezialschiffen – Günstige Beförderungskosten	– Beschränkung auf Seehafen – Im Linienverkehr Abhängigkeit von festen Routen (anders bei Charter) – Seemäßige Verpackung der Güter – Abhängigkeit von Wasserstand, Eisgang und Nebel
Flugzeug	– Hohe Transportgeschwindigkeit	– Hohe Transportkosten – Evtl. Spezialverpackung
Kombinierter Verkehr	– Nutzung der spezifischen Vorteile der in einer Transportkette eingesetzten Verkehrsmittel	– Zeitverbrauch und Kosten durch Umschlagvorgänge – Bindung an Fahrpläne – Wartezeiten an Umschlagbahnhöfen

Literatur

Berndt, T.: Eisenbahngüterverkehr. Stuttgart, Leipzig, Wiesbaden: Teubner 2001
Buchholz, J.; Clausen, U.; Vastag, A. (Hrsg.): Handbuch der Verkehrslogistik. Berlin, Heidelberg: Springer 1998
Bundesministerium für Verkehr (Hrsg.): Verkehr in Zahlen 2009/2010. 38. Jahrgang. Hamburg: Deutscher Verkehrs-Verlag 2009
DB Cargo AG (Hrsg.): Die Güterwagen der Bahn. Mainz: DB Cargo AG 2000
Ihme, J.: Logistik im Automobilbau. München, Wien: Hanser 2006

Jünemann, R.; Schmidt, T.: Materialflußsysteme. Systemtechnische Grundlagen. 2. Auflage. Berlin, Heidelberg: Springer 2000

Brandenburg, H.; Grell, A.; Gutermuth, J.: Güterverkehr – Spedition – Logistik. Leistungserstellung in Spedition und Logistik. 37. Auflage. Bad Homburg v. d. H.: Gehlen 2006

Pfohl, H. C.: Logistik-Systeme. 7. Auflage. Berlin, Heidelberg: Springer 2004

Schulte, C.: Logistik – Wege zur Optimierung des Material- und Informationsflusses. 3. Auflage. München: Vahlen 2005

22 Lagertechnik

Prof. Dr.-Ing. Reinhard Koether

22.1 Aufgaben des Lagers

Aus logistischer Sicht ist das beste Lager kein Lager, denn die Lager-einrichtung kostet Platz und bindet Werte im Anlagevermögen. Zusätz-lich binden die Lagerbestände Kapital im Umlaufvermögen. In der Rea-lität sind Lager notwendig, denn Lager lassen sich nur dann abschaffen, wenn der Wertschöpfungsprozess in der logistischen Kette verändert wird. Wegen technischer Restriktionen gelingt dies häufig nicht oder nicht zu wirtschaftlichen Bedingungen.

Aufgaben eines Lagers können sein:

- Ausgleich von unterschiedlichen Liefer- und Verbrauchsgeschwindig-keiten oder unterschiedlichen Liefer- und Verbrauchsmengen

- Ausgleich von Liefer- und Nachfrageschwankungen

- Sicherung schneller Lieferfähigkeit

- Reifung

- Spekulation

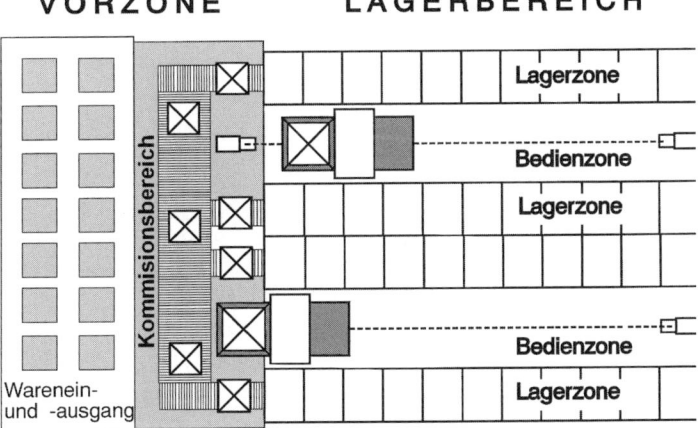

Bild 22.1: Lagerbereiche

Jedes Lager enthält verschiedene Bereiche (Bild 22.1) mit

■ Lagerbereich:
  – Lagerung,
  – Lagerbedienung,
  – Kommissionierung sowie

■ Vorzone mit Wareneingang und Warenausgang

Die Lagerzone dient zur Aufbewahrung der Güter, z. B. in Regalen. In der Bedienzone verkehren die Lagerbediengeräte, wie z. B. Hochregalstapler (vgl. Abschn. 20.2.1). Verschiedenartige Güter für einen Verbraucher werden in der Kommissionierzone zusammengestellt (vgl. Kap. 23).

Die Schnittstellen des Lagers zu Lieferanten und Kunden sind **Wareneingang** und **Warenausgang** in der Vorzone des Lagers. Aufgaben sind:

■ Identifikation der Lagergüter

■ Zubuchen der eingelagerten Güter

■ Vergabe des Lagerplatzes

■ Kontrolle der Lagergüter (z. B. Qualitätskontrolle, Gewichtskontrolle, Konturkontrolle)

■ Bereitstellung der ausgelagerten Güter zum Versand

■ Abbuchen der ausgelagerten Güter vom Lagerbestand

Rationalisierungen und Kosteneinsparungen lassen sich in Lagern häufig nur durch Veränderungen im Fertigungs- und Logistikprozess realisieren. Vor allem durch Verringerung der Bestände können Investitionen in Lagertechnik gerechtfertigt werden.

22.2   Lagergüter

Das Lagergut bestimmt die Auslegung des Lagers. Im Bild 22.2 sind die Lagergüter und typische Lager klassifiziert.

Flüssige Lagergüter werden in Tanks gelagert, Gase in Druckbehältern und Schüttgüter in Silos oder auf Halden. Durch Abfüllen in Förderhilfsmittel (vgl. Kap. 24), z. B. Flaschen oder Behälter, werden aus Schüttgütern, Flüssigkeiten und gasförmigen Materialien Stückgüter.

Stückgüter werden für die Lagerplanung klassifiziert nach

■ Volumen, Gewicht und ihren Förderhilfsmitteln (Behälter)

■ Form (z. B. flächig, quaderförmig oder Langgut) und

■ besonderen Anforderungen bezüglich Risiken (Brandschutz, Gefahrgut) oder Lagerung, z. B. Kühlung

Da Stückgutlager für die verarbeitende Industrie im Vordergrund stehen, werden nur sie im Folgenden betrachtet.

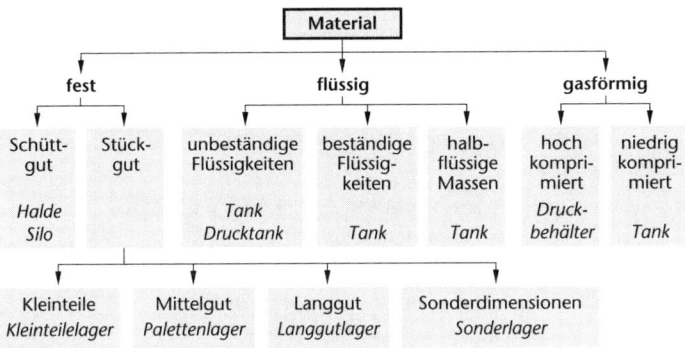

Bild 22.2: Klassifizierung der einzulagernden Materialien

22.3 Raumnutzung und Umschlagleistung

Wichtige Kenngrößen eines Lagers sind:

- Lagerkapazität (max. lagerbare Menge)

- Zugriffszeit auf ein bestimmtes Lagergut

- Umschlagleistung (einzulagernde und/oder auszulagernde Menge pro Zeiteinheit)

Diese Werte sind im Lastenheft der Lagerplanung (vgl. Abschn. 22.7) festzulegen.

Aus der gewählten Lagertechnik ergibt sich die **Raumnutzung** oder **Volumennutzung** des Lagers. Sie gibt an, wie viel Prozent des umbauten Raumes für die Lagerung der Güter genutzt werden. Zugriffszeit und **Umschlagleistung** sind eng korreliert: Wenn schnell auf ein bestimmtes Lagergut zugegriffen werden kann, können meistens auch viele Lagergüter in einer Stunde ein- und ausgelagert werden.

Raumnutzung und Umschlagleistung werden bestimmt durch die Auslegung des Lagersystems mit

- Lagerorganisation (Block- oder Zeilenlager)

- Lagertechnik
  - Gestaltung der Regale,
  - Anzahl und Leistung der Umschlaggeräte sowie

- Lagersteuerung

22.4   Block- oder Zeilenlagerung

Im **Zeilenlager** bleibt zwischen den Lagergütern ein Weg, so dass die Umschlaggeräte auf jedes Lagerfach direkt zugreifen können. Im **Blocklager** dagegen stehen die Lagergüter so eng nebeneinander oder aufeinander, dass nicht auf jeden einzelnen Behälter direkt zugegriffen werden kann. Dadurch wird der vorhandene Platz sehr gut ausgenutzt. Allerdings können die Zugriffszeiten auf ein bestimmtes Lagergut länger als bei Zeilenlagerung sein, wenn Umstapeln notwendig wird. Blocklager sind deshalb geeignet,

■   wenn die Blöcke sortenrein belegt sind, so dass auf einen beliebigen Behälter zugegriffen werden kann, oder

■   zur Lagerung von „Langsamdrehern", bei denen wegen des seltenen Zugriffs auch Umstapeln akzeptiert werden kann

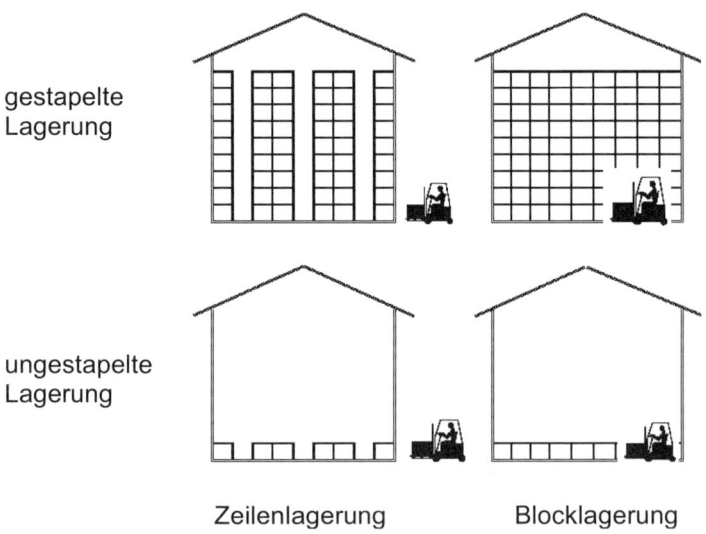

gestapelte
Lagerung

ungestapelte
Lagerung

Zeilenlagerung   Blocklagerung

Bild 22.3: Block- und Zeilenlagerung

22.5   Lagertechnik für Stückgutlager

Die Menge, Art und Größe der Lagergüter sowie die geforderte Umschlagleistung bestimmen die Auslegung des Lagers. Aus den bekannten Ausprägungen der Systemelemente **Block- oder Zeilenlagerung, Gestal-**

tung der **Regale, Lagerbediengeräte sowie der Lagersteuerung** ergibt sich theoretisch eine kombinatorische **Vielfalt möglicher Lager** (Tabelle 22.1). In der Wirtschaft haben sich für häufig vorkommende Stückgüter jedoch **Vorzugslösungen** herausgebildet.

Tabelle 22.1: Morphologischer Kasten für Stückgutlagersysteme

Teilsystem	Ausprägungen						
Lagerort	im Freien	in bestehendem Gebäude	wandtragendes Lager, Sondergebäude				
Block- oder Zeilen-lagerung	Block, Boden	Block gestapelt im Gestell	Block gestapelt im Regal	Zeile Boden	Zeile gestapelt im Regal		
Regal	ohne	Fach-boden regal	Paletten-regal	Einplatz-regal	Durchlauf-regal	Verschiebe-regal	Umlauf-regal
Lager-bediengerät	ohne	Schubmast-stapler	Hoch-regalstapler		Regal-bediengerät		Kran
Kommissio-nierung	Entnahme im Lagerfach		Durch-lauflager	Umlauf-lager	Entnahme in der Vorzone		Entnahme und Sortierung
Lagerplatz-vergabe	reservierte Lagerplätze			chaotische Lagerplatzvergabe			
Lager-steuerung	Zonung		Regalfachklassen		Zonung + Regalfachklassen		
Ein- und Auslager-aufträge	Einfachspiele		Doppelspiele		Doppelspiele mit Auslagerpriorität		

In diesem Kapitel werden typische Lagersysteme vorgestellt (Kommissio-niersysteme werden in Kap. 23 beschrieben):

- Großgutlager

- Leergutlager im Freien

- konventionelles Palettenlager im bestehenden Gebäude

- Hochregallager für Paletten

- einfaches Kleinteilelager, z. B. in einer Reparaturwerkstatt

- automatisches Kleinteilelager

22.5.1   Großgutlager

Sehr **große und schwere Güter** wie z. B. Überseecontainer oder Großwerkzeuge zur Blechumformung werden meist **am Boden gelagert**. Da diese
Güter vorwiegend mit einem Kran bewegt werden, sind zwischen den
Lagerartikeln nur schmale Wege für Personal nötig. Man lagert also im
Block, jedoch ungestapelt, damit der **Kran** die Last von oben übernehmen kann. Sofern die Güter witterungsunempfindlich sind, z. B. Container oder Betonteile, kann auch im Freien gelagert werden.

Bild 22.4: Großgutlager

22.5.2   Leergutlager

Leere Behälter stellen normalerweise keine besonderen Anforderungen
an das Lager. Deshalb wird Leergut möglichst einfach gelagert:

- im Freien

- als Blocklager

- gestapelt im Gestell

- Bedienung durch Stapler

Lager im Freien erfordern keine besonderen Investitionen außer den
Boden zu planieren und mit einem staubfreien Belag zu versehen. Für
Freiflächen in Betriebsstätten ist dies normalerweise erfüllt.

Stapelung im Gestell nutzt die Höhe und spart damit Grundfläche.

Gabelstapler werden in fast jedem Betrieb eingesetzt. Die üblichen
Gegengewichtsstapler brauchen zwar einen großen Wendekreis (ca. 3
bis 4 m), auf Freiflächen ist dies jedoch normalerweise unproblematisch.

Bild 22.5: Leergutlager im Freien (Werkfoto: Jungheinrich AG)

22.5.3 Konventionelles Palettenlager im bestehenden Gebäude

Im **Palettenregal** stehen die Lagerartikel lediglich auf Traversen, man kann also von unten durch ein Palettenregal hindurchsehen. Deshalb können nur eigensteife Förderhilfsmittel genormter Größe eingelagert werden, z. B. Euro-Paletten im Normmaß 80 cm × 120 cm. Palettenregale werden aus Standard-Bauelementen zusammengesetzt und sind als Massenteile und wegen des sparsamen Materialeinsatzes kostengünstig.

Um auf jedes Regalfach direkt zugreifen zu können, wird in **Zeilen gelagert, gestapelt im Regal.**

Die **Gangbreite** richtet sich nach dem Regalbediengerät. In Palettenlagern werden verwendet:

- Schubmaststapler (Gangbreite mindestens 2,50 m)

- Hochregalstapler mit Schwenkgabel oder Teleskopgabel (Gangbreite ca. 1,70 m)

- schienengeführte Regalbediengeräte (RBG) (Gangbreite ca. 1,45 m)

Gegengewichtsstapler erfordern einen zu großen Wendekreis und damit unwirtschaftlich breite Gänge von 3,50 m bis 4 m.

Bild 22.6: Palettenlager mit Schubmaststapler (Werkfoto: Still GmbH)

Bild 22.7: Palettenlager mit Hochregalstapler (Werkfoto: Jungheinrich AG)

Schubmaststapler kommen mit einem kleineren Wendekreis als Gegengewichtsstapler aus, weil sie die Last zwar außerhalb der Radbasis aufnehmen, zum Fahren und Heben jedoch den Mast mit der Last in die Radbasis verschieben. Gegengewicht und Radstand können daher kleiner als beim Gegengewichtsstapler sein. Wegen des leichten Gegengewichts und der kürzeren Radbasis können Schubmaststapler sicher nur bis 6 m Höhe reichen. Größere Schubmaststapler können in 2,80 m breiten Gängen bis zu 12 m hoch reichen.

Hochregalstapler mit Schwenkgabel können die Last auch vom Boden aufnehmen, die Gabelbewegung erlaubt aber zusätzlich, die Last seitlich ins Regalfach zu schieben ohne den Stapler zu drehen. Ebenso kann die Last von einer Gangseite auf die andere im Regalgang umgesetzt werden.

Damit Hochregalstapler Regalhöhen bis ca. 14 m nutzen können, sind sie besonders stabil und schwer gebaut; sie werden dadurch aber unbeweglich und sind nicht so wendig wie konventionelle Gegengewichtsstapler oder Schubmaststapler.

22.5.4   Hochregallager für Paletten

Hochregallager können in bestehende Gebäude integriert werden oder als eigenständiger Baukörper (wandtragend) ausgeführt sein. Wandtragende Palettenregale wurden bis über 40 m Höhe realisiert. Sie sind Einzweck-Gebäude, aber leistungsoptimierte Lagersysteme, mit denen Umschlagleistung und Volumennutzung maximiert werden können.

Bild 22.8: Hochregallager während der Bauphase (Werkfoto: Dematic AG)

Regalbediengeräte (RBG) sind die wesentlichen Systemelemente eines Hochregallagers. Während Stapler vor den Regalgängen von Fahrern gesteuert werden und frei verfahren werden können, werden Regalbediengeräte im Regalgang auf Schienen geführt, bei Regalen, die höher als 6 m sind, durch eine Boden- und eine Deckenschiene. Normalerweise sind sie an den Regalgang gebunden, so dass pro Regalgang ein RBG eingesetzt wird. Nur Sonderkonstruktionen können zwischen den Regalgängen versetzt werden. RBG schieben die Lagergüter mit einer Teleskopgabel seitlich in die Regalfächer.

Durch die Schienenführung ergeben sich Vorteile:

■ fahrerloser Betrieb möglich

■ hohe Volumennutzung durch schmale Gänge (ca. 1,45 m), durch
   – engere Sicherheitsabstände zum Regal,
   – ohne Schwenken der Palette im Regalgang

■ schnelleres Handling durch
   – höhere Beschleunigung und höhere Geschwindigkeit,
   – Diagonalfahrt mit gleichzeitigem Fahren und Heben,
   – schnellere Positionierung durch Wegmesssysteme, ähnlich wie in
     CNC-Werkzeugmaschinen

22.5.5   Einfaches Kleinteilelager

Einfache dezentrale Kleinteilelager werden normalerweise **manuell bedient**. An die Geometrie oder Verpackung der Lagergüter werden keine
besonderen Anforderungen gestellt. Deshalb werden meist **Fachbodenregale** verwendet. Fachböden stellen durchgängige Flächen dar, auf
denen die Lagergüter abgestellt werden können. Lagerhilfsmittel sind
nicht unbedingt erforderlich. Diese Flexibilität, auch ohne standardisierte Behälter lagern zu können, ist der wichtigste Vorteil des Fach-

Bild 22.9: Fachbodenregal für unterschiedliche Kleinteile (Werkfoto: Nedcon)

bodenregals. Nachteilig ist der höhere Materialbedarf für die Fachböden.

Beispiele für solche Lager finden sich im privaten Umfeld, in Supermärkten, Bibliotheken oder in Reparaturwerkstätten.

22.5.6   Automatisches Kleinteilelager

Ein automatisches Kleinteilelager ist ein verkleinertes Paletten-Hochregallager. Die Lagerzone ist komplett abgeschlossen, so dass ein **automatisches RBG** mit hoher Geschwindigkeit die Behälter bewegen kann. Kleinere Abmessungen der Lagergüter verkürzen die Wege, so dass die zwei- bis dreifache Umschlagleistung gegenüber einem Palettenlager erreicht werden kann.

Bild 22.10: Automatisches Kleinteilelager
(Werkfoto: TGW Transportgeräte KG)

Normalerweise werden die Güter in **Einplatzregalen** gelagert. Die Paletten oder Behälter stehen auf Winkelprofilen in Tiefenrichtung. Auf jeden Palettenplatz folgt seitlich ein Regalständer. In Einplatzregalen können nur Behälter mit derselben Grundfläche gelagert werden. Diesem Nachteil steht aber der Vorteil einer besseren Platznutzung und einer einfacheren Lagerbedienung gegenüber: Die Behälter können aus dem Regalfach gezogen werden.

Da die Aushubbewegung entfallen kann, ermöglicht die **Ziehtechnik** eine einfachere Entnahmebewegung (ziehen statt heben und ziehen) und erfordert weniger Platz im Regalfach, weil die Aushubhöhe entfällt.

22.6   Bestandsverwaltung und Auftragssteuerung

Zusammen mit der Lagertechnik entscheiden die Bestandsverwaltung und die Auftragssteuerung des Lagers über die **Leistungsfähigkeit (Umschlagleistung und Raumnutzung)** des Lagers. Weiterhin kann durch die Bestandsverwaltung die **Zugriffssicherheit** auf die gelagerten Güter beeinflusst werden. Zur Optimierung der Raumnutzung werden folgende Möglichkeiten genutzt:

- chaotische Lagerung

- Verwaltung mehrerer Artikelnummern pro Regalfach oder Lagerplatz

- Regalfachklassen mit Zuordnung der einzulagernden Güter zum kleinstmöglichen verfügbaren Regalfach oder Lagerplatz

In Lagern mit **fester Platzvergabe** befindet sich jedes Lagergut an seinem vorgegebenen Platz. Die Güter sind nach sachlichen Kriterien geordnet, so dass sie ohne zusätzliche Hilfen wie Dateien, Karteien oder Listen gefunden werden können. Deshalb können solche Lager auch ungeübten Benutzern zur Verfügung stehen (z. B. Supermarkt, Freihandbereich einer Bibliothek).

Bei **chaotischer Lagerung** können dagegen die Lagergüter auf jeden verfügbaren Lagerplatz eingelagert werden. Da keine Lagerplätze reserviert sind, können sich die Raumbedarfe verschiedener Artikel durch Über- und Unterbestände ausgleichen, so dass insgesamt weniger Stellplätze installiert werden müssen. Um die Lagerartikel wiederzufinden, müssen allerdings die Lagerplätze sorgfältig gebucht werden; eine Aufgabe, die normalerweise der Lagerverwaltungsrechner übernimmt.

Eine chaotische Lagerung ist nur in Bezug auf die Ähnlichkeit der Teile chaotisch. Bei der Einlagerung werden freie Lagerplätze nach den **Logistikkriterien Raumnutzung** oder **Umschlaghäufigkeit** zugewiesen.

Da nicht alle Behälter die max. zulässige Höhe nutzen, genügen für einen Teil der einzulagernden Behälter auch kleinere Fächer. Die Regalfächer werden nach ihrer Größe und der zulässigen Tragfähigkeit in **Regalfachklassen** eingeteilt. Die Anzahl der Regalfächer steigt dadurch bei gleichem Lagervolumen.

Können in einem Regalfach mehrere Artikelnummern verwaltet werden, können die Regalfächer flexibler genutzt werden, denn statt eines großen Behälters finden z. B. zwei kleine Behälter Platz.

Auch die **Zugriffssicherheit** kann durch die Lagerplatzvergabe erhöht werden. Werden mehrere Behälter einer Artikelnummer in verschiedene Regalgassen eingelagert, können Behälter dieser Artikelnummer auch bei Störung eines Regalbediengeräts ausgelagert werden (**Querschnittseinlagerung**).

Zur Steigerung der Umschlagleistung nutzen Lagerverwaltungsrechner normalerweise

■ Zonung und

■ Doppelspiele mit Auslagerpriorität

Bei der Lagerplatzvergabe kann durch **Zonung** die **Umschlagleistung** beeinflusst werden: Schnelldreher, d. h. Güter, die nur kurze Zeit im Lager

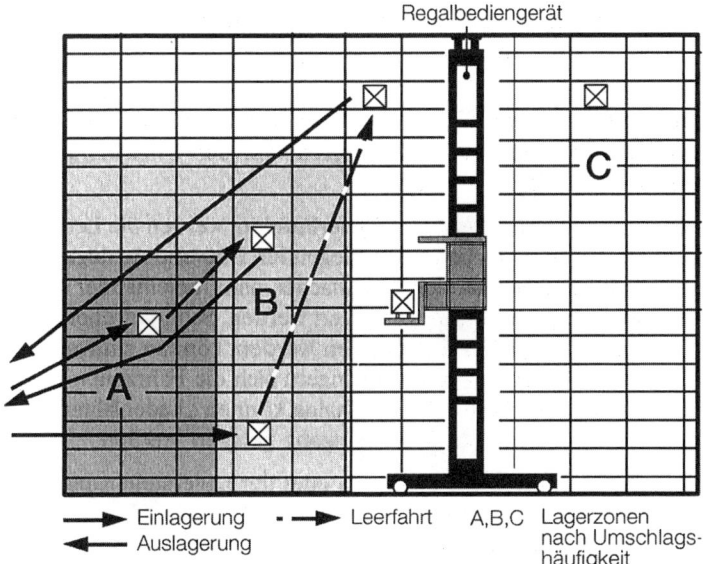

Bild 22.11: Steigerung der Umschlagleistung durch Regalzonen (A, B und C), durch Doppelspiele und durch Wegoptimierung

bleiben, werden nahe zum Wareneingang gelagert. Dadurch verringern sich die Fahrzeiten des Regalbediengeräts beim häufigen Umschlag dieser Güter. Analog können „Ladenhüter", die selten umgeschlagen werden, weit entfernt vom Wareneingang gelagert werden.

Unproduktive Leerwege des Regalbediengeräts werden durch **Doppelspiele** minimiert. Dabei wird eine Einlagerung mit einer Auslagerung aus einem möglichst nahe liegenden Regalfach verbunden. Bei Spitzenbedarfen an Auslagerung oder bei Eilaufträgen kann dagegen auf Einlagerung ganz verzichtet werden **(Auslagerpriorität)**. Dadurch entstehen zwar längere Leerwege, die Auslagerungsaufträge können jedoch schneller erfüllt werden, da die Leerwege mit höheren Geschwindigkeiten zurückgelegt werden können.

22.7   Lagerplanung

Bevor ein Lager geplant wird, sollte der Logistikprozess überprüft und neu gestaltet werden; daraus kann sich auch ergeben, dass das Lager nicht mehr oder an anderer Stelle notwendig ist. Wenn ein Lager gebraucht wird, müssen in der Analysephase zuerst die Grundinformationen ermittelt werden:

- Art der Lagergüter und einzulagernden Behälter (daraus ergibt sich die Art des Lagers)

- Menge der einzulagernden Behälter (daraus ergibt sich die Anzahl der Lagerplätze und die Größe des Lagers)

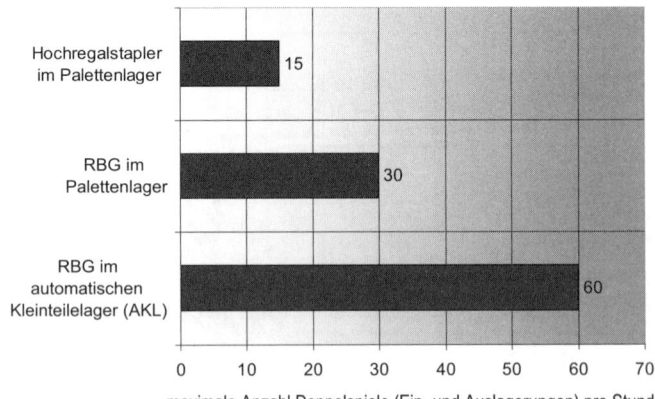

Bild 22.12: Umschlagleistung eines Lagerbediengeräts (Durchschnittswerte)

■ Umschlagleistung, Anzahl Lagerspiele pro Stunde (daraus ergibt sich die Anzahl der Lagerbediengeräte und der Lagergassen)

■ sind Lagervolumen und Lagerumschlag saisonabhängig (um Durchschnitts- und Spitzenbelastung abzuschätzen)?

In der **Idealplanung** werden alternative Lagersysteme konzipiert und bewertet. Für die ausgewählten Alternativen lohnt sich der nächste Planungsschritt der **Realplanung**. Dazu müssen die wichtigen Randbedingungen von Raum und Gebäude geklärt werden, z. B.:

■ Welche Grundfläche steht zur Verfügung?

■ Welche Regalhöhe ist möglich? Soll das Lager in eine bestehende Halle eingebaut werden (Hallenhöhe) oder soll ein wandtragendes Lager gebaut werden (Bauvorschriften)?

■ Welche Konsequenzen ergeben sich daraus für die Dimensionen des Lagers?

In der **Detailplanung** schließlich wird das Lager optimiert:

■ Wie ist die Höhenverteilung der Behälter (um die Regalfachklassen auszulegen)?

■ Welche Artikel werden wie häufig umgeschlagen (um die Zonung festzulegen und zu simulieren, welche Umschlagleistung erreicht werden kann)?

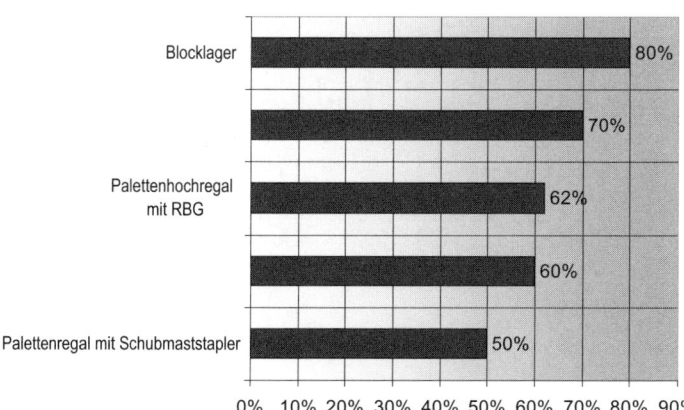

Bild 22.13: Maximale Raumnutzung von Lagern

Weitere Detailplanungen werden spätestens in dieser Konkretisierungs-
stufe an potenzielle Lieferanten übergeben, die ihre Planungsergebnisse
in Angeboten dokumentieren. **Diese Angebote enthalten Layouts, Leistungsdaten, Preise und Zahlungsbedingungen.**

Literatur

Arnold, D.; Isermann, H.; Kuhn, A.; Tempelmeier, H. (Hrsg.): Handbuch Logistik. 3., neu bearbeitete Auflage. Berlin, Heidelberg, New York, London, Paris,
Tokyo, Hong Kong: Springer 2007

Fischer, W.; Dittrich, L.: Materialfluss und Logistik – Potentiale vom Konzept bis
zur Detailauslegung. 2., erweiterte Auflage. Berlin, Heidelberg, New York, London, Paris, Tokyo, Hong Kong: Springer 2004

Hompel, ten M.; Schmidt, T.; Nagel, L.: Materialflusssysteme, Förder- und
Lagertechnik. 3., völlig neu bearbeitete Auflage. Berlin, Heidelberg, New York,
Tokyo: Springer 2007

Ihme, J.: Logistik im Automobilbau. Logistikkomponenten und Logistiksysteme
im Fahrzeugbau. München, Wien: Hanser 2006

Koether, R.: Technische Logistik. 3., aktualisierte und erweiterte Auflage. München: Hanser 2007

Koether, R.; Kurz, B.; Seidel, U. A.; Weber, F.: Betriebsstättenplanung und Ergonomie. München, Wien: Hanser 2001

Martin, H.: Transport- und Lagerlogistik. Planung, Struktur, Steuerung und
Kosten von Systemen der Intralogistik. 7. Auflage. Wiesbaden: Vieweg 2009

23 Kommissionieren, Sortieren und Verteilen

Dipl.-Wirtschaftsing. Dietmar Berger
Prof. Dr.-Ing. Reinhard Koether

23.1 Begriffe und Systematisierung

Kommissionieren bedeutet das Zusammenstellen unterschiedlicher Güter für einen Kundenauftrag. Die Kommissionierung ist Teil des **Auftragsabwicklungsprozesses**. Die Güter werden in einem **Kommisionierlager** bereitgestellt und nach der Kommissionierung verpackt und an die Kunden versendet. Kommissioniert wird entweder einstufig durch Zusammenstellung der Auftragskomponenten oder mehrstufig durch artikelbezogene Sammelverfahren. Die **Logistikdienstleistung** Kommissionierung wird vom Kunden bezahlt (z. B. über mengenabhängige Preise) und ist damit **wertschöpfend**. Wegen der unterschiedlichsten Geometrien der zu entnehmenden Artikel kann nur in Ausnahmefällen automatisch kommissioniert werden.

Eine detaillierte Systematisierung des gesamten Kommissioniervorgangs enthält die Richtlinie VDI 3590 Kommissioniersysteme. Dort wird das Kommissioniersystem zunächst in die drei Teilsysteme unterschieden:

- Materialflusssystem
- Informationssystem
- Organisationssystem

Vielfältige Gestaltungsmöglichkeiten für jedes Teilsystem eines Kommissioniersystems bieten eine Vielfalt der Entscheidungsmöglichkeiten im Planungsprozess.

23.2 Zusammenstellen der zu kommissionierenden Güter

Am Beispiel eines Einkaufs im Supermarkt wird deutlich, dass sich der Zeitaufwand für Kommissionieren aus mehreren Tätigkeiten zusammensetzt (Tabelle 23.1). Im Supermarkt, der bekanntesten Form des Kommissionierens, wird für das Zurücklegen der Wege der größte Zeitanteil verbraucht, allerdings sind Supermärkte nach Vertriebsgesichtspunkten und nicht nach Logistikkriterien optimiert. Jedoch nennt auch Gudehus [Gudehus 1973] hohe Anteile für Wegzeiten in konventionellen Kommissioniersystemen, die nach wie vor sehr verbreitet sind (Tabelle 23.1).

Tabelle 23.1: Zeitanteile bei Kommissionierung

Zeit	Beschreibung	Beispiel	Zeitanteil [Gudehus 1973]
Rüstzeit	Vorbereitung des Kommissionierauftrags	Belege annehmen, Belege ordnen, Beleg bearbeiten, positionieren, Behälter annehmen, Waren abgeben, codieren, Sonstiges	5 ... 10 %
Orientierungszeit	Vorbereitung der Entnahme	lesen, suchen, Beleg bearbeiten, positionieren, codieren, Sonstiges	20 ... 30 %
Wegzeit	Zurücklegen des Wegs zur nächsten Entnahmeposition; entsteht pro Position einmal	Gehen, fahren mit Kommissionierfahrzeug oder Lagerbediengerät	40 ... 60 %
Greifzeit	Entnahme der Ware	Artikel heraussuchen, greifen, entnehmen, Entnahme quittieren	15 ... 35 %

Für den Anteil der Kommissionierkosten an den Kosten des gesamten Lagersystems werden in der gängigen Literatur üblicherweise Werte zwischen 50 % und 60 % genannt. Da Kommissionierung fast immer eine manuelle Tätigkeit ist, steht bei der Kostenoptimierung der Personalbedarf im Vordergrund.

23.2.1 Reduzierung von Wegzeiten

Wenn die Wegzeiten den größten Teil des Kommissionieraufwands ausmachen, dann wäre es ideal, wenn alle Artikel, die für einen Kommissionierauftrag benötigt werden entweder an einem Platz bereitgestellt werden (Ware zum Mann, vgl. Abschnitt 23.2.1.2) oder unmittelbar nebeneinander bereitstehen – d. h. ohne dass Artikel dazwischen sind, die gerade nicht gebraucht werden.

23.2.1.1 Mann zur Ware

Wird nach dem Prinzip „Mann zur Ware" kommissioniert, bewegt sich der Kommissionierer oder die Kommissioniererin im Lager. Aus den Lagerfächern werden die einzelnen Güter entsprechend einer Entnahmeliste oder Pick-Liste entnommen. Die bekannteste Kommissionierung nach diesem Prinzip ist der Einkauf im Supermarkt mit Selbstbedienung.

Der Einsatz von angetriebenen Kommissionierfahrzeugen ermöglicht das schnellere Zurücklegen von langen Kommissionierwegen und damit das Einsparen von Wegzeiten.

Bild 23.1: Kommissionierung mit Kommissionierwagen ohne Antrieb (Werkfoto: Bito)

Bild 23.2: Kommissionierung mit angetriebenen Kommissionierfahrzeugen (Werkfoto: Bito)

Weitere Möglichkeiten zur Verringerung von Wegezeiten sind:

■ wegoptimierte Reihenfolge der Kommissionierzeilen auf dem Ent-
nahmebeleg

■ Wege verkürzen, d.h., die Zugriffsdichte der bereitgestellten Waren
erhöhen

Bei Bereitstellung der zu entnehmende Artikel in Kleinteilebehältern
(L × B × H) 60 cm × 40 cm × 30 cm passen auf eine Länge von 120 cm
bereits zwei Behälter bzw. Artikel nebeneinander und etwa drei bis vier
Behälter übereinander. Man erhöht gegenüber der Bereitstellung auf
Europaletten (80 cm × 120 cm) am Boden die Bereitstelldichte um den
Faktor 6 bis 8; d. h., statt eines Artikels pro laufenden Meter kann man
jetzt 6–8 Artikel pro laufenden Meter bereitstellen.

Damit die gleiche Menge wie auf einer Euro-Palette bereitgestellt werden
kann, werden die Kleinteilebehälter hintereinander im Durchlaufregal
bereitgestellt. Im Regalfach befindet sich nur der vorderste Behälter im
unmittelbaren Zugriff des Kommissionierers, die dahinter stehenden Behälter bilden den Vorrat.

Bild 23.3: Kombination von Paletten- und Behälterbereitstellung (Werkfoto: Bito)

Eine weitere Möglichkeit, Wege zu verkürzen, besteht darin, den Kom-
missionierern definierte Arbeitsbereiche zuzuweisen (Kommissionier-
bahnhöfe), zwischen denen die Aufträge weitergereicht werden und
innerhalb deren der Kommissionierer einen begrenzten räumlichen Einsatzbereich – und damit kürzere Wege – abdeckt.

Zum Teil können Wege dadurch vermieden werden, dass bei einem Kom-
missionierrundgang für mehrere Aufträge gleichzeitig kommissioniert
wird. Allerdings steigt hier das Risiko, einen Artikel in den falschen
Kommissionierbehälter zu legen (vgl. Abschnitt 23.6).

Bild 23.4: Kommissionier-
bahnhof vor einer Durchlauf-
regalanlage
(Werkfoto: Bito)

Bild 23.5: Mitführen mehrerer
Aufträge auf einem Kommis-
sionierfahrzeug
(Werkfoto: P & P)

23.2.1.2 Ware zum Mann

Kommt die Ware zum Mann, entfallen Wegzeiten des Kommissionierers oder der Kommissioniererin komplett. Dafür müssen die Behälter, aus denen die Teile entnommen werden, durch die Förder- oder Lagertechnik zum Kommissionierplatz gebracht und nach der Entnahme wieder entfernt und zurückgelagert werden. Neben dem Vorteil entfallender Wegzeiten kann hier auch die Entnahme erleichtert werden, weil ergonomische Hilfen, wie z. B. Hebezeuge, am Kommissionierplatz einfach installiert werden können.

Gängige Kommissioniersysteme dieses Bereitstellprinzips sind:

- ■ Horizontal umlaufende (Paternosterregal) oder vertikal umlaufende (Karussellregal) Bewegungslager (Bild 23.6)

- ■ Regallager mit automatischem Regalbediengerät (Bild 23.7)

Im Karusselllager (Bild 23.6) sind die Lagerfächer an einer endlosen Kette, die vertikal umläuft befestigt. Ein bestimmtes Lagerfach wird in die Zugriffsposition gebracht, indem das gesamte Karussell bewegt wird. Die Rücklagerung der eben bearbeiteten Bereitstelleinheit erfolgt quasi automatisch durch die Bereitstellung des nächstes Behälters. Ähnlich funktioniert ein horizontales Umlaufregal, ein Paternosterlager.

Bild 23.6: Karusselllager (Werkfoto: Kardex)

Die Anforderungen an die Ein- und Auslagerleistung des Lagers sind allerdings erheblich, so dass eine Kommissionierung nach dem Prinzip „Ware zum Mann" hohe Investitionen in Lagertechnik erfordert.

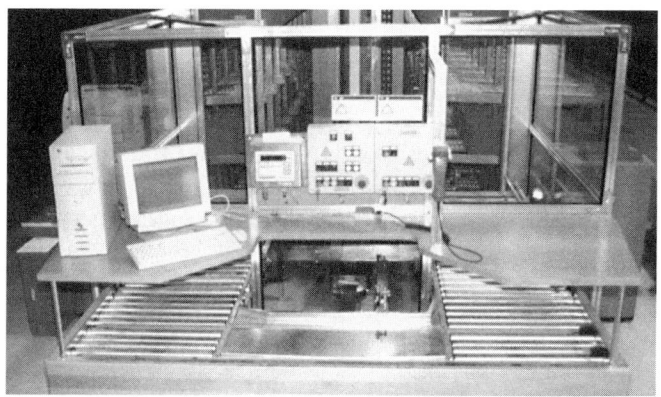

Bild 23.7: Kommissionierplatz vor einem automatischen Kleinteilelager (Werkfoto: TGW Transportgeräte KG)

23.2.2 Reduzierung von Rüst- und Orientierungszeiten

Im Vergleich zur Reduzierung der Wegzeiten sind die Möglichkeiten zur Reduzierung der Rüst- und Orientierungszeiten begrenzt. Hier kommen in erster Linie Lösungen der beleglosen Kommissionierung – oder besser der beleglosen Informationsübermittlung – in Betracht. Maßnahmen dazu sind z. B.:

- Anzeigen der Entnahmeposition am Bildschirm

- Leuchtanzeigen am Lagerfach

- Bereitstellung nur eines Entnahmebehälters beim Kommissionierprinzip Ware zum Mann

23.2.3 Reduzierung von Geifzeiten

Die häufigsten Möglichkeiten zur Reduzierung der Greifzeiten sind:

- ergonomische Gestaltung der Entnahmesituation
  - z. B. Schnelldreher im günstigsten Greifbereich oder
  - halbkreisförmige Anordnung der Entnahmebehälter entsprechend dem menschlichen Greifraum
- Inverse Kommissionierung

- Automatisierung des Greifvorgangs und die damit verbundene völlige Eliminierung der Greifzeiten

Das folgende Beispiel verdeutlicht das Prinzip der inversen Kommissionierung: In einer Bestellposition werden von einem bestimmten Artikel 50 Stück verlangt. In der Bereitstelleinheit, z. B. auf der Palette, befinden sich noch 60 Stück dieses Artikels. Dann wird der Kommissionierer natürlich nicht die gewünschten 50 Einheiten von der bereitgestellten Palette abkommissionieren, sondern die Differenz von 10 Einheiten entnehmen und Bereitstellpalette und Kundenpalette austauschen.

Bei der automatischen Entnahme muß eingestanden werden, dass die Fähigkeiten eines Robotergreifers (Bild 23.8) noch nicht annähernd an diejenigen des menschlichen Kommissionierers heranreichen und meistens produktions- bzw. produktseitige Maßnahmen zu ergreifen sind, die der Automatisierbarkeit des Greifvorgangs entgegenkommen.

Bild 23.8: Automatische Entnahme mittels Roboter (Werkfoto: P & P)

Ein Kommissionierautomat mit Ausstoßschächten (Bild 23.9) kann nur für kleine, stapelbare und stoßunempfindliche Artikel wie z. B. verpackte Pharmazeutika eingesetzt werden.

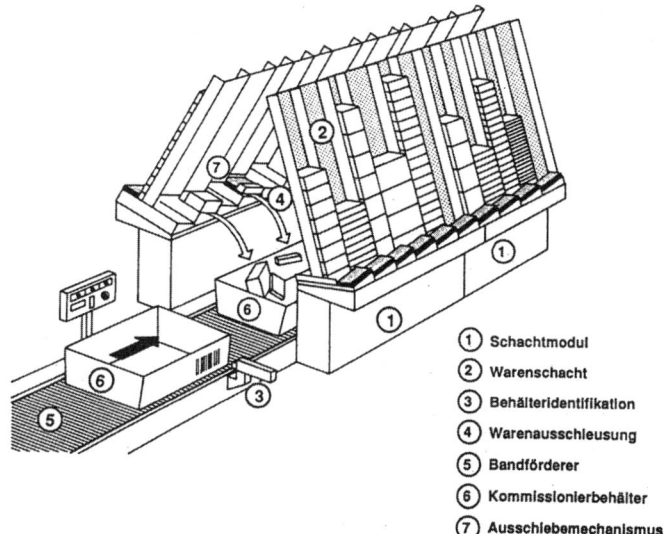

Bild 23.9: Kommissionierautomat mit Ausstoßschächten (Quelle: [Koether 2007])

23.3   Planung von Kommissioniersystemen

Wesentliche Inhalte bei der Planung von Logistik- und Kommissioniersystemen sind

■   das Design optimaler Abläufe für Materialfluss, Kommissionierung,
      Packerei, Versand etc.

■   die Auswahl und Dimensionierung der in Frage kommenden techni-
      schen Systeme

■   die vergleichende Gegenüberstellung sinnvoller Alternativen und

■   deren kostenmäßige Bewertung.

Die Gesamtaufgabe der Konzeptplanung Logistik- und Kommissionier-
systemen lässt sich inhaltlich in drei Teilaufgaben gliedern, die – unter
Berücksichtigung des Anforderungsprofils, d. h. im Wesentlichen der
Charakteristika des Sortiments (Artikelstruktur) und der Bestellungen
(Auftragsstruktur) – gelöst werden müssen.

Diese Teilaufgaben sind hier zwar nacheinander beschrieben, müssen in
der Planungspraxis aber parallel bzw. rollierend abgearbeitet werden:

- Planung der Arbeitsvorbereitung, d. h., wie werden die vorliegenden bzw. eingehenden Kundenbestellungen zu Kommissionieraufträgen weiterbearbeitet?

- Planung der Arbeitsorganisation, d. h., wie werden Kommissionieraufträge, zu entnehmende Ware und Kommissionierer optimal zusammengebracht?

- Planung der optimalen technischen Unterstützung, d. h., wie werden die für Teilaufgabe 1 und 2 gefundenen Lösungen technisch optimal durch DV-Systeme und durch Lager-, Transport- und Handhabungssysteme unterstützt?

Dabei sind die wesentlichen Gestaltungsregeln zu berücksichtigen, die erfahrungsgemäß die praktische Funktionalität und Qualität von Kommissioniersystemen auszeichnen:

- Die am besten zugänglichen Lagerflächen für die gefragtesten Artikel

- Artikel, die häufig gemeinsam nachgefragt werden, im gleichen Bereich lagern

- Kommissionieraufträge zusammenfassen, um Gesamtwegezeiten zu reduzieren

- Information bereitstellen (Papiere, Displays), um Suchzeiten, Leerzeiten und Fehler zu minimieren

23.4　　Arbeitsorganisation und Auftragsdurchlauf

Im einfachsten Fall wird die Kundenbestellung 1:1 als Kommissionierauftrag weitergegeben (Anzahl Kundenbestellungen = Anzahl Kommissionieraufträge). Der Auftrag durchläuft nacheinander diejenigen Kommissionierzonen, in denen Ware bereitgestellt ist, die für den Auftrag benötigt wird. Dabei kann der Auftrag von Zone zu Zone weitergereicht werden. Dadurch entstehen Übergabe- bzw. Warte- und Pufferzeiten zu Lasten der Auftragsdurchlaufzeit, außer der Kommissionierer begleitet den Auftrag durch sämtliche Kommissionierzonen. Nach diesem Auftragsdurchlauf entfällt ein Zusammenführen der Teilaufträge aus anderen Zonen; der Auftrag kann sofort gepackt werden. Hat man sich für die Variante „Pick & Pack", also das direkte Kommissionieren in den Versandbehälter, entschieden, entfällt auch noch der Packaufwand.

Die Minimierung der Durchlaufzeit eines einzelnen Auftrags erreicht man also durch das Prinzip

- Serieller Auftragsdurchlauf (keine Auftragsvorbereitung)

- Ohne Auftragsweitergabe von Zone zu Zone (keine Übergabewartezeiten)

- Mit direkter Pick&Pack-Kommissionierung in den Versandbehälter (kein Packen)

Das muss aber nicht die wirtschaftlichste Form der Bearbeitung aller Aufträge in einem Logistik- und Kommissionierzentrum sein, denn Aufträge können auch nach artikelorientierten Bereitstellzonen (vgl. Abschnitt 23.5.2) aufgeteilt werden. Teilaufträge werden dann in den A-, B- und C-Zonen kommissioniert und müssen zum Versand wieder zusammengeführt werden.

Grundsätzlich gilt es, die vier wesentlichen Basiselemente, die zu einem Kommissioniervorgang erforderlich sind, zusammenzubringen:

- Die zu kommissionierende Ware

- Die Information über die zu kommissionierende Menge (Auftrag)

- Den Behälter, in den die Ware abzulegen ist (Box)

- Den Mitarbeiter, der die Entnahme anhand der Information und die Ablage in den Behälter durchführt (Kommissionierer)

Von der möglichen kombinatorischen Lösungsvielfalt sind nur sechs Varianten sinnvoll:

- (Kommissionierer + Auftrag) zu Ware

- (Kommissionierer + Ware) zu Auftrag

- Kommissionierer zu (Ware + Auftrag)

- Ware zu (Kommissionierer + Auftrag)

- Auftrag zu (Kommissionierer + Ware)

- (Ware + Auftrag) zu Kommissionierer

Für diese Varianten muss zusätzlich betrachtet werden:

- Auftragsorientiertes Entnehmen + Auftragsorientiertes Ablegen

- Artikelorientiertes Entnehmen + Artikelorientiertes Ablegen + Auftragsorientiertes Verteilen

- Artikelorientiertes Entnehmen + Auftragsorientiertes Ablegen

23.5 Transport- und Bereitstellsysteme

23.5.1 Transportsysteme

Transportsysteme kommen in der Kommissionierung in erster Linie für folgende Aufgaben zum Einsatz:

■ Den Transport der Ware zur Bereitstellung sowie – falls erforderlich – den Rücktransport der angebrochenen Entnahmeeinheiten

■ Den Transport der Sammel- oder Versandeinheiten zur Abgabe

Bei „Ware zum Mann"-Lösungen, wie man sie aus den klassischen Kommissioniervorzonen vor vollautomatischen Paletten- oder auch Behälterlagern kennt, findet der Transport der Ware zur Bereitstellung sowie der Rücktransport der angebrochenen Entnahmeeinheiten ebenfalls vollautomatisch über Paletten- bzw. Behälterfördertechnik statt.

Auch bei Kommissioniersystemen, die nach dem Prinzip „Mann zur Ware" arbeiten (vgl. Abschnitt 23.2.1.2), kann die Ware automatisch zur Bereitstellung transportiert werden (Bild 23.10).

Bild 23.10: Automatischer Nachschub in ein Durchlaufregallager mit einem Regalbediengerät (Werkfoto: Bito)

23.5.2 Bereitstellsysteme

Eine Aufteilung des Warensortiments in mehrere Zonen ist in der Praxis
in der Regel immer anzutreffen; sie ergibt sich entweder aus der Gängigkeit der Artikel (A-/B-/C-Artikel-Zonen) oder aus den physischen Abmessungen und Merkmalen der Artikel (Palettenware, Behälterware,
übergroße und/oder überschwere Teile) – oder aus beidem, was dann
dazu führt, dass in einer Kommissionierung bis zu neun unterschiedliche
Lager- und Bereitstellsysteme anzutreffen sind:

Tabelle 23.2: A-B-C-Klassifizierung von kommissionierten Artikeln

	A-Artikel	B-Artikel	C-Artikel
Verbrauch	Hoher Verbrauch, 70 … 85 % der ent- nommenen Menge	Mittlerer Verbrauch, 10 … 25 % der ent- nommenen Menge	Geringer Verbrauch, 5 … 10 % der ent- nommenen Menge
Vielfalt	5 … 10 % der Artikel	10 … 25 % der Artikel	70 … 85 % der Artikel
Gestaltung	Viele Behälter eines Artikels in der Bereit- stellung, um ständigen Nachschub zu ver- meiden, ebenso Rück- lagerung von Anbruch- einheiten nicht sinnvoll, da Ware permanent be- nötigt wird.	Je nach Zugriffshäufig- keiten auch in A- oder C-Artikel-System zu integrieren.	Viele Artikel sind auf möglichst geringem Raum unterzubringen, ständiger Einzelzugriff ist nicht erforderlich, da der einzelne Artikel nur selten nachgefragt wird; kumulierte Zugriffs- häufigkeit über alle Artikel ggf. höher.

Häufig stellt man fest, dass automatische Lager- und Bereitstellsysteme
(Ware zum Mann), über die sämtliche Behälter oder Palettenartikel abgewickelt werden sollen, derart hohe Aus- und Rücklagerleistungen bringen
müssen, dass die Installation der erforderlichen technischen Leistung
überproportional teuer wird.

Die Hauptverursacher für diese sehr hohen Aus- und Rücklagerungen
sind meistens die A-Artikel, die dann folgerichtig aus dem System he-
rausgenommen werden. Für A-Artikel ist oft eine statische Bereitstellung
von jeweils großen Mengen eines Artikels ohne Rücklagerung von
Anbrucheinheiten sinnvoll. Da es sich bei den A-Artikeln auch oft um
ein relativ geringes Sortiment handelt, kann man es sich erlauben, eine
Bereitstellung auf Paletten zu wählen, ohne dass dabei auf Grund der
vergleichsweise großzügigen Bereitstelldichte die Wege unzumutbar lang
werden.

Die Basislösung für A-Artikel ist deshalb:
Viele Behälter eines Artikels auf einer Palette in statischer Bereitstellung.

Bei den B-Artikeln ist die Nachfrage nach dem einzelnen Artikel nicht ganz so hoch wie im A-Artikel-Segment, deshalb muss auch die bereitgestellte Menge eines Artikels nicht ganz so groß sein. Das Sortiment ist jedoch größer als im A-Artikel-Segment; es ist also auf die Minimierung der Bereitstelldichte zu achten, um die Wege entlang der Entnahmefront nicht zu lang werden zu lassen, z.B. durch Bereitstellung im Durchlaufregal.

Daraus ergibt sich die Basislösung für B-Artikel:

Mehrere Behälter eines Artikels hintereinander in einem Kanal eines Durchlaufregals in statischer Bereitstellung.

Langsamdreher, die C-Artikel, haben die Charakteristik, dass die Nachfrage nach einem einzelnen Artikel sehr gering ist; die Bevorratungs- bzw. Bereitstellmenge ist demnach ebenfalls minimal; andererseits hat das C-Artikel-Segment die meisten unterschiedlichen Artikel. Je nach Produktivität und verfügbarem Investitionsbudget und sind deshalb die **Basislösungen für C-Artikel:**

- Fachbodenregale
- Verschieberegale
- Automatisches Lager mit Kommissionierung Ware zum Mann

Am nächstliegenden ist die Bereitstellung in konventionellen Fachbodenregalen, zumal die Bereitstellmenge einen Behälter pro Artikel nicht überschreitet. Werden dabei die Wege länger als erwünscht, können Verschieberegale ins Kalkül gezogen werden, falls die Dynamik (wegen der kumulierten Nachfrage) nicht gegen solche Systeme spricht. Ist dies der Fall, kann man auch bei C-Artikeln eine dynamische Bereitstellung nach dem „Ware zum Mann"-Prinzip in Betracht ziehen.

23.6   Qualitätssicherung

Kommissionierfehler sind Mengenfehler oder Adressenfehler. Bei Mengenfehlern sind entweder zu viele oder zu wenige Artikel in der Lieferung. Wurde ein Artikel verwechselt, werden vom falschen Artikel zu viel geliefert, jedoch fehlt der gewünschte Artikel. Bei Adressenfehler wird eine mengenmäßig richtige Lieferung an den falschen Kunden geschickt.

Damit beim Kunden keine fehlerhaften Lieferungen ankommen, kann der Prozess so abgesichert werden, dass Fehler vermieden werden, oder Fehler müssen durch Kontrolle nach der eigentlichen Kommissionierung entdeckt und korrigiert werden.

Um fehlerhafte Entnahmemengen zu vermeiden, werden folgende Maßnahmen eingesetzt:

- Entnahmeliste nach Entnahmereihenfolge sortiert (dies kann auch die Wege verkürzen)
- Quittierung jeder Entnahme durch
  - Drücken einer Quittiertaste am Regalfach
  - Scannen eines Barcodes am Regalfach oder am Produkt mit einem mobilen Scanner
- Kommissionierung nur eines Auftrags, keine Mehrfachkommissionierung, nur ein Kommissionierbehälter im Zugriff.

Eine Kontrolle der Kommissionierung ist die zweitbeste Lösung zur Qualitätssicherung, denn Kontrollvorgänge kosten zusätzlichen Aufwand. Im einfachsten (aber nicht kostengünstigsten) Fall werden die kommissionierten Güter nachgezählt und die Entnahmeliste Position für Position abgehakt. Artikelidentifikation durch aufgedruckte Codes, z. B. Barcodes, oder neue Techniken mit berührungsloser Identifikation der Güter über Funkerkennung können das Nachzählen erleichtern oder automatisieren.

Wenn das Gewicht der Artikel hinterlegt ist, können die Aufträge auch gewogen werden. Falsche Mengen der kommissionierten Güter führen dann zu einer Gewichtsdifferenz gegenüber dem geplanten Gewicht.

Um Fehler einfacher ermitteln zu können, wird häufig abschnittsweise kontrolliert.

23.7 Sortieren und Verteilen in Logistikzentren

Wesentliches Merkmal moderner Hochleistungslogistikzentren ist, dass die Artikel in verschiedenen Kommissionierzonen bereitgestellt werden – je nach ihrer Gängigkeit, ihren Handhabungseigenschaften und anderen leistungsrelevanten Kriterien.

In diesen Bereitstellungszonen wird in aller Regel nicht mehr auftragsorientiert kommissioniert – wenngleich dies für die Durchlaufzeit des einzelnen Auftrags die günstigste Organisationsform wäre –, sondern artikelweise in zwei oder sogar drei Stufen.

Daraus ergibt sich unmittelbar die Aufgabe, die Teilaufträge zum Komplettauftrag zusammenzuführen. Bei einfacheren Anlagen bzw. Abläufen kann die Zusammenführung der aus unterschiedlichen Kommissionierzonen kommenden Sendungsteile auch auf Bodenstellplätzen, auf Regalstellplätzen oder in den Kanälen eines Durchlaufregals erfolgen, die einem bestimmten Auftrag dynamisch zugeordnet werden. In der Regel werden aber Sortersysteme für die Auftragszusammenführung eingesetzt. Solche Anlagen können über 20 000 Artikel oder Pakete pro

Stunde auf einhundert und mehr Zielstellen automatisch verteilen (Beispiel in Bild 23.11). Sie werden außer zur Kommissionierung vor allem in Verteilzentren großer Speditionen und Paketdienstleister eingesetzt.

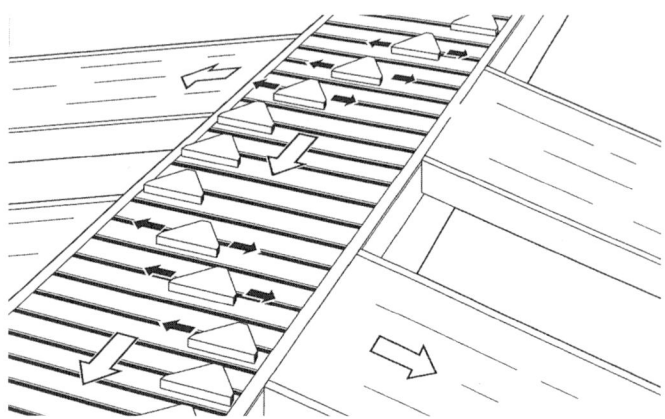

Bild 23.11: Sortierung durch seitliches Ausschieben (Werkbild: Van der Lande)

Die Planungsgrundlagen für solche mehrzonigen Kommissioniersysteme müssen entsprechend Aufschluss geben über

- die Nachschubfrequenz in die jeweilige Kommissionierzone

- das bereitzustellende Sortiment in jeder Kommissionierzone

- die zu erbringende Kommissionierleistung in jeder Kommissionierzone

- die Abtransportleistung aus der jeweiligen Kommissionierzone

23.8   Schlussbemerkung

In der praktischen Arbeit, insbesondere bei der technischen Auslagung von Kommissioniersystemen, wird in Zukunft die weitere Automatisierung der einzelnen Tätigkeiten einen wesentlichen Schwerpunkt bilden.

Während beispielsweise die Aufgabe der auftragsgerechten Zusammenführung der in verschiedenen Kommissionierzonen entnommenen Warenstücke zum kompletten Kundenauftrag etabliertes Know-how ist, sieht man neuen Lösungen bei der Automatisierung des eigentlichen Entnahme- bzw. Greifvorgangs immer wieder mit Spannung entgegen.

Literatur

Bito: Handbuch für Lager- und Kommissioniersysteme – Der Systemprofi. Unternehmensbroschüre: www.bito.de

Gudehus, T.: Grundlagen der Kommissioniertechnik. Essen: Girardet 1973

Gudehus, T.: Logistik – Grundlagen, Verfahren und Strategien. 4. Auflage. Berlin, Heidelberg, New York, Tokyo: Springer 2010

Hompel, ten M.; Sadowsky, V.; Beck, M.: Kommissionierung, Materialflusssysteme 2 – Planung und Berechnung der Kommissionierung in der Logistik. Berlin: Springer 2010

Hompel, ten M.; Schmidt, T.; Nagel, L.: Materialflusssysteme, Förder- und Lagertechnik. 3., völlig neu bearbeitete Auflage. Berlin, Heidelberg, New York, Tokyo: Springer 2007

Hompel, ten M.; Schmidt, T.: Warehouse Management – Organisation und Steuerung von Lager- und Kommissioniersystemen. 3., korrigierte Auflage. Berlin, Heidelberg, New York, Tokyo: Springer 2007

Jodin, D.; Hompel, ten M.: Sortier- und Verteilsysteme – Grundlagen, Aufbau, Berechnung und Realisierung. Berlin, Heidelberg, New York, Tokyo: Springer 2006

Koether, R.: Technische Logistik. 3., aktualisierte und erweiterte Auflage. München, Wien: Hanser 2007

Koether, R.; Kurz, B.; Seidel, U. A.; Weber, F.: Betriebsstättenplanung und Ergonomie. München, Wien: Hanser 2001

o.V.: Gabler Wirtschafts-Lexikon. 17. Auflage. Wiesbaden: Gabler 2010

Scheid: Stand und Trends der Kommissioniertechnik – Möglichkeiten der Automatisierung. In: BVL Bundesvereinigung Logistik „PICK-PACK" – Fortschritte in der Kommissioniertechnik, 35. Forum, Offenbach, 17. September 1996

Schulte J.: Praxis des Kommissionierens. Königsbrunn: Königsbrunner Seminare GmbH 1993

Verein deutscher Ingenieure VDI: VDI Richtlinie 3590 Kommissioniersysteme, Blatt 1, Kommissioniersysteme; Grundlagen. Berlin: Beuth 1994

Verein deutscher Ingenieure VDI: VDI Richtlinie 3590 Kommissioniersysteme, Blatt 2, Kommissioniersysteme – Systemfindung. Berlin: Beuth 2002

Verein deutscher Ingenieure VDI: VDI Richtlinie 3590 Kommissioniersysteme, Blatt 2, Kommissioniersysteme – Praxisbeispiele. Berlin: Beuth 2002

24 Verpackung, Förder- und Lagerhilfsmittel

Prof. Dr.-Ing. Joachim Ihme

Voraussetzung zur Erreichung eines effizienten Materialflusses und zur Minimierung der Handhabungsvorgänge innerhalb einer Logistikkette ist die Ladeeinheitenbildung durch eine geeignete Zusammenfassung von Einzelgütern.

Die Gestaltung einer Logistikkette sollte sich an dem Grundsatz orientieren:

Ladeeinheit = Produktionseinheit = Lagereinheit = Transporteinheit = Verkaufseinheit.

Eine volle Umsetzung dieser Forderung ist jedoch selten zu erzielen, weil die Erfordernisse der Produktion sowie der Logistik nur in Ausnahmefällen uneingeschränkt mit den Anforderungen des Absatzmarktes übereinstimmen. Bier wird z. B. in Sudpfannen mit mehreren Tausend Litern Inhalt produziert (= Produktionseinheit), aber in Flaschen oder Dosen zu 0,5 bzw. 0,33 Litern Inhalt verkauft. Zur effizienten Abwicklung des Materialflusses werden die Flaschen nach der Abfüllung in Getränkekästen gestellt (evtl. vorher noch als „Sechserpack" zusammengefasst; sowohl Flasche als auch Sechserpack oder Kasten können die Verkaufseinheit darstellen); z. B. 36 Bierkästen zu 30 Flaschen werden wiederum auf einer Industriepalette gestapelt (= Lagereinheit = Transporteinheit). Damit werden die Lager-, Umschlag- und Transporteigenschaften dieses Gutes gegenüber der Einzelflasche deutlich verbessert, weil z. B. Gabelstapler für den Umschlag eingesetzt werden können und die Getränke in Palettenregalen gelagert werden können.

Möglichkeiten zur Erreichung des o. g. Leitsatzes bieten Verpackungen sowie die sog. Ladehilfsmittel (Förder- und Lagerhilfsmittel), mit denen Einzelstückgüter zu Ladeeinheiten zusammengefasst werden können und sich Handhabungs-, Umschlag-, Transport- und Lagereigenschaften verbessern lassen. Schüttgüter, Flüssigkeiten und Gase erhalten mit Verpackungen und Ladehilfsmitteln die für eine Logistikkette oft günstigen Eigenschaften von Stückgütern.

Stückgut ist lt. DIN 30781 „ein individualisiertes Gut, das stückweise gehandhabt wird und stückweise in die Transportinformation eingeht".

24.1   Verpackung

In der Vergangenheit war die Aufgabe der Verpackung im Wesentlichen der Schutz der Ware vor Beschädigung, z. B. bei Handhabung, Umschlag, Lagerung und besonders beim Transport. Durch die ab Mitte des letzten Jahrhunderts veränderten Vertriebs- und Absatzstrukturen im Handel, insbesondere durch Selbstbedienungssysteme, und durch zunehmende länderübergreifende Warenströme ergaben sich weitere Anforderungen an die Verpackung, siehe Bild 24.1:

- Schutzfunktion

- Lager- und Transportfunktion

- Identifikations- und Informationsfunktion

- Verkaufsfunktion

- Verwendungsfunktion

Die Verpackung (und die darauf aufbauende Ladeeinheitenbildung) hat auf der einen Seite logistische Anforderungen abzudecken, soll andererseits aber auch informativ und werbend sein, um den Kaufanreiz der Waren zu steigern. Durch die 1991 erlassene Verpackungsverordnung werden die Hersteller und Versender von verpackten Gütern verpflichtet, Verpackungen nach Gebrauch zurückzunehmen und sie einer Wiederverwendung oder stofflichen Verwertung zuzuführen. Ziel ist die Vermeidung von Verpackungsabfall durch die Minimierung der notwendigen Verpackungen und den Einsatz von Mehrwegverpackungen. Um alle Anforderungen aus den unterschiedlichen Funktionsbereichen zu erfüllen, ist eine ganzheitliche Planung und Gestaltung der Verpackung notwendig [Jünemann/Schmidt 2000] (vgl. auch Kap. 26).

24.1.1   Begriffe des Verpackungswesens

Begriffe des Verpackungswesens werden in der DIN 55405 definiert:

- **Verpackung:** Gesamtheit der von der Verpackungswirtschaft eingesetzten Mittel und Verfahren zur Erfüllung der Verpackungsaufgaben. Verpackung ist der Oberbegriff für die Gesamtheit der Packmittel und Packhilfsmittel.

- **Packgut:** Zu verpackendes oder bereits verpacktes Gut

- **Packmittel:** Erzeugnis aus Packstoff; dazu bestimmt, das Packgut zu umhüllen oder zusammenzuhalten, damit es versand-, lager- und verkaufsfähig ist (Bild 24.2)

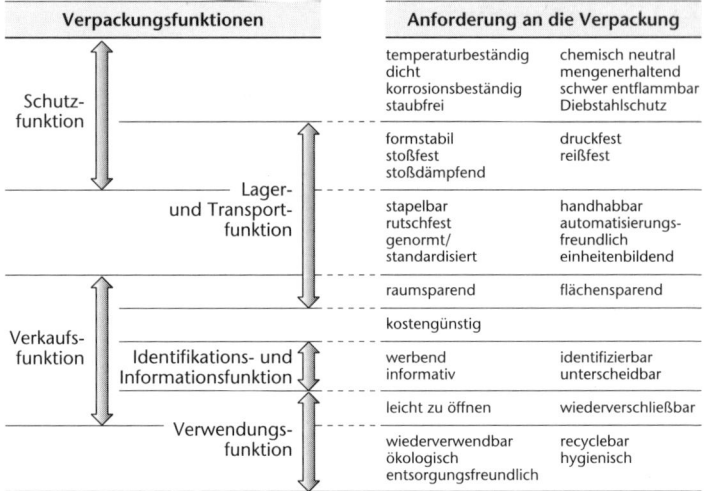

Verpackungsfunktionen	Anforderung an die Verpackung	
Schutz-funktion	temperaturbeständig dicht korrosionsbeständig staubfrei	chemisch neutral mengenerhaltend schwer entflammbar Diebstahlschutz
Lager-und Transport-funktion	formstabil stoßfest stoßdämpfend	druckfest reißfest
	stapelbar rutschfest genormt/ standardisiert	handhabbar automatisierungs-freundlich einheitenbildend
	raumsparend	flächensparend
Verkaufs-funktion	kostengünstig	
Identifikations- und Informationsfunktion	werbend informativ	identifizierbar unterscheidbar
Verwendungs-funktion	leicht zu öffnen	wiederverschließbar
	wiederverwendbar ökologisch entsorgungsfreundlich	recyclebar hygienisch

Bild 24.1: Verpackungsfunktionen und Anforderungen an die Verpackung (nach [Jünemann/ Schmidt 2000])

■ **Packhilfsmittel:** Sammelbegriff für Hilfsmittel, die zusammen mit Packmitteln z. B. zum Verschließen eines Packstückes dienen; sie können ggf. allein z. B. beim Bilden einer Versandeinheit verwendet werden (Näheres siehe [Jünemann/Schmidt 2000])

■ **Packstoff:** Werkstoff für Packmittel und Packhilfsmittel

■ **Packstück:** Ergebnis von Packgut und Verpackung, für Einzelversand geeignet. Die Begriffe Packstück und Packung werden oft synonym verwendet.

24.1.2 Beanspruchungen der Güter

Hauptaufgabe der Verpackung ist neben den oben beschriebenen Zusatzfunktionen immer noch der Schutz der Ware, so dass das Packgut während Lagerung, Transport und Umschlag die erforderliche Qualität behält. Die Gutbeanspruchungen lassen sich unterteilen in [Jünemann/ Schmidt 2000]:

■ mechanische (Druck, Beschleunigungen und Verzögerungen, Stöße, Schwingungen usw.)

■ elektrische (statische Aufladung)

- klimatische (Temperatur, Luftfeuchte usw.)
- chemische (Gase)
- biologische (Bakterien, Pilze, Insekten, usw.)

24.1.3 Packstoffe und Packmittel

Als Packstoffe (Werkstoffe für Packmittel) kommen in Frage: Glas, Holz, Keramik, Kunststoff, Metall, Papier, Karton, Pappe und textile Werkstoffe. Auf Grund des günstigen Preises, der hohen Widerstandsfähigkeit und der guten Recyclingfähigkeit haben Papier, Karton und Pappe mit fast 40 % Anteil nach Wert und Menge bei den Pack- und Packhilfsmitteln die größte Bedeutung.

Durch die Verpackungsverordnung mit dem Zwang zur Wiederverwendung bzw. stofflichen Verwertung besteht eine Tendenz zur Wahl einheitlicher Packmittel und Packhilfsmittel und die Abkehr von Verbundmaterial oder Packmittelmix, um eine effizientere Entsorgung zu ermöglichen.

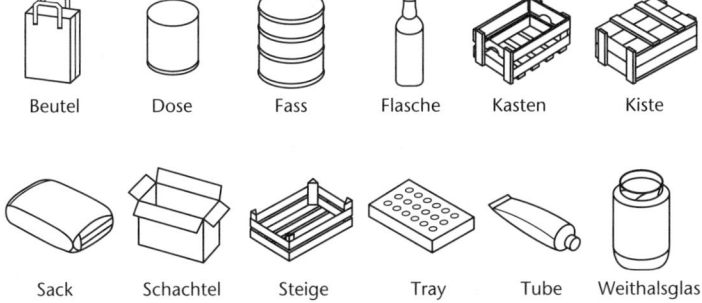

Beutel   Dose   Fass   Flasche   Kasten   Kiste

Sack   Schachtel   Steige   Tray   Tube   Weithalsglas

Bild 24.2: Häufig verwendete Packmittel (nach [Jünemann/Schmidt 2000])

Häufig verwendete **Packmittel** sind in Bild 24.2 dargestellt. Nach DIN 55405 lassen sie sich wie folgt beschreiben:

- Beutel: Flexibles, vollflächiges, raumbildendes Packmittel (meist unter $2\,700\,cm^2$ Zuschnittfläche); z. B. aus Papier oder Kunststoff

- Dose: Formbeständiges, meist zylindrisches Packmittel mit einem Volumen bis zu etwa 10 Litern; aus Metall (Stahl- oder Aluminiumblech)

- Fass: Bauchige oder zylindrische, meist rollbare Packmittel; z. B. aus Kunststoff, Metall, seltener Holz

- Flasche: Packmittel mit halsförmig verengtem Oberteil, das auf verschiedene Weise verschlossen wird (z. B. Korken, Kronenkorken, Schraubverschluss usw.); aus Glas oder Kunststoff, seltener Keramik; aus Metall für unter Druck verflüssigte Gase

- Kasten: Das Packgut umschließendes, stapelbares Packmittel ohne Deckel; z. B. aus Holz oder Kunststoff

- Kiste: Packmittel aus Holz, bestehend aus Boden, zwei Seiten- und zwei Kopfteilen und Deckel, die fest miteinander verbunden sind (Bei Verwendung anderer Packstoffe als Holz ist deren Benennung hinzuzusetzen, z. B. Wellpappekiste, Vollpappekiste usw.)

- Sack: Flexibles, vollflächiges, raumbildendes Packmittel mit einem Schlauchumfang von mind. 550 mm (der Sack unterscheidet sich vom Beutel im Wesentlichen durch seine Größe); aus Papier, Kunststoff, Textilgewebe

- Schachtel: Ein- oder mehrteiliges, meist quaderförmiges, verschließbares Packmittel (die Benennung Karton soll nach DIN 55045 für Schachtel nicht verwendet werden!)

- Steige: Stapelfähiges, standfestes Packmittel vorwiegend für leicht verderbliche Lebensmittel (Obst, Gemüse, Frischfisch); im Gegensatz zum Kasten nicht geschlossen; meist Holz, aber auch Kunststoff oder Pappe

- Tray: Verkaufsverpackung, die mehrere Packstücke aufnehmen kann; oftmals mit werbender oder verkaufsfördernder Funktion (z. B. für Joghurtverpackungen und Bierdosen; Trays sind in der DIN 55045 nicht enthalten); meist aus Pappe

- Tube: Packmittel mit rundem oder ovalem Querschnitt; an einem Ende durch Tubenschulter zu einer verschließbaren Öffnung eingezogen (Tubenhals), am anderen Ende durch Falzen oder Schweißen verschlossen, zum Entleeren zusammendrückbar; z. B. aus Metall oder Kunststoff

- Weithalsglas: Packmittel mit Weithalsmundstück und z. B. Schraubverschluss

24.2   Ladehilfsmittel (Transport- und Lagerhilfsmittel)

Ein Ladehilfsmittel ist ein tragendes, teilweise auch umschließendes oder abschließendes Mittel zur Zusammenfassung von Gütern zu einer Ladeeinheit.

Ladehilfsmittel lassen sich demnach unterscheiden (Bild 24.3) in solche mit

■ tragender Funktion (z. B. Palette, Werkstückträger)

■ tragender und umschließender Funktion (z. B. Gitterboxpalette)

■ tragender, umschließender und abschließender Funktion (z. B. Container)

Die Abmessungen von Verpackungen und Ladehilfsmitteln orientieren sich am international genormten Grundmodul von 400 mm × 600 mm; Ladehilfsmittel sind meist auf die Längen-, Breiten- und Höhenabmessungen von Verkehrsmitteln abgestimmt, da aus Ladeeinheiten Ladungen zu bilden sind.

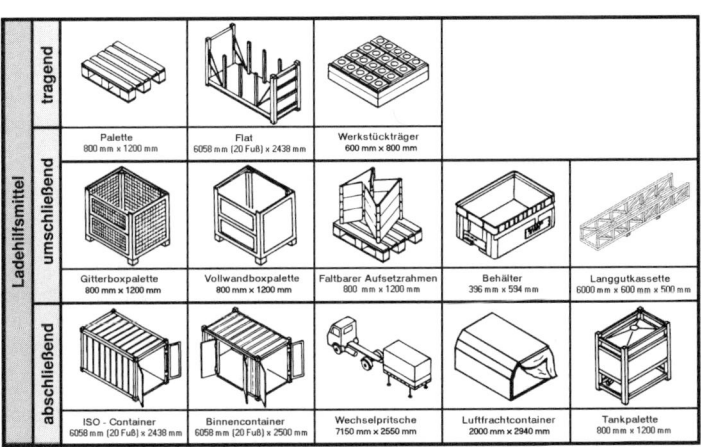

Bild 24.3: Wichtige Ladehilfsmittel (nach [Ihme 2006])

24.2.1 Tragende Ladehilfsmittel

Paletten sind in vielfältigen Formen (Flachpalette, Rungenpalette, Rollpalette) und Abmessungen im Gebrauch (1 000 mm × 1 200 mm, 800 mm × 1 200 mm, 600 mm × 800 mm, 400 mm × 600 mm). Drei Beispiele zeigt Bild 24.4. Als Materialien finden Holz, Kunststoff und Metall Verwendung. Am gebräuchlichsten ist die sog. Euro-Palette (auch Pool-Palette genannt, 800 mm × 1 200 mm) aus Holz. Die sog. Industriepaletten haben die Abmessungen 1 000 mm × 1 200 mm; die im Handel eingesetzte Düsseldorfer Mehrwegpalette hat eine Grundfläche von 600 mm × 800 mm.

Euro-(Pool-)Palette   **Düsseldorfer Mehrwegpalette**   **Stahl-Flachpalette**

Bild 24.4: Beispiele für Paletten

Man unterscheidet Zweiweg- und Vierweg-Paletten, je nachdem, ob mit der Gabelstaplergabel nur von zwei gegenüberliegenden Seiten oder von allen vier Seiten ein Aufnehmen der Palette möglich ist. Zusätzlich wird nach der Wiederverwendbarkeit unterschieden in Einweg- oder Mehrwegpaletten. Bestimmte Länder (z. B. Australien) verlangen bei der Einfuhr von Gütern auf Holzpaletten (aber auch in Holzverpackungen) den Nachweis, dass kein Schädlingsbefall vorliegt. Hier bietet sich z. B. der Einsatz von Stahl- oder Kunststoffpaletten an. Flachpaletten sind in DIN 15141 und DIN 15146 genormt. Eine Stapelbarkeit ist bei Paletten je nach Gut gegeben. Außerdem gibt es verschiedene Aufsatzrahmen, um beladene Paletten stapeln zu können.

Flats – auch Flachcontainer genannt – sind offene Transportplattformen hauptsächlich für den außerbetrieblichen Transport von großvolumigen und empfindlichen Stückgütern (Maschinen, Fahrzeuge usw.). Flats besitzen in der Regel Abmessungen von ISO-Containern (10, 20, 30 und 40 Fuß Länge und 2438 mm Breite) oder Binnen-Containern (gleiche Längen, 2500 mm breit), s. Abschn. 24.2.3. Sie werden mit festen bzw. mit zusammenlegbaren oder ohne Aufbauten verwendet, wobei die Aufbauten eine Stapelung beladener Flats ermöglichen.

Werkstückträger (Bild 24.3) dienen z. B. dem innerbetrieblichen Transport in der Werkstatt. Nicht stapelbare Werkstücke (Wellen, Bolzen, Hebel usw.) werden damit durch angepasste Mulden und Aufnahmevorrichtungen geordnet, gegen Beschädigung geschützt und für eine automatische Handhabung bereitgestellt. Es gibt Werkstückträger in modularen Standardabmessungen (800 mm × 1 200 mm, 600 mm × 800 mm, 400 mm × 600 mm). Eine Stapelbarkeit ist teilweise gegeben. Werkstückträger werden auch in individuellen Größen hergestellt.

24.2.2   Umschließende Ladehilfsmittel

Zur Lagerung nicht stapelbarer Kleingüter dienen **Gitterboxpaletten** mit drei festen Gitterwänden und einer geteilt abnehmbaren Vorderwand. Sie sind stapelbar und kranbar; genormte Abmessungen (DIN 15155) sind 800 mm × 1 200 mm und 1 000 mm × 1 200 mm. Bei **Vollwandboxpaletten** bestehen die Wände aus Plattenmaterial, so dass der Inhalt dicht um-schlossen wird. Sie sind auch für unverpackte Kleinteile geeignet. Wie die Gitterboxpaletten sind auch **Paletten mit faltbarem Aufsatzrahmen** stapelbar (Bild 24.3). Der faltbare Aufsatzrahmen ergibt einen wesentlich besseren Raumnutzungsgrad beim Leerguttransport als eine Gitterbox- oder Vollwandboxpalette.

Behälter werden als umschließende Ladehilfsmittel in der Lager- und Fördertechnik eingesetzt. Entgegen DIN 55045, die den Begriff Kasten vorsieht, hat sich in der Praxis die Bezeichnung Behälter durchgesetzt. Behälter bestehen aus Metall oder Kunststoff und sind häufig als Modulreihen aufgebaut. Sie werden von den Herstellern in großer Typenvielfalt angeboten; Beispiele siehe Bild 24.5.

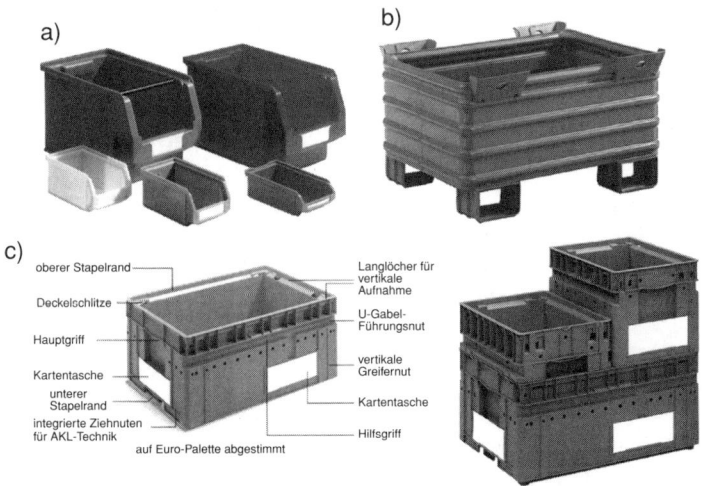

Bild 24.5: Beispiele für Behälter: a) Lagersichtkästen (aus Kunststoff oder Stahl, Volumen von 0,3 bis ca. 50 dm³); b) Transport- und Stapelbehälter aus Stahl (800 mm × 1 200 mm); c) VDA-Kleinladungsträger

Die deutsche Automobil- und Zulieferindustrie hat den **VDA-Klein-ladungsträger** (KLT) standardisiert, Bild 24.5 c. Dieser Mehrweg-Behäl-ter aus Kunststoff ist als Lager- und Transportbehälter sowohl für manu-elle als auch für automatische Handhabung (u. a. in Automatischen Kleinteile-Lagern – AKL) geeignet. Die in DIN 30820 bzw. VDA-Emp-fehlung 4500 standardisierten KLT lassen sich verlustfrei auf Euro-Paletten oder Industriepaletten 1 200 mm × 1 000 mm im Verbund stapeln.

Zur Bezettelung sind Kartentaschen in die Behälterwände integriert [Ihme 2006, Koether 2007].

Drehstapelbehälter (auch: nestbare Behälter) lassen sich aufeinander stapeln; als Leergut können sie raumsparend ineinander gestapelt werden.

Für die Lagerung und den Transport von Langgut dienen **Langgutkassetten** (Bild 24.3), die mit Gabelstaplertaschen ausgestattet und meist auch kranbar sind. Sie können speziell für die Verwendung in Wabenregalen vorgesehen sein; es gibt auch stapelbare Ausführungen.

24.2.3   Abschließende Ladehilfsmittel

Container werden je nach Rauminhalt in Klein-, Mittel- und Großcontainer unterschieden. Beim Umschlagen von Containern ist kein Umsetzen der Ladung erforderlich. **ISO-Container** nach DIN ISO 668 haben die Außenabmessungen 10, 20, 30 und 40 Fuß Länge und 8 Fuß (entsprechend 2438 mm) Breite; die Standardhöhe beträgt 8 Fuß (sog. High-Cube-Container besitzen 8 1/2 bzw. 9 1/2 Fuß Höhe). Standard-ISO-Container sind sechsfach übereinander stapelbar, besitzen aus Gründen der Steifigkeit nur eine Hecktür und sind damit schwierig zu beladen und zu entladen. Sie werden weltweit eingesetzt, z. B. im internationalen Verkehr mit Containerschiffen. 40-Fuß-Container können in einer Ebene bis zu 14 Euro-Paletten aufnehmen, wobei aber leider die Paletten- und die Container-Innenmaße nicht aufeinander abgestimmt sind, so dass die Flächen- und Raumnutzung nicht optimal ist. Außerdem wird die in Europa zulässige Breite von Lkw (2550 mm) nicht ausgenutzt.

Für die Innenabmessungen der ISO-Container sind Mindestanforderungen festgelegt (Bild 24.6), da die lichten Maße je nach Bauweise und verwendetem Material variieren können.

Geschlossene ISO-Container werden in folgenden Bauarten angeboten:

■   General Purpose Container (Standard-Container, Bild 24.6)

■   Open Top Container (mit Planendach für Kranbeladung)

■   Ventilated Container (mit Belüftungsöffnungen)

■   Refrigerated Container (mit eigenem Diesel- oder Elektro-Kühlaggregat)

■   Insulated Container (Isolier-Container, mit Luftführungsanschlüssen für schiffseigene Kühlanlagen)

■   Tank Container (Tank-Container mit Flüssigkeitstank; für Lebensmittel wie Fruchtsaft, Speiseöl, Alkohol usw. sowie für chemische Produkte)

Binnencontainer sind dauerhafte Ladehilfsmittel für Mehrfachverwendung. Nach DIN 15190 sind sie in 10, 20, 30 und 40 Fuß Länge und

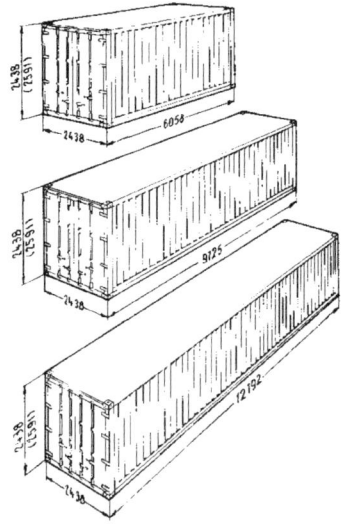

Außenmaße* und Gesamtgewicht

Nennlänge /-höhe [Fuß]	Länge [mm]	Breite [mm]	Höhe [mm]	max. Ges.- Gewicht [kg]
20/8	6058	2438	2438	20320
20/8 1/2	6058	2438	2591	20320
30/8	9125	2438	2438	25400
30/8 1/2	9125	2438	2591	25400
40/8	12192	2438	2438	30480
40/8 1/2	12192	2438	2591	30480

Innenmaße*, mind.

Nennlänge /-höhe [Fuß]	Länge [mm]	Breite [mm]	Höhe [mm]
20/8	5867	2330	2197
20/8 1/2	5867	2330	2350
30/8	8931	2330	2197
30/8 1/2	8931	2330	2350
40/8	11998	2330	2197
40/8 1/2	11998	2330	2350

* Maße = Nennmaße

Bild 24.6: Standard-Container nach ISO-Norm

2 500 mm Breite genormt. Sie besitzen neben der Hecktür eine oder mehrere Seitentüren, einige Bauarten sogar über die gesamte Länge zu öffnende Falttüren (günstige Be- und Entladbarkeit!). Sie können durch die Form der Eckbeschläge mit den für ISO-Container verwendeten Umschlagmitteln (Containerkräne und -stapler) gehandhabt werden. Binnencontainer verlassen Europa nicht. Sie sind dreifach stapelbar.

Die Längenmaße von Binnen- und ISO-Containern nutzen die zulässigen Längenmaße (siehe Kap. 21) europäischer Lkw nur schlecht aus. Damit können beim Einsatz von Containern z. B. weniger Euro-Paletten je Ladeebene transportiert werden als auf normalen Lkw und Anhängern (näheres siehe [Ihme 2006; Jünemann/Schmidt 2000]).

Wechselaufbauten (Bild 24.7) können als Ladehilfsmittel auch direkt, ohne Umschlaggerät, von Lastkraftwagen sowie von Spezial-Eisenbahnwagen aufgenommen werden. Die auf Standfüßen stehenden Wechselaufbauten werden vom Lkw nach Absenken des Fahrgestells (Entlüften der Luftfedern) unterfahren und durch Belüften der Federn auf einem Hilfsrahmen aufgenommen. In umgekehrter Reihenfolge werden sie abgesetzt. Außerdem ist ein Umschlag von Wechselaufbauten mittels Kran oder Containerstapler zwischen Straßen- und Schienenfahrzeugen ohne Be- und Entladung der Güter möglich.

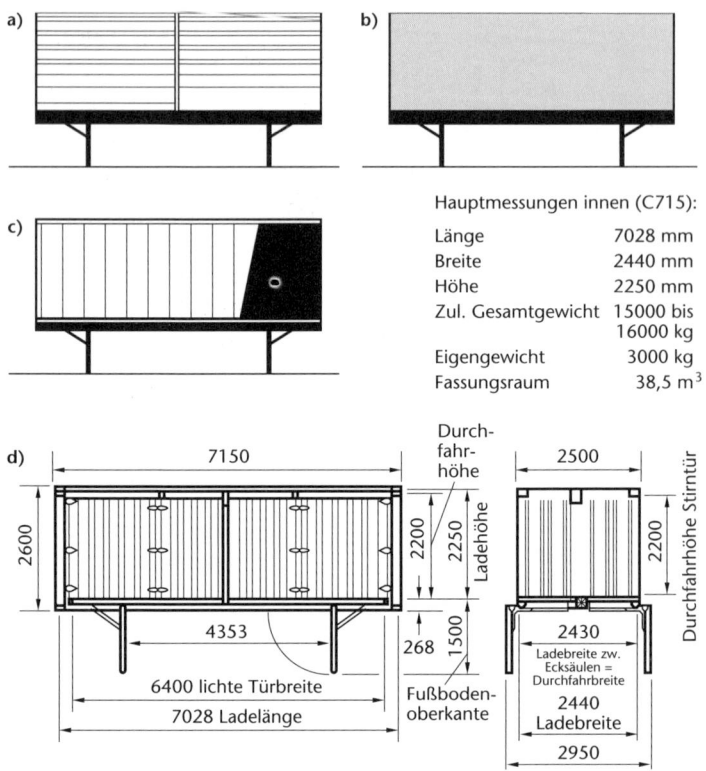

Hauptmessungen innen (C715):

Länge	7028 mm
Breite	2440 mm
Höhe	2250 mm
Zul. Gesamtgewicht	15000 bis 16000 kg
Eigengewicht	3000 kg
Fassungsraum	38,5 m³

Bild 24.7: Wechselpritschen/Wechselbehälter: a) Wechselpritsche mit Spriegeln für Plane, b) Wechselkoffer mit Hecktüren, c) Wechselbehälter mit seitlicher Schiebeplane (Curtainsider), d) Wechselbehälter mit Faltseitenwänden; Abmessungen (nach [Ihme 2006])

Wechselaufbauten ermöglichen ebenso eine kostengünstige und platzsparende Pufferung der Ladung (Absetzen des Aufbaus auf den eigenen Standfüßen). Im Verteilerverkehr ist damit ein wirtschaftlicher Einsatz des Fahrzeugs möglich, da Be- und Entladevorgänge erfolgen können, während das Fahrzeug im Zustelleinsatz ist. Wechselaufbauten sind als Pritsche, Koffer und Tankaufbau im Einsatz. Geschlossene Wechselaufbauten sind als Wechselbehälter in DIN EN 284 genormt. Sie sind besser an die zulässigen Längenabmessungen von Lkw nach StVZO (max. 18,75 m) angepasst als ISO- und Binnencontainer und erlauben so den Transport einer höheren Anzahl von Paletten (bis zu 38 in einer Ebene bei Einsatz zweier C 782-Behälter auf Lkw mit Anhänger). Die Abmessungen der wichtigsten Wechselbehälter (Behälter Klasse C) sind:

- Breite 2 550 mm (bis 1997: 2 500 mm)

- Höhe 2 670 mm

- Länge 7 150 mm (Behälterbezeichnung C 715), 7 450 mm (C 745) und 7 820 mm (C 782)

Inzwischen gibt es für die Direktbelieferung Klein-Wechselbehälter der Klasse D, die jeweils nur halb so lang wie die oben genannten Behälter der Klasse C sind. Durch das geringere Fassungsvermögen gegenüber Behältern der Klasse C lassen sich Entlade- und Umpackvorgänge vermeiden. Dieses Ziel wird für kleine Ladungsumfänge mit Kleinbehältern der Klasse E verfolgt („Taxi-Box", „Logistik-Box", „City-Box", „Flex-Box"; untereinander nicht kompatibel). Mehrere dieser Kleinbehälter werden auf einen Hilfsrahmen aufgesetzt und können dann gemeinsam, aber auch einzeln umgeschlagen werden. Die Längenabmessungen sind modulartig an den Längen der C-Behälter orientiert.

Luftfrachtcontainer gibt es als Main-Deck- und als Lower-Deck-Container (Bild 24.3 zeigt einen LD7-(Lower-Deck-)Container). Sie bestehen aus Leichtmetall, sind in Form und Größe an Flugzeugladeräume (und damit teilweise auch an Flugzeugtypen) angepasst und sind stirnseitig aus Gewichtsgründen mit Planen verschlossen.

Tankpaletten (Bild 24.3) sind Spezialpaletten mit festwandigem Behälter für flüssige, gasförmige und teilweise auch schüttbare Güter (Maße z. B. 800 mm × 1 200 mm und 1 000 mm × 1 200 mm, stapelfähig). Damit können diese Güter im Materialfluss wie palettierte Stückgüter gehandhabt werden.

24.2.4   Ladeeinheitensicherung

Die Paletten-Ladeeinheit aus Ladung und Ladehilfsmittel (z. B. Euro-Palette) ist die vorherrschende Ladeeinheit. Beim Herstellen solcher Ladeeinheiten, beim Palettieren, werden Stückgüter wie Kästen, Schachteln, Säcke usw. in Lagen mit vorgegebenem Muster (Packmuster) nebeneinander und nach einem Stapelschema übereinander gestapelt. Ziel ist, die Palettenfläche optimal auszunutzen und durch einen stabilen Stapelverband bereits eine erste Ladungssicherung zu erreichen [Martin 2004].

Zur weiteren Vermeidung von Schäden beim Transportieren, Umschlagen und Lagern müssen die Packstücke auf Paletten zusätzlich gesichert werden. Die wichtigsten Verfahren der Ladeeinheitensicherung sind:

- Umreifen

- Umschrumpfen und

- Umstretchen

Beim **Umreifen** wird die Ladeeinheit durch das straffe Umschlingen mit Bändern aus Metall oder Kunststoff gesichert. Ein Kantenschutz der Packstücke durch Profile aus Pappe, Holz oder Metall ist notwendig.

Das **Umschrumpfen** erfolgt mittels Kunststofffolien, die über die Ladeeinheit gezogen werden. Dann wird die Ladeeinheit z. B. in einem Schrumpfofen bei 180 bis 200 °C erwärmt. Beim Abkühlen schrumpft die Folie und erhöht die Stabilität des Packstückverbundes. Vorteile des Verfahrens sind die Möglichkeit, die umschrumpfte Ladeeinheit im Freien zu lagern, den Inhalt durch die Folie zu erkennen und Formschluss der Packstücke mit der Palette herzustellen. Nachteilig neben dem Aufwand für Schrumpfofen und Energie sind mögliche Qualitätseinbußen oder Beschädigungen der Ware bei der Wärmebehandlung sowie der Müllanfall bei der Entnahme der Packstücke.

Beim **Stretchen** wird eine Kunststofffolie um die palettierte Einheit gewickelt (z. B. durch Drehen der Ladeeinheit auf einem Drehtisch). Das Einbeziehen der Paletten ist dabei relativ kompliziert und wird deshalb meistens nicht ausgeführt. Dadurch ist Stretchen nur beim Sichern stabiler Packungsverbände sinnvoll [Ihme 2006; Jünemann/Schmidt 2000; Martin 2009].

24.3   Auswahl von Ladehilfsmitteln

Ladehilfsmittel sollen Transport, Lagerung und Handhabung von Gütern vereinfachen. Daher müssen sie z. B. möglichst leicht und kostengünstig sein. Standardisierung der Ladehilfsmittel sorgt für einfache Schnittstellen zur Lager- und Fördertechnik und senkt die Kosten.

Weitere wichtige Kriterien bei der Auswahl von Ladehilfsmitteln (und Packmitteln) sind [Koether 2007; Koether/Kurz/Seidel/Weber 2001]:

- Anforderungen des aufzunehmenden Gutes

- Reichweite des Gutes je Ladeeinheit

- Sicherheits- und Qualitätsaspekte

- Handhabung (manuell, mechanisiert, automatisch)

- Raum- und Flächennutzung (Lagerung/Bereitstellung, Transport)

- Kennzeichnung der Ladeeinheiten zur Identifizierung des Gutes

- Abfallentsorgung bzw. Leergutrückführung

Wegen zahlreicher Interessengegensätze innerhalb einer Logistikkette sollten Ladehilfsmittel durch interdisziplinäre Teams ausgewählt werden. Folgende Regeln sind zu beachten:

- Umpacken vermeiden (Transporteinheit = Lagereinheit = Verbrauchseinheit; z. B. ausgehen vom Bedarf der Verbrauchsstelle)

- Mehrweg-Verpackungen, -Behälter und -Ladehilfsmittel nutzen (auf ausreichende Robustheit achten; Standardgrößen und -abmessungen vorziehen)

- Einweg-Zusatz- und Umverpackungen vermeiden (z. B. Folien, Umreifung)

- Handling vereinfachen (neben manueller auch automatische Entnahme der Güter ermöglichen; innerbetrieblicher Transport mit Stapler und/oder Rollenbahn usw.)

- Leergutverwaltung erleichtern

Letzteres spielt insbesondere beim Einsatz von Mehrweg-Ladehilfsmitteln und -Verpackungen eine Rolle, da hierbei deren Kreisläufe geplant und verwaltet und das Leergut gelagert und transportiert (und evtl. sortiert, gereinigt und gewartet) werden muss.

Ob Mehrweg- oder Einweg-Packmittel und -Ladehilfsmittel einzusetzen sind, kann nur bei Betrachtung der gesamten Logistikkette entschieden werden. Neben funktionalen müssen auch ökologische und Kosten-Gesichtspunkte berücksichtigt werden.

Der logistische Aufwand bei Mehrwegsystemen kann u. a. durch Standardisierung der Ladehilfsmittel und Packmittel verringert werden. Beispiele dafür sind Einheits-Bier- und -Wasserflaschen mit den zugehörigen Getränkekästen. Im Handel entfällt hier z. B. erheblicher Sortier-, Lager- und Verwaltungsaufwand. Aus Marketinggründen werden jedoch vielfach Sonderflaschen und -kästen verwendet.

Auch Behälter- und Paletten-Pools (z. B. Euro-Pool-Palette) reduzieren den Logistikaufwand für Leergut. Innerhalb der Benutzergruppe (Pool) kann das Leergut freizügig ausgetauscht werden (Näheres siehe [Koether 2007]). So wird der Rücktransport von Leergut vermieden. Pool-Teilnehmer müssen gewisse Regeln einhalten, z. B. bei Beschädigung des Ladehilfsmittels. Ein Poolbetreiber organisiert und verwaltet die Benutzergruppe; jeder Pool-Teilnehmer führt sein Bestandskonto für das Ladehilfsmittel.

Um das Volumen beim Leerguttransport und bei der Leergutlagerung zu vermindern, können z. B. Paletten mit Aufsteck- oder Aufsetzrahmen sowie Faltbehälter und nestbare Behälter (siehe Abschnitt 24.2) zum Einsatz kommen.

Wenn für ein Gut Standard-Ladehilfsmittel nicht einsetzbar sind, sollte so wenig wie möglich vom Standard abgewichen werden: Denkbar ist

z. B. die Verwendung gutspezifischer Einsätze für Standard-Behälter zum Schutz des Gutes bzw. zur mechanisierten/automatisierten Befüllung und Entnahme. Müssen Sonder-Ladehilfsmittel zum Einsatz kommen, sollten sie in den Außenmaßen von Standard-Ladehilfsmitteln konzipiert sein (kompatibel zum Standard) oder zumindest mit der Grundfläche des Standard-Ladehilfsmittels übereinstimmen. Nur in Ausnahmefällen ist ein eigenständiges Sonder-Ladehilfsmittel sinnvoll.

Literatur

Härdler, J.: Material-Management. Grundlagen, Instrumentarien, Teilfunktionen. 2. Auflage. München, Wien: Hanser 2003
Ihme, J.: Logistik im Automobilbau. München, Wien: Hanser 2006
Jünemann, R.; Schmidt, T.: Materialflußsysteme. Systemtechnische Grundlagen. 2. Auflage. Berlin, Heidelberg: Springer 2000
Koether, R.: Technische Logistik. 3. Auflage. München, Wien: Hanser 2007
Koether, R.; Kurz, B.; Seidel, U. A.; Weber, F.: Betriebsstättenplanung und Ergonomie. Planung von Arbeitssystemen. München, Wien: Hanser 2001
Martin, H.: Transport- und Lagerlogistik. Planung, Aufbau und Steuerung von Transport- und Lagersystemen. 7. Auflage. Wiesbaden: Vieweg 2009

25   Logistik-Controlling

Prof. Dr. Gerhard Heß

25.1   Controlling-Begriff

Logistik als kritischer Erfolgsfaktor im Wettbewerb vieler Branchen führt zu steigender Komplexität der Logistiksysteme. Man denke beispielsweise an die Globalisierung der Logistiknetzwerke oder die Optimierung von unternehmensübergreifenden Supply Chains. Gleichzeitig wächst die Dynamik der Märkte und damit die Anpassgeschwindigkeit, mit der Logistiksysteme sich auf neue Wettbewerbssituationen einstellen müssen.

In solch komplexen und dynamischen Märkten ist ein Logistik-Controlling als Instrument der strategischen Unternehmensentwicklung und der zielorientierten Steuerung des Logistiksystems unverzichtbar. Zur Präzisierung dieses Gedankens soll zunächst der Controlling-Begriff näher betrachtet werden.

Logistik-Controlling wird als Managementansatz zur regelkreisorientierten Steuerung logistischer Teilprozesse, logistischer Prozessketten und von Supply Chains mit Hilfe von Planung und Kontrolle verstanden. Logistische Prozesse sind hierbei alle material- und dazugehörigen informationswirtschaftlichen Prozesse zur Erfüllung der Kundenaufträge (Prozesskette der Material- und Informationsflüsse vom Kunden zum Kunden).

Trotz erheblicher begrifflicher Unterschiede in der Controlling-Literatur wird meist der Steuerungscharakter des Controllings aus dem Wortstamm „to control" (= steuern) abgeleitet und hervorgehoben. Controlling wird als Steuerungsinstrument der Unternehmensführung verstanden, das – hier gehen die verschiedenen Controlling-Ansätze auseinander – die Koordination arbeitsteiliger Handlungen im Unternehmen über das Planungs- und Kontrollsystem und die damit verbundenen Informationsversorgungssysteme steuert [Horváth]. Diese Vorstellung kann mit Hilfe des Regelkreis-Konzeptes konkretisiert werden (vgl. Bild 25.1):

■   **Führungsgrößen**
     Ausgangspunkt der Steuerung sind die vom übergeordneten Führungssystem vorgegebenen Führungsgrößen, die grundsätzlichen (strategischen und operativen) Zielvorgaben für den Realgüterprozess.

■ **Planung**
In der Planung werden die konkreten Vorgaben (Ziele und Maßnahmen) erarbeitet. Hiermit wird festgelegt, in welchem Umfang
und wie die Führungsgrößen am besten realisiert werden können.

■ **Realgüterprozess mit Störgrößen**
Auf Basis der Planvorgaben soll der Realgüterprozess ausgeführt
werden. Hierbei treten regelmäßig Störungen bzw. ungeplante Entwicklungen auf, so dass Plan und Ist nur in Ausnahmefällen identisch sind.

■ **Kontrolle**
Die Kontrolle erfasst gemäß der Planstruktur die Ist-Werte und
leitet aus dem Vergleich von Soll und Ist die notwendigen Konsequenzen ab. Soweit die Planziele nicht gefährdet sind, wird der Plan-
vollzug – bestenfalls mit Anpassungen – fortgesetzt (Feedback-Kon-
trolle).

■ **Neu- und Umplanung**
Der Soll-Ist-Vergleich muss aber auch stets die Revisionsnotwendig-
keit der Planung, ja sogar der Führungsgrößen, prüfen und ggf. die
Neuplanung oder Revision der Führungsgrößen einleiten (Feedfor-
ward-Kontrolle).

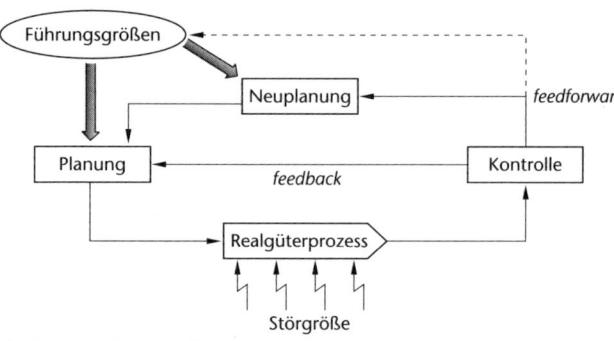

Bild 25.1: Regelkreismodell

Das Controlling ist hierbei für folgende Aufgaben verantwortlich:

■ Es unterstützt die **Entscheidungsfindung** durch die Bereitstellung von
geeigneten Planungsmethoden sowie durch die Planabstimmung
zwischen verschiedenen Teilbereichen.

■ Es stellt die **ziel- und planorientierte Steuerung** in einer ungewissen
und komplexen Umwelt sicher, indem laufend aus dem Soll-Ist-Vergleich Anpassentscheidungen abgeleitet werden.

■ Es hat die **Informationsversorgung** der Planungs- und Kontroll-
systeme zu gewährleisten.

■ Es dient der **Verhaltenssteuerung** durch die bewusst gestaltete Selek-
tivität der Plan- und Kontrollinformationen. Die Wichtigkeit von
Themen in der Planung und Kontrolle steuert die Aufmerksamkeit
in der Realisierung. An dieser Stelle ist der Verdichtungscharakter
der Planung hervorzuheben. In der Planung werden ja nur (wenige)
ausgewählte Aspekte des zu steuernden Systems betrachtet und
damit die Management-Attention auf diese als wichtig eingeschätz-
ten Sachverhalte gelenkt. Damit werden einerseits komplexe Hand-
lungssituationen vereinfacht und beherrschbar. Andererseits besteht
die Gefahr, relevante Faktoren aus der Planung auszublenden und
so eine Fehlsteuerung im Aufgabenvollzug zu riskieren.

25.2 Gegenstand des Logistik-Controllings

Was soll im Rahmen des Logistik-Controllings gesteuert werden? Zur
systematischen Beantwortung dieser Frage kann von der Prozessorientierung der Logistik ausgegangen werden, so dass sich folgende drei
Ebenen des Logistik-Controllings ergeben:

■ **Controlling der Teilprozesse**
Zunächst kann das Controlling an der Steuerung der einzelnen Teilprozesse ansetzen, z. B. Controlling der Bedarfsplanung, der Disposition, des internen bzw. des externen Transports, der Lagerung, der
Kommissionierung, der Distribution. Welche Teilprozesse relevant
sind und wie diese Teilprozesse zu gestalten sind, hängt maßgeblich
von der Geschäftsart (z. B. Produkt-, System-, Projekt- oder An-
lagengeschäft) ab und muss unternehmensspezifisch konkretisiert
werden.

■ **Controlling der Prozessketten**
Entsprechend der Aufgabe der Logistik, für die notwendige Koordination zwischen funktionalen Aufgabenträgern zu sorgen und die
Geschäftsprozesse im Unternehmen flussorientiert zu gestalten, ergibt sich die zweite Ebene des Logistik-Controllings. Hier steht die
Effektivität und die Effizienz ganzer Prozessketten im Mittelpunkt
des Interesses.

Zur Steuerung der Prozessketten müssen die Regelkreise der einzelnen Teilprozesse horizontal und vertikal vermascht werden. Unter
horizontaler Vermaschung wird die Koordination der Ziele mit den
vorausgehenden und mit den folgenden Teilprozessen verstanden.
Die vertikale Vermaschung zielt auf die hierarchische Konkretisie-

rung: Beispielsweise sind der Einlagerungsprozess als Teilprozess des Wareneingangsprozesses und dieser als Teilprozess des Beschaffungsprozesses aufeinander abzustimmen.

■ **Controlling der Supply Chain**
In Supply Chains bzw. besser Supply-Netzwerken entstehen zusätzliche Controllingaufgaben dadurch, dass Prozessketten über (unternehmensinterne bzw. unternehmensexterne) Verantwortungsgrenzen hinweg gesteuert werden müssen. Hierbei sind folgende Fragestellungen zu beachten:

(1) Es müssen neue prozesskettenübergreifende Regelkreise installiert werden. Das Besondere hierbei ist, dass der Stellort (Prozesskette, die beeinflusst wird) und der Messort (Prozesskette, in der die Wirkung erzielt werden soll) in unterschiedlichen Verantwortungsbereichen liegen. Hierbei ist die Bereitschaft der Beteiligten häufig eine kritische Voraussetzung, da individuelle Vorteile der Intransparenz verloren gehen (z. B. „Notlügen", um Interessenskonflikte mit anderen Kunden ausgleichen zu können) bzw. Veränderungen der Machtstrukturen zu erwarten sind. Ferner stellen Inkompatibilitäten in der Definition und der Datenbasis von Steuerungsinformationen häufig gravierende Umsetzungsbarrieren dar.

(2) Es muss die Vertrauensbasis, z. B. über die Kooperationsqualität und -intensität, nachhaltig verfolgt und entwickelt werden.

(3) Es ist die Verteilung der Aufgaben gemäß der Kernkompetenzen über die Wertschöpfungskette hinweg effektiv und effizient vorzunehmen. Der Grad an Outsourcing und Insourcing ist als permanente Steuerungsaufgabe zu optimieren.

Das Controlling von Supply Chains ist sowohl in der Unternehmenspraxis als auch in der Theorie noch kaum entwickelt und soll deshalb im Folgenden nicht weiter betrachtet werden. Beispielhaft sei auf [Weber, Bacher] verwiesen.

Obgleich das Wettbewerbspotenzial der Logistik allgemein anerkannt ist, ist der Umsetzungsstand des Logistik-Controllings, insbesondere in Bezug auf Logistik-Leistungen, eher gering. Keebler zieht aus seiner Studie, die im Auftrag des Council of Logistics 1999 durchgeführt wurde, den Schluss: „Most United States firms do not comprehensively measure logistics performance." [Keebler, S. 1] Analoges gilt für Deutschland. [Weber, Blum]

25.3 Controlling der logistischen Zielsetzungen

25.3.1 Überblick über Logistikziele

Beim Aufbau eines Logistik-Controllings müssen zunächst die logistischen Teilprozesse, Prozessketten und Supply Chains strukturiert werden. Für die so definierten Controlling-Objekte müssen dann die Zielsetzungen festgelegt und in der Planung konkretisiert werden. Im Folgenden soll eine Systematik der Logistikziele entwickelt (Bild 25.2) und anschließend ausgewählte Ziele mit ihren Messmethoden vorgestellt werden.

Als grundlegende Zielsetzungen stehen sich zunächst die Logistikleistung (Abschn. 25.3.2) und die Logistikkosten (Abschn. 25.3.3) gegenüber. Die Produktivität bzw. die Wirtschaftlichkeit vermitteln gemäß dem ökonomischen Prinzip den Bezug zwischen Leistung und Kosten, z. B. Einlagerungsvorgänge pro Mitarbeiter. Dabei wird meist ein Verhältnis von Output zu Input in realen Größen (Mengenangaben) als Produktivität und in mit Preisen bewerteten monetären Größen als Wirtschaftlichkeit bezeichnet.

Der Flexibilität, d. h. insbesondere der Fähigkeit logistischer Prozesse, auf Veränderungen im wirtschaftlichen Umfeld zu reagieren und Prozessketten an neue wirtschaftliche Chancen und Risiken anzupassen und nachhaltig zu optimieren, kommt im Rahmen der ganzheitlichen Prozesskettenbetrachtungen und des Supply Chain Managements eine besondere Bedeutung zu, so dass sie eigenständig betrachtet werden soll (Abschn. 25.3.4).

Bestände und Durchlaufzeiten (Abschn. 25.3.5) sind zwei zentrale Treibergrößen zur gleichzeitigen Optimierung der originären Zielgrößen.

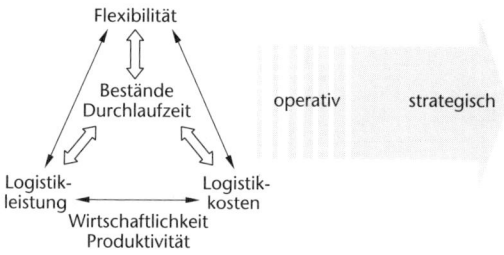

Bild 25.2: Logistikziele im Logistik-Controlling

Beim Aufbau des Logistik-Controllings ist ferner zwischen der strategischen und der operativen Steuerung zu unterscheiden. Während das operative Controlling die (aktuelle) Effizienz des Logistiksystems verfolgt, sichert das **strategische Controlling** den Aufbau und Erhalt von Erfolgspotenzialen. D. h., es müssen heute die Voraussetzungen geschaffen werden, dass in drei bis fünf Jahren rentabel gearbeitet werden kann.

Beispielsweise können über den Aufbau eines unternehmensübergreifenden Bestandscontrollings gleichermaßen die Logistikkosten gesenkt und der Servicegrad gesteigert werden. Zur Ausreifung eines solchen Systems werden allerdings meist einige Jahre benötigt. Soweit die Wettbewerber nicht (sofort) gleichziehen können, entsteht ein Wettbewerbsvorteil, der über Differenzierung und günstigere Kostenposition in drei bis fünf Jahren (operative) Erfolgschancen eröffnet. Mit der Balanced Scorecard kann die Umsetzung der Logistikstrategie gesteuert werden (vgl. Abschn. 25.5).

25.3.2   Controlling der Logistikleistung

Der Maßstab für die Definition der Logistikleistung ist der (externe bzw. interne) Kunde und dessen Anforderungen an die Ergebnisse des Logistiksystems. Typische Leistungsziele der Logistik sind in Tabelle 25.1 zusammengefasst [Gollwitzer, Karl, S. 65 ff.].

Tabelle 25.1: Übersicht über typische Logistikleistungen

Liefertreue (= Termintreue)	Übereinstimmung zwischen zugesagtem und tatsächlichem Fertigstellungstermin/Liefertermin
Lieferfähigkeit (= Servicegrad)	Übereinstimmung zwischen Kundenwunschtermin und zugesagtem Fertigstellungstermin/Liefertermin
Lieferzeit	Zeitspanne zwischen Auftragserteilung und Fertigstellungstermin/Liefertermin
Lieferqualität	Anteil fehlerfrei ausgeführter Aufträge bzw. Auftragspositionen; fehlerfrei bedeutet beispielsweise richtige Ware, richtiger Ort, keine Beschädigung usw.
Informations- bereitschaft	Fähigkeit, dem Kunden (jederzeit) die ihn interessierenden Informationen verfügbar zu machen.

Ein detaillierter Überblick über mögliche Leistungs-, Produktivitäts- und Wirtschaftlichkeitsziele differenziert nach logistischen Teilprozessen findet sich bei [Schulte, S. 641 ff.].

Zur Steuerung der Logistikleistung empfiehlt es sich, über diese wirkungsbezogenen Ziele hinaus auch Treiber-, Prozess- und Potenzialgrößen zu betrachten [Weber, S. 118 ff.]:

- ■ **Potenzialbezogene Logistikleistungen**
  Voraussetzung für Leistung ist eine (quantitativ und qualitativ) ausreichende Kapazität der logistischen Prozesse, d. h. insbesondere auch

der benötigten Einsatzfaktoren. Beispiele: Kapazität im Wareneingang bzw. auf Kundenorientierung geschulte Mitarbeiter in der
Reklamationsbearbeitung.

- **Prozessbezogene Logistikleistungen**

  Im Rahmen der prozessbezogenen Logistikleistungen wird der Vollzug logistischer Prozesse quantitativ und qualitativ betrachtet. Beispiel: Zahl der Bestellungen im Einkauf oder Zahl fehlerfreier Kom-
  missionierungsvorgänge.

- **Ergebnisbezogene Logistikleistungen**

  Logistikleistungen als „vollzogene Raum-Zeit-Veränderungen" stehen im Mittelpunkt der Steuerung der ergebnisbezogenen Logistikleistungen. Es handelt sich um den Output logistischer Prozesse,
  jedoch noch nicht in für den Kunden relevanten Leistungskatego-
  rien. Beispiel: Getätigtes Einkaufsvolumen in € oder in Stück. Ange-
  merkt sei, dass ein Kunde des Bereitstellungsprozesses an der Teileverfügbarkeit, jedoch kaum am Einkaufsvolumen interessiert ist.

- **Wirkungsbezogene Logistikleistungen**

  Hier werden die Ergebnisse der logistischen Prozesse, wie sie von den
  Leistungsempfängern erwartet werden, gesteuert (vgl. Tabelle 25.1).

Während die wirkungsbezogenen Logistikleistungen die eigentlichen
Zielsetzungen des Logistiksystems darstellen, haben die anderen Zielgrößen einen vorsteuernden Charakter. Dies bedeutet, dass Steuerungs-
probleme frühzeitiger erkennbar und die Steuerungsimpulse handlungs-
orientierter sind. Beispielsweise ist die Erkenntnis, dass die realisierte
Liefertreue nicht den Vorgaben entspricht, nicht so konkret handlungs-
leitend wie die Aussage, dass Kapazitätsprobleme im Versand für die Pro-
blemsituation verantwortlich sind. Ferner sind die Kapazitätsprobleme
im Versand – soweit sie für die mangelhafte Termintreue ursächlich sind –
zeitlich den Abweichungen bei den Lieferterminen vorausgehend. Poten-
zial-, Prozess- und Ergebnisgrößen können auch als Indikatoren dann
verwendet werden, falls Schwierigkeiten bei der Datenbeschaffung eine
direkte wirkungsbezogene Leistungsmessung verhindern.

Auf Grund der Prozessorientierung in der Logistik nimmt die Steuerung
der Prozesszeiten und -termine eine besondere Bedeutung ein. Deshalb
soll folgend auf die Systematik des **Zeit-Controllings** näher eingegangen
werden.

Zunächst werden entlang der Prozessstruktur Zeitmesspunkte definiert
(Bild 25.3). Hierbei werden üblicherweise Start- und Endtermine sowie
wesentliche Meilensteine der Prozesse verwendet. Allerdings ist auf
Grund des Implementierungsaufwandes eine Beschränkung auf zentrale
Ecktermine anzuraten. Für jede Auftragsabwicklung kann dann zu
jedem Zeitmesspunkt (theoretisch) der Kundenwunsch-, der Plan- und

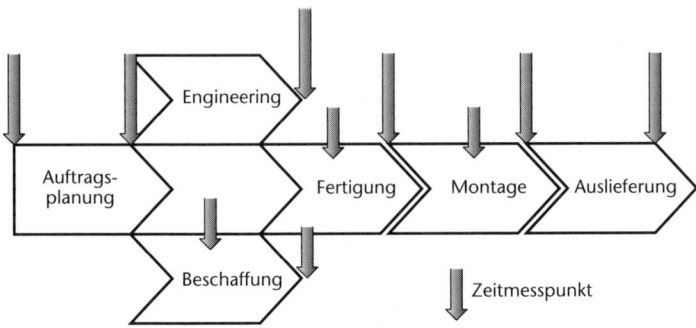

Bild 25.3: Zeitmesspunkte definieren

der Ist-Termin ermittelt bzw. erfasst werden (Bild 25.4). Diese Datenbasis spannt den Rahmen der logistischen Zeitmessung systematisch auf
und bietet die Möglichkeit, alle interessierenden Fragestellungen aus-
zuwerten: Liefertreue, Lieferfähigkeit, Lieferzeit und Durchlaufzeit sind
in Bild 25.4 beispielhaft dargestellt.

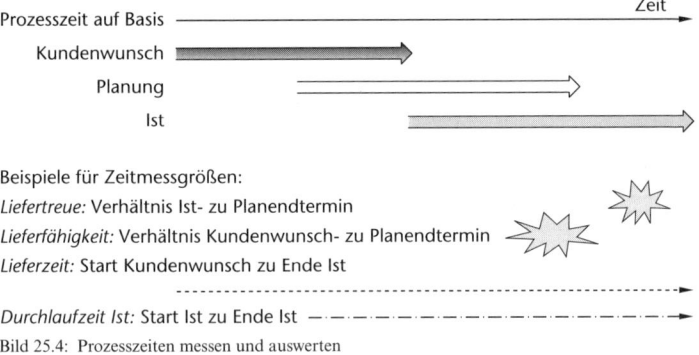

Bild 25.4: Prozesszeiten messen und auswerten

25.3.3   Controlling der Logistikkosten

Logistikkosten sind der Wertverzehr an Gütern und Dienstleistungen für
die Erstellung logistischer Leistungen. Je nach Abgrenzung und Branche
können sich die Logistikkosten auf über 20 % des Umsatzes belaufen und
sind deshalb für die Unternehmensführung von besonderer Relevanz.
Logistikkosten können beispielsweise gemäß Tabelle 25.2 in sechs
Kostenblöcke unterteilt werden [Schulte, S. 8 f.].

Tabelle 25.2: Logistikkosten

Systemkosten	Kosten der Gestaltung der Material- und dazugehörigen Informationsflüsse innerhalb von Prozessketten und in Supply Chains, inklusive der benötigten DV-Systeme
Steuerungskosten	Kosten zur Planung und Kontrolle einzelner Teilprozesse und der Integration von Prozessketten sowie Supply Chains, z. B. Produktionsprogrammplanung, Disposition, Beschaffung, Auftragsabwicklung, Fertigungssteuerung, Distribution
Bestandskosten	Kosten, die durch das Vorhalten von Beständen entstehen, z. B. Kapitalbindungskosten, Versicherungen, Abwertungen
Lagerkosten	Kosten, die durch die Bereitstellung von Lagerkapazität sowie durch die Lagerung von Materialien entstehen, z. B. Raumkosten, Ein- und Auslagerungskosten
Transportkosten	Kosten für interne und externe Transporte
Handlingkosten	Kosten für Verpackung, Handling, Kommissionierung

Bei der Umsetzung dieser Kostenarten in die betriebliche Kostenrechnung ergeben sich erhebliche Probleme aus den Überschneidungen mit anderen traditionell definierten Kostenarten, z. B. Personalkosten. So werden meist (bestenfalls) nur wenige spezifische Logistik-Kostenarten definiert (z. B. Luftfrachten), ohne aber die Logistikkosten damit systematisch abbilden zu können. Auch in der Kostenstellenrechnung gelingt es meist nur zum Teil, Logistikkosten systematisch in spezifischen Logistik-Kostenstellen zu bündeln. Sobald nämlich logistische Leistungen mit anderen Aufgaben eng verzahnt sind und von einem Aufgabenträger ausgeführt werden, ist eine Trennung in verschiedene Kostenstellen kaum durchführbar (z. B. Handlingvorgänge in der Produktion) [Weber].

Die **Prozesskostenrechnung** [Horváth & Partner] stellt eine Methode dar, um Gemeinkosten und damit auch Logistikkosten in Bezug auf ihre Kosteneinflusskräfte (Cost Drivers) zu analysieren, einzelne Logistikkosten zu steuern bzw. verursachungsgerecht auf Kostenträger zu verrechnen. Typische Fragestellungen sind beispielsweise:

- Was kostet die Betreuung einer zusätzlichen Produktvariante?
- Was kostet eine Bestellung?
- Was kostet die Abwicklung eines Versandauftrages?

Zur Ermittlung der Prozesskosten wird folgende Vorgehensweise vorgeschlagen:

1. Schritt: Aufbauend auf einer Tätigkeitsanalyse werden Teilprozesse identifiziert und (abteilungsübergreifend) zu Hauptprozessen zusammengefasst. Beispiel: Beschreibung des Bestellprozesses

2. Schritt: Wahl einer geeigneten Kosteneinflussgröße (= Cost Driver), die maßgeblichen Einfluss auf die Prozesskosten ausübt, und Planung der Prozessmenge für die nächste Planperiode. Beispiel: Zahl der Bestellungen oder Zahl der Bestellpositionen

3. Schritt: Bestimmung der Prozesskosten, indem die Kostenstellenkosten der betroffenen Kostenstellen anteilig auf die entsprechenden Teilprozesse umgelegt werden. Die Kosten der Teilprozesse können einfach zu den Kosten des Hauptprozesses verdichtet werden. Beispiel: Kosten des gesamten Bestellprozesses

4. Schritt: Ermittlung der Kostensätze pro Prozessausführung, indem die gesamten Prozesskosten durch die geplante Menge der Prozessausführungen dividiert werden. Beispiel: Kosten pro Bestellung

5. Schritt: Verrechnung auf Kostenträger, indem die Inanspruchnahme des Prozesses durch den Kostenträger mit dem Prozesskostensatz multipliziert wird. Beispiel: Für die neue Produktlinie werden 500 Bestellungen im Jahr à 95 € geplant, d. h., es werden 47 500 € Bestellkosten kalkuliert.

Neben dem beträchtlichen Aufwand sind die Schlüsselung von fixen Gemeinkosten (Problem der Vollkostenbasis) sowie die meist linear unterstellte Beziehung zwischen Cost Driver und Prozesskostenentwicklung als problematisch einzuschätzen. Soweit die Prozesskostenrechnung in Bezug auf diese Schwächen sinnvoll einsetzbar ist, trägt sie ganz erheblich zur Kostentransparenz und damit zur Steuerbarkeit der Logistikkosten bei.

25.3.4 Controlling der Flexibilität

Mit der Verantwortungsübernahme der Logistik für die Koordination und Steuerung ganzer Prozessketten und Supply Chains gewinnt die Gestaltung der Flexibilität an Bedeutung. (Obwohl sich die Steuerung der Flexibilität in die Steuerung der Logistikleistung und Logistikkosten einordnen ließe, soll sie auf Grund ihrer zunehmenden Relevanz eigenständig behandelt werden.) Flexibilität zielt darauf ab, dass sich das gesamte Logistiksystem schnell an (unvorhergesehene) Veränderungen des Umfeldes anpasst bzw. proaktiv die Prozessketten in Bezug auf neue Chancen und Risiken gestaltet. In diesem Sinne muss das Logistik-Controlling die Reaktionsfähigkeit und die Agilität des Logistiksystems sicherstellen:

Controlling der Reaktionsfähigkeit

zielt auf die leistungswirtschaftliche Anpassungsfähigkeit entlang der Prozessketten. Formen der Reaktionsfähigkeit sind beispielsweise:

- **Lieferflexibilität:** Zeitbedarf, um logistische Prozesse auf neue Terminvorgaben anzupassen

- **Volumenflexibilität:** Zeitbedarf, um Outputmengen entlang der Prozesskette zu verändern; (Anmerkung: Die Vermeidung des bekannten Peitscheneffektes ist hier einzuordnen.)

- **Variantenflexibilität:** Zeitbedarf, um auf Kundenwunsch von einer Variante auf eine andere zu wechseln

- **Produktflexibilität:** Zeitbedarf, um neue Produkte auf den Markt zu bringen (time to market)

Controlling der Agilität

zielt auf die Veränderungsfähigkeit und -schnelligkeit der Prozessketten selbst. Beispielhafte Fragestellungen sind hier:

- Wie schnell kann die Prozesskette neu strukturiert werden?

- Wie einfach können neue Beteiligte in die Prozesskette aufgenommen bzw. nicht mehr benötigte Partner ausgekoppelt werden?

- Wie schnell können Aufgabenumfänge innerhalb der Supply Chain verlagert werden?

- Wie schnell können neue Distributionsstrukturen aufgebaut werden?

25.3.5 Controlling der Bestände und der Durchlaufzeit

Der Bestand an Materialien, unfertigen Erzeugnissen oder Fertigwaren ist Treibergröße für die anderen Logistikziele: Die Bestandshöhe hat direkten Einfluss auf die Bestands- und Lagerkosten. Eine Reduzierung der Bestände kann hingegen zur Reduzierung der Lieferfähigkeit, zur Reduzierung der Materialverfügbarkeit in der Produktion und damit zur Erhöhung der Lieferzeit bzw. – wenn unvorhergesehene Schwankungen auftreten – zur Verschlechterung der Liefertreue führen. Die Reaktionsfähigkeit in Prozessketten und Supply Chains zielt gerade auf eine schnelle Anpassung ohne Bestandsaufbau.

Zur Steuerung der Bestände wird der Verlauf der Bestandshöhe einzelner Materialien, Materialgruppen sowie des Gesamtbestandes verfolgt. Hierbei ist bei Einzelmaterialien und teils bei Materialgruppen sowohl eine Mengen- als auch eine Wertbetrachtung möglich. Sobald verschiedenartige Materialien und Leistungen zusammengefasst werden, bleibt nur die Wertbetrachtung (mit den entsprechenden finanzwirtschaftlichen Bewertungsproblemen).

Zur Analyse und Steuerung einzelner Materialien werden folgende
Kennzahlen verwendet [Oeldorf, Olfert, 207 ff.]:

■ **Durchschnittlicher Bestand**
Hierzu wird (üblicherweise) die Bestandshöhe über einen Zeitraum
mehrfach ermittelt (z. B. ein Jahr jeden Monat) und durch die Zahl
der Messungen dividiert. Hieraus ergibt sich ein wichtiger Indikator
für die Bestands- und Lagerkosten und deren Entwicklung.

■ **Bodensatz**
Der Bodensatz ist die Bestandshöhe, die zu keinem Zeitpunkt unterschritten wurde. Sie bietet Ansatzpunkte zur Bestandsreduzierung.

■ **Sicherheitsbestand**
Der Sicherheitsbestand dient dazu, die Materialverfügbarkeit trotz
Abweichungen des Verbrauchs vom Prognose- oder Planverbrauch
sicherzustellen. Die richtige Dimensionierung der Sicherheitsbestände ist häufig ein schwieriges Optimierungsproblem. Ferner
gibt es vielfältige Ansatzpunkte zur Reduzierung der benötigten
Sicherheitsbestände (z. B. Verbesserung der Verbrauchsprognose).

■ **Reichweite**
Zur Ermittlung der Reichweite wird der aktuelle Lagerbestand (bzw.
alternativ der durchschnittliche Lagerbestand) durch den durchschnittlichen Periodenverbrauch dividiert. Die Reichweite ist eine
wesentliche Kennzahl zur Beurteilung der Bestandshöhen.

■ **Lagerumschlag**
Alternativ zur Reichweite kann der Lagerumschlag betrachtet werden, indem die Reichweite auf ein Jahr bezogen wird. Beispielsweise
ergibt sich bei einer Reichweite von 3 Monaten ein Lagerumschlag
von 4 (-mal pro Jahr).

Mit der **ABC-Analyse** kann das Bestandscontrolling verfeinert werden,
indem die Materialien in Bezug auf ihren (wertmäßigen) Jahresverbrauch sortiert werden. A-Teile mit hohem Verbrauch erfahren eine
exakte Steuerung. B-Teile (mittlerer Jahresverbrauch) und C-Teile (niedriger Jahresverbrauch) werden entsprechend aufwandsärmer disponiert.
Mit der **XYZ-Analyse** wird – meist in Ergänzung zur ABC-Analyse – das
Bestandscontrolling der Materialien nach Schwankungsverhalten und
Prognosegenauigkeit der Teile differenziert. Beispielsweise können gut
prognostizierbare X-Teile mit geringen Sicherheitsbeständen geplant
werden. AX-Teile (hoher Jahresverbrauch und gut prognostizierbar)
können zusätzlich mit einer kurzen Reichweite bzw. im Extremfall völlig
bestandslos just-in-sequence gesteuert werden.

Eine Verkürzung der **Durchlaufzeit** in einzelnen Prozessschritten bzw. in
Prozessketten und Supply Chains führt zur Bestandsreduzierung. Der

durchschnittliche Bestand ergibt sich ja aus dem im Auftrag gebundenen Wert und der Verweildauer im Prozess. Darüber hinaus erhöht eine Beschleunigung des Auftragsdurchlaufes auch die Flexibilität und die Logistikleistung, z. B. kürzere Lieferzeiten, höhere Lieferfähigkeit. So kommt auch der Auftragsdurchlaufzeit auf Grund ihrer umfasssenden Treiberfunktion eine besondere Aufmerksamkeit im Logistik-Controlling zu.

Zur grundsätzlichen Messmethode ist auf die Zeitmessung in Abschnitt 25.3.2 verwiesen. Zur feineren Steuerung der Durchlaufzeit wird diese in **Durchlaufzeitelemente**, z. B. Rüstzeit, Bearbeitungszeit, Transportzeit, Liegezeit, zerlegt. Insbesondere die Liegezeit beansprucht häufig (z. B. in einer auftragsspezifischen Fertigung) einen erheblichen Anteil der Gesamtdurchlaufzeit (80 % und mehr) und bietet somit einen wesentlichen Ansatzpunkt zur Optimierung (z. B. Schnittstellenoptimierung bzw. Mass Customization) [Gollwitzer, Karl, S. 109 ff.].

25.4 Operationalisierung von Planvorgaben

Damit die regelkreisorientierte Steuerung über Planung und Kontrolle funktionieren kann, müssen die Plangrößen operationalisiert, d. h. so eindeutig formuliert werden, dass ein unmittelbarer Bezug der Ist-Werte auf die Planung möglich wird [Heß, S. 372 ff.]. In Tabelle 25.3 werden die wesentlichen Kategorien zur Operationalisierung vorgestellt und am einfachen Beispiel der Liefertreue eines Dentallabors illustriert. Mit dem Beispiel soll auch deutlich werden, dass die Operationalisierung von Plangrößen stets kontextabhängig vorzunehmen ist.

Tabelle 25.3: Kategorien der Operationalisierung von Planvorgaben

Kategorie und Beschreibung	Beispiel Dentallabor
Zweck Was soll mit der Plangröße erreicht werden?	Kundenzufriedenheit durch Erhöhung der Liefertreue
Definition Mathematische Beschreibung	Zahl pünktlich ausgelieferter Endkundenaufträge dividiert durch die Zahl der fälligen Endkundenaufträge Anmerkung: Bezugsgröße sind alle Leistungen für einen Patienten, da für die Zahnärzte nur so eine Weiterverarbeitung möglich wird.
Messpunkte Wie sollen die einzelnen Messpunkte erfasst werden?	■ Auslieferung: Zeitpunkt der Übergabe an den Paketdienst; im DV-System erfasst ■ Fälligkeit des Auftrags: Bestelltermin plus vier Arbeitstage; Bestelltermin ist im DV-System erfasst. ■ Pünktlich: am Tag der Fälligkeit oder früher

Fortsetzung

Kategorie und Beschreibung	Beispiel Dentallabor
Objektbezug Soll eine Unterscheidung nach Objekten der Messung vorgenommen werden?	■ Erfassung aller Aufträge gesamt ■ Unterteilung nach Inlays, Kronen und Gebissen ■ Unterteilung nach Normal-, Reklamations- und Eilaufträgen
Zeitbezug Wie häufig soll gemessen bzw. ausgewertet werden?	■ wöchentliche Auswertung ■ kumulierte Auswertung (Jahresbetrachtung)
Ausnahmen Welche Messwerte sollen nicht in die Auswertung eingehen?	■ Kunde ändert Auftragsinhalt ■ Kunde tauscht Priorität zwischen zwei Aufträgen
Zielwerte nach Ausmaß und Zeitbezug bestimmt	Gesamt-Termintreue: 2003 = 98 %; 2004 = 99 % Termintreue Inlays …
Verantwortung	Frau X, Produktionsleiterin
Prämissen Unter welchen Voraussetzungen gelten die Zielwerte?	■ Anteil Eilaufträge unter 20 % ■ Neue Bearbeitungsmaschine bis März verfügbar

25.5   Systeme des Logistik-Controllings

Meist erfolgt das Logistik-Controlling in Form selektiver Kennzahlensysteme, in denen wesentliche Steuerungsziele der Logistik mit mehr oder minder systematisch verbundenen Kennzahlen verfolgt werden. Geschlossene Systeme der Logistikkosten- und Logistikleistungsrechnung finden sich meist nur in isolierten Teilprozessen [Weber]. Folgende weitergehende Ansätze zur Logistik-Steuerung werden diskutiert:

■ **Logistik-Benchmarking** [Luczak, Weber, Wiendahl]
 Mit Logistik-Benchmarking werden wesentliche Steuerungsgrößen logistischer Prozesse verschiedener Unternehmen mit dem Ziel verglichen, herausfordernde und trotzdem realistische Vorgabewerte sowie Hinweise auf deren Umsetzung zu ermitteln. Auf dieser Basis wird dann ein regelkreisorientierter Controlling-Prozess eingeleitet.

■ **Six Sigma** [Magnusson, Krosild, Bergman]
 Six Sigma zielt auf die radikale und nachhaltige Optimierung aller als wichtig erachteten Prozesse im Unternehmen. So steht der Begriff Six Sigma für 3,4 Abweichungen pro einer Million Abweichungsmöglichkeiten bei der Prozessausführung. Neben einer differenzierten Messsystematik stehen Fragen des Bewusstseinswandels (Change Management) im Mittelpunkt des Ansatzes.

■ **Balanced Scorecard** [Kaplan, Norton]
Mit der Balanced-Scorecard-Systematik wird versucht, Logistik-strategien auszusteuern, indem stringente Ursache-Wirkungs-Ketten zwischen den strategischen Zielen und dazu notwendigen Treiber-größen hergestellt werden. Mit der Ausgewogenheit von Früh- und Spätindikatoren können frühzeitig Steuerungshinweise auch bei erst langfristig beobachtbaren Entwicklungen sichtbar gemacht werden. Die Konzentration auf wenige besonders kritische Ziele (ca. 15 bis 25 Zielsetzungen) ist ein weiteres Kennzeichen der Balanced Score-card.

Literatur

Gollwitzer, M.; Karl, R.: Logistik-Controlling. München: Langen Müller/Herbig, 1998

Heß, G.: Supply-Strategien in Einkauf und Beschaffung. 2. Auflage. Wiesbaden: Gabler 2010

Horváth, P.: Controlling. 11. Auflage. München: Vahlen, 2008

Horváth & Partner (Hrsg.): Prozesskostenmanagement. 2. Auflage. München: Vahlen, 1998

Kaplan, R.; Norton, D.: Balanced Scorecard. Stuttgart: Schäffer-Poeschel, 1997

Keebler, J.: The State of Logistics Measurement. In: Supply Chain & Logistics Journal, Spring 2000, www.infochain.org.

Luczak, H.; Weber, J.; Wiendahl, H.-P.: Logistik-Benchmarking. Berlin u. a.: Springer, 2001

Magnusson, K.; Krosild, D.; Bergman, B.: Six Sigma umsetzen. München: Hanser, 2001

Oeldorf, G.; Olfert, K.· Materialwirtschaft. 12. Auflage. Ludwigshafen: Kiehl, 2008.

Schulte, C.: Logistik. 5. Auflage. München: Vahlen, 2009

Weber, J.: Logistikkostenrechnung. 2. Auflage. Berlin u. a.: Springer, 2002

Weber, J.; Bacher, A.: Instrumente des Supply Chain Controlling. In: Bundes-vereinigung Logistik (Hrsg.): Wissenschaftssymposium Logistik der BVL 2002. München: Huss, 2002, S. 85–97

Weber, J.; Blum, H.: Logistik-Controlling. Konzept und empirischer Stand, Schriftenreihe Advanced Controlling, Bd. 20, Vallendar, 2001

26 Technikbewertung für Logistiksysteme

Prof. Dr.-Ing. Reinhard Koether

26.1 Technikfolgen der Logistik in der öffentlichen Diskussion

Ziel der Technikfolgenabschätzung und der anschließenden Technikbewertung ist, die Konsequenzen technischer Systeme und deren Weiterentwicklung auf unser Leben möglichst vollständig zu bewerten. Gefodert wird daher eine Technikbewertung, „die unmittelbare und mittelbare technische, wirtschaftliche, gesundheitliche, ökologische, humane, soziale und andere Folgen dieser Technik und möglicher Alternativen abschätzt" [VDI].

Meist wird Technikfolgenabschätzung für neue Großtechnologien aus den Bereichen Energietechnik oder Kommunikationstechnik gefordert. Der Begriff Logistik taucht in der öffentlichen Diskussion um Technikfolgenabschätzungen oder Technikbewertung nicht auf. In der Öffentlichkeit werden jedoch zwei wichtige Themen, die wesentlich von Logistiksystemen geprägt und beeinflusst werden, kontrovers diskutiert:

Bild 26.1: Die öffentliche Diskussion um Verkehr und Müll

■ Verkehrspolitik

■ das Müll- und Entsorgungsproblem

Arbeitsteilung ist Kennzeichen einer Industriegesellschaft und Voraussetzung für die hohe Produktivität einer industriellen Herstellung von Gütern. Die Arbeitsteilung ist nur zusammen mit einem leistungsfähigen Logistiksystem denkbar, das die produzierten Güter zu den Verbrauchern bringt. Entsprechend wächst mit der Produktivitätssteigerung durch Arbeitsteilung das Transportaufkommen.

Mit der Schaffung des europäischen Binnenmarktes wurden innerhalb Europas Zoll- und Handelsschranken weitgehend abgebaut. Für den einzelnen Hersteller vergrößert sich damit der Markt, aber auch die Konkurrenz. Die Vergrößerung der Märkte wiederum lässt eine weitere Steigerung des Verkehrs erwarten.

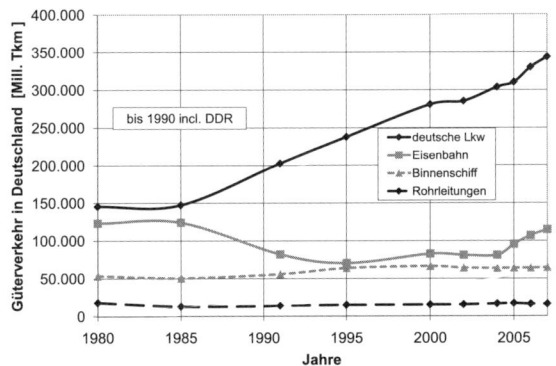

Bild 26.2: Entwicklung der Verkehrsleistung im Güterverkehr in Deutschland (Quelle: [Statistisches Bundesamt 2009])

Im Gütertransport stieg seit 1985 vor allem das Verkehrsaufkommen für den Güterkraftverkehr, während das Verkehrsaufkommen der Eisenbahn zunächst zurückging. Erst seit 2002 wächst die Transportleistung der Eisenbahn wieder an, während die anderer Verkehrsträger weitgehend konstant bleibt (Bild 26.2). Wesentlicher Vorteil des Lkws gegenüber der Eisenbahn ist die Flexibilität des Lkws, die es erlaubt, die Güter ohne „umzusteigen" vom Lieferanten zum Verbraucher zu transportieren.

Diese Steigerung des Lkw-Verkehrs hat zu den bekannten Technikfolgen geführt:

■ Erhöhung des Verkehrsaufkommens auf den Straßen

■ Platzverbrauch für Straßen

■ Lärm

- Abhängigkeit vom Erdöl
- Luftverschmutzung
- Verkehrsunfälle

Luftverschmutzung und Abhängigkeit vom Erdöl hängen mit dem Energieeinsatz für Transportleistungen zusammen. Bild 26.3 vergleicht den spezifischen Energieeinsatz verschiedener Transportträger. Trotz der gestiegenen Verkehrsleistung des Straßengüterverkehrs und der Fahrleistung insgesamt ist jedoch der Energieverbrauch des Straßenverkehrs seit 1999 gesunken (Bild 26.4). Allerdings wird der Energieverbrauch in der Statistik nicht nur durch sparsamere Fahrzeuge reduziert, sondern auch weil Fahrzeuge im billigeren Ausland aufgetankt werden.

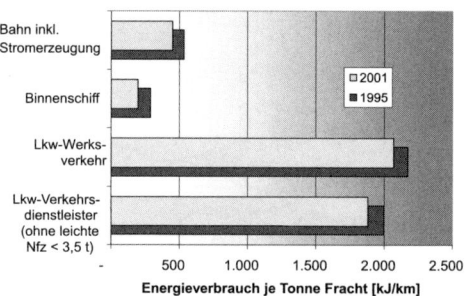

Bild 26.3: Energieverbrauch für Frachttransport (Quelle: [Statistisches Bundesamt 2004])

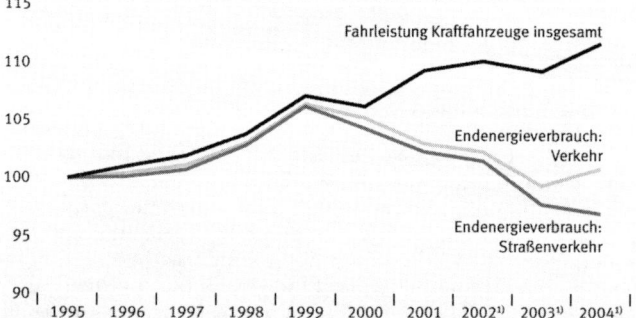

Bild 26.4: Entwicklung der Fahrleistung und des Energieverbrauchs (1995 = 100 %), [1] vorläufige Zahlen, (Quelle: DIW [Statistisches Bundesamt 2006])

Das Müll-Problem ist in zweifacher Hinsicht ein Logistikproblem:

- Verpackungen erfüllen Logistikfunktionen, z. B. Schutz der Güter oder Zusammenhalten der Güter.

■ Abfallrecycling zur Müllvermeidung erfordert entsprechende Systeme zur Entsorgungslogistik.

Die Verpackung ist ein Marketinginstrument und übernimmt die logistische Funktion eines Förderhilfsmittels (vergleiche Kap. 24). Durch die Verpackung wird im Einzelhandel erst die Selbstbedienung ermöglicht. Entsprechend trägt die Verpackung Wareninformationen und beeinflusst die Attraktivität des Produktes. Dazu kommen die logistischen Funktionen von Förderhilfsmitteln wie z. B. Schutz der Ware vor Beschädigungen.

Eine Einwegverpackung wird beim Endverbraucher zu Müll. Jedoch kann Verpackungsmüll verringert werden durch:

■ Weniger aufwendige Verpackungen, Abfallvermeidung

■ Wiederverwendung von Verpackungen (z. B. Poolverpackungen oder Mehrwegsysteme)

■ Recycling von Verpackungsmaterialien (z. B. Glas, Papier oder Aluminiumdosen)

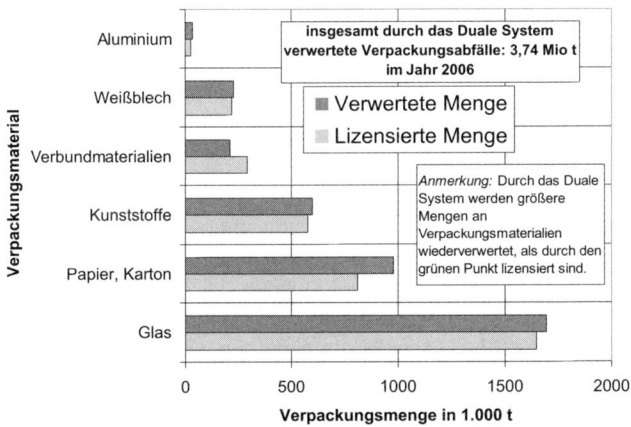

Bild 26.5: Mit dem grünen Punkt lizenzierte Verpackungen in Deutschland (Quelle: [Duales System Deutschland])

Aus Umweltschutzgründen ist die beste Lösung, den Verpackungsaufwand zu reduzieren und Abfall ganz zu vermeiden. Die am wenigsten umweltfreundliche der genannten Alternativen zur Verringerung von Verpackungsmüll ist das Recycling.

Für eine Mehrwegverpackung muss ein entsprechendes Logistiksystem geschaffen werden, das die Leerverpackungen wieder zum Hersteller des Gutes zurückbringt. Poolsysteme wie in der Autoindustrie funktionieren nur mit einem Poolträger, der die „Spielregeln" überwacht und das Verrechnungssystem betreut (vgl. Kap. 24).

Beispiel für Einweg- und Mehrwegsysteme sind Getränkeverpackungen. Die meisten Brauereien haben sich z. B. in Deutschland auf eine einheitliche Form für Bierflaschen mit entsprechenden Bierkästen geeinigt. Durch die Standardisierung der Verpackung ist ein eingespieltes Logistiksystem für die leeren Flaschen im Getränkehandel installiert. Ähnliche Systeme gibt es für Mineralwasser und Wein. In Frankreich dagegen ist für Mineralwasser eine Einwegverpackung in Kunststoffflaschen üblich. Allerdings gehen auch in Deutschland die Brauereien dazu über, spezifische Flaschen mit entsprechenden besonderen Bierkästen einzusetzen. Dadurch soll die Produktdifferenzierung gegenüber anderen Brauereien erleichtert werden und das Image der jeweiligen Biermarke gestärkt werden.

Um den Müllberg nicht weiter wachsen zu lassen, wurde vom deutschen Gesetzgeber die Verpackungsverordnung beschlossen, die dem Verbraucher erlaubt, Verpackungen beim Händler zurückzugeben. Damit Geschäfte und Supermärkte nicht zu Müllsammelstellen werden, wurde auf Initiative des Handels das Duale System als zweiter Entsorgungsweg (neben der kommunalen Müllabfuhr) für Verpackungsmaterial gegründet. Finanziert wird das Duale System über Lizenzgebühren für den „grünen Punkt". Die Lizenzgebühren richten sich nach Art und Menge des Verpackungsmaterials und sind umso geringer, je kleiner die Menge des Verpackungsmaterials ist und je einfacher das Verpackungsmaterial recycelt werden kann. Leichte Einstoff-Verpackungen werden somit bevorzugt.

Weiterhin schreibt die Verpackungsverordnung Mehrwegquoten für einzelne Verpackungsarten, wie z. B. Getränkeverpackungen, vor. Da in den Jahren zuvor die Mehrwegquote für Getränke nicht erreicht wurde, wurde, gem. der Verpackungsverordnung, ein Pfand auch auf Einwegverpackungen für Getränke eingeführt.

Neben der Mehrfachnutzung von Verpackungen kann Müll auch verringert oder vermieden werden durch die Wiedergewinnung von Rohstoffen aus Müll (Recycling). Recycling ist innerhalb und außerhalb der Produktion möglich. Aus Kostengründen ist Recycling im Produktionsablauf weit verbreitet. So werden z. B. die Abfallspäne einer spanenden Fertigung als Schrott verkauft. Ähnlich werden in Gießereien oder Kunststoff-Spritzgießereien Angüsse abgetrennt und wieder als Rohmaterial eingesetzt. Dosen und dünnwandige Kunststoffflaschen für Getränke werden nicht wieder befüllt. Wegen des Pfandes auf Dosen und Flaschen ermöglicht die Rückgabe der leeren Verpackung aber ein Recycling der Verpackungsmaterialien. Die sortenreinen Kunststoffe aus der Getränkeverpackung sind z. B. in der Textilindustrie begehrt und werden zu Vliesstoffen verarbeitet.

Recycling von gemischtem Hausmüll ist sehr viel schwieriger, weil der Müll erst getrennt werden muss. Durch entsprechende Logistiksysteme mit der Sammlung von Verpackungsmüll durch das Duale System (gelber Sack) und durch Container mit regelmäßiger Leerung wird in der Zwischenzeit jedoch ein Großteil der Verpackungsabfälle getrennt gesammelt und verwertet (Bild 26.5). Die Verpackungsverordnung hat somit nicht nur die Verpackungen, sondern auch das Verbraucherverhalten verändert. Die Verwertung von Abfällen stieg seit 1990 kontinuierlich an und ist seit 2000 stabil, sicherlich nicht nur in Bayern (Bild 26.6).

Diese Logistiksysteme für Mehrwegverpackungen oder für Recycling von einzelnen Stoffen wurden jedoch erst unter dem Druck der Öffentlichkeit bzw. der Gesetzgebung realisiert. Die Gesetze sind Ergebnis einer öffentlichen Technikbewertung für die Logistik.

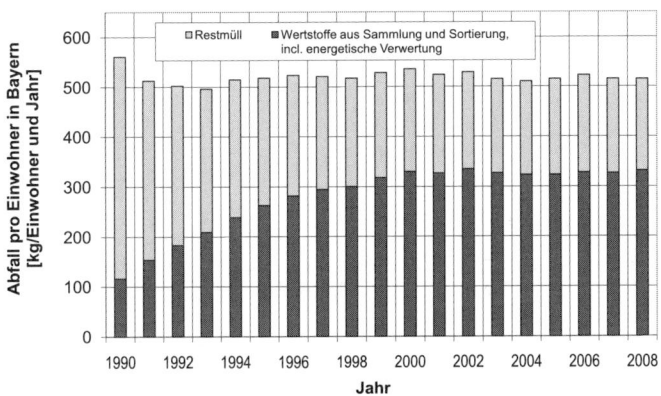

Bild 26.6: Abfall und Recycling in Bayern (Stand 2010)
[Bayer. Staatsministerium für Umwelt und Gesundheit]

Ebenso wie beim Verpackungsproblem greift der Gesetzgeber immer wieder in die Verkehrsentwicklung ein. Um die negativen Folgen des Güterverkehrs mit Lastkraftwagen zu mindern, soll die Bahn gestärkt werden. Durch die Entschuldung der ehemaligen Bundesbahn und Privatisierung zur Bahn AG soll die Eisenbahn wirtschaftlicher arbeiten und konkurrenzfähig zum Verkehrssystem Lkw werden. Mit einer Trennung der Verantwortung für Fahrweg und Betrieb können die Schienenverkehrswege dem Wettbewerb geöffnet werden, um neue, attraktivere Angebote für Verkehrsleistungen zu entwickeln, damit mehr Kunden ihre Güter von der Bahn transportieren lassen.

Die Maut für Lastwagen müssen alle Straßennutzer aus dem In- und Ausland entrichten. Damit belastet diese Nutzungsgebühr den Straßengüterverkehr zusätzlich zur Kfz-Steuer und Mineralölsteuer und macht den Straßentransport wirtschaftlich weniger attraktiv.

26.2   Technikbewertung

26.2.1   Planung und Bewertung

Planen heißt Denken in Alternativen. Bevor eine dieser Alternativen bei einer vertieften Planung detailliert wird oder realisiert wird, müssen die Alternativen bewertet und verglichen werden. Bei industriellen Planungsproblemen werden die Alternativen normalerweise nur aus betriebswirtschaftlicher Sicht bewertet. Im Vordergrund stehen also die Ziele Gewinnmaximierung, Umsatzsteigerung oder Kostenminimierung innerhalb des Unternehmens. Da jedes Unternehmen Teil des Staates und der Gesellschaft ist, haben die Unternehmensentscheidungen, z. B. auch die Entscheidungen zur Realisierung der einen oder anderen Alternative zur Gestaltung der Logistik, Auswirkungen auf die gesamte Gesellschaft und den Staat. Gefordert wird daher eine weitergehende Technikbewertung, „die unmittelbare und mittelbare technische, wirtschaftliche, gesundheitliche, ökologische, humane, soziale und andere Folgen dieser Technik und möglicher Alternativen abschätzt".

Diesem Anspruch muss sich auch die Logistik stellen, wie die Probleme um Verkehr und Müll zeigen.

Erster Schritt vor jeder Bewertung ist, die Ziele der Unternehmung, der Interessengruppen und der Gesellschaft zu formulieren, zu strukturieren und zu priorisieren. Ergebnis dieses Prozesses ist ein Zielsystem, in dem die Ziele und ihre Beziehungen zueinander beschrieben werden. Zielbeziehungen können sein:

- Indifferenz
- Konkurrenz
- Kongruenz

Zwei Ziele sind zueinander indifferent, wenn jedes der beiden Ziele angestrebt werden kann, ohne dass sich die Zielerreichungen gegenseitig beeinträchtigen. Zwei Ziele konkurrieren miteinander, wenn die Erreichung des einen Ziels durch die Verfolgung des anderen Ziels beeinträchtigt wird. Zielkongruenz liegt vor, wenn die Erreichung des einen Ziels auch die Erreichung des anderen Ziels unterstützt.

Ein Mittel dient dazu, Ziele zu erreichen. Die Anwendung dieses Mittels hat neben der erwünschten Wirkung auch eine meist unerwünschte Nebenwirkung. So steigert z. B. die Arbeitsteilung die Produktivität und bietet die Voraussetzung für eine allgemeine Steigerung des Wohlstandes; sie erhöht jedoch auch den Transportaufwand mit den entsprechenden Folgen für unseren Verkehr. Transporte mit Lkw erfüllen das Ziel

„schnelle Belieferung des Kunden". Unerwünschte Folgen sind jedoch Lärm und Schadstoffe in der Luft.

Die Auswahl und Formulierung von Zielen hängt ab von

■ Wertesystem,

■ Bedürfnissen,

■ Normen.

Werte sind Ergebnis individueller und sozialer Entwicklungsprozesse, abhängig von Geschichte, Kultur und Gesellschaft. Bedürfnisse dienen der Lebenserhaltung und -entfaltung. Normen sind verbindliche Verhaltensregeln, die z.T. als Gesetze schriftlich fixiert sind.

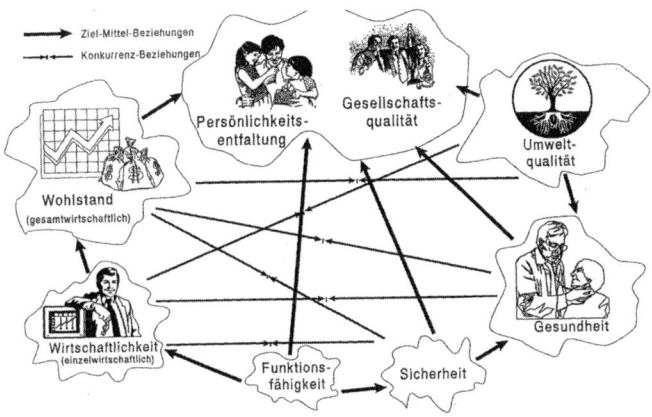

Bild 26.7: Das Wertesystem bei der Gestaltung technischer Systeme

26.2.2 Bedeutung des Wertesystems für die Technik

Der Entscheidungs- und Handlungsspielraum bei der Gestaltung technischer Systeme wird begrenzt durch

■ Rahmenbedingungen,

■ individuelle Präferenzen.

Während die Naturgesetze als Rahmenbedingungen nicht veränderbar sind, können gesellschaftliche, ökonomische, ökologische und kulturelle Rahmenbedingungen im Laufe der Zeit verändert werden. So wurde z. B. die in USA seit längerem eingeführte Abgasentgiftung von Kraftfahrzeugen mit Katalysatoren in Deutschland erst durch ein gesteigertes Umweltbewusstsein nachvollzogen.

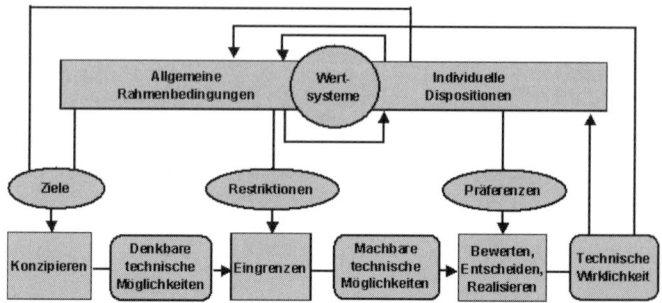

Bild 26.8: Auswahl und Einschränkung technischer Möglichkeiten (Quelle: [VDI])

Individuelle Präferenzen, die aus Bedürfnissen, Erfahrungen und Weltanschauungen entstehen, beeinflussen das Wertesystem weiter. So werden die Meinungen eines holländischen Spediteurs und eines Anwohners im Inntal zum Alpentransit von Lastkraftwagen unterschiedlich sein, obwohl die Grundüberzeugungen ähnlich sein können.

Für eine objektive Technikbewertung müssen Präferenzen, Werte und Ziele offen gelegt werden, damit Gemeinsamkeiten, Unterschiede und der Wertewandel nachvollziehbar sind.

26.2.2.1 Werte im technischen Handeln

Typische Ziele bei der Gestaltung eines technischen Systems sind:

- Funktionsfähigkeit

- Wirtschaftlichkeit

Diese Ziele werden nicht um ihrer selbst Willen verfolgt, sondern sie dienen den übergeordneten menschlichen Zielen und der Befriedigung von Bedürfnissen (vgl. [Maslow]) (Bild 26.9).

Diese übergeordneten Ziele führen zur Bereitschaft eines öffentlichen oder privaten Verbrauchers, das gestaltete Gut oder die Dienstleistung zu kaufen. Durch die Kaufentscheidung wird die Wirtschaftlichkeit (Gewinn, Rendite) für den Hersteller dieses Guts bestimmt.

Da jedoch keine Funktion oder Wirkung ohne Nebenwirkung denkbar ist, werden diese Nebenwirkungen mitgekauft. Allerdings werden Wirkungen und Nebenwirkungen oft auch so getrennt, dass die Nebenwirkungen jemanden treffen, der an der Kaufentscheidung nicht beteiligt

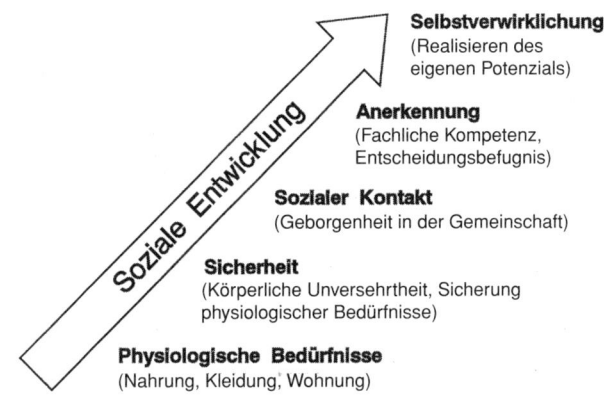

Bild 26.9: Hierarchie der menschlichen Bedürfnisse (nach [Maslow])

war. So leiden z. B. die Länder Österreich und Schweiz an den Folgen des Alpentransits, der seinerseits mitverursacht wird durch Subventionen der Europäischen Gemeinschaft. Als nicht EG-Land kann die Schweiz aber nicht von diesem Subventionssystem profitieren.

Nicht jede Nebenwirkung muss mit Sicherheit eintreten. Risiken beschreiben solche unerwünschten Nebeneffekte, die mit Wahrscheinlichkeiten auftreten. Beim Autoverkehr besteht z. B. das Risiko, auf Grund der Verkehrssituation eine Lieferung zu spät zum Kunden zu bringen, so dass die Logistikfunktion (Verfügbarkeit des Materials zum richtigen Zeitpunkt) nicht erfüllt ist. Ein Verkehrsunfall gefährdet die Sicherheit.

Beim Vergleich von Techniken und ihren Folgen ist ein Risikovergleich nur zwischen Techniken vergleichbaren Nutzens zulässig. Zulässig wäre damit ein Vergleich zwischen Lkw und Bahntransport, nicht jedoch zwischen den Risiken des Straßenverkehrs und der Kernkraft, da beide Techniken unterschiedlichen Nutzen haben.

Das Risiko einer Technik kann unterteilt werden in

■ die Eintrittswahrscheinlichkeit eines Fehlers oder Schadens

■ das Gefährdungspotenzial

Das Risikoverhalten der Bürger entspricht nicht dem messbaren oder berechenbaren Risiko. Hohe Risikobereitschaft besteht normalerweise bei

■ individuellen Risiken

■ vertrauten Risiken

■ bei Risiken mit geringem Gefährdungspotenzial

So werden z. B. im Haushalt relativ hohe Risiken akzeptiert, obwohl dort die meisten Unfälle passieren, die Umgebung aber vertraut ist. Dagegen wird Fliegen oft als gefährlich empfunden, weil Flugzeugabstürze große Schäden verursachen, obwohl der Flugverkehr, in Personenkilometern gerechnet, eine der sichersten Verkehrsarten ist.

26.2.2.2 Methoden der Technikbewertung

Bereits bei der engen betriebswirtschaftlichen Bewertung hat sich keine einheitliche Methode zur Bewertung der Wirtschaftlichkeit durchgesetzt. Für die ungleich komplexere Aufgabe der Technikbewertung gibt es bisher keine spezifischen Methoden, die ausschließlich für Technik und Technikbewertung eingesetzt werden.

Um das Methodenproblem zu lösen, kann die Technikbewertung in drei wichtigen Phasen ablaufen:

1. Beschreibung und Strukturierung des Bewertungsproblems:

■ Offenlegung der Voraussetzungen und Maßnahmen

■ Beschreibung der Systemgrenzen und Randbedingungen

■ Benennung von Größen, die als variabel, und solchen, die als konstant angenommen werden

■ Beschreibung des Bewertungshorizonts

2. Folgenabschätzung:

Entsprechend den Szenarien, die in der ersten Phase beschrieben sind, müssen hier mit Hilfe von Prognosemethoden mögliche Entwicklungen mit ihren Wirkungen und Folgewirkungen abgeleitet werden.

3. Bewertung der Folgen:

Die prognostizierten Technikfolgen müssen nun anhand des Wertesystems auf ihre Vorteilhaftigkeit untersucht werden. Letztendlich stellt sich hier das Entscheidungsproblem, den Einsatz technischer Systeme zu verhindern, zu fördern oder vorzuschreiben.

Für diese drei Phasen werden bekannte Methoden eingesetzt. Zur Definition und Strukturierung der Bewertungsaufgabe sind dies z. B.:

■ Brainstorming

■ Delphi-Expertenbefragung

■ Morphologische Klassifikation

■ Graphentheorie, Baumanalysen

■ Modellierung für Simulationen

■ Szenario-Beschreibungen

Zur Abschätzung von Technikfolgen werden zusätzlich Prognosemethoden verwendet:

■ Zeitreihenanalysen mit Trendextrapolation

■ Historische Analogiebildung

■ Verflechtungsmatrix

■ Risiko-Analyse

■ Simulation

Bewertungsmethoden sind:

■ Expertenbefragung und Umfragen der Bevölkerung

■ Kosten-Nutzen-Analyse

■ Nutzwert-Analyse

■ Wirtschaftlichkeitsrechnung

Eine zusammenfassende Beschreibung einsetzbarer Methoden findet sich z. B. in der VDI-Richtlinie 3780.

Die Technikbewertung erhebt den Anspruch, umfassend zu bewerten und

■ naturwissenschaftliche

■ wirtschaftliche

■ soziale

■ gesellschaftswissenschaftliche und

■ moralische

Konsequenzen zu berücksichtigen.

Die Maximalforderungen an die Technikbewertung,

■ umfassende Einflüsse zu berücksichtigen

■ alle Wechselwirkungen und Abhängigkeiten zu erkennen

■ die Technikfolgen zu prognostizieren und

■ Interessen und Wertepräferenzen aller Benutzer und Betroffenen zu kennen ist wegen der Komplexität der Aufgabe nicht zu erfüllen. In jeder der drei Bewertungsphasen liegen vielfältige Gründe dafür.

Die Beschreibung und Strukturierung des Bewertungsproblems muss unvollständig bleiben, weil offene Systeme unserer Umwelt nicht vollständig abgebildet und beschrieben werden können. Prognosen sind damit fehlergefährdet, weil unvorhergesehene Einflüsse in der Realität die prognostizierten Entwicklungen nicht eintreten lassen. Die Bewertung einer Entwicklung ist eine individuelle Entscheidung.

Trotzdem ist eine unvollständige Technikfolgenabschätzung und -bewertung besser als keine Technikbewertung.

Für eine – unter den genannten Einschränkungen – methodisch korrekte Technikbewertung sollten folgende Punkte beachtet werden:

- Vorbereitung:
  - Interdisziplinäre Teamarbeit
  - Wahrung disziplinärer und professioneller Standards
  - Unabhängigkeit der beteiligten Fachleute beziehungsweise Offenlegung der Werte und Interessenbindungen
  - Nachvollziehbarkeit jedes Bewertungsschrittes durch
    - Nennung der eingesetzten Methoden und
    - folgerichtige Ablaufschritte

- Beschreibung und Strukturierung des Bewertungsproblems:
  - Klare Formulierung der Fragestellung
  - Ganzheitliche Fragestellung
  - Berücksichtigung aller wichtigen Einflussfaktoren, auch nicht quantifizierbarer Einflussfaktoren
  - Formulierung von Lösungsalternativen

- Folgenabschätzung:
  - Darlegung der Verfahren zur Datengewinnung
  - Beschreibung des Prognosemodells

- Folgenbewertung:
  - Unterscheidung von (nachprüfbaren) Tatsachenbehauptungen und Werturteilen, die argumentativ zu rechtfertigen sind
  - Formulieren von Entscheidungsalternativen auf Grund unterschiedlicher Wertesysteme

26.2.3   Institutionen der Technikbewertung

An einer Technikbewertung haben die Bürger und verschiedene Institutionen Interessen:

- Der Staat mit seinen drei Gewalten (Gesetzgebung, staatliche Verwaltung und Rechtsprechung)

- Die Öffentlichkeit

- Die Wissenschaft

- Die Wirtschaft

Der Staat beeinflusst durch politische Maßnahmen wie z. B. Steuervorteile, Subventionen oder Rechtsverordnungen die Rahmenbedingungen, unter denen sich technische Entwicklungen vollziehen. Um diese Aufgabe im Interesse der Bürger erfüllen zu können, müssen Techniken und ihre Folgen bewertet werden. Normalerweise werden zu Gesetzgebungsinitiativen Expertenkommissionen geladen, die in Hearings oder als Enquete-Kommission die Folgen einzelner Techniken und technischer Entwicklungen beschreiben.

Im öffentlichen Bereich artikulieren sich Interessengruppen in Form von Parteien, Bürgerinitiativen oder Verbänden. Um diese Artikulationen den Bürgern nahezubringen, dienen die Medien als Umschlagstelle zwischen Öffentlichkeit und Politik. Entsprechend den Interessen dieser Gruppierungen (Parteien, Bürgerinitiativen usw.) bestehen auch Interessen an einer Technikbewertung. Durch die verschiedenen Wertesysteme dieser Gruppierungen werden die Ergebnisse der Technikbewertungen oftmals kontrovers sein.

Von der Wissenschaft (Hochschulen, Großforschungseinrichtungen und sonstige Forschungsinstitute) werden vor allem

- Methoden der Technikbewertung und

- Gutachten zur Entwicklung einzelner Technologien

gefordert.

Am Wirtschaftsleben nehmen Unternehmen, die einzelne Techniken nutzen und vertreiben, sowie die öffentlichen und privaten Verbraucher teil.

26.3 Bedeutung der Technikbewertung für die Industrie und Wirtschaft

Im dezentralen Wirtschaftssystem einer Marktwirtschaft steht die betriebswirtschaftliche Technikbewertung für die einzelnen Unternehmen im Vordergrund. Ergebnisse sind Gewinne, Renditen und Amortisationszeiten. Diese Bewertung ist Teil der üblichen Vorgehensweise zur Planung und Entwicklung neuer Techniken und Verfahren.

Aus folgenden Gründen gewinnt eine erweiterte, umfassende Technik-bewertung auch für die Industrie an Bedeutung:

- Verantwortung gegenüber Gesellschaft und Umwelt
- Frühzeitige Reaktion auf gesellschaftliche und politische Entwick-lungen
- Einfluss (Aktion) auf gesellschaftliche und politische Entwicklungen

Das Bewusstsein, dass ein Unternehmen mehr ist als eine Kapitalanlage, beginnt sich durchzusetzen. Die Unternehmen nehmen eine wichtige Position in unserer Gesellschaft ein und tragen deshalb eine vielfältige Verantwortung nicht nur für Wirtschaft und finanzielles Wohlergehen. In der Unternehmensethik werden die Grundsätze und Verhaltensweisen beschrieben, die dieser Verantwortung gerecht werden. Eine Technik-bewertung und die daraus abgeleiteten Unternehmensentscheidungen können Teil dieser Unternehmensethik sein.

Gesellschaftliche Entwicklungen führen zu Gesetzen und Rahmenbe-dingungen, die Unternehmensentscheidungen wesentlich beeinflussen können. Durch eine vorausschauende Bewertung dieser Entwicklungen und ihrer Bedeutung für die Technik haben Unternehmen die Möglich-keit, auf solche Entwicklungen frühzeitig zu reagieren. So ist z. B. ab-zusehen, dass die Stadtzentren für den Autoverkehr geschlossen werden. Entsprechend entwickelt die Automobilindustrie Konzepte für einen kombinierten Verkehr. Die Kombination aus Individualverkehr und öffentlichem Nahverkehr soll einerseits die Städte attraktiv halten, andererseits den Autoverkehr aus dem Zielpunkt der Kritik, den Lebens-raum zu zerstören, herausziehen.

Technikbewertung in den Unternehmen ist Voraussetzung, um durch Aktionen auf die gesellschaftliche und die politische Entwicklung ein-zuwirken. Damit kann die Industrie z. B. Ersatzlösungen für uner-wünschte Technologien anwenden, bevor der Handlungsspielraum durch Gesetzgebung oder gesellschaftliche Kritik eingeengt wird. Das Pfand-flaschensystem z. B. war etabliert, bevor das Müllproblem in den Blick-punkt der Öffentlichkeit rückte.

Die Forderung nach einer Technikfolgenabschätzung und -bewertung wird von der Öffentlichkeit und den Verbrauchern immer lauter gestellt. Die Industrie sollte deshalb rechtzeitig auf diese Forderung reagieren, bevor Gesetze sie dazu zwingen.

Literatur

Bayer. Staatsministerium für Umwelt und Gesundheit: Abfallaufkommen in Bayern. In: http://www.stmug.bayern.de/umwelt/abfallwirtschaft/daten/wertrestabf.htm (27. Mai 2010)

Becker, B.; Knichel, H.; Thomas, J.; Hauschild, W.: Nachhaltige Abfallwirtschaft
in Deutschland, Ausgabe 2007. Wiesbaden: Statistisches Bundesamt 2007

Duales System Deutschland AG: Verwertung gebrauchter Verpackungen 2006. In:
www.gruener-punkt.de, Journalisteninfo, Bilddatenbank, Foto-Nr. 0902 (15.11.
2007)

Statistisches Bundesamt: Verkehr und Umwelt – Umweltökonomische Gesamt-
rechnung 2004. Download unter: www.destatis.de

Statistisches Bundesamt: Im Blickpunkt: Verkehr in Deutschland. Wiesbaden
2006. Download unter: www.destatis.de

Statistisches Bundesamt: Statistisches Jahrbuch 2009 für die Bundesrepublik
Deutschland. Wiesbaden: Statistisches Bundesamt 2009 (auch als kostenfreier
Download erhältlich unter www.destatis.de)

VDI, Verein Deutscher Ingenieure: VDI Richtlinie 3780: Technikbewertung – Begriffe und Grundlagen. Berlin, Wien, Zürich: Beuth 2000

27   Beschaffungslogistik

Prof. Dr. Roman Boutellier
Prof. Dr. oec. Stephan M. Wagner

27.1   Der Wandel der Beschaffung

Mit den Beiträgen von Curt Sandig [1935a, b, c] hielt die **Beschaffung** als unternehmerische Funktion bereits sehr früh Einzug in die allgemeine Betriebswirtschaftslehre. Jedoch etablierte sie sich erst in den 70er- und 80er-Jahren als wichtiges betriebswirtschaftliches Forschungsgebiet [z. B. Arbeitskreis Hax der Schmalenbach-Gesellschaft 1972; Grochla 1977; Brink 1983]. Während sich sowohl die Wissenschaft als auch die Unternehmenspraxis ursprünglich primär den planerischen und operativen Beschaffungsaufgaben und den vertragsrechtlichen Aspekten der Beschaffung widmete, stehen heute das strategische Beschaffungsmanagement und die Beschaffungslogistik im Vordergrund. Die Ursachen sind vielfältig:

- Unternehmen konzentrieren ihr Tätigkeitsspektrum und beziehen Güter und Leistungen, die nicht zu ihren **Kernkompetenzen** gehören, konsequenter von externen Lieferanten.

- **Outsourcing** von Gütern und Leistungen an Lieferanten wird nicht nur operativ, z. B. in Form einer verlängerten Werkbank, sondern strategisch, z. B. in Form von Wertschöpfungspartnerschaften mit Lieferanten, betrieben.

- Da in vielen Industrien der Beschaffungsanteil über dem Anteil der eigenen Wertschöpfung liegt, beeinflusst das Management der **Beschaffungskosten** den Unternehmenserfolg überproportional.

- Im Zuge der sich verstärkenden Kundenorientierung müssen Unternehmen flexibler werden. So tritt beispielsweise an Stelle der Massenfertigung die „**Mass Customization**". Soll sich dieser Wandel nicht in höheren Lagerbeständen und höheren Kosten niederschlagen, entstehen neue Anforderungen an die Beschaffungslogistik.

- Unternehmen setzen bei der Konfiguration ihrer Produkte verstärkt Module ein. Diese Module werden immer umfassender und erfüllen mehr Funktionen. Die **Modularisierung der Produkte** ermöglicht und verlangt eine modulare Beschaffung.

- Für multinationale Unternehmen sind globale Innovation und Produktion ebenso selbstverständlich wie die globale Vermarktung der Produkte. Diese **globalen Wertschöpfungsstrukturen** stellen hohe Ansprüche an die Beschaffung und die Lieferanten.

■ Letztendlich besitzen auch im Zeitalter des „**Shareholder Value**" die Zielgrößen Qualität, Zeit und Kosten immer noch höchste Priorität. Die Beschaffung determiniert diese Größen für die zugekauften Güter und Leistungen.

Diskussionen über das Beschaffungsmanagement und die Beschaffungslogistik können nicht ohne den Einbezug der Lieferanten erfolgen [Wagner 2002]. Hier gibt es ebenfalls gravierende Veränderungen. Zum einen tragen die Lieferanten zunehmend zur Steigerung der Logistik-Performance bei und bieten innovative logistische Lösungen an. Gleichzeitig verändern sich die von den Lieferanten angebotenen Produkte. Gestiegene Ansprüche der Kunden begegnen sie beispielsweise mit neuen und erweiterten Leistungsportfolios oder der Übernahme von Unternehmen. Somit verändern sich auch die Strukturen der Zulieferunternehmen und die Zulieferketten und -netzwerke.

27.2 Definition und Einordnung der Beschaffungslogistik

27.2.1 Merkmale der Beschaffungslogistik

Genauso wenig wie in Praxis und Wissenschaft ein homogenes Verständnis des Begriffes Beschaffung vorliegt (Beschaffung wird hier als Synonym für Einkauf verwendet), gibt es Übereinstimmung bezüglich der Beschaffungslogistik. Deshalb ist an dieser Stelle eine Definition und Erläuterung des Begriffes angebracht.

Die Beschaffungslogistik ist eine querschnittliche Logistikfunktion mit der Aufgabe der Planung, der bedarfsgerechten Umsetzung und der Kontrolle der Güter- und Informationsflüsse zwischen dem Unternehmen und seinen Lieferanten.

Die inhaltlichen Fokussierungen dieser komprimierten Definition bedürfen einer genaueren Erläuterung:

■ Abgeleitet vom Begriff der Logistik [Weber, Kummer 1994, S. 21] ist darauf hinzuweisen, dass die Beschaffungslogistik als (Teil-)**Funktion der Logistik** das Leistungssystem des Unternehmens flussorientiert gestalten und eine Koordinationsfunktion im Führungssystem wahrnehmen muss.

■ Die Beschaffungslogistik tangiert nicht nur die Organisationseinheit Beschaffung. Vielmehr muss sie als **Querschnittsfunktion** [Schulte 1999, S. 5] die oftmals konkurrierenden Ziele der Beschaffung, der

Materialwirtschaft, der Produktion und des Vertriebs in Einklang
bringen und die Schnittstellen zu diesen Funktionen gestalten.

■ Als **Managementprozess** muss die Beschaffungslogistik Planungs-,
Umsetzungs- und Kontrollaufgaben wahrnehmen. Planung setzt
langfristiges Denken, Strategien und Zielsetzungen voraus. Die Umsetzung beinhaltet sowohl Projekte zur Einführung und Verbesserung beschaffungslogistischer Konzepte als auch die kontinuierliche
Aufrechterhaltung des Tagesgeschäftes. Mit der Kontrolle der Stra-
tegie- und Zielerreichung und dem anschließenden Feedback werden Abweichungen festgestellt und Verbesserungen eingeleitet.

■ Die Beschaffungslogistik muss den **Bedarf** der Kunden erfüllen. Der
Bedarf der internen Kunden ergibt sich wiederum aus den Anforderungen des Marktes und der externen Kunden. Insofern ist die Beschaffungslogistik ein Dienstleister für interne Kunden, wie Produktion, Disposition oder Vertrieb.

■ Die Beschaffungslogistik gestaltet nicht nur die physischen **Güter-**,
sondern auch die **Informationsflüsse**. Informationsmanagement, unter
Einsatz moderner Informations- und Kommunikationstechnologien,
ist deshalb ebenso Teil der Beschaffungslogistik wie die Prozesse und
Strukturen zur Handhabung von Gütern.

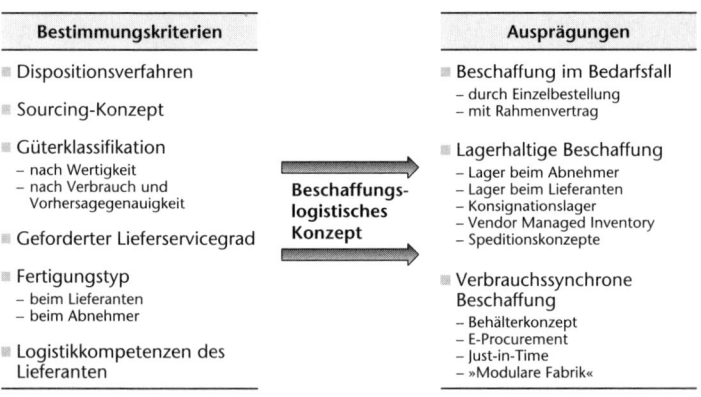

Bild 27.1: Bestimmungskriterien und wichtige Ausprägungen beschaffungslogistischer Konzepte

■ In Zeiten von **Zulieferketten und -netzwerken** steht die Beschaffungslogistik nicht nur in der Pflicht, den unmittelbaren Vorlieferanten
einzubeziehen, sondern mehrere Stufen der Zulieferketten bzw.
mehrere Knoten der Zuliefernetzwerke.

Die Beschaffungslogistik ist in das Beschaffungsmanagement und das Logistikmanagement des Unternehmens eingebunden. Darüber hinaus gibt es in unterschiedlichem Maße Verflechtungen mit anderen betriebswirtschaftlichen Funktionen. Die Ausprägung der Beschaffungslogistik wiederum wird von zahlreichen Kriterien bestimmt (Bild 27.1).

27.2.2 Einordnung in das Beschaffungsmanagement

Um die Potenziale der Beschaffung besser realisieren zu können, trennen Unternehmen zunehmend sowohl inhaltlich als auch organisatorisch die operativen und strategischen Komponenten des Beschaffungsmanagements. Bei der **operativen Beschaffung** geht es z. B. um die Bedarfsermittlung, die Materialdisposition, die Bestelladministration unter Anwendung mathematisch-statistischer Verfahren, die Abwicklung einzelner Transaktionen und die Vereinfachung und Standardisierung von Arbeitsabläufen. Grochla [1981, S. 255 ff.] spricht hier von einer „betriebsgerichteten Beschaffungspolitik und -disposition".

Die **strategische Beschaffung**, bzw. die „marktgerichtete Beschaffungspolitik und -disposition" [Grochla 1981, S. 248 ff.], sollte sich eines umfassenden Instrumentariums bedienen [Wagner 2001, S. 75 ff.]:

- Beschaffungsprogrammpolitik

- Gestaltung der Sourcing-Strategie

- Preis- und Konditionenpolitik

- Bezugspolitik

- Kommunikationspolitik

- Gestaltung der Beschaffungsorganisation

- Gestaltung von Lieferantenportfolios und Lieferantenbeziehungen

Mit dem Wandel der Beschaffung, von einer abwicklungsorientierten Versorgungsfunktion hin zu einer Funktion, die den Unternehmenserfolg ganz wesentlich mitbestimmt, verschieben sich deren Aufgaben. Neben der Sicherstellung der Versorgung und der Minimierung der vier Kostenkategorien

- Anschaffungskosten (Einstandspreise),

- Bestellabwicklungskosten,

- Lagerhaltungskosten und

- Fehlmengenkosten

gewinnen Aufgaben zur aktiven Ausschöpfung von Lieferanten-, Kosten-
und Innovationspotenzialen immer mehr an Gewicht. Diese Aufgaben
lassen sich nur mit einer modernen **Beschaffungslogistik** erfüllen. Die
strategische Beschaffung bereitet den Einsatz beschaffungslogistischer
Konzepte vor und die operative Beschaffung wirkt bei der Abwicklung
der Beschaffungslogistik mit.

Operative Beschaffung, strategische Beschaffung und Beschaffungslogistik sind eine integrierte Einheit, sie müssen im Unternehmen zu-
sammenarbeiten (Bild 27.2).

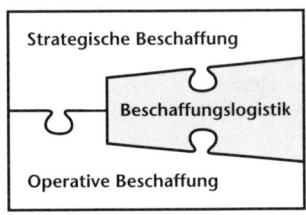

Bild 27.2: Einordnung der Beschaffungslogistik in das Beschaffungsmanagement

27.2.3 Einordnung in das Logistikmanagement

Macht man sich die Philosophie der Logistik als prozessorientierte Gestaltung von Material- und Informationsflüssen zu Eigen, dann stellt die
Beschaffungslogistik einen Prozessschritt in der **unternehmensinternen**
logistischen Prozesskette dar. Weitere Subsysteme sind die Produktionslogistik, die Lagerlogistik, die Transportlogistik, die Distributionslogistik, die Ersatzteillogistik, die Entsorgungslogistik und die Informationslogistik.

In dezentral aufgestellten Konzernen muss die Beschaffungslogistik ihren
Beitrag im **Werksverbund** zum Funktionieren der internationalen Logistik oder Konzernlogistik leisten.

Erweitert man die unternehmensinterne auf eine **unternehmensübergreifende** Perspektive, so nimmt die Beschaffungslogistik die Schnittstelle
zwischen dem Unternehmen und den Lieferanten wahr und verbindet
damit die logistischen Prozessketten mehrerer Unternehmen in einer
Wertschöpfungskette. Die Beschaffungslogistik ist ein wesentlicher Treiber für den Übergang der Logistik zum Supply Chain Management
(SCM).

Sowohl als Subsystem der unternehmensinternen, der konzernweiten als
auch der unternehmensübergreifenden Logistikkette können die Ziele

der Beschaffungslogistik von den Zielen der anderen Subsysteme abweichen. Beispielsweise kann das Ziel einer flexiblen Produktion mit dem Ziel geringer Lagerbestände für Kaufteile konkurrieren. Bereichs- und wertschöpfungskettenübergreifende Strategien und Entscheidungen sind hier erforderlich – und damit eine enge Vernetzung der Beschaffungslogistik mit den anderen logistischen Subsystemen.

27.3 Bestimmungskriterien

27.3.1 Dispositionsverfahren

Aufgabe der Disposition ist die Ermittlung der benötigten Gütermengen und Bedarfszeitpunkte. Dies umfasst sowohl jene Güter, die im eigenen Unternehmen gefertigt (Hausteile), als auch solche, die von Lieferanten bezogen werden (Kaufteile). Für Kaufteile soll eine mengenmäßig und zeitlich optimale Beschaffungsplanung bzw. -disposition zur Minimierung der vier o. g. Kostenkategorien beitragen.

Den Unternehmen stehen grundsätzlich mehrere Dispositionsverfahren zur Verfügung, wobei Interdependenzen zwischen dem Dispositionsverfahren und dem beschaffungslogistischen Konzept bestehen. Die Verfahren der **programmorientierten** (oder bedarfsorientierten) und der **verbrauchsorientierten** (oder bestandsorientierten) Disposition werden in den Kapiteln 2 und 5 dieses Taschenbuchs erläutert. Ersteres eignet sich für stark schwankende Bedarfe, beispielsweise im Anlagenbau, und Letzteres für wenig schwankende Bedarfe, wie für Serienteile im Automobilbau. Bei moderneren beschaffungslogistischen Konzepten werden Dispositionsaufgaben häufig auf den Lieferanten oder einen Dienstleister verlagert.

27.3.2 Sourcing-Konzept

Das Sourcing-Konzept gibt unter anderem Auskunft über die Form der Beschaffung der benötigten Güter. Dabei determinieren die Produktarchitektur, die Schnittstellen der Innovationsprozesse zwischen Lieferant und Abnehmer, die Kompetenzen des Lieferanten sowie die Abnehmer-/Lieferantenbeziehung, welches von vier alternativen Sourcing-Konzepten zur Anwendung kommen sollte [Boutellier, Wagner 2003]:

1. Traditional Sourcing (einzelne Komponenten)

2. Modular Sourcing (Baugruppen, selbst entwickelt)

3. Black-box Sourcing (Baugruppen, durch Lieferanten entwickelt)

4. System Sourcing (komplette Subsysteme, gemeinsam entwickelt)

Produktarchitektur, Schnittstellen, Lieferantenkompetenz und Lieferantenbeziehung müssen ebenso zum Sourcing-Konzept passen wie das beschaffungslogistische Konzept.

Sourcing-Konzepte wurden häufig in der Automobilindustrie vorangetrieben. Entgegen landläufiger Meinung lassen sie sich aber auch auf kleine und mittelständische Unternehmen übertragen.

27.3.3   Güterklassifikation

Weitere wichtige Bestimmungskriterien sind die Wertigkeit der beschafften Güter sowie deren Vorhersagegenauigkeit und das Verbrauchsverhalten. Die Positionierung eines Gutes in einer ABC-/XYZ-Matrix ist ein Indikator für die Anwendbarkeit beschaffungslogistischer Konzepte.

Eine **ABC-Analyse** gibt Aufschluss über die Wert-/Mengenverhältnisse der benötigten Güter und zeigt sehr anschaulich das Ausmaß der Konzentration auf die bedarfsintensivsten Güter. In der Regel deckt ein geringer Anteil an Gütern mit hohem Wert den Großteil der Bedarfe ab (A-Güter). Gleichzeitig gibt es meist sehr viele Güter mit geringem Wert (C-Güter). Dazwischen liegen die B-Güter. Für A-Güter gilt es, die Anschaffungskosten zu senken, bei den C-Gütern spielen die Bestellabwicklungskosten die größere Rolle.

Eine **XYZ-Analyse** kategorisiert das Güterspektrum hinsichtlich der Regelmäßigkeit des Verbrauchs und der Vorhersagegenauigkeit. X-Güter haben einen konstanten Verbrauch, gelegentliche Schwankungen, und eine hohe Vorhersagegenauigkeit, Y-Güter einen trendmäßigen Verbrauch, saisonale Schwankungen, und eine mittlere Vorhersagegenauigkeit und Z-Güter einen unregelmäßigen Verbrauch und eine niedrige Vorhersagegenauigkeit.

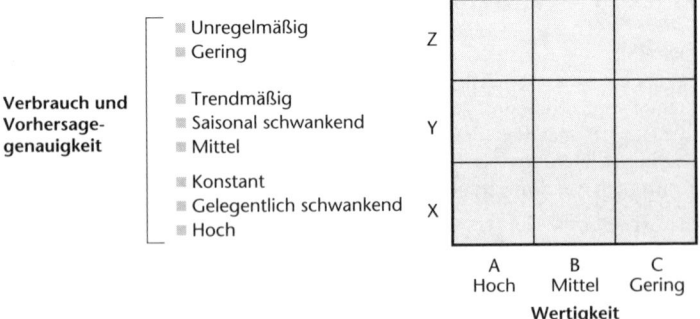

Bild 27.3: ABC-/XYZ-Analyse

Fasst man diese beiden Analysen zusammen, so resultiert eine ABC-/XYZ-Klassifizierung des Beschaffungsspektrums (Bild 27.3). AX-Güter eignen sich für Just-in-Time-(JIT-)Beschaffung, AZ-Güter dagegen für programmorientierte Disposition. Viele Ersatzteile sind typischerweise CZ-Güter.

27.3.4 Geforderter Servicegrad

Die Beschaffungslogistik muss entweder einen von den internen und externen Kunden geforderten Servicegrad mit minimalen Kosten erfüllen oder die Kosten-/Serviceniveaufunktion optimieren. Wichtige Kenngrößen für den Servicegrad der Beschaffungslogistik sind beispielsweise:

- Durchschnittliche Wiederbeschaffungszeiten

- Mengen- und Terminflexibilität

- Verzugsquote

- Fehllieferquote

- Beanstandungsquote

- Zurückweisungsquote

- Interne Handhabungs-, Kommissionierungs- und Umschlagskosten

- Durchschnittliche Lagerbestände

Somit wirken sich beschaffungslogistische Aktivitäten je nach Ausprägung dieser Kenngrößen auf die Kostensituation, die Kapitalbindung, und die Kundenzufriedenheit aus.

27.3.5 Fertigungstyp

Die in logistischen Ketten verbundenen Lieferanten und Abnehmer gehören Industrien an, die häufig unterschiedliche Fertigungstypen aufweisen. Da beispielsweise die Fertigungsdurchlaufzeiten, das Verhältnis von Bearbeitungs-, Rüst-, Transport-, Kontroll- und Liegezeiten, oder die Lagergestaltung nach Fertigungstyp stark variieren können, stellt dies entsprechende Anforderungen an die unternehmensübergreifende beschaffungslogistische Kette. Grob kann man zwischen

- Einzelfertigung (z. B. Bau),

- Kleinserienfertigung (z. B. Maschinenbau),

- Serienfertigung (z. B. Automobilbau, Feinmechanik),

- Massenfertigung (z. B. Konsumgüter, Spielzeug) und

- Prozessfertigung (z. B. Chemie, Mineralöl)

unterscheiden. Ein wichtiges Unterscheidungskriterium liegt in der Wiederholhäufigkeit von Werkstücken und Aufträgen. Die Spannbreite der produzierten Jahresstückzahl liegt zwischen < 1 bei der Einzelfertigung und > 1 Million bei der Massenfertigung.

Bezogen auf die Beschaffung werden etwa bei der Einzelfertigung oft kundenspezifische Güter oder solche mit seltenem und unregelmäßigem Verbrauch benötigt, die üblicherweise nicht auf Lager vorrätig sind, sondern erst bei einem konkreten Kundenauftrag bestellt und geliefert werden. Es bestehen große Interdependenzen zwischen dem Fertigungstyp, dem Dispositionsverfahren und der Güterklassifikation und damit der optimalen Bestellmenge.

Die unterschiedlichen Fertigungstypen entlang der logistischen Kette haben große Auswirkungen auf die Beschaffungslogistik. Da die einzelnen Glieder mit unterschiedlichen Losgrößen arbeiten, entsteht der „Peitscheneffekt". Dieser besagt, dass eine geringe Absatzschwankung auf dem Markt in der logistischen Kette um Faktoren 5 bis 10 anwachsen kann. Heute bekämpft man diesen Effekt mit Informationstechnologien, wobei die Informationen über den Endverbraucher allen beteiligten Unternehmen zur Verfügung gestellt werden.

27.3.6   Logistikkompetenzen des Lieferanten

Die Übertragung logistischer Aufgaben an den Lieferanten kann erhebliche Risiken für den Abnehmer mit sich bringen. Das Risiko für den Abnehmer wird beispielsweise bestimmt durch

■   die Möglichkeit des Rückgriffs auf Alternativlieferanten (Sole-, Single-, Dual-, Multiple-Sourcing),

■   den Einfluss der zeit- und qualitätsgerechten Zulieferung auf die eigene Logistik und Fertigung,

■   die Verantwortung für die Wareneingangskontrollen und deren Intensität (Mengen-, Sicht-, Funktionsprüfung),

■   die Komplexität des beschaffungslogistischen Konzepts und

■   die Erfahrungen des Lieferanten mit dem gewählten beschaffungslogistischen Konzept.

Will der Abnehmer das Risiko gering halten, muss er bei der Gestaltung der Beschaffungslogistik zwingend die Logistikkompetenz und die Lieferzuverlässigkeit des Lieferanten und dessen Erfahrungen sowie die in der Vergangenheit gezeigten Leistungen berücksichtigen.

27.4   Beschaffungslogistische Konzepte

27.4.1   Einzelbestellung

Beim einfachsten beschaffungslogistischen Konzept übermittelt die Beschaffung eine Bestellung an den Lieferanten, sobald der Bedarf identifiziert und an die Beschaffung gemeldet wurde. Bei einem einmaligen Bedarf, wie für Investitionsgüter, Güter für kundenspezifische Aufträge oder bei der Einzelfertigung, existieren oftmals keine weitergehenden Vereinbarungen mit dem Lieferanten oder der Lieferant wird erst auf Grund des Bedarfs von der strategischen Beschaffung identifiziert und ausgewählt. Nach der Lieferung der Güter und der Wareneingangskontrolle werden diese an die Bedarfsträger weitergeleitet.

Bei einem kurzfristigen Bedarf schränkt eine Einzelbestellung den **Aktionsspielraum der Beschaffung** stark ein, weil lediglich die Versorgung sichergestellt werden kann, ohne gleichzeitig eine Kosten- und Leistungsoptimierung anstreben zu können.

Es kann auch zur Beschaffung größerer Mengen durch eine Einzelbestellung kommen, wobei die Güter anschließend auf Lager gelegt und sukzessive verbraucht werden. Damit wird der Verbrauchsvorgang vom Beschaffungsvorgang entkoppelt. Dies erfordert jedoch eine Disposition und birgt die Lagerbeständen inhärenten Gefahren.

27.4.2   Rahmenvertrag

Rahmenverträge mit Lieferanten können einige Vorteile gegenüber einer Einzelbestellung ohne vorherige Vereinbarung bieten, da sie vor Entstehen des konkreten Bedarfs abgeschlossen werden und somit beiden Parteien einen gewissen Handlungs- und Planungsspielraum bieten. In der Unternehmenspraxis gibt es eine Vielzahl an „Rahmenverträgen". Beispielsweise findet man Rahmenverträge als

■   Kooperationsverträge,

■   Preiskontrakte,

■   Mengenkontrakte,

■   Abrufaufträge oder

■   Sukzessivlieferungsverträge.

Diese Rahmenverträge enthalten unterschiedliche Vertragsbestandteile und weisen unterschiedliche Spezifizierungsgrade der Vertragsgegenstände auf. Grundsätzlich legen sie Rahmenbedingungen der zukünftigen Geschäfte zwischen dem Abnehmer und dem Lieferanten in Bezug auf Preise und Konditionen, Mengen, Lieferbedingungen, Qualitätsstandards, Gewährleistungen usw. fest. Im Bedarfsfall wird dann der Leistungsaustausch in einer Bestellung oder einem Abruf konkretisiert.

Der **Spezifizierungsgrad** hängt stark von der Güterklassifizierung und dem Fertigungstyp ab. Ferner lassen sich branchenspezifische Praktiken beobachten. So ist es in der Automobilindustrie beispielsweise üblich, für ein Jahr gültige Rahmenverträge mit Lieferanten zu schließen und in jährlichen Abständen die Preise neu zu verhandeln. Für einen Anlagenbauer wäre es eine Gefahr, einem Lieferanten in einem Rahmenvertrag Abnahmemengen zuzusichern. Auf Grund der Einmaligkeit, der kundenspezifischen Aufträge und der Auftragsschwankungen kann er Mengen i. d. R. nicht spezifizieren. Kooperationsverträge mit Vertragsbestandteilen, die eine längerfristige Partnerschaft zwischen dem Abnehmer und dem Lieferanten begründen sollen (z. B. Qualitätsstandards, Geheimhaltungsvereinbarung, Informationsaustausch etc.) werden meist nur mit Lieferanten von A-Gütern oder wichtigen Technologien abgeschlossen.

27.4.3   Lager beim Abnehmer

Der Materialfluss zwischen dem Lieferanten und dem Abnehmer bei einer Beschaffung im Bedarfsfall mittels Einzelbestellung oder Rahmenvertrag kann entweder ohne oder mit Zwischenschaltung einer Lagerstufe beim Abnehmer erfolgen.

Der Unterhalt eines Eingangslagers kann aus mehreren Gründen sinnvoll sein. Der Abnehmer hat die Möglichkeit, wirtschaftlich **optimale Beschaffungslosgrößen** unter Berücksichtigung von Bedarfsmengen, Mindestabnahmemengen, Einstandspreisen, Mengenrabatten, Bestellabwicklungskosten, Lagerhaltungskosten etc. zu realisieren. Zur **Absicherung beschaffungslogistischer Risiken**, wie Lieferverzögerungen oder Qualitätsprobleme mit zugekauften Gütern, kann der Sicherungsfunktion des Eingangslagers noch eine große Bedeutung zukommen.

Um wichtige finanzwirtschaftliche Kenngrößen zu verbessern, z. B. Return on Capital Employed (RoCE), streben viele Unternehmen heute nach geringer Kapitalbindung und niedrigen Fixkosten durch Lagerbewirtschaftung (Grundstücke, Gebäude, Lagereinrichtungen, Personal etc.). Der Abbau von eigenen Lagern durch Verbesserungen der beschaffungslogistischen Kette über die Unternehmensgrenzen hinweg steht deshalb hoch im Kurs.

27.4.4   Lager beim Lieferanten

Die einfachste Form der **Vermeidung eines Eingangslagers** bei gleichzeitiger Aufrechterhaltung von Sicherheits- oder Pufferbeständen ist die Verschiebung der Lagerfunktion zum Lieferanten. Es kommt jedoch zu keiner Bestandsreduzierung in der logistischen Kette. Mächtige Abnehmer können dies im Zuge von „Beschaffungsoptimierungen" von ihren Lieferanten verlangen. Diese Situation findet man auch heute noch bei falsch verstandener verbrauchssynchroner Beschaffung, bei der zwar die Anlieferung durch den Lieferanten beispielsweise JIT erfolgt, dieser aber Bestände aufbaut, um den Anforderungen der verbrauchssynchronen Beschaffung gerecht werden zu können.

Zur Erreichung wirtschaftlicher Fertigungslosgrößen beim Lieferanten kann der Unterhalt von Lagern durchaus sinnvoll sein. Lagerhaltungsmodelle zeigen auch hier Möglichkeiten und Grenzen auf.

27.4.5   Konsignationslager

Bei einem Konsignationslager liefert der Lieferant die Güter in ein Lager, das sich i. d. R. auf dem Grundstück oder im Werk des Abnehmers oder aber in räumlicher Nähe zum Bedarfsträger befindet.

Der **Lieferant** trägt die Verantwortung für die Versorgungssicherheit und ist für die Befüllung des Lagers sowie die Sicherstellung eines vereinbarten Mindestbestandes verantwortlich. Er kann die Liefermengen und -zeitpunkte selbst festlegen, was ihm wiederum eine Optimierung seiner Produktions- und Transportlogistik ermöglicht. Zudem erhält er volle Informationen über den Warenabfluss bei seinem Abnehmer.

Die benötigten Güter können vom **Abnehmer** jederzeit entnommen werden. Ein entscheidendes Merkmal und ein wichtiger Vorteil der Konsignationslager-Bewirtschaftung ist, dass der Eigentumsübergang erst bei der Entnahme der Güter durch den Abnehmer erfolgt. Die Fakturierung findet dadurch erst bei der Entnahme der Güter und nicht bei der Befüllung des Lagers statt. Der Abnehmer kann so seine Kapitalbindung bei gleichzeitig hoher Versorgungssicherheit gering halten. Außerdem muss sich der Abnehmer nicht mit operativen Beschaffungsaufgaben beschäftigen.

27.4.6   Vendor Managed Inventory (VMI)

Konsignationslager und das Instrument des VMI sind sich sehr ähnlich. Erstere werden i. d. R. mehr mit industriellen Logistikketten und VMI mit Logistikketten für schnell drehende Konsumgüter in Verbindung gebracht. VMI gewann mit dem Aufkommen des ECR (Efficient Consumer Response) Anfang der 90er-Jahre stark an Bedeutung.

Der Lieferant greift auch hier auf die Lagerbestände des Kunden (Händlers) zu und trägt die Verantwortung für die Aufrechterhaltung vorgegebener Lagerbestände. Der Händler versorgt den Lieferanten zusätzlich mit Abverkaufsdaten (Point-of-Sale-Daten) und informiert ihn über erwartete Bedarfsschwankungen, z. B. auf Grund von Promotions. Bei VMI liegt der Fokus auf **gemeinsamer** Planung der logistischen Kette. VMI betont nicht den Eigentumsübergang der Güter bei der Entnahme. Dieser erfolgt i. d. R. bereits bei Lieferung an den Abnehmer.

27.4.7   Speditionskonzepte

Beim Einsatz von Speditionskonzepten übernimmt ein Spediteur oder Logistik-Dienstleister (LDL) Aufgaben in der beschaffungslogistischen Kette. Durch eine zusätzliche Lagerstufe beim LDL soll die unternehmensübergreifende Optimierung erleichtert werden. Gleichzeitig lassen sich die **Lieferungen mehrerer Lieferanten konsolidieren** (Bild 27.4). Neben der Zustellung der Güter zum Verbrauchsort beim Abnehmer bieten LDL in der beschaffungslogistischen Kette zusätzliche **Dienstleistungen**, z. B.:

- Wareneingangs- und Qualitätskontrolle

- Konfektionierung

- Bildung von Verkaufseinheiten

- Modifizierung und Neutralisierung

- Technische Anpassung an Vorschriften der Zielmärkte

- Verwaltung von Zubehörteilen und Montage

- Markieren und Etikettieren

- Fertigstellung und Finishing

- Abfall- und Reststoffentsorgung

- Kommissionierung

- Warenausgangskontrolle

- Zolltechnische Abwicklung

- Sendungsverfolgung

- Elektronische Übermittlung transportvorauseilender Informationen

Für weitere Möglichkeiten der Ausgestaltung von Speditionskonzepten sei auf die einschlägige Literatur verwiesen [z. B. Ihde 2001]. Die Spedition gewinnt mit dem hohen Verkehrsaufkommen laufend an Bedeutung.

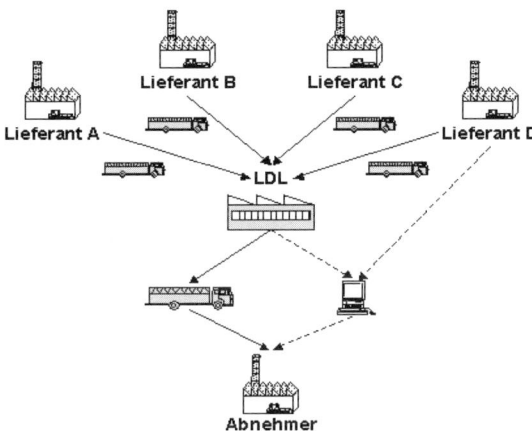

Bild 27.4: Güter- und Informationsflüsse bei einem einfachen Speditionskonzept

27.4.8   Behälterkonzept

Zur einfacheren Abwicklung der Beschaffungslogistik und zur Reduzierung operativer Beschaffungsaufgaben kommen verstärkt Behälterkonzepte zum Einsatz. Man kann diese Konzepte als Übergangsform von der lagerhaltigen zur verbrauchssynchronen Beschaffung verstehen, da durch die Optimierung des zwischen- und innerbetrieblichen Materialflusses nur noch kleine, verbrauchsnahe Lager (in Form von Wechselbehältern) vorgehalten werden. Dieses auf dem **Kanban-Prinzip** basierende beschaffungslogistische Konzept kommt vor allem bei BC-/XY-Gütern zum Einsatz. Auf Grund der hohen Wertigkeit werden A-Güter vorzugsweise JIT abgewickelt. Zu den Voraussetzungen und zur Umsetzung von Kanban-Regelkreisen siehe Kapitel 7.

Viele Lieferanten von DIN-Normteilen oder Verbindungselementen setzen Kanban-2-Behälter-Systeme ein, durch die der Abnehmer die Güter ohne Handlingsaufwand oder Umpacken verarbeiten kann. Der Wegfall von Dispositions- und Bestellvorgängen und Arbeiten der Lagerbewirtschaftung führt zur Rationalisierung der Beschaffungsabläufe.

27.4.9   E-Procurement (EP)

Unter E-Commerce versteht man die elektronische Abwicklung von Geschäftsprozessen zwischen Unternehmen. Die Beschaffung nutzt die neuen Technologien, insbesondere das Internet, zur elektronischen Unterstützung von Beschaffungsaktivitäten und -prozessen und spricht dabei von EP. Während einige EP-Anwendungen die bisher traditionell durchgeführten Aktivitäten elektronisch unterstützen, wie

■   elektronische Verhandlung anstatt traditioneller Verhandlung,

■   Bestellabwicklung mittels EDI (Electronic Data Interchange) anstatt Brief- oder Faxbestellung,

wirkt sich die Anwendung von **elektronischen Katalogsystemen** – auch genannt Desktop-Purchasing – stark auf die Beschaffungslogistik aus. So besteht etwa die Möglichkeit, den Aufwand für die Beschaffung von C-Teilen durch EP drastisch zu reduzieren. Bereits heute gibt es ausreichende Erfahrungen mit der Umsetzung von voll integrierten Systemen, über welche die Bedarfsträger zum Bedarfszeitpunkt bestellen können und die Abwicklung des Beschaffungsvorgangs hochautomatisiert abläuft. Die Anlieferung durch den Lieferanten erfolgt direkt beim Bedarfsträger, der selbst die Prüfung der Ware vornimmt. Zusätzlich reduzieren kostenstellenbezogene Abrechnungen verbunden mit Sammelrechnungen den Administrationsaufwand.

27.4.10   Just-in-Time (JIT)

Einen wesentlich größeren Beitrag zur Wettbewerbsverbesserung kann JIT bringen, da es sich hierbei um die verbrauchssynchrone Beschaffung von Gütern mit hohem Wert und hohem Volumen handelt (A-Güter). JIT geht aber meist weit über die Bestandsreduzierung hinaus. Die Anlieferung durch den Lieferanten wird ausschließlich durch den Bedarf bestimmt und soll im Idealfall zu einer bestandslosen Produktion führen.

Nicht selten kommt es zu **eingreifenden Veränderungen** bei der Qualitätssicherung, der Materialflussplanung oder der Standortauswahl des Lieferanten. Deshalb sind bei JIT-Konzepten die zu erfüllenden Voraussetzungen sehr hoch [Fandel, François 1989]:

■   Enge Informationsanbindung von Abnehmer und Lieferant

■   Hohe Prognosesicherheit des Bedarfs beim Abnehmer

■   Erfüllung eines sehr hohen Liefer-Servicegrades

■   Einhaltung einer sehr hohen Anlieferungspräzision

■ Einhaltung sehr hoher Qualitätsstandards durch den Lieferanten

■ Funktionierende Verkehrsinfrastruktur

■ Hohes Logistik-Know-how beider Unternehmen

JIT-Anlieferungen werden über mehrere Planungsebenen und Planungshorizonte, welche unterschiedliche Datengenauigkeiten aufweisen, geplant und umgesetzt. Kapitel 8 stellt die Methodik und Bausteine von JIT-Konzepten ausführlicher dar.

27.4.11 Modulare Fabrik

Denkt man JIT und modulare Beschaffung konsequent weiter, so endet man bei der modularen Fabrik. Die Lieferanten bauen ihre „Fabrik" entlang der Montagelinie der Kunden auf. Sie liefern direkt an die Montagelinien und bauen selber ein. Die Lieferungen, d. h. der Einbau, wird nicht mehr durch Bestellungen ausgelöst. Vielmehr haben die Lieferanten direkten Zugang zu den Planzahlen des Abnehmers. Dieses beschaffungslogistische Konzept bedingt sehr hohe Investitionen von Seiten der Lieferanten. Die Fabrik der Mercedes Car Group (MCG) im französischen Hambach, in welcher der Smart hergestellt wird, hat dieses Konzept erfolgreich umgesetzt und gilt als Wiege für den zukünftigen Automobilbau (Bild 27.5).

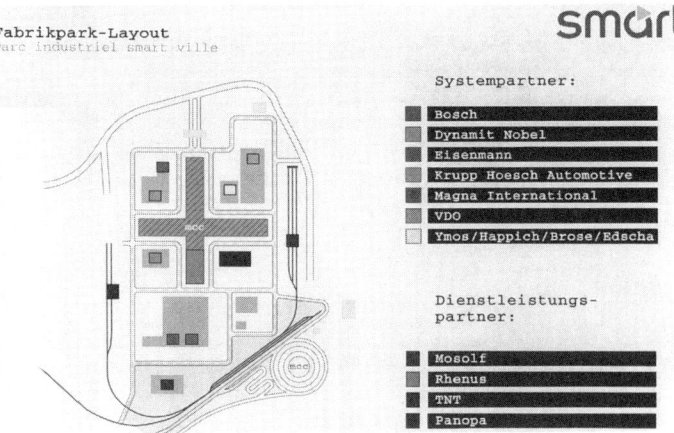

Bild 27.5: Layout des MCG-Werksgeländes mit den „Lieferanten-Fabriken" (Quelle: smart)

27.5   Schlussbetrachtung und Ausblick

Eine der wichtigsten Erkenntnisse bei der Gestaltung der Beschaffungslogistik ist, dass es kein Konzept gibt, das allen Anforderungen gerecht
werden kann und sich somit als das „optimale" beschaffungslogistische
Konzept darstellt. Vielmehr müssen Unternehmen stets die situative Ausprägung der eingangs dargestellten Bestimmungsfaktoren abwägen und
eine **Differenzierung** vornehmen. Berücksichtigt man lediglich die Güterklassifikation, ergeben sich bereits mehrere Möglichkeiten zur Gestaltung der Materialflüsse, wie Abschnitt 27.3.3 zeigt.

Der Aufbau **partnerschaftlicher Lieferanten-/Abnehmerbeziehungen** sollte
mit der zunehmenden Integration einhergehen. So lassen sich verbrauchssynchrone beschaffungslogistische Konzepte meist nur mit langfristigen Verträgen und hohen spezifischen Investitionen umsetzen. Sie
erfordern einen sehr hohen Reifegrad bei Produkten und Produktions-
verfahren. Sie bieten sich deshalb nur an, wenn beide Seiten – Abnehmer
und Lieferant – ihre Qualität absolut beherrschen.

Die Globalisierung der Unternehmen und das verstärkte Global Sourcing von Unternehmen, d. h. die intensive Bearbeitung der internationalen
Beschaffungsmärkte, gehen Hand in Hand. Häufig scheitert aber der
Bezug von Gütern im Ausland an logistischen Problemen. Streben Unternehmen danach, das Outsourcing verstärkt auf internationale Märkte
auszudehnen, entstehen neue Herausforderungen für die Beschaffungslogistik.

Abschließend seien noch die Chancen durch **moderne Informations- und
Kommunikationstechnologien** erwähnt. So bietet beispielsweise der Übergang von EDI zu Web-EDI neue Möglichkeiten bei der Anbindung kleinerer Lieferanten, denen diese Form des Informationsaustauschs bisher
vorenthalten blieb. Durch den Einsatz leistungsfähiger Supply-Chain-
Management-Software lässt sich die Effizienz unternehmensübergreifen-
der Logistikketten weiter steigern.

Literatur

Arbeitskreis Hax der Schmalenbach-Gesellschaft: Unternehmerische Entschei-
dungen im Einkaufsbereich und ihre Bedeutung für die Unternehmensstruktur.
In: Schmalenbachs Zeitschrift für betriebswirtschaftliche Forschung 24 (12)
1972, S. 765–783
Boutellier, R.; Wagner, S. M.: Sourcing Concepts: Matching Product Architecture,
Task Interface, Supplier Competence and Supplier Relationship. In: Österle, H.;
Winter, R. (Hrsg.): Business Engineering: Auf dem Weg zum Unternehmen des
Informationszeitalters. 2. Aufl. Berlin: Springer, 2003, S. 223–248

Brink, H.-J.: Strategische Beschaffungsplanung. In: Zeitschrift für Betriebswirtschaft 53 (11) 1983, S. 1090–1113

Fandel, G. P.; François, P.: „Just-in-time"-Produktion und Beschaffung: Funktionsweise, Einsatzvoraussetzungen und Grenzen. In: Zeitschrift für Betriebswirtschaft 59 (5) 1989, S. 531–544

Grochla, E.: Der Weg zu einer umfassenden betriebswirtschaftlichen Beschaffungslehre. In: Die Betriebswirtschaft 37 (2) 1977, S. 181–191

Grochla, E.: Beschaffungspolitik. In: Geist, M. N.; Köhler, R. (Hrsg.): Die Führung des Betriebes. Stuttgart: Poeschel, 1981, S. 243–259

Ihde, G. B.: Transport, Verkehr, Logistik: Gesamtwirtschaftliche Aspekte und einzelwirtschaftliche Handhabung. 3. Aufl. München: Vahlen, 2001

Sandig, C.: Grundriss der Beschaffung. In: Die Betriebswirtschaft 28 (8) 1935a, S. 175–182

Sandig, C.: Die Analyse des Beschaffungsmarktes (Grundriss der Beschaffung II). In: Die Betriebswirtschaft 28 (9) 1935b, S. 196–201

Sandig, C.: Grundriss der Beschaffung (III). In: Die Betriebswirtschaft 28 (10) 1935c, S. 228–235

Schulte, C.: Logistik: Wege zur Optimierung des Material- und Informationsflusses. 3. Aufl. München: Vahlen, 1999

Wagner, S. M.: Strategisches Lieferantenmanagement in Industrieunternehmen. Frankfurt: Peter Lang, 2001

Wagner, S. M.: Lieferantenmanagement. München: Carl Hanser, 2002

Weber, J.; Kummer, S.: Logistikmanagement: Führungsaufgaben zur Umsetzung des Flußprinzips im Unternehmen. Stuttgart: Schäffer-Poeschel, 1994

28   Produktionslogistik

Prof. Dr.-Ing. Siegfried Augustin

28.1   Definition

Der Produktionsprozess, die Kombination von Produktionseinsatzfaktoren zum Zweck der Herstellung von Erzeugnissen, ist einer der
Kernprozesse eines Industrieunternehmens. Angesichts der Tatsache,
dass die Grenzen zwischen Erzeugnissen und Dienstleistungen mehr und
mehr verschwimmen, wird der Produktionsprozess vielfach auch auf die
Erstellung von Dienstleistungen ausgedehnt. Zeitlich vorgelagert ist dem
Produktionsprozess der Beschaffungsprozess, zeitlich nachgelagert der
Distributionsprozess, teilweise parallel, teilweise nachgelagert der Entsorgungsprozess.

Produktionslogistik ist die Gestaltung, Planung und Steuerung aller
Teilprozesse des Produktionsprozesses – Material- und Informationsprozesse – unter Anwendung der logistischen Prinzipien Ganzheitlichkeit, Kundenorientierung und Flussorientierung.

28.2   Logistikprinzipien in der Produktion

28.2.1   Das Prinzip der Ganzheitlichkeit

Das Prinzip der Ganzheitlichkeit besagt, dass jede Entscheidung und
jede Aktivität unter Berücksichtigung ihrer Auswirkungen im gesamten
System zu beurteilen ist. Wenn als System die Produktion definiert wird,
darf es innerhalb des Systems nicht zu Suboptima kommen. Maßnahmen haben nur dann verbessernde Wirkung, wenn sie die Erreichung der
Ziele des Gesamtsystems erhöhen. Um den Widerspruch zwischen dem
Prinzip der Ganzheitlichkeit einerseits und der Einengung der Logistik
auf die Produktion andererseits – wie sie der landläufige Begriff „Produktionslogistik" suggeriert – zu vermeiden, ist es notwendig, die Ver-
netzungen des Produktionsprozesses mit den anderen Kernprozessen des
Unternehmens in eine logistikgerechte Gestaltung des Produktionssystems mit einzubeziehen. Dazu hat sich die Anwendung des Aspektsystemansatzes bewährt. Er bedeutet, dass das in seinen Systemgrenzen zu defi-
nierende System Produktion unter den Hauptaspekten Produkt, physische
Produktionsprozess und kybernetischer Produktionsprozess (Produk-
tionsprozessmanagement, Planung und Steuerung der Produktion) zu
sehen ist, ohne in Subsysteme wie Vorfertigung, Montage etc. unterteilt

zu werden. Gemäß dem modernen Logistikverständnis „Management vernetzter, direkt und indirekt wertschöpfender Prozesse" ist die Lenkung, d. h. Planung und Steuerung, von Produktionsprozessen das primäre Aufgabenfeld der Produktionslogistik. Der Vorteil des Aspektsystemansatzes besteht darin, dass Schnittstellenprobleme zwischen den Subsystemen vermieden werden.

Um die Ziele des Produktionsprozesses erreichen zu können, müssen auch die anderen beiden Hauptaspekte, Produkt und physischer Produktionsprozess, mitbetrachtet werden, zumal sie in einem Kausalzusammenhang stehen: Um bestimmte Produkte in entsprechender Qualität und Menge mit einem bestimmten Durchsatz herstellen zu können, müssen sie prozessgerecht strukturiert sein, sowohl was die Einzelprodukte betrifft als auch die Produktpalette.

Der physische Produktionsprozess mit seinen Teilprozessen muss so strukturiert und dimensioniert sein, dass er die Erreichung von Mengen-, Qualitäts-, Durchlaufzeit- und Kostenzielen prinzipiell ermöglicht (z. B. Fließfertigung, Fertigungsinseln, Werkstattfertigung etc.). Das Prozessmanagement plant und steuert die Produktion so, dass der vom Kunden bzw. Markt geforderte Produktmix in der gewünschten Menge und zum gewünschten Termin hergestellt werden kann.

In der Produktionslogistik sind folgende Aufgaben zu erfüllen:

■ **Abgrenzung und Beschreibung des Produktionssystems.**

   Entsprechend den Beziehungsintensitäten müssen die Systemgrenzen so gezogen werden, dass Beschaffung und Distribution zusammen mit dem Produktionsprozess gestaltet und betrieben werden. Dies kann einstufig erfolgen (z. B. Fertigungssynchrone Beschaffung, Just-in-Time oder kundengetriggerte Auslieferung) oder auch mehrstufig unter Einbeziehung der Lieferanten und Kunden (Supply Chain Management). Damit ist auch definiert, wie weit die ganzheitliche Betrachtung reicht.

■ **Festlegung von Prozesszielen.**

   Die Ziele des Produktionsprozesses werden aus übergeordneten Zielen – im Wesentlichen sind dies Unternehmensziele wie Rentabilität und Kundenzufriedenheit – unter Berücksichtigung der Verflechtung mit internen Kunden und Lieferanten abgeleitet. Die logistischen Ziele Lieferzeit, Lieferfähigkeit, Liefertreue, Lieferflexibilität und Auskunftsfähigkeit werden in starkem Maße von der Produktionslogistik beeinflusst.

■ **Sicherstellung des kontinuierlichen Fließens.**
   Es müssen alle Gestaltungsaspekte herangezogen werden, die auf das kontinuierliche Fließen, also die liege- und wartezeitfreie Be- und Verarbeitung von Material und Information im Produktions-

prozess im Sinn einer Konzentration auf die Wertschöpfung, Einfluss haben.

28.2.2   Das Prinzip der Markt- und Kundenorientierung

Dieses zweite Grundprinzip der Logistik findet in den Zielen des Produktionsprozesses seinen Niederschlag. In der Ziellandschaft des Unternehmens haben Kundenzufriedenheit und Rentabilität des investierten Kapitals in der Regel einen sehr hohen Stellenwert. Welchen Beitrag der Produktionsprozess mit seiner Leistung, seiner Qualität und seinen Kosten dazu leisten kann, muss durch ein Herunterbrechen dieser Zielsetzungen auf den Produktionsprozess ermittelt werden (Policy Deployment). Dies darf allerdings nicht isoliert erfolgen, sondern unter Berücksichtigung der dem Produktionsprozess vor- und nachgelagerten Prozesse sowie der Schnittstelle zu den Kunden, da dort die wesentlichen, für die Kundenzufriedenheit maßgebenden Kriterien gemessen werden.

Zur Realisierung dieses Prinzips ist es erforderlich, unter „Kunden" nicht nur externe Kunden zu verstehen, sondern auch interne, und deren Anforderungen mit den eigenen Prozesszielen abzugleichen. Der interne Kunde der Produktion ist die (eigene) Distribution, deren Ziele von externen Kunden oder deren Gesamtheit, dem Markt, vorgegeben oder mit ihnen vereinbart werden. Die Distribution ihrerseits hat speziell Mengen- und Terminziele mit der eigenen Produktion zu vereinbaren. Der Produktionsprozess muss dann so gelenkt werden, dass diese Ziele eingehalten werden können. Als Sekundärziele leiten sich aus diesen Zielen Produktionsprogramme, Kapazitätsauslastungen und Bevorratungshöhen ab.

Prinzipiell kann das Kunden-Lieferanten-Denken bis auf Arbeitsplatzebene heruntergebrochen werden. So ist etwa die Vormontage der Kunde der Vorfertigung, das Prüffeld der Kunde der Endmontage.

Je länger eine Supply Chain ist, desto anspruchsvoller und entscheidender für den Erfolg ist der möglichst ereignisgesteuerte Abgleich der Ziele der einzelnen beteiligten Prozesse bzw. Partner.

28.2.3   Das Prinzip des kontinuierlichen Fließens

Ausgangsbasis für die Implementierung des Fließprinzips in der Produktion ist die Struktur der Produktionsprozesse. Sowohl die Prozesse der physischen Veränderung von Material durch technische, physikalische oder chemische Verfahren als auch die Prozesse der Informationsverarbeitung (inkl. Entscheidungsprozesse) wie Produktionsplanung und -steuerung weisen generell einen hohen Anteil an Liege- und Wartezeiten, also an nicht wertschöpfenden Zeitanteilen, auf. Diese Zeitanteile zu minimieren, somit also für eine rasche Abfolge von wertschöpfenden Tätigkeiten (hohe Wertschöpfungsdichte) und kurze Durchlaufzeiten in den Prozessen zu sorgen, ist der Zweck des Fließprinzips. Dies betrifft auch die indirekt wertschöpfenden Material- und Informationsflüsse.

Kürzere Durchlaufzeiten wirken einerseits kostensenkend, weil sie reibungslose Prozesse voraussetzen und dadurch die Umlaufbestände und damit die Kapitalbindung reduziert werden, andererseits wirken sie flexibilitätssteigernd, weil sie höhere Reaktionsfähigkeit und – allerdings abhängig von der Geschäftsart – oft auch kürzere Lieferzeiten ermöglichen. Die beiden unterschiedlichen Sichtweisen auf die Umlaufbestände und ihre Wechselwirkung mit den „Problemklippen" wird in der folgenden, aus Japan stammenden Darstellung verdeutlicht (Bild 28.1).

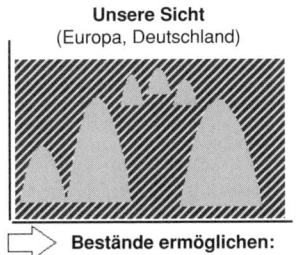

Unsere Sicht
(Europa, Deutschland)

Japanische Sicht

▷ **Bestände ermöglichen:**

▷ **Bestände verdecken:**

- reibungslose Produktion
- prompte Lieferung
- Überbrückung von Störungen
- wirtschaftliche Fertigung
- konstante Auslastung

- störanfällige Prozesse
- unabgestimmte Kapazität
- mangelnde Flexibilität
- Ausschuss
- mangelnde Liefertreue

Bild 28.1: Wirkung von Beständen

Grundsätzlich gibt es drei Möglichkeiten, der Forderung nach kürzeren Lieferzeiten durch Maßnahmen in der Produktion nachzukommen: vom Lager weg zu liefern, die Durchlaufzeit eines Produktes durch (Um-)Gestaltung des Produktionsprozesses sowie in geringerem Maße durch andere Lenkungsmethoden zu reduzieren oder die Struktur eines Produktes so zu ändern, dass die Produktionsprozesse kürzer sind (Bild 28.2).

Bei der Realisierung des Fließprinzips wird somit nach den eingangs genannten Gestaltungsaspekten vorgegangen:

■ Produktstruktur

■ Physischer Produktionsprozess

■ Kybernetischer Prozess der Produktionslenkung

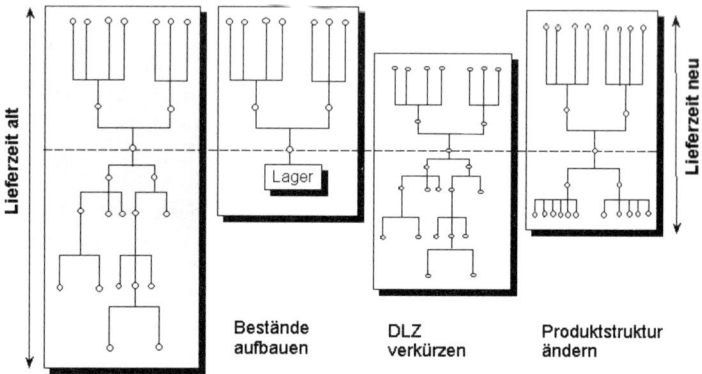

Bild 28.2: Möglichkeiten, kurze Lieferzeiten zu erreichen

28.3 Produkt

Produktstruktur und Produktpalette beeinflussen in hohem Maß den Produktionsprozess. Deshalb setzt die Produktionslogistik bereits bei der Entwicklung einer prozessgerechten Produktstruktur ein, die es ermöglicht, den Bearbeitungsprozess möglichst einfach zu halten. Insbesondere ist dabei – wenn es sich um Produkte aus mehreren Komponenten handelt – auf eine gute Automatisierbarkeit von Montagevorgängen (wenige Fügerichtungen, Sandwichbauweise etc.) und auf die Verwendung von lösbaren Verbindungen (z. B. Schnappverbindungen statt Löten) zu achten. Darüber hinaus ist in der Produktionslogistik bereits die Auswahl und Festlegung der eingesetzten Materialien, Teile und Baugruppen eine der Hauptaufgaben. Die leichte Beschaffbarkeit von Materialien, ihre problemlose Verarbeitbarkeit und die einfache Entsorgung von Abfällen (Verschnitt, Abwässer, Abgase) gehören ebenfalls zum Aufgabenbereich der Produktionslogistik.

Erhebliche Probleme im Produktionsprozess, speziell bei seiner Lenkung, bereiten Teilevielfalt und Variantenreichtum, beide oftmals „historisch" gewachsen. Sie vergrößern die Anzahl der zu verwaltenden Lagerpositionen und erschweren Bevorratung und sichere Verfügbarkeit auf allen Fertigungsstufen. Einerseits sollte bei der Entwicklung und Konstruktion von Produkten durch Schaffung eines logistischen Bewusstseins der Mitarbeiter und durch geeignete Informationsversorgung bereits darauf hingearbeitet werden (hoher Mehrfachverwendungsgrad von Teilen, Baugruppen und Komponenten, Ermöglichung hoher Variantenzahlen durch Modulbauweise), andererseits sind im laufenden Betrieb immer wieder Varianten-Umsatz-Analysen und Typen-/Teiluntersuchungen vorzunehmen. Dass beispielsweise 40% der Varianten nur 1% des Umsatzes ausmachen, aber ein Drittel des Lagerbestandes aufweisen, ist keine Seltenheit. Hier zeigt sich in der Praxis, dass beispielsweise im Zuge des allgemeinen Änderungsdienstes Variantenbereinigungen und Reduzierungen der Teilevielfalt immer wieder vorgenommen werden können. Dies setzt jedoch ein hohes Maß an Kommunikation zwischen den Verantwortlichen in Entwicklung, Beschaffung, Produktion und Vertrieb voraus. Speziell mit dem Vertrieb ist zu prüfen, wieweit die Reduzierung von umsatzschwachen Varianten den Kunden bzw. dem Markt gegenüber zu vertreten ist oder ob die Herstellung spezieller Varianten einen wettbewerbsrelevanten Begeisterungsfaktor darstellt. Mit der Entwicklung ist zu klären, ob durch eine Veränderung der Produktstruktur eine höhere Anzahl von Mehrfachverwendungsteilen und Modulen eingesetzt und dennoch die erforderliche Vielfalt von Varianten aufrechterhalten werden kann (Bild 28.3).

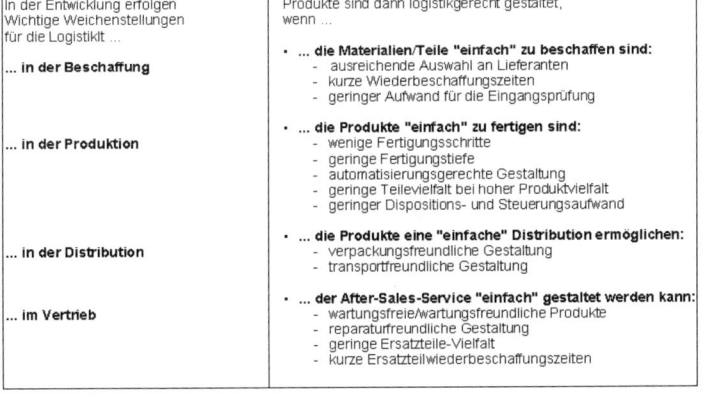

Bild 28.3: Gestaltung logistikgerechter Produkte

Ein Grenzgebiet der Produktionslogistik stellt Simultaneous Engineering dar, die zeitliche Überlappung von Entwicklungs- und Produktionsprozessen zum Zwecke des besseren Informationsabgleichs und der intensiveren Kommunikation und damit zur Vermeidung langer, nicht wertschöpfender Zeitanteile im Produktionsprozess, speziell im Produktionsanlauf.

28.4   Physischer Produktionsprozess

Wenn ein Produkt bzw. ein Produktspektrum logistikgerecht gestaltet wurde, beginnt die Gestaltung oder Umgestaltung des physischen Produktionsprozesses und seiner Teilprozesse. Um das Fließprinzip zu realisieren, müssen diese Prozesse ein Höchstmaß an Zuverlässigkeit und Planbarkeit, damit also höchste Prozessqualität, aufweisen. An dieser Stelle sei darauf hingewiesen, dass das „Fließen" im Prozess kein Problem einer kontinuierlichen Ortsveränderung ist (wie es der Begriff Fließband suggeriert), sondern des kontinuierlichen Abarbeitens von Arbeitsinhalten. Es kann also auch in einer nach dem Baustellenprinzip organisierten Produktion das Fließprinzip realisiert werden, wenn alle Arbeitsgänge, die für ein Produkt oder einen Auftrag zu erledigen sind, ohne Wartezeiten aufeinander folgen. Als methodischer Ansatz für produktionslogistische Maßnahmen im physischen Produktionsprozess hat sich die Wertzuwachskurve bewährt, in der die zeitliche Entwicklung des Produktwertes dargestellt ist. Überall dort, wo Zeit vergeht, ohne dass der Wert zunimmt, besteht Handlungsbedarf für die Produktionslogistik. Diese nicht wertschöpfenden Zeitanteile können durch Eliminierung von Lagerstufen (Ein-/Auslagerungsvorgänge) oder durch Einsatz leistungsfähiger Förder- und Transporttechnik sowie Automatisierung verringert werden. Wegen der einfacheren Ermittlung wird in der Praxis auch häufig die Kostenzuwachskurve verwendet (Bild 28.4).

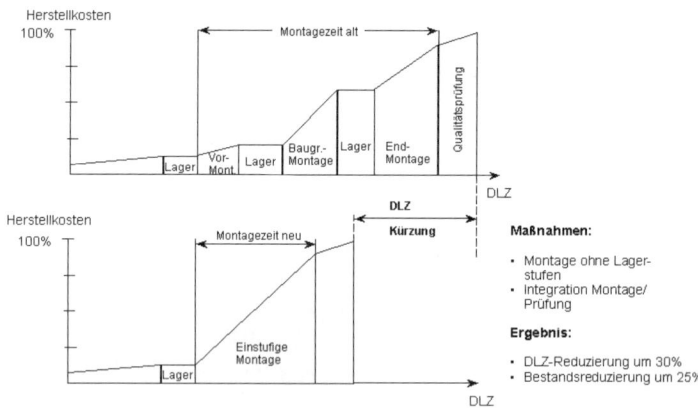

Bild 28.4: Durchlaufzeitverkürzung durch Entfall von Lagerstufen

Die Komplexität des Produktionsprozesses steigt mit dem Maß innerer Verflechtung von Teilprozessen. Im Gegensatz zu früher, als man versuchte, die Prozesskomplexität durch komplexe Planungs- und Steuerungsmethoden zu bewältigen (z. B. Lösung von Reihenfolge- und Warteschlangenproblemen durch Operations Research), geht heute die Produktionslogistik den Weg, durch Entflechtung von Prozessen die Komplexität zu reduzieren und damit die Lenkung zu vereinfachen. Als Kriterien sind dabei zu prüfen:

- Relation zwischen Produktionsdurchlaufzeit und Lieferzeit und damit Definition „logistischer Produkttypen" (unterschiedliche Bevorratungsstufen)

- Bedarf an Produkten (RUS-Analyse, Regelmäßig – Unregelmäßig – Sporadisch)

- Verwandtschaft der Produkttechnologien

- Herstellungstechnologien

Eine nach diesen Kriterien entflochtene Produktion lässt sich hinsichtlich ihrer Wertschöpfungsdichte wesentlich besser optimieren als eine nach dem Werkstattprinzip organisierte Produktion mit wechselnden Engpässen, Fertigungslosgrößen, Puffern und Zwischenlagern etc. (Bild 28.5).

Verflochtener Prozess

Entflochtener Prozess

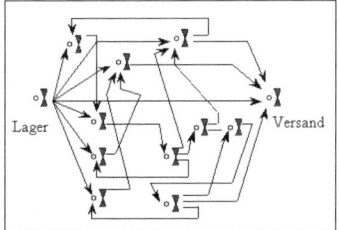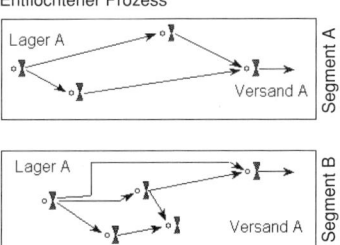

Bild 28.5: Die Logistik entflochtener Produktionsprozesse ist einfacher zu optimieren

Die Prozessentflechtung bzw. die Bildung von Segmenten in der Produktion – oft mit einer Ausweitung auf Beschaffung und Distribution verbunden – ist methodisch dem Prozess-Reengineering zuzurechnen, einer grundlegenden Neugestaltung von Prozessen ohne Rücksicht auf die bisherige Prozessstruktur. Es ist damit auch Aufgabe der Produktionslogistik, festzulegen, welche Teilprozesse in den vorhandenen konventionellen Prozessen gegebenenfalls wegfallen können (Bild 28.6).

Die Schwierigkeit bei dieser Vorgehensweise liegt nicht so sehr darin, neue Lösungen zu finden – dazu zählen auch Outsourcing und Insourcing von (Teil-)Prozessen –, als vielmehr im Übergang vom alten in den neuen Zustand. Dabei ist es unbedingt erforderlich, dass sich die Produktionslogistik der Methoden und Vorgehensweisen des Change Managements bedient, da sonst offene und versteckte Widerstände von Mitarbei-

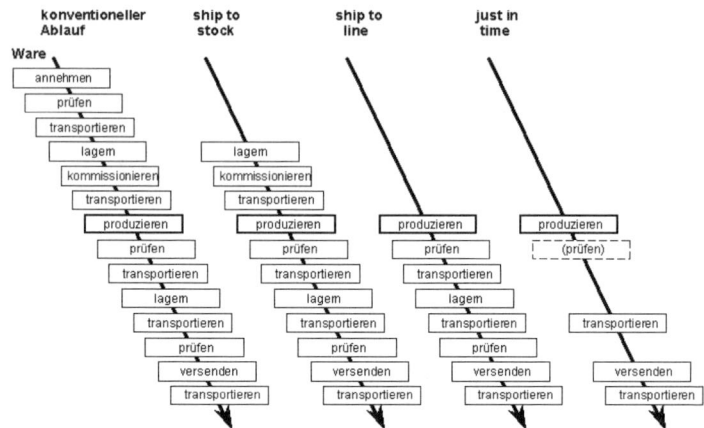

Bild 28.6: Vereinfachung von Produktionsprozessen durch Process-Reengineering

tern und Führungskräften den Erfolg von Restrukturierungen (z. B. Prozessentflechtung) verhindern oder zumindest verzögern kann.

Die Vorgehensweise eines erfolgreichen Change Managements besteht im Wesentlichen aus vier Stufen:

1. **Sensibilisieren:** Mitarbeiter und Führungskräfte werden darüber informiert, dass sie von der geplanten Veränderung des Produktionsprozesses betroffen sind.

2. **Beteiligen:** Mitarbeiter und Führungskräfte arbeiten an der Problemlösung und ihrer Realisierung mit.

3. **Evaluieren:** Mitarbeiter und Führungskräfte messen und beurteilen selbst, ob die neue Lösung zufrieden stellend funktioniert.

4. **Stabilisieren:** Die neue Lösung wird zum Standard erhoben und endgültig eingeführt, wenn sie den Erwartungen entspricht.

In der Praxis zeigt sich, dass diese Vorgehensweise zwar vermeintlich länger dauert als die so genannte „Bombenwerferstrategie" (Einführung der Veränderung ohne Information der Mitarbeiter zu einem kurzfristigen Stichdatum), dieser aber hinsichtlich Akzeptanz, Vermeidung nicht wertschöpfender Anteile und Nachhaltigkeit der Problemlösung überlegen ist.

Nach der Umstrukturierung gemäß Prozess-Reengineering empfiehlt es sich, eine kontinuierliche Verbesserung des neuen Prozesses zu initiieren (KVP). Diese Art der Prozessverbesserung, deren Wurzeln bis in die

1930er-Jahre zurückreichen („Verluststellenbeseitigung"), setzt an der Erkennung von nicht wertschöpfenden Tätigkeiten, so genannten Verschwendungen, an. Es werden Maßnahmen zu ihrer Eliminierung geplant, durchgeführt und hinsichtlich ihrer Wirkung gemessen. Tritt sie in erwarteter Weise ein, wird diese Maßnahme zum Standard erklärt; wenn sie nicht den erwarteten Erfolg hat, wird der Zyklus neuerlich durchlaufen. Dieser Zyklus wird als Deming-Zyklus oder PDCA-Zyklus (Plan, Do, Check, Act) bezeichnet. Als Hauptverschwendungsarten in der Produktion gelten:

- Überproduktion (z. B. Bildung von „wirtschaftlichen" Losgrößen)

- Bestände (z. B. durch Sicherheitsdenken)

- Unnötiges Handling (z. B. schlechte Ergonomie)

- Ungeeignete Technologien (z. B. Exotenaufträge auf Hochleistungsmaschinen)

- Warte- und Liegezeiten (z. B. durch mangelnde Verfügbarkeit von Personal)

- Unnötige Transporte (z. B. durch ungünstiges Layout)

- Störungen und Fehler (z. B. durch unbeherrschte Prozesse)

KVP ist ein permanent durchgeführter Verbesserungsprozess. Verantwortlich sind dafür speziell trainierte Kleingruppen (KVP-Teams). Ein KVP-Beauftragter sorgt dafür, dass die Verbesserungsmaßnahmen koordiniert werden und dem gesamten Produktionsbereich zugute kommen.

Zur Planung flussgerechter Layouts wird häufig die Methode der Simulation herangezogen, wobei die Anordnung der Arbeitsplätze durch ihre Beziehungsintensitäten, die kapazitative Auslegung der Prozesse durch Variation von Produktmix, Arbeitsinhalten und Durchlaufzeiten ermittelt werden. Derartige Simulationsmodelle können auch zur Steuerung von Prozessen im Rahmen der Produktionsplanung- und -steuerung im täglichen Betrieb herangezogen werden. Bei geeigneten Produktionstechnologien kann auch das Layout als Variable betrachtet und bei neuen Produkten oder bei stark verändertem Produktmix kurzfristig verändert werden.

28.5 Kybernetischer Produktionsprozess

28.5.1 Organisation

Ein Grundelement des Prozessmanagements und damit auch der Produktionslogistik ist die Forderung, dass jedem Prozess eine Verantwortung bzw. ein Prozessverantwortlicher für die Erreichung der Ziele zugeordnet sein muss. Für die Organisation des Produktionsbereiches gibt es in der Praxis unterschiedliche Lösungen, die von der Einlinien- über die Mehrlinien- und Stab-Linien-Organisation bis hin zur Projektorganisation alle denkbaren organisatorischen Grundmuster umfassen. Damit eine Aufbauorganisation, d. h. die strukturelle Verteilung von Verantwortung, das Fließprinzip in der Produktion unterstützt, muss sie aus logistischer Sicht drei Merkmale aufweisen:

- Überschaubarkeit: Flache Hierarchien, kurze Entscheidungswege

- Autonomie: Empowerment, „Mitunternehmer" statt „Mitarbeiter"

- Produkt- und prozessgerechte Strukturen

Dies bedeutet, dass Organisationseinheiten nur so groß sein dürfen, dass die Mitarbeiter und ihre Führungskräfte noch miteinander kommunizieren können, dass die darin ablaufenden Prozesse für den Einzelnen noch transparent sind und Entscheidungen nicht durch lange Wege in mehrstufigen Hierarchien verzögert werden. Dies setzt auch ein hohes Maß an Autonomie voraus, an Freiheit also, über die Wege zur Erreichung der Ziele selbst entscheiden zu können.

Die Organisationsstrukturen müssen nach der Maxime „die Aufbauorganisation muss dem Prozess folgen" gestaltet werden und nicht umgekehrt. Prozesse sollten möglichst nicht durch organisatorische „Schnittstellen" zerteilt und damit verlangsamt werden. Wenn Verantwortungsbereiche innerhalb eines Prozesses wechseln, d. h., wenn sich ein Prozess über mehrere gegebenenfalls sogar örtlich weit voneinander entfernte Verantwortungsbereiche erstreckt, so sind diese Schnittstellen so auszugestalten, dass sie durch interne Kunden-Lieferanten-Beziehungen und die dazugehörenden Vereinbarungen schnell überwunden werden können und damit den Charakter von „Nahtstellen" erhalten.

28.5.2   Prozesslenkung

Aufgabe der Prozessverantwortlichen in der Produktion ist es, für die Einhaltung der Prozessziele – Leistungs-, Qualitäts- und Kostenziele – zu sorgen. In diesen Verantwortungsbereich fallen alle Aufgaben der Produktionsplanung und -steuerung (PPS) inklusive der Festlegung der zur Planung und Steuerung der Produktion erforderlichen Methoden. In der Produktionslenkung, oft auch als Produktions(prozess)management bezeichnet, werden drei Hauptgruppen von Aufgaben unterschieden:

- Aufgaben, die die Ermittlung des kurz-, mittel- und langfristigen Bedarfs an Produktionseinsatzfaktoren (Material, Personal- und Maschinenkapazität, Information) zum Inhalt haben. Dies sind vor allem Primär- und Sekundärbedarfsermittlung.

■ Aufgaben, die sich mit der Sicherstellung der Verfügbarkeit der Produktionseinsatzfaktoren befassen, wobei in der Produktionslogistik eine 100%ige Verfügbarkeit aller Faktoren gefordert wird (Verfügbarkeitsprüfung, Auftragsfreigabe, Kommissionierplanung).

■ Aufgaben zur Synchronisation aller Prozessabläufe durch Abgleich von Kapazitätsangebot und -nachfrage sowie zur Veranlassung, Überwachung und Sicherstellung der Prozessdurchführung entsprechend den geplanten Mengen und Terminen im Rahmen der erlaubten Kosten. Im Wesentlichen handelt es sich dabei um Kapazitätsdisposition und Werkstattsteuerung.

Zur Abwicklung dieser Aufgabenkomplexe gibt es eine ganze Reihe von Methoden, deren Einsatz sich nach den Zielen und den konkreten Gegebenheiten des jeweiligen Produktionsprozesses und seiner Teilprozesse richtet. Grundsätzlich lassen sich Aufträge nach folgenden Prinzipien durch die Produktion steuern:

■ Hierarchie-Prinzip (auch Leitstand-Prinzip)

■ Schiebe-Prinzip (auch Bring- oder Push-Prinzip)

■ Zieh-Prinzip (auch Hol- oder Pull-Prinzip)

Beim Hierarchie-Prinzip werden alle Prozesse von einer übergeordneten Synchronisationsebene aus (z. B. einem Leitstand) koordiniert. Der Start von Teilprozessen (Arbeitsgängen) erfolgt durch Vorgabe des Leitstandes an den jeweiligen Verantwortlichen, die Beendigung von Teilprozessen wird zurückgemeldet und löst neue Vorgaben aus.

Voraussetzung für diese Lenkungsmethode ist die Ermittlung eines Zeitgerüstes aus Plan-(Soll-)Terminen durch eine Auftragseinplanung oder eine Programmplanung. Abweichungen zwischen Ist- und Planterminen werden als Störungen erfasst, analysiert und lösen Störbehebungsmaßnahmen aus. Dabei ist zwischen Maßnahmen zu unterscheiden, die einerseits der Beseitigung der Störung und ihrer Ursachen (Maschinenstörung, fehlerhaftes Material, fehlerhafte Informationen, Personalausfall), andererseits der Beseitigung oder Kompensation der Störungswirkungen (Prioritätenänderungen, Lossplittung etc.) dienen. Zur Störungsbearbeitung werden im Rahmen der Werkstatsteuerung unterschiedliche Methoden eingesetzt, von der einfachen Umplanung auf der Plantafel bis hin zur IT-gestützten Simulation.

Beim Schiebe-Prinzip wird ein Arbeitsgang bzw. Teilprozess dadurch ausgelöst, dass der zeitlich vorgelagerte Teilprozess seinen Output an seinen Nachfolger weitergibt. In analoger Weise stößt der Nachfolgeprozess seinerseits seinen Folgeprozess an.

Beim Zieh-Prinzip aktiviert der nachfolgende Teilprozess seinen Vorgänger durch Verwendung von dessen Output. In analoger Weise stößt
dieser wiederum seinen vorgelagerten Teilprozess an. Reihenunter-
suchungen und Simulationen haben ergeben, dass bei gleichen Rahmenbedingungen der durchlaufzeitsenkende Effekt bei Schiebe- und Zieh-
Prinzip annähernd gleich groß ist, dass allerdings die Schaffung der
Voraussetzungen für den Einsatz des Zieh-Prinzips zusätzlich stark be-
standsreduzierend wirkt. Die verbreitetste Anwendung des Zieh-Prinzips
ist die Kanban-Steuerung, die ihren Namen von der japanischen Bezeichnung für die standardisierte Auftragsinformation (Kanban bedeutet
Schild oder Tafel) hat (Bild 28.7).

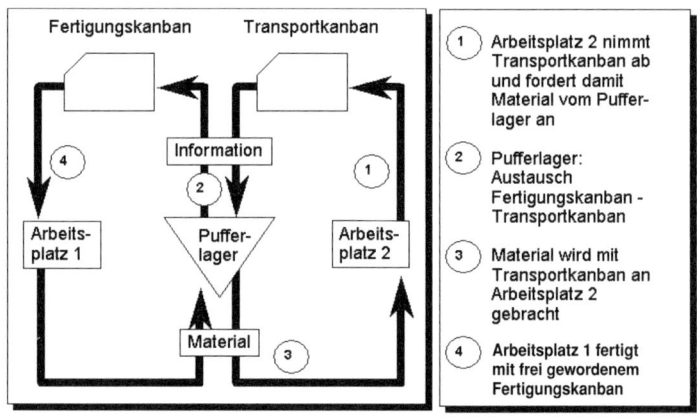

Bild 28.7: Kanban-Steuerung

Neben Kanbans aus Blech und Karton gibt es auch elektronische Kanbans in Form von Bildschirmmasken o. Ä. Der Vorteil des Zieh-Prinzips
liegt im wesentlich aufwandsärmeren Steuerungsprozess und in der starken Abnehmerorientierung. Einmal dimensioniert, steuern sich die Produktionsprozesse selbst. Voraussetzung für den erfolgreichen Einsatz
dieser Methode ist eine hinsichtlich ihrer Kapazität harmonisierte Produktion, hohe Transparenz des Layouts und ein relativ konstanter Bedarf. Schwankungen bis zu etwa 10 % können durch Beschleunigung/Ver-
zögerung der Prozesse, bis zu 30 % durch Veränderung der Anzahl um-
laufender Kanbans ausgeglichen werden.

28.5.3   Mitarbeiterqualifikation

Zu den oft nicht als Aufgabe der Produktionslogistik erkannten Notwendigkeiten zählt die Sicherstellung der Mitarbeiterqualifikation in der

Produktion, speziell was Planung und Steuerung der Materialflüsse und Informationsprozesse betrifft.

Diese Qualifikation umfasst:

■ Fachkompetenz

■ Methodenkompetenz

■ Sozialkompetenz

Während die Fachkompetenz alle Kenntnisse und Fähigkeiten umfasst, die für das Gestalten und Betreiben des Produktionsprozesses erforderlich und daher oftmals branchenspezifisch sind, zielt die Methodenkompetenz auf die Beherrschung aller für die Planung und Steuerung notwendigen Methoden ab. Dazu gehören das gesamte Spektrum der PPS-Methoden, aber auch das Instrumentarium an statistischen Methoden, wie es für KVP und Qualitätsmanagement (vor allem Total Quality Management) benötigt wird, sowie Methoden des Change Managements, der Moderation etc. Diese beiden Kompetenzarten lassen sich durch unternehmensexterne oder -interne Weiterbildungsmaßnahmen herstellen bzw. aktualisieren.

Die Sozialkompetenz hingegen umfasst Eigenschaften und Fähigkeiten, die nur begrenzt erlernbar sind, da sie ein bestimmtes Maß an persönlicher Grundveranlagung voraussetzen. Im Vordergrund stehen dabei Teamfähigkeit, Konsensfähigkeit, Führungsfähigkeit, die Fähigkeit, mit Konflikten umgehen zu können, sowie die Fähigkeit zu motivieren.

In Abhängigkeit von der Organisationsstruktur und der damit in Wechselwirkung stehenden Unternehmenskultur kann auch die unternehmerische Kompetenz von Mitarbeitern eine wichtige Rolle spielen, speziell wenn Elemente der fraktalen Fabrik mit einem hohen Maß von Empowerment realisiert werden, wenn also unternehmerisches Handeln am Arbeitsplatz gefordert und durch erfolgsorientierte Entgeltsysteme gefördert wird (Bild 28.8).

Der Erfolg der Produktionslogistik hängt in starkem Maß vom richtigen Kompetenzprofil der Mitarbeiter und Führungskräfte ab. Die Ermittlung der benötigten Kompetenzprofile erfolgt über die in der Aufbau- und Ablauforganisation festgelegten Verantwortlichkeiten und Aufgaben in den Prozessschritten. Entsprechend den Veränderungen in den Produkten, in den physischen Produktionsprozessen, in der Organisation und in der Prozesslenkung sind die vorhandenen Kompetenzprofile der Mitarbeiter und Führungskräfte anzupassen bzw. Mitarbeiter mit anderen, geeigneten Kompetenzprofilen einzusetzen. Es besteht eine enge Wechselwirkung zwischen den verfügbaren Mitarbeiterkompetenzen und den realisierbaren organisatorischen Strukturen und Abläufen. Dies

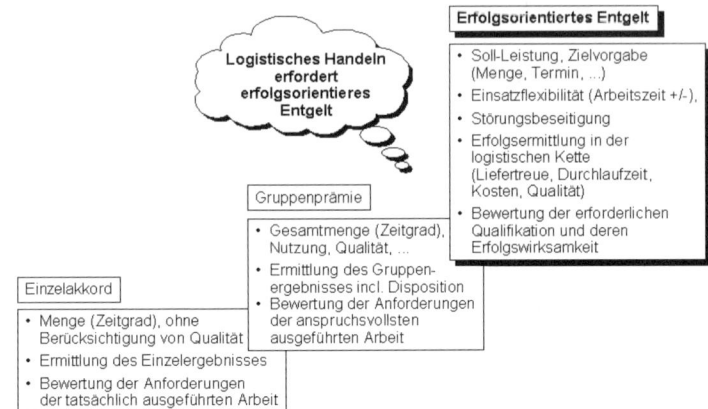

Bild 28.8: Erfolgsorientierte Entgeltsysteme

kann bedeuten, dass bestimmte Organisationsformen bei Nichtvorhandensein bestimmter Kompetenzprofile nicht realisiert werden können. Dies klar zu erkennen und zu berücksichtigen spielt vor allem in internationalen tätigen Unternehmen eine große Rolle – etwa bei der Entscheidung über Zentralisierung/Dezentralisierung oder über die Anzahl von Hierarchieebenen in unterschiedlichen Ländern und Kulturen.

28.5.4   Informationsversorgung

Erst nachdem Organisation, Prozesslenkung und Mitarbeiterkompetenz festgelegt worden sind, kann der exakte Informationsbedarf für den Produktionsprozess ermittelt und damit auch das geeignete Informationsversorgungssystem konzipiert werden. Dabei ist zwischen zwei Arten von Informationsbedarf zu unterscheiden:

- ■ Einem objektiven Informationsbedarf, der von den Aufgaben und dem Einsatz bestimmter Methoden in den Prozessschritten abhängig ist,

- ■ und einem subjektiven Informationsbedarf, der vom Kompetenzprofil und dem Wissen der Mitarbeiter und Führungskräfte bestimmt wird.

Die Deckung dieses Informationsbedarf hat nach dem gleichen logistischen Grundprinzip zu erfolgen, wie dies für Material- und Kapazitätsbedarf der Fall ist (Bild 28.9).

Die richtige Information: ...	vom Empfänger verstanden
zum richtigen Zeitpunkt: ...	für das Fällen von Entscheidungen ausreichend
in der richtigen Menge: ...	"so viel wie nötig, so wenig wie möglich"
am richtigen Ort: ...	beim Empfänger verfügbar
in der erforderlichen Qualität: ...	ausreichend detailliert und richtig, unmittelbar verwendbar

Bild 28.9: Die Deckung des Informationsbedarfs folgt den gleichen logistischen Prinzipien wie für Material- und Kapazitätsbedarf

In der Produktionslogistik ist die Entscheidung über den Formalisierungs- und Automatisierungsgrad der Informationsversorgung zu treffen. Ausschlaggebend ist dabei die Gesamtwirtschaftlichkeit des Produktionssystems innerhalb des Unternehmens. Es ist zu prüfen, ob die Formalisierung bestimmter Informationen bzw. der Prozesse zu ihrer Erstellung im Kontext des gesamten Informationsversorgungssystems wirtschaftlich ist.

Die Vorgehensweise bei der Konzeption der Informationsversorgung besteht darin, zuerst den Informationsbedarf der einzelnen (Teil-)Prozesse in der Produktion zu ermitteln. Dabei ist zwischen primären, das Produkt und die physischen Produktionsprozesse betreffenden Informationen (Stücklisten, Arbeitspläne etc.) und sekundären, den kybernetischen Produktionsprozess betreffenden Informationen (Produktionsprogramme, Störmeldungen etc.) zu unterscheiden. In einem zweiten Schritt ist zu definieren, in welchen Prozessschritten diese Informationen erzeugt werden. Es ist dabei festzulegen, welche Rolle die Mitarbeiter und Führungskräfte als Entscheider (Prozessverantwortliche) und als Informationserzeuger und -verarbeiter zugeteilt bekommen, was letztlich von ihrem Kompetenzprofil abhängt. Damit ist auch die Frage des Formalisierungs- und Automatisierungsgrades zu beantworten.

Im dritten Schritt ist das Informationssystem zu dimensionieren. Dazu muss zuerst ein Mengengerüst ermittelt und dessen voraussichtliche Entwicklung abgeschätzt werden. Im Kontext mit dem normalerweise bereits vorhandenen Informationssystem des Unternehmens ist nun die informationstechnische Konzeption zu erstellen. Gemäß dem betrieblichen Informationsverständnis, wonach Informationen immer zweck- bzw. ver-

wendungsbezogen sind, empfiehlt es sich, Informationsversorgungssysteme in der Produktion schwerpunktmäßig nach dem Zieh-Prinzip zu
konzipieren. Mitarbeiter und Führungskräfte entscheiden, welche Informationen sie zu welchem Zeitpunkt in welcher Menge und in welcher
Qualität benötigen. Die dabei erforderliche Qualität von Informationen
betrifft die inhaltliche Richtigkeit, die Entscheidungsrelevanz für den Benutzer, die Aktualität und die Form der Bereitstellung.

Die Aufgaben der Produktionslogistik lassen sich somit in eine Checkliste zusammenfassen, die ereignisbezogen immer wieder in der Reihenfolge ihrer Kausalitäten zu durchlaufen ist, und aus der (Um-)Gestal-
tungs- und Lenkungsmaßnahmen abzuleiten sind (Bild 28.10).

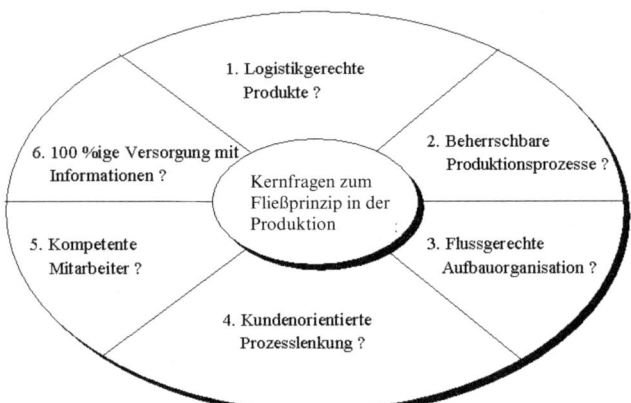

Bild 28.10: Checkliste zur flussgerechten Produktion

Entsprechend dieser Struktur ist auch ein Produktionslogistik-Con-
trolling aufzubauen. Welche Werte dabei zu messen sind, ist von der
Branche, der Geschäftsart und der jeweiligen Ausprägung der Prozesse
abhängig. Im Wesentlichen muss es sich um Bestandskennzahlen, Durchlaufzeiten, Flussgrade, Termintreue, Prozesskosten und Qualitätskenn-
zahlen (z. B. First Pass Yield) handeln. Die dahinter stehende Systematik
ermöglicht es, ein Benchmarking der einzelnen Aspekte durchzuführen
und „best practice"-Erkenntnisse im eigenen Produktionsprozess in Abstimmung mit dem Gesamtsystem umzusetzen. Typisch für diese Vorgehensweise ist die Tatsache, dass keiner dieser Aspekte übersprungen
werden darf. Erst wenn alle diese Aspekte bearbeitet werden – sei es bei
der Gestaltung oder beim Betreiben des Kernprozesses Produktion –,
ist eine erfolgreiche Produktionslogistik als Beitrag zum Unternehmenserfolg möglich.

29   Distributionslogistik

Prof. Dr.-Ing. Rüdiger Wenzel (†)[1]

29.1   Grundlagen und Begriffe

Die Distribution verbindet produzierende Unternehmen über Absatzkanäle mit Verbrauchern. Alles, was in einem produzierenden Unternehmen nach Fertigstellung, d. h. nach der Endmontage, der Erzeugnisse
geschieht, zählt zur Distribution. Sinngemäß gilt dasselbe für die eingekauften und im Lager liegenden Artikel im Handel. Nach herkömm-
lichem Verständnis zählt die Distribution der Fertigwaren zu den Aufgaben des Vertriebs bzw. des Absatzes. Die Distribution wird in die
akquisitorische und die physische Distribution, die Distributionslogistik,
unterteilt. Durch die akquisitorische Distribution werden die vertraglichen Grundlagen des Absatzes geschaffen.

Die Distributionslogistik umfasst als Teil der Auftragsabwicklung alle
Lager- und Transportprozesse sowie die dazugehörigen Informations-,
Planungs-, Steuerungs- und Kontrollaktivitäten, die für die wirtschaftliche Verteilung der Waren von der Herstellung bis zum Kunden erforderlich sind.

Im Sinne einer Lieferkette verbindet sie die Produktionslogistik eines
Unternehmens mit der Beschaffungslogistik eines Kunden.

Aufgabe der Distributionslogistik ist die Überbrückung räumlicher
(Ortsnutzen) und zeitlicher Differenzen (Zeitnutzen) zwischen Güter-
produktion und -verbrauch und damit die Planung, Steuerung, Durchführung und Kontrolle des Warenflusses von der Produktion bis zum
Kunden.

Ziel ist, die richtige Ware zum richtigen Zeitpunkt am richtigen Ort in
der richtigen Menge und Qualität zum richtigen Preis bereitzustellen[2]
und damit die Verfügbarkeit von Gütern und Informationen sicherzustellen. Das entspricht einem bestimmten Lieferservice.

Die Distributionslogistik besteht ausschließlich aus unproduktiven,
wenngleich unverzichtbaren Arbeitsvorgängen. Deshalb ist der kostenoptimalen Gestaltung des Warenflusses oberste Priorität einzuräumen.

---

[1] Aktualisiert von Prof. Dr.-Ing. Reinhard Koether.
[2] Die so genannten „6 R".

Produktionsunternehmen stehen vor der Frage, ob sie Distributionsaufgaben selbst wahrnehmen oder sie spezialisierten Unternehmen überlassen wollen. Kann ein Hersteller die Distributionsaufgaben effizienter
als andere Unternehmen erstellen und ergeben sich daraus Vorteile für
ihn, so empfiehlt sich die eigenständige Verteilung der Waren bis zum
Endkunden. Wenn diese Bedingung nicht erfüllt ist, lohnt sich die Untersuchung der Frage der Einschaltung von Absatzmittlern.

Die Distributionslogistik ist eine Funktion, die sowohl vom produzierenden Unternehmen mittels eines eigenen Lagersystems und Fuhrparks als
auch durch den Kunden durch Selbstabholung oder durch eine Spedition
als Drittpartner wahrgenommen werden kann. In letzterem Fall ist sie
vom Wesen her die Kombination von fremderstellter Sachleistung und
eigenerzeugter Dienstleistung. Man kann z. B. die Lager- und Bestandskosten eines Kunden durch häufigere, kleinere und bedarfssynchrone
Teillieferungen senken und ihn dadurch an das eigene Unternehmen binden. Da dies höhere Distributionskosten verursacht, sind die Absatzkanäle und Distributionswege zu beider Vorteil optimal zu gestalten.
Unter **Absatzkanälen** versteht man die Absatzwege in Verbindung mit
den Aktivitäten des Vertriebsaußendienstes. Die Absatzwege unterscheiden sich danach, ob sie den Lieferanten direkt oder indirekt über Absatzmittler mit dem Kunden verbinden. Beim Direktvertrieb behält das
Unternehmen die volle Kontrollspanne über den Absatz der Güter. Beim
Einschalten vom Absatzmittlern, wie dem Groß- und Einzelhandel,
begibt sich das Unternehmen des Einflusses auf das Vertriebsgeschehen,
braucht im Gegenzug aber kein eigenes Vertriebssystem aufzubauen und
zu betreiben. Die Absatzkanäle haben eine bestimmende Wirkung auf
die Gestaltung der Distributionslogistik, weil durch sie z. B. die Fahrtrouten der Fahrzeuge sowie die Anzahl der Zwischenlager und Emp-
fangspunkte festgelegt werden.

Distributionsorgane können sein:

- Absatzorgane der Hersteller, z. B. Verkaufsabteilungen, Reisende,

- Absatzmittler, z. B. Groß- und Einzelhändler,

- Absatzhelfer, z. B. Handelsvertreter, Spediteure, Logistikdienstleister;

- Marktveranstaltungen, z. B. Messen, Ausstellungen, Auktionen,
  Börsen;

- Beschaffungsorgane der Abnehmer, z. B. Einkaufsabteilungen, Kon-
  sumgenossenschaften, Einkaufsreisende.

29.2   Der Logistik-Service

Das generelle Ziel der Distributionslogistik ist die Optimierung der Logistikleistung mit den Komponenten Logistikservice und Logistikkosten.
Daraus leitet sich eine Reihe von Einzelzielen ab. Da es für Unternehmen

zunehmend schwieriger wird, sich einen komparativen Wettbewerbs-vorteil auf dem Feld der Produktion zu erarbeiten, wurde die Distributionslogistik als Rationalisierungspotenzial und als Möglichkeit der Wettbewerbspolitik entdeckt. Dabei kommt es darauf an, das eigene Unternehmen kundenorientiert auszurichten und sich selbst und dem Kunden Kostensenkungspotenziale zu eröffnen.

Die Qualität der Warenbereitstellung als Ausdruck der Kundenzentrie-rung wird vom Kunden im Wesentlichen durch den **Logistik-** oder **Lieferservice** wahrgenommen. Hier ist ein kostenoptimales Verhältnis zwischen den Anforderungen der Kunden und den anfallenden Kosten beim Liefe-ranten zu finden. Insofern ist die Distributionslogistik ein wesentliches Mittel der Distributionspolitik; denn der Lieferservicegrad wird unter Berücksichtigung der Kosten vertriebspolitisch festgelegt. Es geht also darum, die gewählten Absatzwege optimal zu bedienen.

Komponenten des Logistikservice sind:

■ Lieferfähigkeit. Darunter ist die Verfügbarkeit des Gutes zu ver-stehen, die eine umfangreiche Lagerhaltung mit bewusster Inkauf-nahme von Lager- und Kapitalbindungskosten voraussetzt.

■ Liefer- bzw. Wiederbeschaffungszeit. Sie bezeichnet die Zeitspanne von Auftragserteilung bis zum Eintreffen der Ware beim Kunden.

■ Liefertreue bzw. -zuverlässigkeit, welche die Termineinhaltung von Kundenaufträgen kennzeichnet und die rechtzeitige und vollstän-dige Auftragsbearbeitung voraussetzt.

■ Lieferqualität. Sie bezieht sich auf die exakte Erfüllung des Kauf-vertrags im Hinblick auf Art, gelieferte Menge (Vollständigkeit) und Qualität der Ware sowie auf den Zustand der Ware beim Eintreffen.

■ Lieferflexibilität. Sie drückt die Anpassungsfähigkeit des Lieferan-ten an die Kundenwünsche aus bezüglich Abnahmemengen, -zeit-punkten, Fragen der Verpackung und des Versands, Handhabung von Störungen bei der Vertragserfüllung usw.

■ Informationsbereitschaft. Die jederzeitige und kompetente Aus-kunft über Ware, Lieferfähigkeit, Bestellstatus etc., insbesondere bei Störungen, erhöht die eigene Reaktionsfähigkeit und senkt Be-stands- und Bestellkosten.

Der Logistikservice kann als „branchenüblich" von der Kundschaft ge-fordert sein. Er kann aber auch als Wettbewerbsinstrument vom Unter-nehmen selbst festgelegt werden. Vor diesem Hintergrund kann man ein Fertigwarenlager als logistisches Wettbewerbsinstrument einsetzen, wenn mit seiner Hilfe ein höherer Lieferservicegrad für die Kundschaft als bei der Konkurrenz erreicht wird. Die Lieferbereitschaft setzt eine Bestands-führung in gewisser Höhe voraus. Dabei sind die Lagerkosten mit den Fehlmengenkosten auszutarieren. Die Lagerkosten steigen mit der Höhe von Sicherheits- und Arbeitsbestand. Die Wahrscheinlichkeit des Auftretens einer Lieferunfähigkeit auf Grund eines Ausverkaufs von Waren, und damit von Fehlmengen und Fehlmengenkosten, sinkt dagegen mit vergrößertem Bestand. Zu den Fehlmengenkosten zählen in der Distribution z. B. Kosten für an sich überflüssige Transporte, für entgangene Aufträge und dauerhaft abgesprungene Kunden und damit Umsatzverluste. Imageverluste erschweren die Akquisition von Neukunden. Diese Zusammenhänge sind in Bild 29.1 dargestellt.

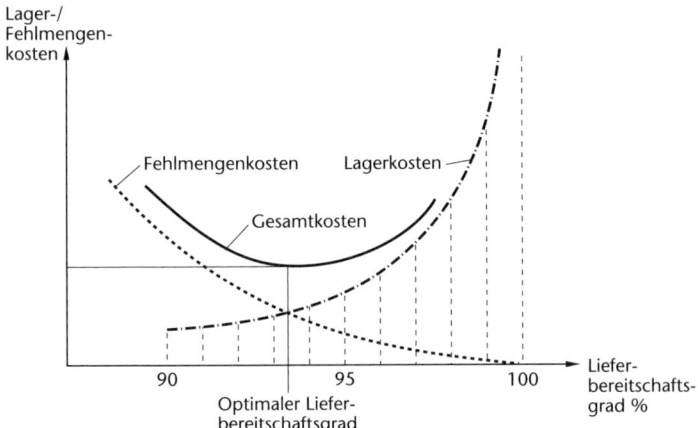

Bild 29.1: Bestandskosten in Relation zum Lieferbereitschaftsgrad

Vom Kunden wird der Logistikservice in erster Linie als Verfügbarkeit und, bei Fehlen des Gutes, als Lieferzeit wahrgenommen. Beide Komponenten müssen in einem kostenmäßig optimalen Verhältnis zueinander stehen, schlägt sich doch die Verfügbarkeit vorrangig in Lager- und Kapitalbindungskosten und die Lieferzeit in erster Linie als Beschaffungs- und Transportkosten nieder. Bild 29.2 zeigt, dass es aus Kostensicht keinen Sinn macht, über einen bestimmten „optimalen" Servicegrad hinauszugehen, der durch den maximalen Gewinnbeitrag bestimmt wird.

Aus logistischer Sicht werfen die zu verteilenden Güter als solche bereits erhebliche Probleme auf. Von Genussmitteln, wie z. B. Zigaretten, wird erwartet, dass sie überall und jederzeit zur Verfügung stehen. Folglich muss ein engmaschiges Verteilnetz[3] mit einem leistungsfähigen Nachschubsystem sicherstellen, dass der Konsument wie gewünscht an seine Zigaretten kommt. Ein Verweis des Verkäufers z. B. auf vier Wochen

---

[3] In den USA wird von vielen „outlets" gesprochen.

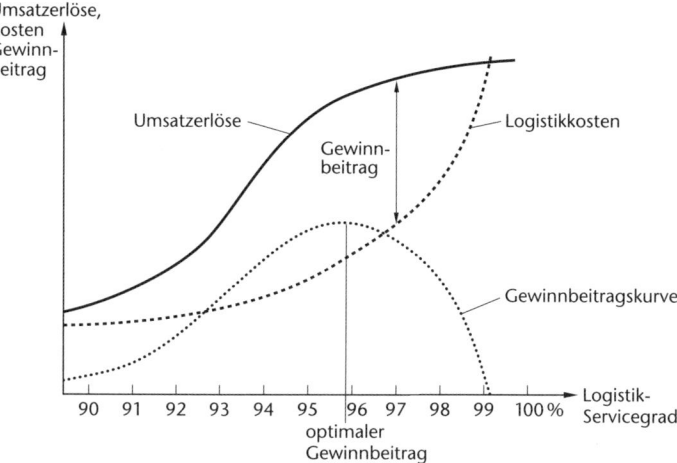

Bild 29.2: Kosten-Erlös-Verhältnis in Abhängigkeit vom Logistik-Servicegrad

Lieferzeit würde mit Recht als absurd bezeichnet werden. Bei schnell ver-
derblichen Waren wie Fisch, Milchprodukten, Obst, Gemüse, Blumen
etc. erwartet der Kunde, dass sie frisch und unverdorben auf den Markt
kommen. Folglich liegt hier die Betonung auf schnellem Transport und
Umschlag der Waren. Da nicht in jedem Falle ein zeitgerechter Transport
einzurichten ist, haben Produzenten und Handel stark darauf gedrängt,
in diesen Warengruppen tiefgekühlte oder gefrorene Markenprodukte
herzustellen. Hier wurde den Kunden seitens der Logistik ein Abstrich an
Frische und Qualität zugemutet, was aber immerhin noch die Investition
in Kühlhäuser und Tiefkühlketten sowie die Lagerbevorratung notwendig macht.

29.3 Zusammenhang zwischen Produktion und Distribution

29.3.1 Produktionstypologie und Distributionslogistik

In diesem Abschnitt stehen die produzierenden Industrieunternehmen,
die technische Gebrauchsgüter herstellen, im Mittelpunkt der Betrachtung. Deshalb ist an dieser Stelle ein Blick auf die in der Industrie vorhandenen Produktionstypologien (vgl. Bild 29.3 und [Wenzel, Fischer,
Metze, Nieß 2001]) geboten, um deren Einfluss auf die Distribution
herauszustellen.

Ein Produktionsunternehmen muss zuerst auf dem Beschaffungsmarkt Rohmaterial zur Herstellung eigener Teile und Teile, Komponenten und Baugruppen zur Endmontage eigener Fertigerzeugnisse einkaufen, bevor es zum Versorger, d. h. Lieferanten, der Endkunden wird. Das Material durchläuft auf seinem Herstellungsgang dabei die Zustände Rohmaterial, Teil, Komponente, Baugruppe bis hin zum Fertigerzeugnis. In Abhängigkeit im Wesentlichen vom Produkt selbst und dessen Auftragsmenge ergibt sich eine charakteristische Auftragsauslösungsart. Die Auftragsauslösungsart beschreibt, wie die Produktion an den Markt gebunden ist, d. h., ob die Produktion auf Grund von Kundenaufträgen oder von Absatzprognosen initiiert wird. Dieses Initialmerkmal prägt maßgeblich die Art der Auftragsabwicklung und dient somit als Leitmerkmal bei der Bestimmung von Unternehmenstypen. Bezüglich der Beziehungen zum Absatzmarkt kann man zwei Extremfälle unterscheiden:

■ das auftragsorientiert produzierende Unternehmen bzw. die kundenbezogene Auftragsproduktion von Einzelprodukten und Kleinserien und

■ das programmgebunden produzierende Unternehmen bzw. die kundenanonyme Produktion auf Lager

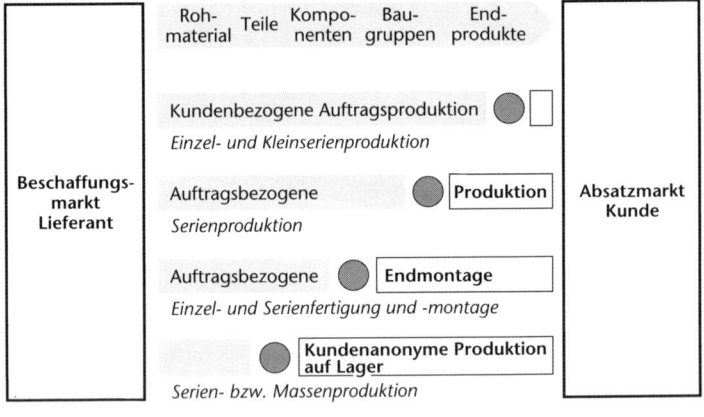

Bild 29.3: Produktionstypologien

Wegen des Leitmerkmals der Auftragsauslösung sind die genannten Extremfälle besonders durch die Anwendung der grundsätzlichen Logistikstrategie gekennzeichnet. Die kundenbezogene Auftragsproduktion umfasst einerseits auch die langwierigen und Gemeinkosten verursachenden Produktentwicklungs- und Konstruktionszeiträume und ist auf Einzel- und Kleinserienfertigung abgestellt. Insofern ist die Bevorratung größerer Materialmengen für die Produktion betriebswirtschaftlich wenig sinnvoll. Vielmehr kommt es darauf an, einen klaren Projektzeitplan zu erstellen und sich die benötigten Materialien und Zukaufteile zum richtigen Zeitpunkt zuliefern zu lassen. Das Material muss folglich gezogen werden; man spricht deshalb hier vom Zugprinzip bzw. von Zugsteuerung oder Pull control. Für Fertigerzeugnisse ist kein oder nur ein kleines Lager notwendig, weil meistens der Kunde bereits auf „sein" Produkt wartet.

Im Gegensatz dazu beruht die kundenanonyme Produktion auf Lager darauf, dass der Vertrieb, meist für ein Jahr, ein Vertriebsprogramm und, daraus abgeleitet, zusammen mit der Produktion ein Produktionsprogramm aufgestellt hat. Dazu liegen Absatzzahlen der Vergangenheit vor, die über Prognoserechnungen Vorhersagezahlen für die nächste Periode ermöglichen. Wegen der Programmbindung liegen also planbare Verhältnisse sowohl für den Absatz wie auch für die Beschaffung von Rohmaterial und Montageteilen vor. Es müssen folglich kontinuierlich wiederaufzufüllende Lager dafür vorhanden sein. Die kundenanonyme Produktion auf Lager ist darauf abgestellt, die Marktforderung nach schneller Lieferfähigkeit von Großserien oder Massen i. d. R. austauschbarer Verbrauchs- und Gebrauchsgüter zu befriedigen. Deshalb wird die Produktion vom Marktgeschehen durch Produktion auf ein Fertigwarenlager abgekoppelt. Das Lager bedient den Vertrieb und löst bei Erreichen von Bestellpunkten interne Werks- oder Lageraufträge an die Produktion aus. Auf Grund dieser Umstände wird das Material logistisch durch die Produktion gedrückt oder geschoben. Man spricht deshalb hier vom Druckprinzip oder einer Drucksteuerung bzw. Push control. Zwischen diesen Polen liegen die auftragsbezogene Produktion und die auftragsbezogene Endmontage, auf die hier nicht näher eingegangen werden soll.

Die vier grundsätzlichen Unternehmenstypen lassen sich mit Hilfe des sog. Kundenentkoppelungspunkts gemäß Bild 29.3 charakterisieren. Der Kundenentkoppelungspunkt bestimmt, bis zu welchen Produktionsstufen die Abläufe im Unternehmen einem Kundeneinfluss unterliegen und welcher Grad der Bevorratung und Lagerung von Teilen, Komponenten und Baugruppen Anwendung findet. Kernproblem ist das Finden eines für die Produktion optimalen Kundenentkopplungspunkts, der den Übergang von der Anwendung des Druck- zum Zugprinzip darstellt. Auftragsneutrale Teile können vorgefertigt und bis zur Montage auf ein Zwischenlager gelegt werden (Drucksteuerung). Auftragsabhängige Teile werden erst mit Vorliegen des Auftrags und eines konkreten Liefertermins gefertigt (Zugsteuerung) bzw. mit den vom Zwischenlager gemäß Stückliste entnommenen, d. h. kommissionierten Teilen endmontiert.

29.3.2 Gegenseitige Anforderungen zwischen Produktion und Distribution

Quantitative Anforderungen

Für die Produktion wäre ein gleichmäßiger Absatz ideal, weil dadurch die Anzahl der Rüstvorgänge minimiert und nach kostenoptimalen Losgrößen produziert werden könnte. Das verlangt nach gleichmäßiger Abnahme und stellt die Distribution vor das Problem, diese Mengen lagern und verteilen zu müssen. Im Gegenzug verlangt die Distribution, dass die auftragsorientierte Produktionsweise nach dem Ziehprinzip so weit wie irgend möglich verwirklicht wird und damit die Produktionstypologie der auftragsbezogenen Endmontage zur Anwendung kommt, weil dadurch eine wesentlich bessere Anpassung an Marktschwankungen erreicht und das Bestandrisiko an Fertigerzeugnissen minimiert werden kann. Hintergrund dieser Forderung ist aber auch, dass die Kundenaufträge aus Distributionssicht so in die Produktion eingeplant werden sollten, dass sie in die Auslieferungsfahrten in festgelegte Regionen (Relationen) passen, die in einer bestimmten Kalenderwoche angefahren werden. Das bedeutet, dass nicht die Auslastung der Produktionskapazitäten, sondern die der Transportkapazität optimiert werden sollte.

Qualitative Anforderungen

Die Produktion erwartet einerseits, dass die Fertigerzeugnisse so beim Kunden ankommen, wie sie die Produktionsabteilung verlassen haben. Das Verpacken, Auf- und Abladen, Kommissionieren etc. sollte idealerweise nur einmal vorkommen und die Unversehrtheit garantieren. Das bedeutet, dass die Distribution nur solche Lager- und Transporthilfsmittel verwenden sollte, welche die Beschaffenheit, das Gewicht und die Form der Produkte berücksichtigen. Andererseits erwartet die Distribution von Konstruktion und Produktion, dass die Erzeugnisse so gestaltet sind, dass sie von Form und Gewicht her mit üblichen Verpackungsmitteln sicher verpackt und mit herkömmlichen Lager- und Transportgeräten gehandhabt werden können; vgl. mit Abschnitt 29.4.

Zeitliche Anforderungen

Da der technisch bedingte Produktionsrhythmus vom Bestellrhythmus abweicht und außerdem Verzögerungen im Produktionsprozess eintreten können, zwingt das die Distribution zur effizienten Überbrückung des

Auseinanderklaffens der Rhythmen und zu Anpassungsmaßnahmen. Im Eigeninteresse sollte die Distribution die Produktion darin unterstützen, die technischen Bestimmungsgrößen, welche für das Auseinanderfallen von Produktions- und Nachfragerhythmus verantwortlich sind, so weit wie möglich außer Kraft zu setzen. Das kann durch Einsatz neuer Produktionstechnologien, z. B. durch intelligente, agile Produktionssysteme, erfolgen, welche die praktisch rüstzeitlose Produktion unterschiedlichster Artikel in einer weiten Schwankungsbreite der Losgrößen ermöglichen.

Örtliche Anforderungen

Der Produktionsstandort stellt ein wesentliches Grundsatzproblem dar, weil die Entfernung vom Werk bis zu den Kunden überbrückt werden muss. Für die Produktion stellt sich damit die Frage der Anzahl und der Lage der Produktionsstandorte. Die Distribution muss bei der Auswahl eines neuen Produktionsstandortes darauf Einfluss nehmen, dass dieser so nah wie möglich bei den Kunden angesiedelt wird, um die Logistikqualität für die Kunden (vgl. Abschnitt 29.2.) zu verbessern und die eigenen Distributionskosten zu senken. Ein Beispiel dafür ist die Ansiedlung der Zulieferer an den Standorten der Automobilwerke.

29.3.3   Produktlebenslauf und Distributionslogistik

Generell ist anzumerken, dass ein Produktionsunternehmen vom Markt her gesteuert werden sollte, um einerseits kostengünstig zu produzieren und andererseits optimal auf dem Markt präsent zu sein. Praktisch ist diese Forderung nur selten zu verwirklichen. Das wird am Lebenslauf eines Produktes deutlich. Man hofft zwar, dass es sich zum Renner, möglichst zu einem Massenprodukt als „Cash cow" entwickeln möge.

In der Einführungsphase hat man keinerlei Vergangenheitsdaten, die einen Anhalt für irgendwelche Planungen geben könnten, und man ist auf Schätzungen angewiesen. Es bedarf anfangs, falls überhaupt, nur eines kleinen Fertigerzeugnislagers. Während der Wachstumsphase ist kaum absehbar, zu welchen Stückzahlen es kommen wird. Es herrscht folglich Unklarheit sowohl über den geeigneten Zeitpunkt des Übergangs von der Auftragsproduktion (Vertrieb war in der Einführungsphase der einzige auftraggebende Kunde) auf kundenanonymen Produktion auf Fertigwarenlager als auch über distributionslogistische Maßnahmen hinsichtlich Lager- und Transportkapazitäten. Man ist zu permanenten Anpassungen gezwungen. Erst zu Beginn der Reifephase, zu der dann Erfahrungswerte der Vergangenheit vorliegen, kann man von einem eingeschwungenen logistischen Zustand mit eingependelten Lagerplatzzahlen, Bestellzyklen, Umschlagszahlen und Transporten sprechen. In der Degenerationsphase ist, von der Grundsatzentscheidung über die Zukunft des Produkts einmal abgesehen, aus betriebswirtschaftlichen Gründen nicht nur die Produktion herunterzufahren, sondern sind auch die distributionslogistischen Kapazitäten zurückzubauen.

29.4   Logistische Einheiten

Wenn man die grundsätzlich richtige Vorstellung ernst nimmt, dass der Vertrieb die Produktion steuert, dann muss auch der fabrikplanerischen Idealvorstellung gefolgt werden, dass „die Produktionseinheit = Lagereinheit = Bestelleinheit = Transporteinheit = Verkaufseinheit" sein sollte.[4]

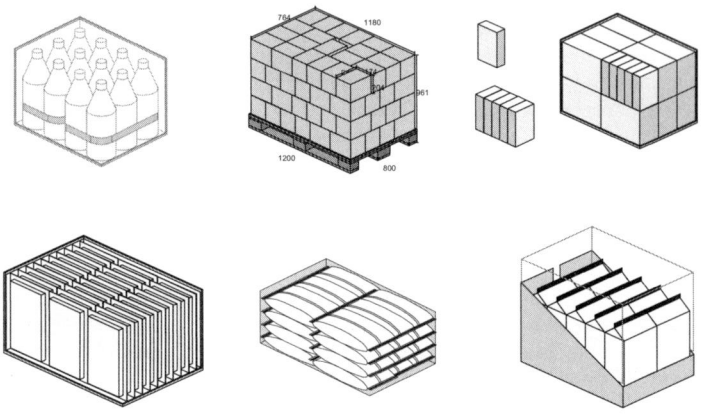

Bild 29.4: Beispiele für Packschemata auf Poolpalette (Quelle: Fraunhofer IML)

Ziel ist die Herstellung einer einheitlichen, durchgängigen logistischen Einheit, z. B. in Form der bekannten Europool-Palette 800 mm × 1 200 mm als Lager- und Transporthilfsmittel (Ladungsträger). Dadurch kommt es zu einheitlichen innerbetrieblichen förder- und lagertechnischen Einrichtungen und außerbetrieblichen Transportmitteln. Da diese standardisiert sind, kann man sie einerseits preiswert beschaffen, und andererseits hat man keinerlei logistische Schnittstellenprobleme mit anderen Unternehmen mehr. Sicherlich kommt es in der Praxis wegen der häufig differierenden Notwendigkeiten in Produktion und Logistik zu unterschiedlichen Anforderungen an die Lager- und Transporthilfsmittel; vgl. mit

---

[4] DIN 30781 spricht in diesem Zusammenhang von Ladeeinheiten und führt aus: „Ladeeinheiten sind Güter, die zum Zwecke des Umschlags durch einen Ladungsträger zusammengefasst sind."

Abschnitt 29.3.2. In diesen Fällen ist dafür Sorge zu tragen, dass Teileinheiten gemäß Bild 29.4 so konzipiert werden, dass sie in Kombination das gewählte einheitliche Lager- und Transporthilfsmittel vom Volumen her voll auszufüllen vermögen. Nur so kommt man zu einer minimalen Anzahl von Einzelpackungen, zu einer bezüglich des Inhalts optimalen Verpackung mit minimalen Verpackungskosten, zu einer bestmöglichen Volumennutzung und zu einer leistungsfähigen Ladungssicherung während des Transports.

29.5 Strukturen von Distributionslogistiksystemen

Distributionssysteme dienen folgenden Zwecken:

- Verteidigung alter Märkte

- Erschließung neuer Märkte

- Bessere Anpassung an Marktnischen

Auf Grund der steten Marktdynamik müssen sich Logistiksysteme stets den sich ändernden Marketingzielen des Unternehmens, den neuen Bedürfnissen der Zielgruppen und der Dynamik in den Institutionen der Distribution anpassen [Specht 1992].

Nach der Zahl der eingeschalteten Handelsstufen ist in die direkte und in die indirekte Distribution zu unterscheiden. Nach der Zahl der von einem Hersteller für eine Produktgruppe gleichzeitig benutzten Distributionskanäle unterscheidet man den Einweg- vom Mehrwegabsatz. Alle Absatzorgane, die in den Weg der Ware vom Hersteller zum Endkunden eingeschaltet sind, bilden zusammen eine Handelskette.

Ein Distributionssystem besteht wegen der bereits genannten Orts- und Zeitveränderung der zu verteilenden Waren immer aus Lager- und Transporteinrichtungen mit einem bestimmten Zusammenwirken. Es lässt sich am besten durch drei Elemente beschreiben:

- Zahl der unterschiedlichen Lagerstufen

- Zahl der Lager auf jeder Stufe und deren Standorte

- Räumliche Zuordnung der Lager zu den Absatzgebieten

Die vertikale Distributionsstruktur gibt an, wie viele unterschiedliche Lagerstufen in einem Distributionssystem existieren. Die Festlegung der vertikalen Distributionsstruktur ist immer eine strategische Entscheidung, weil sie langfristig wirkende Investitionen umfasst und die Leistungen von Produzent und Distributor gemeinsam gegenüber den Endkunden bestimmen.

Die vertikale Distributionsstruktur eines größeren Unternehmens, das nach der Produktionstypologie der kundenanonymen Produktion auf Fertigwarenlager an drei Standorten herstellt und die Warenverteilung selbst vornimmt, kann nach [Schulte 1995] die in Bild 29.5 dargestellten Stufen aufweisen.

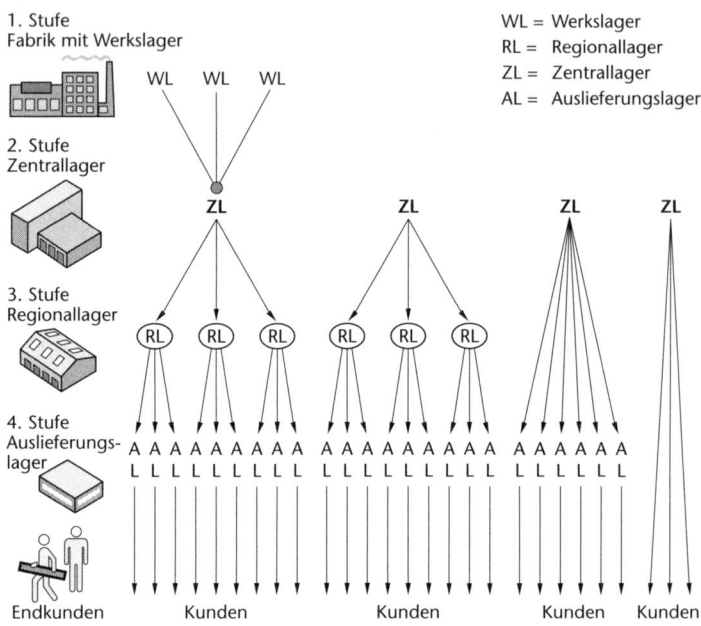

Bild 29.5: Strukturen von Distributionssystemen

In der 1. Stufe findet man an den jeweiligen Produktionsstätten Werkslager, welche ausschließlich die hier hergestellten Fertigwaren als kurzfristigen Mengenausgleich aufnehmen. Die 2. Stufe weist in der Regel ein einziges oder bei Großunternehmen eine sehr geringe Zahl von Zentrallagern auf. Zentrallager nehmen die gesamte Sortimentsbreite des Unternehmens auf und dienen der Auffüllung der Bestände auf den nachgeordneten Lagerstufen.

Teure und selten benötigte Waren findet man in der Regel nur im Zentrallager, die direkt von hier ausgeliefert werden. Die Regionallager der 3. Stufe haben die Aufgabe, innerhalb einer Absatzregion einen Puffer zwischen Produktion und Absatzmarkt zu schaffen. Sie enthalten nicht das gesamte Sortiment. Auf der untersten 4. Stufe stehen die de-

zentral und kundennah im Verkaufsgebiet angesiedelten Auslieferungslager. Ihre Aufgabe ist die Zusammenstellung (Kommissionierung; vgl.
29.6.1) der von den Kunden georderten Artikel eines Auftrages und die
Bereitstellung der Kommission zur Auslieferung. In den Auslieferungs-
lagern direkt am Kunden findet man vorzugsweise die absatzstarken
Artikel, die Schnelldreher mit großem Lagerumschlag und kurzen Ver-
weilzeiten.

Die Frage der langfristigen Grundsatzentscheidung, ob eher ein zentrali-
siertes oder ein dezentralisiertes Distributionssystem eingesetzt werden
soll, ist genauso schwierig zu beantworten wie die Frage nach der Anzahl
der Lagerstufen beim dezentralisierten Konzept, weil eine Vielzahl von
Parametern zu berücksichtigen ist. Ist die Entscheidung für ein dezentralisiertes, mehrstufiges Distributionssystem gefallen, muss die dann auf-
kommende Frage der horizontalen Distributionsstruktur nach Anzahl
und Standorten der Lager in den einzelnen Stufen beantwortet werden.
Ausgangspunkt für alle Überlegungen ist gewöhnlich die Frage: Wie
erreicht man eine möglichst große Zahl von Kunden zu wettbewerbsfähigen Kosten?

Zur Beantwortung dieser Frage ist das Auswerten statistischer Unterlagen über Bevölkerungsdichten hilfreich, aus denen man auch die Bal-
lungszentren und die Verkehrsinfrastruktur des untersuchten Landes
oder Gebietes entnehmen kann. Wenn man, vielleicht sogar aus eigenen
Verkaufsstatistiken, weiß, wo die Masse der Kundschaft sitzt und wie sie
sich im Land verteilt, kann man sich bereits intuitiv einen groben
Überblick über die Notwendigkeit und die ungefähre Gestaltung des
zukünftigen Distributionssystems machen. Die Anzahl notwendiger Regionallager kann man sich durch den prozentualen Marktanteil der Kunden, die in der geplanten Lieferzeit erreicht werden sollen, grob vor
Augen führen. Dabei zeigt sich, dass man bereits mit relativ wenig Regionallagern in den wichtigsten Ballungsräumen die Masse der Kunden
erreicht und mit steigender Lagerzahl die Zunahme immer geringer wird.

In die Planung der Struktur der Warenverteilung sind Kostenbetrachtun-
gen im Sinne einer Gesamtkostenanalyse einzubeziehen. Jede zusätzliche
Lagerstufe verursacht weitere Lagerkosten durch Fixkosten für den Bau
der Lager und laufende Kosten für deren Betrieb sowie höhere Kapitalbindungskosten, da jetzt viele Artikel an mehreren Stellen gelagert werden müssen. Betrachtet man die Frage des Aufbaus eines Netzes von
Regionallagern (Außenlagern), dann kommen Transportkosten zwischen
Werk bzw. Zentrallager und den Regionallagern und für den Waren-
umschlag hinzu. Man kann also die Zahl der Standorte erhöhen, solange
die Lagerkosten nach Einrichtung eines weiteren Lagers geringer sind als
die Transportkosten.

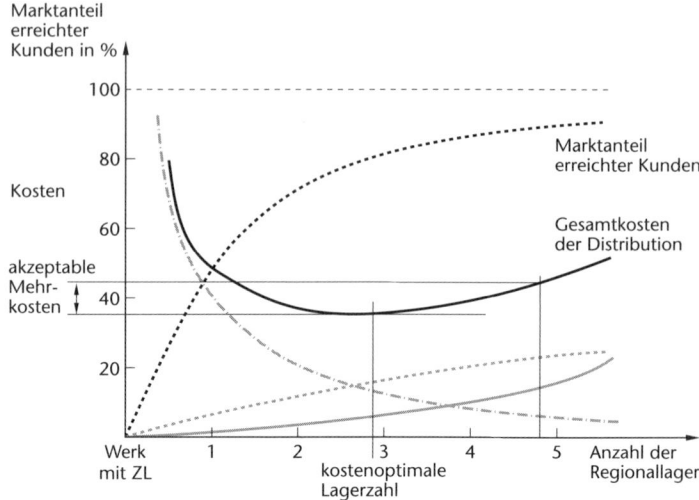

Bild 29.6: Bestimmung der kostenoptimalen Anzahl von Lagerstandorten

In Bild 29.6 erkennt man, dass sich die Lagerkosten und die Transportkosten je Periode im Hauptlauf vom Zentrallager zu den Außenlagern mit steigender Zahl von Lagerstandorten vergrößern. Dagegen sinken die Kosten für die Transporte von den Lagerstandorten zu den Kunden. Da diese Transporte Auslieferungen im Nahverkehr und in der Fläche, im sog. Nachlauf, sind, werden sie auch Nachlaufkosten genannt. Zu beachten ist, dass der Hauptlauf über die Langstrecke mit großen Lastzügen (Ladungsverkehr TL[5]) durchgeführt wird, was die Transportkosten pro Einheit geringer hält als beim anschließendem Nachlauf, bei dem geringere Mengen mit kleineren Lkw über kürzere Entfernungen (Stückgutverkehr LTL[6]) ausgefahren werden. Bei den Gesamtkosten stellt sich in diesem fiktiven Beispiel ein Minimum bei drei Regionallagern ein. Von der reinen Kostenbetrachtung her wäre jetzt die optimale Außenlageranzahl gefunden. Zur Verdeutlichung der Gesamtproblematik wurde in das Diagramm noch die Summenkurve der innerhalb der angestrebten Lieferzeit von den Außenlagern erreichten Kunden eingetragen. Bei drei Außenlagern hat man bereits etwa 80 % der Kunden erreicht. Da die Gesamtkostenkurve zwischen 2 bis 5 Lagern keine gravierenden Kostenunterschiede aufweist, bleibt es nunmehr eine vertriebspolitische Managemententscheidung, ob man bei Akzeptanz von Mehrkosten nicht doch

---

[5] Truck Load (Ladungsverkehr)
[6] Less than Truck Load (Stückgutverkehr)

mehr Regionallager bauen sollte, um den noch möglichen Zuwachs an Kunden auf ca. 87% bei 4 bzw. 91% bei 5 Regionallagern nicht den Mitbewerbern zu überlassen.

In diesem Zusammenhang ist ein weiterer Gesichtspunkt zu betrachten. Es ist möglich, durch Errichten eines dezentralisierten Distributionslagersystems in bestimmten regionalen Bereichen kostengünstiger zu sein als der Wettbewerber, der mit einem zentralen Distributionssystems arbeitet. Bild 29.7 zeigt warum. Bei der zentralisierten Distribution vom werksseitigen Zentrallager direkt zum Kunden wird eine Flotte kleinerer Lkw eingesetzt, die im Stückgutverkehr (LTL) die Waren landesweit in der Fläche verteilen. Damit sind die Distributionskosten pro Artikel relativ hoch. Wählt man ein mehrstufiges Lagersystem, dann sind Investitions- und laufende Kosten für die Einrichtung des Regionallagersystems aufzubringen. Die Regionallager werden von großen Lastzügen mit Anhängern, Sattelaufliegern oder Wechselbrücken im Wagenladungsverkehr (TL) im Hauptlauf versorgt, was die Distributionskosten pro Artikel niedrig hält. Die Verteilung vom regionalen Auslieferungslager zum Kunden erfolgt über kurze Strecken mit kleinen Lieferwagen (LTL) im Nachlauf. Dadurch ist die Summe der Transportkosten im kostenseitig definierten Absatzgebiet des Auslieferungslagers geringer als bei der Alternative der zentralen Distribution.

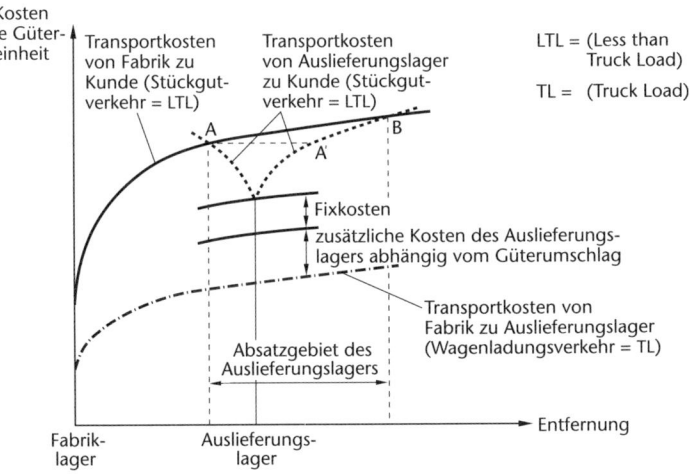

Bild 29.7: Kostensenkung bei der Belieferung eines Gebietes durch ein Auslieferungslager

29.6.   Distributionslager

Distributionslager oder -zentren dienen der Auftragsabwicklung und
damit der Sicherstellung der Versorgung zwischen Lieferanten und Emp-
fängern. Dabei erfüllen sie folgende Aufgaben:

1. Speicherungsfunktionen:

   ■ kurzfristige Lagerung

   ■ langfristige Lagerung

2. Bewegungsfunktionen:

   ■ Warenannahme (Entladen und Kontrolle)

   ■ Identifikation der Lagereinheiten (Lagerplatzzuweisung)

   ■ Einlagern mit Bestandszubuchung

   ■ Auslagern mit Bestandsabbuchung

   ■ Kommissionieren (Auftragszusammenstellung)

   ■ Verpacken

   ■ Versandvorbereitung entsprechend Relationen[7]

   ■ Versenden

Von entscheidender Bedeutung für die Auftragserfüllung ist das Kommissionieren. Deshalb wird nachfolgend näher darauf eingegangen.

29.6.1   Kommissionieren

Kommissionieren hat (nach VDI 3590a) zum Ziel, aus einer Gesamtmenge von Gütern (Sortiment) Teilmengen auf Grund von Anforderungen (Aufträgen) zusammenzustellen.

Unter Kommissionieren versteht man in der Distribution das Ausfassen
der Einzelpositionen eines Bestellauftrags mit ihren jeweils angeforderten
Teilmengen zum Zwecke der Zusammenstellung und des Versands an
den Auftraggeber.

Ein Kommissioniersystem besteht nach [VDI 3590] aus einem Material-
fluss-, einem Informationsfluss- und einem überlagerten Organisationssystem. Kommissioniersysteme kann man [Jünemann, Schmidt 1999]
durch folgende Elemente beschreiben:

■   Lagereinheiten sind die Einheiten, in denen ein Artikel bevorratet
    wird.[8]

---

[7] Eine Relation ist die Verkehrsverbindung zwischen mindestens zwei Orten. Im Linienverkehr
sind damit die fahrplanmäßig bedienten Routen gemeint.
[8] Hier spricht man häufig von SKUs (Stock Keeping Units).

- Bereitstelleinheiten heißen diejenigen Einheiten, die zur Entnahme angeboten werden.

- Entnahmeeinheiten sind die Mengen eines bestimmten, angeforderten Artikels, die durch den Kommissionierer entnommen werden.

- Sammel- oder Kommissioniereinheiten entstehen durch Entnahme der bestellten Positionen einer „Pickliste" durch den Kommissionierer und Zusammenfassen der Entnahmeeinheiten.

- Versandeinheiten bezeichnen die Menge der bestellten Artikel in der jeweiligen Stückzahl, die für einen Kunden seinem Auftrag gemäß versandfertig verpackt und zum Versand bereitgestellt sind.

Ohne Berücksichtigung des Informationsflusses setzt sich der Kommissioniervorgang materialflusstechnisch zusammen aus:

- Bewegung der Güter aus einem Einheiten-Vorratslager zur Bereitstellung

- Bereitstellung der Vorratseinheit im Kommissionierbereich

- Fortbewegung des Kommissionierers zur Bereitstellung

- Entnahme der angeforderten Güterteilmengen durch den Kommissionierer

- Transport der Entnahmeeinheit zur Abgabestelle

- Abgabe der Entnahmeeinheit

- Zusammenfassen der Entnahmeeinheiten zur Kommissioniereinheit

- Transport der Kommissioniereinheit zur Abgabe

- Abgabe der Kommissioniereinheit an Verpackung und Versand und

- Rücktransport der angebrochenen Ladeeinheit (Vorratseinheit) ins Vorratslager oder in ein separates Anbruchlager im Kommissionierbereich

Bezüglich weiterer, wichtiger Detailfragen wird auf die einschlägige Fachliteratur (z. B. [Gudehus 1999] und [Koether 2001]) verwiesen.

29.6.2 Umschlagen

Zum Erreichen eines hohen Logistikservicegrades sind Distributionslager insbesondere auf eine hohe Umschlagsleistung ausgelegt.

Der Umschlag ist (nach DIN 30781) die Gesamtheit der Förder- und Lagervorgänge beim Übergang der Güter auf ein Transportmittel, beim Abgang der Güter von einem Transportmittel und wenn Güter das Transportmittel wechseln.

Diese Definition bezieht sich nicht nur auf die durch Kommissionieren zusammengestellten Versandeinheiten. Es gibt auch Aufträge, bei denen Kunden komplette Lagereinheiten bestellen. Wenn vorhanden, können sie vom Lagerbestand entnommen werden. Andernfalls können sie z. B. beim Hersteller oder bei mehrstufigen Systemen vom Zentrallager angefordert werden. Das Distributionslager stellt in diesem Fall ein reines Durchgangs- und Umschlaglager ohne Lagerungsfunktion dar. Dabei wird insbesondere in Handelslagern zwischen Crossdocking und Transshipment unterschieden. Beim **Crossdocking** wird eine informationstechnische Verknüpfung zwischen Lieferant und Kunde vorgenommen. Deshalb wird die Zusammensetzung der Ladeeinheiten bereits bei der Güterbereitstellung im Lieferunternehmen für den Endabnehmer endgültig kommissioniert. Im Umschlaglager können die Ladeeinheiten ohne weitere Handhabungen vom Wareneingang direkt zum Warenausgang weitergeleitet werden. Dadurch entfallen Einlagerungs- und Auslagerungsoperationen und die Verbuchung der Lagerbewegungen. Es findet somit nur ein Wechsel des Transportmittels statt.

Beim **Transshipment** kommen dagegen artikelreine Paletten im Umschlaglager an. Dort werden sie in kurzer Zeit nach Endkunden kommissioniert, und die so entstandenen kundenreinen Paletten werden für die Auslieferung bereitgestellt. Es findet also eine Änderung der Zusammensetzung der Ladeeinheit und ein Wechsel des Transportmittels statt.

29.7 Warenwirtschafts- und Logistikinformationssysteme

Der Distributionslogistik kann, wie aus den bisherigen Ausführungen deutlich geworden ist, in keinem ihrer Einzelbereiche ohne ein leistungsfähiges Informationssystem funktionieren. Da es sich bei ihr um einen wesentlichen Teil des unternehmerischen Kernprozesses der Auftragsabwicklung handelt, muss es ein vorrangiges Ziel sein, einen durchgängigen, unterbrechungsfreien Material- und Informationsfluss zu erreichen. Auf Seiten des Handels wird das mit Warenwirtschaftssystemen (WWS) angestrebt [Gabler 2001]. Warenwirtschaft ist die Summe aller Tätigkeiten in einem Handelsbetrieb, die zur Steuerung des Warendurchflusses dienen, d. h. aller physischen Warenbewegungen nach Menge und Wert sowie aller auf die Durchführung dieser Warenbewegungen ausgerichteten personalen und finanziellen Prozesse, inklusive der dazu erforderlichen Sachmittel. Ein WWS ist die informationstechnische Abbildung der Warenprozesse und die zielorientierte Verarbeitung aller warenbegleitenden Daten. Die eigentliche Datenaufnahme sollte, z. B. durch Strichcode-Leser, vereinfacht, beschleunigt und irrtumssicher gemacht werden.

Elemente des WWS, welche die Distribution mit einschließen, sind

■ Einkaufssystem (Lieferantendatenmanagement, Angebotsverwaltung, Bestellwesen, Disposition, Reklamation),

■ Verkaufssystem (Kundendatenmanagement, Aktionsplanung und -überwachung),

■ Wareneingangssystem (Rechnungsprüfung, Warenannahme und -kontrolle, Antransport),

■ Lagerwirtschaftssystem (Warenauszeichnung, Lagerplatzverwaltung, Lagerbestandsführung, Umlagerungen, Inventurabwicklung),

■ Warenausgangssystem (Warenausgangskontrolle, Auftragsbearbeitung, Kommissionierung, Versandabwicklung).

Aufgabe ist die Steuerung des Warenflusses, die Bereitstellung waren- und kundenbezogener Daten zur Realisierung von Konzepten des Handelsmarketing sowie zur Rechnungslegung, Inventur und Statistik.

Weiterentwicklungen von WWS gehen in folgende Richtungen:

■ Die Verknüpfung des Kundendatenmanagements mit dem Data Warehouse führt zu einem umfassenden Management-Informations-System (MIS).

■ Durch Electronic Data Interchange (EDI) wird eine rationelle Datenerhebung und -übertragung in der Wertschöpfungskette angestrebt, um auch die überbetrieblichen Prozesse im gemeinsamen Interesse zu rationalisieren, insbesondere Efficient Consumer Response (ECR).

Die physischen Distributionsprozesse werden beim Umschlag, der Kommissionierung und Lagerung durch integrierte Materialflusssysteme, ähnlich wie im Produktionsbereich, zunehmend automatisiert. Informationssysteme zur Disposition und Verwaltung der Betriebsmittel spielen in Logistikunternehmen eine wichtige Rolle. Hierzu gehören z. B. Fuhrparkinformations- und Tourenplanungssysteme sowie Container- und Palettendispositions- und -steuerungssysteme. Im Straßengütertransport werden On-Bord-Systeme, die eine Fahrzeugverfolgung und -steuerung über Mobilfunk oder Satellit ermöglichen, verstärkt eingesetzt. Unternehmensübergreifende, die gesamte Logistikkette umfassende Informationssysteme ermöglichen im Rahmen des Supply Chain Management (SCM) eine neue Form der Zusammenarbeit zwischen Logistikunternehmen und ihren Kunden. Besondere Bedeutung kommt dabei dem elektronischen Datenaustausch (Electronic Data Interchange oder EDI) und der internetbasierten Datenkommunikation zwischen allen an einer Logistikkette beteiligten Unternehmen zu. Er führt nicht nur zu einer

Verringerung der Übertragungszeiten, der Fehlerquellen und des administrativen Aufwands, sondern ermöglicht eine Verfolgung der Logistikaufträge entlang der Logistikkette und verbessert damit die Dispositions- und Steuerungsmöglichkeiten für die verladende Wirtschaft (Sendungsverfolgung[9]).

Literatur

Ballou, R. H.: Business Logistics/Supply Chain Management. 5th edition. Englewood Cliffs, New Jersey: Prentice Hall Inc. 2004

Bloech, J.; Ihde, G. B.: Vahlens großes Logistiklexikon. München: Verlag Franz Vahlen 1997

Clausen, U.; Vastag, A. (Hrsg.): Handbuch der Verkehrs- und Transportlogistik. 2. Auflage. Berlin, Heidelberg, New York: Springer-Verlag 2011

Deutsches Institut für Normung (DIN) (Hrsg.): DIN 30781 Transportkette Teil 1 und 2. Berlin, Wien, Zürich: Beuth-Verlag 1989

Ehrmann, H.: Logistik. 6. Auflage. Ludwigshafen: Kiehl Verlag 2008

Gablers Wirtschaftslexikon. 17. Auflage. Wiesbaden: Gabler Verlag 2010

Gudehus, T.: Logistik: Grundlagen, Strategien, Anwendungen. 4. Auflage. Berlin, Heidelberg, New York: Springer-Verlag 2010

Ihde, G. B.: Transport, Verkehr, Logistik: Gesamtwirtschaftliche Aspekte und einzelwirt-schaftliche Handhabung. 3. Auflage. München: Franz Vahlen Verlag 2001

Jünemann, R.; Schmidt, T.: Materialflusssysteme: Systemtechnische Grundlagen. Berlin, Heidelberg, New York: Springer-Verlag 1999

Koether, R.: Technische Logistik. 3. Auflage. München: Carl Hanser Verlag 2007

Pfohl, H.-C.: Logistikmanagement. 2. Auflage. Berlin, Heidelberg, New York: Springer-Verlag 2004

Pfohl, H.-C.: Logistiksysteme: Betriebswirtschaftliche Grundlagen. 8. Auflage. Berlin, Heidelberg, New York: Springer-Verlag 2010

Schulte, C.: Logistik: Wege zur Optimierung der Supply Chain. 5. Auflage. München: Franz Vahlen Verlag 2009

Specht, G.; Fritz, W.: Distributionsmanagement. 4. Auflage. Stuttgart, Berlin, Köln: Verlag W. Kohlhammer 2005

Stabenau, H.: Verkehrsbetriebslehre. 3. Aufl. Düsseldorf: 1994

Verein Deutscher Ingenieure (Hrsg.): Richtlinie VDI 3590, Blatt 1–3. Kommissioniersysteme. Berlin, Wien, Zürich: Beuth 1994/2002/2002

Wenzel, R.; Fischer, G.; Metze, G.; Nieß, P. S.: Industriebetriebslehre: Das Management des Produktionsbetriebs. München: Hanser 2001

---

[9] Tracking and tracing.

30   Ersatzteillogistik

Dr.-Ing. Andreas Bauer
Dr.-Ing. Thomas Schmidt

30.1   Bedeutung und Einordnung

Die Bedeutung der Ersatzteillogistik wächst mit dem Wert der im Einsatz befindlichen Güter. Investitionsgüter und Anlagen, z. B. Flugzeuge oder Kraftwerke, stellen dementsprechend die höchsten Anforderungen an die Ersatzteillogistik. Die nachfolgenden Ausführungen zur Ersatzteillogistik beziehen sich daher beispielhaft auf Investitionsgüter.

Technischer Fortschritt und steigende Kundenanforderungen führen bei Investitionsgütern zu einer wachsenden Komplexität und Variantenvielfalt. Darüber hinaus nimmt die Lebensdauer der Güter allgemein zu und übersteigt die Produktionsdauer typischerweise um ein Vielfaches (Bild 30.1 oben). Der zerstörte oder verschrottete Anteil ist im Vergleich zur gesamten Produktionsmenge sehr klein. Damit bleibt der überwiegende Teil der jemals produzierten Investitionsgüter über einen langen Zeitraum in Betrieb.

Lebenszyklus von Investitionsgütern

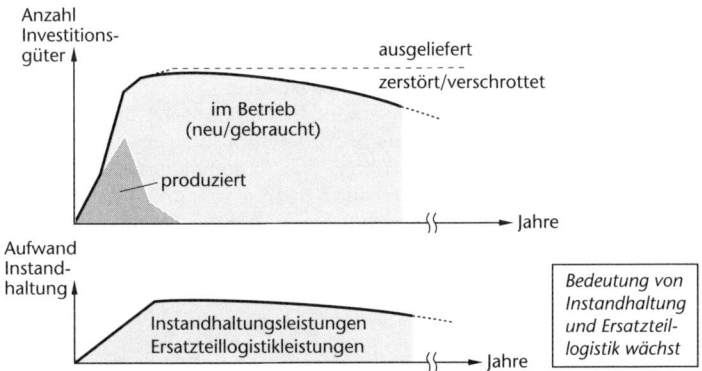

Bild 30.1: Ausgangssituation bei hochwertigen Investitionsgütern (nach [Wilkens 1990])

Um in diesem Umfeld die von den Anwendern erwartete, ungestörte Nutzung des Investitionsguts während seiner Lebensdauer zu erreichen, werden hohe Anforderungen an die unterstützenden technischen Dienstleistungen und die Verfügbarkeit von Ersatzteilen gestellt. Instandhaltung und Ersatzteilversorgung sind entsprechend über die Produktionsphase eines Investitionsguts hinaus mit hohem technischen und wirtschaftlichen Aufwand zu betreiben. Unter Berücksichtigung der zuvor beschriebenen Entwicklungen in der Investitionsgüterindustrie wird deutlich, dass Instandhaltung und Ersatzteillogistik zukünftig weiter an Bedeutung gewinnen und sich neben der Investitionsgüterproduktion im engeren Sinne zu einem weiteren, zentralen Wirtschaftsfaktor entwickeln werden.

30.2   Begriffe

Instandhaltung und Ersatzteillogistik umfassen technische Dienstleistungen zum Erhalt der Verfügbarkeit von technischen Systemen in deren Nutzungsdauer. Unter **Instandhaltung** werden nach [DIN 31051] „die Maßnahmen zur Bewahrung und Wiederherstellung des Sollzustandes sowie zur Feststellung und Beurteilung des Istzustandes von technischen Mitteln eines Systems" verstanden (siehe auch Kap. 34 Logistik und Anlagenverfügbarkeit). Dabei ist je nach Instandhaltungsart in **Wartung** (Bewahren des Sollzustands), **Inspektion** (Feststellen und Beurteilen des Istzustands) und **Instandsetzung** (Wiederherstellen des Sollzustands) zu differenzieren.

Voraussetzung für die Durchführung von Instandhaltungsmaßnahmen ist die Verfügbarkeit von Ersatzteilen. **Ersatzteile** sind gemäß [DIN 24420] „Teile (z. B. auch Einzelteile genannt), Gruppen (z. B. auch Baugruppen oder Teilegruppen genannt) oder vollständige Erzeugnisse, die dazu bestimmt sind, beschädigte, verschlissene oder fehlende Teile, Gruppen oder Erzeugnisse zu ersetzen." Ihde [Ihde 1999] fasst unter Ersatzteilen vereinfachend „austauschbare Komponenten eines aus mehreren Komponenten bestehenden technischen Systems" zusammen, wobei letzteres als **Primärprodukt** bezeichnet wird. Die Funktionstüchtigkeit des Primärprodukts wird dabei durch den Austausch einer oder mehrerer Komponenten mit Ersatzteilen erhalten bzw. wiederhergestellt.

Instandhaltung	* Bewahrung und Wiederherstellung des Sollzustandes * Feststellung und Beurteilung des Istzustandes
ET-Logistik	* Bereitstellung, Zusammenführen von Ersatzteilen mit Investitionsgut
Ersatzteile	* Ersatz für beschädigte, verschlissene oder fehlerhafte Komponenten * Ersatzteile sind für die Instandhaltung erforderlich

Bild 30.2: Begriffe und Abhängigkeiten in der Ersatzteillogistik [DIN 24420; DIN 31051]

Die **Ersatzteillogistik** bildet die Klammer zwischen Instandhaltung und Ersatzteilen (vgl. Bild 30.2). Sie umfasst alle erforderlichen Maßnahmen, um die benötigten Ersatzteile mit dem Primärprodukt zusammenzuführen. Die Anforderungen an die Ersatzteillogistik ergeben sich insbesondere aus der Bedeutung des schadhaften Teils für die Betriebssicherheit des Primärprodukts und der Höhe der Ausfall- bzw. Ausfallfolgekosten.

30.3 Zuverlässsigkeitsorientierung als Ausgangsbasis der Ersatzteillogistik

Um zu einer effizienten Ausprägung der Ersatzteillogistik zu gelangen, ist zu beachten, dass nur der ganzheitliche Ansatz mit der zusammenhängenden Betrachtung von Instandhaltung und Ersatzteillogistik zum Erfolg führt.

Grundlage zur Dimensionierung der Ersatzteillogistik ist die Zuverlässigkeit bzw. die Ausfallwahrscheinlichkeit der Komponenten des Primärprodukts. Erfahrungsgemäß reduziert sich der Aufwand für die Ersatzteillogistik proportional mit einer sinkenden Ausfallwahrscheinlichkeit (so wäre für ein 100 Prozent zuverlässiges System keine Ersatzteilversorgung erforderlich).

Um die Zuverlässigkeit bzw. das Ausfallverhalten von Komponenten zu beschreiben, wurde in der Vergangenheit häufig die so genannte „Badewannenkurve" verwendet [Smith 1993; Moubray 1997]. Die Badewannenkurve prognostiziert zu Beginn des Lebenszyklus eine erhöhte Wahrscheinlichkeit des Ausfalls. Sollte die Komponente zu Beginn nicht ausgefallen sein, so ist in der Folge mit einem nahezu konstanten Ausfallverhalten zu rechnen. Zum Ende der Lebensdauer steigt die Ausfallwahrscheinlichkeit schließlich auf Grund von Verschleißerscheinungen wieder an.

Basierend auf dieser Modellvorstellung des Ausfallverhaltens wurde zumeist eine **präventive Instandhaltung** durchgeführt (z. B. Austausch von Komponenten in festen Intervallen). Vorteilhaft war die langfristige Planbarkeit der Instandhaltung und der Ersatzteillogistik, nachteilig wirkten sich die hohen Kosten auf Grund nicht oder nur unvollständig genutzter Reststandzeiten von Komponenten aus.

Heute wird das Ausfallverhalten differenzierter betrachtet, was u. a. auch zu entsprechend veränderten Anforderungen an die Ersatzteillogistik führt. Die Nutzung und das Verständnis über das individuelle Ausfallverhalten der Komponenten und das Wissen um deren Bedeutung für den Betrieb des Primärprodukts wird mit der Methode der **Zuverlässigkeitsorientierten Instandhaltung** [Moubray 1997] genutzt (Austausch von Komponenten nur selten in festen Intervallen). Diese Methode setzt sich heute in der Instandhaltung wegen der geringeren Gesamtkosten bei gleicher Betriebssicherheit zunehmend durch. Für die Ersatzteillogistik folgt aus der Anwendung der Methode im Wesentlichen eine schlechtere Prognostizierbarkeit des Ersatzteilbedarfs. Die Ersatzteilplanung wird sich damit von deterministischer in Richtung stochastischer Verfahren verlagern. Zusätzlich erhöhen sich die Anforderungen hinsichtlich der Flexibilität des logistischen Systems.

30.4   Ziele und Methoden der Ersatzteillogistik

Die **Ziele** der Ersatzteillogistik bestehen darin [Ester 1997],

- das richtige Ersatzteil (identisch oder damit austauschbar)

- im richtigem Zustand (technisch geprüft mit Dokumentation)

- zur richtigen Zeit (geplant und/oder ungeplant)

- am richtigen Ort (am Bedarfsort vorhanden)

- zu minimalen Kosten (Ausfallfolgen- und Ersatzteilkosten)

bereitzustellen. Je nach individueller Ausprägung der Aufgabenstellung sind für die Ersatzteillogistik verschiedene Aspekte von Bedeutung. Dazu zählen z. B.

- die physische Logistik mit Lager- und Transportwesen,

- das Logistiknetzwerk mit Beschaffung, Lagerung, Distribution, Rücknahme, Recycling oder Reparaturen,

- die Verbindung zu administrativen Tätigkeiten, wie etwa zu Planung und Disposition,

- das Unternehmen, welches Logistikleistungen anbietet, z. B. als Hersteller (Komponenten und/oder Primärerzeugnis), Dienstleister oder Betreiber.

Die Methoden der Ersatzteillogistik müssen sich an den oben genannten Zielen und Aspekten orientieren. Insbesondere gilt dies für die Ersatzteilplanung und -disposition. Hier werden je nach Bedarfsverhalten (Planbarkeit) und Ersatzteilwert drei Methoden unterschieden [Wiendahl 1997]:

- bedarfsgesteuert (deterministisch)

- verbrauchsgesteuert (stochastisch)

- heuristisch (durch Schätzen aus Erfahrung)

Die Auswahl der Methoden erfolgt z. B. nach ABC-/XYZ-Klassifizierung. Analog ergeben sich unterschiedliche Anforderungen an das physische Logistiksystem (bestehend aus Zentrallager, Nebenlagern, Lager-

und Transportmitteln, EDV und Prozessen). Die Systematik zum Aufbau des Ersatzteillogistiksystems orientiert sich an der Distributionslogistik für klassische Güter (siehe auch Kap. 29).

30.5 Logistik für reparaturfähige Ersatzteile

In gleichem Maße wie die Primärprodukte selbst werden auch deren Komponenten bzw. Ersatzteile zunehmend komplexer und damit werthaltiger. Dies hat zur Folge, dass sich Rückführung und Reparatur defekter Ersatzteile im großen Maßstab zunehmend auch wirtschaftlich lohnen.

Dieser Trend ist insbesondere in der Luftfahrtindustrie gut zu beobachten, da hier sehr hochpreisige Ersatzteile in Kombination mit strengen Qualitätsrichtlinien zu einer frühen Umsetzung der Kreislaufwirtschaft für Ersatzteile geführt haben. Auch in weiteren Branchen, wie z. B. der Automobilindustrie, sind Ansätze einer kommerziellen Kreislaufwirtschaft für Ersatzteile erkennbar (z. B. für Motoren, Anlasser etc.). Die breitere Durchdringung scheitert heute jedoch häufig noch am Fehlen einheitlicher Qualitätsstandards für die in Stand gesetzten Komponenten.

Die logistische Behandlung reparaturfähiger Ersatzteile (Reparaturteile) ist gegenüber den klassischen Ersatzteilen ungleich komplizierter und soll daher im Folgenden näher beleuchtet werden.

30.5.1 Charakterisierung der Reparaturteilelogistik

Die Besonderheiten der Reparaturteilelogistik (z. B. Bevorratung bzw. Versorgung hochpreisiger, reparierbarer Ersatzteile in geringer Stückzahl) führen dazu, dass in der Ersatzteillogistik übliche Methoden, wie z. B. die Verbrauchsorientierung, nicht anwendbar sind. In Bild 30.3 werden Ersatzteile anhand verschiedener Merkmale typisiert. Die typische Problemstellung der Reparaturteilelogistik ist i. d. R. dann anzutreffen, wenn die im Bild grau hinterlegte Ausprägung der Typisierungsmerkmale vorliegt.

Typisierungsmerkmale	Ausprägungen der Typisierungsmerkmale		
Produktionstechnische Ersatzteilkomplexität	unproblematisch, einfach herzustellen	produktionstechnisch anspruchsvoll	
physische Verbundenheit mit dem Primärprodukt	einfacher Tausch ohne Spezialisten	einfacher Tausch mit Spezialisten	aufwendiger Tausch mit Spezialisten
Einfluss der Ersatzteilfunktionalität auf die Grundfunktionen des Primärprodukts	Ausfall Ersatzteil ohne Einfluss auf Grundfunktion	Ausfall führt zu gewissen Beeinträchtigungen	Grundfunktion direkt an Ersatzteil gekoppelt
relative Lebensdauer der Ersatzteile	gleich/länger als Primärprodukt	kürzer als das Primärprodukt	erheblich kürzer als Primärprodukt
Instandsetzbarkeit der Ersatzteile	leicht, unproblematisch	von Spezialisten mit geringem Aufwand	von Spezialisten mit hohem Aufwand
Ersatzteilbedarf	(sehr) hoher Bedarf in einer Planungsperiode	(äußerst) geringer Bedarf in einer Planungsperiode	
Wert der Ersatzteile	gegenüber dem Primärproduktwert unbedeutend	den Primärproduktwert determinierend, sehr teuer	

Bild 30.3: Typisierungsmerkmale für Ersatzteile (nach [Hug 1986])

30.5.2 Reparaturteilekreislauf

Die aus Sicht der Ersatzteillogistik wichtigste Besonderheit der Reparaturteile ist die Ausbildung eines Teilekreislaufs (Bild 30.4). Stationen des Reparaturteils im Kreislauf sind die Primärproduktinstandhaltung (Ersatzteilkunde), die Werkstätten (Instandhaltung des Reparaturteils) und das Reparaturteilelager (Zentral- oder Nebenlager). Ein Durchlauf beginnt damit, dass der Kunde bei Durchführung einer Instandhaltungsmaßnahme am Primärprodukt einen Ersatzteilbedarf erkennt, den Bedarf durch Bezug eines Reparaturteils vom Lager deckt und parallel dazu das defekte Teil zur Instandsetzung in eine Werkstatt schickt. Nach erfolgter Reparatur steht das Ersatzteil wieder am Lager bereit. Anders als bei Verbrauchsmaterialien bleibt damit die Menge der Reparaturteile im Kreislauf (bis auf Zu- bzw. Abgänge aus Kauf oder Verschrottung) konstant, die Teile wechseln jedoch beim Kunden bzw. in der Werkstatt den Zustand von *einbaufähig* in *nicht einbaufähig* bzw. umgekehrt.

Reparaturteilekreislauf

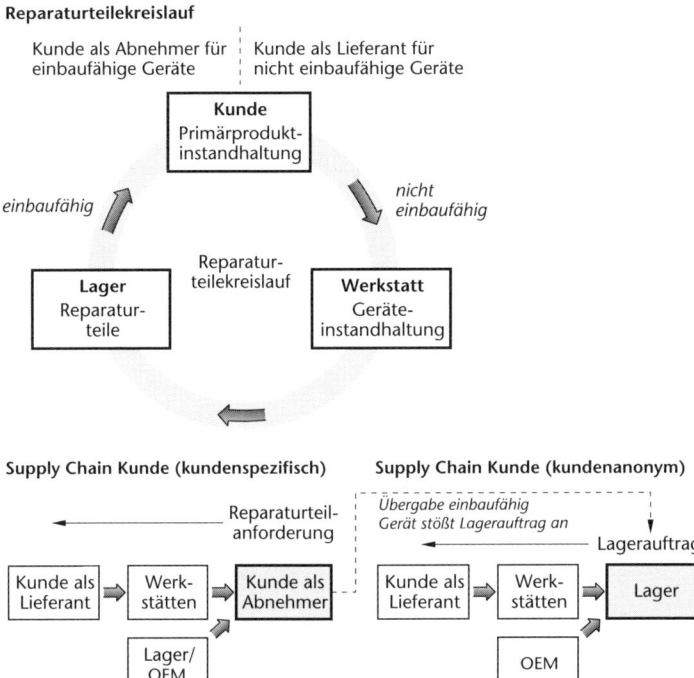

Bild 30.4: Reparaturteilekreislauf

Partizipieren mehrere Betreiber von Primärprodukten an einem gemeinsamen Ersatzteilbestand, wird von einem Ersatzteilpool gesprochen. Aus wirtschaftlicher Sicht ergeben sich hieraus Bestandskostenvorteile (Pooleffekt). Aus logistischer Sicht besteht die Hauptaufgabe darin, mit einer möglichst geringen Menge von Reparaturteilen im Kreislauf (Umlaufreserve) eine möglichst hohe Verfügbarkeit beim Kunden zu erreichen. Im Folgenden werden die daraus resultierenden logistischen Aufgaben näher beschrieben.

30.5.3 Management der Reparaturteilelogistik

Angelehnt an die Methoden des Supply Chain Management (vgl. z. B. [Stadtler 2000]) lassen sich die für das Management der Ersatzteilversorgung erforderlichen Kernfunktionen nach Fristigkeit den drei Blöcken

Reparaturteil-Controlling, Reparaturteil-Planung und Reparaturteil-Steuerung zuordnen.

Das **Reparaturteil-Controlling** prüft und setzt die Rahmenbedingungen für die wirtschaftliche und qualitätsgerechte Sicherstellung der Reparaturteileversorgung. Es dient der Vorbereitung von Entscheidungen mit einem Horizont von etwa 1–3 Jahren. Die wesentlichen Aufgaben sind:

- das Analysieren der Performance der eigenen Leistungserstellung sowie aller an der Leistungserstellung beteiligten Partner (Werkstätten, Zulieferer, Logistik, Einkauf etc.)

- das Feststellen von Abweichungen zu vertraglichen Vereinbarungen sowie das Anstoßen und Verfolgen von Maßnahmen zum Einhalten der Vertragsverpflichtungen

- das Analysieren der Reparaturteilbestände hinsichtlich von Kennzahlen wie Erlös, Kosten, Umschlagshäufigkeit etc.

- das Erkennen und Aufzeigen von Verbesserungspotenzialen im Versorgungssystem sowie das Anstoßen und Verfolgen von Maßnahmen zu deren Realisierung

Die **Reparaturteil-Planung** trifft Entscheidungen hinsichtlich Menge und Soll-Verteilung der Umlaufreserve sowie hinsichtlich technologischer Fragestellungen (z. B. Austauschbarkeiten). Der Planungshorizont umfasst typischerweise 3–12 Monate. Die wesentlichen Aufgaben sind:

- die Prüfung und Pflege der Planungsparameter (z. B. Plandurchlaufzeiten, Wechselraten, gewünschte Verfügbarkeiten etc.)

- das Festlegen der zur Reparaturteileversorgung erforderlichen Bestandsmengen (Umlaufreserve)

- die Definition der Sollverteilung der Bestandsmengen auf den bewirtschafteten Lagerorten

Die **Reparaturteil-Steuerung** umfasst alle kurzfristigen Entscheidungen, die zum operativen Betrieb der gesamten Wertschöpfungskette erforderlich sind. Dies beinhaltet insbesondere die Reaktion auf Engpasssituationen sowie das vorausschauende Sicherstellen einer größtmöglichen Versorgungssicherheit. Der Steuerungshorizont beträgt ca. 2–4 Wochen. Wesentliche Aufgaben sind:

- das Einleiten, Verfolgen und Umsetzen von Maßnahmen zur Behebung von Engpässen und Schwachstellen in der Reparaturteileversorgung

- das bedarfsgerechte Verteilen der durch die Planung definierten Bestandsmengen auf die bewirtschafteten Lagerorte

■ das Auflösen von Konflikten zwischen konkurrierenden Ersatzteil-
bedarfen

30.6 Rollenverteilung bei der Leistungserstellung

Aufgaben- und Zielstellung der Ersatzteillogistik als technische Dienstleistung richten sich nach deren Stellung im Unternehmensnetzwerk zwischen Hersteller und Betreiber (Bild 30.5). Jedes Unternehmensmodell
zur Sicherstellung des Primärproduktbetriebs hat seine individuellen
Vor- und Nachteile. Nachfolgend sind die drei wesentlichen Modelle dargestellt.

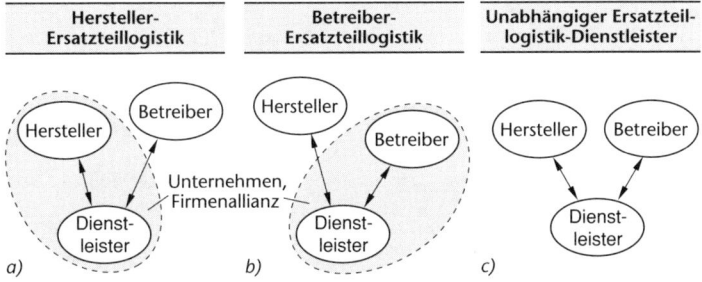

Bild 30.5: Unternehmensmodelle zur Realisierung der Ersatzteillogistik [Bauer 2002]

Modell A: Die Ersatzteillogistik wird vom Hersteller betrieben. Sie ist
damit insbesondere vor dem Hintergrund des Absatzes von Primär-
erzeugnissen zu sehen und stellt vor diesem Hintergrund eine Zusatz-
leistung (Mehrwertleistung) dar, die entsprechend der Absatzstrategie
ausgeprägt ist (z. B. als Verkaufsargument für neue Güter). Durch die
Anbindung an den Hersteller sind Verfügbarkeit und Lieferqualität der
Ersatzteile gewährleistet. Allerdings besteht die Gefahr, dass Betreiberanforderungen nicht ausreichend beachtet werden, da Herstellerwünsche
(Preise oder Marketingstrategien bei den Primärprodukten) die Ersatzteillogistik beeinflussen können.

Modell B: Die Ersatzteillogistik wird vom Betreiber des Primärprodukts
selbst betrieben. Sie ist damit vor dem Hintergrund des im Einsatz befindlichen Primärerzeugnisses zu sehen, wobei insbesondere die Einsatz-
bedingungen und die Betreiberanforderungen für die Dimensionierung
des Logistiksystems genutzt werden. Ergebnis ist in der Regel ein die Bedürfnissen des Kunden angepasstes Logistiksystem, wobei die Zielstellung bei der Sicherstellung der Betriebsbereitschaft des Primärerzeug-

nisses liegt. Nachteilig wirkt sich aus, dass Erfahrungen anderer Betreiber selten Eingang in die Gestaltung der Ersatzteillogistik finden, was zu Problemen hinsichtlich Effizienz und Effektivität führen kann.

Modell C: Die Ersatzteillogistik wird von einem unabhängigen Dienstleistungsunternehmen betrieben. Dieses Modell ist insbesondere geprägt durch klare Kunden-/Lieferantenbeziehungen zwischen den beteiligten Partnern (Betreiber, Dienstleister und Hersteller), die auf eindeutig messbaren Kriterien (z. B. Kennzahlen und Leistungsbeschreibungen) basieren. Die direkte Messung der Ersatzteillogistik an seiner Leistungsfähigkeit zwingt den Dienstleister zur permanenten wirtschaftlichen und qualitätsorientierten Optimierung des Logistiksystems. Eine potenzielle Schwäche des Modells liegt in der hohen Abhängigkeit des Dienstleisters von Herstellern und Lieferanten.

Literatur

Bauer, Andreas: Lebenszyklusorientierte Optimierung der Instandhaltung bei hochwertigen Investitionsgütern. Schriftenreihe des IFU, Band 3. Aachen: Shaker, 2002

Deutsches Institut für Normung (Hrsg.): DIN 24420, Teil 1: Ersatzteillisten. Berlin: Beuth, 1976

Deutsches Institut für Normung (Hrsg.): DIN 31051: Instandhaltung, Begriffe und Maßnahmen. Berlin: Beuth, 1985

Ester, Birgit; Pfohl, Hans-Christian (Hrsg.): Benchmarks für die Ersatzteillogistik: Benchmarkingformen, Vorgehensweise, Prozesse und Kennzahlen. Berlin: Erich Schmidt, 1997

Hug, Werner: Optimale Ersatzteilwirtschaft. Beitrag zum technisch-wirtschaftlichen Bestände-Controlling. Schriftenreihe Anlagenwirtschaft. Köln: Verlag TÜV Rheinland, 1986

Ihde, Gösta B.; Merkel, Helmut; Henning, Ralf: Ersatzteillogistik. 3., völlig neu bearbeitete Auflage. Schriftenreihe der Bundesvereinigung Logistik (BLV) e. V., Bremen. Band 44, München: Huss, 1999

Moubray, John: Reliability-centered Maintenance. 2. Auflage. Oxford, UK: Butterworth-Heinemann 1997

Smith, Anthony M.: Reliability-centered maintenance. New York, USA: McGraw-Hill 1993

Stadler, Hartmut; Kilger, Christoph (Hrsg.): Supply Chain Management and Advanced Planning. Concepts, Models, Software and Case Studies. Berlin, Heidelberg, New York: Springer, 2000

Wiendahl, Hans-Peter: Betriebsorganisation für Ingenieure. 7. Auflage. München, Wien: Hanser, 2009

Wilkens, Heiner: Der Markt für gebrauchte Verkehrsflugzeuge. In: Lufthansa Jahrbuch '90. Deutsche Lufthansa AG, Presse und Information, S. 116–125. Gelsenkirchen: Dr. Neufang, 1990

31 Entsorgungslogistik

Prof. Dr.-Ing. Dr. h. c. Helmut Baumgarten
Dr.-Ing. Thomas Sommer-Dittrich

Die Entsorgungslogistik ist eines der ältesten und jüngsten Aufgabengebiete der Logistik zugleich: Obgleich die Beseitigung gefährlicher und schädlicher Stoffe aus seinem Umfeld den Menschen schon seit seiner Sesshaftwerdung begleitet, stand sie doch lange im Schatten von versorgungs-, produktions- und distributionslogistischen Abläufen. Erst durch die zunehmende Ressourcen- und Deponieknappheit in Europa sowie die Ablösung der Funktionsorientierung durch eine ganzheitlich prozessorientierte Sichtweise in der Logistik etablierte sich die Entsorgungslogistik neben der Entwicklung, Versorgung und Auftragsabwicklung im Prozesskettenmodell und schloss damit den logistischen Kreislauf [Baumgarten/Zadek], dargestellt in Bild 31.1.

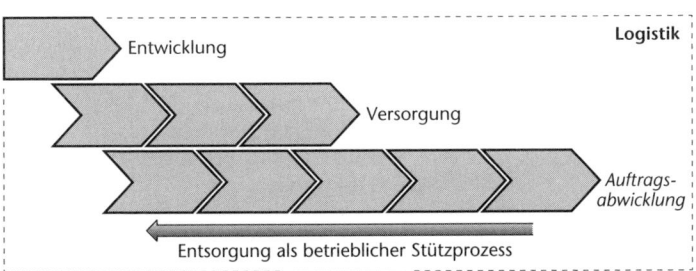

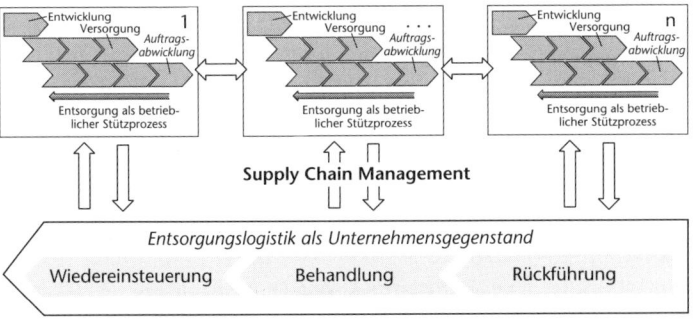

Bild 31.1: Entsorgungslogistik als Stützprozess und Unternehmenszweck

Vorrangig für Produktionsunternehmen stellt die **Entsorgungslogistik eine innerbetriebliche Stützfunktion** dar. Hierbei müssen in erster Linie Standardprozesse und Nahtstellen definiert sowie zweckmäßige Systeme eingesetzt und gesteuert werden.

Durch das Übertragen entsorgungslogistischer Prinzipien auf die Abfallwirtschaft sind Unternehmen entstanden, deren **Unternehmensgegenstand die Erbringung entsorgungslogistischer Leistungen** darstellt. Schwerpunkt ist hierbei die Entwicklung marktgerechter Entsorgungskonzepte und -technologien, um als **Entsorgungslogistikdienstleister** Leistungen für private und öffentliche Auftraggeber kosten-, qualitäts- und zeitoptimal zu erbringen [Frank].

31.1   Rechtlicher Rahmen der Entsorgungslogistik

Das **Kreislaufwirtschafts- und Abfallgesetz [Krw-/AbfG]** von 1986 kann als wichtigster administrativer Meilenstein der deutschen Entsorgungslogistik bezeichnet werden.

Ein Beispiel für die Umsetzung des Verursacherprinzips stellt die **Neuregelung der Beseitigungspflicht** nach § 11 KrW-/AbfG dar: Während vorher die nach Landesrecht zuständige Körperschaft beseitigungspflichtig war, sind nun die Erzeuger oder Besitzer von Abfällen selbst beseitigungspflichtig. Von dieser für jedermann bestehenden Abfallbeseitigungspflicht bestehen jedoch Ausnahmen: Private Haushalte, die nicht in der Lage oder willens sind, ihre Abfälle selbst zu beseitigen, müssen diese gemäß § 13 KrW-/AbfG den zur Entsorgung verpflichteten öffentlichrechtlichen Entsorgungsträgern (ÖRE) überlassen. Ergänzt wird die Regelung durch die am 01.01.2003 in Kraft getretene **Gewerbeabfallverordnung**. Sie schreibt Unternehmen und öffentlichen Einrichtungen vor, unter anderem Papier, Glas, Kunststoffe und Metalle getrennt zu sammeln und mindestens 85 % anschließend zu verwerten.

Für **Hersteller und/oder Vertreiber von Konsumgütern** (EAK) wurde die Produktverantwortung ebenfalls stark ausgeweitet – auf den gesamten Produktlebenszyklus einschließlich der Entsorgungsphase.

Die Rückgabe- und Rücknahmepflichten der Konsumenten bzw. Hersteller sind durch nachgeschaltete Verordnungen in den letzten Jahren erheblich ausgeweitet worden – hieraus resultieren zunehmend ähnliche Vorgaben für bislang sehr unterschiedlich erfasste Abfallströme. Beispielhaft seien hier nur die Altauto-, Batterie- und **Verpackungsverordnung** mit der Pfandpflicht für Einwegverpackungen erwähnt.

Das Inkrafttreten des **Europäischen Abfallkataloges** ab 01.01.2002 stellt eine weitere europaweit bedeutsame Zäsur in der Entsorgungslogistik dar. Wichtigste Änderung ist die wesentlich weiter gefasste Überwachungspflicht zahlreicher Abfallarten. Die Anwendung des neuen Europäischen Abfallkatalogs verpflichtet Entsorgungsunternehmen zum Erwerb anlagentechnischer Genehmigungen sowie von Entsorgungs- und Transportgenehmigungen. Des Weiteren ist die Einführung neuer Erfassungs- und Nachweissysteme sowie eine umfassende Information und Unterstützung der Kunden erforderlich. Die ausgeweiteten Dokumentations- und Nachweispflichten stellen vor allem für kleine und mittlere Unternehmen eine erhebliche Herausforderung dar, die bisher nur durch Erteilung **zahlreicher befristeter Ausnahmegenehmigungen** nicht zu massiven Veränderungen im Entsorgungsmarkt geführt hat.

Neben den vorangegangenen grundsätzlichen Einordnungen lassen sich die gesetzlichen Rahmenbedingungen der Entsorgungslogistik auch hinsichtlich der **inhaltlichen Dimension** differenzieren. Dies ist notwendig, da zur Entwicklung entsorgungslogistischer Konzepte die relevanten Objekte und der Ort ihrer Entstehung eine Schlüsselrolle für die Auswahl von Technologie und Steuerung besitzen. Die zu beachtenden Regelungen sind so zahlreich, dass an dieser Stelle nur eine Übersicht über die wichtigsten Grundlagen verschiedener Entsorgungsströme gegeben werden kann (vgl. Bild 31.2).

Für die praktische Umsetzung der Vorgaben ist es von hoher Bedeutung, dass Abfall erzeugende Unternehmen zur Verwertung und Beseitigung von Abfällen Dritte einbeziehen und/oder Verbände bilden dürfen, die entsprechende Aufgaben übernehmen – die Entsorgungsdienstleister.

Unternehmen, deren Unternehmensgegenstand in der Erbringung entsorgungslogistischer Dienstleistungen besteht, unterliegen über die vorgenannten allgemeinen Regelungen hinaus zahlreichen Zusatzvorschriften.

Im **Kreislaufwirtschafts- und Abfallgesetz** ist geregelt, dass Entsorgungsunternehmen einer Genehmigung durch die zuständige Behörde bedürfen, wobei im Unterschied zum Abfallgesetz auch der Nachweis der Fachkunde des Antragstellers zu führen ist. Hiervon ausgenommen sind neben den öffentlich-rechtlichen Entsorgungsbetrieben Unternehmen, die von diesen zur Erfüllung bestellt worden sind, sowie Verbände und Selbstverwaltungskörperschaften.

Weitere wichtige Regelungen sind in der **Verordnung über Entsorgungsfachbetriebe** zusammengefasst. In dieser Verordnung wird der **Entsorgungsfachbetrieb** als ein Unternehmen definiert, welches „gewerbsmäßig oder im Rahmen wirtschaftlicher Unternehmen oder öffentlicher Einrichtungen Abfälle einsammelt, befördert oder lagert". Für eine Zertifizierung werden Anforderungen an den Betrieb hinsichtlich Betriebsorganisation und personeller Ausstattung, aber auch an den Inhaber und die Betriebsleitung des Unternehmens sowie die Fortbildung gestellt (EfbV 1996). Unternehmen, die als Entsorgungsfachbetrieb anerkannt sind, bedürfen keiner Transportgenehmigung nach KrW-/AbfG.

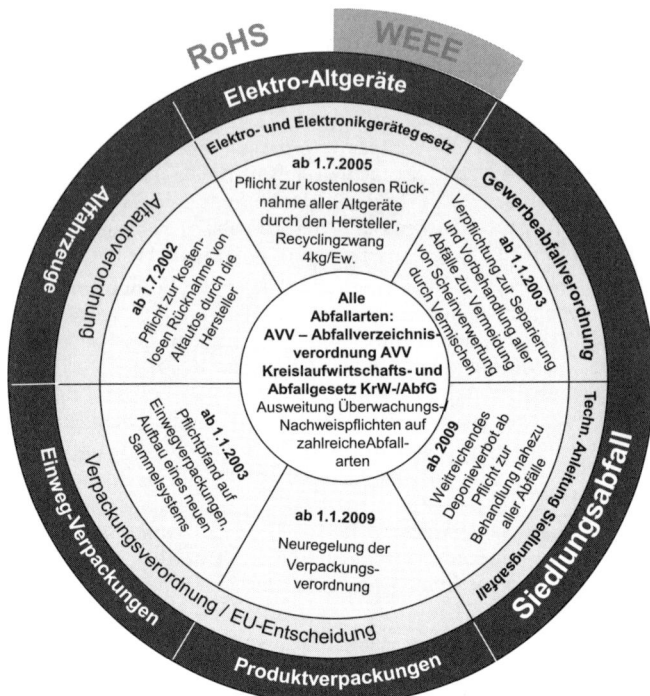

Bild 31.2: Rechtlicher Rahmen der Entsorgungslogistik [Sommer-Dittrich]

Einen erheblichen Einfluss auf die Entsorgungslogistik hat auch die **Technische Anleitung Siedlungsabfall** (TASi). In ihr ist festgelegt, dass ab 1. Juni 2005 nur noch hochwertige und moderne Deponien betrieben werden dürfen und das Ablagern von nicht vorbehandelten Abfällen nicht mehr zulässig ist. Zugelassene Vorbehandlungsarten sind die Verbrennung in Müllverbrennungsanlagen (MVA) und mechanisch-biologische Abfallbehandlungsanlagen (MBA).

Im Juli 2002 wurde die neue **Deponieverordnung** beschlossen, die detaillierte Anforderungen an Errichtung, Beschaffenheit, Betrieb und Stilllegung von Deponien sowie deren Nachsorge enthält (DepV). Ein wesentlicher Aspekt ist, dass ökologisch unzulängliche Deponien ab 2009 nicht mehr betrieben werden dürfen – auch nicht zur Restmülldeponierung nach Vorbehandlung. Diese Regelung hat zu einer paradoxen Situation geführt: Auf Grund der abzusehenden Schließung zahlreicher Deponien ab 2005 bzw. 2009 versuchen deren Betreiber, die Gewinne im verbleibenden Zeitraum zu maximieren und bieten Kapazitäten auf einem sehr geringen Preisniveau an, das hochwertige Behandlungsanlagen gegenwärtig nicht erreichen können.

31.2 Terminologie der Entsorgungslogistik

Aus dem Zusammenwachsen der Bereiche Abfallwirtschaft, Entsorgung und Logistik resultiert eine Vielzahl von Begriffen in der Literatur, die zudem oft uneinheitlich verwendet werden. Um Verständnis für die weiteren Ausführungen zu schaffen, werden zentrale Begriffe der Entsorgungslogistik nachfolgend kurz definiert (vgl. Bild 31.3).

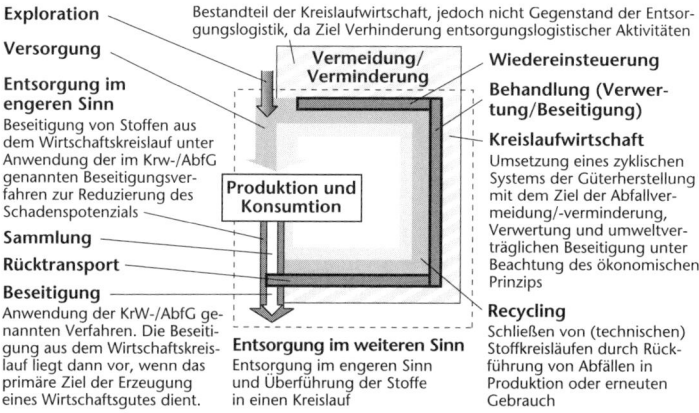

Exploration — Bestandteil der Kreislaufwirtschaft, jedoch nicht Gegenstand der Entsorgungslogistik, da Ziel Verhinderung entsorgungslogistischer Aktivitäten

Versorgung

Entsorgung im engeren Sinn
Beseitigung von Stoffen aus dem Wirtschaftskreislauf unter Anwendung der im Krw-/AbfG genannten Beseitigungsverfahren zur Reduzierung des Schadenspotenzials

Sammlung

Rücktransport

Beseitigung
Anwendung der KrW-/AbfG genannten Verfahren. Die Beseitigung aus dem Wirtschaftskreislauf liegt dann vor, wenn das primäre Ziel der Erzeugung eines Wirtschaftsgutes dient.

Vermeidung/Verminderung

Produktion und Konsumtion

Entsorgung im weiteren Sinn
Entsorgung im engeren Sinn und Überführung der Stoffe in einen Kreislauf

Wiedereinsteuerung

Behandlung (Verwertung/Beseitigung)

Kreislaufwirtschaft
Umsetzung eines zyklischen Systems der Güterherstellung mit dem Ziel der Abfallvermeidung/-verminderung, Verwertung und umweltverträglichen Beseitigung unter Beachtung des ökonomischen Prinzips

Recycling
Schließen von (technischen) Stoffkreisläufen durch Rückführung von Abfällen in Produktion oder erneuten Gebrauch

Bild 31.3: Abgrenzung zentraler Begriffe der Entsorgungslogistik

Abfall als **Objekt der Entsorgungslogistik** ist nach deutschem Recht jede *bewegliche Sache*, die in eine der in Anhang I des KrW-/AbfG aufgeführten Gruppen fällt und „derer sich ihr Besitzer entledigt, entledigen will oder entledigen muss". Die Systematisierung kann nach unterschiedlichen Kriterien erfolgen, eine Auswahl zeigt Bild 31.4.

Abfälle zur Verwertung sind Abfälle, die gemäß Anlage II B KrW-/AbfG behandelt werden. Abfälle zur Verwertung bleiben Abfälle, bis sie oder die aus ihnen gewonnenen Stoffe oder erzeugte Energie dem Wirtschaftskreislauf zugeführt werden. Abfälle, die nicht verwertet werden, sind **Abfälle zur Beseitigung.** Die Europäische Abfallrichtlinie ist hinsichtlich des Aggregatzustandes weiter gefasst und umfasst *alle* Stoffe und Gegenstände als mögliche Abfälle. Praktisch besitzt dies jedoch keine Bedeutung, da kontaminierter Boden in Deutschland dem Altlastensanierungsrecht unterliegt und „nicht gefasste Gase" irrelevant sind.

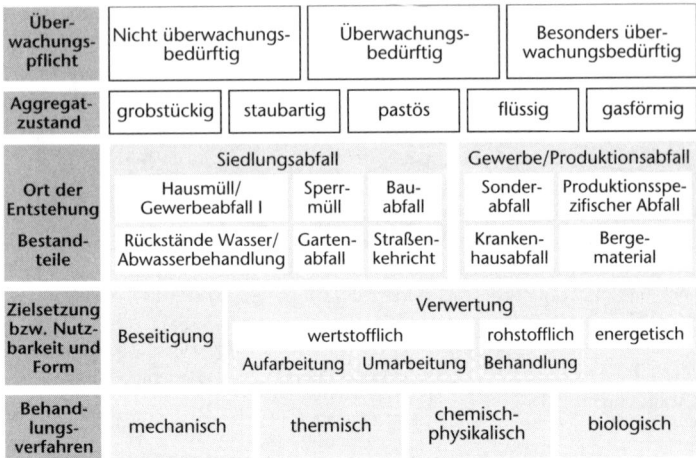

Bild 31.4: Mögliche Systematisierungskriterien von Entsorgungsobjekten

Besonders überwachungsbedürftige Abfälle zur Beseitigung sind Abfälle, die nach Art, Beschaffenheit oder Menge in besonderem Maße gesundheits-, luft- oder wassergefährdend, explosiv oder brennbar sind, Erreger übertragbarer Krankheiten enthalten oder hervorbringen können. **Überwachungsbedürftige Abfälle** sind alle Abfälle zur Beseitigung, die nicht besonders überwachungsbedürftig sind.

Die **Entsorgungslogistik** umfasst die Planung, Steuerung, Durchführung und Kontrolle der gesamten inner- und außerbetrieblichen Abfallströme mit den dazugehörigen Informationen mit dem Ziel einer ökonomisch und ökologisch effizienten Kreislaufwirtschaft.

Vermeidung und Verminderung sind Bestandteile der Kreislaufwirtschaft und der Entsorgungslogistik als betrieblicher Stützprozess, nicht jedoch der Entsorgungslogistik als Unternehmensgegenstand, da ihr Ziel in der Verhinderung entsorgungslogistischer Aktivitäten besteht. Auch wenn der Gesetzgeber nur zwischen Vermeidung/Verminderung, Verwertung und Beseitigung unterscheidet, ist es sinnvoll, die Verwertung entsprechend der Gestalterhaltung in die **Recyclingarten** *Produktaufarbeitung zur Verwendung* und *Materialaufbereitung zur Verwertung* zu differenzieren. Hinsichtlich des Anwendungsbereiches nach der Wiedereinsteuerung kann zwischen Wieder- und Weiternutzung unterschieden werden, so dass sich eine Recyclingmatrix ergibt (vgl. Bild 31.5).

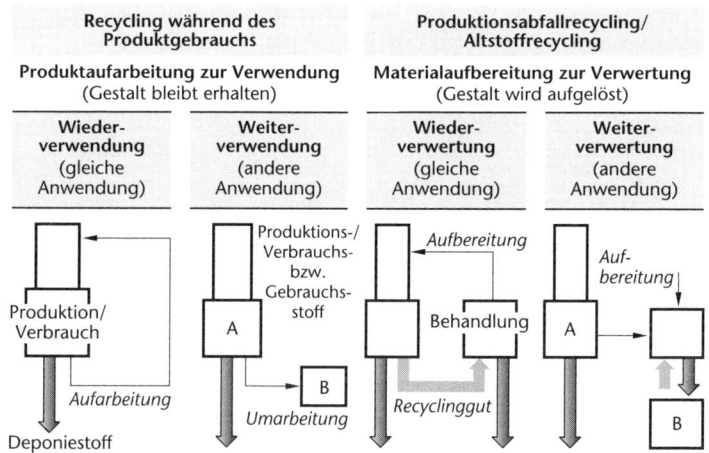

Recycling während des Produktgebrauchs		Produktionsabfallrecycling/ Altstoffrecycling	
Produktaufarbeitung zur Verwendung (Gestalt bleibt erhalten)		Materialaufbereitung zur Verwertung (Gestalt wird aufgelöst)	
Wieder- verwendung (gleiche Anwendung)	Weiter- verwendung (andere Anwendung)	Wieder- verwertung (gleiche Anwendung)	Weiter- verwertung (andere Anwendung)

Bild 31.5: Systematisierung verschiedener Recyclingarten und -formen

31.3 Entsorgungslogistik-Management

31.3.1 Operatives Entsorgungslogistikmanagement

Die Verschärfung der produkthaftungs- und entsorgungslogistischen Rahmenbedingungen spiegelt sich bislang nur verhalten in der organisatorischen Integration der Entsorgungslogistik wider. Die Entsorgungslogistik als innerbetriebliche Stützfunktion besitzt häufig folgende operative Aufgaben [Heimsoth]:

■ Vermeidung/Verminderung von Abfällen in der Produktion mit Technologie-/Prozessoptimierung

■ Vermeidung/Verminderung von Verpackungsabfällen, z.B. durch Mehrwegsysteme

■ Planung und Management des betrieblichen Entsorgungssystems in produzierenden und administrativen Bereichen

■ Nachweisführung über anfallende überwachungsbedürftige Abfälle

Um neue Herausforderungen zu bewältigen, müssen die Unternehmen zwei Voraussetzungen schaffen: Sie müssen die Entsorgungslogistik als Managementaufgabe implementieren und zugleich die operative Funktionsorientierung der Entsorgung durch eine strategische Prozessorientierung ablösen. Die optimale organisatorische Gestaltung einer strategisch ausgerichteten Entsorgungslogistik, als integraler Bestandteil der Unternehmenslogistik, ist in Bild 31.6 dargestellt [Emmermann].

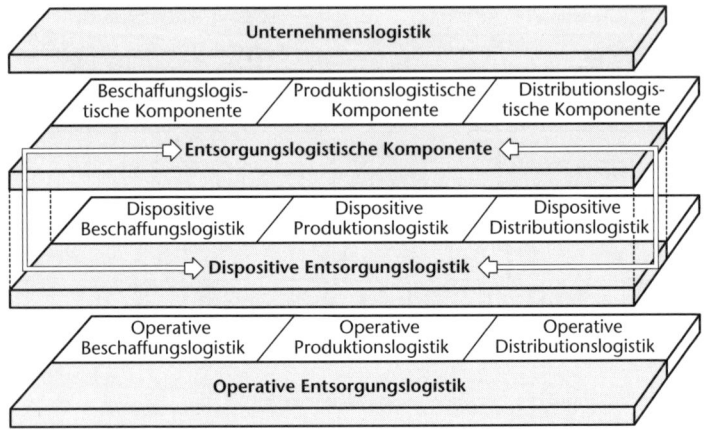

Bild 31.6: Strategische Entsorgungslogistik als betriebliche Stützfunktion

In der entsorgungslogistischen Komponente des **strategischen Logistik-Managements** werden grundsätzliche Unternehmensphilosophien der Entsorgungslogistik und langfristige entsorgungslogistische Zielsetzungen festgelegt. Auf diesen strategischen Managementvorgaben basierend werden innerhalb der dispositiven Entsorgungslogistik unter Einbeziehung von Rückkopplungsmechanismen Konzepte entwickelt und realisiert, die eine Erreichung der langfristigen entsorgungslogistischen Zielsetzungen sicherstellen.

Auf der **dispositiven Ebene** werden sämtliche im Rahmen der Konzepte erarbeiteten entsorgungslogistischen Abläufe und Systeme gesteuert. Innerhalb der **operativen Entsorgungslogistik** werden die physischen Logistikaufgaben – Sammlung, Transport, Umschlag, Lagerung und Kommissionierung bzw. Chargenbildung – der gesamten anfallenden Abfallströme abgewickelt. Darüber hinaus müssen all diese physischen Aufgaben innerhalb des **Entsorgungscontrollings** anhand von Kennzahlen überwacht und optimiert werden.

Die strategische Dimension der betrieblichen Entsorgungslogistik wird zukünftig wesentlich weiter gefasst und reflektiert die ausgeweitete Produktverantwortung von Herstellern vieler Produktgruppen. Es müssen Prozesse definiert werden, mit denen Produkte nach ihrer Nutzungsphase ressourcenoptimal behandelt werden können. Diese strategische Dimension der Entsorgungslogistik ist in Bild 31.7 [Emmermann] dargestellt.

Steuerung und Controlling (Kosten- und Leistungsrechnung sowie Dokumentations- und Nachweispflichten)

Vermeidung/ Verminderung	Nicht-Entstehen von Abfällen	Mengenmäßige Verminderung	Reduzierung der Schädlichkeit

Beseitigung	Ablagerung Deponierung	Thermische Behandlung	Chemisch-phys. Aufbereitung	Biologische Aufbereitung	Mechanische Aufbereitung

	Wiedereinsteuerung	Behandlung		Rückführung

Verwertung Verwendung (Recycling)	... in ökonom. Kreislauf	energetisch	rohstofflich Material	werkstofflich Produkt/Bauteil

⇩   ⇩   ⇩

Übergabe	Distribution	Bereitstellung	Prüfung	Umarbeitung Aufarbeitung	Rücktransport	Erfassung Sammlung
		Demontage	Recyclingvorbereitung	Umschlag Sortierung		

Bild 31.7: Strategische Aufgabenfelder betrieblicher Entsorgungslogistik

Die Fokussierung auf Kernprozesse ist auch in diesem Geschäftsfeld ein Erfolgsfaktor. Konsumgüterhersteller können z. B. durch die Konzentration auf Demontage, Aufarbeitung und Wiederverwendung modularer Produkte erhebliche Kostenpotenziale erschließen, wenn die Abwicklung von Standard-Entsorgungsprozessen durch spezialisierte Dienstleister realisiert wird [SFB 281].

31.3.2 Kreislauforientiertes Prozessmanagement

Die unternehmensübergreifende Vernetzung von Prozessen erfordert einheitliche Bezeichnungen und Messgrößen. Mit dieser Zielsetzung wurde das Supply-Chain-Operations-Reference-(SCOR-)Modell entwickelt. In der Grundversion wurden programm- und bedarfsorientierte Abläufe von Produktionsunternehmen, differenziert in Planung (Plan), Beschaffung (Source), Produktion (Make) und Distribution (Deliver), beschrieben. In die neueste Version des Modells wurde zusätzlich Zurückführen (Return) aufgenommen, das Prozesse nach Produktübergabe, wie z. B. Wartung, Instandhaltung und Überholung, fokussiert [SCC]. Die darunter liegenden Prozessebenen und Messgrößen sind bisher jedoch nicht definiert, ebenso fehlen Aussagen zur Einbeziehung bzw. Abgrenzung von Entsorgungsprozessen. Um das SCOR-Modell für Rückführungs- und Entsorgungsprozesse anwendbar zu machen, ist die Abbildung aller entsorgungslogistischen Abläufe notwendig (Bild 31.8).

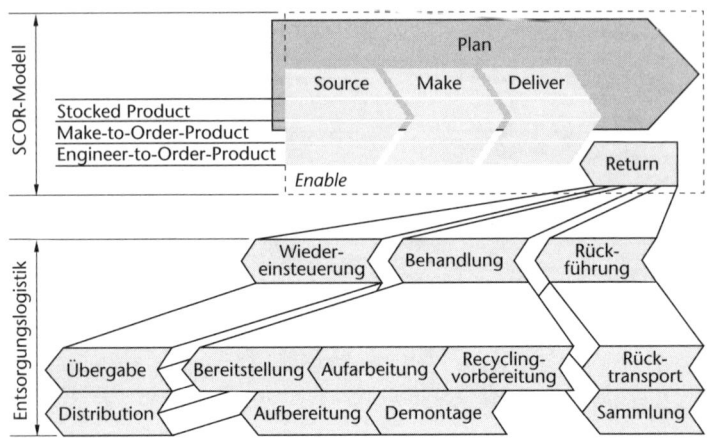

Bild 31.8: Erweitertes SCOR-Modell mit Entsorgungsfunktionen [Baumgarten, Fritsch, Sommer-Dittrich]

Auf Grund der Spezifität entsorgungslogistischer Abläufe sind Anpassungen notwendig. Beispielsweise verliert die in der Versorgung sinnvolle Unterscheidung zwischen Programm- und Bedarfsorientierung im Entsorgungsbereich ihre Bedeutung, da Abfall nur sehr bedingt „abgerufen" werden kann. Durch Bündelungs- und Umschlagstationen kann eine teilweise Verstetigung der Abfallströme erreicht werden. Zur vollständigen Abbildung des gesamten Kreislaufs ist jedoch auch die Modellierung dieser stochastischen Sourcing-Prozesse in SCOR notwendig. Dadurch würde die Voraussetzung zur Vernetzung von Abfallerzeugern und Entsorgungsdienstleister sowie den wiederverwendenden Unternehmen geschaffen, was zu einer effizienten Kreislaufwirtschaft führt.

31.4   Strategische Entsorgungslogistik-Steuerung

Zur Steuerung von Prozessen wurde die Methode der Balanced Scorecard entwickelt [Kaplan, Norton]. Hierbei werden zunächst Wirkungsketten der wichtigsten Unternehmensziele aus unterschiedlichen Perspektiven – zumeist Kunden, Mitarbeiter, Prozesse und Finanzen – identifiziert. Bei der Identifikation von Wirkungsketten dominiert die Vollständigkeit vor der Ausgewogenheit aller Beziehungen, die durch den nachfolgenden Schritt erreicht wird. Das Ausbalancieren der Messgrößen innerhalb und zwischen den Perspektiven stellt für das Management eine wichtige Ausgabe dar. Die Notwendigkeit ergibt sich aus teilweise konträren Zielstellungen der einzelnen Perspektiven. So stehen

z. B. Kostensenkungsstrategien durch Automatisierung und Standardisierung der internen Prozesse teilweise im Widerspruch zu einer Flexibilisierung von Abläufen zur Erfüllung von Kundenwünschen in neuen Marktsegmenten.

Für den Bereich der kreislauforientierten Entsorgungslogistik wurde eine spezifische Balanced Scorecard entwickelt, welche insbesondere die Besonderheiten der simultan zu erfüllenden Ent- und Versorgungsfunktion berücksichtigt (Bild 31.9) [Frille, Ivisic, Sommer-Dittrich].

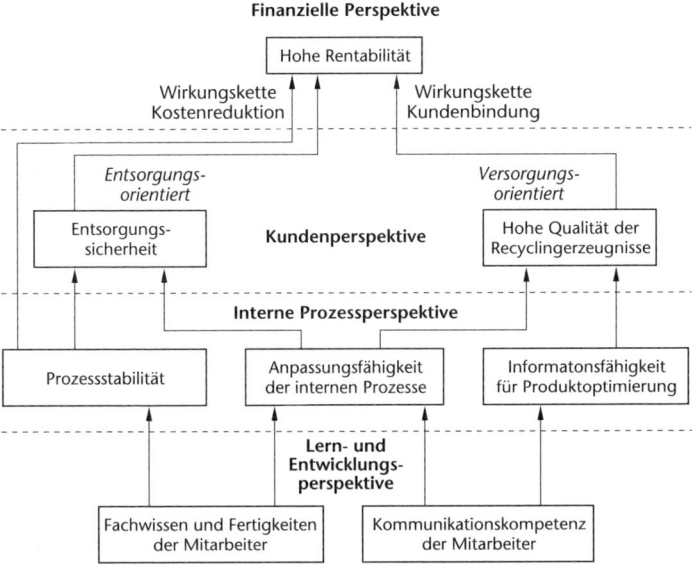

Bild 31.9: Balanced Scorecard für kreislauforientierte Entsorgungsprozesse

31.5 Entsorgungslogistische Systeme

Entsorgungslogistische Systeme entstehen durch die Kombination von Sammel- und Bereitstellungsverfahren, Behältersystemen, Fahrzeugen sowie Personal. In Bild 31.10 werden Kongruenz- und Differenzbereiche der in Industrie und kommunalen Bereichen etablierten entsorgungslogistischen Systeme verdeutlicht [Heimsoth].

Eine prozessorientierte Systematik relevanter Determinanten für die Gestaltung von Entsorgungssystemen liefert Bild 31.11 [Heimsoth].

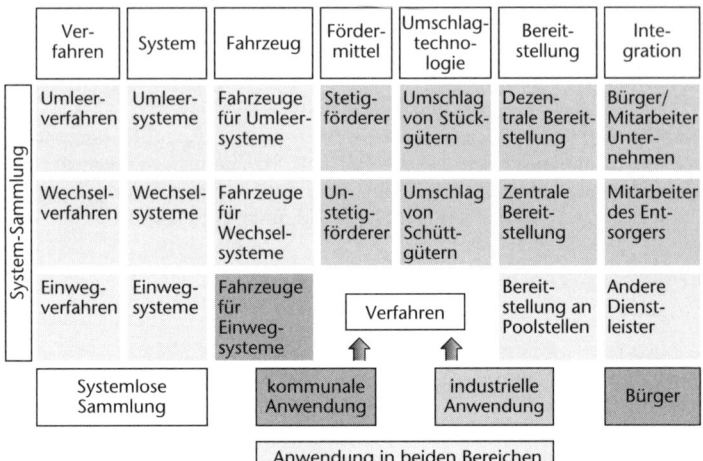

Bild 31.10: Systemelemente entsorgungslogistischer Systeme

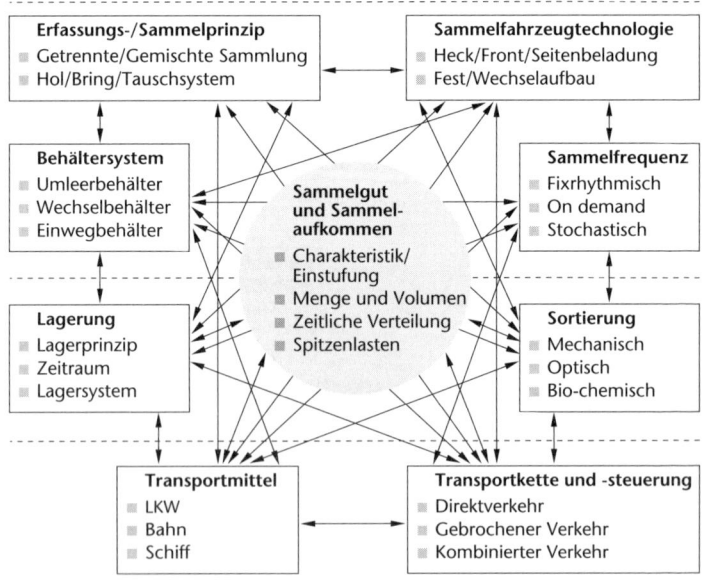

Bild 31.11: Determinanten der Gestaltung entsorgungslogistischer Systeme

31.6 Logistiksysteme in Erfassung und Sammlung

31.6.1 Erfassungs- und Sammelprinzipien

Unter der **Erfassung** werden alle Aktivitäten von Abfallbesitzern zum Befüllen geeigneter Abfallbehälter verstanden. Die **Sammlung** umfasst alle nachgelagerten Tätigkeiten und wird vorwiegend durch den Entsorgungsdienstleister durchgeführt. Erfassung und Sammlung können für verschiedene Abfallarten jeweils getrennt oder gemischt erfolgen.

Als **Sammelsystem** wird die vom Entsorger gewählte Kombination aus Sammelverfahren, Behältersystemen, Fahrzeugen und Personal bezeichnet [Jansen].

Als **Sammelverfahren** ist zwischen einer Systemsammlung, bei der Behältersysteme zur Aufnahme des Abfalls dienen, und der systemlosen Sammlung ohne solche Behälter zu unterscheiden. Die **systemlose Sammlung** findet Anwendung, wenn die zu entsorgenden Objekte in sehr geringen Mengen und/oder sehr unregelmäßig anfallen bzw. Volumen oder Gewicht den Behältereinsatz ausschließen (z. B. Sperrmüll).

31.6.2 Sammelrouten und -frequenzen

Ein traditionelles Anwendungsgebiet logistischer Methoden in der Entsorgung stellt die Routenplanung der eingesetzten Fahrzeuge dar, wobei die Routen über einen längeren Zeitraum fix oder variabel gestaltet sein können. Zudem ist zu unterscheiden, ob innerhalb der Routen stets alle tangierten Anfallstellen unabhängig vom tatsächlichen Bedarf bedient werden (feste Leerungsfrequenz) oder eine bedarfsorientierte Leerung (variable Leerungsfrequenz) erfolgt, eine Übersicht gibt Bild 31.12.

		Sammelroute	
		fixiert	**variabel**
Leerungsfrequenz	**fixiert**	Feste Routen, Leerung der Behälter erfolgt unabhängig vom tatsächlichen Füllstand/Bedarf **Haushalts- und Bioabfall**	Sammlung erfolgt an festen Tagen, jedoch nur bei abrufenden Bedarfsstellen **Stichtag-Sperrmüllsammlung**
	variabel	Feste Routen, Leerung der Behälter erfolgt abhängig vom tatsächlichen Füllstand/Bedarf **Haushaltsabfall-Marken**	Sammlung erfolgt jederzeit, jedoch nur bei abrufenden Bedarfsstellen **Abruf-Sperrmüllsammlung**

Bild 31.12: Anwendungsgebiete von Routen-Frequenz-Kombinationen

31.6.3   Behältersysteme zur Abfallerfassung

Die **Systemsammlung** kann in Umleer-, Wechsel- und Einwegverfahren sowie die seltenen Sonderformen Absaugung und Abschwemmung unterschieden werden [Thomè-Kozmiensky].

Beim **Umleerverfahren** werden manuell transportable Sammelbehälter
über Hub- und Kippvorrichtungen in Sammelfahrzeuge entleert und an
ihren Standplatz zurückgestellt. Unterschieden werden kann hierbei noch
nach dem Servicegrad, den der Entsorger übernimmt. Beim **Benutzer-
transport/Teilservice** werden die Behälter vom Abfallbesitzer an sammel-
fahrzeugzugängliche Positionen gebracht, beim **Mannschaftstransport/
Vollservice** übernimmt dies das Personal des Dienstleisters. Eingesetzt
werden Mülltonnen (MT) und Müllgroßbehälter (MGB) in verschiedenen genormten Ausführungen nach DIN EN 840-1/4.

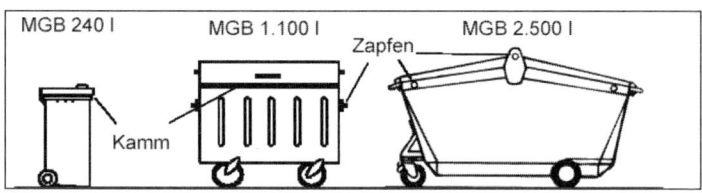

Bild 31.13: MGB-Bauformen für Umleerverfahren nach DIN EN 840-1/4

Beim **Wechselverfahren** werden Abfallbehälter nach ihrer Befüllung
gegen leere getauscht. Die Behälter werden wie in Bild 31.14 dargestellt
nach der Aufnahmeart auf das Fahrzeug in Abroll-, Abgleit- und Ab-
setzbehälter jeweils in unterschiedlichen Bauformen unterschieden.

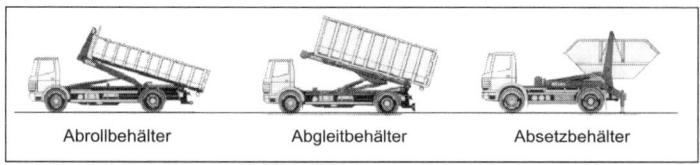

Bild 31.14: Aufnahmearten im Wechselverfahren nach DIN 30722/3

Beim **Einwegverfahren** werden im Unterschied zu Umleer- und Wechselverfahren die entleerten und ggf. gereinigten Behälter nicht erneut eingesetzt. Es werden überwiegend Säcke aus Kunststoff/Papier bis zu
100 Liter angewendet. Das Verfahren steigert die Hygiene, erhöht jedoch
die Arbeitsbelastung der Entsorger und die Abfallmenge.

31.6.4 Technologien der Sammelfahrzeuge

Das Aufbaukonzept von Sammelfahrzeugen hat sich seit etwa fünfzig Jahren nur geringfügig verändert: Schütteinrichtungen am Fahrzeugheck sind fest mit Standardkabinen-Lkw-Chassis verbunden.

Mit Beginn der Liberalisierung des Entsorgungsmarktes in Europa erhielt auch die Fahrzeugbranche neue Impulse. Die Anstrengungen zur Entwicklung speziell für die Abfallsammlung optimierter Fahrzeuge konzentrieren sich dabei auf drei Bereiche:

■ Chassisentwicklung und ergonomische Kabinensysteme,

■ Hub- und Kippvorrichtungen für Front- und Seitenlader und

■ Modularisierung der Aufbausysteme.

Erst seit wenigen Jahren stehen für Kommunalfahrzeuge preiswerte Chassis mit Low-Entry-Kabinen zur Verfügung, die durch geringe Tritthöhen und neue Zugangskonzepte die Basis für die schon seit längerem entwickelten innovativen Aufnahmekonzepte bilden (vgl. Bilder 31.15 und 31.16).

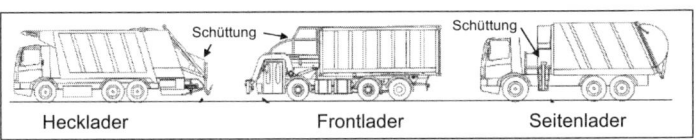

Bild 31.15: Basiskonzepte für Hub- bzw. Kippvorrichtungen und Schüttung

Eine weitere Innovationsdimension bildet die **Modularisierung.** Während Fahrzeuge bislang auf der starren Kopplung von Fahrzeug-, Funktions- und Aufbewahrungssystemen basierten, sind diese nun austauschbar. Dies soll operativ durch den Wechsel der Abfallkammern nach Befüllung die Entkopplung von Sammlungs- und Transportprozessen ermöglichen und gleichzeitig durch den taktischen Wechsel von Front-, Seiten- und Heckaufnahme am gleichen Chassis den Einsatz für unterschiedliche Einsatzprofile zulassen.

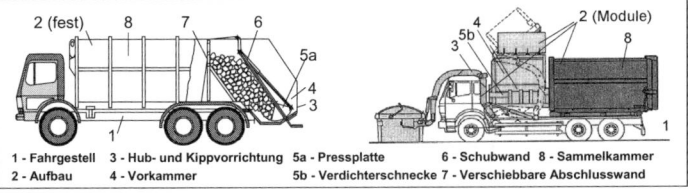

Bild 31.16: Konventionelles und innovatives Sammelfahrzeugkonzept

31.7 Logistische Umschlag- und Sortiersysteme

Soweit die Erfassung und Sammlung der Abfallströme nicht durchgehend und zuverlässig fraktionsrein erfolgt, ist vor der fraktionsspezifischen Behandlung die Aufspaltung der Stoffströme in Sortieranlagen notwendig. Dabei werden Unterschiede im physikalischen, biologischen und chemischen Verhalten verschiedener Fraktionen in oftmals mehrstufigen Verfahren ausgenutzt. Nach erfolgter Sammlung werden die Stoffströme hinsichtlich der enthaltenen Fraktionen aufgespaltet, vgl. Bild 31.17.

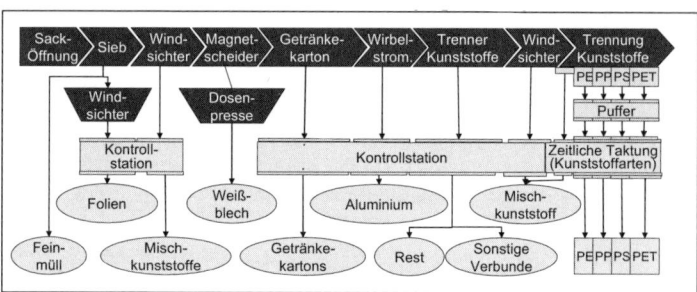

Bild 31.17: Mehrstufige Sortierung von Wertstoffen des Dualen Systems

31.8 Transportketten im Rücktransport

Die Vernetzung von Abfallquellen, -sortierung, -behandlung und -senken erfordert i. d. R. einen Wechsel der Verkehrsträger. Die Sammlung erfolgt naturbedingt fast ausschließlich straßengebunden. Die großvolumigen, nicht zeitkritischen Reststoffe werden hingegen über längere Distanzen auf der Schiene oder mit Binnenschiffen transportiert. Zwei Gestaltungsformen intermodaler Transportketten mit bzw. ohne Behälterwechsel und resultierend mit/ohne Sortiermöglichkeit zeigt Bild 31.18.

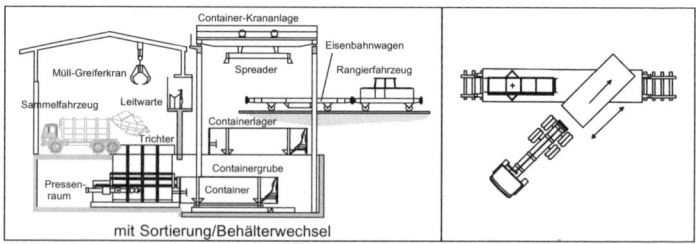

Bild 31.18: Gestaltungsmöglichkeiten intermodaler Entsorgungsketten

Literatur

Baumgarten, H.; Darkow, I.-L.: Management von Logistikprozessen. In: Baumgarten, H.; Wiendahl, H.-P.; Zentes, J. (Hrsg.): SpringerExpertenSystem Logistik-Management. Berlin: Springer 2000

Baumgarten, H.; Fritsch, A.; Sommer-Dittrich, T.: Die logistische Kette wird zum Kreis. In: Hossner, R.: Jahrbuch der Logistik 2003. Düsseldorf: Verlag Handelsblatt 2003, S. 209–213

Baumgarten, H.; Zadek, H.: Logistische Prozessketten. In: Hossner, R.: Jahrbuch der Logistik 2000. Düsseldorf: Verlag Handelsblatt, 2000, S. 128–133

Emmermann, M.: Entsorgungslogistik. In: Zadek, H.; Risse, J. (Hrsg.): Führungskräfte für ein integriertes Management. Berlin: Springer-Verlag 2002

Frank, H.-J. (Hrsg.): Entsorgungswirtschaft, Deutsche Bank Research 234. Frankfurt/ Main 2002

Frille, O.; Ivisic, R.; Sommer-Dittrich, T.: Balanced Scorecards zur Steuerung von Recyclingunternehmen. In: Logistik Management, 3. Jg. (2001), Heft 1, S. 54–66

Heimsoth, J.: Die Optimierung der Entsorgungslogistik von Industrieunternehmen. Dissertation. Stuttgart: 2000

Ivisic, R.-A.: Management kreislauforientierter Entsorgungskonzepte. Bern: Hauptverlag 2002

Jansen, R.: Handbuch Entsorgungslogistik. Frankfurt/Main: Deutscher Fachverlag 1998

Kaplan, R.; Norton, D.: Balanced Scorecard-Strategien erfolgreich umsetzen, übersetzt von Horvath, P. Stuttgart: Schäffer-Poeschel 1997

Rinschede, A.; Wehking, K.-H.: Entsorgungslogistik. Band I und II. Berlin: Erich Schmidt Verlag 1991

SCC (Supply Chain Council): Supply-Chain Operations Reference-Model, Release 9.0. Pittsburgh 2008

Schweitzer, A.: Entsorgungslogistik. In: Baumgarten, H.; Wiendahl, H.-P.; Zentes, J.: SpringerExpertenSystem Logistik-Management. Berlin: Springer 2002

Sommer-Dittrich, T.: Die Kette wird zum Kreis. In: Sebastian, H.-J.; Grünert, T. (Hrsg.): Logistik-Management. Stuttgart: Teubner 2001

Sommer-Dittrich, T.; Baumgarten, H. et al. (Hrsg.): Wandlungsfähige Logistiksysteme in einer nachhaltigen Kreislaufwirtschaft. Technische Universität Berlin, 2010.

Thomè-Kozmiensky, K.-J.: Kreislaufwirtschaft. Berlin: EF-Verlag 1994

SFB 281: DFG-Sonderforschungsbereich 281 „Demontagefabriken". Ergebnisbericht 2001–2003. TU Berlin 2003

DIN EN-840 03.97: Fahrbare Abfallsammelbehälter: Maße und Formgebung

DIN EN-1501 06.98: Abfallsammelfahrzeuge und die dazugehörigen Schüttungen

DIN 30722: Abrollkipperfahrzeuge, Wechselladereinrichtung, Abrollbehälter

DIN 30723: Absetzkipperfahrzeuge, Absetzkippeinrichtung

32 Informationslogistik

Prof. Dr.-Ing. Klaus Thaler

32.1 Grundlagen und Zielsetzung

Die **Informationslogistik** stellt neben den klassischen Bereichen der Versorgungs-, Beschaffungs- und Produktionslogistik eine stark an Bedeutung gewinnende Querschnittsfunktion dar, die vor allem durch den Einsatz von Softwaresystemen sowie neuen Informations- und Kommunikationsdiensten (siehe Kap. 15) die Grundlage für eine weit gehende inner- und überbetrieblicher Vernetzung bildet. Die Versorgungs-, Beschaffungs- und Produktionslogistik gibt dabei im Rahmen der physischen Logistik die Anforderung der so genannten „sechs R der Logistik" vor:

- die richtige Menge,
- die richtigen Güter,
- zum richtigen Ort,
- zum richtigen Zeitpunkt,
- in der richtigen Qualität,
- zu den richtigen Kosten.

Ziel der **Informationslogistik** ist die unterstützende, zeitgerechte und adäquate Informationsversorgung zur Steuerung, Überwachung und Planung komplexer logistischer Aufgaben. Der Anwendungsbereich der Informationslogistik findet sich sowohl bei internen Aufgaben der Auftragsabwicklung, Beschaffung, Materialwirtschaft, Produktionsplanung und -steuerung, Herstellung, Distribution als auch bei überbetrieblichen Aufgaben sowie bei der Identifikation und Navigation.

Hieraus leitet sich für die Informationslogistik ab, dass folgende Anforderungen gewährleistet werden müssen:

- die richtigen Informationen,
- zur aktuellen Ware bzw. zur aktuellen Liefersituation,
- an den richtigen Empfänger bzw. Ort,
- zum richtigen Zeitpunkt,
- in der richtigen Detaillierung,
- zu den richtigen Kosten.

Die „richtigen" Kosten stellen in der Praxis eine große Herausforderung dar, da die Kosten der Informationslogistik nicht unerheblich sind.

32.2 Aufbau und Merkmale informationslogistischer Anwendungen

32.2.1 Aufgaben

Anwendungssysteme ermöglichen und unterstützen die integrierte Informationsversorgung für interne und unternehmensübergreifende Logistikaufgaben. Der Aufbau umfasst üblicherweise Software- und Hardwarekomponenten, bei unternehmensübergreifenden Lösungen auch so genannte Middleware.

Nach **ihrer Art** können Anwendungssysteme danach unterschieden werden, welche zu Grunde liegenden Prozesse in der logistischen Kette unterstützt werden. Anwendungssysteme unterstützen u. a. die

- Kommunikation,
- Information,
- Identifikation
- und den Datenaustausch.

Allgemeine Aufgaben können die Steuerung, Planung, Verwaltung und die Datenerfassung in den inner- und überbetrieblichen Prozessen sein. Beispiele für innerbetriebliche Aufgaben sind u. a. Lademittelverwaltung, mobile Datenerfassung im Lager, Tourenplanung und Disposition. Beispiele für überbetriebliche Prozesse sind Sendungsverfolgung, Transportsteuerung, Verfügbarkeits- und Bestandsüberprüfung bei Kunden oder Lieferanten sowie Steuerung der logistischen Kette (Supply Chain Management, vgl. Kap. 14 sowie [Thaler 2007]).

Weitere Merkmale zur Unterscheidung von Anwendungssystemen sind die **Systemarchitektur** sowie der **Standardisierungsgrad** der eingesetzten Software. Als Client-Server-System wird eine Architektur bezeichnet, bei der die Versorgung mehrerer Arbeitsplätze (Clients) durch einen zentralen Rechner (Server) vorgenommen wird. Eine Übersicht zu wichtigen Unterscheidungskriterien für Anwendungssysteme der Informationslogistik zeigt Tabelle 32.1.

Tabelle 32.1: Unterscheidungskriterien für Anwendungssysteme

Unterscheidungskriterien	Systemart oder Typ
Art des Systems	Kommunikationssystem, Informationssystem, Identifikationssystem, Datenaustauschsystem
Aufgabenbereich	Steuerungs-, Planungs-, Verwaltungs-, Datenerfassungssystem
Integrationsgrad	Integriertes System (Datenschnittstellen zum Umfeld), Insellösung (geringer Vernetzungsgrad)
Datenorganisation	Datenbanksystem, Dezentrales System (Dezentrale Datenhaltung)
Systemarchitektur	Client-Server System, Einzelplatzssystem, Echtzeit- oder Batchsystem
Standardisierung der Software	Standardsoftware, Individualsoftware

32.2.2   Unterscheidung nach Prozessunterstützung

Klassifiziert man Anwendungssysteme der Informationslogistik nach der Unterstützung **der zu Grunde liegenden Prozesse**, so können einige in der Praxis wichtige Anwendungsbereiche abgegrenzt werden.

Auftragsabwicklungssysteme unterstützen die rechnergestützte Vertriebs-, Versand- und Logistikabwicklung und ermöglichen eine effiziente Auftragsdurchführung. **Planungs- und Entwicklungssysteme** zielen auf die rechnergestützte Logistikplanung, z. B. die Layoutplanung mit Hilfe des Computer Aided Design (CAD), sowie auf die Simulation von Logistikprozessen ab. **Beschaffungssysteme** werden u. a. eingesetzt, um Einkaufsleistungen elektronisch durchzuführen (Electronic Procurement), um die Lieferantenleistung laufend messen und bewerten zu können sowie eine kontinuierliche Versorgung mit Lieferabrufen sicherzustellen. **Produktionsplanungs- und Steuerungssysteme** decken die vielfältigen Aufgaben z. B. der rechnergestützten Programmplanung, Kapazitätsabgleich sowie Fertigungssteuerung ab. Bei werksübergreifenden Aufgaben gewinnt dabei das **Supply Chain Management** (SCM) an Bedeutung, um eine übergreifende Koordination, Planung und Steuerung der logistischen Kette zu ermöglichen. **Distributionssysteme** werden in der Regel als bestandsführende Anwendungen eingesetzt. Die rechnergestützte Warenverteilung, Warenwirtschaft, Lagerführung und -verwaltung sowie die Kommissionierung stehen hierbei im Vordergrund. Im Bereich der Informations-, Identifikations- und Verwaltungssysteme nimmt die **warenbegleitende Sendungsverfolgung** (Tracking and Tracing) eine besondere Stellung ein. Hierzu ist eine Waren- oder Sendungscodierung z.B. mit Barcode oder Transponder erforderlich (vgl. Kap. 15). **Kommunikations- und Navigationssysteme** werden häufig für die Tourenplanung sowie das Flotten- und Fuhrparkmanagement eingesetzt.

Für viele Unternehmen stehen vor allem Anwendungen im Vordergrund, die ganzheitliche Prozessketten in den Unternehmen und über die Unternehmensgrenzen hinweg unterstützen. Dies wird durch den Ansatz des Supply Chain Managements besonders unterstützt. Untersuchungen zeigen, dass Unternehmen – allerdings mit unterschiedlichen Schwerpunkten – vor allem die Integration und Prozessoptimierung in Richtung ihrer **Kunden** sowie in Richtung ihrer **Liefer- und Versorgungsketten** vorantreiben.

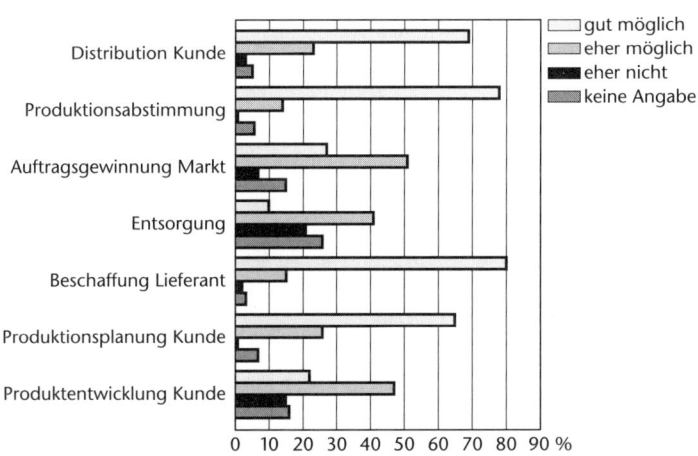

Bild 32.1: Prozessoptimierung durch Supply Chain Management

32.3 Neue Anwendungsgebiete der Informationslogistik

Die Trends der **Kunden-** sowie der **Lieferantenintegration** schaffen in der betrieblichen Praxis eine Reihe neuer Anwendungsgebiete der Informationslogistik, die heute vor allem mit folgenden Begriffen verbunden werden:

- Customer Relationship Management (CRM)

- Supply Chain Management (SCM)

- Efficient Consumer Response (ECR)

32.3.1   Customer Relationship Management (CRM)

Customer Relationship Management (CRM) leitet sich von der englischen Bezeichnung von Kundenbeziehungen (Customer Relations) ab und bedeutet eine systematische Zusammenführung und Koordination aller Aktivitäten im Auftragsgewinnungsprozess durch Einbezug relevanter Kunden, Kunden- und Marktdaten.

Im **Auftragsgewinnungsprozess** werden die für das Unternehmen relevanten Kundenaktivitäten durchgeführt. Wesentliches Ergebnis sind realisierte, d. h. verbindliche Bestellungen, die sich als Auftragseingänge niederschlagen. Der Anstoß im Auftragsgewinnungsprozess findet vor allem über Anfragen des Kunden statt, zudem gehen i. d. R. direkte Bestellungen ein. Im Auftragsgewinnungsprozess soll durch CRM ein systematisches Management der Kundenbeziehungen, d. h. ein adäquater Mix von Marketing-Instrumenten, erreicht werden. So kann es u. a. Zielsetzung sein, gezielt Kunden und neue Marktsegmente zu akquirieren, aber auch bestehende Kunden beim Unternehmen zu halten, z. B. durch Eingehen auf spezifische Kundenbedürfnisse.

Im Rahmen der Auftragsgewinnung finden vielfältige Aufgaben statt. Bei der **Anfragebearbeitung** werden anfallende Kundenanfragen entgegengenommen. Für unterschiedliche Fragestellungen, Produktbereiche oder Kundengruppen ist es in der Regel sinnvoll, die Anfragebearbeitung in Routine- und Sonderanfragen zu trennen. Routineanfragen können im Rahmen des CRM weitgehend automatisiert mit **Katalog- und Shopsystemen** abgedeckt werden. Werden zusätzlich Kundendaten gespeichert und identifiziert sich ein Kunde beim Zugang, so ist es möglich, auf spezielle Kundenprofile oder Produktbereiche einzugehen (One to one Marketing).

Bei der **Auftrags- und Lieferabklärung** werden mit den Kunden ggf. technische Fragen, voraussichtliche Liefertermine, verfügbare Mengen oder z. B. Materialreservierungen abgeklärt. Um diese Dienstleistung im Rahmen des CRM durchzuführen, setzen Unternehmen hierfür häufig **Call-Center** ein. Oft ist auch die Abstimmung in weiteren internen und externen Prozessen notwendig, insbesondere Produktionsprogrammplanung, aber beispielsweise auch mit der Konstruktion, der Entwicklung und ggf. den Lieferanten. Dies setzt u. a. die Integration zu nachgelagerten Prozessen bzw. Systemen voraus, z. B. eine CRM-SCM-Integration.

Die **Angebotskalkulation** setzt den Angebotspreis fest. Damit ist die Voraussetzung zur Angebotsabgabe erfüllt, wenn Mengen, Termine, Material, Vormaterial oder Zubehör feststehen. Die Angebotskalkulation setzt u. a. voraus, dass im Basissystem aktuelle Stammdaten, z. B. Stücklisten und Materialpositionen, vorliegen (siehe Kap. 4).

Bestellungen des Kunden gehen i. d. R. über die **Auftragsannahme** ein. Ggf. vorreservierte Produktionskapazitäten werden in das laufende Produktionsprogramm eingeplant. Die **Auftragsbestätigung** schließt den Kommunikationskreis zum Kunden und dokumentiert verbindlich die zugesicherten Leistungen des Angebots, wie Artikel, Preise, Liefertermin sowie Konditionen. Nach erfolgter Lieferung kann hieraus die Rechnungsstellung veranlasst werden.

Als strategische Aufgabe des CRM gilt die **Gewinnung von Neukunden**, die langfristige **Kundenbindung** sowie die **Einschätzung und Prognose** der mittel- bis langfristigen Auftragsentwicklung. Die Kundenbetreuung und -beratung bildet ein wichtiges Element zur Sicherung eines hohen Auftragsbestandes. Da Produkte einem Lebenszyklus unterliegen, muss das Vertriebsprogramm meist laufend an neue Marktanforderungen angepasst werden. Darüber hinaus spielt vor allem die Prognose der Auftragsentwicklung, die Entwicklung der Auftragssituation, Marketing- und Kampagnenplanung, Zielgruppenselektion sowie die Kundenanalyse der Bestell- und Auftragsmuster eine Rolle. Tabelle 32.2. zeigt hierzu zusam-

Tabelle 32.2: Aufgabenprofile im Rahmen des CRM

Aufgabenprofile	Unterstützung durch Anwendungssysteme
Informationsfluss/Kommunikation **vor** Auftragserteilung: Festlegung Angebot, Zeitpunkt der Angebotsabgabe, Angebotsdetails	CRM-Frontends, Laptop-Systeme, Vertriebssysteme
Informationsfluss/Kommunikation **nach** Auftragserteilung: Änderungen von Mengen, Lieferterminen, Stornierung, Bestätigung des zugesicherten Angebots (u. a. Preis, Liefertermin, Konditionen)	Auftrags-/ Warenwirtschaftssysteme
Informationsfluss/Kommunikation mit internen und externen Dienstleistern: Bestellungen, Änderungen, Stornierung	Kommunikations-/ Datenaustauschsystemsysteme (EDI)
Informationsfluss/Kommunikation nach Lieferung: Kundenrückfragen, Reklamationen, Service	Call-Center, Hotline, Servicesysteme
Automatisiertes Anbieten von Dienstleistungen und Angeboten	Katalogsysteme, Shopsysteme

menfassend die wichtigsten Aufgabenprofile im Rahmen des CRM und die mögliche Unterstützung durch Anwendungssysteme.

32.3.2   Supply Chain Management (SCM)

> **Supply Chain Management** (SCM) leitet sich von der englischen Bezeichnung der Liefer- und Versorgungskette (Supply Chain) ab und bedeutet eine systematische Zusammenführung und Koordination aller Aktivitäten bei der Auftragsdurchführung durch Einbezug relevanter Lieferanten und Dienstleister, ausgehend von der Vorgaben der Kunden.

Im **Auftragsdurchführungsprozess** werden die für das Unternehmen relevanten Aktivitäten zur Auftragserfüllung bearbeitet. Wesentliches Ergebnis sind realisierte, d. h. fertig gestellte Kundenaufträge. Der Anstoß im Auftragsdurchführungsprozess findet über die Auftragsgewinnung auf Basis von verbindlichen Bestellungen statt. Durch SCM werden eine Reihe übergreifender Aufgaben unter Einbeziehung von Kunden, Lieferanten und Dienstleistern unterstützt:

- Übergreifende Produktionsplanung

- Übergreifende Steuerung der Produktions- und Materialversorgung

- Überbetriebliche Distribution und Entsorgung

Der **Produktionsplanungsprozess** umfasst die produktionslogistischen Planungsaufgaben vor dem eigentlichen Produktionsbeginn. Dies sind Produktionsprogrammplanung, Mengenplanung, Kapazitäts- und Terminplanung sowie die Produktionsvorbereitung. Die mehrstufige Produktionsplanung im Rahmen des SCM berücksichtigt das werksübergreifend verfügbare Kapazitätsangebot und gleicht dieses mit dem aktuellen Nachfragebedarf (Kapazitätsbedarf) ab.

Der **Produktionsprozess** bildet im direkten Bereich, d. h. in Fertigung und Montage, den Schwerpunkt der betrieblichen Leistungserstellung zur Güterherstellung. Die Steuerung der Produktions- und Materialversorgung (Supply Chain Execution) bzw. Beschaffung wird oftmals mehrstufig unter Einbezug der Eigen- bzw. Fremdfertigungsanteile vorgenommen.

Der **Distributions-** und **Entsorgungsprozess** stellt die Marktabdeckung mit produzierten Waren und Gütern sowie deren Rücknahme und stoffliche Wiederverwertung sicher. Im Rahmen des Supply Chain Management werden Warenverteilung und Warenlieferung über spezielle Nachschubstrategien optimiert, u. a. spielen z. B. Unterscheidung nach Artikelgruppen, Bestell- und Verbrauchsverläufen sowie regionalen Anforderungen eine Rolle.

32.3.3   Efficient Consumer Response (ECR)

Efficient Consumer Response (ECR) leitet sich von der englischen Bezeichnung für Kunde (Consumer) bzw. Reaktion auf Kundennachfrage (Consumer Response) ab. ECR bedeutet eine durchgängige, möglichst lückenlose Erfassung und Nutzung von Artikeldaten zwischen Hersteller und Handel. Dies setzt eine einheitliche Codierung, aber auch eine vertrauensvolle Zusammenarbeit voraus.

Die Wirksamkeit eines gut organisierten Distributionsprozesses als Wettbewerbsfaktor am Markt ist hoch. Im Handelsbereich wird z.B. oftmals „online" verkauft, d.h., Datenströme verlaufen vom Kassensystem (Verkaufpunkt, engl.: point of sale = POS) über das Distributionsnetz bis hin zum Warenproduzenten. In der Supply Chain von Handelsunternehmen werden dabei beispielsweise verkaufte Artikel an der Kasse erfasst und die Bestände verbucht.

Die Einplanung der aktuellen sowie der zukünftig erwarteten Bedarfe kann dabei über einen zentralen Datenpool geführt werden. In Zeitreihen geführte Markt- und Kundendaten, z.B. bezüglich Absatz, Kundengruppen und Preis, werden über spezielle statistische Verfahren ausgewertet. Ziel ist es, in Prognose- und Planungsszenarios spezielle Muster, Zyklen oder kausale Einflussgrößen aus den Artikeldaten zu erkennen. Insbesondere die der elektronischen Artikelerfassung am Verkaufpunkt über Barcode erfassten Daten lassen sich hierzu nutzen. Wird eine Prognose gegen die tatsächlichen Ist-Verkäufe gespielt, können Planungsreports hinsichtlich der Prognosegenauigkeit bzw. der Prognosefehler erzeugt werden. Darüber hinaus können Veränderungen der Bestellzyklen frühzeitig an die Lieferanten durchgegeben werden. Vorteile des ECR-Konzeptes sind vor allem die Reduzierung von Bestands-, Lager- und Transportkosten, effizientere Bestellung und Versorgung sowie bessere Marktabdeckung zur geringeren Kosten.

32.4   Gestaltung informationslogistischer Systeme

Für die Einführung und Gestaltung von Systemen der Informationslogistik spielen sowohl Verfahren des Prozess-Reengineering, der Prozessanalyse und -modellierung als auch Verfahren der Softwareauswahl und -anpassung eine Rolle (vgl. Kapitel 15).

32.4.1   Leitfaden zur Vorgehensweise und Gestaltung

Basis der Vorbereitung, Gestaltung und Einführung von Systemen der Informationslogistik bildet üblicherweise eine geeignete Projektvorgehensweise.

Anwendungen der Informationslogistik müssen so entwickelt, angepasst und eingeführt werden, dass neben den betriebswirtschaftlichen und technischen Anforderungen vor allem der spezifische Informations- und Unterstützungsbedarf der unterschiedlichen Akteure erfüllt wird. Hierbei sind spezifische Kennzahlen der operativen Prozesse meist unentbehrlich. Auf Grund der i. d. R. hohen Komplexität sind dabei oft umfangreiche Projektvorbereitungen notwendig.

Der Leitfaden zur Prozessoptimierung (Bild 32.2, [Thaler 2007]) zeigt hierzu die sechs Phasen Zielfindung und Zielentwicklung, Projektkonkretisierung, Prozessanalyse und Konzeption, Detaillierung und Feinplanung, Umsetzung Sollkonzept sowie Ergebnis- und Prozessevaluierung.

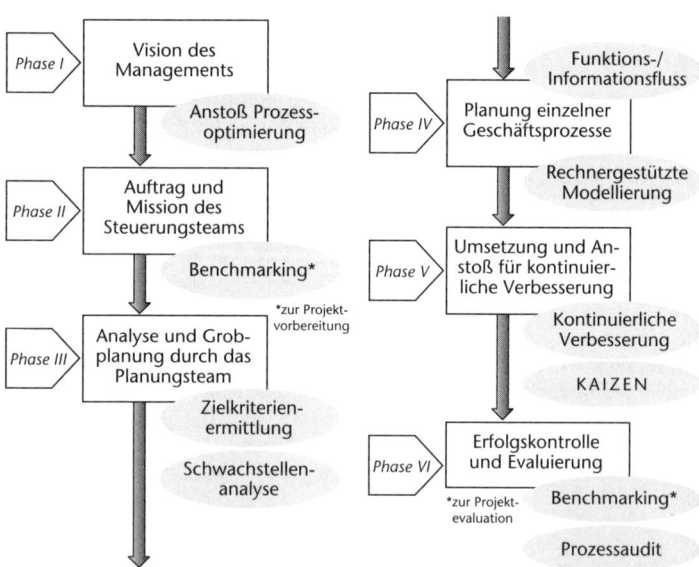

Bild 32.2: Leitfaden Prozessoptimierung

Bei der **Zielfindung und Zielentwicklung** in Phase I müssen häufig strategische Entscheidungen getroffen werden. Zum Beispiel müssen die möglichen Nutzenpotenziale neuer IT- und Kommunikationstechnologien gegenüber den technologischen und marktbezogenen Einsatzrisiken abgewogen werden. Konflikte können sich dadurch ergeben, dass vor allem bei E-Business-Projekten den oft hohen Nutzenerwartungen kurzlebige IT-Trends gegenüberstehen. Dies erfordert idealerweise eine fundierte Projektvorbereitung, die Technologieanalysen, Betrachtung von Referenzanwendungen und Machbarkeitsuntersuchungen einschließt.

Die **Projektkonkretisierung** (Phase II) bildet die Basis für die weitere Vorgehensweise und legt Projektinhalte und Anforderungen fest. Wichtig ist häufig die Festlegung von quantitativen bzw. qualitativen Soll-Zielen, Leistungskriterien und Kennzahlen für die zu betrachtenden Prozesse und organisatorischen Bereiche.

Im Rahmen der **Prozessanalyse und Konzeption** (Phase III) sind für die zu betrachtende Prozesse die Strukturen, Abläufe und Ergebnisse zu hinterfragen, Schwachstellen zu analysieren und Verbesserungsmöglichkeiten unter Einbezug der Mitarbeiter zu erarbeiten. Das Analyseergebnis sollte sowohl die Struktur des Prozesses (Prozessmodell) als auch die Leistungsmerkmale des Prozesses (Leistungsindikatoren) wiedergeben. Häufig sind dabei folgende Fragestellungen relevant:

- Welche Prozesse existieren (Ist-Ablauf) und welche Schlüsselfaktoren sind relevant?
- Welche Aufgaben sind durchzuführen?
- Welche Stärken/Schwächen sind feststellbar?
- Welche Einflussfaktoren sind prozessbestimmend und wie beeinflussen diese den Prozess?
- Welche Konzequenzen ergeben sich für den Idealprozess?

Tabelle 32.3 zeigt einige in der Praxis zur Datenerhebung und Analyse verwendete Methoden [Thaler 2007].

Tabelle 32.3: Methoden zur Datenerhebung und Analyse

Methode	Beschreibung/Ergebnis
Interview, Fragebogen, Beobachtung	Mündliche oder schriftliche Erläuterung zum Prozess, Selbstaufschrieb
Informationsfluss-Analyse	Untersuchung der Informationsflussbeziehungen/Work flow
Materialfluss-Analyse	Untersuchung der Materialflussbeziehungen
Dokumentenanalyse	Untersuchung der verwendeten Informationen und Dokumente
TSC-Analyse	Untersuchung der Total Supply Chain: Informations-, Material-, Zahlungsflüsse, Untersuchung von Wirkungsfaktoren, zeitliche und kostenbezogene Effekte

Im Rahmen der **Detaillierung und Feinplanung** (Phase IV) werden Prozess-schritte sowie die dazugehörigen Informationsflüsse und Daten betrachtet und verfeinert. Hierzu bieten sich rechnergestützte Hilfsmittel an, da der Erstellungs- und Änderungsaufwand der Prozessmodelle verringert werden kann. Zu den in der Praxis eingesetzten Beschreibungshilfsmitteln gehören:

- Flussdiagramm/Funktionsflussdiagramme,

- Datenfluss-Diagramme (DFD),

- Hierarchy-Input-Process-Output-Methode (HIPO),

- Structured Analysis and Design Technique (SADT),

- Ereignisgesteuerte Prozessketten (EPK),

- Petri-Netze.

Bei der **Umsetzung des Sollkonzepts** (Phase V) steht die Auswahl und Anpassung (Customizing) der IT-Lösung und deren Integration in das betriebliche Umfeld im Vordergrund (siehe auch Kapitel 15). Basis hierfür ist häufig ein Pflichtenheft unter Einbezug der erarbeiteten Prozessbeschreibungen und -modelle.

Die **Ergebnis- und Prozessevaluierung** (Phase VI) schließt die Projektvorgehensweise ab, bewertet den Umsetzungserfolg und dient der Sicherstellung der mitarbeiterbezogenen, wirtschaftlichen und technologischen Projektziele des informationslogistischen Systems.

32.4.2   Nutzung von Kennzahlen

Kennzahlen werden zur Beurteilung und Entscheidungsfindung verwendet und können üblicherweise nach den Faktoren Zeit, Menge, Kosten, Qualität, Zuverlässigkeit/Robustheit, Änderungsfähigkeit und Flexibilität eines Prozesses gebildet werden. Es lassen sich allgemein Logistikleistungskennzahlen, Kostenkennzahlen, Produktivitätskennzahlen sowie Finanzkennzahlen unterscheiden.

Im **Auftragsgewinnungsprozess** und insbesondere beim Customer Relationship Management (CRM) stehen **kunden-** und **marktbezogene Kennzahlen** im Vordergrund. Beispiele sind hier Deckungsbeiträge und Umsatz nach Kunden bzw. Produkten, Top-Produkte nach Kunden sowie Auftragsmengen nach Kunden, Planperioden oder Regionen. Wert und Reichweite des Auftragsbestandes, Antwortzeiten bei der Anfragebearbeitung sowie die Anzahl Kundenrückmeldungen bzw. -reklamationen sind weitere Beispiele für Kennzahlen.

Im **Produktionsplanungsprozess** und insbesondere beim Supply Chain Management werden **Kennzahlen** zur übergreifenden **Planung** und **Steuerung der logistischen Kette** benötigt. Beispiele sind hier die Kosten und Lieferzeiten in der Prozesskette, anteilige Lager-, Bestands- und Handlingkosten und -zeiten, Bestandsreichweiten sowie Umschlagshäufigkeiten. Basis für Kennzahlen sind ebenfalls Bedarfsänderungen hinsichtlich Mengen und Zeiten.

Im **Beschaffungsprozess** werden häufig Kennzahlen zur Lieferzuverlässigkeit betrachtet, d. h. die Fähigkeit, Aufträge zeit- und mengengerecht zu erfüllen. Ebenfalls wichtig sind Kennzahlen zur Lieferfähigkeit, d. h. Übereinstimmung zwischen gewünschtem und bestätigtem Liefertermin, sowie die Lieferqualität, d. h. der Anteil der ohne Beanstandungen durchgeführten Lieferungen. Daneben sind Reichweiten, Sicherheitsbestände, Fehlmengen und Wiederbeschaffungszeiten der Lieferanten ebenfalls oft von Interesse.

Im **Herstellungsprozess** sowie bei der **Distribution** werden eine Vielzahl von Produktivitäts-, Leistungs- und Kostenkennzahlen genutzt. Beispiele sind Anlagen-, Kapazitäts- und Transportnutzung, Produktionsaufträge Ist-Soll, Durchlauf-, Stillstands-, Rüst- und Auslieferzeiten sowie deren Kostenanteile.

32.4.3 Fallbeispiel zur Anwendungsintegration

Das folgende Praxisbeispiel zeigt die Anwendung eines integrierten Szenarios der Informationslogistik am Beispiel des übergreifenden Zusammenspiels von CRM und SCM [Jörns 2003].

Bei einem Konsumgüterhersteller wird die laufende Umsatzentwicklung vertriebsseitig mit einem CRM-System überwacht. Der verantwortliche Manager möchte im Fall von Umsatzrückgängen rechtzeitig geeignete Marktkampagnen in Form von zeitlich eingeschränkten Productbundles starten, die dem Einzelhandel durch den Außendienst angeboten werden sollen. Hiervon sind von der Produktion über Marketing und Vertrieb alle Bereiche im Unternehmen betroffen. Es gilt demnach, alle Arbeitsprozesse im Unternehmen so aufeinander abzustimmen, dass die produktions- und lieferantenbezogenen Prozesse des Supply Chain Management und die kundenbezogenen Prozesse des Customer Relationship Management wirkungsvoll ineinander greifen.

Das Speichern einer CRM-Kampagne für ein Produktbundle stößt im System zwei Folgeaktivitäten an: In CRM werden die zur Kampagne gehörigen Aktivitäten an die betroffenen Vertriebsmitarbeiter weitergereicht, die die Einzelhandelsmärkte aufsuchen sollen. Gleichzeitig wird die Kampagne in das Supply-Chain-Planungssystem übertragen. Nach einer Abstimmung mit dem Vertrieb wird in der Absatzplanung der Effekt des Bundles als Überlagerung der bestehenden Planzahlen durch eine Promotion, d. h. eine erwartete Absatzsteigerung, eingeplant. Diese Promotion deckt zwei Effekte ab: Während der Verkaufszeit des Bundles wird erwartet, dass sich das Originalprodukt als Einzelprodukt in geringeren Mengen verkauft. Nach Ablauf der Kampagne wird dagegen ein Nachwirken erwartet, das die Absatzzahlen nachhaltig über das Plansoll bringen soll.

Das Bild 32.3 zeigt einen Ausschnitt aus dem Planungsbildschirm der Anwendung mySAP.com. Im unteren Fenster ist die mengenmäßige Auswirkung der Kampagne als Zeit-/Mengendiagramm dargestellt. Mit Prognoserechnungen können unterschiedliche Szenarien durchgespielt werden.

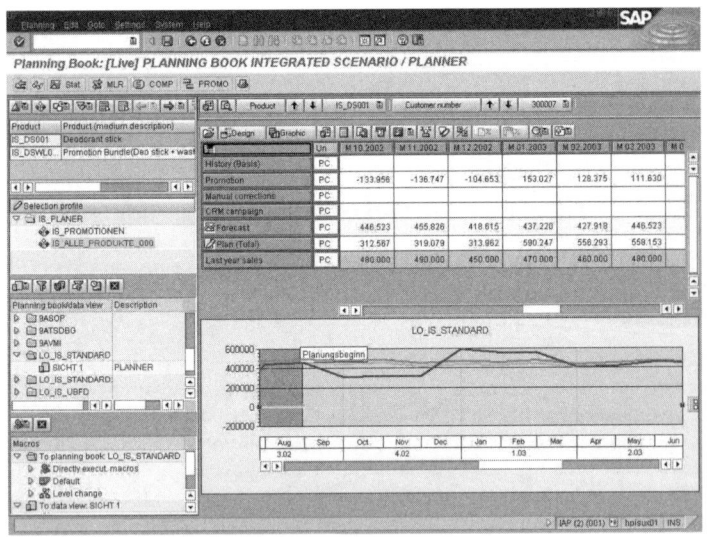

Bild 32.3: Beispiel zur integrierten Informationslogistik

Parallel hierzu muss sich die Produktion bemühen, die zusätzlichen Produktionsmengen der Kampagne auf die bestehende Maschinenkapazität zu bringen. Außerdem muss eine Lösung für das Produktbundle gefunden werden, für dessen Herstellung neben der Verpackung auch Fremdmaterial zu beschaffen ist. Um nach freien Kapazitäten bei dem Lohnfertiger und in der eigenen Produktion zu suchen, werden im System im

Rahmen der Produktionsplanung die benötigten Kapazitäten und Materialien aus den Stücklisten und Arbeitsplänen eingeplant. Dabei zeigt sich, dass die noch fehlenden Materialien extern zu beschaffen sind. Die zugehörigen Bedarfe werden aus der Anwendung direkt in ein E-Procurement Tool übertragen und per Ausschreibung beschafft. Der Vertrieb kann jetzt bei der Auftragsanlage oder -änderung auf bestätigte Produktionsmengen und später auf produzierte Bestände zugreifen. Die logistische Abwicklung bis zur Fakturierung der Ware an den Kunden wird über eine zentrale Datenhaltung unterstützt.

Literatur

Jörns, C.; Vietor, M.: Fallbeispiel Real Time Enterprise. IDS-Scheer AG, 2003

Thaler, K.: Supply Chain Management. Prozessoptimierung in der logistischen Kette. 5., erweiterte Auflage. Troisdorf: Bildungsverlag EIsNS 2007

Thaler, K.: Szenarien, Anwendungslösungen und Architekturen im „House of Supply Chain Management". In: Euroforum-Konferenz Supply Chain Management, 21./22. 5. 01, Düsseldorf

Weitere Informationen zur Literatur und zu den Anwendungen www.hdm-stuttgart.de/thaler

33 Logistik und Qualitäts-
management

Prof. Dr.-Ing. habil. Gerhard Linß

33.1 Einführung

Aufgabe des Qualitätsmanagements ist, im Unternehmen Geschäftsprozesse und ihre Ergebnisse so abzusichern, dass Fehler nur mit geringer Wahrscheinlichkeit entstehen und der Kunde keine fehlerhaften
Produkte erhält..

Sichere Prozesse sind Voraussetzung für das oberste Ziel der Logistik,
der Lieferfähigkeit gegenüber internen und externen Kunden. Wenn die
Prozesse nicht sicher beherrscht werden, muss die Logistik auf Sicherheitsbestände zurückgreifen, um trotzdem lieferfähig zu sein. Prozesssicherheit, das wichtigste Anliegen des Qualitätsmanagements, ist damit
wesentliche Grundlage zur Erfüllung der Logistikziele und deshalb von
hohem Interesse für Logistiker.

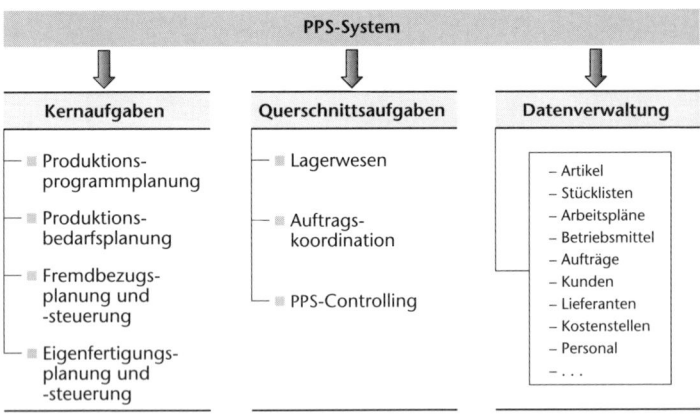

Bild 33.1: PPS-Aufgabenmodell nach [FIR]

Die beiden Fachdisziplinen Qualitätsmanagement und Logistik teilen
weiterhin das Denken in Prozessen, die Gestaltung und Absicherung
des Wertschöpfungsprozesses vom Lieferanten bis zum Kunden. Sowohl
Logistiker als auch Qualitätsmanager vertreten ihre Anliegen und Ziele

gegenüber den klassischen Funktionen Einkauf, Produktion und Vertrieb sowie zunehmend auch gegenüber der Entwicklung (Absicherung der Entwicklungsprozesse und Sicherung der Verfügbarkeit von Musterteilen und Werkzeugen, Sicherung der Lieferfähigkeit bei Produktanlauf etc.). In Anlehnung an das PPS-Modell der FIR werden die Aufgaben zur Produktionsplanung und -steuerung in Kern- und Querschnittsaufgaben unterteilt (Bild 33.1). Wie die Logistik ist das Qualitätsmanagement eine Querschnittsfunktion.

Natürlich beschäftigen sich Logistiker auch mit der Qualität ihrer eigenen Leistung. Die häufig genannten 6 R (das richtige Material zum richtigen Zeitpunkt am richtigen Ort in der richtigen Menge in der richtigen Qualität zu richtigen (Logistik-)Kosten) sind bedeutende Qualitätsmerkmale der Prozesse in Unternehmen.

Im Folgenden werden deshalb die wesentlichen Begriffe, Aufgaben und Ziele des Qualitätsmanagements dargestellt.

Qualität (quality):
Grad, in dem ein Satz inhärenter Merkmale Anforderungen erfüllt [Norm 2005].

Qualitätsfähigkeit (quality capability):
Eignung einer Organisation oder ihrer Elemente zur Realisierung einer Einheit, die Qualitätsforderung an diese Einheit zu erfüllen [DGQ].

Qualitätsmanagement (quality management):
Aufeinander abgestimmte Tätigkeiten zum Leiten und Lenken einer Organisation bezüglich Qualität [Norm 2005].

Qualitätsmanagementsystem QM-System (quality system bzw. quality management system):
Managementsystem zum Leiten und Lenken einer Organisation bezüglich der Qualität [Norm 2005].

Qualitätssicherung (quality assurance):
Teil des Qualitätsmanagements, der auf das Erzeugen von Vertrauen gerichtet ist, dass Qualitätsanforderungen erfüllt werden [Norm 2005].

33.2   Normenfamilie ISO 9000 ff.

32.2.1   Struktur der Normenfamilie ISO 9000 ff.

Jede Organisation ist davon abhängig, dass ihre Lieferanten ihre Produkte in gleicher guter Qualität liefern. Gerade bei Anwendung von Just-in-Time-Philosophien ist hohe Liefertreue und Qualitätsfähigkeit von Lieferanten unabdingbare Voraussetzung für eine reibungslose Produktion. Das Vertrauen des Kunden kann geschaffen werden, wenn der Lieferant nachweist, dass er systematisch organisierte Maßnahmen zum Erhalt und zur Verbesserung der Qualität seiner Produkte durchführt. Ein solches System von Maßnahmen, das sich auf alle Unternehmensprozesse erstreckt, ist das **QM-System** (Bild 33.2).

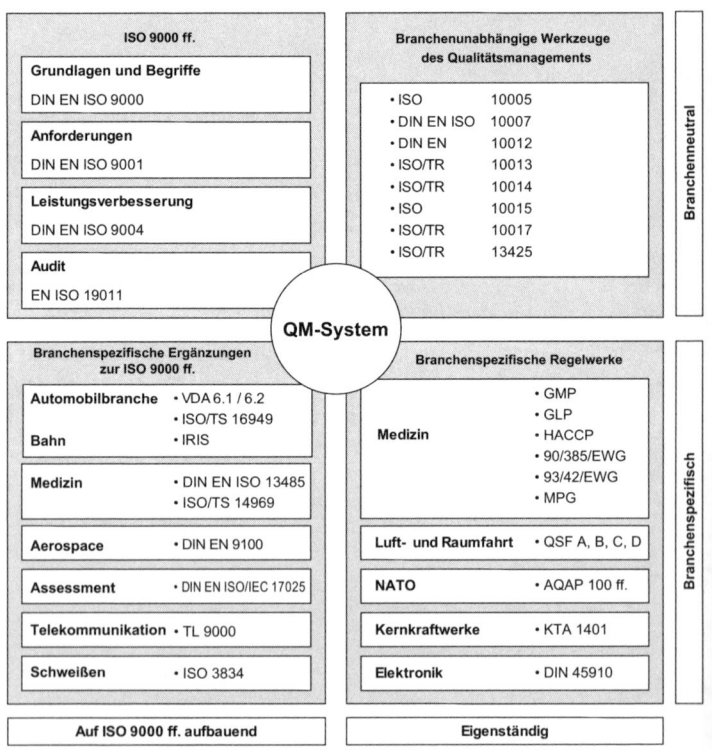

Bild 33.2: Normen und Regelwerke für QM-Systeme

Für den Aufbau von QM-Systemen wurde die internationale Normenfamilie ISO 9000 ff. entwickelt.

Die Aufstellung der Normen für branchenunabhängige Werkzeuge des Qualitätsmanagements enthält Tabelle 33.1.

Tabelle 33.1: Normen für Werkzeuge des Qualitätsmanagements

Norm	Titel
EN ISO 19011	Leitfaden für das Auditieren von Qualitätsmanagement- und/oder Umweltmanagementsystemen
ISO 10005	Leitfaden für Qualitätsmanagementpläne
ISO 10006	Leitfaden für Qualität im Projektmanagement
DIN ISO 10007	Leitfaden für Konfigurationsmanagement
ISO 10012	Messmanagementsysteme – Anforderungen an Messprozesse und Messmittel
ISO/TR 10013	Leitfaden für die Dokumentation des Qualitätsmanagementsystems
ISO 10014	Leitfaden zur Handhabung der Wirtschaftlichkeit im Qualitätsmanagement
ISO 10015	Leitfaden für Schulung
ISO/TR 10017	Leitfaden für die Anwendung statistischer Verfahren für ISO 9001
ISO/TR 13425	Leitfaden zur Auswahl standardisierter statistischer Verfahren

33.2.2 Gründe für den Aufbau von QM-Systemen

Schaffung von Vertrauen zwischen Kunden und Lieferanten
Die qualitätsbezogenen Tätigkeiten und Zielsetzungen des Lieferanten sind in einem System geordnet. Dadurch wird Vertrauen des Kunden in die Organisationsstruktur des Lieferanten geschaffen. Es ergibt sich damit ein direkter Wettbewerbsvorteil gegenüber Mitbewerbern.

Verbesserung der betrieblichen Abläufe und ihrer Dokumentation

Der Aufbau des QM-Systems beinhaltet die Analyse, Optimierung und Dokumentation der betrieblichen Prozesse. Es ist dadurch möglich, Schwachstellen zu erkennen, die Leistungsfähigkeit und die Kundenorientierung der Prozesse sprungartig zu verbessern.

Schaffung von Vertrauen der Organisation in die eigenen Geschäftsprozesse

Mit dem QM-System werden Regelungen geschaffen und dokumentiert, um die eigenen Prozesse zu lenken und zu verbessern. Das schafft Sicherheit und Vertrauen der Leitung der Organisation und der Mitarbeiter der Organisation in die eigenen Prozesse.

Entlastungsmöglichkeit im Produkthaftungsfall

Der Aufbau eines QM-Systems bestätigt die Erfüllung der Sorgfaltspflichten zur Strukturierung der qualitätsbezogenen Tätigkeiten und Zielsetzungen und ihrer Wechselwirkungen. In Fällen der verschuldensunabhängigen Haftung hat der Lieferant Aussicht auf Entlastung, wenn er nachweisen kann, dass er unter Einsatz des Standes der Technik alle Maßnahmen getroffen hat, um Fehler bei Entwicklung, Herstellung und Einsatz der Produkte zu vermeiden.

33.3   Qualitätsmanagement-System

33.3.1   Allgemeine Anforderungen

Die oberste Leitung (z. B. Vorstand oder Geschäftsführung) muss ein QM-System aufbauen, dokumentieren, implementieren, aufrechterhalten und kontinuierlich verbessern.

Das Prozessmanagement hat zu umfassen:

- Identifikation und Management der Prozesse

- Bestimmung der Abfolge und Wechselwirkungen der Prozesse

- Bestimmung der Kriterien und Methoden zur Effektivität und Lenkung der Prozesse

- Sicherstellung der Verfügbarkeit von Ressourcen zur Durchführung von Prozessen

- Messung, Überwachung und Analyse der Prozesse

- Maßnahmen zur Zielerreichung und kontinuierlichen Verbesserung von Prozessen

In der ISO 9001 werden **vier Hauptprozesse** unterschieden:

- Verantwortung der Leitung

- Management von Ressourcen

- Produktrealisierung

- Messung, Analyse und Verbesserung.

Diese sind im Prozessmodell der ISO 9000 ff. angeordnet (Bild 33.3).

Bild 33.3: Prozessmodell der ISO 9000 ff.

33.3.2 Dokumentationsanforderungen

Die Dokumentation zum QM-System muss beinhalten:

- dokumentierte Aussagen zur Qualitätspolitik und zu Qualitätszielen

- ein QM-Handbuch

- Dokumente, die die Organisation zur wirksamen Planung, Durchführung und Lenkung ihrer Prozesse benötigt

- normenseitig geforderte Qualitätsaufzeichnungen

Der Umfang der Dokumentation richtet sich nach Größe und Art der Organisation, Komplexität der Prozesse und Fähigkeit des Personals.

33.4   Verantwortung der Leitung

33.4.1   Verpflichtung der Leitung

Steigender weltweiter Wettbewerb und höhere Kundenerwartungen im Hinblick auf Qualität und Preis erfordern für den Wettbewerb der Unternehmen:

■   Maßnahmen zur Sicherung und Verbesserung der Qualität in allen Produktlebensphasen zu verwirklichen

■   effektive und effiziente Systeme einzuführen und aufrechtzuerhalten zur zunehmenden Zufriedenheit ihrer Kunden und anderer Interessenpartner

Zur Entwicklung, Verwirklichung und ständigen Verbesserung des QM-Systems muss die Leitung:

■   der Organisation die Bedeutung der Kundenforderungen sowie der gesetzlichen und behördlichen Auflagen vermitteln

■   die Qualitätspolitik festlegen

■   sicherstellen, dass Qualitätsziele festgelegt werden

■   Managementbewertungen durchführen

■   die Verfügbarkeit der Ressourcen sicherstellen.

33.4.2   Kundenorientierung

Durch die oberste Leitung muss sichergestellt werden, dass

■   Kundenbedürfnisse und Erwartungen ermittelt

■   in Anforderungen umgewandelt und

■   mit dem Ziel der Erhöhung der Kundenzufriedenheit erfüllt

werden.

33.4.3   Qualitätspolitik

Die oberste Leitung muss sicherstellen, dass die Qualitätspolitik

■   für den Unternehmenszweck geeignet ist

■   die Verpflichtung zur Erfüllung von Anforderungen und kontinuierlicher Verbesserung gegeben ist

■   einen Rahmen zum Festlegen und Bewerten der Qualitätsziele bietet

- in der Organisation vermittelt und verstanden wird und
- auf ihre fortdauernde Angemessenheit bewertet wird.

33.4.4   Planung

Die oberste Leitung muss sicherstellen, dass Qualitätsziele geplant werden:

- auf allen Ebenen und Funktionen festgelegt werden
- mit der Qualitätspolitik in Übereinstimmung sind
- messbar sind und
- die Erfüllung von Anforderungen an Produkte mit umfassen.

33.4.5   Verantwortung, Befugnis und Kommunikation

Verantwortung und Befugnisse und ihre Wechselbeziehungen innerhalb der Organisation müssen durch die oberste Leitung festgelegt und bekannt gemacht werden.

Ein von der obersten Leitung zu benennendes Leitungsmitglied hat folgende Aufgaben zu übernehmen:

- Einführung, Verwirklichung und Aufrechterhaltung der für das QM-System notwendigen Prozesse
- Berichterstattung über die Leistung und den Verbesserungsbedarf des QM-Systems und
- Förderung der Bewusstmachung von Kundenanforderungen.

Kommunikationsprozesse zur Wirksamkeit des QM-Systems müssen realisiert werden.

33.4.6   Managementbewertung

Das QM-System ist in geplanten Abständen zu bewerten. Die Bewertung dient der Sicherstellung und Verbesserung der Eignung, Angemessenheit und Wirksamkeit des QM-Systems.

Eingaben für die Managementbewertung müssen Informationen zu Folgendem beinhalten:

- Ergebnisse von Audits
- Rückmeldungen von Kunden

■ Prozessleistung und Produktkonformität

■ Status von Vorbeugungs- und Korrekturmaßnahmen

■ Folgemaßnahmen vorangegangener Managementbewertungen

■ Änderungen, die das QM-System beeinflussen könnten, und

■ Empfehlungen für Verbesserungen.

Ergebnisse der Managementbewertung müssen Maßnahmen enthalten zur Verbesserung der Wirksamkeit des QM-Systems, Verbesserung der Prozesse, Verbesserungen der Produkte in Bezug auf Kundenanforderungen und Verbesserungen des Umgangs mit Ressourcen.

33.5   Management der Ressourcen

33.5.1   Bereitstellung der Ressourcen

Ressourcen dienen zur Aufrechterhaltung und Verbesserung des QM-Systems und zur Erfüllung der Kundenanforderungen. Daher sind die erforderlichen Ressourcen zu ermitteln und bereitzustellen.

33.5.2   Personelle Ressourcen

Das Personal muss auf Grundlage von Ausbildung, Schulung, Fertigkeiten und Erfahrungen hinsichtlich produktbeeinflussender Tätigkeiten qualifiziert sein.

Die Organisation muss:

■ notwendige Fähigkeiten bezüglich auszuübender Tätigkeiten ermitteln

■ Schulungen und andere geeignete Maßnahmen organisieren

■ die Wirksamkeit der Schulungen und Maßnahmen beurteilen

■ Aufzeichnungen zu Ausbildung, Schulung, Fertigkeiten und Erfahrungen führen und

■ sicherstellen, dass ihre Mitarbeiter sich der Bedeutung und Wichtigkeit ihrer Tätigkeit bewusst sind und wissen, wie sie zur Erreichung der Qualitätsziele beitragen.

33.6 Produktrealisierung

33.6.1 Planung der Produktrealisierung

Die Organisation muss, soweit zutreffend, Folgendes festlegen:

- Qualitätsziele und Anforderungen für das Produkt

- Prozesse, Dokumentationsumfang, Ressourcenbereitstellung

- erforderliche produktspezifische Verifizierungs-, Validierungs-, Überwachungs- und Prüftätigkeiten

- Produktannahmekriterien

- erforderliche Aufzeichnungen zum Nachweis fähiger Realisierungsprozesse.

33.6.2 Kundenbezogene Prozesse

Die Organisation muss die Identifikation von Kundenanforderungen und Anforderungen zu

- Lieferung

- Tätigkeiten nach der Lieferung

- beabsichtigtem oder spezifiziertem Gebrauch

- gesetzlichen und behördlichen Vorgaben und

- allen weiteren von der Organisation festgelegten Anforderungen

sicherstellen.

Die Organisation muss für die Kommunikation mit dem Kunden wirksame Regelungen festlegen und verwirklichen.

33.6.3 Entwicklung

Die Organisation muss einschließlich aller Entwicklungsphasen alle erforderlichen Bewertungs-, Verifizierungs- und Validierungsmaßnahmen durchführen. Sie muss weiterhin alle

- Verantwortlichkeiten

- Zuständigkeiten und

- Planungsaktivitäten

festlegen.

Die Schnittstellen zwischen den unterschiedlichen involvierten Gruppen müssen entsprechend organisiert werden.

Die Entwicklungsergebnisse müssen in einer Form bereitgestellt werden, dass eine Verifizierung gegenüber den Entwicklungseingaben ermöglicht wird. Die Freigabe von Entwicklungsergebnissen muss genehmigt werden.

Entwicklungsergebnisse müssen:

- die Entwicklungsvorgaben erfüllen

- angemessene Informationen für die Beschaffung, Produktion und Dienstleistungserbringung bereitstellen

- Produktannahmekriterien enthalten oder darauf verweisen und

- die Merkmale für Sicherheit und ordnungsgemäßen Gebrauch des Produktes bestimmen.

Es müssen Reviews durchgeführt werden. Die Entwicklungsverifizierung dient der Feststellung, ob das Entwicklungsergebnis die Entwicklungsvorgaben erfüllt. Die Entwicklungsvalidierung dient der Feststellung, ob das resultierende Produkt in der Lage ist, die Anforderungen für den festgelegten oder beabsichtigten Gebrauch zu erfüllen.

33.6.4   Beschaffung

Der Beschaffungsprozess ist eine wesentliche Funktion der Logistik. Die Organisation muss sicherstellen, dass die beschafften Produkte die Beschaffungsanforderungen erfüllen.

Dazu muss die Organisation Art und Umfang der Lenkungsmethoden von Beschaffungsprozessen in Abhängigkeit vom Einfluss des beschafften Produktes oder der Dienstleistung zur Erfüllung der organisationsspezifischen Anforderungen festlegen.

Lieferanten sind auf Grund ihrer Fähigkeiten, den Anforderungen entsprechende Produkte zu liefern, zu bewerten und auszuwählen. Es sind festzulegen:

- Kriterien für die Bewertung

- Kriterien für die Neubewertung

- Auswahl von Lieferanten.

Über die Ergebnisse von Beurteilungen und ggf. notwendigen Folgemaßnahmen sind Aufzeichnungen zu führen.

Beschaffungsdokumente müssen Informationen enthalten, die das zu beschaffende Produkt beschreiben. Die Organisation muss zur Verifizierung der beschafften Produkte die notwendigen Maßnahmen festlegen und implementieren.

Wo die Organisation oder ihr Kunde Verifizierungstätigkeiten beim Lieferanten vorschlägt, muss die Organisation die Verifizierungsvereinbarungen und Methoden zur Freigabe der Produkte in den Beschaffungsangaben festlegen.

33.6.5 Produktion und Dienstleistungserbringung

Die Organisation muss die Leistungserbringung unter beherrschten Bedingungen planen und durchführen. Die Qualität der Querschnittsfunktion Logistik beeinflusst wesentlich die Durchführung des Produktionsprozesses.

Beherrschte Bedingungen beinhalten:

■ Verfügbarkeit von Informationen, welche die Merkmale des Produkts beschreiben

■ Verfügbarkeit von Arbeitsanweisungen

■ Anwendung geeigneter Ausrüstungen

■ Verfügbarkeit und den Gebrauch von Prüfmitteln

■ Verwirklichung von Überwachungen und Messungen

■ Verwirklichung von Freigabe- und Liefertätigkeiten und Tätigkeiten nach der Lieferung.

Das Produkt ist während der gesamten Produktrealisierung mit geeigneten Mitteln zu kennzeichnen:

■ das Produkt selbst und

■ den Produktstatus in Bezug auf Überwachungs- und Messanforderungen

■ der Prüfstatus.

Wo Rückverfolgbarkeit gefordert ist, muss die Organisation die eindeutige Kennzeichnung des Produktes gewährleisten und aufzeichnen.

Die Organisation muss die Konformität des Produktes während der internen Verarbeitung und der Auslieferung bis zum Bestimmungsort erhalten. Dies beinhaltet:

■ Kennzeichnung

■ Handhabung

■ Verpackung

■ Lagerung

■ Schutz.

33.6.6   Lenkung von Überwachungs- und Messmitteln

Die Organisation muss Prozesse einführen, damit Überwachungen und Messungen in geeigneter Weise durchgeführt werden.

Messmittel müssen:

■ in festgelegten Abständen kalibriert und verifiziert werden

■ bei der Kalibrierung auf internationale und nationale Normale zurückgeführt werden – über die verwendeten Grundlagen der Kalibrierung sind Aufzeichnungen zu erstellen

■ in geeigneter Weise justiert/nachjustiert werden

■ mit dem Kalibrierstatus gekennzeichnet werden

■ gegen Verstellung gesichert werden, die die Kalibrierung ungültig machen würde

■ vor Beschädigung und Beeinträchtigung während der Handhabung, Instandhaltung und Lagerung geschützt werden.

33.7   Messung, Analyse und Verbesserung

Die Organisation muss die Überwachungs-, Prüf-, Analyse- und Verbesserungsprozesse planen und umsetzen, um

■ die Konformität des Produktes darzulegen

■ die Konformität des QM-Systems zu gewährleisten und

■ die Wirksamkeit des QM-Systems ständig zu verbessern.

Das beinhaltet die Ermittlung des Bedarfes und den Gebrauch von anwendbaren statistischen und anderen Verfahren.

Die Organisation muss Informationen zur **Kundenzufriedenheit** als eine der Messgrößen für die Leistung des QM-Systems überwachen.

Die Methoden, um diese Informationen zu erlangen und zu nutzen, müssen festgelegt sein.

Die Logistik der Organisation muss periodisch geplante **interne Audits** sichern, um zu ermitteln, ob das QM-System die geplanten Regelungen, die Anforderungen der zu Grunde liegenden Norm und die von der Organisation festgelegten Anforderungen an das QM-System erfüllt.

Es muss ein **Auditprogramm** geplant werden, wobei Status und die Bedeutung der zu auditierenden Prozesse und Bereiche sowie die Ergebnisse früherer Audits zu berücksichtigen sind.

Es müssen festgelegt und dokumentiert werden:

- Auditkriterien

- Auditumfang

- Audithäufigkeit

- Auditmethoden

- Verantwortlichkeiten und Anforderungen zur Planung, Durchführung, Berichterstattung und Führung von Aufzeichnungen.

Die Organisation muss geeignete Methoden für die Überwachung und Messung der **Prozesse des QM-Systems** anwenden.

Diese Methoden müssen die Fähigkeit der Prozesse, die geplanten Ergebnisse zu erreichen, darlegen. Wenn notwendig, müssen Korrekturmaßnahmen ergriffen werden.

Die Organisation muss die **Merkmale des Produktes** überwachen und messen, um zu verifizieren, dass die Anforderungen an das Produkt erfüllt werden. Dies muss an geeigneten Phasen des Produktrealisierungsprozesses und in Übereinstimmung mit den geplanten Tätigkeiten durchgeführt werden. Als Nachweis über die Konformität, in Verbindung mit den anzuwendenden Annahmekriterien, müssen Aufzeichnungen geführt werden.

Ein Produkt, das die festgelegten Qualitätsforderungen nicht erfüllt, muss von unbeabsichtigter Benutzung, Weiterverarbeitung, Versendung oder Montage ausgeschlossen werden.

Die Lenkung **fehlerhafter Produkte** schließt ein:

- Kennzeichnung, Absonderung (wenn möglich) und Dokumentation

- Beurteilung

- Behandlung der Produkte (Nacharbeit, Ausschuss, Sonderfreigabe)

- Benachrichtigung der betroffenen Stellen.

Die Regelungen sind zu dokumentieren. Bei Nachbesserungen ist das Produkt erneut zu verifizieren. Werden fehlerhafte Produkte ausgeliefert, müssen angemessene Maßnahmen ergriffen werden.

Die Organisation muss geeignete Daten zur Bestimmung der Wirksamkeit und der Eignung des Qualitätsmanagementsystems

- ermitteln

- erfassen und

- analysieren.

Es ist zu identifizieren, wo ständige Verbesserungen des QM-Systems vorgenommen werden können. Dies beinhaltet die Analyse der Daten, die durch Prüftätigkeiten und aus anderen relevanten Quellen gewonnen wurden.

33.8   Verbesserung

Die Organisation muss die Wirksamkeit des QM-Systems ständig verbessern. Dazu muss beitragen:

- Qualitätspolitik

- Qualitätsziele

- Auditergebnisse

- Datenanalyse

- Korrektur- und Vorbeugungsmaßnahmen

- Managementbewertung.

Die Organisation muss **Korrekturmaßnahmen** zur Beseitigung von Fehlerursachen und Verhinderung erneuten Auftretens ergreifen. Die Maßnahmen müssen den Auswirkungen eines auftretenden Fehlers angemessen sein. Korrekturmaßnahmen müssen dokumentiert werden.

Die Organisation muss **Vorbeugemaßnahmen** festlegen und dokumentieren zur

- Beseitigung von Ursachen möglicher Fehler

- Verhinderung des Auftretens von Fehlern.

- Diese Maßnahmen müssen den Auswirkungen eines auftretenden Fehlers angemessen sein.

Um die Leistungsfähigkeit von Prozessen zu sichern und weiter zu erhöhen, ist es hilfreich, Prozesse als wiederkehrende Abfolge der Phasen

- Planen (Plan)
- Ausführen (Do)
- Prüfen (Check) und
- Verbessern/Agieren (Act)

zu gestalten. Dieser Ablauf wird nach Deming mit dem Begriff **PDCA-Zyklus** bezeichnet [Deming] (Bild 13.4).

Die Anwendung des Deming-Zyklus ermöglicht die ständige Verbesserung der Prozesse [Deming]. Durch Integration objektiver Messungen und der Rückführung der Ergebnisse in den Planungsprozess wird eine **Regelkreisstruktur** aufgebaut. Der PDCA-Zyklus kann auf alle Detaillierungsstufen von Prozessen angewandt werden.

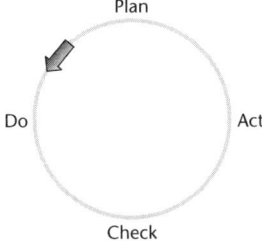

Bild 33.4: Deming'scher PDCA-Zyklus

33.9 QM-Handbuch und Prozessanweisungen

Die QM-Dokumente und Qualitätsaufzeichnungen sind die Basis des QM-Systems.

Tabelle 33.2: Klassifizierung der QM-Dokumente nach Inhalten [Norm 2000]

Dokumente	Erläuterung
QM-Handbuch	Das QM-Handbuch mit den Prozessbeschreibungen ist die komprimierte Darstellung der betrieblichen Prozesse und Qualitätskriterien des QM-Systems. Es liefert nach innen und außen zusammenhängende Informationen über das QM-System der Organisation.
QM-Plan	Anwendung des QM-Systems auf ein Produkt, Projekt oder Vertrag
Spezifikation	Dokument mit festgelegten Anforderungen
Leitfaden	Anleitung mit Empfehlungen und Vorschlägen
Prozessanweisungen, Arbeitsanleitungen, Zeichnungen	detaillierte Anleitung zur Beschreibung und zur Ausführung von Tätigkeiten, Prozessen, Produkten, Dienstleistungen
Aufzeichnungen	Nachweis über ausgeführte Tätigkeiten oder erreichte Ergebnisse

Das **QM-Handbuch** ist das zentrale Dokument zur Beschreibung des QM-Systems. Es konkretisiert die Auffassung der Unternehmensleitung über die Maßnahmen zur Umsetzung der Qualitätspolitik. Es regelt die Verantwortlichkeiten und Befugnisse im QM-System sowie alle zum Erreichen der Qualitätsziele notwendigen qualitätssichernden Maßnahmen der einzelnen Struktureinheiten.

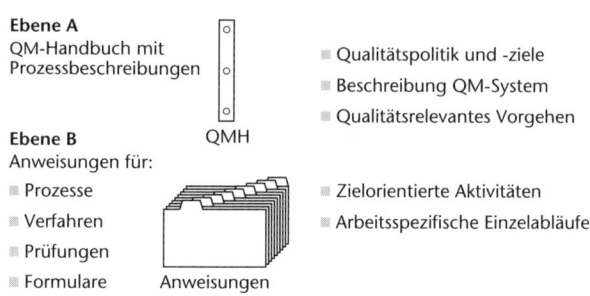

Bild 33.5: Aufbau der QM-Dokumentation in 2 Ebenen

Die detaillierte Beschreibung von einzelnen Abläufen und Inhalten des Qualitätsmanagements erfolgt in **Prozess-, Arbeits- und Prüfanweisungen**. In ihnen ist festgelegt, was durch wen, wann, wo und wie getan werden muss. Sie sind Ergänzungen zum QM-Handbuch und werden von den Prozessteams selbst erstellt und gepflegt.

■   Zur eindeutigen Erkennbarkeit und Übersicht sollten diese QM-Dokumente nach einer einheitlichen Systematik aufgebaut werden.

33.10   Zertifizierung von QM-Systemen

Zertifizierung: Maßnahme durch einen unparteiischen Dritten, die aufzeigt, dass angemessenes Vertrauen besteht, dass eine ordnungsgemäß bezeichnete Einheit die Qualitätsforderung erfüllt [Masing].

Die Gründe für die Zertifizierung von QM-Systemen sind:

■   neutrale und unabhängige Bestätigung der Anwendung der Normanforderungen

■   objektive Beurteilung der Wirksamkeit des QM-Systems durch fachkundige Experten

■   Bestätigung für den Kunden, dass das Unternehmen die qualitätsrelevanten Prozesse konform zu den Minimalanforderungen der Normreihe gestaltet hat

- kontinuierliche Verbesserung des QM-Systems durch begleitende Überprüfung der Korrektur- und Verbesserungsmaßnahmen

- externer Zwang zur Weiterentwicklung des Systems

- Wettbewerbsvorteil durch Marketingeffekte.

Die Zertifizierung wird von einer Zertifizierungsgesellschaft durchgeführt. Zertifizierungsgesellschaften müssen ihrerseits wiederum spezielle Anforderungen erfüllen. Diese Anforderungen werden bei der **Akkreditierung** überprüft.

Akkreditierung: Formelle Anerkennung der Kompetenz einer Zertifizierungsstelle, bezeichnete Zertifizierungen auszuführen [DGQ].

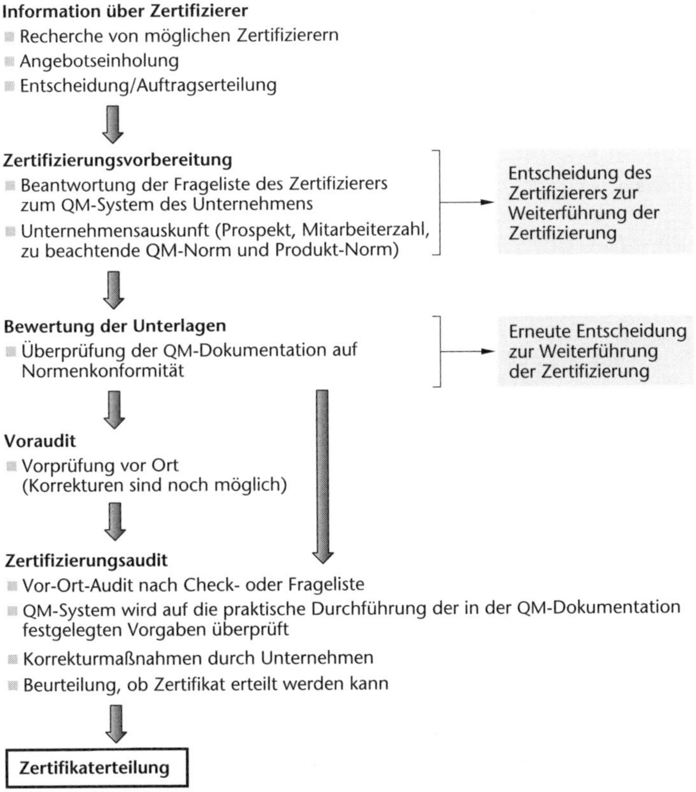

Information über Zertifizierer
- Recherche von möglichen Zertifizierern
- Angebotseinholung
- Entscheidung/Auftragserteilung

Zertifizierungsvorbereitung
- Beantwortung der Frageliste des Zertifizierers zum QM-System des Unternehmens
- Unternehmensauskunft (Prospekt, Mitarbeiterzahl, zu beachtende QM-Norm und Produkt-Norm)

Entscheidung des Zertifizierers zur Weiterführung der Zertifizierung

Bewertung der Unterlagen
- Überprüfung der QM-Dokumentation auf Normenkonformität

Erneute Entscheidung zur Weiterführung der Zertifizierung

Voraudit
- Vorprüfung vor Ort (Korrekturen sind noch möglich)

Zertifizierungsaudit
- Vor-Ort-Audit nach Check- oder Frageliste
- QM-System wird auf die praktische Durchführung der in der QM-Dokumentation festgelegten Vorgaben überprüft
- Korrekturmaßnahmen durch Unternehmen
- Beurteilung, ob Zertifikat erteilt werden kann

Zertifikaterteilung

Bild 33.6: Prinzipieller Ablauf für die Zertifizierung eines QM-Systems

In Deutschland gibt es verschiedene akkreditierte Zertifizierungsgesell-schaften, wie z. B. die Deutsche Gesellschaft zur Zertifizierung von Managementsystemen mbH (DQS), den Technischen Überwachungs-verein (TÜV) und den Deutschen Kraftfahrzeug-Überwachungsverein (DEKRA) [TGA].

Die Zertifizierung von Qualitätsmanagementsystemen folgt stets einem bestimmten Ablauf (Bild 33.6).

Zertifikate für Qualitätsmanagementsysteme gelten drei Jahre. Während der Gültigkeit der Zertifikate sind jährlich **Überwachungsaudits** durch einen Zertifizierer durchzuführen. Durch die Überwachungsaudits wird überprüft, ob das zertifizierte QM-System vom Unternehmen aufrecht-erhalten wird.

Nach drei Jahren ist für die Neuerteilung des Zertifikats ein **Wiederholungs-audit** erforderlich. Der Gültigkeitszeitraum beträgt wiederum drei Jahre.

33.11   Übersicht zu Methoden und Werkzeugen für das QM

Zur Sicherung der Qualität materieller und immaterieller Produkte haben sich eine Reihe von Methoden und Werkzeugen für das Qualitätsmanage-ment bewährt [Kamiske] [Linß] [Pfeifer] [Rinne] [Seghezzi] [Timischl].

Im Folgenden wird eine Zuordnung der Methoden und Werkzeuge zu den Elementen des **Deming'schen PDCA-Zyklus** (vgl. Abschnitt 33.8) vorgenommen. Die Qualitätstechniken werden nach ihrer inhaltlichen Zielstellung eingeteilt in **elementare Methoden und Werkzeuge** und Metho-den und Werkzeuge für die **Qualitätsplanung, Produktrealisierung, Quali-tätsauswertung** und **Qualitätsverbesserung** (Bild 33.7).

Plan – **Qualitätsplanung:**	Methoden und Werkzeuge, die der Planung der Qualität von Produkten und Prozessen dienen
Do – **Produktrealisierung:**	Methoden und Werkzeuge, die der Realisie-rung materieller oder immaterieller Produkte dienen oder den Realisierungsprozess unter-stützen
Check – **Qualitätsauswertung:**	Methoden und Werkzeuge, die der Prüfung und Auswertung der Realisierungsprozesse und deren Ergebnisse dienen
Act – **Qualitätsverbesserung:**	Methoden und Werkzeuge, die der Ermittlung von Verbesserungspotenzialen und deren Um-setzung dienen

Methoden und Werkzeuge des Qualitätsmanagements nach den Elementen des PDCA-Zyklus

⇨ Plan ⇨	Do ⇨	Check ⇨	Act ⇨
Qualitäts-planung	Produkt-realisierung	Qualitäts-auswertung	Qualitäts-verbesserung
– Quality Function Deployment – QFD – Anforderungs-analyse, Lasten und Pflichtenheft – Produkt-Qualitätsvor-ausplanung – APQP – Zuverlässigkeits- und Sicherheitsplanung – Tolerierung – Prüfplanung – Prüfmittelauswahl	– Sicherung der Qualität vor Serien-einsatz nach VDA 4 – Produktionsfreigabe – PPAP – Statistische Prozess-lenkung/Qualitäts-regelkartentechnik – Stichprobenprüfung und -systeme – Fehlermanagement – Poka Yoke – Jidoka – Andon – Muda, Mura, Muri – Seri, Seiton, Seiso, Seiketsu, Shitsuke – Prüfmittelverwaltung und -überwachung – Instandhaltung von Betriebsmitteln	– Maschinen und Prozessfähigkeits-untersuchung – Prüfmittelfähigkeits-untersuchung – Lieferantenbewertung • für interne Lieferanten • für externe Lieferanten – Reklamationswesen – Zuverlässigkeits-analyse – Checkliste – Balanced Score-card – BSC	– Audit – Benchmarking – Fehlermöglichkeits-und Einflussanalyse – FMEA – Fehlerbaumanalyse – FTA – Ursache-Wirkungs Diagramm – Statistische Versuchs-planung (Design of Experiments – DoE) – Wertanalyse – Ständige Verbesserung (Kaizen) – Qualitätszirkel – Six-Sigma-Methode – Vorschlagswesen – Ermittlung der Mit-arbeiterzufriedenheit – 8D-Methode

Elementare Methoden und Werkzeuge

▪ Kreativitätstechniken   ▪ Visualisierungstechniken   ▪ Führungstechniken

Bild 33.7: Übersicht zu Methoden und Werkzeugen des Qualitätsmanagements [Linß]

In rechnergestützten Qualitätsmanagementsystemen (CAQ-Systemen) können in Analogie zum PPS-Aufgabenmodell [FIR] in Kernaufgaben, Querschnittsaufgaben und Datenverwaltung unterschieden werden (Bild 33.8).

Die gebräuchlichsten Methoden und Werkzeuge des Qualitätsmanage-ments (Bild 33.7) werden in CAQ-Systemen als typisierte Software-programme bereitgestellt.

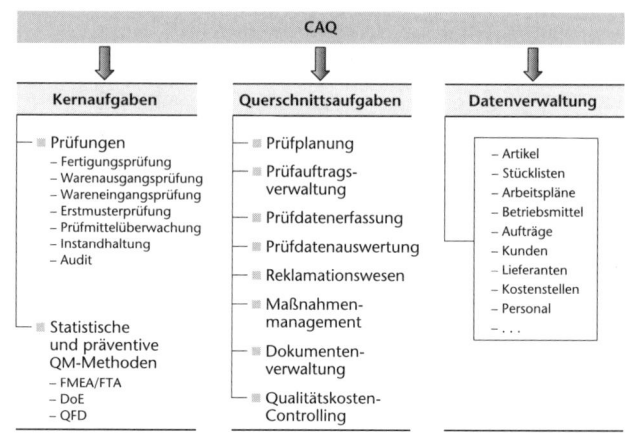

Bild 33.8: CAQ-Aufgabenmodell [Höppner]

Literatur

Deming, William Edwards: Out of the crisis. 19. Aufl. Cambridge: Massachusetts Institute of Technology, 1994

DGQ – Deutsche Gesellschaft für Qualität e. V.: Begriffe zum Qualitätsmanagement. 8. Aufl., Berlin: Beuth, 2005 (DGQ; 11-04)

FIR – Forschungsinstitut für Rationalisierung an der RWTH Aachen: Aachener PPS-Modell: Das Aufgabenmodell. 4. Aufl., Aachen: FIR+ IAW-Druckerei, 1996

Höppner, Dominik: Integration von PPS- und CAQ-Systemen – Möglichkeiten, Prozessmodellierung, Integrationsmodell, Umsetzung. München: Hanser, 2002

Kamiske, Gerd F.: Qualitätsmanagement von A bis Z: Erläuterungen moderner Begriffe des Qualitätsmanagements. 6. Aufl. München: Hanser, 2005

Linß, Gerhard: Qualitätsmanagement für Ingenieure. 2. Aufl. Leipzig: Fachbuchverlag, 2005

Linß, Gerhard: Training Qualitätsmanagement. 2. Aufl. Leipzig: Fachbuchverlag, 2007

Masing, Walter (Hrsg.): Handbuch Qualitätsmanagement. 5. Aufl. München: Hanser 2007

Norm 2005: DIN EN ISO 9000, Dezember 2005. Qualitätsmanagementsysteme: Grundlagen und Begriffe. Berlin: Beuth, 2005

Pfeifer, Tilo: Qualitätsmanagement: Strategien, Methoden, Techniken. 3. Aufl. München: Hanser, 2001

Rinne, Horst; Mittag, H.-J.: Statistische Methoden der Qualitätssicherung. 3. Aufl. München: Hanser, 1989

Seghezzi, Hans Dieter: Integriertes Qualitätsmanagement – Das St. Galler Konzept. 3. Aufl. München: Hanser, 2007

TGA – Trägergemeinschaft für Akkreditierung GmbH: Datenbanksystem Zertifizierungsstellen. In: http://www.tga-gmbh.de; 05.08.2002

Timischl, Wolfgang: Qualitätssicherung – Statistische Methoden. 3. Aufl. München: Hanser, 2002

34 Logistik und Anlagen-verfügbarkeit

Dr.-Ing. Nils Griffel

Das wichtigste Ziel der Logistik ist die Sicherung der Lieferfähigkeit mit minimalen Beständen. In der Produktionslogistik erfordert das zuverlässig funktionierende Produktionsanlagen. Anlagenstörungen gefährden die Lieferfähigkeit oder erfordern umfangreiche Sicherheitsbestände, um Störungen auszugleichen.

Ziel dieses Kapitels ist es, in die Grundlagen der Theorie der Zuverlässigkeit und der daraus abgeleiteten Definitionen des Nutzungsgrades und der Verfügbarkeit von Produktionssystemen einzuführen. Basis dafür sind die entsprechenden DIN-Normen und Erkenntnissen aus der Total-Productive-Maintenance-Philosophie. Am Beispiel der Fertigung von Rohkarosserien werden Einflussgrößen auf den Nutzungsgrad von Produktionssystemen klassifiziert und hinsichtlich ihrer Bedeutung für den Nutzungsgrad bewertet. Zur Planung von Produktionssystemen mit hohem Nutzungsgrad werden die in der Praxis angewandten Prognose- und Planungsverfahren vorgestellt.

34.1 Definition der Verfügbarkeit

Die VDI-Richtlinie 4004, Blatt 4 definiert die Verfügbarkeit als „... die Wahrscheinlichkeit, dass an einer Betrachtungseinheit zur Betrachtungszeit keine als maßgeblich geltenden Störungen vorliegen, die unter den vorauszusetzenden Bedingungen die Erfüllung einer Funktion verhindern". Sie wird als Kennzahl verwendet, die zur Beschreibung und Optimierung des Verhaltens von Produktionssystemen im Betrieb, in vertraglichen Regelungen zwischen Unternehmen und für Vergleiche genutzt wird [VDI-Richtlinie 4004, Blatt 4].

In einem Degradationsprozess unterliegen Produktionssysteme physikalischen Abläufen, die zu einem ständigen Abbau der Leistungsfähigkeit des Systems durch Abnutzungs-, Alterungs- und Verbrauchsprozesse und einem daraus resultierendem spontanen Versagen von Systemelementen führen. Dieses Verhalten wird durch Kennzahlen der Leistungs- und Funktionsfähigkeit beschrieben:

- die theoretische (innere) Verfügbarkeit $A^{(i)}$ – ausschließlich technische Ausfall- und Instandsetzungsvorgänge,

■ die technische (eingeprägte) Verfügbarkeit $A^{(e)}$ – zusätzlich Verschleißvorgänge und präventiv bedingte Instandhaltungsmaßnahmen,

■ die systembedingte (operationelle) Verfügbarkeit $A^{(o)}$ – neben den systeminternen, eigenbedingten Störungen auch administrative, organisatorische und logistische Wartezeiten und

■ die gesamte (praktische) Verfügbarkeit $A^{(p)}$ – alle anderen, fremdbedingten Nichtverfügbarkeiten, vom Systembetreiber nicht beeinflussbar.

Für praktisch orientierte Analysetätigkeiten werden neben der theoretischen oft die technische und die gesamte Verfügbarkeit betrachtet. In der betrieblichen Praxis werden häufig andere, ähnliche Begriffe genutzt, die sich jedoch meist auf diese Definitionen zurückführen lassen. Die nachfolgende Systematik integriert verschiedene Ansätze aus der DIN und aus der Total-Productive-Maintenance-Philosophie.

Für die Erfassung von zeitbezogenen Kennzahlen werden zunächst die einzelnen Zeitanteile im Bereich der geplanten Stillstände erläutert. Der Betrachtungszeitraum beschreibt die gesamte Zeit, in der das Produktionssystem theoretisch betrieben werden kann. Die Anzahl der Tage ist vom Betrachtungszeitraum abhängig (beispielsweise 365 Tage pro Jahr). Vom Betrachtungszeitraum wird die nicht geplante Zeit abgezogen. Dabei handelt es sich um Zeiten, für die der Betrieb der Anlage oder Maschine nicht vorgesehen ist (z. B. Sonn- und Feiertage; Schichten, in denen das Produktionssystem abgeschaltet ist; Betriebsferien). Das Ergebnis ist die Soll-Belegungszeit.

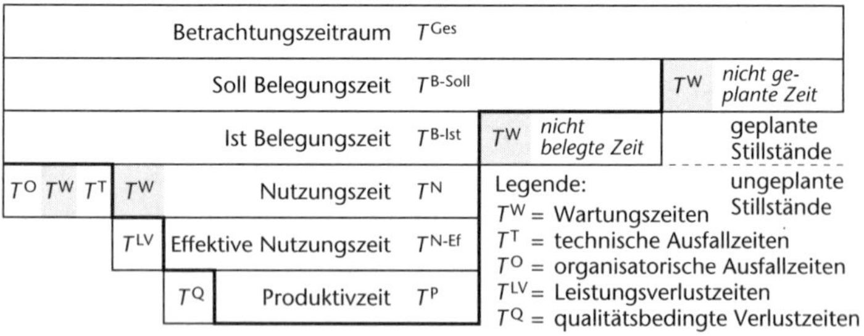

Betrachtungszeitraum T^{Ges}						
	Soll Belegungszeit $T^{B\text{-}Soll}$				T^W	nicht geplante Zeit
		Ist Belegungszeit $T^{B\text{-}Ist}$		T^W nicht belegte Zeit	geplante Stillstände	
T^O T^W T^T	T^W	Nutzungszeit T^N		Legende:	ungeplante Stillstände	
	T^{LV}	Effektive Nutzungszeit $T^{N\text{-}Ef}$		T^W = Wartungszeiten T^T = technische Ausfallzeiten		
		T^Q	Produktivzeit T^P	T^O = organisatorische Ausfallzeiten T^{LV} = Leistungsverlustzeiten T^Q = qualitätsbedingte Verlustzeiten		

Bild 34.1: Modell zur Abbildung des Betriebsverhaltens von Produktionssystemen

Um ausgehend von der Soll-Belegungszeit die tatsächliche Ist-Belegungszeit zu ermitteln, werden weitere geplante Verlustzeiten berücksichtigt. Dazu zählen geplante Instandhaltungszeiten, Pausen sowie durch Auftragsmangel verursachte Stillstandszeiten. Diese Stillstände werden unter dem Begriff „Nicht belegte Zeit" zusammengefasst. Die Ist-Belegungs-zeit reduziert sich auf die Nutzungszeit, wenn zusätzlich die ungeplanten organisatorischen und technischen Störzeiten abgezogen werden. Organi-satorische Störungen werden vom Umfeld des Produktionssystems her-beigeführt, hauptsächlich durch Versorgungsengpässe sowie durch War-ten oder Blockieren von Teilsystemen, was durch vor- oder nachgelagerte Produktionsschritte verursacht wird. Die technischen Störungen beinhal-ten sämtliche Stillstände, deren Ursachen in der Technik des Produktions-systems selbst liegen. Instandhaltungsmaßnahmen können parallel zur Ausfallzeit und zur Nutzungszeit durchgeführt werden oder direkt als Zeitanteil in die organisatorische Ausfallzeit oder die nicht belegte Zeit einfließen.

Um die Anlagenleistung in der Kennwertsystematik zu berücksichtigen, wird die Leistungsverlustzeit T_{LV} eingeführt. Über die Leistungsverlust-zeit kann das Verhältnis von Ist-Leistung zu Soll-Leistung (bei takt-gebundenen Anlagen: tatsächliche Taktzeit zur optimalen Taktzeit) festgestellt und verbessert werden. Diese Zeit zeigt neben der Berücksich-tigung der Anlagenleistung auch kleine Unterbrechungen auf, die häufig nicht betrachtet werden. Viele Unternehmen registrieren Produktions-störungen nur ab einer vorgegebenen Mindeststörungsdauer, die in Einzelfällen auch über 60 min liegen kann [Brüggemann, Griffel, Köhr-mann]. Diese Leistungsverlustzeit reduziert die Nutzungszeit auf die effektive Nutzungszeit.

Die Funktion einer Anlage kann nur dann als erfüllt angesehen werden, wenn eine vorgegebene Leistung bei Erreichen einer festgelegten Produkt-qualität erbracht wird. Um die Zeitanteile zu berücksichtigen, die durch Ausschuss und Nacharbeit der wertschöpfenden Nutzung der Anlage verloren gehen, werden die qualitätsbedingten Verlustzeiten T_Q ein-geführt. Die verbleibende Produktivzeit ist die Zeitspanne, in der eine Anlage tatsächlich störungs- und fehlerfrei bei optimaler Leistung pro-duziert. Der Nutzungsgrad wird in Anlehnung an die VDI-Richtlinie 3423 wie folgt festgelegt:

$$N = \frac{T_N}{T_{Ges}}$$

Der Berücksichtigung des Betrachtungszeitraumes liegt die Auffassung zu Grunde, dass die Anlagen über die gesamte Zeit genutzt werden könn-ten. Die Verfügbarkeitskennwerte können in Anlehnung an die VDI-Richtlinie 3423 und die DIN 4004 definiert werden als:

$$N^{(i)} = \frac{T_N}{T_N + T_T} = \frac{MTBF}{MTTR + MTBF} = \frac{\mu}{\mu + \lambda}$$

$$A^{(e)} = \frac{T_N}{T_N + T_T + T_W} = \frac{MTBF}{MTBF + MTTR + MRDP}$$

$$A^{(o)} = \frac{T_N}{T_N + T_T + T_W + T_O} = \frac{MTBF}{MTBF + MTTR + MRDP + MRDA}$$

Die folgenden Formeln stellen eine Möglichkeit zur Beschreibung der Leistungsrate und der Qualitätsrate dar:

$$L = \frac{T_N - T_{LV}}{T_N} = \frac{t_{opt} \cdot n}{T_N}$$

$$Q = \frac{T_{N-\text{Eff}} - T_Q}{T_{N-\text{Eff}}} = \frac{\sum_1^n (m - m_{niO})}{\sum_1^n m}$$

TPM-Werte können nun wie folgt aufgestellt werden:

$$OEE = A^{(o)} \cdot L \cdot Q$$
$$TEEP = N \cdot L \cdot Q$$

Dieser Kennwertansatz bietet folgende Vorteile:

- einfache Ableitung von Maßnahmen zur Steigerung der Anlageneffektivität

- eindeutige Vergleichbarkeit der Anlagen hinsichtlich eines Benchmarkings

- Bewertung von Verlustfaktoren wie qualitative Verluste und verringerte Arbeitsgeschwindigkeiten

- Berücksichtigung von geplanten Stillständen

- Unterscheidung der Stillstände bezüglich systembedingter und technischer Störungen

34.2 Analyse eines Produktionssystems im Automobilbau

Basierend auf der Kennwertsystematik werden nun typische Verfügbarkeitsverluste an einem Beispiel aus dem Automobilbau identifiziert.

Hierfür wurde ein Prozessabschnitt gewählt, der fast alle Technologien enthält, die üblicherweise im Karosseriebau der Automobilindustrie Anwendung finden.

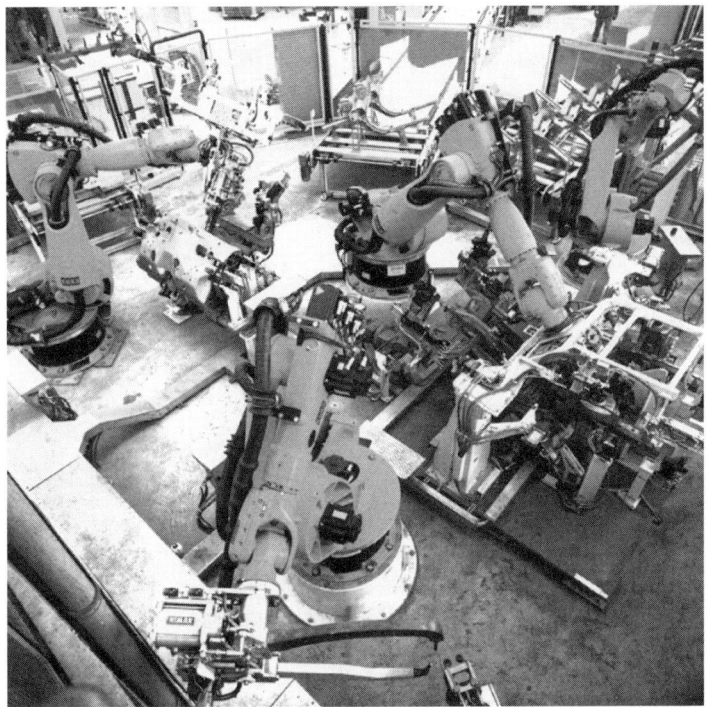

Bild 34.2: Ausschnitt einer Fertigungsanlage aus dem Karosseriebau

Der Prozessabschnitt setzt sich aus zwei Produktionsbereichen zusammen, die weitgehend unabhängig voneinander arbeiten, was eine getrennte Betrachtung ermöglicht. Die Strukturierung der Fertigungsanlage und die weitere Einteilung der Anlagenbereiche in verschiedene Stationen geht aus Bild 34.3 hervor.

Die Stationen sind durch Ablageplätze entkoppelt. Die erste Station ist ein Arbeitsplatz, an dem Bauteile in eine Vorrichtung eingelegt werden. Bei den folgenden Stationen handelt es sich um mehrere Punktschweißroboter. Zur vierten Station gehört ein zusätzlicher Roboter, der ein weiteres Teil automatisch zuführt. Bei der letzten Station handelt es sich um einen Handarbeitsplatz. An der ersten Station des zweiten Produktionsbereichs wird durch einen Roboter Kleber aufgetragen und durch ein Transportband die Entkopplung zur zweiten Station realisiert. In der zweiten Station werden zwei Bauteile durch einen Roboter in eine Vor-

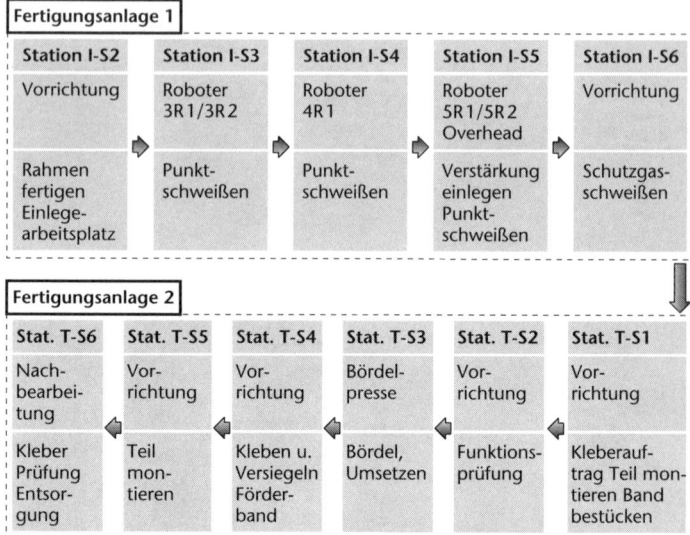

Bild 34.3: Struktur der analysierten Fertigungsanlage

richtung gelegt, bevor der Zusammenbau von dem Roboter zu einem Förderer weiter transportiert wird. In der anschließenden dritten Station wird in einer Presse gebördelt und über einen nachfolgenden Umsetzer auf ein Rollenband weitergeleitet. Anschließend erfolgt in der vierten Station die Versiegelung der Bördelnaht durch einen Roboter. Bei den letzten beiden Stationen der Fertigungslinie handelt es sich um Handarbeitsplätze, bevor vor der endgültigen Abgabe in das Transportsystem eine Qualitätsprüfung erfolgt. Die technischen Verfügbarkeiten der Sta-

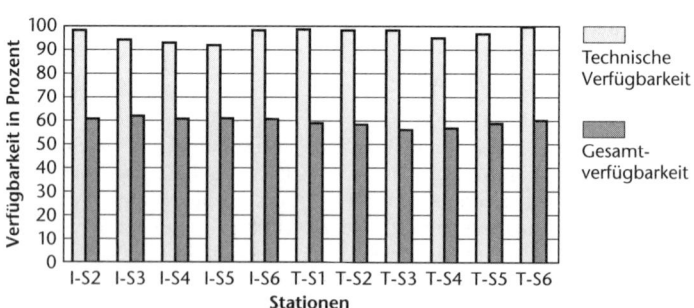

Bild 34.4: Technische und Gesamtverfügbarkeit der untersuchten Stationen

tionen sind in Bild 34.4 dargestellt. Die Handarbeitsplätze weisen kaum technisch bedingte Verluste auf.

Für die technisch bedingten Ausfallzeiten im ersten Fertigungsbereich sind in erster Linie die Schweißroboterstationen 3, 4 und 5 verantwortlich. Im zweiten Fertigungsbereich weisen die Stationen T-S4 und T-S5 die höchsten technischen Verluste auf.

Aus Ursachenhistogrammen für die Stationen wie beispielhaft in Bild 34.5 können die technisch bedingten Verlustzeiten gewonnen werden.

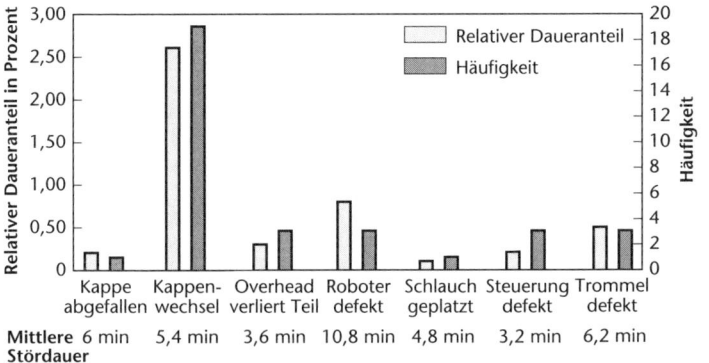

Bild 34.5: Technische Stillstandsursachen der Station I-S5

Nach der Analyse der sehr geringen technischen Verluste sollen im Folgenden die organisatorisch bedingten Ausfallzeiten diskutiert werden, die generell wesentlich größer sind, wie aus Bild 34.5 hervorgeht.

Trotz der relativ geringen technischen Verluste liegt die Gesamtverfügbarkeit der einzelnen Stationen nur zwischen 56 % und 62 %. Mit Hilfe eines Sankey-Diagramms wie in Bild 34.6 lassen sich neben den jeweiligen technisch bedingten Ausfallzeiten auch die Ausfallzeiten mit anderen Ursachen anschaulich darstellen. Auf der linken Seite des Diagramms sind die technisch bedingten prozentualen Zeitanteile dargestellt. Neben den organisatorischen Verlustanteilen durch Pausen und Verkettungsverluste zwischen Stationen (Warten, Blockieren) wurden weitere Verlustzeiten berücksichtigt:

■ Pausenverzug (früher begonnene oder später beendete Pause),

■ Schichtverzug (Zeitverzug zu Schichtbeginn oder Schichtende) und

■ Nachfolgemodell (Umrüsten und Produzieren eines Nachfolgemodells; organisatorischer Verlust für die laufende Produktion)

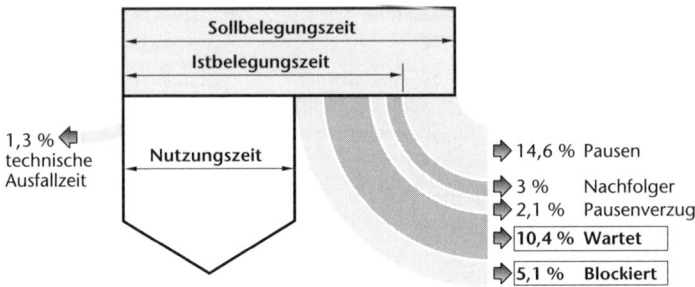

Bild 34.6: Technische und organisatorische Ausfallzeiten einer betrachteten Station

Generell ist bei allen Stationen im zweiten Fertigungsbereich der Anteil der Verluste, die auf die Kopplungen der Bereiche zurückzuführen sind, erheblich höher als im ersten Fertigungsbereich. Die Ursachen liegen vorrangig in der mangelnden Versorgung mit Teilen vom vorgelagerten Bereich (Wartet) und in der Entsorgung von gefertigten Teilen zum nachgelagerten Bereich (Blockiert). „Warten" oder „Blockieren" bildet den Hauptanteil der Verlustzeiten in den betrachteten Bereichen.

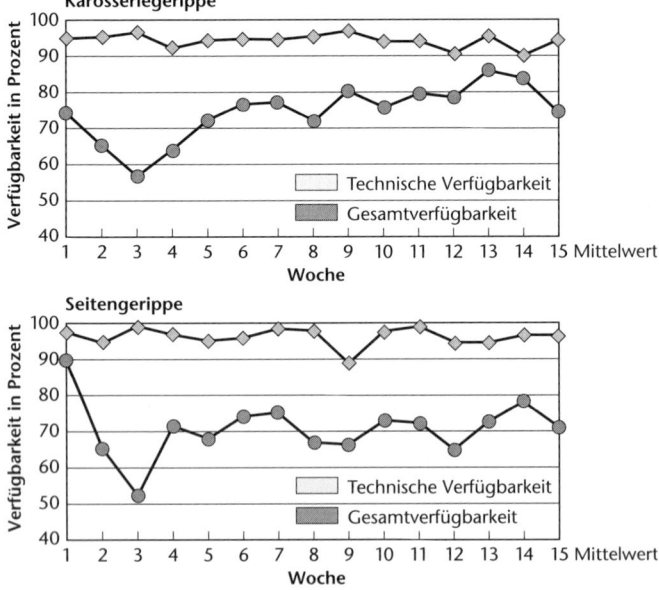

Bild 34.7: Technische und Gesamtverfügbarkeit von ausgewählten Anlagen

Eine Multimomentaufnahme technischer Verfügbarkeiten und Gesamt-
verfügbarkeiten von zwei ausgewählten Anlagenbereichen des Karosserie-
rohbaus über drei Monate zeigt Bild 34.7.

Die Ergebnisse der Auswertung machen deutlich, dass der größte Teil der
Stillstandsverluste eines Produktionssystems auf Verlustzeiten, die in der
logistischen Kopplung der Anlagen begründet sind, zurückzuführen ist.
Ähnliche Erkenntnisse sind aus Untersuchungen anderer Branchen mit
komplexen Produktionssystemen bekannt [Wiendahl, Springer]. Damit
kommt der Planung der Entkopplungen bei der Gestaltung von Produktionssystemen besondere Bedeutung zu.

34.3 Einflussgrößen auf die Gesamtverfügbarkeit

Ausgehend von der vorangegangenen Analyse von Fertigungsanlagen im
Karosserierohbau und der Literatur können im folgenden Abschnitt die
wesentlichen Einflussgrößen auf die Leistungskennzahl Gesamtverfügbarkeit im Karosserierohbau entsprechend dem Kennwertansatz klassifiziert und zusammengefasst werden. Die folgenden Größen beeinflussen
direkt technische oder organisatorische Ausfallzeiten (Bild 34.8). Unterschieden werden dabei

- Einflussgrößen auf das System und aus der Systemumgebung:
    – Qualifikation und Motivation der Mitarbeiter
    – Organisation der Instandhaltung
    – Zu fertigendes Produkt
    – Fertigungsorganisation

- Systeminnere Einflussgrößen, die sich aus der Gestaltung des Systems ergeben:
    – Interaktion zwischen Systemelementen
    – Entkoppelung von Systemelementen
    – Bedienpersonal
    – Beherrschung der technologischen Prozesse
    – Statische und dynamische Belastungsgrenzen bewegter System-
      komponenten
    – Instandhaltbarkeit des Produktionssystems

Aus der Systemumgebung leistet die Qualifikation und die Motivation
der Mitarbeiter einen wesentlichen Beitrag zu einer hohen Gesamtverfügbarkeit von Produktionsanlagen. Als Schlüsselfaktor erweist sich
dabei der Beitrag des Bedienpersonals zur Entstörung und vorbeugenden
Instandhaltung der Produktionsanlage. Auch die Partizipation des Bedienpersonals im Planungs- und Realisierungsstadium einer Investition
erzeugt eine höhere Identifikation des Mitarbeiters mit dem Arbeitsplatz.

Ergebnisse sind eine höhere Qualität der Produkte und eine erhöhte Verfügbarkeit der Produktionssysteme.

Ein weiterer Einflussfaktor aus dem Umfeld des Produktionssystems ist die Organisation der Instandhaltung, die die Einsatzbereitschaft und die Entstörung einer Anlage beeinflusst. Als wichtige Schlüsselgrößen lassen sich die informationstechnische Unterstützung zur Zustandsverfolgung und Störidentifikation sowie die Dezentralisierung der Instandhaltung als Voraussetzung für kurze Reaktionszeiten nennen.

Auch das zu fertigende Produkt hat einen Einfluss auf die Leistungs-erbringung des Produktionssystems. Neben den Anforderungen an die Qualität des gefertigten Bauteils kann vor allem die Komplexität des Bauteils hinsichtlich seiner geometrischen Form und der Funktion die Gesamtverfügbarkeit der Produktionsanlage beeinflussen, wenn nicht sicher beherrschte Fertigungsprozesse zum Einsatz kommen.

Die Fertigungsorganisation übt durch multifunktionale Bedienerteams und Fertigungssegmentierung einen großen Einfluss auf die zuverlässige Leistungserbringung des Systems aus. Die Fertigungssteuerung selbst kann durch Alternativszenarien und Notfallstrategien die Folgen des

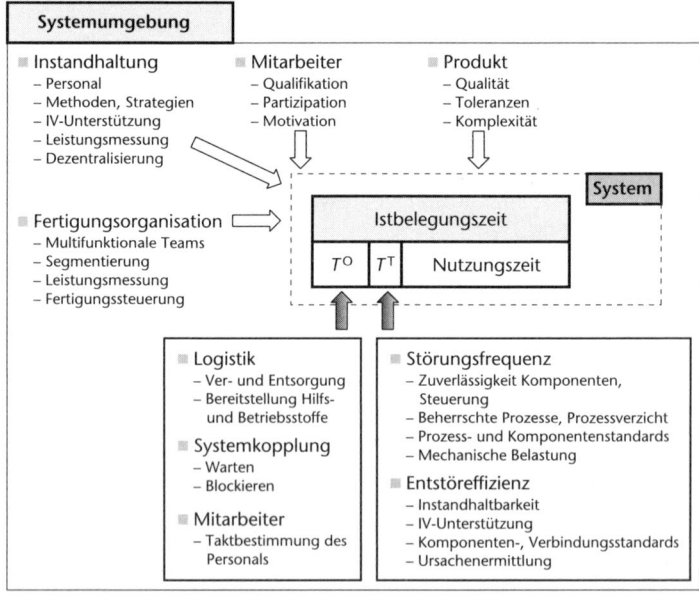

Bild 34.8: Einflussgrößen auf die Gesamtverfügbarkeit einer Fertigungsanlage

Versagens von Teilsystemen gezielt kompensieren und so den Abfall der Leistungsfähigkeit mindern.

Die systeminneren Einflussfaktoren auf die Gesamtverfügbarkeit sind entsprechend den Verlustzeiten des Kennwertansatzes klassifiziert. Einflüsse auf organisatorische Verlustzeiten haben im Wesentlichen systembedingte und logistisch bedingte Ursachen. Systembedingte Einflüsse kommen durch die Interaktionen zwischen den beteiligten Systemelementen zu Stande und haben ein Warten auf Werkstücke, die im Prozessfluss weiterbearbeitet werden müssen, oder ein Blockieren, wodurch eine Abgabe von weiterbearbeiteten Werkstücken an nachfolgende Prozesse nicht möglich ist, zur Folge. Damit hat das Design der logistischen Entkopplungen der Systemelemente einen entscheidenden Einfluss auf die Gesamtverfügbarkeit des gesamten Produktionssystems. Logistische Einflüsse können durch die Darstellung einer funktionsfähigen, zuverlässigen Produktionslogistik weitgehend vermieden werden, die eine Versorgung mit zu verarbeitenden Werkstücken und auch eine Versorgung mit Hilfs- und Betriebsstoffen sowie mit benötigten Hilfsmitteln sicherstellt.

Organisatorisch bedingt sind auch Einflüsse, die aus dem Bereich des Bedienpersonals auf das Produktionssystem wirken. Als wesentlich ist dabei die Beeinflussung von Taktzeiten durch das Bedienpersonal zu nennen. Aus diesem Grund kann eine Unterteilung einer Fertigung in maschinen- oder werkerintensive Bereiche empfohlen werden, um Einflüsse des Personals auf die Prozessabläufe des Produktionssystems zu eliminieren.

Technische Verlustzeiten sind durch die Störfrequenz und die Entstöreffizienz gekennzeichnet. Auf die Störfrequenz hat die Zuverlässigkeit der eingesetzten technischen Komponenten und ihrer Steuerungen einen entscheidenden Einfluss. Von großer Bedeutung ist auch der Einsatz von beherrschten technologischen Prozessen, für die vor ihrer Anwendung ein Nachweis über ihre Prozesssicherheit erbracht wurde. Außerdem kann durch einen Prozessverzicht positiv auf das Störverhalten von Prozessabschnitten eingewirkt werden. Beispiele dafür sind Prozesssubstitutionen, Fremdvergaben von Prozessabschnitten, konstruktive Änderungen des Produktes oder auch die Vermeidung von Doppelfunktionen an Komponenten. In Befragungen parallel zu den durchgeführten Analysen ist auch die unbedingte Einhaltung der statischen und dynamischen Belastungsgrenzen von bewegten Systemkomponenten und die Schaffung und Einhaltung von vorgeschriebenen Prozessnormen hervorgehoben worden, die zum Einsatz repetitiver Prozesse führen.

Die Entstöreffizienz ist von der Instandhaltbarkeit des Produktionssystems maßgeblich gekennzeichnet. Einen wichtigen Beitrag dazu leisten Ordnung und Sauberkeit im Umfeld des Fertigungsprozesses, die auch eine der Hauptsäulen des TPM-Ansatzes nach [Nakajima] sind.

34.4   Verfahren zur Prognose der Verfügbarkeit

Im Folgenden sollen drei Methoden erläutert werden, mit deren Hilfe im Planungsstadium eine Prognose über die voraussichtlich erreichten Verfügbarkeiten im Betrieb des Produktionssystems erstellt werden kann. Diese Methoden schaffen die Grundlage für einen möglichen Regelkreis zur iterativen Verfügbarkeitsgestaltung.

34.4.1   Boole'sches Modell

Mit dem Boole'schen Modell wird ausgehend vom Ausfallverhalten von Systemelementen das Ausfallverhalten von Gesamtsystemen berechnet. Dabei wird der Zustand einer Betrachtungseinheit durch eine Zufallsvariable beschrieben. Die betrachtete Einheit wird in geeignete Untereinheiten zerlegt, um daraus ein Zuverlässigkeitsschaubild zu entwickeln, das die Zuverlässigkeitsstruktur der Betrachtungseinheit wiedergibt. Das damit entstandene Boole'sche Modell basiert auf der Boole'schen Theorie, die ein System mit Hilfe von Aussagen über das Verhalten von Systemelementen und logischen Verknüpfungen dieser Aussagen nach den Regeln der Boole'schen Algebra aufbaut. Die Beschreibung von Systemen nach diesem Prinzip führt zu vereinfachten Systemstrukturen, deren Grundelemente seriell, parallel oder kombiniert angeordnet sind. Die das Ausfallverhalten beschreibende Systemfunktion für größere Systeme ergibt sich aus kleineren Untersystemen, die eine einfachere mathematische Beschreibung zulassen. Das Ausfallverhalten der Komponenten wird über Verteilungsfunktionen abgebildet. Das Boole'sche Modell unterliegt folgenden Einschränkungen [Bertsche, Lechner]:

■   Systeme werden als nicht reparierbar betrachtet. Der erste Ausfall beendet die Lebensdauer der betrachteten Einheit.

■   Die Systemelemente können nur die Zustände intakt und nicht intakt annehmen, Übergangsphasen sind nicht möglich.

■   Die Systemelemente sind voneinander unabhängig. Das Ausfallverhalten einer Komponente wird durch das Ausfallverhalten anderer Komponenten nicht beeinflusst.

34.4.2   Markoff-Modell

Mit dem Markoff-Modell, das sich auf Übergangswahrscheinlichkeiten bezieht, können reparierbare Systeme betrachtet werden. Es enthält Regeln, wie die Verfügbarkeit eines Systems zu Betrachtungsende aus den anfänglichen Zustandswahrscheinlichkeiten der einzelnen alternativen

Systemzustände und den Übergangsbedingungen zwischen diesen zu berechnen ist. Als weitere Voraussetzung müssen alle Übergangskenngrößen und anfänglichen Zustandswahrscheinlichkeiten bekannt sein [Kohlas] [Rosemann].

Das Markoff-Modell unterliegt folgenden Einschränkungen:

- Durch Ungenauigkeit nur qualitative Bedeutung zur vergleichenden Bewertung von Varianten,

- Anzahl von Werkstücken und Werkstückträgern kann nicht kontrolliert werden,

- Einführung von absoluten Zeiten nicht möglich, beschränkt auf die Berechnung von Mittelwerten aller Größen,

- hohe Sensitivität gegenüber der Qualität der angenommenen Wahrscheinlichkeiten,

- schwierige Ermittlung von genauen Kennwerten für Fertigungseinrichtungen, die für die Berechnung von Verkettungen erforderlich sind,

- hoher Rechenaufwand für die Lösung der Differenzialgleichungen bei komplexen Systemen mit komplizierten Übergangsraten und

- Annahme, dass sich das System nach jedem Ausfall im Neuzustand befindet.

34.4.3   Ablaufsimulation

Die Methode der Ablaufsimulation ist im Kapitel 18 beschrieben. Hinzugefügt werden soll eine Würdigung der Methode aus Sicht der Gestaltung der Verfügbarkeit von Produktionssystemen. Die Simulation bietet eine Reihe von Vorteilen, die dadurch entstehen, dass mit Modellen anstatt von realen Systemen experimentiert wird. Es können Experimente durchgeführt werden, deren Ausführung in der Realität unwirtschaftlich oder zu risikoreich wäre. Außerdem bietet die Simulation in der Regel eine Zeitraffung, wodurch das Systemverhalten über einen längeren Zeitraum als beim realen System beobachtet werden kann. Zur Durchführung von Simulationsexperimenten ist gegenüber anderen Methoden keine vollständige mathematische Beschreibung nötig. Bezüglich der Abbildung von realen Systemen bestehen keine Grenzen der Detaillierung, die aus der Methode selbst resultieren.

Im Gegensatz zu den mathematischen Modellen mit der Abbildung eines Sachverhaltes in Variablen und ihren Relationen wird in der Simulation ein logisches Modell aufgebaut, das die Ablauflogik eines technischen

Systems enthält. Die Ermittlung der Verfügbarkeit von Produktionssystemen erfolgt über eine Beschreibung des Ausfallverhaltens der einzelnen abgebildeten Objekte und einer Auswertung der Systemantworten. In modernen Simulatoren können die MTTR und MTBF der abgebildeten Komponenten mit einer Vielzahl von Verteilungen beschrieben werden. Diese Verteilungen müssen sehr genau und sorgfältig ermittelt werden, da die Simulation empfindlich auf die Qualität der Eingangsdaten, der Abbildung des Modellverhaltens und der Ablauflogik des Modells reagiert. Häufig können neben den Verteilungen auch obere und untere Grenzen für MTTR und MTBF vereinbart werden, um das Modellverhalten möglichst realitätsnah annehmen zu können.

Neben der Auswertung der modellierten technischen Verfügbarkeiten liegt ein Schwerpunkt auf der Auswertung der Gesamtverfügbarkeit des betrachteten Systems. Es kann für jedes Teilsystem die Kopplung zum Gesamtsystem detailliert ausgewertet werden und das Verhalten des Wartens oder Blockierens von Systembereichen verdeutlichen. Deshalb ist diese Methode besonders geeignet, die Gestaltung eines Systems hinsichtlich seiner inneren Entkopplungen der Elemente so zu unterstützen, dass eine möglichst hohe Gesamtverfügbarkeit erreicht wird.

Die Simulation ist deshalb besonders geeignet, die Gestaltung von Produktionssystemen mit einem hohen Nutzungsgrad zu unterstützen.

34.5   Simulationsbasiertes Planungsverfahren

Das Vorgehen ist in zwei grundlegende Regelkreise unterteilt. In einem Top-Down-Regelkreis wird in der Konzeptphase der Planung ein Simulationsmodell erstellt, das die gesamte Fertigung umfasst und in dem die Teilbereiche hinsichtlich der logistischen Puffer, Taktzeiten und technischen Verfügbarkeiten zu einem optimierten Systementwurf mit abgesicherter Leistung aufeinander abgestimmt werden.

Für die Fertigungseinrichtungen und logistische Kopplungen wie Förderer werden daran anschließend Konzeptsimulationen aufgebaut, die die Vorgaben des übergeordneten Simulationsmodells bis auf Stationsebene und alle Speicher- und Sortierstrecken abstimmen. Diese Ergebnisse werden als Vorgabe für den zweiten grundlegenden Regelkreis, die Bottom-Up-Regelung, aufgestellt. In dieser zweiten Phase der Planung werden alle Anlagen- und Fördertechnikeinrichtungen im Detail geplant und simuliert. Die Ergebnisse werden stets mit den Vorgaben der Konzeptphase verglichen und so lange überarbeitet, bis eine Übereinstimmung gegeben ist. Die Detailmodelle werden permanent in der Planung zu dem übergeordneten Simulationsmodell der gesamten Fertigung zusammengefasst, so dass zu jedem Zeitpunkt der Planung eine Aussage über den

Nutzungsgrad der geplanten Fertigung zuverlässig getroffen werden kann. Das zum Abschluss der Planung vorliegende detaillierte Gesamt-modell leistet eine abgesicherte und optimierte Gesamtplanung aller den Nutzungsgrad beeinflussenden Objekte und Abläufe. Dieses Modell kann nun in der Phase des Anlaufes der Fertigungsanlagen wertvolle Hilfe bei dem Umgang mit den in dieser Phase vorherrschenden System-instabilitäten bieten. Dieser Einsatz trägt erheblich zu Kostenminderun-gen in Produktionsanläufen bei. Außerdem baut das erstellte Modell Systemkenntnis auf und erhöht die Entscheidungssicherheit wesentlich. Eine deutliche qualitative Verbesserung der Simulation wird durch die Online-Kopplung des Simulationsmodells mit den Datenbanken der PPS-Umgebung der Produktion realisiert. Dadurch kann zu jedem Simulationsstart die derzeit aktuelle Situation der Fertigung automatisch modelliert werden. Die typischen Unsicherheiten der Einschwingphase werden damit vermieden.

In Bild 34.9 wird die zeitliche Reihenfolge der einzelnen Schritte der Prozesskette Ablaufsimulation dargestellt. Die besondere Beachtung der Fördertechnik bei der Gestaltung des Produktionssystems gewährleistet die richtige Gestaltung der Entkopplungen zwischen den Elementen des gesamten Produktionssystems, so dass die Stillstandszeiten wegen Warten oder Blockieren wesentlich reduziert werden.

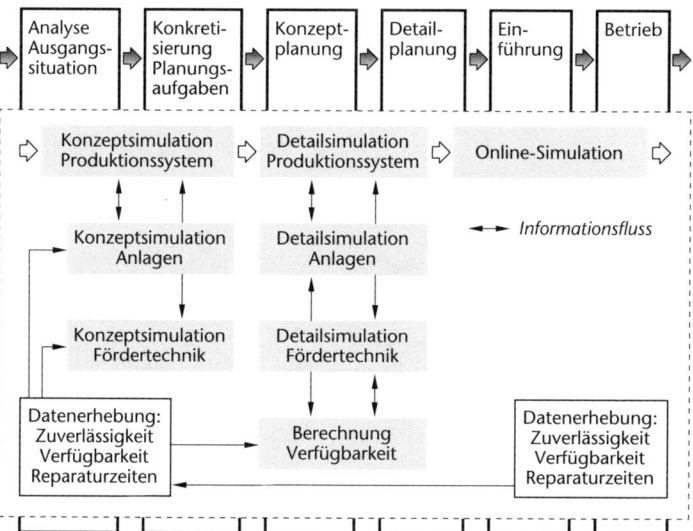

Bild 34.9: Prozesskette Ablaufsimulation

Die permanente Zusammenführung aller Ergebnisse aus allen Planungs-
phasen und allen Abstraktionsebenen gewährleistet, dass ein optimiertes
und abgestimmtes Gesamtsystem mit einem abgesicherten Nutzungsgrad
aus der Planung entsteht.

Literatur

Bertsche, B.; Lechner, G.: Zuverlässigkeit im Maschinenbau. Berlin: Springer 1990
Brüggemann, H.; Griffel, N.; Köhrmann, C.: TPM messen – Einheitliche Defini-
tionen für eine vergleichende Erfolgsmessung. Instandhaltungsmarkt (1997) 1
Griffel, N.: Prozesskette Ablaufsimulation – Voraussetzung zur systematischen
Planung komplexer Produktionssysteme mit hohem Nutzungsgrad. München:
Hieronymus, 1999
Kohlas, J.: Zuverlässigkeit und Verfügbarkeit. Stuttgart: Teubner, 1987
Nakajima, S.: Management der Produktionseinrichtungen – Total Productive
Maintenance. Frankfurt: Campus, 1995
Rosemann, H.: Zuverlässigkeit und Verfügbarkeit technischer Anlagen und
Geräte. Berlin: Springer, 1981
VDI-Richtlinie 4004, Blatt 4: Verfügbarkeitskenngrößen. In: VDI-Handbuch
Technische Zuverlässigkeit, Hrsg. Verein Deutscher Ingenieure. Düsseldorf:
VDI-Verlag, 1986
Wiendahl, H.-P.; Springer, G.: Untersuchung des Betriebsverhaltens flexibler Fer-
tigungssysteme. ZwF 81 (1986) Nr. 2

35 Logistikgerechte Konstruktion

Prof. Dipl.-Wirtschaftsing. Christian Helfrich

35.1 Ziele der Produktgestaltung

„Alles beginnt am Zeichenbrett" (Henry Ford II) – auch eine logistikgerechte Konstruktion ist nachträglich kaum noch machbar. Man kann jede Firma ruinieren, indem das Konstruktionsbüro alle Varianten zulässt und gleichzeitig die Losgrößen verkleinert.

> Gute Logistik setzt ein logistikgerechtes Produkt voraus. Die Produktkonstruktion hat dazu zwei wichtige Gestaltungsgrößen: Die Anzahl Einzelteile (bzw. die Anzahl zu disponierender Artikel) und die Anzahl Varianten.

Im Umkehrschluss muss ausgesprochen werden: Ein Produkt, das auf logistische Gesichtspunkte keinerlei Rücksicht nimmt (z. B. in Materialwahl, Anzahl neuer Teile, Auswärtsbearbeitungen, komplizierten Beschaffungsvorgängen, langen Beschaffungszeiten u. a.), kann mit dem besten Konzept nicht gut, d. h. deckungsbeitragsmaximal oder termintreu, durch die Produktion gesteuert werden.

Gute Logistik heißt gut für die Fertigung, die Montage, den Service (Wartung) und die Ersatzteilversorgung sowie das Recycling, und damit gut für den gesamten Wertschöpfungsprozess. Gute Logistik heißt aber auch termintreu und mit dem geplant hohen Deckungsbeitrag.

Viele Varianten mit möglichst wenigen Teilen ist das Ziel. Die Wiederverwendung von Teilen wird gefördert durch eine tief gestaffelte Gliederung, die das Wiederfinden fördert. Diese hat jedoch in der Regel lange Durchlaufzeiten zur Folge. Deshalb entscheiden sich in der Konstruktion nicht nur die Produktgestaltung, sondern auch die Prozessgestaltung. Die Konstruktion ist damit als Gestaltungsfeld in das Zentrum der Logistik gerückt.

Auch ein Sondereinzelfertiger muss standardisieren. Dennoch darf der Kunde nichts davon merken. Das bedeutet Mannjahre an Aufwand und viel Arbeit an der technischen Konzeption, um die „technische Lösung konfigurieren" zu können. Der Return on Investment ist von der Praxis immer bestätigt. Die Herstellkosten sinken nach dieser Investition um ca. 20 %.

Nicht die Kosten der Entwicklung und Konstruktion allein dürfen dabei ausschlaggebend sein. Wichtiger werden die Kosten für die Durchsteuerung des Auftrages durch den Betrieb sowie alle nachfolgenden Kosten der Wartung, Ersatzteilversorgung und der Instandhaltung bis hin zu den Kosten der Entsorgung.

Das logistische Ziel der Produktgestaltung ist überall die rasche Variantenbildung in Losgröße „eins" zu geringstmöglichen Kosten für Angebote auf dem globalen Markt, demnächst auch via Internet. Eine rasche und einfache Variantenbildung kann nur erreicht werden durch Sachnummern-Reduktion, durch neue Regeln zur Variantenbildung, ganzheitliche Betrachtung der Kosten über die gesamte Lebensdauer des Produktes und durch einen einfachen Produktaufbau in einer flachen Stückliste.

35.2   Sachnummern-Reduktion

Eine Sachnummern-Reduktion in klassischer Struktur-Organisation wird gefördert durch die gute Zusammenarbeit des Technischen Büros (TB), der Fertigungsplanung, der Logistik, dem Verkauf und manchmal auch der Kalkulation. Über allem steht der neue Begriff der Prozessplanung.

Für die Sachnummern-Reduktion haben sich die folgenden Maßnahmen bewährt:

1. Einführen eines Kundenentwicklungsteams mit Konstruktion, Verkauf, Logistik, Kostenrechnung und Einkauf
2. Erzeugen von Selbstinteresse der Konstrukteure an der Sachnummern-Reduktion z. B. durch Prämien
3. Sportlicher Wettbewerb zwischen den Gruppen
4. Aushang am Schwarzen Brett, Veröffentlichung in der Firmenzeitung
5. Lob (selten angewandt und immer wirkungsvoll)
6. Befördern und Bekanntgeben der Gründe für die Standardisierung der Konstruktion: Quantifizieren der Kosten-Ziele
7. Spezialregelungen, z. B.: Eine neue Sachnummer muss zwei alte Sachnummern töten. Der Konstrukteur ist dafür verantwortlich, dass dies geschieht.
8. Die Vergabe neuer Sachnummern erschweren, z. B. durch ein kompliziertes Genehmigungsverfahren, z. B. durch Unterschrift des Chefs
9. Einführen eines Wiederfindsystems für technische Lösungen, z. B. durch Sachmerkmalsleisten oder Datenbank-Retrieval-System
10. Einführen einer Plus/Minus-Stückliste, in der jede Erweiterung vom Standard sichtbar wird
11. Parametrieren der Konstruktion: Nur die Rechenregeln werden hinterlegt. Der Konstrukteur gibt nur die Parameter ein und das System „fährt die Geometrie-Daten" hoch.

12. Begünstigen von Normen und Standards
13. Einbeziehen der (System-)Lieferanten in die Entwicklung
14. Weitergeben von ersten Skizzen an die nachgeschalteten Stellen (Fax)
15. Verbieten des Begründens einer neuen Sachnummer (Verbote sind allerdings immer nur das letzte, ein wenig hilflose Mittel)

35.3 Erhöhung der Anzahl der Gleichteile

Die praxiserprobten Möglichkeiten zur Erhöhung der Anzahl der Gleichteile sind kurz zusammenzufassen:

1. Konstruieren in Modulen
2. Genehmigen eines jeden neuen Teiles
3. Löschen von zwei „alten" Sachnummern beim Begründen einer neuen
4. Erzeugen des Eigeninteresses des Konstrukteurs, z. B. durch Prämien
5. Benutzen der Sachmerkmalsleisten des PPS-Systems
6. Einführen eines Filters nach der CAD-Bearbeitung: Nur die strategisch wichtigen Teile werden in die Datenbank übernommen.
7. Einführen eines jour fixe zwischen Konstruktion, Logistik und Fertigung
8. Einführen einer Konstruktionsberatung durch die Logistik
9. Fördern von Normteilen und Standards
10. Definieren der Konstruktionssystematik: z. B. Farben begründen keine neue Nummer, eine Variante entsteht so spät wie möglich, Plattformstrategie
11. Parametrieren: Rechenregeln zur Variantenbildung
12. Einführen Checklist (z. B. durch Notebook im Verkauf): Nur die bekannten Teile können angeboten werden.
13. Liefern der nächsthöheren Variante (zu den Kosten der kleineren)

Es ist bekannt, dass im Konstruktionsbüro maximal 15 % der Kosten anfallen, aber 85 % der Kosten beeinflusst werden. Der Praktiker weiß, dass man mit keiner Maßnahme so viel Geld sparen kann wie durch das körperliche Zusammensetzen von Konstruktionsbüro und Materialdisposition in einem Großraumbüro. Das Wissen um ähnliche Teile, um Materialarten, Beschaffungsmöglichkeiten, um gleiche und ähnliche Aufgaben – es ist damit in einer gegenseitigen Kommunikation und Befruchtung verfügbar.

35.4   Variantenbildung und Teilevielfalt

35.4.1   Allgemeines

Produkt- und Prozessgestaltung müssen durch Regeln zur Variantenbildung vom Zufall befreit werden. Der Schwerpunkt liegt heute auf der Prozessorientierung. Die Begründung ist einfach: Durch eine prozessorientierte Variantenbildung wird

■   die Komplexität aus dem Produkt genommen und

■   am Beginn eines Prozesses gestaltet (Bild 35.1).

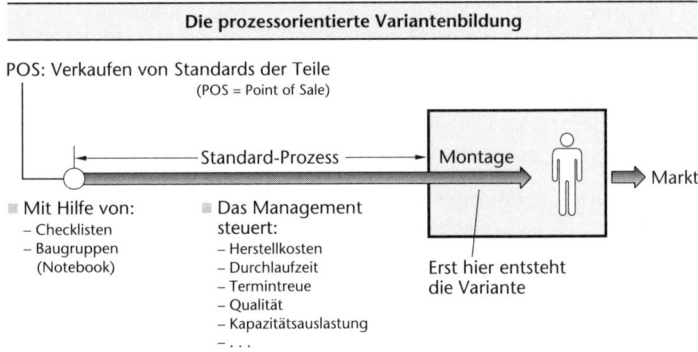

Die prozessorientierte Variantenbildung

Bild 35.1: Die prozessorientierte Variantenbildung

Die Regeln zur Typenreihe und zur Modularisierung waren früher nur abhängig von der Funktion und der Leistung oder Größe. Sie werden heute ergänzt durch prozessorientierte Vorgaben. Zum Beispiel darf dann eine Variante nur in der Montage entstehen. Die Baukastenkonstruktion mit einer beliebigen Kombinierbarkeit von Baugruppen hat hier ihre Begründung. Beispiele dazu finden sich in der Elektronik (z. B. PC).

Regeln zur Variantenbildung

Zur Variantenbildung haben sich einige weitere, allgemeine Regeln bewährt.

1.   Bilden der Variante so spät wie möglich. Zum Beispiel in der Montage oder – besser noch – beim Kunden
2.   Konstruieren in Modulbauweise (Beispiel dafür ist die PC-Industrie)
3.   Vorgeben eines Prozentsatzes an Gleichteilen, z. B. 30 %

4. Fördern von Norm- und Standardteilen durch Prämien (z. B. 50,– €
   netto für den Konstrukteur) oder einen „Konstruktionsfilter" im
   CAD-System
5. Vereinfachen des Systems, z. B. keine Sachnummern für Farben,
   Etiketten oder andere Kleinigkeiten
6. Einführen eines Notebooks im Verkauf: Nur bekannte Teile werden
   verkauft. Dadurch können die Geometrie-Daten der bekannten
   Sachnummern fast zeitgleich an die NC-Werkzeugmaschinen überspielt werden.
7. Einführen einer „fiktiven" Baugruppe. Diese Baugruppe ist fiktiv,
   weil sie in den Katalogen nicht vorkommt, sondern nur von der Disposition bzw. dem Konstruktionsbüro als Hilfsgröße geführt wird.
8. Neu konstruieren mit weniger Teilen (z. B. nur 4 Teile an Stelle von
   14 für einen Nachttischlampenschalter). Montagefreundlich und
   mit flacher Stückliste.

Die Kosten für eine neue Variante lassen sich mit der „klassischen" Voll-
kostenzuschlags-Kalkulation nicht richtig errechnen. Eine Prozesskostenrechnung ist dazu erforderlich. Diese kann wie im Folgenden gezeigt aussehen:

Tabelle 35.1: Mehrkosten einer Variante

Mehrkosten für eine Variante (fiktives Beispiel)	Mehrkosten in €
Mehrkosten des Verkaufs zur Auftragsklärung	4 550,–
150 Stunden Konstruktionsbüro (Stundensatz 55,– €/h)	8 250,–
22 Stunden Einkauf (Stundensatz 45,– €/h)	990,–
48 Stunden Arbeitsvorbereitung (Stundensatz 50,– €/h)	2 400,–
Mehrkosten kleinere Losgröße	3 560,–
Summe Mehrkosten der Variante	19 750,–

35.4.2 Grundsätzliches zur Parametrierung

Bei der noch recht selten in der Praxis anzutreffenden Parametrierung
werden nur die Rechenregeln zur Variantenbildung hinterlegt, nicht die
Zeichnungen. Ein gutes Beispiel dafür sind die DIN-Papierformate. Sie
sind alle bestimmt durch das feste Verhältnis von Breite zu Höhe. Die
Eingabe einer Kantenlänge führt zum Errechnen des Formats. Die
einzelnen Formate (DIN A3, DIN A4 etc.) sind durch einen vorher
bestimmten ganzzahligen Multiplikator verknüpft.

Die Parametrierung verlangt, dass vorher die Rechenregeln formuliert werden, erst danach wird konstruiert. In einer besseren Ausdrucksweise sagt man: „Die technische Lösung wird konfiguriert". Die Parametrierung ist der „Königsweg" für das Varianten-Management. Sie ist mit jahrelangen Bemühungen verbunden. Ein weiteres Gegenargument kann sein, dass durch sie die Innovation behindert wird.

In keinem Fall kommt man um das Formulieren von Konstruktions-Grundsätzen herum. Hier ist ein Beispiel:

1. Alle Varianten sind durch Rechenregeln miteinander verbunden (Vorstufe zur künftigen Parametrierung)
2. Das Produkt wird von innen nach außen entwickelt; weglassen ist schwerer als hinzufügen.
3. Eine Variante entsteht so spät wie möglich.
4. Gliederung und Ausführung entsprechen den Regeln der Technik, d. h. private Spezialregelungen fallen weg.
5. Das Konstruktionsbüro konstruiert in vollständiger Eigenkontrolle. Es gibt keine nachgeschalteten Kontrollorgane wie Normenstelle u. a.
6. Die Konstruktion arbeitet nach festgelegten Regeln, die in den Handbüchern (bzw. im CAD-System), z. B. für Grundnormen und Zentrierbohrungen, festgelegt sind.
7. Die Konstruktion beginnt die Arbeiten nur mit genauer Spezifikation (Pflichtenheft mit Angabe des Ergebnisses, des Aufwandes und des Termins), sie erzwingt eine Nullserie, sie hat eine Vorgabe für den Prozentsatz der Gleichteile, die Höhe der Herstellkosten u. a.
8. Die Konstruktion hält die Baugruppen-Gliederung ohne Kompromisse ein.
9. Die Konstruktion legt zuerst die Standard-Typen eines Typs fest, aus denen dann die Varianten entwickelt werden.
10. Die Konstruktion arbeitet mit der Teilefertigung, der Montage und der Logistik nach festen Regeln zusammen.
11. Die Konstruktion erarbeitet für das „Target Costing" mindestens drei Lösungen.
12. Die Konstruktion stellt durch Simulation im 3-D-System sicher, dass in der Montage alle Teile passen (Digital Mock-up).
13. Die Konstruktion verwendet die Vorzugsteile. Neue Sachnummern bedürfen einer eigenen Begründung.
14. Die Konstruktion verwendet die Grundelemente des Produktes in standardisierter Ausführung. Sie arbeitet „von innen nach außen".
15. Die Konstruktion errechnet die Lebensdauer des Produktes, den Energieverbrauch, stellt die einfache Montage sicher, zeigt die Möglichkeiten der Fernwartung u. a. Das ist Teil der Konstruktionsrichtlinien für das neue „Total Cost of Ownership" (TCO). Das TCO wird aktiv vermarktet und ist Teil der neuen Strategie.

16. Die Konstruktion arbeitet nach Leistungspaketen: Ergebnis, Aufwand und Termin werden vor Beginn der Arbeiten geplant.

17. Der zusammen mit der Logistik und der Fertigung organisierte Änderungsdienst nimmt nicht mehr als 25% der Kapazität in Anspruch.

18. Die Arbeitsplanung und -vorbereitung (APV) ist ein fester Bestandteil des Managements im Konstruktionsbüro. Es gibt keine nicht budgetierte, d.h. nicht vorbereitete Konstruktionsarbeit mehr! Dadurch wird auch das Wiederverwenden ausgereifter Lösungen erleichtert.

35.4.3 Nachvollziehbarkeit und Findsystem

Jede Konstruktionsarbeit am CAD-Bildschirm muss nach bekannten Regeln nachvollziehbar sein. Sie ist die Voraussetzung für gute Logistik. Je straffer die Regeln formuliert sind, desto weniger Management ist erforderlich.

Für die Nachvollziehbarkeit müssen die bewährten Lösungen früherer Konstruktionen leicht gefunden werden. Wenn es um Funktion oder Leistung geht, lassen sich Kriterien in den Sachmerkmalsleisten zusammenfassen. Jedes PPS-System zeigt das. Weitere Find-Kriterien sind:

- Datum
- Name des Produktes oder Einzelteils
- Projekt
- Baugruppe
- Technische Funktion

Die Sachnummer als Find-Kriterium ist in der Regel schlecht geeignet. Sie sollte nur als Notlösung zugelassen werden. Wer merkt sich schon eine 13-stellige Nummer, insbesondere wenn sie keine Klassifikations-Merkmale hat?

Das Selbstinteresse des Konstrukteurs, das Psychologische ist jedoch fast ebenso wichtig wie die Regeln. Prämien zur Wiederverwendung sind ein einfacher, damit auch ein bewährter Weg zur Förderung dieses Eigeninteresses.

35.4.4 Technische Perfektion und Kosten

Das Konstruktionsbüro liebt in aller Regel die perfekte Lösung, ohne Rücksicht auf Preise und Kosten. Damit kann man jede Firma ohne Anstrengung in den Konkurs treiben. Das konventionell ausgerichtete

Controlling merkt es noch nicht einmal und ergreift deswegen auch keine
Gegenmaßnahmen. Deswegen ist es nützlich, das Konstruktionsbüro mit
Hilfe eines „Bypasses" umgehen zu können. Es entsteht eine neue Ab-
lauforganisation (Bild 35.2).

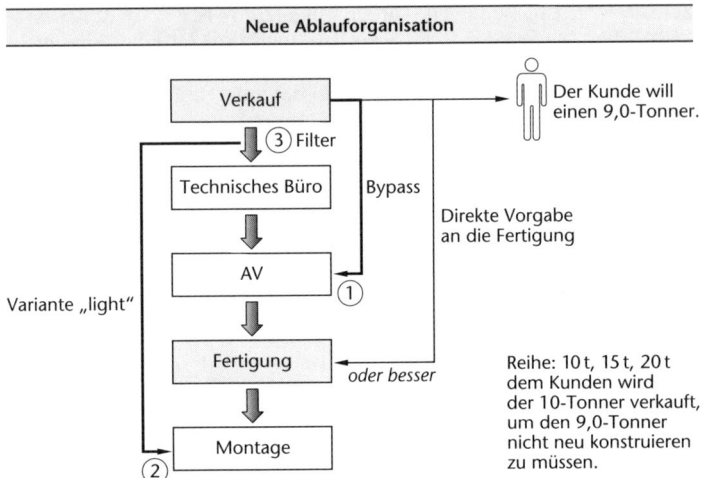

Bild 35.2: Neue Ablauforganisation

Eine direkte Zusammenarbeit zwischen Verkauf und Fertigung oder
Montage ist dann nicht mehr gefährlich, sondern zur Begrenzung der
Kosten erwünscht. Der Ausdruck „Variante light" steht – wie im Bild
35.2 gezeigt – dafür.

Zur Begrenzung der Kosten werden für die Produktgestaltung mit Erfolg
Richtlinien erarbeitet. Hier ist ein Beispiel:

■ Jede Konstruktion wird in Standardmodule mit Plus/Minus-Stück-
   listen gegliedert.

■ Die Sachmerkmalsleisten des PPS-Systems und die Gleichteil-
   kataloge am Bildschirm müssen vor jeder Fertigstellung abgefragt
   werden.

■ Vor der Begründung einer neuen Sachnummer wird das Teil „ge-
   filtert": strategisch wichtig oder nicht.

■ „Fiktive" Baugruppen, die auf dem Markt nicht verkauft werden,
   sind einzuführen, um den Standard in Logistik, Arbeitsvorbereitung
   und Fertigung zu erleichtern.

- Neukonstruktion gibt es nur mit Genehmigung durch die Geschäftsleitung.

- Montagefreundlichkeit ist unser oberstes Ziel.

- Ein Neuteil muss das Löschen von zwei Altteilen zur Folge haben.

- Eine Konstruktion soll so wenige Teile wie möglich haben.

35.5 Die Rolle der Stückliste

35.5.1 Allgemeines

Die verschiedenen Stücklistenarten sind (vgl. Kap. 4):

- Baugruppen-

- Struktur- und Mengen-Stückliste

sowie die

- Konstruktions-

- Plus/Minus-Stückliste (für Varianten)

- Dispositions-

- Montage-

- Versand-

- Ersatzteil-Stückliste

- und weitere, zweckgebundene Unterteilungen

Die Konstruktions-Stückliste wird gerne als Mutter aller Stücklisten bezeichnet, denn dort entsteht jede Stückliste. Aus dem Konstruktionsbüro stammend, ist ihre funktionale Gliederung vorherrschend. Denn der Konstrukteur denkt in Funktionen, nicht in Prozessen, jedenfalls in den meisten Konstruktionsbüros. Der Output des Konstruktionsbüros sind Zeichnungen und Stücklisten, nur manchmal auch noch Anweisungen zur Beschaffung und für die Fertigung.

Die Ziele einer Konstruktions-Stückliste sind:

- Dokumentieren

- Angeben sämtlicher Teile des Produktes, zum Teil gegliedert in Baugruppen (nur manchmal gegliedert in Prozesse als Kernkompetenzen)

- Beschreiben der Teile nach Norm, Größe, Teileart, Material etc.

Die Ziele einer Dispositions-Stückliste für die Logistik sind ganz andere:

- Ermöglichen einer hohen Logistikleistung

- Ermöglichen des Steuerns der Wertschöpfungskette

- Ermöglichen des Erkennens von Engpassteilen

- Ermöglichen der Lieferanten-Anbindung

- Ermöglichen von Spezialfunktionen, wie das Versenden (z. B. Aufteilung nach Containern)

Im Zuge der Vereinfachung der Systeme ist es eine besondere Charakteristik der Dispositions-Stückliste, dass ganze Stücklistenäste (entsprechend ganze Baugruppen) ausgegliedert sein können. Sie werden nicht mehr zentral disponiert. Damit entsteht eine stark vereinfachte Dispositions-Stückliste (Bild 35.3).

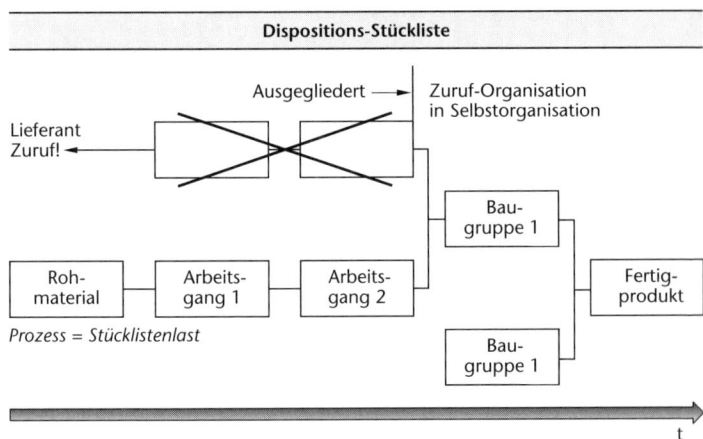

Einige Stücklistenäste sind ausgegliedert. Sie werden dezentral disponiert.

Bild 35.3: Dispositions-Stückliste

35.5.2   Stücklisten-Vereinfachung

Im Gegensatz zur Konstruktions-Stückliste muss eine Dispositions-Stückliste nicht vollständig sein. Man kann immer vereinfachen, z. B. durch (Bild 35.4):

- Bestandsgesteuerte Disposition (Kanban, Schüttgut)

■ Outsourcing (Disposition nur einer Baugruppe anstatt vieler Einzelteile)

■ Attribute anstatt neuer Teile (z. B. Farbe, Sprachvarianten)

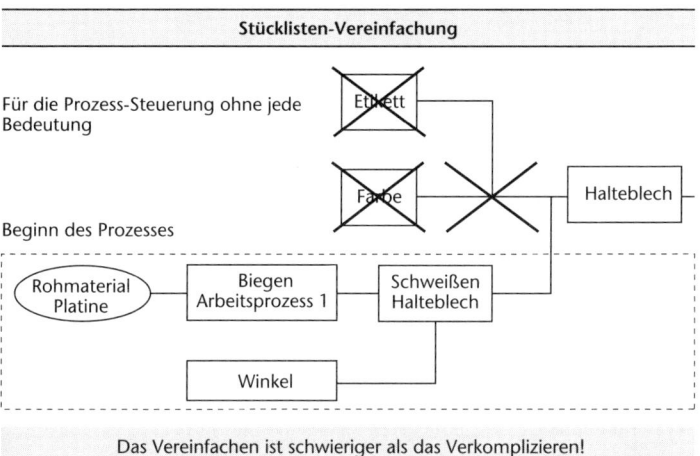

Bild 35.4: Stücklisten-Vereinfachung

Einige Stücklistenäste sind ausgegliedert, d. h. gestrichen. Sie werden nicht mehr zentral disponiert, sondern sind in der Verantwortung der Meister, der Mitarbeiter im Lager oder der Lieferanten.

35.5.3 Zusammenhang zwischen Stückliste und Termintreue

Die Art der Stückliste ist für die Terminierung von ausschlaggebender Bedeutung. Eine vielstufige Stückliste macht eine hohe Termintreue unmöglich, es sei denn, es werden große Lagerbestände geführt. Es geht demnach darum, die Stückliste zu verflachen (Bild 35.5).

Je flacher die Stückliste ist, desto besser kann der Prozess oder der Auftrag gesteuert werden. Die in der Regel großzügig bemessenen Übergangszeiten mit ihren systemimmanenten Streuungen der Zeiten machen irgendeine Art der Steuerung des Auftrages zunichte.

Flache Stückliste

alt   neu

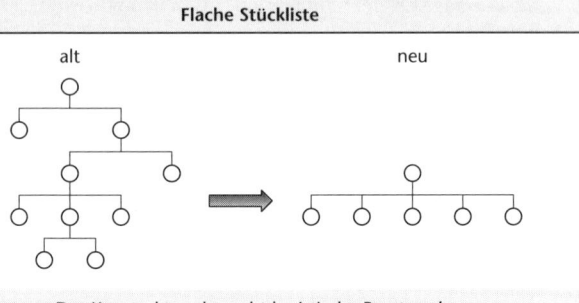

Der Konstrukteur braucht logistische Beratung!

Bild 35.5: Flache Stückliste

35.5.4   Kapitalbindung

Eine flache Stückliste bedeutet kurze Durchlaufzeiten und weniger Kapitalbindung zur Vorfinanzierung. Sie erfordert weniger Steuerungsaufwand, allerdings verlangt sie auch eine perfekte Montageorganisation ohne große Fertigungstiefe (Bild 35.6).

Kapitalbindung

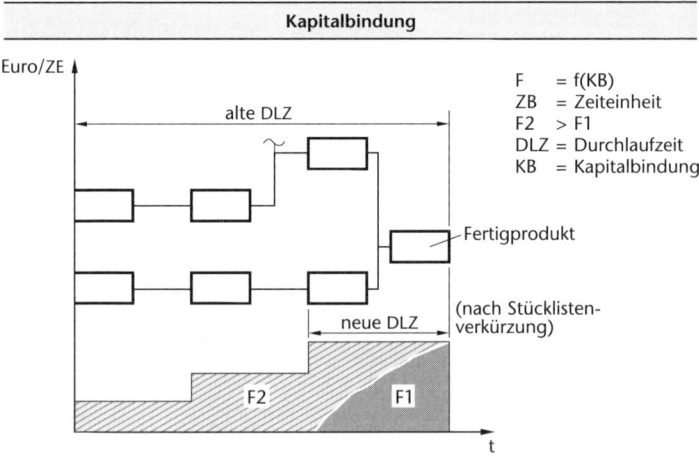

F   = f(KB)
ZB = Zeiteinheit
F2 > F1
DLZ = Durchlaufzeit
KB = Kapitalbindung

Eine flache Stückliste bedeutet weniger Kapitalbindung zur Vorfinanzierung!

Bild 35.6: Kapitalbindung

Die Logistik interessiert sich nur für den Kundenauftrag. Er darf durch die Disposition, z. B. durch eine tief gestaffelte Stückliste oder durch eine sog. Losgrößen-„Optimierung", nicht zerrissen werden.

35.5.5 Plus-/Minus-Stückliste

Die gesteuerte Variantenbildung kann auch vom Stücklistenaufbau unterstützt werden. Die bekannteste Art ist die Plus-/Minus-Stückliste, in der Teile, die für eine spezielle Variante hinzukommen, als Plus-Teile geführt werden und umgekehrt. Es gibt erfahrungsgemäß mehr Plus als Minusteile (Bild 35.7).

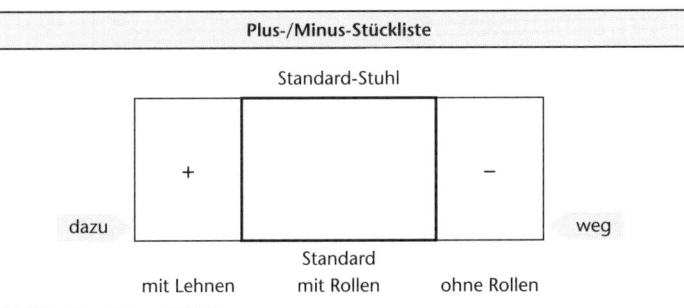

Bild 35.7: Plus-/Minus-Stückliste

Der Varianten-Generator, der schon im Verkauf aktiviert werden kann, ist die höchstmögliche Unterstützung der gesteuerten Variantenbildung (Bild 35.8).

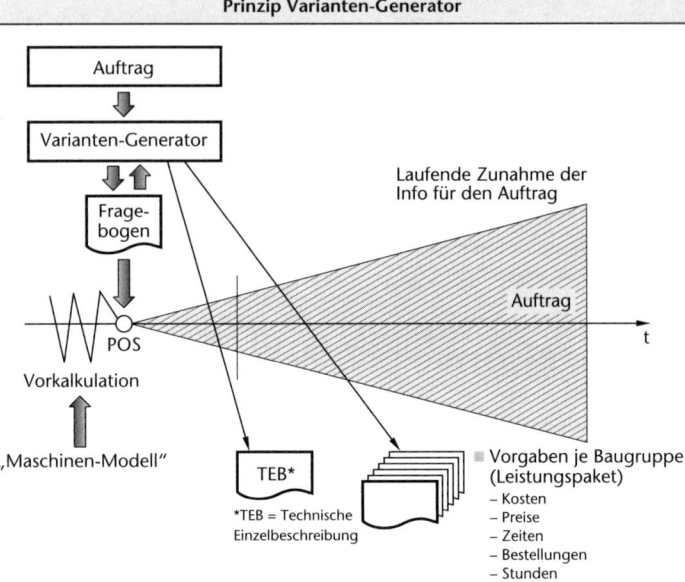

Bild 35.8: Prinzip Varianten-Generator

Literatur

Helfrich, C.: Praktisches Prozess-Management. 2. Auflage München, Wien: Hanser 2002
Wiendahl, H.-P.: Betriebsorganisation für Ingenieure. 6. Auflage. München, Wien: Hanser 2007

36 Logistik in der Produktentwicklung

Dr.-Ing. Rudolf E. Scheiber

36.1 Produktentwicklung im Wandel des Unternehmensumfeldes

Ständig wechselnde Randbedingungen wie Dynamisierung der Märkte, steigende Kundenwünsche verbunden mit kurzfristigen Änderungen, zunehmende Variantenvielfalt, kürzere Entwicklungszyklen, höhere Innovationsgeschwindigkeiten und verkürzte Lieferzeiten fordern ständige Optimierung der Unternehmensprozesse.

Eine zusammenfassende Betrachtung der oben genannten Einflussfaktoren lässt unschwer erkennen, dass der Faktor Zeit in den letzten Jahren massiv an Bedeutung gewonnen hat. Beim Vergleich verschiedener Definitionen der Logistik wird ebenfalls der Faktor Zeit als wichtiger Bestandteil erkennbar.

Logistik wird u. a. definiert als der Materialfluss und der dazugehörige steuernde Informationsfluss zur räumlichen und zeitlichen Transformation von Gütern zwischen Versandstelle und Empfangsstelle. Damit Teiloptimierungen einzelner Prozessabschnitte im Unternehmen vermieden werden, ist eine gesamthafte Betrachtung der Logistikkette erforderlich [Pfohl 2000].

Da die o. g. Einflüsse alle Bereiche des Unternehmens betreffen, gewinnt die Logistik als Querschnittsfunktion u. a. auch in der Produktentwicklung zunehmend an Bedeutung [Mauermann 2001]. Die Logistikdefinition macht deutlich, dass sich für die Unternehmen über die Gestaltung von Logistikprozessen ein Hebel anbietet, der eine Vielzahl von Optimierungsansätzen auch für den Produktentwicklungsprozess sowohl hinsichtlich Zeit als auch Vernetzung liefert. Die Verbesserung der Einhaltung von Zeitzielen bezüglich Logistikprozessen in der Produktentwicklung wird damit ein wichtiger Faktor im Zielsystem der Unternehmen und erfordert eine verstärkte Betrachtung dieser Prozesse.

In dem auch als **Time-to-Market** bezeichneten Produktentwicklungsprozess können wichtige Beiträge zum Erfolg des Unternehmens durch optimierte Prozesse in der Konzeptions- und Planungsphase geleistet werden. Die genannten exogenen Veränderungen erfordern daher Anpassungen sowohl innerhalb des Produktentstehungsprozesses als auch im Zusammenwirken mit anderen Bereichen wie Produktion, Einkauf,

Qualitätssicherung, Vertrieb, Controlling usw. Dieser Kern-Geschäfts-
prozess wird auch als **Time-to-Customer** bezeichnet.

Als ein besonderes Merkmal des Produktentwicklungsprozesses kann
die Ausführung aller Arbeitsschritte mit geringer Wiederholhäufigkeit
angesehen werden. Im Produktentstehungsprozess gibt es jeden Ablauf
quasi nur „ein Mal", d. h., diese Prozesse werden meist bestimmt durch
die Losgröße „1". In der Serienproduktion dagegen liegen, z. B. im Automobilbau, die Losgrößen bei $n = 1\,000$ pro Tag.

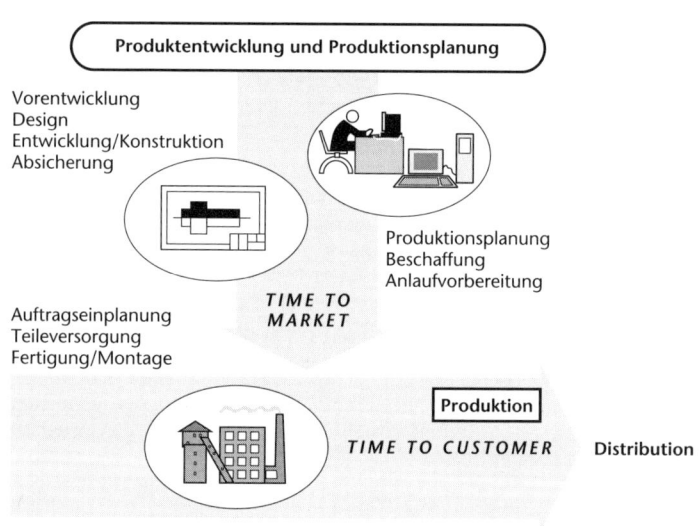

Bild 36.1: Zusammenwirken Time-to-Market und Time-to-Customer

Zwischen Time-to-Market und Time-to-Customer liegt für jeden Neu-
anlauf eines Produktes eine Übergangsphase zur Anpassung der Losgröße 1 an die Losgröße $1\,000$. Ziel ist es, bereits bei $n = 1$ die Logistikfunktionen so zu gestalten, wie sie später bei $n = 1\,000$ ebenfalls aussehen
sollten. Es gilt daher, ähnliche Prozesse und Prozessunterstützungen in
Produktentwicklung und Serienproduktion einzuführen, um eine Durch-
gängigkeit zu erzeugen, die z. B. Redundanzen in der Datenhaltung und
Datenbrüche vermeidet. So wird es möglich, frühzeitig übergreifende
Auswirkungen zu erkennen. Dies trifft insbesondere auf alle Logistikprozesse zu.

Ein Vergleich der Zeitziele der beiden Kern-Geschäftsprozesse macht die
unterschiedlichen Ausprägungen deutlich. Im Time-to-Customer, der

Auftragsabwicklung für die Serienfertigung, sind die logistischen Aufgaben, wie schnellstmögliche Einplanung in die Produktion, Sicherung der Verfügbarkeit von Serienteilen und zeitminimale Distribution zum Kunden, zu lösen. Im Time-to-Market heißt die logistische Aufgabe Absicherung der Verfügbarkeit von Versuchs- und Musterteilen, deren Produktion ein Zeit-Treiber in der Produktentwicklung ist.

Im Folgenden wird aufgezeigt, welche Anforderungen an Logistikprozesse in der Produktentwicklung gestellt werden und wie diese durch Prozessgestaltungsmaßnahmen abgedeckt werden können. Die Untersuchungen beziehen sich auf praktische Erfahrungen in der Automobilindustrie. Eine Übertragung auf andere Industriezweige ist vorstellbar, da die hohe Komplexität des Produktes Fahrzeug eine vielschichtige Betrachtung erfordert.

36.2 Der Produktentwicklungsprozess mit Blick auf Logistikfunktionen

Zur Untersuchung der logistischen Funktionen im Produktentwicklungsprozess werden die einzelnen Teilprozesse der Produktentwicklung kurz skizziert und auf ihre logistische Bedeutung bewertet.

In Anlehnung an das REFA-Prozessmodell Fahrzeugbau zeigt Bild 36.2 ein Phasenschema, das als Modell für die Betrachtung verwendet wird [Binner, Lehr 2002].

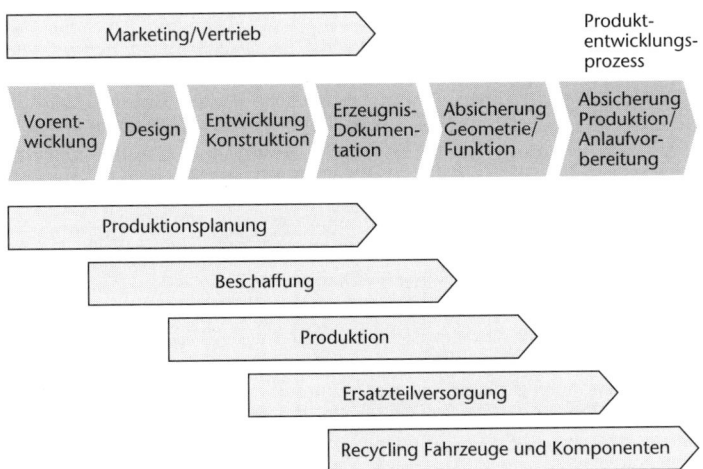

Bild 36.2: Kernprozesse im Fahrzeugbau

36.2.1   Vorentwicklung und Design

In diesen Teilprozessen steht die Entwicklung von Einzelkomponenten des Produktes im Vordergrund, die auf der Basis von Innovationen bzw. Produktideen aus der Produktplanung entstehen. Schon in dieser frühen Phase werden Festlegungen getroffen, die sich auf Kosten, Qualität und insbesondere das Zeitverhalten nachfolgender Prozessschritte auswirken. Daher ist schon in dieser Phase auf logistische Auswirkungen im Material- und Informationsfluss bezüglich Beschaffung, Bereitstellung usw. zu achten – soweit es die groben Festlegungen im Produkt schon erlauben. Im Design erfolgt der Entwurf der Oberflächen und Formen des Produktes zur Festlegung des äußeren Erscheinungsbildes.

Überwiegend handelt es sich um Entwicklungsprozesse ohne gezielte Beeinflussungsmöglichkeiten der Logistik; allerdings können sich planerische Festlegungen später in logistischen Funktionen auswirken.

36.2.2   Entwicklung und Konstruktion

In diesen Prozessen werden aus den Vorgaben von Produktplanung und Design in Form von Funktionen, Eigenschaften und den Vorleistungen der Vorentwicklung in Form von Komponenten die Produkteigenschaften eines Fahrzeuges im Detail festgelegt. Ergebnis der Entwicklung ist ein für die Serienproduktion reifes Produkt, dessen fertigungstechnische Machbarkeit prinzipiell gesichert sein soll [Ehrlenspiel 2002].

Im Konstruktionsprozess werden Produkteigenschaften, die erhebliche Auswirkungen auf logistische Funktionen haben, festgelegt. Dies betrifft u. a. Materialauswahl und damit verbundene Beschaffungswege, Teilevielfalt und Varianten mit Auswirkungen auf Transport und Bereitstellung. Diese Einflüsse machen sich insbesondere bezüglich der Logistik im Absicherungsprozess von Geometrie und Funktion sowie Produktion bemerkbar.

36.2.3   Erzeugnisdokumentation

Begleitend zum Konstruktionsprozess entsteht die Erzeugnisdokumentation. Die Erzeugnisdokumentation besteht aus Daten, die das Produkt beschreiben, z. B. Stücklisten und Stammdaten. Die Geometriedaten werden in CA-Systemen dokumentiert. Die Komplexität des Entwicklungsprozesses macht es notwendig, dass ein permanenter Abgleich zwischen den verschiedenen Datenständen erfolgt. Damit werden auch logistische Funktionen berührt, die diese Daten weiterverarbeiten.

36.2.4 Absicherung von Geometrie und Funktionen

Im Verlauf der Konstruktionsphase müssen zu definierten Zeitpunkten die Produkteigenschaften und damit die Reife der Konstruktion abgesichert werden. Die Absicherung dient zur Prüfung der geplanten Funktionalität, Qualität usw. Sie erfolgt stufenweise begleitend zum Konstruktionsprozess, um über die Absicherung so früh wie möglich eine Rückkopplung von Fehlern und zusätzlichen Anforderungen zu erreichen. Ziel ist es, parallel die Reife der Komponenten ständig zu verbessern und dabei die Stimmigkeit des gesamten Produktes und seine Gesamtkonstruktionsreife ebenfalls zu steigern.

Dieser Absicherungsprozess wurde früher überwiegend durch Hardwareversuche, d. h. mit Prototypen, durchgeführt. Dabei werden neben Einzelprüfungen bereits in dieser Phase auch Untersuchungen zur Herstellbarkeit und zur späteren Leistungsfähigkeit des Endproduktes gemacht. Im Prototypenbau liegt ein weites Feld für die Gestaltung von Logistikfunktionen, wie Stammdatenverwaltung inkl. Änderungsmanagement, Materialbedarfsermittlung, Bestellabwicklung, Beschaffung und Bereitstellung am Bauort.

In den letzten Jahren gibt es einen wachsenden virtuellen Absicherungsprozess mit dem Ziel die Kosten für den aufwändigen – meist handwerklichen – Prototypenbau drastisch zu reduzieren. Berechnung und Simulation werden durch eine realitätsgetreue dreidimensionalen Darstellung der Bauteile und des Gesamtsystems in den CA-Systemen möglich.

Für die logistische Kette ergeben sich hier Ansatzpunkte in der Datenhaltung und Datenabstimmung sowie im Zusammenwirken mit Konstruktion und Prototypenbau.

36.2.5 Absicherung von Produktion mit Anlaufvorbereitung

Bereits zu frühen Zeitpunkten der Entwicklung sind Untersuchungen über die fertigungstechnische Machbarkeit wichtiger Bestandteil des Produktentwicklungsprozesses. Schon vom ersten Konstruktionsschritt an können die Aspekte der Produktion durch Einbauuntersuchungen bis hin zu Anlagenplanungen für die spätere Fertigung im Computer simuliert werden. Soweit nur computergestützte Fahrzeugmodelle existieren, müssen die Daten komplett für die Simulation der Fertigungs- und Montageprozesse bereitgestellt werden.

Je näher der Zeitpunkt zum Übergang von Entwicklung in Produktion heranrückt, desto zwingender werden Vorbereitungen zur Sicherung eines reibungslosen Anlaufs der Serienproduktion. Dieser erfolgt in mehreren Schritten, die teilweise noch im Entwicklungszentrum, teilweise aber auch schon parallel in den Betriebsstätten der späteren Serienproduktion und abschließend vollständig in den Produktionssystemen der Serienfertigung durchgeführt werden.

In all diesen Phasen wird auch die Zuverlässigkeit der logistischen Funktionen, wie Materialbereitstellung und Produktionssteuerung, geprüft.

36.3 Logistischer Integrationsprozess in der Produktentwicklung

Die Erweiterung des Betrachtungshorizontes der Logistik von einer effizienten Informations- und Materialflussgestaltung hin zu einer unternehmensübergreifenden, kundenorientierten Optimierung der gesamten Wertschöpfungskette schließt natürlich auch den Produktentwicklungsprozess ein. Damit entwickelt sich die Logistik zu einem strategischen Instrument der Unternehmensführung [Baumgarten, Risse 2001].

Die Planungsfunktionen und Materialabwicklungsfunktionen in einzelnen Phasen der Produktentwicklung werden in der Supply Chain in die übergreifenden logistischen Netzwerke eingebunden. Insbesondere sind in den letzten Jahren Zeit- und Flexibilitätsanforderungen deutlich gestiegen. Durch die Integration von Informations- und Kommunikationssystemen in das Logistik-Management werden neue Potenziale im Zeitwettbewerb erschlossen, die die Anforderungen von verkürzten Durchlauf- und Lieferzeiten gut erfüllen können. Damit ergeben sich im Produktentwicklungsprozess neue Anforderungen an die Entwicklungslogistik im Sinne eines logistischen Integrationsprozesses.

Ziel des logistischen Integrationsprozesses Produktentwicklung ist es, alle Voraussetzungen zu schaffen, dass die Erprobungsfahrzeuge zur Absicherung termingerecht in der geplanten Ausstattung gebaut werden können. Damit wird sichergestellt, dass die Absicherungsergebnisse und eventuell notwendige Konstruktionsänderungen rechtzeitig in die Entwicklungsschleifen einfließen und kurzzyklisch die Konstruktionsreife gesteigert werden kann. Dies ist auch im Sinne der Sicherung der Anlaufreife wichtig, um frühzeitig Änderungen aus fertigungstechnischer Sicht umzusetzen.

Zu bestimmten Zeitpunkten des Entwicklungsprozesses werden entsprechend den jeweiligen Konstruktionsständen Fahrzeuge/Prototypen als Erprobungsträger zur geometrischen bzw. funktionalen Absicherung gebaut. Aus den Anforderungen der Absicherung werden vollständige Fahrzeugbeschreibungen auf Komponentenbasis erzeugt, sowohl für die virtuelle als auch die physikalische Entwicklungsstufe.

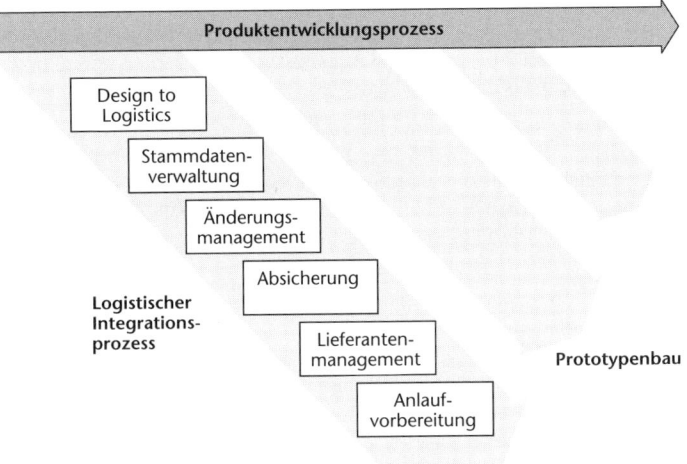

Bild 36.3: Logistischer Integrationsprozess Produktentwicklung

Der logistische Integrationsprozess wird in Bild 36.3 dargestellt. Innerhalb des Gesamtprozesses vom Design-to-Logistics bis hin zum Lieferantenmanagement bilden die Funktionen Stammdatenverwaltung, das Änderungsmanagement, die konstruktionsbegleitende Teileversorgung für die Absicherung und das Lieferantenmanagement für Versuchs- und Vorserienteile den „Integrationsprozess Teile", der die Verfügbarkeit von Teilen für den Bau der Prototypen sicherstellen soll. Verfügbarkeit heißt, die richtigen Teile in der richtigen Stückzahl in der richtigen Qualität zum richtigen Zeitpunkt am richtigen Ort zur Verfügung zu stellen.

Hierbei gilt es, die erforderliche Flexibilität in der Entwicklung aufrechtzuerhalten, um schnell und zeitnah ändern und absichern zu können. Damit wird sichergestellt, dass die Erprobungsfahrzeuge termingerecht gebaut werden und die Absicherungsergebnisse rechtzeitig in die Entwicklungsschleifen einfließen können. Die Entwicklungslogistik greift auf die üblichen Methoden wie unternehmensübergreifende Datenintegration, Supply Chain Management usw. zurück.

36.3.1   Design to Logistics

Schon in den frühen Phasen der Produktentwicklung, der Vorentwicklung, werden durch das Konzept der Produktstruktur und das Teilespektrum Festlegungen getroffen, die Auswirkungen auf den logistischen Integrationsprozess haben. Aus Sicht der Entwicklungslogistik sollten daher Sourcinggesichtspunkte und materialflusstechnische Aspekte bereits im Design berücksichtigt werden.

Insbesondere in der Automobilindustrie steigen die Anforderungen an die Logistik durch wachsende Typen- und Variantenvielfalt, die eventuell durch Gleichteilkonzepte eingeschränkt werden können. Neue Produktvarianten erfordern oft auch spezifische Prozesse für Auftragsabwicklung, Teileversorgung sowie den Fertigungsprozess.

36.3.2   Stammdatenverwaltung

Grundlegende Anforderungen sind eindeutige Identbegriffe durch abgestimmte Nummernsysteme, eindeutige Begriffsdefinitionen und durchgängige Datenstrukturen von Konstruktion und Absicherung bis hin zur Anlauf- und Serienproduktion – sowohl in der virtuellen CA-Welt als auch in der physischen Hardware-Welt.

Für einen optimierten Ablauf sind effiziente Prozesse zur virtuellen Geometrieprüfung und zur abgestimmten Freigabe von Konstruktionsständen notwendig. Darüber hinaus ist die Integration von Datenentstehung und deren Weiterverarbeitung im Konstruktionsprozess auch bei externen Entwicklungspartnern anzustreben.

36.3.3   Änderungsmanagement

Das Änderungsmanagement wickelt die erforderlichen Abstimmungen zwischen den am Logistikprozess beteiligten Stellen ab und will sicherstellen, dass der geplante Änderungsstand gleich Konstruktionsstand in die Absicherung von Geometrie oder Funktion eingeht. Die vielfältigen Einflüsse auf den Konstruktionsprozess führen häufig zu Änderungen der Konstruktion. Aber auch der Entwicklungsprozess selbst lebt von Änderungen, da diese der „einzige" Weg sind, die Konstruktionsreife zu erhöhen.

Die Änderungskoordination versucht abgestimmte Bauzustände für den Bau von Prototypen zu erreichen. Dabei wird über einen definierten Änderungsablauf Transparenz in den Prozess gebracht. Hierzu ist eine klare Abstimmung mit dem Datenfreigabeprozess Voraussetzung. Es soll erreicht werden, dass alle zu einem bestimmten Zeitpunkt gültigen Daten, die einen spezifischen Konstruktionsstand repräsentieren, nachdem sie die notwendigen Prüfungen durchlaufen haben, veröffentlicht werden. Insbesondere für Disposition und Bereitstellung von Teilen ist der gesamthafte Abgleich des Konstruktionsstandes wichtig, sonst können „veraltete" Datenstände zu unbrauchbaren Absicherungsergebnissen führen.

Durch die in dieser Phase häufig auftretenden technischen Änderungen ist eine permanente Steuerung und Verfolgung erforderlich, deren Abwicklung über die Änderungseinsatzsteuerung erfolgt.

36.3.4 Absicherungsplanung und -durchführung

Für die in den Absicherungsplanungen festgelegten Konstruktionsstände ist die Versorgung des Prototypenbaus mit Teilen sicherzustellen. Dazu sind Bestell- und Beschaffungsprozesse einzuleiten und über Wareneingang ggf. Einlagerung die Teilebereitstellungen an den Bauorten vorzubereiten.

Die Teileversorgung ist verantwortlich für das Zusammenwirken aller beteiligten Stellen auf der Basis eines gültigen Projektplans. Es wird versucht, potenzielle Problemfelder frühzeitig zu erkennen und Abstellmaßnahmen einzuleiten. Hierzu gehört auch eine intensive Abstimmung mit den externen Entwicklungspartnern und den dazugehörigen Versuchsteilelieferanten.

36.3.5 Lieferantenmanagement für Versuchs- und Vorserienteile

Im Rahmen der Entwicklungslogistik ist eine enge Verzahnung mit den externen Prozesspartnern notwendig. Dies betrifft sowohl externe Entwicklungspartner als auch Teilelieferanten. Hier nimmt die Verbesserung der Prozesse einen großen Raum ein. Es muss mit Beginn einer Lieferantenpartnerschaft sichergestellt sein, dass trotz häufiger Prozessstörungen wie Konstruktionsänderungen, Zeitverschiebungen, veränderter Anforderungen usw. die geforderten Leistungen in einem flexiblen Rahmen bereitgestellt werden können.

36.3.6 Anlaufvorbereitung

In der Anlaufvorbereitung werden alle Aktivitäten, Meilensteine und Messpunkte zur Absicherung des Anlaufs festgelegt und die dafür notwendigen Maßnahmen vorbereitet. Dabei sind Bereitstellungstermine für Werkzeuge, Teile und Systemkomponenten mit den jeweiligen Lieferanten abzustimmen, um die geforderte Teileverfügbarkeit abzusichern. Weiterhin sind alle Aktivitäten zur Bemusterung zu planen, die bis zur Serienproduktion abgeschlossen sein sollen.

Genauso wichtig wie die Vorbereitung der Teileverfügbarkeit ist auch die Prüfung der Fertigungsanlagen und -prozesse hinsichtlich Prozesssicherheit. Hierzu sind in der seriennahen Produktion entsprechende Maschinen- und Prozessfähigkeitsuntersuchungen einzuplanen.

36.4   Beschreibung der Prozesskette Teileversorgung

In der folgenden Beschreibung der Prozesskette Teileversorgung wird auf die in der Produktentwicklung spezifischen Aspekte des Material- und Informationsflusses eingegangen. Die logistischen Anforderungen in der frühen Phase der Produktentwicklung werden nicht betrachtet. Auch eine detaillierte Beschreibung der Anlaufvorbereitung wird ausgeklammert, da diese Prozesse von vergleichbaren Zielsetzungen wie der Prototypenbau bestimmt werden.

Ziel der Teileversorgung ist es, sowohl Haus- als auch Kaufteile für den Bau der Prototypen bereitzustellen. Gefordert werden die richtigen Teile in der benötigten Stückzahl mit der geforderten Qualität zur richtigen Zeit am vorgesehenen Bedarfsort zu den geplanten Kosten. Hierfür bietet ein durchgängiger, transparenter und vereinbarter Prozess eine wichtige Voraussetzung. Dazu gehören auch eine geschlossene IT-Systemwelt und geeignete Zusammenarbeitsformen für alle Prozessbeteiligten.

36.4.1   Prototypenplanung

Eingangsgrößen für eine Prototypenplanung sind die Anforderungen der Konstruktion hinsichtlich Absicherung von Produktleistungsfähigkeit und -reife. Das Ergebnis ist eine Zusammenfassung aller inhaltlich abgestimmten Absicherungsumfänge einzelner Prototypen bzw. Komponenten von Prototypen über eine gemeinsame Datenbasis aller beteiligten Prozesspartner.

In der Prototypenplanung wird eine komplette Beschreibung aller Bauteile, die im spezifischen Versuch erprobt werden sollen, verwendet. Es gilt, zu berücksichtigen, dass in der frühen Phase der Absicherung noch unter seriennahen Bedingungen meist mit „Entwicklungsteilen" gearbeitet wird. Der Übergang zu einer seriennahen Produktion mit „Serienteilen" erfolgt nahtlos. In dieser Phase werden überwiegend Teile und Module aus Serienfertigungen verwendet.

In Bild 36.4 wird ein Prozessmodell der Prototypenplanung dargestellt.

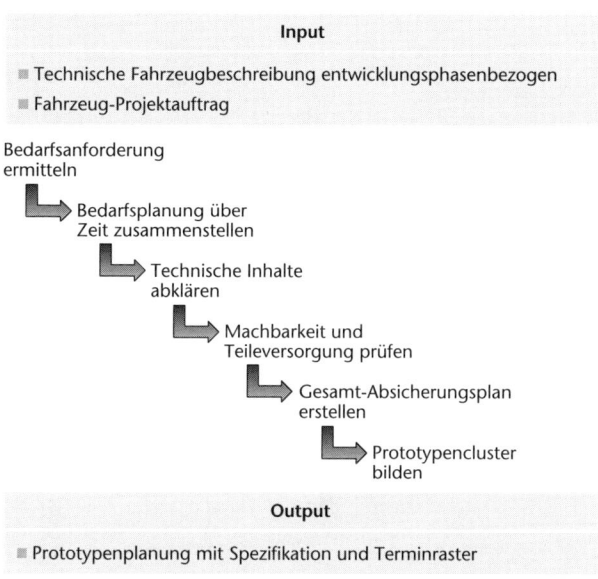

Input

▪ Technische Fahrzeugbeschreibung entwicklungsphasenbezogen

▪ Fahrzeug-Projektauftrag

Bedarfsanforderung
ermitteln

  Bedarfsplanung über
  Zeit zusammenstellen

    Technische Inhalte
    abklären

      Machbarkeit und
      Teileversorgung prüfen

        Gesamt-Absicherungsplan
        erstellen

          Prototypencluster
          bilden

Output

▪ Prototypenplanung mit Spezifikation und Terminraster

Bild 36.4: Prozessmodell der Prototypenplanung

36.4.2 Stammdatenpflege und Stücklisten

Über die Stammdatenpflege erfolgt die Erstellung einer Gesamtsicht der Produktstruktur und die vollständige Beschreibung aller Bauteile. Ziel ist es, zu jedem Zeitpunkt durchgängige, verbindliche und für alle Prozesspartner transparente Stammdaten (Stücklisten, Verwendungsnachweise und Teilebeschreibungen) bereitzustellen. Besonderes Merkmal ist die Pflege der Verbauorte sowie die Absicherung der Vollständigkeit der Stammdaten. Dies gilt sowohl für die virtuellen Fahrzeugbeschreibungen als auch die physischen Beschreibungen von zu bauenden Prototypfahrzeugen.

Für alle Prozesspartner sowohl betriebsintern als auch extern ist ein standardisierter Informationsfluss notwendig, um die Produktion nach alten, nicht mehr gültigen Konstruktionsständen zu vermeiden.

In Bild 36.5 wird ein Prozessmodell der Stammdaten und Stücklisten dargestellt.

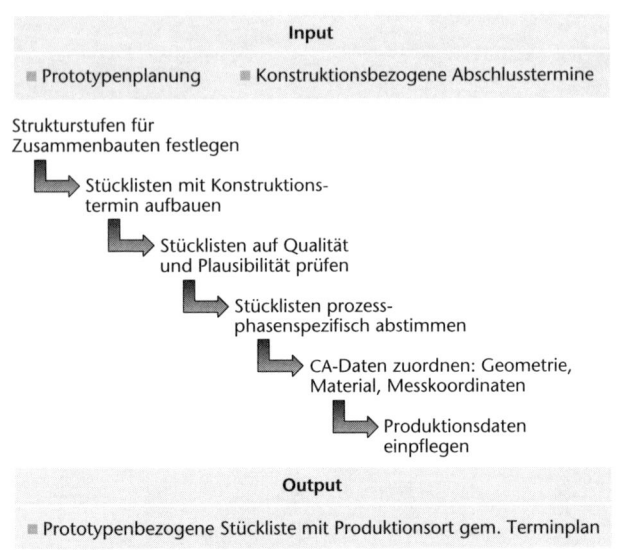

Bild 36.5: Prozessmodell der Stammdaten und Stücklisten

36.4.3   Änderungsmanagement inkl. Änderungseinsatzsteuerung

Im Änderungsmanagement werden alle erforderlichen Abstimmungen zwischen den am Produktentwicklungsprozess beteiligten Bereichen abgewickelt, die durch konstruktive Änderungen bzw. durch neue Bauteile ausgelöst werden. Konstruktive Änderungen lösen häufig auch Anpassungen von anderen Bauteilen aus und können somit weitere Einsatztermine beeinflussen.

Damit Disposition und Bereitstellung für den jeweils geplanten Konstruktionsstand erfolgen, hat das Änderungsmanagement und die Einsatzsteuerung die Aufgabe zu prüfen, welche Verschiebungen sich aus den veränderten Bauteilen bezüglich der Teileverfügbarkeit ergeben. In Abstimmung mit allen Beteiligten sind eventuell veränderte Einsatztermine für den Prototypenbau festzulegen.

In Bild 36.6 wird ein Prozessmodell des Änderungsmanagements dargestellt.

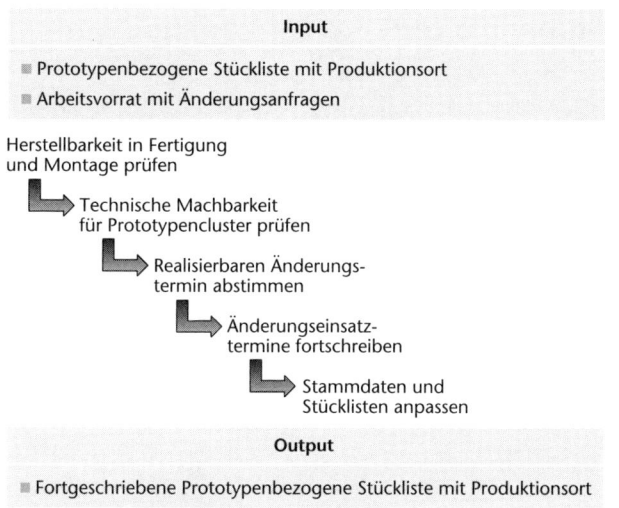

Bild 36.6: Prozessmodell des Änderungsmanagements

36.4.4 Materialplanung und -beschaffung

In der Materialplanung werden die Teilebedarfe für jedes einzelne Prototypfahrzeug ermittelt. Die Bedarfsrechnung gliedert sich in Brutto-, Nettobedarfsrechnung und Verfügbarkeitsrechnungen wie in der Serienlogistik.

Wesentliche Unterscheidungsmerkmale sind die Bezugsquellen und die unterschiedliche Teileherkunft wegen der Trennung von Serien- und Versuchsteilen. Dadurch ist es meist nicht möglich, die IT-Systeme der Serienlogistik einzusetzen. Auch die schwer planbaren Wiederbeschaffungszeiten von Versuchsteilen erfordern einen flexiblen Planungsprozess durch rollierende Überplanungen.

In Bild 36.7 wird ein Prozessmodell der Materialplanung und -beschaffung dargestellt.

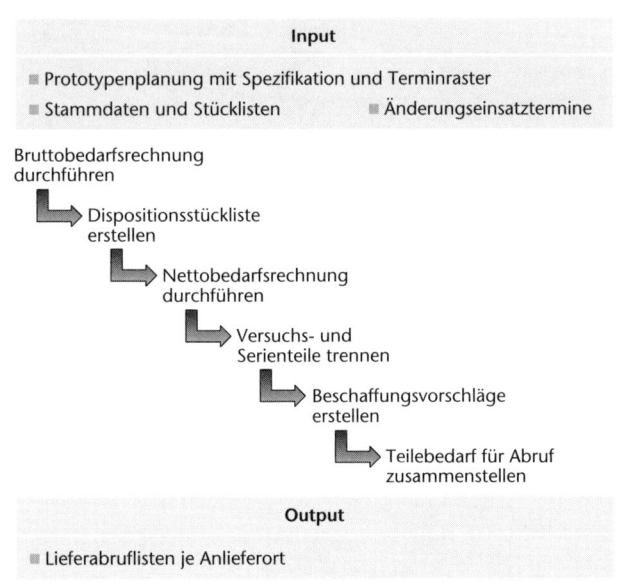

Input

▪ Prototypenplanung mit Spezifikation und Terminraster
▪ Stammdaten und Stücklisten   ▪ Änderungseinsatztermine

Bruttobedarfsrechnung
durchführen

    ➥ Dispositionsstückliste
        erstellen

        ➥ Nettobedarfsrechnung
           durchführen

           ➥ Versuchs- und
              Serienteile trennen

              ➥ Beschaffungsvorschläge
                 erstellen

                 ➥ Teilebedarf für Abruf
                    zusammenstellen

Output

▪ Lieferabruflisten je Anlieferort

Bild 36.7: Prozessmodell der Materialplanung und -beschaffung

36.4.5   Wareneingang, Lagerung und Materialfluss inkl. Teile-Qualitätsmangement

In diesem Teilprozess liegt die gesamte Verantwortung für den sachgerechten und wirtschaftlichen Ablauf des Material- und Informationsflusses für den Prototypenbau. Neben der administrativen und physischen Abwicklung im Wareneingang erfolgt die Lagerbewirtschaftung mit einem schnellstmöglichen Materialfluss und einem durchgängigen Informationsfluss. Mit der Materialvereinnahmung erfolgt eine Wareneingangsprüfung zur Absicherung der Qualitätsanforderungen.

In Bild 36.8 wird ein Prozessmodell von Wareneingang und Lagerung dargestellt.

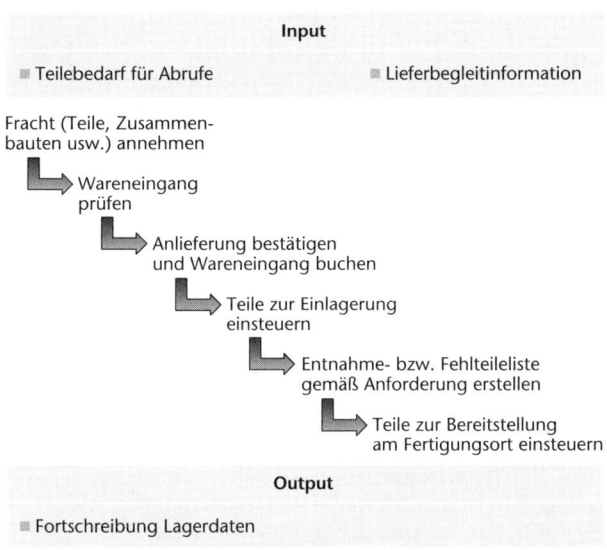

Bild 36.8: Prozessmodell von Wareneingang und Lagerung

36.4.6 Lieferantenmanagement

Ziel des Lieferantenmanagements ist es, eine stabile und reibungslose Kommunikation zwischen Kunde und Lieferant in allen Phasen des Produktentwicklungsprozesses und der späteren Lieferphase zu erreichen. Hierbei liegt ein Schwerpunkt auf der Auswahl geeigneter Lieferanten auf der Basis einer möglichst objektiven Beurteilung und der Analyse spezifischer Risiken. Gegebenenfalls werden bei diesen Lieferanten verbessernde Produkt- und Prozessentwicklungsmaßnahmen notwendig.

Ein Kriterium zur Lieferantenauswahl ist neben Produkt, Qualität, Sicherung der Lieferbereitschaft auch der Produktpreis. Die Einkaufspreisanalyse ist ein Teil einer umfassenden Lieferantenbewertung. Die Bewertungszahlen werden verwendet zur Motivation und Sanktion für Lieferanten und auch als Kriterium für die Vergabe weiterer Aufträge [Koether 2001].

Im Sinne einer präventiven Qualitätssteuerung sind auch Qualitätsverbesserungsprozesse bei den Teilelieferanten rechtzeitig einzuleiten. Zur

Risikominimierung in den komplexen Abläufe der Entwicklungsprozesse bei gleichzeitig hoher Flexibilitätsanforderung ist es notwendig, entsprechende Standards und Leistungsvereinbarungen mit den Lieferanten zu treffen.

Die Qualität der Prozesse kann durch ein Reifegradmodell bestimmt werden, das den Vergleich zwischen ähnlichen, schon bewährten Prozessen und den neuen Prozessen ermöglicht. Untersucht werden verschiedene Prozessarten, wie z. B. Anforderungs-, Projekt- und Konfigurationsmanagement.

36.5   Zusammenfassung

Im Time-to-Customer haben die Auftragsabwicklungsprozesse der Serienfertigung das Ziel, die zeitgerechte Verfügbarkeit von Serienteilen und die zeitnahe Distribution der Endprodukte an den Kunden zu sichern. Im komplexen Produktentwicklungsprozess – Time-to-Market – ist die logistische Aufgabe die Absicherung der Verfügbarkeit von Versuchs- und Musterteilen.

Die Bereitstellung von Bauteilen für den Prototypenbau ist ein wesentlicher Bestandteil des logistischen Intergrationsprozesses in der Produktentwicklung. Die dazugehörigen Auftragsabwicklungsprozesse werden ähnlich wie in der Serienfertigung geplant. Sie müssen allerdings für einen hohen Flexibilitätsanspruch ausgelegt sein, um die große Änderungshäufigkeit und die Bewältigung der komplexen Schnittstellen zwischen den am Fahrzeug beteiligten Entwicklungsabteilungen bewältigen zu können.

Die aktuelle Situation im Fahrzeugbau mit wachsender Variantenvielfalt, ständig steigenden Kundenanforderungen und verkürzten Entwicklungszeiten führt zu einer erhöhten Anspannung in den Entwicklungsprozessen insbesondere hinsichtlich des Faktors Zeit, dem durch verbesserte Planungsabläufe, eine Vielzahl von Informations- und Abstimmplattformen und zeitnahes Monitoring der Prozesse Rechnung getragen wird.

Literatur

Baumgarten, H.; Risse, J.: Logistikbasiertes Management des Produktentstehungsprozesses. In: Hossner, R. (Hrsg.): Jahrbuch der Logistik. Düsseldorf: Verlagsgruppe Handelsblatt 2001, S. 150–156
Binner, H. F.; Lehr, R.: Integrierte Anwendung der Prinzipien und Methoden eines Produktionssystems auf der Grundlage eines Prozessmodells für den Fahrzeugbau. In: REFA-Nachrichten 55 (2002) Nr. 1, S. 10–16
Ehrlenspiel, K.: Integrierte Produktentwicklung: Methoden für Prozeßorganisation, Produkterstellung und Konstruktion. 2. Aufl. München, Wien: Hanser 2002

Koether, R.: Technische Logistik. 3. Auflage. München, Wien: Hanser, 2007

Mauermann, H.: Leitfaden zur Erhöhung der Logistikqualität durch Analyse und Neugestaltung von Versorgungsketten. Paderborn: HNI-Verlagsschriftenreihe, Band 102. 2001

Pfohl, H.-Chr.: Logistiksysteme. Betriebswirtschaftliche Grundlagen. Berlin, Heidelberg, New York: Springer, 2000

37 Warenidentifikation

Prof. Dr.-Ing. Reinhard Koether

37.1 Warenidentifikation in der Logistik

Logistik gestaltet den Materialfluss und den zugehörigen Informationsfluss. Die Informationen können

- dem Materialfluss vorausgehen, z. B. Bestellungen,

- den Materialfluss begleiten, z. B. Lieferscheine, oder

- nach dem Materialfluss übermittelt werden, z. B. Empfangsbestätigungen.

Um die Informationsverarbeitung zu vereinfachen, können Bestellungen, Lieferabrufe, Lieferavis (Ankündigung einer Lieferung) oder Bestätigung des Wareneingangs beim Kunden und andere Geschäfts- und Logistikdaten strukturiert und in einem genormten Datenformat zwischen Kunden und Lieferanten übertragen werden. **EDI – Electronic Data Interchange** bezeichnet als Sammelbegriff diesen Datenaustausch zwischen Unternehmen. Es gibt weltweit sehr viele verschiedene Standards für EDI-Nachrichten, die auch an Branchen gebunden sein können. In der europäischen Automobilindustrie wird z. B. ODETTE (Organization for Data exchange by Tele Transmission in Europe) als Standard empfohlen und in Deutschland und Österreich vom VDA (Verband der deutschen Automobilindustrie) betreut. Der bekannteste internationale und branchenunabhängige Standard ist EDIFACT (Electronic Data Interchange For Administration, Commerce and Transport), der von den Vereinten Nationen geschaffen wurde. Kleinere Unternehmen, die keinen EDI-Server betreiben oder keinen Dienstleister mit dessen Betrieb beauftragen wollen, können über WEB-EDI ihre Daten in ein Internet-Portal eingeben bzw. von einem Internet-Portal abholen und damit an EDI teilnehmen.

Die strukturierte und genormte Übertragung von Logistikdaten erlaubt eine vollautomatische Datenübertragung und vereinfacht den Auftragsabwicklungsprozess:

- sofortige Übermittlung der Daten,

- keine Übertragungs- oder Eingabefehler,

- sofortige Verfügbarkeit der Daten im ERP-(Enterprise Ressource Planning) bzw. PPS- (Produktionsplanung und -steuerung) Systemen.

In der Realität müssen jedoch meistens die Daten aus dem ERP-System des Kunden in das genormte Protokoll, z. B. EDIFACT, umgesetzt werden, bevor sie versendet werden können. Ebenso muss der Lieferant als Empfänger der genormten Daten diese wieder in die Datenstruktur seines ERP-Systems konvertieren. Die Nummernsysteme von Kunden und Lieferanten sind häufig nicht konsistent. Für eine Bestellung des Kunden wurde die Bedarfsmenge für eine kundeneigene Materialnummer ermittelt. Der Lieferant braucht seine Materialnummer, um die Bestellung zu bearbeiten. Wie wird die Kunden-Materialnummer eines Gegenstandes mit der Materialnummer des Lieferanten desselben Gegenstandes verknüpft? Wie wird diese logische Verknüpfung erstellt, wenn mehrere Lieferanten für die Lieferung dieses Artikels freigegeben sind?

Für Konsumgüter hat diese Problematik zur Entwicklung der **EAN (International Article Number, früher: European Article Number)** geführt. Mit der 13-stelligen EAN werden Güter eindeutig identifiziert (Bild 37.3). Der Code besteht aus:

- Ländernummer (2 oder 3 Stellen),
- Herstellernummer (4 oder 5 Stellen),
- Artikelnummer (5 Stellen),
- Prüfziffer (1 Stelle).

Mit dem weltweit genormten **Elektronischen Produkt-Code EPC** können die einzelnen Identifikationsnummern auf RFID-Datenträger umgesetzt werden, die mit elektromagnetischen Wellen gelesen werden können (vgl. Kapitel 37.2.4). Verknüpfungen im EPC-Netzwerk erlauben den Bezug zugehöriger Daten direkt von den Datenbanken des Herstellers über Internet. Die definierte Ziffernfolge des EPC identifiziert einzelne Objekte und enthält:

- Datenkopf: EPC-Version,
- Kennzeichnungs-Nummer des Herstellers,
- Artikelnummer,
- Seriennummer zur seriellen Identifikation des individuellen Objektes.

In modernen Logistikprozessen sollen möglichst alle relevanten Produkt- und Prozessinformationen automatisch verarbeitet werden. Neben der Artikelnummer sind dafür weitere Daten und Identifikationsnummern notwendig:

- Produkthistorie z. B. Charge, Produktionsdatum, codiert z. B. durch EAN 128,

■   Ladeeinheiten (NVE Nummer Versandeinheit),

■   Ablieferort, Zieladresse (ILN Internationale Lokationsnummer).

Die **Produkthistorie** vereinfacht die Rückverfolgbarkeit von Waren, um
z. B. im Fall einer Produkthaftung den Nachweis qualitätssicherer Pro-
duktions- und Lieferprozesse zu führen. Bei Qualitätsproblemen einer
Charge oder eines Produktionsloses sind die betroffenen Artikel möglichst exakt einzugrenzen, um so die Kosten einer Rückrufaktion zu
minimieren.

Identifizierende Codes können auf dem Artikel oder auf der Verpackung
oder auf beiden angebracht werden. Bei der Codierung der Verpackung
können mehrere Artikel in einer **Ladeeinheit** zusammengefasst werden.
Die gelieferten Teile werden in einen Kleinbehälter verpackt, mehrere
Kleinbehälter auf eine Palette gestapelt und die Paletten in einen Überseecontainer verladen. Wenn die Teile, Kleinbehälter und Paletten jeweils
zu Liefereinheiten zusammengefasst und in den Datenbanken logisch
verknüpft sind, genügt die Identifikation der Ladeeinheit. Die Teile, die
in diesen Ladeeinheiten geliefert werden, können damit sehr schnell und
einfach vom Empfänger identifiziert werden, wenn die logische Zuordnung der Teilenummern zur Ladeeinheit vorab an den Kunden per EDI
übermittelt wurde.

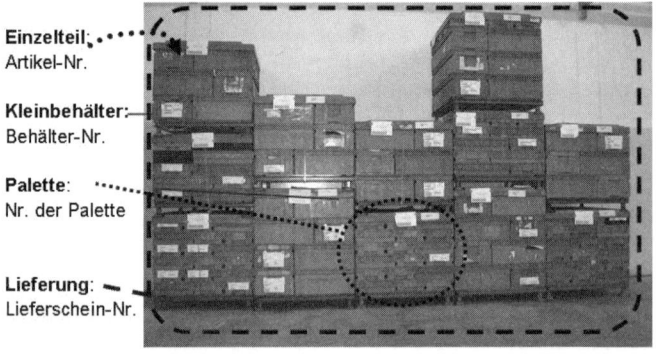

Bild 37.1: Ladeeinheiten

Mit der **Internationalen Lokationsnummer ILN** können weltweit eindeutige Adressen identifiziert werden, z. B. Adressen von Unternehmen,
deren Tochterunternehmen und dort wiederum die wichtigen Betriebs-
teile wie Wareneingangsrampen.

Bei allen Nummern-Systemen stellt sich die Frage, ob Nummern nur
identifizieren oder auch informieren sollen. Die Postleitzahl z. B. ist eine

informierende Nummer, denn aus den ersten beiden Ziffern lässt sich die Region der Empfängeradresse zuordnen. Da aber die Kriterien für informierende Nummern veralten (was in Deutschland z. B. zur Umstellung der vierstelligen auf die fünfstellige Postleitzahl geführt hat), werden identifizierende Nummern mit einem kleinen informierenden Anteil bevorzugt. Der sprechende Teil einer Nummer (z. B. die Ziffern für Länder und Hersteller in der EAN) vereinfacht die Vergabe der Identnummer, weil Länder bzw. Hersteller selbstständig aus ihrem Nummernkreis eindeutige Nummern vergeben können. Die Identnummer dient als Zugangsschlüssel zu Informationen in Datenbanken. So wird an der Scannerkasse des Supermarktes nicht der Preis vom Barcode abgelesen, sondern es wird der Artikel identifiziert und der zugehörige tagesaktuelle Preis aus der Datenbank ermittelt und auf den Kassenzettel gedruckt.

Identifizieren bedeutet nach DIN 6763, einen in der Nummer verschlüsselten Gegenstand oder Sachverhalt (das Nummernobjekt) innerhalb eines Geltungsbereichs mit Hilfe der erforderlichen Merkmale eindeutig und unverwechselbar zu erkennen und ein Nummerungsobjekt innerhalb eines Geltungsbereiches unverwechselbar zu bezeichnen und anzusprechen.

Die **Identifikation** der Waren, Ladeeinheiten und Adressen **verknüpft den logistischen Informationsfluss mit dem Materialfluss.** In Datenbanken sind die Artikelstammdaten hinterlegt. Durch die Identifikation des Artikels kann auf diese Artikeldaten zugegriffen werden. Am Beispiel eines Bestell- und Lieferprozesses soll dies verdeutlicht werden (Bild 37.2).

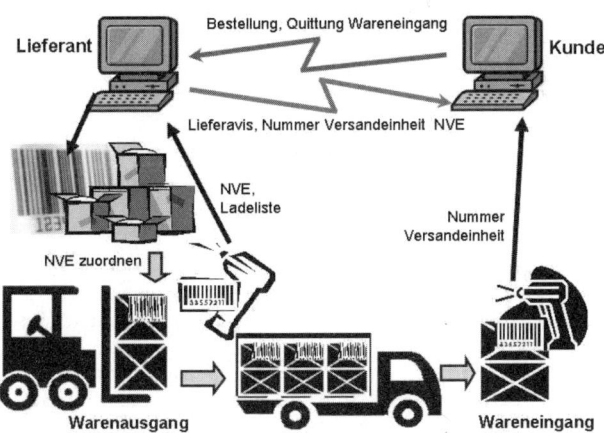

Bild 37.2: Warenfluss und Informationsfluss werden durch Warenidentifikation logisch verknüpft

Der Kunde bestellt die Ware (Artikel-Nummer und Stückzahl) und teilt mit, wohin die Ware zu liefern ist (Lokationsnummer). In seinem Lager überprüft der Lieferant bei der Kommissionierung der bestellten Ware durch Identifikation der entnommenen Artikel, ob die Ware mit der Bestellung übereinstimmt. Die Artikel werden zusammengestellt und zu einer Versandeinheit verpackt. Die Versandeinheit bekommt eine einmalige Identifikationsnummer, die als Etikett an der Verpackung befestigt wird. Dem Kunden werden per EDI die Nummer der Versandeinheit und die zugehörigen Artikel mitgeteilt, logisch mit der Bestellung verknüpft und der voraussichtliche Anlieferzeitpunkt genannt.

Der Frachtführer bekommt die Nummer der Versandeinheit zusammen mit der Lokationsnummer des Ablieferorts übertragen. Bei der Lieferung stellt der Frachtführer durch Identifikation der Lokation (Adresse) sicher, dass er an der richtigen Stelle entlädt. Im Wareneingang des Kunden wird die Ladeeinheit identifiziert und der Bestellung zugeordnet.

Gleichzeitig wird

- quittiert, dass der Frachtführer die Lieferung an der richtigen Adresse abgegeben hat,

- die Ware vom Bestand des Lieferanten bzw. des Frachtführers abgebucht und

- die gelieferte Ware dem Bestand des Kunden zugebucht.

Eine zweite wichtige Anwendung ist die Dokumentation von Lieferprozessen durch das so genannte **Tracking und Tracing**. Versandeinheiten werden an wichtigen Durchgangspunkten identifiziert, z. B.

- bei Bereitstellung zum Versand,

- beim Beladen des Transportfahrzeugs,

- bei Ankunft im Warenverteilzentrum,

- bei Abfahrt aus dem Warenverteilzentrum,

- bei Übergabe an den Kunden.

Die Identifikationsnummer wird zusammen mit dem Zeitpunkt des Ereignisses in einem Zentralrechner gespeichert. Der Lieferprozess und der Zeitbedarf für die einzelnen Prozessschritte können damit gemessen und überprüft werden. Mögliche Störungen, z. B. Verlust einer Sendung oder Zeitverzug, können eingegrenzt werden, um Störungen möglichst schnell wieder zu beheben. Kunden oder Lieferanten haben die Möglichkeit, sich über den aktuellen Verbleib der Sendungen zeitnah zu informieren. Paketdienstleister bieten diesen Service auch für Privatkunden, die sich im Internet über die Zustellung ihres Pakets informieren können.

37.2 Codierung, Schreiben und Lesen von Waren begleitenden Datenträgern

37.2.1 Übersicht

Grundsätzlich gibt es viele verschiedene Möglichkeiten, Informationen zu codieren und Waren zu identifizieren (Tabelle 37.1).

Tabelle 37.1: Beispiele für Codierungen und Speichermedien

Speichermedium	Digitale Codierung	Analoge Codierung
Optisch	Barcode	Klarschrift
Magnetisch	Magnetkarte	Musik-Kassette
Mechanisch	Brailleschrift (Blindenschrift)	Form eines Artikels
Halbleiterspeicher	Speicherchip, RFID	–

Für die automatische Warenidentifikation werden fast ausschließlich digitale Codierungen verwendet, denn digitale Codes können ohne Informationsverlust kopiert und gespeichert werden, sie sind schnell übertragbar und können in EDV-Anlagen verarbeitet und gespeichert werden.

Um digital codierte Informationen automatisch zu lesen, muss zunächst der Inhalt physikalisch ausgelesen werden. Bei optischer Lesung wird dazu ein Punktmuster erfasst. Dieses Punktemuster wird mit hinterlegten Zeichen oder Codes verglichen (Mapping) und interpretiert. Die erkannten Zeichen werden dann als Zeichenkette, z. B. als ASCII-Code, in einer Datei gespeichert. In jeder Verarbeitungsstufe werden Korrekturverfahren verwendet, um die Anzahl der Lesefehler zu verringern. Gelesene Zeichen werden mit mathematischen Operationen verknüpft. Anschließend wird das Ergebnis mit der Prüfziffer verglichen. Stimmen Prüfziffer und Rechenergebnis überein, wurde der Code mit hoher Wahrscheinlichkeit richtig erfasst. Stimmen beide Zahlen nicht überein, liegt mit Sicherheit ein Lesefehler vor.

Die gebräuchlichsten Methoden zur Codierung logistischer Information werden in den folgenden Abschnitten kurz vorgestellt.

37.2.2 Klarschrift und OCR

Die einfachste Warenidentifikation ist, den Produktnamen oder die Artikelnummer in Klarschrift auf die Ware zu schreiben. Damit wird

z. B. die Nachbestellung von Ersatzteilen erleichtert. Klarschrift ist von
Scannern in der Regel nicht fehlerfrei zu lesen.

```
Spezielle  Schriftarten,  z. B.  OCR-A (Optical
Character   Recognition)   nach   DIN 66008,  I-
SO 1073-1 sind  jedoch  so  gestaltet, dass sich
die  Buchstaben  möglichst  deutlich  unterschei-
den.  Es  gibt  mehrere  verschiedene  Ausführun-
gen von OCR-Schriften.  Die OCR-A Schrift kann
als  Klarschrift  von  Menschen  gelesen  werden,
ist  aber  auch  von  Scannern  automatisch  mit
geringer  Fehlerrate  identifizierbar.
```

Klarschrift kann mit allen gängigen Druckverfahren auf Etiketten, Verpackungen oder auf das Produkt selbst gedruckt werden. Automatische
Klarschriftleser scannen das erkannte Bildmuster mit einer Zeilen-
kamera oder mit einem reflektierten Licht- bzw. Laserstrahl. Wichtigster
Vorteil der Klarschrift ist die Lesbarkeit durch den Menschen ohne zusätzliche Geräte. Werden gelesene Daten manuell in ein Computersystem
eingegeben, entstehen jedoch relativ viele Eingabefehler. Bei automatischer Lesung von Klarschrift werden Zeichen häufig nicht richtig erkannt, so dass auch hier ein hoher Fehleranteil zu beobachten ist. Automatische Klarschriftleser werden z. B. zum Lesen der Adressen vor der
Sortierung von Briefen eingesetzt.

37.2.3   Barcode

Der Barcode ist die bekannteste und am weitesten verbreitete Möglichkeit zur Warenidentifikation. Die Zeichen werden aus hellen und dun-
klen Strichen codiert. Ähnlich, wie es unterschiedliche Schriften in der
Welt gibt, gibt es auch verschiedene Codierungen, also Zuordnungen,
aus welchem Strichmuster ein bestimmtes Zeichen besteht. Die bekannteste logistische Anwendung des Barcodes ist die Artikel-Identifizierung
durch den EAN-Code (vgl. Kap. 37.1), der als Barcode auf allen Konsumgütern aufgedruckt ist (Bild 37.3), so auch auf diesem Buch.

Bild 37.3: Beispiel eines 13-stelligen EAN-Barcodes

Der Informationsgehalt einer bedruckten Fläche kann durch zweidimen-
sionale Codes erhöht werden. Sie sind aus mehrzeiligen Barcodes zusam-

mengesetzt (Bild 37.4) oder stellen einen Flächencode (Bild 37.5) dar. Der Data-Matrix-Code kann je nach Größe des bedruckten Feldes bis zu 2335 alphanumerische Zeichen enthalten und wurde auch zur Codierung der EAN zugelassen.

Deutsche Post

FRANKIT 1,45 EUR

01.09.06   3D0200066C

Bild 37.4: Beispiel eines 2-D-Barcode PDF 417 (www.Wikipedia.org)

Bild 37.5: Beispiel eines 2-D-Code Data-Matrix, hier als elektronische Briefmarke

Barcodes können mit allen bekannten Druckverfahren sehr kostengünstig auf Etiketten, Verpackungen oder Produkten aufgebracht werden. Mit Lasern können auch metallische Oberflächen, z. B. Typenschilder, dauerhaft und individuell beschriftet werden, z. B. mit der Produktionsnummer oder dem Produktionsdatum.

Sofern Sichtkontakt besteht, sind Barcodes mit Kameras oder Laserscannern sehr sicher automatisch zu lesen (Bild 37.6). Jeder Konsument hat allerdings an der Supermarktkasse die Erfahrung gemacht, dass trotzdem Barcodes nicht fehlerfrei gelesen werden konnten. Da Barcodes kaum von Menschen gelesen werden, werden sie häufig durch Klarschrift ergänzt, damit die codierte Nummer noch manuell mit einer Tastatur eingegeben werden kann (Beispiel: Bild 37.3).

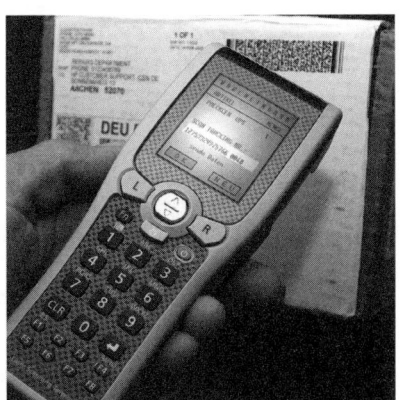

Bild 37.6: Mobiler Barcodescanner mit Funkübertragung der gelesenen Barcodes (Casio)

37.2.4   Radio Frequency Identification – RFID

Durch die Übertragung der codierten Information mit elektromagneti-schen Wellen können Halbleiterspeicher (Chips) berührungslos gelesen und auch beschrieben werden. Zur Warenidentifikation durch RFID gehören (Bild 37.7):

■   Datenträger mit Halbleiterspeicher und Antenne (Transponder),

■   Lesegeräte oder Schreib-Lesegeräte,

■   Computer zur Verknüpfung des ERP-Systems mit den Schreib-Lesegeräten.

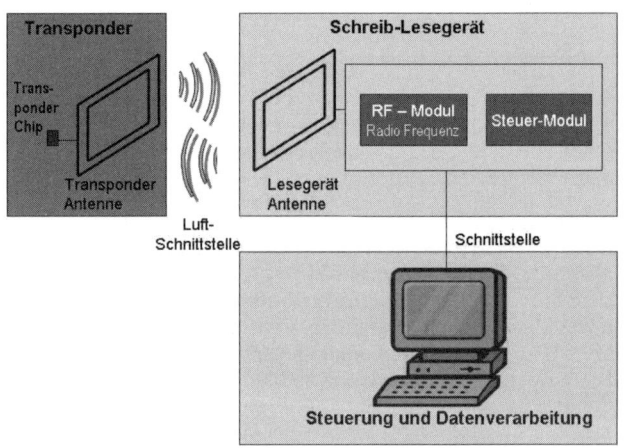

Bild 37.7: Elemente eines RFID-Systems

Die RFID-Technik ist seit den 1980er-Jahren bekannt und industriell eingesetzt, z. B. in der Automobilindustrie zur Identifikation der Karos-sen während des Produktionsprozesses. Nichtlogistische Anwendungen finden sich z. B. bei der Zugangskontrolle (Skipässe) oder zum Diebstahl-schutz in Kaufhäusern. Mit dem Preisverfall der Mikroelektronik wer-den logistische Massenanwendungen zur Warenidentifikation wirtschaft-lich.

37.2.4.1   Funktionsprinzip

Passive Transponder werden vom stationären Schreib-Lesegerät durch ein elektromagnetisches Feld mit Energie versorgt. Dieses Feld induziert über die Antenne Energie in den Datenträger, sodass dieser die Information aus dem Halbleiterspeicher lesen und an das Lesegerät senden kann. Die verwendeten Halbleiterspeicher halten ihre Daten auch ohne Energiezufuhr. Sie können nur gelesen werden (ROM – Read Only Memory) oder gelesen und beschrieben werden (EEPROM – Electrically Erasable Read Only Memory). Auch die elektrische Energie zum Beschreiben der Datenspeicher wird durch das elektromagnetische Feld induziert.

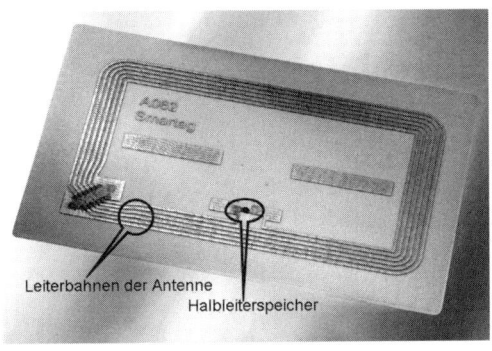

Leiterbahnen der Antenne
Halbleiterspeicher

Bild 37.8: Die Fläche eines RFID-Etiketts wird hauptsächlich von der Antenne beansprucht (Siemens)

Aktive RFID-Systeme tragen eine Batterie im Datenträger, und können damit unabhängig von einem externen elektromagnetischen Feld arbeiten. Durch die Batterie entsteht jedoch zusätzlicher Aufwand. Außerdem begrenzt die Batteriekapazität die Lebensdauer des Datenträgers. Vorteile eines aktiven RFID-Systems sind

■ Hohe Sendereichweite (bis 100 m),

■ Sehr hohe Datenübertragungsrate,

■ Integration von Sensoren für laufende Prozessüberwachung (z. B. Temperaturüberwachung während des Transportprozesses).

Tabelle 37.2 zeigt einige technische Daten im Überblick.

Zur Energieeinstrahlung und zum Senden und Empfangen von Daten werden elektromagnetische Felder verwendet. Diese Felder werden durch Metalle und Flüssigkeiten gestört, reflektiert, gedämpft oder vollständig abgeschirmt.

Tabelle 37.2: Eigenschaften von Transpondern (Jansen)

Arbeits-frequenz	unter 135 kHz	13,56 MHz	800 ... 950 MHz	2,45 GHz
Energie-versorgung	passiv	passiv ggf. Batterie für Sensorik	passiv oder aktiv	aktiv
lesen/schreiben	lesen oder lesen und schreiben	lesen und schreiben	nur lesen, einmal schreiben und lesen lesen und schreiben	lesen und schreiben
Datenüber-tragungsrate	gering (4 kBit/s)	mittel (z. B. 106 kBit/s)	hoch (z. B. 140 kBit/s)	sehr hoch
Reichweite	ca. 0,1 m	ca. 1 m	ca. 5 m (passiv)	bis 100 m (aktiv)
lesen mehrerer Datenträger gleichzeitig	möglich, wenig realisiert	möglich	möglich (prak-tisch bis 60 Stück)	möglich
Preis je passivem Transponder	0,50 ... 1,00 €	0,40 ... 0,70 €	0,20 ... 0,70 €	
Preis je aktivem Transponder		6 € mit Temperatur-sensor	60 € mit Temperatur-sensor	30 ... 50 €

37.2.4.2 Chancen und Einsatzhemmnisse von RFID in der Logistik

Die Warenidentifikation mit RFID bietet gegenüber den bekannten und verbreiteten Identifikationstechniken mit Klarschrift und Barcode folgende Vorteile:

■ Sicheres Lesen der codierten Informationen:
  – unempfindlich gegen Verschmutzung,
  – Lesen ohne Sichtkontakt,
  – Lesen aus größerer Entfernung.

■ Vereinfachtes Handling zum Lesen der Daten:
  – Pulk-Erfassung möglich: Lesen von mehreren Datenträgern bei der Durchfahrt durch ein Tor mit Lesegeräten, Nummern für Versandeinheiten werden nicht mehr gebraucht,
  – keine Drehung der Ware in Leseposition, weil die Daten ohne Sichtkontakt gelesen werden können.

- Codierung größerer Datenmengen (z. B. 32 kByte), dezentrale Speicherung von Produktdaten auf dem Datenträger, neben Identnummern z. B. auch Produktionsdatum, Qualitätsinformationen oder Zieladresse.

- Daten können auch auf die Datenträger geschrieben werden, z. B. Durchgangszeitpunkte für Tracking und Tracing.

- neue Anwendungen, die mit Identnummer und EDI nicht möglich sind, z. B.
  - Sensoren zur Qualitätsüberwachung,
  - Lokalisierung von Artikeln.

Sensoren können auf dem aktiven Datenträger integriert werden, z. B. Temperatur-, Klima- oder Beschleunigungssensoren. Damit können die Prozesse überwacht, kontrolliert und gemessen werden, z. B. Beschädigungen von Tiefkühlware oder bruchempfindlicher Ware. Die automatische Messung ist Voraussetzung, um Schwachstellen, z. B. Lieferverzögerungen im Logistikprozess, zu erkennen und um den Prozess zu verbessern.

Da die Lesegeräte automatisch und berührungslos arbeiten, können codierte Artikel lokalisiert werden, wenn genügend Lesestationen im Gebäude verteilt oder am Fördermittel befestigt sind. Die Lesegeräte stellen fest, welche Artikel sich in ihrem Erfassungsbereich befinden und melden diese Informationen an einen Zentralrechner. Der Zentralrechner errechnet daraus den wahrscheinlichsten Standort des Artikels.

Bei weiterem Preisverfall von Halbleitern könnten zukünftig Warenetiketten mit eigener Rechnerleistung ausgestattet werden und selbständig Steuerungsentscheidungen fällen. Die Transponder könnten dann direkt mit Förder- und Lagertechnik kommunizieren, z. B. um ohne Befehl eines übergeordneten Zentralrechners ein Ziel anzusteuern.

Einsatzhemmnisse für eine flächendeckende Verbreitung von RFID sind:

- Störungen des elektromagnetischen Feldes durch Metalle und Flüssigkeiten,

- Normung von Frequenzen und Datencodierung,

- Preis der Datenträger,

- Bedenken wegen des Datenschutzes.

Die **Störungen durch Metalle und Flüssigkeiten** sind physikalisch bedingt. In der Industrie werden Metalle sowohl für die Produkte wie für die Behälter häufig verwendet, sodass die Abschirmung der Funkwellen den industriellen Einsatz von RFID ernsthaft behindert. Die internationale

Normung von RFID-Anwendungen wird dagegen vorangetrieben, z. B. durch VDI 4472 – Anforderungen an Transpondersysteme zum Einsatz in der Supply Chain oder ISO 18000 zur Standardisierung der Luftschnittstelle zwischen Lesegerät und Datenträger. Die Standardisierung ist auch Voraussetzung für Massenanwendung der RFID-Technologie, die wiederum zu weiter fallenden Preisen führen wird. Trotzdem müssen die Preise für einen Datenträger auf einen Cent oder weniger fallen, damit auch Konsumgüter und Lebensmittel mit einem Wert von wenigen Cent mit RFID identifiziert werden.

Mit RFID-Etiketten können Artikeldaten auch dort berührungslos ausgelesen werden, wo dies nicht gewünscht ist. Man kann somit die Kaufgewohnheiten jedes beliebigen Verbrauchers ausspionieren und den Inhalt der Einkaufstasche auslesen, ohne dass der Bürger dies bemerkt. Ebenso könnte man ermitteln, welche Ware ein Lastwagen geladen hat, wodurch das Diebstahlrisiko wertvoller Waren verringert werden könnte.

37.2.4.3 Anwendungen von RFID in der Logistik

Im gesamten Materialfluss vom Wareneingang bis zum Warenausgang eines Unternehmens kann die Warenidentifikation durch RFID die logistischen Prozesse erleichtern und vereinfachen:

- Wareneingang: Pulkerfassung, Vollständigkeitskontrolle der Lieferung,

- Eingangskontrolle: Abgleich mit Prüfdaten des Lieferanten, Dokumentation von Prüfdaten, Echtheitszertifikate zum Ausschluss von Produktfälschungen,

- Lagerung: Lokalisierung im Lager, vereinfachte Inventur,

- Bestandsführung: Einfache Zu- und Abbuchung der Ware vom Bestand einer Kostenstelle bei Ein- und Ausgang oder laufende Erfassung des Bestandes durch flächendeckende Lesestationen,

- Schutz vor Diebstahl oder Verlust: Vergleich der tatsächlichen Warenbewegungen mit dem geplanten logistischen Durchlauf, Alarm bei Abweichung,

- Produktion: Dokumentation von Produktionsdaten (Produktionsdurchlauf, Zeitpunkte, Chargen- und Losnummern, Qualitäts- und Prüfdaten),

- Kommissionierung: einfache Kontrolle der kommissionierten Artikel auf Vollständigkeit,

- Versand: Automatischer und einfacher Abgleich der Versandpapiere mit der Lieferung,

■ Überwachung des Logistikprozesses und Messen der Logistikleistung:
   – durch häufige (weil kostengünstige) Identifikation und
   – durch zusätzliche Sensoren an den Datenträgern.

Literatur

Hompel, ten M.; Büchter, H.; Franzke, U.: Identifikationssysteme und Automatisierung. Berlin, Heidelberg, New York, Tokyo: Springer 2008
Jansen, R.: Nutzen und Potenziale des RFID-Einsatzes – Nachweise zur technischen Umsetzung. In: Dortmunder Gespräche. 19. bis 20. Sept. 2006, Dortmund
EPCglobal: www.gs1-germany.de

38   Kontraktlogistik

Dr. Tilo Bobel

38.1   Wachstumsmarkt Kontraktlogistik

Es kann nicht Erfolg versprechend sein, den Herausforderungen des in Zeiten der Globalisierung rapide an Dynamik zunehmenden Wettbewerbs mit immer komplizierteren Systemen und komplexeren Organisationen gerecht zu werden. Seit den 1990er-Jahren ist deshalb ein Trend zur Konzentration auf die eigenen Kernkompetenzen zu beobachten. Unternehmen aus Industrie und Handel stellen vermehrt die eigenen Funktions- und Geschäftsbereiche auf den Prüfstand. Durch die Suche nach einem langfristigen Wertschöpfungspartner, einem Logistik-Spezialisten, der explizit in die Geschäftsmodelle und Supply Chains eingebunden ist und einen möglichst hohen Anteil der Wertschöpfung an den Produkten und Leistungen übernimmt, versprechen sich viele Unternehmen verstärkt einen Weg zu unternehmerischem Erfolg.

> Die vermehrte Konzentration auf **Kernkompetenzen** führt bei Unternehmen aus Industrie und Handel zu zunehmenden **Outsourcing**-Tendenzen von logistischen Aufgabenpaketen.

Die anerkannten Prognosen für die Entwicklung der Kontraktlogistik unterstreichen, dass es sich um einen echten Wachstumsmarkt mit interessanten Zukunftsaussichten handelt. Für das Jahr 2009 kann von einem Logistik-Gesamtmarkt in Deutschland von € 218 Mrd. und in Europa von € 930 Mrd. ausgegangen werden. Davon entfallen in Europa rund € 93 Mrd. auf die Kontraktlogistik-Geschäfte der Logistikdienstleister – also auf an Dienstleister bereits fremdvergebene Logistikpakete aus Industrie und Handel. Über diese bereits fremdvergebenen Leistungen hinaus werden die (noch) in Eigenleistung der Verlader erbrachten Umsätze für Kontraktlogistik in Europa auf knapp € 280 Mrd. geschätzt [Klaus; Hartmann; Kille].

> Kontraktlogistik macht in Europa jährlich knapp € 373 **Mrd. Umsatz** aus. Das Potenzial an noch outsourcbarem Umsatzvolumen wird auf € 280 Mrd. p. a. geschätzt.

Auch wenn davon auszugehen ist, dass dieses theoretische Marktpotenzial für die Dienstleistungsbranche – aufgrund von Expansionsgrenzen wie z. B. nicht zu vergebenden Kernkompetenzen oder zu tief in die Organisation eingebetteten Steuerungsproblematiken – wohl nie vollständig erschlossen werden kann, ist allgemein von einem enormen Wachstumspotential auszugehen. Weltweit werden die Wachstumsraten für Kontraktlogistik zwischen 10 und 15 Prozent p. a. für die kommenden Jahre geschätzt.

38.2 Grundlagen, Begrifflichkeiten, Verständnis

38.2.1 Definition langfristiger Kooperationen zwischen Verladern und Dienstleistern

Beim Versuch, den Begriff **Kontraktlogistik** eindeutig zu definieren, fällt auf, dass der Begriff weder in der wissenschaftlichen Literatur noch in der populärwissenschaftlichen Diskussion als einheitlich definiert und vollständig beschrieben gilt, wenn auch das allgemeine Verständnis dessen, was der Kontraktlogistik zuzurechnen ist, sich nur wenig unterscheidet.

Bei Kontraktlogistik-Geschäften handelt es sich um **langfristig** angelegte **Logistikkooperationen** zwischen Industrie bzw. Handel auf der einen und Logistikdienstleistern auf der anderen Seite. Im Rahmen umfassender Outsourcing-Aktivitäten werden **komplexe logistische (Teil-)Funktionen** an Kontraktlogistikdienstleister vergeben.

Ausgehend von der Abwicklung klassischer Logistikfunktionen, d. h. Transport- und Lagerdienstleistungen, entstanden spätestens seit den 1990er-Jahren komplexe Kontraktlogistik-Pakete. Üblicherweise werden dabei mehrere Basisdienstleistungen wie Transport, Umschlag und Lagerei mit logistiknahen Mehrwert-Dienstleistungen (Value added Services), z. B. leichten Montage- und Produktionstätigkeiten, Konfektionierungen usw. kombiniert. In der Kontraktlogistik ist mittlerweile auch die Übernahme von Managementverantwortung für ganze (logistische) Bereiche bis hin zur Planung und Steuerung ganzer Supply Chains etwa im Bereich der Ersatzteilversorgung durchaus üblich. Bild 38.1 zeigt grundsätzliche Möglichkeiten solcher Mehrwert-Dienstleistungen im Geflecht der Unternehmensprozesse.

Nach *Klaus* lässt sich der Begriff Kontraktlogistik anhand der folgenden Merkmale definieren:

- Integration **mehrerer logistischer Funktionen** zu einem Leistungspaket erhöhter Komplexität,

- **individuelle Anpassung** an die Bedürfnisse des Verladers,

- **längerfristige** vertragliche Absicherung,

- Geschäftsvolumen von mindestens € 0,5 Mio. p. a.

586   38 Kontraktlogistik

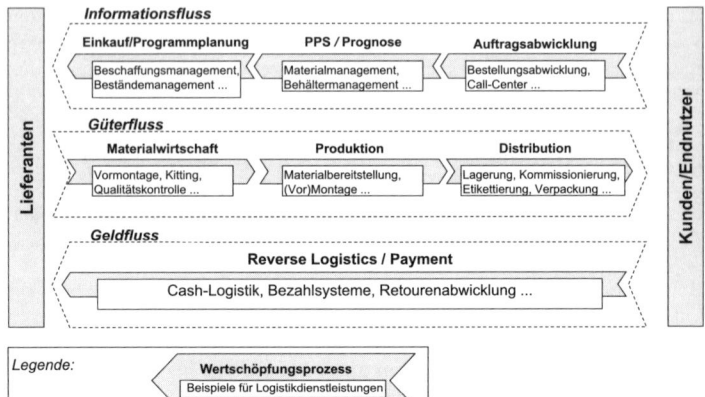

Bild 38.1: Mehrwert-Dienstleistungen im Auftragsabwicklungsprozess [Krupp; Bobel]

Weniger komplexe Dienstleistungen wie die Abwicklung von Standard-leistungen mit hohen Umsatzvolumina, z. B. bei Ladungsverkehren oder im KEP-Markt (**K**urier, **E**xpress, **P**aket), fallen damit ebenso wenig in den Bereich der Kontraktlogistik wie die Abwicklung von vergleichsweise einfachen Logistikprozessen kleiner Nachfrager mit niedrigen Umsätzen, etwa im Bereich des Shared Warehousings, d. h. der reinen Einlagerung von unterschiedlichen Produkten verschiedener Kunden in einem Lager.

38.2.2 Make or Buy? Argumente für und gegen ein Outsourcing von Logistikleistungen

Outsourcing als Unternehmensstrategie soll insbesondere zur Sicherstellung der Wettbewerbsfähigkeit führen durch:

- **Konzentration** auf das Kerngeschäft,

- **Kostenreduktion** durch Vergabe an günstigere Spezialisten,

- **Flexibilität** durch Veränderung des Fremdleistungsumfanges,

- Vorsprung durch Nutzung des **externen Know-hows** von externen Spezialisten.

Unternehmen streben durch diese Komplexitätsreduzierung eine Erhöhung der Effizienz und Wirtschaftlichkeit der eigenen Prozesse und die Schaffung einer schlanken und flexiblen Organisation an. Betriebliche Aktivitäten, die nicht als Kernkompetenzen identifiziert werden können, werden per Outsourcing ausgelagert.

Im Zusammenhang mit Logistik-Outsourcing können die folgenden Chancen und Risiken zusammenfassend dargestellt werden (Bild 38.2).

Chancen

- **Kostensenkung:**
  - Skaleneffekte/Bündelung
  - Kapazitätsausgleich
  - Lohnarbitrage/Spezialisierung
  - Investitionsvermeidung
  - Reduzierung Systemkomplexität
- **Flexibilitätserhöhung:**
  - Variabilisierung von Fixkosten
  - Flexibilitätszuwachs durch flexiblen Zugriff auf fremde Ressourcen
  - rasche Verfügbarkeit benötigter Kapazitäten
- **Leistungssteigerung:**
  - Verbesserung von Service und Qualität durch Service-Level-Vereinbarungen
  - Know-how Zuwachs
  - Nutzung von spezifischen Technologien

Risiken

- **steigende Transaktionskosten:**
  - Such- und Anbahnungskosten
  - Vereinbarungskosten
  - Kontrollkosten
  - Anpassungskotsten
- **Schnittstellenmanagement:**
  - Aufwand für Schnittstellen-management (z.B. Set-Up Kosten, Wartung, Support)
  - Abstimmungsaufwand
- **Kompetenzverluste:**
  - Verlust eigener Logistik-Kompetenz
  - Verlust von Kundenbindungs-instrumenten
  - mögliche fehlende Kosten-transparenz und -kontrolle
  - Offenlegung von Schwachstellen und vertraulichen Informationen
- **Informationsasymmetrien:**
  - Abhängigkeit vom Dienstleister „Moral Hazard"
  - langfristige vertragliche Bindung
  - Abweichendes Geschäftsver-ständnis (z.B. Qualität vs. Kosten)

Bild 38.2: Chancen und Risiken des Logistik-Outsourcings

Die **Vorteile** des Logistik-Outsourcings sind insbesondere zu sehen in einer geringeren Kapitalbindung durch Kostenvariabilisierung, indem fixe Kosten, z. B. Personalkosten, Immobilien- bzw. Flächenkosten oder Technik- und Gerätekosten, in variable Kosten umgewandelt werden können. Zudem kann vor allem bei saisonalen Geschäften durch intelligente Personaleinsatzmodelle eine Flexibilitätserhöhung erreicht werden, wodurch die Auswirkungen einer oftmals auftretenden Volatilität zwischen Angebot und Nachfrage abgeschwächt werden können.

Outsourcing kann zudem für genügend finanziellen Freiraum sorgen: anstatt die knappen, schwierig zugänglichen Finanzmittel in den Auf- und Ausbau eigener Logistikstrukturen fließen zu lassen, ist eine Investitionsallokation in wertschöpfungsnahe Bereiche gegeben. Durch die Bedienung weiterer Kunden, teilweise sogar aus einem Standort in **Multi-User-Lagern**, kann der Kontraktlogistiker zudem Synergien durch Skaleneffekte im Einkauf von Materialien und Verpackungen, aber auch durch ein Gemeinkosten-Sharing im Bereich der Flurförderzeuge oder Regalinvestitionen erzielen.

Neben den Kostensenkungspotenzialen des Outsourcings (aufgrund u. a. der Effizienzvorteile eines Logistikdienstleisters) muss vermehrt der Aspekt der **Logistik-Leistungssteigerung durch** die **Fremdvergabe** bei der Make-or-Buy-Entscheidung betrachtet werden.

Als **Risiken und Nachteile** des Outsourcings können insbesondere anfallende Transaktionskosten wie folgt zusammenfassend dargestellt werden (Bild 38.3).

Ex-ante und ex-post Transaktionskosten (Beispiele)

Vertrieb	*Projekt-anbahnung*	*Ausschreibungs-management*		*Projekt-Implementierung*	*Controlling*
Anbahnung	Aus-schreibung	Konzeption	Verhandlung & Vertrag	Umsetzung Anlauf	Betrieb/ Operations	Kontrolle/ ggfs. Exit

Ex-ante Transaktionskosten	**Ex-post Transaktionskosten**
• Anbahnung bzw. Recherchen • Informationssammlung und -auswertung • Entwurf, Verhandlungen und Absicherung von Verträgen → versunkene Kosten	• Kosten von Nach-verhandlungen • Kosten der Kontrolle / Agency-Kosten • Schlichtung von Streitigkeiten

(Vertragsschluss)

Bild 38.3: Transaktionskosten im Logistik-Outsourcing [Krupp; Bobel]

In Abgrenzung zu den Produktionskosten können die **Transaktionskosten** als Betriebskosten des Wirtschaftssystems oder als **Koordinationskosten** verstanden werden. Man unterscheidet Transaktionskosten, die vor Vertragsabschluss entstehen (ex-ante Transaktionskosten) und Transaktionskosten, die nach Vertragsabschluss anfallen (ex-post Transaktionskosten).

In der Praxis können Kontraktlogistikangebote und die resultierenden Kontraktlogistikverträge nie absolut „wasserdicht" gestaltet und nicht alle Eventualitäten vorweggenommen werden. Gleichwohl können durch den entsprechenden Aufwand vor Vertragsabschluss, d. h. in der Ausschreibungs- und Angebotsphase, die Transaktionskosten des laufenden Betriebs, also nach Vertragsabschluss, entsprechend niedriger gehalten werden. Werden beispielsweise **Key Performance Indicators** (KPIs) oder Formate und Häufigkeiten von Reports bereits im Vertrag festgehalten (was natürlich entsprechend ex-ante Transaktionskosten verursacht), ist leicht nachvollziehbar, dass (möglicherweise lange anhaltende oder gar dauerhafte) Unstimmigkeiten über sinnvolle Berichtsinhalte und -frequenzen nach Vertragsabschluss, also ex-post Transaktionskosten, vermieden werden können.

38.2.3 Marktsegmente und aktuelle Wettbewerbssituation

Der Logistikmarkt in Europa lässt sich in neun Teilmärkte untergliedern, auf die sich das jährliche Logistikumsatzvolumen wie folgt verteilt (Bild 38.4).

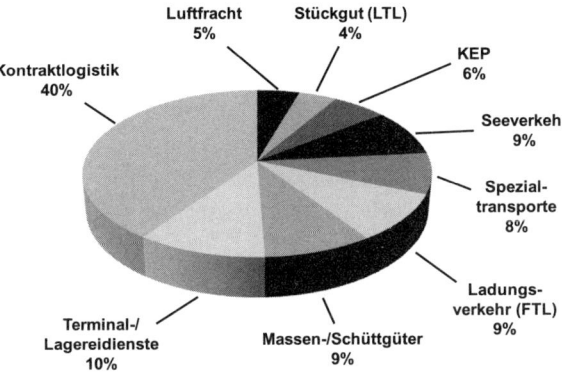

Bild 38.4: Aufteilung des Logistikumsatzes in Europa 2009 in Anlehnung an [Klaus; Hartmann; Kille]

Die Kontraktlogistik ist dabei in zwei wesentlichen Teilmärkte unterteilbar:

- **Industrielle** Kontraktlogistik und

- **Konsumgüter**-Kontraktlogistik,

deren Umsatzanteil am Gesamtlogistikmarkt mit rund 40 % den größten Anteil am jährlichen Logistikumsatzvolumen ausmacht.

38.2.3.1 Industrielle Kontraktlogistik

Industrielle Kontraktlogistik umfasst logistische Business-to-business-Dienstleistungen der **Herstellung** und **Beschaffung** von Vormaterialien, Komponenten und Zulieferungen, der **Anlieferung** und **Bereitstellung** industrieller Materialien für die Produktion sowie für den After-Sales-Bereich (Ersatzteillogistik) und dem **Zusammenbau** klassischer industrieller Produkte, z.B. vom Maschinen- und Gerätebau, von elektrotechnischen Anlagen und Fahrzeugen, die in kundenindividuell gestalteten Systemen ablaufen.

Die Auftraggeber bzw. Nachfrager für industrielle Kontraktlogistik sind:

■ Industrieunternehmen der verarbeitenden Vorleistungs-, Investitions-
güter- und sonstigen Fertigprodukteindustrien,

■ Fahrzeugbau und Zulieferer,

■ Eisen-, Stahl- und Metallverarbeitung mit Maschinen- und Anlagenbau,

■ Elektrotechnik,

■ Bauwirtschaft,

■ konsumferne Zulieferindustrien der Konsumgüterwirtschaft,

■ verarbeitende Chemie,

■ Verpackungsmittelindustrie.

Typischerweise sind die logistischen Aktivitäten vor Ort, nahe oder innerhalb der Fertigungsstätten der Industrie zu positionieren. Transport-
und Lagerobjekte sind überwiegend Stückgüter und Ladungsgüter im
Materialeingang sowie unverpackte industrielle Erzeugnisse und Ersatzteile im Fertigprodukteausgang. Die logistischen Abläufe sind vielfach
als Just-in-Time- oder On-demand-Versorgungsketten zwischen Produk-
tionslinien oder aus Pufferlägern in die Produktion organisiert.

Zunehmend werden in diese Versorgungsketten auch Value Added Services, wie leichte Montage- und Konfektionierungsaufgaben integriert,
d.h. Tätigkeiten, die nicht zu den traditionellen logistischen Dienstleistungen zählen.

38.2.3.2 Konsumgüter-Kontraktlogistik

Konsumgüter-Kontraktlogistik umfasst die logistische Abwicklung
von Beschaffungs- und Distributionsaktivitäten für alle **Verbrauchs-
güter des täglichen Bedarfs**: Food (Lebensmittel, Getränke), Non-Food
(u.a. Papier- und Pharmaprodukte, Reinigungsmittel, Aktionsware),
langlebige Gebrauchsgüter privater Haushalte (z.B. Bücher, CDs, Be-
kleidung), weiße Ware (Staubsauger, Waschmaschinen, Kühlschränke
etc.) und braune Ware (Fernsehgeräte, Fotoapparate, Receiver, Hi-Fi-
Stereoanlagen, Videokameras etc.).

Die Auftraggeber bzw. Nachfrager für die Konsumgüter-Kontraktlogistik sind:

■ Hersteller von Gütern, die in privaten Haushalten genutzt werden,

■ Importeure, Groß- und Einzelhändler in den Konsumgüter-Versor-
gungsketten.

Transport- und Lagerobjekte sind typischerweise kartonierte und palettisierbare Stapelware, die unter erhöhten Hygiene und Sauberkeitsanforderungen behandelt werden muss. Diese Transport- und Lagerobjekte werden artikelbezogen unter Nutzung der EAN-Codes in großen Mengen durch die Logistiksysteme geleitet. Häufig ist eine Kontrolle von Verfallsdaten und Produktionschargen der Konsumgüter erforderlich.

Die Distribution erfolgt von den Quellen der Produktion und den Zentrallagern der Konsumgüterhersteller flächendeckend an die Lager und Outlets des Handels, der Gastronomie und direkt an die privaten Haushalte als Endkunden der Konsumgüterwirtschaft. Auch in den Versorgungsketten der Konsumgüter-Kontraktlogistik finden sich typischerweise zahlreiche wertschöpfende Aktivitäten, z. B. die Set-Bildung, das Kitting (Zusammenstellung aller Bauteile und Komponenten, die zur Fertigung eines Produktes benötigt werden) in einem Bausatz, die Erstellung und Anbringung von Sonder- und Sicherheitsetiketten, Reparatur- und Wiederaufbereitungsleistungen sowie Co-Packing-Tätigkeiten, z. B. die Erstellung spezieller Verkaufsdisplays.

38.3 Wertschöpfungstiefe der Kontraktlogistik

38.3.1 Leistungsprofile

Ein Blick in die Kontraktlogistik-Praxis zeigt, dass sich in Zusammenhang mit der Diskussion der Kontraktlogistik-Wertschöpfungstiefe folgende möglichen Leistungsprofile ergeben können (Bild 38.5).

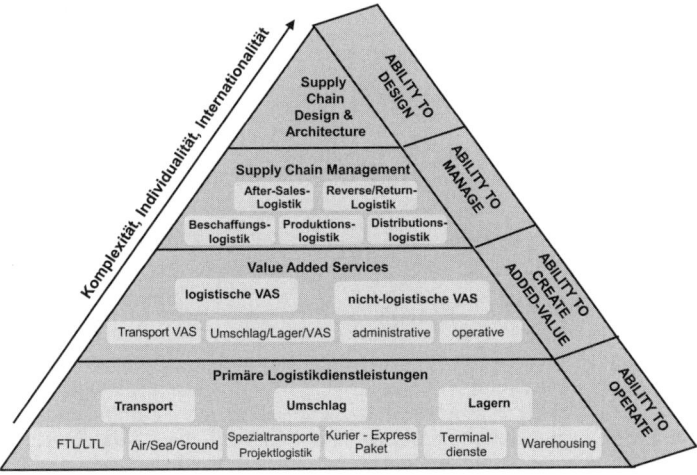

Bild 38.5: Kontraktlogistik-Leistungsprofile

In der unternehmerischen Praxis bieten die Logistikdienstleister im Rahmen ihrer Kontraktlogistik-Aktivitäten eine unterschiedliche Leistungstiefe an. Dabei werden grundsätzlich die **primären Logistikleistungen**

- **Transport** (Sammelladungsverkehr, Teilladungsverkehr bzw. Stückgut, Luft-, See- und Binnenschifffahrt, kombinierter Verkehr, Spezialtransporte, Kurier, Express und Paket),

- **Umschlag** (Terminal- und Hafendienste, Crossdocking-Aktivitäten),

- **Lagern**

als Basisleistungen angeboten.

Im Rahmen dieser Transport-, Umschlags- und Lageraktivitäten (TUL) werden zudem die damit verbundenen (administrativen) Auftragsabwicklungs- und Dispositionsaktivitäten sowie die damit in Zusammenhang stehenden logistischen Planungs-, Steuerungs- und Dispositionsaufgaben angeboten. Diese logistischen Grundleistungen werden in der Kontraktlogistik vermehrt um Zusatzdienstleistungen, also Value-Added-Aktivitäten oder Value-Added-Dienstleistungen bzw. Value Added Services, ergänzt.

> **Value Added Services** (VAS) stellen sekundäre Dienstleistungen dar, die mit einer primären Dienstleistung zu einem Leistungsbündel kombiniert werden, das dem Kunden einen zusätzlichen Nutzen gegenüber anderen Leistungsbündeln mit gleicher primärer Dienstleistung verspricht. Durch diese VAS soll dem anbietenden Dienstleistungsunternehmen eine Differenzierung gegenüber den anderen Leistungsbündeln ermöglicht werden.

Die Value-Added-Aktivitäten in der Kontraktlogistik können grundsätzlich unterschieden werden in:

- **logistische Value Added Services**, d. h. mit TUL und Koordinationsleistungen verbundene Value-Added-Aktivitäten logistischer Natur und

- **nicht-logistische Value Added Services**, d. h. logistikfremde Aktivitäten, die als Dienstleistungsprodukt zusätzlich angeboten werden

Die **logistischen VAS** finden als Sekundärdienstleistung i.d.R. im gleichen logistischen Prozess statt und stellen zudem logistische Aufgaben dar. Typische Beispiele können in der kundenspezifischen Kommissionierung und Zusammenstellung von speziellen Auftragspaketen im Lager- und Kommissionier-Bereich gesehen werden (sogenanntes Kitting und Set-Building). Diese Aktivitäten basieren auf logistitischen Abläufen (hier: spezielles Kommissionieren) und laufen während des Kommissionierprozesses ab.

Die **nicht-logistischen VAS** sind logistikfremder Natur und erfolgen i. d. R. in gesonderten Prozessen, wenn diese oftmals auch unmittelbar mit den logistischen Prozessen in Zusammenhang stehen. Ein typisches Beispiel für nicht-logistische VAS kann in den produktionsnahen Kontraktlogistik-Geschäften der Vormontage gesehen werden. In gesonderten Prozessen werden so z. B. für die Automobilindustrie einfachere Vormontagen vorgenommen, die grundsätzlich nicht der Logistik zugerechnet werden. Ein weiteres Beispiel für nicht-logistische VAS administrativer Natur sind Call-Center-Leistungen, die in Zusammenhang mit umfassender Auftragsabwicklung durch den Kontraktlogistiker im Versandhandels- und E-Commerce-Umfeld angeboten werden können (oftmals auch als Fulfillment bezeichnet).

Im Rahmen der Kontraktlogistik werden die aufgezeigten Leistungsbündel, bestehend aus den primären Dienstleistungen und den sekundären VAS-Leistungen, im Rahmen der Supply Chains der Kunden und deren **Supply Chain Managements** in Leistungspaketen angeboten. Diese Leistungspakete sollen jeweils den logistischen Anforderungen der einzelnen Supply-Chain-Stufen – der Beschaffungs-, Produktions-, Distributions-, After-Sales- und/oder Reverse/Entsorgungslogistik – des Kontraktlogistik-Auftraggebers entsprechen. Dabei können diese modularen Leistungspakete einzeln oder in Kombination als komplexere Gesamtleistung angeboten werden. Unter den Begriffen Kontraktlogistik und **Third Party Logistics Provider** (3PL) werden die meisten Logistikdienstleistungsunternehmen diesen aufgezeigten Stufen zugeordnet.

Schließlich ist es jedoch auch möglich, dass nicht nur einzelne Leistungsbündel und -pakete angeboten werden, sondern dass der Logistikdienstleister ganze Supply Chains plant, steuert sowie kontrolliert, bis hin sogar zu einer denkbar vollständigen Übernahme des **Supply Chain Designs** und der Architektur ganzer Supply Networks. Dabei werden oftmals die Begriffe des **Fourth Party Logistics Provider** (4PL) und des **Lead Logistics Provider** (LLP) verwendet und diskutiert. In diesem Zusammenhang ist es möglich, dass ein Total Supply Chain Outsourcing stattfinden kann.

38.3.2   Einordnung in das Supply Chain Management

Der bereits dargestellte und diskutierte Auftragsabwicklungsprozess (Bild 38.1) (Order to Payment) ist als zentraler Prozess mehr oder weniger in jedem Unternehmen zu finden. Betrachtet man über diesen Prozess hinaus noch die weiteren vor- und nachgelagerten generischen Prozesse, so lassen sich weitere mögliche Einsatzfelder der Kontraktlogistik im Geflecht der Unternehmensprozesse finden:

■ **Produktentwicklungs- und Marktwahlprozesse** (idea to market): z. B.
  an Supply Chain orientierte Entwicklung und Konstruktion von
  Vorkomponenten durch Dienstleister,

■ **Geschäftsbereitschaftsprozesse** (business readiness): z. B. Instandhaltung und Wartungsaufgaben, Facility Management, gewerbliche
  Reinigungsarbeiten,

■ **Dokumentations-, Controlling- und Entwicklungs-Prozesse** (Adap-
  tion and Evolution): z. B. Debitoren-Management, Mahnwesen.

Insbesondere die umfassende Aufgabe der Planung und Steuerung
ganzer Supply Chains oder von Supply-Chain-Abschnitten durch den
Logistikdienstleister wird in Zusammenhang mit den Begrifflichkeiten
wie 3PL, 4PL und LLP immer wieder kontrovers in Theorie und Praxis
diskutiert. In der wissenschaftlichen Literatur wird dabei oftmals dem
4PL die Rolle eines übergreifenden Supply-Chain-Managers zugewiesen,
der die vollständige Planung, Steuerung und Koordination der gesamten
Wertschöpfungskette von den Lieferanten, über OEMs bis hin zu den
Endkunden übernimmt. Er koordiniert dazu ohne einen Zugriff auf
eigene Einrichtungen (z. B. Lagerhäuser, Fuhrpark) sämtliche logistischen Subdienstleister als Generalunternehmer. In der Praxis scheint sich
dieses Modell jedoch als untauglich erwiesen zu haben, daher ist eher von
einem Modell des 4PL auszugehen, der im Rahmen einer Wertschöpfungskette als Manager von verschiedenen Logistikdienstleistern auf den
einzelnen Wertschöpfungsstufen auftritt.

Im Rahmen des **Supply Chain Managements** kann der Kontraktlogistiker einzelne Teilbereiche und logistische Funktionsbereiche übernehmen, die Planung, Steuerung und Kontrolle von ganzen Supply Chains
oder von einzelnen Abschnitten verantworten sowie das Design und
die Architektur von Supply-Chain-Netzwerken bestimmen.

Die identifizierbaren Leistungstiefen und Geschäftsmodelle in der Logistikdienstleistung machen deutlich, dass ein Logistikdienstleister umso
tiefer in die Wertschöpfungstiefe der verladenden Unternehmen eingebunden werden muss, je weiter er komplexe Aufgaben im Sinne einer
Kontraktlogistik übernimmt (hoher Anteil an den oben aufgezeigten
Mehrwert-Dienstleistungen). Mit der Einbindung in die Geschäftsprozesse des Auftraggebers wächst seine Bedeutung in der gesamten Supply
Chain (Bild 38.6):

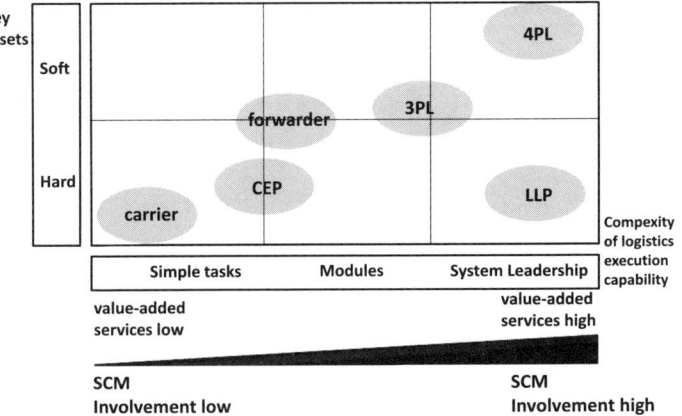

Bild 38.6: Geschäftsmodelle in der Logistikdienstleistung und die Rolle der Kontraktlogistik im Supply Chain Management [Schönberger; Bobel]

Je weiter der Kontraktlogistik-Dienstleister in das Supply Chain Management des Kunden eingebunden ist, desto mehr tangiert ihn die strategische Ausrichtung der gesamten Supply Chain durch den Verlader und desto deutlicher ist sein Geschäftsmodell an die Supply Chain des Kunden anzupassen.

38.4 Lebenszyklus von Kontraktlogistik-Beziehungen

38.4.1 Ausschreibungen als zentrales Instrument

Ausschreibungen sind das zentrale Instrument der Geschäftsanbahnung in der Kontraktlogistik. In Bild 38.7 werden diese Anbahnung und die Ausschreibung von Kontraktlogistik-Geschäften sowie das Tender-Management (aus Sicht des Dienstleisters) in den Lebenszyklus von Kontraktlogistik-Projekten eingeordnet.

Der Lebenszyklus in der Kontraktlogistik besteht aus den Phasen:

- Vertrieb,

- Projektanbahnung,

- Ausschreibungs-/Tender-Management,

- Projekt-Implementierung/Ramp-Up,

- Controlling.

Lebenszyklus der Kontraktlogistik

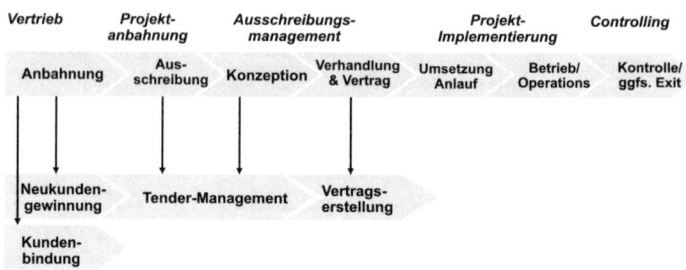

Bild 38.7: Anbahnung und Ausschreibung aus Sicht des Logistikdienstleisters im Lebenszyklus der Kontraktlogistik [Krupp; Bobel]

Ausschreibungen und das **Ausschreibungsmanagement** sind demnach im Lebenszyklus der Kontraktlogistik eingebettet zwischen den zentralen Prozessen des Vertriebes und der Projektanbahnung sowie der Projekt-Implementierung. Der Übergang zwischen der Projektanbahnung und dem Ausschreibungsmanagement ist dabei fließend. Auch die Aktivitäten des Vertriebes sind eng verzahnt mit dem Ausschreibungsmanagement.

Im Rahmen der **Vertriebsaktivitäten** gilt es, laufendes Geschäft bei bestehenden Kunden im Rahmen von Kundenbindungsmaßnahmen und Customer-Relationship-Programmen (z.B. über ein Key Account Management) zu sichern und permanent zu überprüfen, sowie bestehende Geschäftsbeziehungen auszubauen (z.B. Erweiterung des Aufgabenpaketes, Übernahme weiterer Prozesse und Aktivitäten).

Im Rahmen der **Neukundengewinnung** besteht die Möglichkeit der

■ aktiven Neukundengewinnung und der

■ passiven Neukundengewinnung.

Aktiv: Dienstleister gehen auf Unternehmen aus Industrie und Handel zu, um diese von einer Wertschöpfungspartnerschaft zu überzeugen.
Passiv: Ausschreibungen und Gesprächs-/Beratungsbedarfe werden an Dienstleister herangetragen, wenn sich Verlader bereits für Fremdvergabe entschieden haben oder dies planen.

Die passive Neukundengewinnung (im Sinne einer Berücksichtigung bei einer Ausschreibung) setzt im Vorfeld eine aktive Marktbearbeitung bzw. eine positive Außen- und Marktwirkung („guter Ruf") voraus, sodass man beim Kunden oder dessen Beratungsunternehmen als potenzieller Dienstleister wahrgenommen wird. Passt sein Leistungsportfolio auf die grundlegenden Anforderungen des Verladers und werden ggf. erste Qualifizierungsschritte (z. B. in Form eines **Request for Information, RFI**) überstanden, so wird der Dienstleister in die Ausschreibung einbezogen.

An dieser Stelle setzt das **Tender Management** des Dienstleisters an. Da die (potenziellen) Kontrakte überwiegend mit einer Vielzahl von Chancen und Risiken verbunden sind, ist es für den Dienstleister im Vorfeld einer potenziellen Zusammenarbeit unabdingbar, diese Faktoren zu identifizieren und zu bewerten. Im Rahmen eines professionellen Tender Managements muss eine systematische Evaluierung der eingehenden Ausschreibungen stattfinden. Auf der Basis der eigenen Unternehmensstrategie, des Leistungsportfolios, des aktuellen und geplanten Ressourceneinsatzes sowie unter betriebswirtschaftlichen Gesichtspunkten muss entschieden werden, ob die eingegangene Anfrage bearbeitet und dem Kunden eine professionelle, individuelle Offerte unterbreitet werden kann und soll.

Go/No-Go-Prozess: Vor dem Hintergrund von nicht ergebnisoffenen bzw. sog. Scheinausschreibungen oder Benchmarksist es für die richtige Ressourcenallokation des Dienstleisters von hoher Bedeutung, einen systematischen, regelgeleiteten Prüfprozess durchzuführen und die Ausschreibungen auf ihre Seriosität zu überprüfen. Der Anteil an **Scheinausschreibungen** wird branchenabhängig zwischen 20 und 50 % der gesamten Anzahl an Ausschreibungen geschätzt.

Wird im Rahmen dieses Go/No-Go-Prozesses seitens des Dienstleisters entschieden, dass die Ausschreibung bearbeitet werden soll, kann die **Konzeptionsphase** beginnen. Ein speziell für die Ausschreibung gebildetes Projektteam beginnt mit der Planung der benötigten Ressourcen (Personal, IT, Lagerfläche, Lagerausstattung etc.), der Kalkulation der Preise und der Erstellung eines ausführlichen Angebotes für den potenziellen Kunden.

Auf Basis des Angebotes, des **Requests for Quotation (RFQ)**, entscheidet der Kontraktgeber, welcher oder welche Dienstleister in die nähere Auswahl kommen.

Je nach Größe und Umfang der Ausschreibung erfolgt die Auswahl der Dienstleister durch den Auftraggeber über mehrere Stufen:

- Vorselektion potenzieller Dienstleister, die auf Grundlage des RFI zur Ausschreibung eingeladen werden,

■   erste Reduzierung der Anbieterliste auf wenige potenzielle Dienst-
    leister, welche die Anforderungen inhaltlich und konzeptionell um-
    setzen können,

■   zweite Reduzierung der Anbieterliste auf eine Short-List mit i.d.R.
    zwei bis vier Anbietern, die die Anforderungen preislich umsetzen
    können,

■   vorvertragliche Verhandlungen,

■   Entscheidung und Vertragserstellung.

38.4.2   Phasen der Kontraktlogistik

Waibel et al. und Wrobel haben diese einzelnen Phasen in der Wertschöpfungspartnerschaft von Verladern und Dienstleistern in ein generi-
sches Untersuchungsmodell übertragen, um die wesentlichen Prozesse,
Strukturen und Objekte sowohl aufseiten des Verladers als auch des
Dienstleisters abbilden zu können (Bild 38.8).

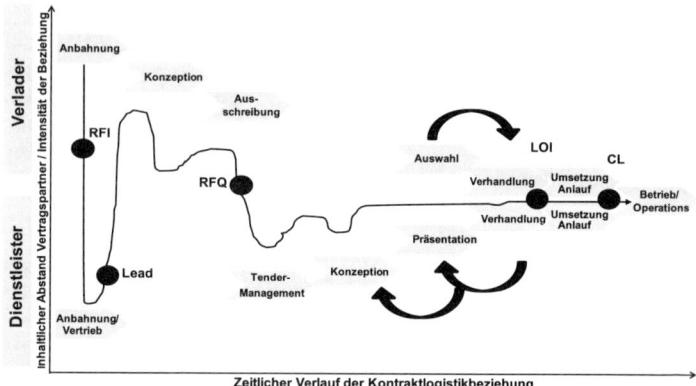

Bild 38.8: Beziehungs-/Zeitverhältnis bei angehenden Wertschöpfungspartnern in Anlehnung an
[Wrobel; Klaus]

Die Aktivitäten des Kontraktlogistikprozesses sind organisatorisch eingebettet in eine Nachfrager-Organisation (Buying Center aufseiten des
Verladers bzw. des Kontraktgebers) und in eine Anbieter-Organisation
(Selling Center aufseiten des Dienstleisters bzw. Kontraktnehmers). Auf
beiden Seiten werden jeweils in den Ausschreibungen mehrere Personen
aus den unterschiedlichsten Bereichen und Hierarchien je nach Umfang
und Komplexität der Ausschreibung mit in den Prozess einbezogen.

Die Intensität der Zusammenarbeit und das gegenseitige Verständnis der inhaltlichen Aufgaben und Aktivitäten zwischen den Wertschöpfungspartnern nimmt mit fortschreitendem Projektverlauf immer mehr zu.

Während zu Beginn des Prozesses noch keine ausgeprägten Informationskanäle zwischen den potenziellen Wertschöpfungspartnern bestehen und die ersten Maßnahmen und Aktivitäten auf wenigen Gesprächen und/oder elektronischem Schriftverkehr basieren, nähert man sich im Laufe des Prozesses auf kommunikativer wie auch auf der Ebene der operativen Zusammenarbeit immer weiter an. Zum Zeitpunkt der Umsetzung des Kontraktprojektes, des Anlaufs und der Implementierung sind die Beziehungen und die Zusammenarbeit zwischen den Beteiligten am intensivsten. Im „eingeschwungenen" laufenden Betrieb des Projektes kann die Zahl der Kontakte i. d. R. wieder reduziert und auf einzelne Controlling-Maßnahmen beschränkt werden, z. B. die regelmäßige Berichterstattung, den Austausch von Key Performance Indicators und die Überprüfung der Leistungsvereinbarungen (Service Level Agreements).

Literatur

Bobel, T.: Kontraktlogistik-Mittelstand. In: *Beumer, C.; Furmans, K.; Kilger, C.; Grosche, T. (Hrsg.):* Logistik im Mittelstand, Best Practices – Strategien für den Erfolg. Schriftenreihe Wirtschaft & Logistik, Hamburg, 2009, S. 59–62.

Bobel, T.: Die Nutzung des Benchmarkings für ein Controlling von Lageraktivitäten am Beispiel eines internen Benchmarking von Lager-Projekten eines mittelständischen Logistik-Dienstleisters. Nürnberg, 2004.

Bobel, T.; Mense, P.: Logistik erfolgreich auf die Piste gebracht oder wie Europa, den Mittleren Osten und Afrika aus dem fränkischen Hinterland versorgen. In: *Beumer, C.; Furmans, K.; Kilger, C.; Grosche, T. (Hrsg.):* Logistik im Mittelstand, Best Practices – Strategien für den Erfolg. Schriftenreihe Wirtschaft & Logistik, Hamburg, 2009, S. 34–46.

Bretzke, W.-R.: Expansionsgrenzen der Kontraktlogistik. In: *Wimmer, T.; Wöhner, H. (Hrsg.):* Werte schaffen – Kulturen verbinden. Fachband zum 25. Deutschen Logistik-Kongress in Berlin. Hamburg, 2008, S. 340–358.

Klaus, P.; Hartmann, E.; Kille, C.: Top 100 in European Transport and Logistics Services – 2009/2010. Market Sizes, Market Segments and Market Leaders in European Logistics Industry. Hamburg, 2009.

Krupp, T.; Bobel, T.: Kosten- und Leistungstransparenz in Wertschöpfungspartnerschaften – Prozesskostenbasierte Ausschreibungen als Basis gemeinsamen Erfolgs. In: *Wimmer, T.; Wöhner, H. (Hrsg.):* Erfolg kommt von innen – Kongressband zum 26. Deutschen Logistik-Kongress in Berlin. Hamburg, 2009, S. 153–178.

Langefeld, J. A.; Halloran, M.; Hartforder, B. J.: Transportation – Third-Party Logistics Overview. In: U.S. Equity Research by Robert B. Baird & Co., September 2006. Milwaukee/WI, USA, 2006.

Maloni, M. J.; Carter, C. R.: Opportunities for Research in Third Party Logistics. In: Transportation Journal, 45. Jg., Nr. 2, 2006, S. 23–38.

Müller, S.; Bobel, T.: Im Zeichen der Netze. In: LOG. Punkt – Logistik auf den Punkt, Heft 1, 2007, S. 38–39.

Schönberger, R.; Bobel, T.: Kontraktlogistik zwischen globalen und regionalen Supply Chains – der Logistikdienstleister als geostrategischer Intermediär. In: *Schönberger, R.; Elbert, R. (Hrsg.):* Dimensionen der Logistik – Funktionen, Institutionen und Handlungsebenen, Festband zur Emeritierung von Hans-Christian Pfohl. Wiesbaden, 2010, S. 1061–1091.

Stölzle, W.; Weber, J.; Hofmann, E.; Wallenburg, C. M. (Hrsg.): Handbuch Kontraktlogistik – Management komplexer Logistikdienstleistungen. Weinheim, 2007.

Rudolph, T.: Strategien von Logistikdienstleistern im Kontraktlogistikmarkt – Eine fallstudienbasierte Analyse der Strategien ausgewählter internationaler Unternehmen der Kontraktlogistik vor dem Hintergrund aktueller Empfehlungen der strategischen Managementliteratur. Hamburg, 2009.

Waibel, F.; Herr, S.; Schmidt, N.: „Ramp-Up" in der Kontraktlogistik – Eine Untersuchung zu den Fallstricken und „Best Practices" des Anlaufmanagements von komplexen Kontraktlogistik-Projekten. Fraunhofer ATL, Nürnberg, 2007.

Wrobel, H.; Klaus, P.: Projektanbahnung in der Kontraktlogistik – Eine empirische Studie zum Status Quo und zu den Erfolgsfaktoren im Vertrieb und im Einkauf von Kontraktlogistikdienstleistungen. Fraunhofer ATL, Nürnberg, 2009

Sachwortverzeichnis